高职高专"十一五"规划教材

环境地质学

蒋辉 编著

化学工业出版社

·北京·

本书以可持续发展为主题，以人地关系为主线，以地质环境与人类活动的相互作用及由此引发的环境地质问题为主要研究对象，全面、系统地阐述了环境地质学的基本理论、研究内容、人类工程及开发利用活动与地质环境的相互作用和影响，以及地质灾害对人类生存环境的破坏及防治措施等。全书主要介绍了环境地质学基本知识，地质环境与地方病，地下水污染，地下水开发引起的环境负效应与废物土地处置，土地退化环境地质，地震与火山，斜坡地质灾害，地面变形地质灾害等。本书内容基本上反映了现代环境地质学的基本理论、方法原理和工程技术。本书内容按模块化编排，体系新颖，便于不同类别、不同层次的学校和专业选用。

本书可作为高职高专及“3+2”高职水文地质工程地质专业、地下水科学与工程专业、水文与水资源工程专业、岩土工程专业、地质工程专业、环境工程专业、地质专业、地理专业等专业的教材，也可作为成人教育及远程教育相关专业的教学用书，还可作为有关工程技术人员的参考书或自学用书。

图书在版编目（CIP）数据

环境地质学/蒋辉编著. —北京：化学工业出版社，2008.1（2022.9重印）
高职高专“十一五”规划教材
ISBN 978-7-122-01934-9

Ⅰ. 环… Ⅱ. 蒋… Ⅲ. 环境地质学-高等学校：技术学院-教材 Ⅳ. X141

中国版本图书馆 CIP 数据核字（2008）第 005907 号

责任编辑：王文峡　　文字编辑：昝景岩
责任校对：陶燕华　　装帧设计：尹琳琳

出版发行：化学工业出版社（北京市东城区青年湖南街 13 号　邮政编码 100011）
印　　装：北京机工印刷厂有限公司
787mm×1092mm　1/16　印张 19¾　字数 502 千字　2022 年 9 月北京第 1 版第 4 次印刷

购书咨询：010-64518888　　售后服务：010-64518899
网　　址：http://www.cip.com.cn
凡购买本书，如有缺损质量问题，本社销售中心负责调换。

定　　价：49.00 元

前　　言

环境、人口及能源已并列成为当代世界最突出和亟待解决的三大难题。人类的生存环境究其本质是地质环境，它包括大气圈、水圈、生物圈和岩石圈四个相互联系和制约的统一整体，离开了地质环境就无法完整地研究人类赖以生存的周围环境。由于全球人口激增和人类经济活动日趋频繁，人类与地质环境间的矛盾日益突出。为了减轻自然灾害给人类带来的灾难，减轻人类自身经济技术活动给人类生存环境带来的破坏，一门研究人类与地质环境相互作用、相互影响的新学科——环境地质学（Environmental Geology）便应运而生。它是一门新兴的应用地质学学科，也是环境科学的重要组成部分。可以预言，环境地质学在21世纪会得到迅速发展和广泛应用，在社会主义现代化建设和国民经济建设中将发挥重大作用。为了满足教学之需，我们编写了这本《环境地质学》教材。本书可作为高职高专及“3＋2”高职水文地质工程地质专业、地下水科学与工程专业、水文与水资源工程专业、岩土工程专业、地质工程专业、环境工程专业、地质专业、地理专业等专业的教材，也可作为成人教育相关专业的教材，还可供相关工程技术人员参考或作为自学用书。

环境地质学是一门综合性较强、涉及面很广、应用性很大、具有广阔发展前景的新兴专业学科，为此，编写本书时，力争做到理论联系实际，加强基础，突出重点，深入浅出，简明易懂，便于学习，便于应用。在内容安排上，尽量做到科学性、先进性、实用性相结合，突出职教特色，教材内容具有“宽（知识面宽，技术含量大），浅（内容深入浅出，浅显易懂），新（教材内容充分反映新理论、新技术、新方法），活（内容鲜活，可读性好），用（实用）”的鲜明特色。另外，在编写有关内容时，还引用了国家有关技术标准和现行规范，以便于实际应用。根据学科现状和发展趋势，本教材主要包括环境地质学基本知识、环境水文地质、环境工程地质、灾害地质等方面的内容。全书共分八章，主要内容为：环境地质基础知识（环境与环境问题、生态学基础、地质作用与第四纪地质、地质灾害概述等），地质环境与地方病，地下水污染，地下水开发引起的环境地质负效应与废物土地处置，土地退化环境地质（土地沙化、水土流失、土壤盐碱化），地震与火山，斜坡地质灾害（崩塌、滑坡、泥石流），地面变形地质灾害（地面沉降、地面塌陷、地裂缝）等。由于“特殊土地质灾害”、“矿山与地下工程地质灾害”等内容在工程地质学等相关课程中已经介绍，考虑到与相关学科的衔接与联系，本书不再讲述。本书编排体系新颖，图文并茂，每一章都是一个独立的模块，以便于不同专业、不同层次、不同类别、不同课时的教学需求，每章后均附有复习思考题和习题，以利于学生学习。

由于环境地质学涉及内容较多，发展迅速，编写本书时参考吸收了大量的国内外有关此领域的资料和成果，尤其是参阅了大专院校的有关教材和讲义（详见书末参考文献），在此谨向有关作者深表谢意。本书初稿曾作为讲义使用。根据使用情况、师生反映和学科的发展，本次正式出版前，编者对初稿进行了进一步的修改和补充，使本书内容更加丰富、实用，特色更加鲜明。

本书由蒋辉编写。刘超臣、苏养平教授审阅了全书，提出了许多宝贵的修改意见，河南省地勘局第二水文地质工程地质队总工程师、教授级高级工程师王现国博士也提出了许多宝贵的修改意见，本书部分插图由河南省地质测绘院吴燕合等人绘制，在此一并表示衷心感谢。

由于环境地质学内容广泛，发展迅速，某些内容还未定型，加之作者水平所限，时间仓促，书中不妥之处在所难免，敬请读者批评指正，以便进一步修改，使其日臻完善。

编　者

2008年1月

目　录

绪　论

一、地质环境与环境地质

地质环境泛指地球的地壳层，即岩石圈（或称岩土圈）及其表层风化产物，主要是指以人类为核心的周围地质空间。地质环境是环境的重要组成部分，一般来说，地球岩石圈（其组成部分主要是岩石、土壤、地下水）的表部是与大气圈、生物圈、水圈相互作用最直接的部分，也是与人类活动密切联系的一个独立环境系统。因此，通常将与大气、生物、水相互作用最直接，又与人类活动关系最密切的表部岩石圈称为地质环境（图 0-1）。换句话说，地质环境是指与人类生存和发展密切相关的各种地质体及其与大气、水、生物圈相互作用的总和。简而言之，地质环境主要是指与地质作用密切相关的自然环境。地质环境要素主要包括：岩石、矿产、土地、地下水、地质地貌景观、有重要价值的古生物化石以及地质灾害等。地质环境是有空间概念的，其上限是岩石圈的表面，这里所有的地质环境因子（主要包括岩石、土壤、有机成分、气体、地下水、微生物以及动力作用等）都积极地与大气、地表水体、生物界相互作用；其下限位置取决于人类社会的科学技术发展水平，以及进入岩石圈内部的工业活动影响深度。20世纪 80 年代，前苏联为了探索地球深部信息，采用最新钻探技术，在科迪拉勒半岛上打成了一口深度为 12800m 的超深钻井，这是目前地球上最深的一口井，但此井未穿透地壳。我国投资 1.5 亿元，自 2001 年 6 月 25 日至 2005 年 1 月 13 日，在江苏省东海县毛北村施工了一口亚洲最深的大陆科学钻探超深钻井，该井孔为井底动力驱动冲击回转连续取心钻进，钻探总进尺 9104.23m，取心钻进 5004.95m，钻孔深度 5158m，钻孔直径 156mm。

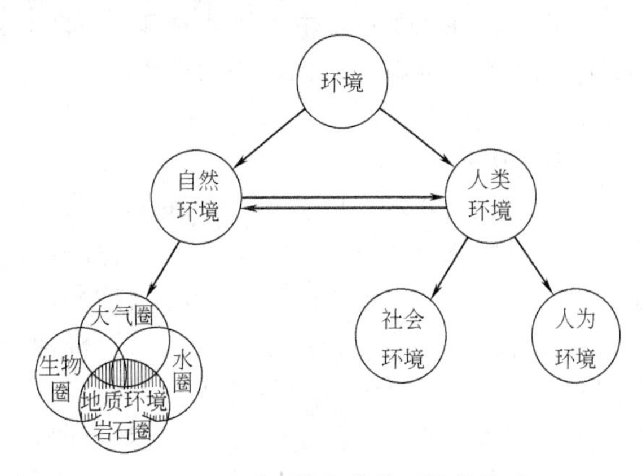

图 0-1　地质环境与其他环境的关系

地质环境是人类生存、发展的基本空间，人类的生存环境究其本质就是地质环境。地质环境能为人类提供丰富的矿产资源和燃料（煤、石油、天然气等），同时也可能产生地震、火山爆发、滑坡、塌陷、泥石流等地质灾害，危害人类的生存和发展。表部岩石圈（地质环境）对人类生活与社会经济发展的主要作用见表0-1。

表0-1　表部岩土圈（地质环境）对人类生活与社会发展的主要作用

类　别	岩石圈的作用
资源作用	提供一定种类、含量与质量的矿物资源，并且以岩石圈为基础，形成可再生地下水资源以及土地资源
地球动力学作用	1. 岩石圈中动力学过程的时空格局，尤其是有明显构造活动的地球动力带的分布与动态，通过对海陆分布格局、重要地貌形态分布等的影响，对环境特征的形成产生影响 2. 具有灾害性的地质过程发展状况与趋势对生物与人类生存安全产生影响 3. 岩石圈中应力不稳定度的时空格局及其在受扰动后，回到动力学平衡态的能力，对人类环境演变等产生影响
地球化学作用	1. 地球化学场的非均质性，尤其是重要生命元素（或有毒有害元素）及其化合物在一定空间范围内的严重缺失和过度集中，对人体健康影响显著 2. 岩石圈中元素及其化合物的水迁移、气迁移、生物迁移能力，尤其是它们进入生物与人体中的能力，影响环境要素与人体中元素分布与分配 3. 岩石圈表层特征对进入环境的化学组分的分散性能和自净能力产生影响
地球物理作用	1. 地球物理场的时空格局对人类活动具有影响 2. 地球物理场异常带与可能致病带的分布与动态对生物体与人体健康具有一定效应 3. 与地球物理场应力强度相联系的岩石圈自调节能力以及对进入其中的宇宙能流及地球深部能流的聚集与改变能力，与环境的稳定度、环境对人类的适宜性有密切关联

人类活动在地质环境中，从其中诞生、繁衍，又从中直接或间接获取资源，加工成为必需的生产和生活资料。因此，必须保护好人类赖以生存的地质环境，科学利用和改善地质环境。

“环境地质”一词，最早在20世纪60年代末70年代初就已见于西方国家的文献中。例如，美国学者迈克尔·奥尔利（Michael Allaly）主编的《环境辞典》中，将环境地质定义为：应用地质原理和数据，解决人类占有或活动造成的问题（如矿区的开采、腐败物容器的建设、地表侵蚀等的地质评价）。20世纪70年代末80年代初，随着一系列的严重的环境问题（如环境污染、地质灾害等）对生产、生活的影响越来越突出，“环境地质”一词开始在我国科技期刊和书籍中出现和使用。地质环境与环境地质有完全不同的含义和性质，两者不能互相通用和混淆。但目前人们对环境地质的含义理解还不尽一致。一般认为：环境地质学是应用地质科学、环境科学以其他相关学科的理论与方法，研究地质环境的基本特性、功能、形成机理和演变规律以及人类活动（人类生活、生产活动，经济技术活动等）与地质环境之间相互作用、相互影响的一门学科。它是一门新兴的应用地质科学。换言之，环境地质学是应用地质学、环境科学和社会经济学等观点，研究人类赖以生存的地质环境以及各种地质作用对人类社会的影响，从而对其采用一定的科学技术方法，对其作出定量评价、预测、防控和治理。地质环境是有空间概念的，而环境地质则无空间概念，它是以地质环境为研究对象的科学。环境地质学较其他地质学分支学科有更广泛的社会性，它是地质科学的重要组成部分，也是环境科学中重要的分支学科，是应用性很强的一门综合性学科。

二、环境地质学的研究内容、目的任务和研究方法

1. 环境地质学的研究内容

环境地质学的研究内容主要是人类活动与地质环境的相互关系，主要内容包括三个方

面：①由地质作用（因素）引起的原生地质环境问题（或称第一地质环境问题，亦称自然灾害），诸如火山喷发、地震、滑坡、膨胀土、洪水、海啸、冰川、海岸侵蚀等自然地质灾害，地质环境化学元素分配不均（异常）引起的生物效应问题，例如地方病等，这些问题的产生都是自然地质环境对人类的作用造成的（表 0-2）；②人为活动改变地质环境引起的环境问题，即由人类活动造成的次生地质环境问题（或称第二地质环境问题，又称人为环境地质问题），例如，地下水污染、海咸水入侵、地面沉降、地面塌陷、地裂缝、资源枯竭、土地沙漠化、废物处置不当引起的环境污染，大型水利工程引起的环境地质问题，城市化过程中引起的环境地质问题，矿山开采引起的环境地质问题等，这些环境地质问题，都是人类对自然的作用改变了环境或超过了环境承载能力所带来的问题，属于人为地质灾害；③资源的合理开发利用与环境保护。

表 0-2　自然环境与自然灾害的关系（或称环境地质问题）

自然环境	自然灾害系列
岩石圈	地震、火山、滑坡、泥石流、崩塌等
土圈	沙漠化、土滑坡、地裂缝、水土流失、地面沉降等
水圈	洪水、暴雨、雪灾、冻灾、海啸、海水入侵等
大气圈	飓风、沙暴、酷热、严寒、干旱等
生物圈	虫灾、火灾、植物退化等

由于环境地质问题的复杂多样，因此环境地质学的研究内容十分广泛，根据学科的特点和环境地质问题的不同，环境地质学大体包括以下分支学科及研究内容。

（1）城市地质学　研究内容包括：城市地区的区域地质、水文地质与工程地质、环境地质的综合调查研究；评价地质环境的适宜程度，预测可能产生的环境地质问题与社会经济环境效益，进行市政布局和环境地质区划；开展城市地区各种地质灾害的分布、成因、影响和预测预防的研究；做好城市地区水资源的调查、评价、合理开采和保护的研究。

（2）灾害地质学　主要研究地质灾害发生与发展规律、防治技术等。

（3）矿山环境地质学　研究内容包括：人类与矿产资源之间的供需矛盾及其解决的途径与对策；矿产资源的合理开发利用技术与方法；矿产资源开发利用过程中所产生的环境地质问题的预测及其防治等。

（4）废物处置地质学　研究内容包括：综合运用地质学理论和方法，选择废弃物处置场址，合理处置城市垃圾、工业废物和放射性废物等。

（5）医学地质学　研究内容包括：研究区域地球化学特征和地方病的形成机理及其防治办法；微量元素的污染途径及其生物学效应；较差地质环境的改善途径与方法。

（6）旅游地质学　研究内容包括：各种旅游地质的形成机制和分布规律，对旅游区与旅游景点进行评价与规划，进而开发、利用并保护地质旅游资源。

（7）农业地质学　主要研究农作物生长的地质背景、农业土壤地质、农用矿物岩石等。

2. 环境地质学的研究目的任务和研究方法

研究的目的是：在深入认识地质环境的基础上，有效地解决在国民经济和社会发展的过程中出现的环境地质问题，保护人类生存及可持续发展的地质环境，进行地质环境的规划与管理等，合理协调和处理人与资源、环境三者之间的关系，进而实现“总结今日经验，减轻未来灾害”的目的。研究的主要任务是：分析研究地质环境及地质灾害发生与发展规律，保护、改善和优化地质环境，最大限度地减轻地质灾害对人类安全的威胁和对社会经济的破坏，实现可持续发展。

环境地质学是地质学与环境科学之间的边缘科学。它的产生、发展是与现代科学技术的发展、社会生产力的提高及其对地质环境的改造密切相关的。因此，其研究方法应着重以下几个方面。

① 以地质环境的研究为基础。从上述环境地质学的研究内容可知，各种环境地质问题的发生都是以地质环境系统为主体的。因此，必须进行实际调查研究，掌握最基本的地质背景资料。比如在进行岩溶环境地质研究时，必须掌握研究区的岩溶特点，要对研究的岩溶地貌、洞穴发育特征、岩溶水文学和岩溶地球化学等最基本的地质环境条件进行研究，特别是岩溶水的运动特征，它常常是造成各种岩溶环境地质问题最活跃的因素，因此必须认真调查研究。

② 以系统理论为指导，从总体上对地质环境的各个方面（大气、水、生物、岩石圈等）和各种问题（如洪水、干旱、地震、塌陷、泥石流、水污染等）进行综合研究，同时着重于人类和环境的相互关系，以及各种环境地质之间的有机联系。例如，地震与火山喷发，地面沉降与过量开采地下水都有着密切的关系。环境地质问题的研究还要区分不同层次，例如，气候变暖是一个在大范围内长期起作用的影响全局的问题，而岩溶塌陷、地震、火山爆发等虽然也有一定的影响范围，但有时是在相对较短时间内带来重大损失，比起前者的影响范围也是比较小的。

③ 环境地质学是一个涉及面广泛的综合学科，它除了吸取地质学与环境科学的研究方法与手段外，还要吸收其他学科的研究方法，采用其他学科领域研究的新技术与新手段，如遥感技术、地理信息技术、GPS技术、地球物理方法、同位素技术等。

三、环境地质学的产生与发展概况

早在700～800年前，从用煤开始，环境问题就引起人们的关注。18世纪末到20世纪初的产业革命，使环境污染造成公害，成为一个社会问题。20世纪30年代至70年代期间，世界范围内由大气污染和水体污染造成的八大公害案件引起人们的广泛关注［八大公害事件是指英国伦敦、美国多诺拉、比利时马斯河谷先后发生的烟雾事件，美国洛杉矶光化学烟雾事件，日本富山镉污染事件（骨痛病），日本九州水俣事件（汞污染），日本四日事件（哮喘病），日本九州米糠油事件（多氯联苯污染）］，这些公害事件造成了许多人患病，有的终生残废，并导致数万人死亡。

地球在发展过程中的某些变动也直接或间接地影响着人类的安全和发展，即某些自然地质灾害也使人类遭受极大的威胁和创伤。例如，仅在20世纪，全世界死于火山爆发、地震、滑坡、泥石流等自然地质灾害的人数就达百万之多。人类为了保护赖以生存的周围环境，抵御自然灾害，在与自然灾害作斗争的实践中，创立了环境地质学，所以没有自然灾害，也就没有环境地质学。

早在1864年，美国学者乔治·珀金期·马什（George Perkins Marsh）就出版了《人与自然》一书，认为人类日益强大且具有毁灭性的行为将使自己陷入逐渐退化的环境困境，并危及人类自身，这正是今天强调的人类活动与自然地质环境相互作用、相互影响的观点。

20世纪五六十年代出现的环境问题引发了第一次环境浪潮。1962年，联邦德国和北美的学者首次提出了“环境地质学”的概念，并逐渐被广泛应用。1972年，在斯德哥尔摩召开了世界首次《人类环境会议》。20世纪70年代末，国际上开展了“环境10年”的活动。1988年3月，一个由科学家、工程师、联合国系统的代表以及外交官组成的国际小组在华盛顿美国国家科学院集会，讨论“国际减轻自然灾害10年”的问题（计划期限1990～2000

年)，简称“减灾 10 年”。其重点主要是减轻突发性的自然灾害，其中，在环境地质方面主要包括地震、火山喷发、洪水、滑坡、海啸等自然灾害，通过灾害评估、预防、准备早期警报以及灾害减轻等措施，在不需大量投资的情况下，便可取得减灾防灾的明显效果，并将减灾技术转移到易受灾害损害的发展中国家，进行人员培训，及时教育公众等，从而减轻自然灾害的威胁和损失。20 世纪 90 年代，在全球出现了第二次环境浪潮。1992 年 6 月，在里约热内卢召开了联合国环境与发展大会，会议通过了《里约环境与发展宣言》。该次会议和宣言，进一步促进了各国对环境的重视和研究，多数国家制定了各种战略与措施，以阻止和扭转环境恶化的影响。环境地质学也相应地得到了发展。

1972 年，我国参加了在斯德哥尔摩召开的首次人类环境会议。1988 年，我国出版了《中国环境地质研究》一书。1990 年，我国创办了《环境地质研究》期刊。1993 年，我国召开了首次环境保护会议，相应的环境地质问题提到了议事日程。自 2004 年 6 月 1 日以来，中央气象台和国土资源部联合开展了汛期地质灾害气象预警预报工作，并通过中央电视台发布地质灾害预警预报信息。总体说来，我国的地质环境变迁分为 4 个阶段：①20 世纪 60 年代以前的原生地质环境相对稳定阶段；②60 年代初～70 年代末的地质环境问题孕育发展阶段；③80 年代初～90 年代末的地质环境急剧恶化阶段；④21 世纪以来的地质环境与经济发展矛盾凸显阶段。

近几十年来，我国环境地质科学的发展，实际上是与国民经济建设和社会发展联系在一起的。特别是在改革开放以来，我国许多大、中城市社会经济得到了迅速发展，同时，面临的环境地质问题也愈加突出和尖锐。随着经济的发展，环境地质问题日趋恶化的势头并没有减弱，尽管一些老问题已被控制或解决，但由于人类经济行为和环境意识有一定差距等原因，新的环境地质问题也会不断产生，人与自然的关系日益突出，环境地质问题也越来越多。这就需要应用环境地质学的方法原理加以研究和解决，从而也进一步推动了环境地质科学的发展。

近年来，我国在环境地质学领域取得较大进展，主要表现在以下几个方面：①水资源开发引起的环境地质问题受到高度重视，并采取了相应的防治措施；②地质灾害防治工作取得较大进展，获得较大成果；③沿海经济发达地区及城市环境地质研究取得进展；④土壤侵蚀和沙漠化的防治取得长足的进步；⑤南方岩溶石山治理与地质环境保护取得较大进展；⑥西北地区生态环境保护取得阶段性成果；⑦地质环境演化趋势的基础研究取得成绩；⑧环境地质研究的仪器设备、人力、物力等得到加强。

我国当前的环境地质学正处于发展的初期阶段。环境科学每个分支学科的专著或学术期刊均或多或少地涉及了环境地质学内容，环境地质学自身也吸收了相关学科的某些理论和方法，输入新的内容，借助于现代科学的监测手段和计算技术，逐步形成自己独立的学科体系。作为一门学科，环境地质学还有待于深入研究和进一步发展、完善、推广和普及。

环境地质学是一门新兴学科，并与水文地质学、工程地质学密切相关，习惯上称之为“水工环”地质。

环境地质学的发展还会面临许多环境地质问题和挑战。联合国前秘书长柯菲·安南在“1999 国际减灾十年活动论坛”开幕式上的讲话指出：“20 世纪 90 年代灾害造成的损失是 60 年代的 9 倍，其中有些灾害是自然灾害，有些灾害是人为的，或者是由于人类的活动导致的，人们可能注意到，几乎每周都有关于干旱、洪水、地震、能源危机、滑坡、泥石流、环境污染等方面的报道。当前人类在发展的道路上面临着一个巨大的挑战，就是人口、资源和环境之间的失衡对生态系统所构成的威胁。”20 世纪，世界人口猛增，1987 年 7 月 11 日，世界人口突破50亿。联合国《2001年世界人口状况》报告说，世界人口到2050年将增加50%，即从目前的61亿增加到93亿。世界人口目前正以每年1.3%（即7700万人）的速度增长，其中发展中国家人口增长速度较快，2050年，世界人口的85%将被集中在发展中国家。很多人口学家认为，地球的承载能力是50亿人。地球上的资源是有限的，在人口猛烈增长的同时，供人类衣、食、住、行的自然资源的消耗也将日益增加，在现代工业社会里，为了维持一个人的生活，平均每年要从岩石圈中挖出25t各种物质。据统计，目前全世界每年消耗的化石燃料为70亿吨，若以此速度来开采已探明的储量，煤只能开采200多年，石油仅够100年，如此发展下去，将导致资源耗竭的严重局面。更为严重的是，被开采的物质在加工过程中产生大量的废渣、废水、废气，制成品在使用后又留下大量废弃物，目前每年向大气中排放50多亿吨废气，向江河湖海排放数千亿吨废水，进而造成大气污染、江河湖海污染和地下水污染，生态环境遭到破坏。这也充分表明，当前环境地质学所面临的严峻形势，同时，也给环境地质学提供了实际研究课题和挑战。随着社会经济的发展，人类面临的环境地质问题也越来越多。

复习思考题

1. 试述地质环境和环境地质的概念，二者之间有何联系？
2. 环境地质学主要研究哪些内容？
3. 原生地质环境问题和次生地质环境问题的含义是什么？
4. 环境地质学的目的、任务是什么？
5. 试述环境地质学的产生与发展概况。
6. 试述“世界八大公害事件”。
7. 我国的地质环境变迁分为哪四个阶段？
8. 试述环境地质学的作用和意义。

第一章 环境地质基础知识

第一节 环境与环境问题

一、环境及其功能特性

1. 环境的概念

环境是相对于某一中心事物而言，即与某一中心事物有关的周围事物就是这个事物的环境。环境科学所研究的环境，其中心事物是人类，是指以人类为主体的外部条件的综合体。《中华人民共和国环境保护法》第二条明确规定了环境的含义：环境是指影响人类生存和发展的各种天然的和经过人工改造的自然因素的总体。通常环境又可分为自然环境和人工环境两大类。

自然环境是指人类周围的各种自然因素的总和，是人类赖以生存、生活、生产和发展所必需的自然条件和自然资源的总和，主要由生物圈、大气圈、水圈和岩石圈所组成，主要包括阳光、空气、水、土壤、岩石、气候、生物、地壳稳定性（地质构造情况、地震、火山活动、海啸等）。这些自然因素与一定的地理条件相结合，即形成有一定特征的自然环境。自然环境也常简称为环境。自然环境亦可以看作由地球环境和外围空间环境两部分组成。

地球环境具有明显的圈层特性。地球内部自内向外可分为地核、地幔、地壳三个圈层（图 1-1）：①地核。地球的最里层是坚硬的固态内核，直径约 1000km，随后是液体状态的外核，厚约 2430km，温度约为 4000℃。②地幔。地幔与外核相连接，一般为固态，厚 2900km，温度为 3500（与地核接触处）～2000（与地壳接触处）℃，其中上地幔为高温熔融的塑性物质，也称软流圈。③地壳。地壳是地球的最外层，平均厚度 35.4km。其中陆地的地壳较厚，厚约 40km，上部为大陆沉积物，局部为花岗质岩石，通常，地壳上层一般是硅铝层，下层为硅镁层；海洋地壳较薄，约为 5～11km，主要为深海沉积物。中国的地壳厚度，东南薄，西北厚，东南沿海地壳厚约 32km，西藏地壳厚 70km。总的来说，地壳由岩石、水和土壤组成，相应称为岩石圈、水圈和土壤圈。地球的平均半径为 6370km。地球的外层圈是大气圈，其厚度通常为 1000～1400km，大气圈的下层与地壳的表层，生活着各种各样的生物，所以这一领域又称生物圈，整个人类的社会活动几乎都是在地球表面的生物圈内进行的。

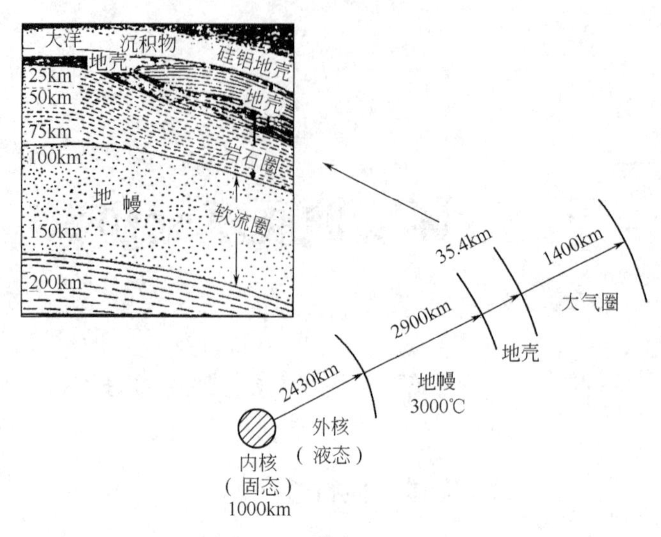

图 1-1　地球环境的圈层结构

自然环境对人类具有特殊重要的意义，其对人类的影响是带根本性的，人类要改善环境，必须以自然环境为大前提，谁要是超越它，势必造成严重的负面影响和破坏。

人工环境是指由于人类的活动而形成的环境要素，是人们生活的社会经济制度和上层建筑的环境条件，主要包括由人工形成的物质、能量和精神产品，以及人类活动中所形成的人与人之间的关系（亦称上层建筑）。通常，人工环境由综合生产力（包括人等）、技术进步、人工构筑物、人工产品和能量、政治体制、社会行为、宗教信仰、文化与地方因素等组成。每个人都不能离开人类环境而单独地生活，因此，人工环境对人们的工作与生活，对社会的进步都有极大影响。

随着人类社会的进步和发展，人类在发展过程中越来越摆脱对自然环境的直接依赖，扩大了对自然界的影响，但不管这种影响和改变有多大，还始终不能摆脱自然环境的约束。

2. 环境要素、环境质量和环境系统

（1）环境要素　环境要素又称环境基质，是指构成人类环境整体的各个独立的、性质不同的而又服从整体演化规律的基本物质组分。环境要素又分为自然环境要素和人工环境要素。自然环境要素通常指：水、大气、生物、阳光、岩石、土壤等。因此环境要素并不等同于自然环境因素。

环境要素组成环境结构单元，环境结构单元又组成环境整体或环境系统。例如，由水组成水体，全部水体总称为水圈；由大气组成大气层，整个大气层总称为大气圈；由生物体组成生物群落，全部生物群落构成生物圈等。

环境要素具有一些十分重要的特点。它们不仅是制约各环境要素间互相联系、互相作用的基本关系，而且是认识环境、评价环境、改造环境的基本依据。环境要素的属性可概括如下。

① 最差（小）限制律。这是针对环境质量而言的。该定律指出：“整体环境的质量，不能由环境诸要素的平均状态决定，而是受环境诸要素中那个与最优状态差距最大的要素所控制。”这就是说，环境质量的好坏，取决于诸要素中处于“最低状态”的那个最差要素，不能用其余的处于优良状态的环境要素去代替，去弥补。因此，在改造自然和改进环境质量时，必须对环境诸要素的优劣状态进行数值分类，循着由差到优的顺序，依次改造每个要

素，使之均衡地达到最佳状态。

② 等值性。此即各个环境要素，无论它们本身在规模上或数量上如何不相同，但只要是一个独立的要素，那么对于环境质量的限制作用并无质的差异。换言之，任何一个环境要素，对于环境质量的限制，在它们处于最差状态时，具有等值性。

③ 整体性大于各个体之和。即环境的整体性大于环境诸要素之和。也就是说，个体环境的性质，不等于组成该环境各个要素性质之和，而是比这种“和”丰富很多，复杂很多。环境诸要素互相联系、互相作用产生的集体效应，是在个体效应基础上质的飞跃。

④ 出现先后，互相联系，互相依赖。环境诸要素在地球演化史上的出现，具有先后之别，但它们又是相互联系、相互依赖的。即从演化的意义上看，某些要素孕育着其他要素。岩石圈的形成为大气的出现提供了条件；岩石圈和大气圈的存在，又为水的产生提供了条件；岩石圈、大气圈和水圈又孕育了生物圈。

环境要素之所以发生演变，其动力来自地球内部放射性元素的衰变能和太阳辐射能。其中占太阳辐射能50％的可见光（波长0.4～0.7μm），特别是辐射最强的青光（波长0.475μm）是植物光合作用的能量来源。因此，太阳辐射能是环境要素演变的基本动力源泉。

(2) 环境质量　环境质量，一般是指在一个具体的环境内，环境的总体或环境的某些要素，对人群的生存和繁衍以及社会经济发展的适宜程度，是反映人群的具体要求而形成的对环境评定的一种概念。通常，环境质量就是环境要素（水体、大气、土壤、生物等）受到污染影响的程度。在判定环境受污染的程度时，一般以国家规定的环境标准或污染物在环境中的本底值作为依据。自20世纪60年代，由于环境问题的日趋严重，人们常用“环境质量”的好坏来表示环境遭受污染的程度。

环境质量是对环境状况的一种描述，这种状况的形成，有来自自然的原因，也有来自人为的原因，而且从某种意义上说，后者是更重要的原因。根据环境要素的不同，环境质量可分为大气环境质量、水环境质量、土壤环境质量、城市环境质量等。

(3) 环境系统　地球表面各种环境要素或环境结构及其相互关系的总和称为环境系统。

环境系统是一个复杂的，有时、空、量、序变化的动态系统和开放系统。通常，系统可分为开放系统和封闭系统。所谓开放系统，是指系统内外存在着物质和能量的变化和交换。系统外部的各种物质和能量，通过外部作用，进入系统内部，这种过程称为输入；系统内部也对外界发生一定的作用，通过系统内部作用，一些物质和能量排放到系统外部，这种过程称为输出。在一定的时空尺度内，若系统的输入等于输出，就出现平衡，叫作环境平衡或生态平衡。

系统的组成和结构越复杂，它的稳定性越大，越容易保持平衡；反之，系统越简单，稳定性越小，越不容易保持平衡。因为任何一个系统，除组成成分的特征外，各成分之间还具有相互作用的机制。这种相互作用越复杂，彼此的调节能力就越强；反之则越弱。这种调节的相互作用，称为反馈作用，最常见的反馈作用是负反馈作用，它使系统具有自我调节的能力，以保持系统本身的稳定和平衡。

环境构成为一个系统，是由于在各子系统和各组成成分之间，存在着相互作用，并构成一定的网络结构。正是这种网络结构，使环境具有整体功能，形成集体效应，起着协同作用。环境系统可以分成不同的层次或子系统，环境的整体功能大于各子系统和各组成成分功能之和。

3. 环境的功能特性

人类环境具有如下基本特性。

(1) 整体性　人与地球环境是一个整体，地球的任一部分，或任一个系统，都是人类环境的组成部分。各部分之间存在着紧密的相互联系、相互制约关系。局部地区的环境污染或破坏，总会对其他地区造成影响和危害。所以人类的生存环境及其保护，从整体上看是没有地区界线、省界和国界的。

(2) 有限性　这不仅是指地球在宇宙中独一无二，而且其空间也有限。这也同时意味着人类环境的稳定性有限，资源有限，容纳污染物质的能力有限，或对污染物质的自净能力有限。下面以环境对污染物的容纳能力或自净能力为例加以说明。环境在未受到人类干扰的情况下，环境中化学元素及物质和能量分布的正常值，称为环境本底值。环境对于进入其内部的污染物质或污染因素具有一定的迁移、扩散和同化、异化的能力。在人类生存和自然环境不致受害的前提下，环境可能容纳污染物质的最大负荷量称为环境容量。环境容量的大小与其组成成分和结构、污染物的数量及其物理和化学性质有关。任何污染物对特定的环境及其功能要求，都有其确定的环境容量。由于环境的时、空、量、序的变化，导致物质和能量的不同分布和组合，使环境容量发生变化，其变化幅度的大小，表现出环境的可塑性和适应性。污染物质或污染因素进入环境后，将引起一系列物理的、化学的和生物的变化，而自身逐步被清除出去，从而达到环境自然净化的目的。环境的这种作用，称为环境自净。人类活动产生的污染物或污染因素，进入环境的量，超越环境容量或环境自净能力时，就会导致环境质量恶化，出现环境污染。

(3) 不可逆性　人类的环境系统在其运转过程中，存在两个过程：能量流动和物质循环。后一过程是可逆的，但前一过程不可逆，因此根据热力学理论，整个过程是不可逆的。所以环境一旦遭到破坏，利用物质循环规律，可能实现局部的恢复，但不能回到原来的状态。

(4) 隐显性（隐蔽性）　除了事故性的污染与破坏（如森林大火、农药厂事故等）可直观其后果外，日常的环境污染与环境破坏对人们的影响，其后果的显现，要有一个过程，需要经过一段时间。如日本汞污染引起的水俣病，经过 20 年时间才显现出来；又如 DDT 农药，虽然已经停止使用，但已进入生物圈和人体中的 DDT，还需再经过几十年才能从生物体中彻底排除出去。

(5) 持续反应性　事实告诉人们，环境污染不但影响当代人的健康，而且还会造成世世代代的遗传隐患。目前中国每年出生有缺陷婴儿约 300 万，其中残疾婴儿约 30 万，这不可能与环境污染丝毫无关；历史上黄河流域生态环境的破坏，至今仍给炎黄子孙带来无尽的水旱灾害。因此，环境对其遭受的污染和破坏，具有持续反应特性。

(6) 灾害放大性　实践证明，某方面不引人注目的环境污染和破坏，经过环境的作用以后，其危害性或灾害性，在深度和广度上，都会明显放大。如上游小片林地的毁坏，可能造成下游地区的水、旱、虫灾害（1998 年夏，长江流域等发生特大洪涝灾害，直接经济损失约 1600 亿元，与上游地区森林砍伐和生态破坏有很大关系）。燃烧释放出来的 SO_2、CO_2 等气体，不仅造成局部地区空气污染，还可能造成酸沉降，毁坏大片森林，大量湖泊不宜鱼类生存，或因温室效应使全球气温升高，冰帽溶化，海水上涨，淹没大片城市和农田。又如，由于大量生产和使用氟氯烃化合物（氟里昂），破坏了大气臭氧层，结果不仅使人类皮癌患者增加，而且太阳光中能量较高的紫外线杀死地球上的浮游生物和幼小生物，阻断了大量食物链的始端，以致有可能毁掉整个生物圈。以上例子足以说明，环境对危害或灾害的放大作用是何等强大。

最后指出，人类是干扰和调控环境的一个重要因素。历史的经验证明，人类的经济和社会发展，如果不违背环境的功能和特性，遵循客观的自然规律、经济规律和社会规律，那么人类就受益于自然界，人口、经济、社会和环境就协调发展；相反，则环境质量恶化，生态环境破坏，自然资源枯竭，人类必然受到自然界的惩罚。为此，人们要正确掌握环境的组成和结构、环境的功能和环境的演变规律，消除各项工作中的主观性和片面性。

二、环境问题

人类社会发展到今天，创造了前所未有的文明，但同时又带来了一系列环境问题。从广义上说，由自然力或人力引起生态平衡破坏，最后直接或间接影响人类的生存和发展的一切客观存在的问题，都是环境问题。从狭义上说，环境问题是指由于人类的生产和生活活动，使自然系统失去平衡，反过来影响人类生存和发展的一切问题。

通常，环境问题是指环境的结构和状态在人类社会经济活动的作用下发生的不利于人类生存和发展的变化。换言之，人类环境的劣化、恶化或者任何不利于人类生存和发展的变化及潜在危机统称为环境问题。如果从引起环境问题的根源考虑，可将环境问题分为原生环境问题和人为（次生）环境问题两大类。

（一）原生环境问题

原生环境问题又称第一环境问题，是由自然力或自然因素引发的环境问题，主要指地震、火山活动、洪涝、干旱、崩塌、滑坡、泥石流、冻融作用等自然灾害和与水土有关的地方病、土壤原生盐碱化、沼泽化、水土流失等环境问题。其中地震、火山、崩塌、滑坡、泥石流等，也称原生环境地质灾害。对于这类环境问题，目前人类的抵御能力还很薄弱。在过去的20年中，仅由于重大自然灾害，在世界范围内就造成280多万人死亡，直接经济损失250亿～1000亿美元，受影响人口8.2亿人。20世纪发生的主要环境地质灾害见表1-1。

表1-1　20世纪发生的主要环境地质灾害

年　份	灾害事件	地　　点	死亡总人数/人
1902	火山喷发	马提尼克	29000
1902	火山喷发	危地马拉	6000
1906	地震	中国台湾	6000
1906	地震/火灾	美国	1500
1908	地震	意大利	75000
1911	火山喷发	菲律宾	1300
1915	地震	意大利	30000
1916	滑坡	意大利、奥地利	10000
1919	火山喷发	印度尼西亚	5200
1920	地震/滑坡	中国	200000
1923	地震/火灾	日本	143000
1928	洪水	美国	2000
1928～1929	大旱	中国	25000
1930	火山喷发	印度尼西亚	1400
1932	地震	中国	70000
1933	海啸	日本	3000
1935	地震	印度	60000
1939	地震/海啸	智利	30000
1945	洪水/滑坡	日本	1200
1946	海啸	日本	1400

续表

年　份	灾害事件	地　　点	死亡总人数/人
1948	地震	前苏联	100000
1949	洪水	中国	57000
1949	地震/滑坡	前苏联	12000～20000
1951	火山喷发	巴布亚新几内亚	2900
1953	洪水	北海海岸(欧洲)	1800
1954	滑坡	奥地利	200
1954	洪水	中国	40000
1956	地震	中国	830000
1960	地震	摩洛哥	12000
1962	滑坡	秘鲁	4000～5000
1962	地震	伊朗	12000
1963	火山喷发	印度尼西亚	1200
1963	滑坡	意大利	2000
1968	地震	伊朗	12000
1970	地震/滑坡	秘鲁	70000
1976	地震	中国	死亡242769人,重伤164851人,整个城市成为一片废墟
1976	地震	危地马拉	24000
1976	地震	意大利	900
1976	地震	伊朗	25000
1982	火山喷发	墨西哥	1700
1985	地震	墨西哥	10000
1985	火山喷发	哥伦比亚	22000
1998	洪水	中国	死亡3004人,2.23亿人受灾,经济损失1666亿元
2004	地震与海啸	印度尼西亚苏门答腊岛附近印度洋海域	印度尼西亚、斯里兰卡、印度、泰国等共死亡25万人,经济损失约15亿美元

(二) 人为环境问题

人为环境问题又称次生环境问题或第二环境问题，是指由人类活动引发的环境问题，主要是人类活动所造成的对环境的污染、破坏和其他一些不良影响。可分为环境污染和环境破坏。

1. 环境污染

(1) 环境污染的含义及分类　环境污染是指由于人为的因素，有害物质或因子进入环境，并在环境中扩散、迁移、转化，使环境的化学组成、物理性状、结构和功能发生了不利于人类和其他生物的变化及不良影响，从而导致环境质量下降或恶化的现象。具体说，环境污染主要是指有害物质，如工业“三废”(废水、废气、废渣)，生活污水、垃圾以及农业活动(农药、化肥、污灌)等，以及不良因子或物理因素(噪声、热、放射性等)对大气、土体、土壤和生物等的污染。环境污染包括大气污染、水体污染、土壤污染、生物污染等由物质引起的污染，还有噪声污染、热污染、放射性污染或电磁辐射污染等由物理因素引起的污染，也包括由上述污染所衍生的环境效应，如酸雨、臭氧层破坏、温室效应等。在实际工作中，通常以天然背景值或环境质量标准为尺度，来评定环境是否发生污染和受污染的程度。

有时，把严重的环境污染或主要是对生物的危害称为“公害”或“灾害”。

环境污染的类型，常因目的、角度的不同而有不同的划分方法：①按环境要素划分为大气（环境）污染、水（环境）污染、土壤（环境）污染、生物（环境）污染等；②按污染产生的原因分为生产污染和生活污染，生产污染又可分为工业污染、农业污染、交通污染等；③按污染性质可分为物理污染（如热污染等）、化学污染、生物污染；④按污染物的形态可分为废气污染、废水污染、固体废物污染以及噪声污染、辐射污染等；⑤按污染涉及的范围可分为局部性污染、区域性污染和全球性污染等。

（2）污染源　污染源是造成环境污染的污染物的发生源或来源地，通常是指向环境排放有害物质或对环境产生有害影响的场所、设备和装置的总称。

按造成环境污染的原因，可把污染源分为天然污染源和人为污染源。天然污染源是指自然界自行向环境排放污染物或造成有害影响的场所，如正在活动的火山等；人为污染源是指人类社会活动所形成的污染源，它们是环境保护工作研究和控制的主要对象。人为污染源可以按各类目的、标准再进行类型的划分。

按照污染物排放的种类，可以划分为有机污染源、无机污染源、热污染源、噪声污染源、放射性污染源、病原体污染源和同时排放多种污染物的混合污染源。实际上大多数污染源都属于混合污染源，例如燃煤的火力发电厂就是一个既向大气排放二氧化硫等无机污染物，又向环境排放废热和其他废物的混合污染源。但是，当针对某一个特定环境问题时，往往把某些混合污染源作为只排放某一类污染物的污染源进行研究。

按污染源污染环境的主要对象（受体），可分为大气污染源、水体污染源、土壤污染源以及生物污染源等。按向环境排放污染物的空间分布方式分类，污染源又可分为点污染源、线污染源和面污染源，而线污染源和面污染源可合称为非点污染源。按照污染物排放的时间间隔，又可分为连续排放污染源、间隔排放污染源及瞬时排放污染源。按照人类社会活动功能，可分为工业污染源、农业污染源、交通运输污染源和生活污染源等。

污染源是造成环境污染的直接原因，其中工业污染源排放的污染物种类最多，数量最大，对环境的危害也最大。在环境保护和污染控制的工作中，对污染源的管理和控制是一个首要问题。

（3）污染物及其类型　污染物是指进入环境系统，引起环境质量下降或恶化的各种物质（溶解物或悬浮物等），污染物是环境污染的直接表现和结果。污染物可以是自然界自行释放的（如火山喷发释放的 SO_2、尘埃污染物等），也可以是人类的生产、生活活动中产生的。造成当今环境污染的污染物，主要是由人类的经济活动排放产生的。

造成环境污染的污染物种类繁多，在环境中形态各异，因此根据不同的目的、不同的标准，有多种不同的分类方法和类型：①按照污染物的来源可分为自然来源的污染物和人为来源的污染物，也有些污染物（如 SO_2）既有自然来源（火山喷发）的又有人为来源的；②按照受污染影响的环境要素可以分为大气污染物、水体污染物、土壤污染物等；③按照污染物的形态又可以分为气体污染物、液体污染物和固体污染物；④按照污染物的性质可以分为化学污染物（化学污染物可再分为无机污染物和有机污染物）、物理污染物（物理污染物可再分为噪声、微波辐射、放射性污染物等）和生物污染物（生物污染物多为病原微生物和有害生物体，主要是霉菌、病毒、病虫卵等）；⑤按照污染物在环境中物理、化学性状的变化又可以分为一次污染物和二次污染物。

此外，为了强调污染物对人体的某些有害作用，还可以划分出致畸物、致突变物和致癌物、可吸入的颗粒物以及恶臭物质等。

环境污染不仅对人体健康造成危害（可分为急性危害、慢性危害和潜在危害），还对生态系统造成严重危害，对社会经济系统造成不良影响，必须加以防治。

2. 环境破坏

环境破坏（或称生态环境破坏、生态破坏）即生态平衡遭到破坏，导致生态系统的结构和功能严重失调，从而威胁到人类的生存和发展。造成生态破坏的原因主要是人为原因，也有自然因素（如火山、地震、海啸、台风、流行病等）。自然因素对生态系统的破坏和影响出现的频率不高，在地域上也有一定的局限性。因此，环境破坏主要是人类活动直接作用于自然界引起的，主要是不合理开发和利用自然资源所产生的各种负面效应。20 世纪 50 年代以来，由于人类对土地、森林、水源、能源、矿产、生物等自然资源的掠夺性开采，远远超出自然生态系统的生产力极限和自我调节、自我平衡的能力，使全球或区域性自然生态平衡遭到严重破坏，因而受到了大自然的无情报复。环境破坏的主要表现为：乱砍滥伐引起的森林、植被的减少和破坏，过度放牧引起的草原退化，大面积开荒引起的土地沙漠化，工业和城市的吞食使大片土地丧失，滥采滥捕使珍稀物种灭绝且危及地球物种的多样性，植被破坏引起的水土流失，森林过量砍伐和植被破坏引起的自然灾害增加，过量开采地下水引起的水源枯竭、地面沉降和滨海地区的海水入侵，矿山疏干排水引起的地面塌陷等等。目前，人类正面临资源匮乏和生存环境恶化与破坏的双重挑战。

需要说明，原生环境问题与人为（次生）环境问题，往往很难截然分开，它们常常相互影响，相互作用，相互交织，有时，在一些地区可能以某一类为主，或原生和次生（人为）环境问题并存。

目前，全球性的环境污染和破坏主要有十个方面，即全球气候变暖、臭氧层破坏、酸沉降（酸雨）、生物多样性减少、森林锐减、土地荒漠化、大气污染、水污染、海洋污染、危险性废物越境转移等。

现在，我们的地球上，几乎找不到没有污染的“清洁区”或“净土”，连人迹罕至的南极企鹅与北极苔藓体内居然都检出了农药 DDT。目前世界上大约有 90 个国家 40% 的人口约 20 多亿人出现缺水危机，约有 13 亿人口因水污染而得不到清洁的饮用水，每年有 1 万人死于缺水，全世界每天至少有 5 万人死于由水污染引起的各种疾病。20 世纪 70 年代以来突发性的严重公害事件见表 1-2。

综上所述，环境问题尤其是人为环境问题，是随着经济和社会的发展而产生和发展的，老的环境问题解决了，又会出现新的环境问题，人类与环境这一对矛盾，是不断运动、不断变化、永无止境的。环境问题既是一个经济问题和社会问题，也是发展问题，人们所面临的环境问题，大多都是人类经济活动的直接或间接结果，而且环境污染和破坏的治理与控制，又必须有相当的经济实力。所以环境问题的实质是由于盲目发展，不合理开发利用资源而造成的环境质量恶化和资源浪费，甚至枯竭和破坏。环境问题具有以下特性：①环境问题具有不可根除和不断发展的属性；②环境问题具有普遍性、多样性和地域性；③环境问题对人类的行为具有反馈作用；④环境问题具有可控制性。为此，必须树立科学发展观，必须保持人与环境协调发展，建立人与环境友好型社会，走可持续发展的道路。

三、我国的环境问题

我国十分重视环境保护工作，把环境保护作为一项基本国策，并十分重视经济建设和环境保护协调发展，环保工作取得了很大成就，但目前环境污染、自然生态环境破坏、人为地质作用及地质灾害还很严重，不容忽视。我国的环境保护工作和地质灾害的防治任重道远。

表 1-2　20 世纪 70 年代以来部分突发性的重大环境事件（严重公害事件）

事件名称	发生时间、地点	发生原因	危害及主要后果
阿摩柯卡迪斯油轮泄油	1978 年 3 月 法国西北部布列塔尼半岛	油轮触礁，22×10^4t 原油入海	藻类、湖间带动物、海鸟灭绝、工农业生产、旅游业损失巨大
三里岛核电站泄漏	1979 年 3 月 28 日 美国宾夕法尼亚州	核电站反应堆严重失火	周围 80km 约 200 万人口处于极度不安中，停工、停课，纷纷撤离，直接损失 10 亿美元
墨西哥气体爆炸	1984 年 11 月 19 日 墨西哥城	一座液化气中心站发生连续爆炸，54 座储气罐几乎全部爆炸起火	4200 人受伤，1000 多人死亡，摧毁房屋 1400 多幢，3 万多人无家可归，50 万人被疏散
博帕尔农药泄漏	1984 年 12 月 3 日 印度中央邦博帕尔市	45t 异氰酸甲酯贮罐爆裂泄漏	1408 人死亡，2 万人严重中毒，15 万人接受治疗，受害面积 $40km^2$
威尔士饮用水污染	1985 年 1 月 英国威尔士	化工公司将酚排入河流	200 万居民饮水污染，44% 的人中毒
切尔诺贝利核电站泄漏	1986 年 4 月 26 日 前苏联乌克兰基辅北部	4 号反应堆机房爆炸，引起大火，放射性物质大量扩散	周围 13 万居民被疏散，当场的 300 多人受到严重辐射，死亡 31 人，直接损失 30 亿美元
莱茵河污染	1986 年 11 月 1 日 瑞士巴塞尔市	桑多兹化学公司仓库爆炸起火，30t 硫、磷、汞等剧毒物流入莱茵河	事故段生物绝迹，160km 河流鱼类死亡，480km 河流不能饮用，使 50 万尾河鱼和数以千计只水鸟死亡
中国东北大火	1987 年 5 月 6 日 中国东北大兴安岭	中国东北大兴安岭发生森林大火，持续近 1 个月	烧毁 $6.5\times10^5hm^2$ 天然林，烧焦 $10\times10^5hm^2$，死亡 200 多人，受伤 226 人，5 万人无家可归，生态系统遭到严重破坏
中国上海甲肝	1988 年 1 月 上海市	食用被污染的毛蚶	食用后中毒染上甲型肝炎，迅速传染蔓延，29 万人患甲肝
莫农加希拉河污染	1988 年 1 月 美国俄亥俄州	一个使用了 40 年的油罐破裂，成为美国内河最大泄油事件，1.3×10^4t 原油流入莫农加希拉河	形成了一条长约 22.5km 的油段，沿岸 100 万居民生活受严重影响
埃克森·瓦尔迪兹油轮泄漏	1989 年 3 月 24 日 美国阿拉斯加	泄漏原油 4.16×10^4t	海域严重污染
海湾石油污染	1991 年 1 月 17 日到 2 月 28 日 海湾地区	历时 6 周的海湾战争使科威特境内 727 口油井被焚或损害，约 15×10^5t 原油漂流入海	有毒有害气体排入大气中，随风漂移，原油流入大海中，使海湾地区的生态破坏达到有史以来最严重的一次
西班牙油轮泄漏事件	1992 年 12 月 3 日 西班牙北部拉科鲁尼亚海域	装载 7.9×10^4t 原油的希腊“爱琴海”号油轮断裂爆炸	泄漏的原油污染了当地约 100km 的海岸
印尼森林大火	1997 年 8 月 印度尼西亚加里曼丹岛	由于雨季推迟到来，森林大火蔓延	烧毁 $2900km^2$ 森林，40 多万人由于呼吸系统障碍住进医院，死亡 17 人，使 1700 万人陷入贫困之中
西班牙油轮泄漏事件	2002 年 11 月 19 日 西班牙	希腊“威望”号油轮在西班牙触礁断裂为两截，油轮上 8.5×10^4t 原油全部流入海中	原油泄漏使当地生态环境遭到严重污染，最严重海域油层厚 3.81cm。几十万只鸟受到威胁，其中包括一些稀有的海雀科鸟类
非典型肺炎(SARS)流行事件	2002 年 11 月到 2003 年 6 月，在世界和中国范围内发生	病原体为冠状病毒的一种变种的传播	2002 年 11 月 16 日首次在中国出现病例。该病具有强烈传染性，病毒对身体损害严重，可导致死亡。全球因非典死亡 919 人，中国死亡 349 人
中国松花江水体污染	2005 年 11 月 13 日松花江上游	中石油吉林石化公司双苯-苯胺车间爆炸，大量含苯有机物排入松花江	造成松花江严重污染，哈尔滨市供水管网停水 4 天，中小学停课，部分工厂停产

1. 生态环境问题

（1）森林生态功能仍然较弱　我国的森林覆盖率为 13.9%，人均林地面积仅 $0.114hm^2$，只有世界人均水平的 11.3%；人均占有森林蓄积量约 $8.4m^3$，只有世界人均水平的 10.9%。因此，我国森林生态功能较弱。

（2）草原退化与减少的状况难以根本改变　长期以来，由于不合理开垦，过度放牧，重用轻养，使本处于干旱、半干旱地区的草原生态系统，遭受严重破坏而失去平衡，造成生产能力下降，产草减少和质量衰退。目前，全国已有退化草原面积达 8700 万公顷。

（3）水土流失、土壤沙化、耕地被占　我国农业生态环境有恶化的危险，水土流失严重，目前全国水土流失面积为 179 万平方公里，加上风蚀面积，达到 376 万平方公里，每年的水土流失面积，相当于国土总面积的 18.6%。每年流失表土量达 50 多亿吨，相当于我国耕地每年被刮去 1cm 厚的沃土层，由此流失的氮、磷、钾大约相当于 4000 多万吨化肥。262 万平方公里土地存在不同程度的荒漠化，这个数字还以每年 $2460km^2$ 的速度扩展。我国水土流失最严重的是黄土高原，面积达 4300 万公顷，占该区总面积的 75%，每平方公里土壤的侵蚀模数为 5000～10000t。因此，黄河水中的含沙量为世界之最，达 $37kg/m^3$ 以上。长江流域的水土流失面积也有 3600 万公顷，占流域总面积的 20%，造成江水含沙量为 $1kg/m^3$，已跃居世界大河泥沙含量的第四位。2006 年我国土地荒漠化面积已经达到 262 万平方公里，其中 95%以上分布在西部地区。我国土地荒漠化的速度是每年 $2100km^2$，相当于每年有 30 个北京城被永远地埋在风沙之中。每年我国因荒漠化造成的经济损失已高达 540 亿元。沙漠化加剧的原因，是人们乱垦滥挖、毁林毁草开荒、超载放牧、过度樵采等行为所致。40 年前我国的人均耕地面积为 $0.18hm^2$，如今仅为 $0.085hm^2$，不及那时的一半，这充分说明我国农业生态环境有恶化的趋势。

（4）水、旱等自然灾害严重　我国所处的地形、地貌和区位条件，使我国具有独特的气候条件。受季风气候的控制，我国的降水量在时空上分布相当不均，因此，我国是个水、旱灾害多发的国家，全国 2/3 的人口、1/3 的耕地和主要大城市处于江河的洪水位之下，工农业产值占全国 2/3 的地区受到洪水的威胁。这种状况目前远未根本改变，致使水、旱灾害日益严重。据统计，全国每年受旱涝等自然灾害影响的人口在 2 亿以上。近年来，我国自然灾害的频繁出现，与人类活动有密切的关系。具体说，首先是全球温室效应的影响；其次是我国水土流失，土地荒漠化和生态环境破坏所致。

（5）水资源紧缺　我国水资源总量为每年 2.819 万亿立方米，居世界第 6 位，人均水资源占有量（按 2006 年的人口计算）为 $2185m^3$/(年·人)，不足世界人均占有量［$10800m^3$/(年·人)］的 1/3，在世界 152 个国家中列 121 位。因此，我国是水资源既丰富（总量多）又贫乏（人均少）的国家，所以必须十分珍惜有限的水资源。据统计，目前，在我国 660 多个城市中，缺水城市 300 多个，严重缺水城市 108 个。北方几乎所有大城市都缺水，百万人以上的大城市基本都长期受到缺水的困扰，严重缺水的城市主要集中在华北和沿海地区，受缺水影响的城镇人口占全国总人口的 30%。水资源紧缺，不仅影响工业生产和城镇居民生活，也对农牧业造成影响。据 2006 年统计，我国每年缺水 300 亿～400 亿立方米，每年因缺水造成工业产值减少 2300 多亿元。全国农村每年缺水约 300 亿立方米，农村和牧区 5800 万人和 3000 多万头牲畜饮水困难，农村约有半数以上人口饮水不符合卫生要求。2000 年以来，全国每年受旱面积达 3 亿亩（约 0.2 亿公顷）左右，因干旱缺水不得不缩小灌溉面积和有效的灌溉次数，造成粮食减产 150 多亿公斤。因缺水，只得过量抽取地下水，过量开采地下水，使中国的 100 多个城市和一些井灌区出现地下水位持续下降，全国已形成面积较大的区域性水位降落漏斗 56 个，我国北方地区地下水降漏落斗面积已达 1.5 万平方公里。有的地区地下水已濒临枯竭，其中华北地区平均每年缺水近 36 亿立方米。由此可见，水资源紧缺，已成为制约我国社会进步和经济发展的“瓶颈”，成为威胁中华民族生存和发展的一个紧迫问题。

2. 环境污染严重

我国人口众多，经济发展迅速，城市化进程较快。由于经济基础薄弱，技术相对落后等原因，目前我国有 470 多座城市的环境污染十分严重。

(1) 大气污染十分严重　我国是一个以煤为主要能源的国家，能源结构中对煤的依赖程度达到 75%，机动车尾气也是大气污染的重要污染源之一，北京、上海等大城市机动车排放的污染物已占大气污染负荷的 60%以上。总体来说，我国城市空气质量仍处于较严重的污染水平，部分大中城市出现煤烟、机动车尾气混合型污染。大气中 SO_2 和 NO_x 超标，并使我国大片地区深受酸雨（pH<5.6 的降水）危害。

(2) 水污染相当严重　据调查，在我国 90%流经城市的河段受到严重污染，已不适合作饮用水源，城市地下水的 50%受到污染，从而使可有效利用的水资源量因污染日趋减少，并造成水环境恶化，加剧水资源短缺的矛盾。我国 27 条主要河流，严重污染的有 15 条。我国七大水系有 30%～70%的河段被污染，其中，淮河、海河、辽河、黄河污染较重。由于水污染，使得本已紧张的水资源供需矛盾更为突出，污染型缺水城市增多，并严重影响城乡居民的饮水安全，对人类健康构成威胁。在我国有 7 亿人饮用大肠杆菌含量超标的水，1.7 亿人饮用被有机物污染的水，我国近 3 亿城市居民正面临水污染这一世界性的问题。水污染已成为头号“杀手”。据统计，我国的水污染，每年至少造成 40 亿美元的损失。

(3) 城市噪声污染严重　据国家环保局近年来的中国环境状况公报，我国城市的区域环境噪声等效声级范围大多在 45dB（A）以上，属中度污染。

(4) 工业固体废物和生活垃圾增加　我国城市垃圾无害化处理率仅为 5%左右，其余的城市垃圾和工业废渣，往往是运往城郊堆放或填埋。因此，目前我国已有 200 多座城市被垃圾包围。“白色污染”问题也很严重。这些固体中的有害有毒物质在雨水淋滤后还下渗到水层中，使地下水遭受污染。

(5) 农业污染　近年来，农业生产活动对环境的影响越来越大，主要是大量使用化肥和农药对环境和地下水的污染。例如，北方平原区的一些农田由于过量使用氮肥，浅层水中的 NO_3^- 含量正在逐年上升，且污染不断向深部发展。此外，污水灌溉也往往造成地下水的污染。

3. 人口对环境的压力明显增大

2005 年 1 月 6 日，中国内地人口达到 13 亿。近年来中国人口每年净增 1300 多万人。几十年以来，相对于其他国家，中国众多的人口一直给自然环境带来巨大的压力。当今中国，仅靠占全球 1/15 的耕地，养活了占世界 1/5 的人口。但中国人口基数大，净增人口多，对环境产生巨大负面影响，同时，庞大的人口基数也是一个沉重的包袱。

4. 环境地质问题及地质灾害较多

由于地质条件异常复杂，客观上造成地质灾害的易发性，从而使我国成为环境地质问题及地质灾害较多的国家之一。地震、滑坡、塌陷、崩塌、泥石流、地面沉降、地裂缝、地方病、地下水污染等地质灾害及环境地质问题较为严重。近年来，每年的地质灾害（不包括地震）造成的经济损失约占各种自然灾害的 $\frac{1}{5}$～$\frac{1}{4}$，高达 270 亿元。

第二节　生态学基础

一、生态学、生物圈和生物多样性

1. 生态学

生态学是生物科学的一个分支，是研究生物与其生活环境相互关系的科学。生态学的研究对象主要是生物（动物、植物和微生物）。最近，由于人类环境问题和环境科学的发展，生态学的研究对象已扩展到人类生活和社会形态等方面，把人类这一生物种也列入生态系统中，来研究并阐明整个生物圈内生态系统的相互关系问题。这样便形成了人类生态学这一领域更广泛、内容更丰富的科学。同时，现代科学技术的新成就也已经渗透到生态学的领域中，赋予它新的内容和动力，使生态学成为多学科交叉的、当代较活跃的科学领域之一。

例如，由系统工程学与生态学结合，形成的系统生态学，属于生态学领域中方法论的发展，核心是从整体出发考虑问题。尤其是大系统的兴起，正在受到人们的普遍注意，这类系统的性能如有所改善，预期其经济效益将是非常大的。其他生态学分支的形成，也将会在人类社会的发展中产生积极作用。特别是综合运用生态学各分支的成就，使得经济效益、社会效益、生态效益相结合。这种结合为协调高速发展的经济与环境保护之间的关系指明了方向。

综上所述，生态学和环境科学显然有很多共同的地方，它们所研究的问题基本上是相近的。只不过生态学是以一般生物为研究对象，它着重于研究自然环境因素与生物的相互关系，单纯属于自然科学的范畴。环境科学则以人类为主要对象，把环境与人类生活的相互影响作为一个整体来研究，从而和社会科学有十分密切的联系。因此，生态学的许多基本原理同样也可以应用于环境科学中。

2. 生物圈

生物圈是指地球上有生命活动的领域及其居住环境的整体。生物圈由大气圈下层、水圈、土壤岩石圈以及活动于其中的生物组成，其范围包括从地球表面向上 23km 的高空，向下 12km 的深处（太平洋中最深的海槽）。在地表上下 100m 左右的范围内是生物最集中、最活跃的地方。生物圈的形成是生物界和水圈、大气圈及土壤岩石圈长期相互作用的结果。

生物圈内提供了生命物质所需要的营养物质，包括 O_2、CO_2、N、C、K、Ca^{2+}、Fe、S 等矿物质营养元素，它们是生命物质的组成，并参加到各种生理过程中去。以上都是生物圈内存在的生物生存所必需的环境条件。此外，还有许多环境条件（例如风、水的含盐浓度等），虽然不一定是各种生物生存的必要条件，但也对生物产生影响。所有这些环境条件可总称为生态条件。在最适宜的条件下，生物的生命活动促进了物质的循环和能量的流通，并引起生物的生命活动发生种种变化。同时，生物要从环境中取得必要的能量和物质，就得适应于环境；环境因生物的活动发生了变化，又反过来推动生物的适应性。生物与生态条件这种交互作用促进了整个生物界持续不断地变化。

综上所述，在地球上有生命存在的地方均属生物圈。构成生物圈的生物，即包括人类在内的所有动物、植物和微生物，不断地与环境进行物质和能量的交换。

3. 生物多样性

生物圈中最普遍的特征之一是生物体的多样性。生物多样性是指某一区域内遗传多样性、物种多样性和生态系统多样性的总和。生物多样性包含了遗传基因变化的多样性、生物物种多样性和生态系统的多样性三个层次，涵盖了生命系统从微观到宏观的不同方面。

（1）遗传多样性　指遗传基因品系或种内基因变化的总和，即某个种内个体的变异性，由特定种、变种或种内遗传的变异来计量。它包含在栖居于地球的植物、动物和微生物个体基因内，地球上几乎每种生物都拥有独特的遗传组合。遗传多样性是生物多样性的基础。

（2）物种多样性　是指地球上生命有机体的多样性。一般说来，某一物种的活体数量越大，其基因变异性的机会亦越大，但某些物种活体数量的过分增加，亦可能导致其他物种活体数量减少，甚至减少物种的多样性。

（3）生态系统多样性　是指生物圈内的生境（某种物种生存的地理区域的环境）、生物群落和生态过程的多样化。换言之，生态系统的多样化就是指物种存在的生态复合体系的多样化和健康状况。生态系统是所有物种存在的基础。物种的相互依存和相互制约形成了生态系统的主要特性——整体性，生物与生境的密切关系形成了生态系统的地域性特征，而生态系统包容众多物种和基因又形成了其层次性特征。

由于地球上生物的演化过程会产生新的物种，而新的生态环境又可能造成其他一些物种的消失，所以生物多样性是不断变化的。人类社会从远古发展至今，无论是狩猎、游牧、农耕还是现代生产的集约化经营，均建立在生物多样性的基础上。正是地球上的生物多样性及其形成的生物资源，构成了人类赖以生存的生命支持系统。人口的急剧增长和大规模的经济活动正使许多物种灭绝，这是造成生物多样性损失的主要原因。目前，有15％～20％的野生动植物濒临灭绝。这一问题已引起世界的广泛关注，并开始加强对生物多样性的认识和寻求保护生物多样性的途径。

迄今为止，人类还不能准确知道地球上究竟有多少物种。科学家估计，地球上的物种大约为1000万种左右。中国幅员辽阔、自然地理条件复杂，具有丰富而又独具特色的生物多样性。据不完全统计，我国有高等植物约3.28万种，动物种类约10.45万种，真菌约8000种，藻类约500种，细菌约5000种。我国的生物多样性在全球居第8位，在北半球居第1位。

自从地球上出现生命以来，就不断地有物种自然产生和灭绝。但在生物界漫长的进化过程中，物种的这种形成和灭绝的速率相差不多。然而在今天，物种形成的速率在下降，而物种灭绝过程在加速。据估计，2000年来约有110多种兽类和130多种鸟类从地球上消失，其中1/3是19世纪前消失的，1/3是19世纪灭绝的，另1/3是近50年来灭绝的。近50年来我国仅动物就灭绝了数十种，另外尚有数百种面临灭绝的境地。现在我国的国家重点保护野生动物达400多种。我国植物中的珍稀特有物种也有数十种灭绝。据联合国估计，截至2000年，地球上有10％～20％的植物消失。植物红皮书中记述的濒危植物高达1019种。

导致物种濒危和灭绝的原因既有自然因素又有人为因素，但人为因素无可置疑是最重要的。

二、生态系统

（一）生态系统的概念及组成

一个生物物种在一定范围内所有个体的总和在生态学中称为种群。在一定的自然区域中，许多不同的生物总和称为群落。任何一个生物群落与其周围非生物环境的综合体（或自然体）就是生态系统。按照现代生态学的观点，生态系统就是生命系统和环境系统在特定空间的组合。换言之，生态系统就是指一定地域（或空间）内生存的所有生物和环境相互作用，并具有能量转换、物质循环代谢和信息传递功能的统一体。在生态系统中，各种生物彼此间以及生物与生物的环境因素之间互相作用，关系密切，而且不断地进行着物质和能量的流动。生态系统的范围可大可小。目前人类所生活的生物圈内有无数大小不同的生态系统。例如，森林就是一个具有统一功能的综合体，在森林中，有乔木、灌木、草本植物、地被植物，还有多种多样的动物和微生物，加上阳光、空气、温度、自然条件，它们之间相互作用，这样由许多物种（生物群落）和环境组成的森林就是一个实实在在的生态系统。草原、湖泊、池塘、河流、农田等都是一个生态系统。许多各种各样的生态系统组成了一个统一的整体，即人类目前生活的自然环境。地质环境本身是一个大的生态系统，又包含许多大小不同的小生态系统。图 1-2 是简化了的陆地生态系统示意图。整个生物圈便是一个最大的生态系统，生物圈也可以称为生态圈。

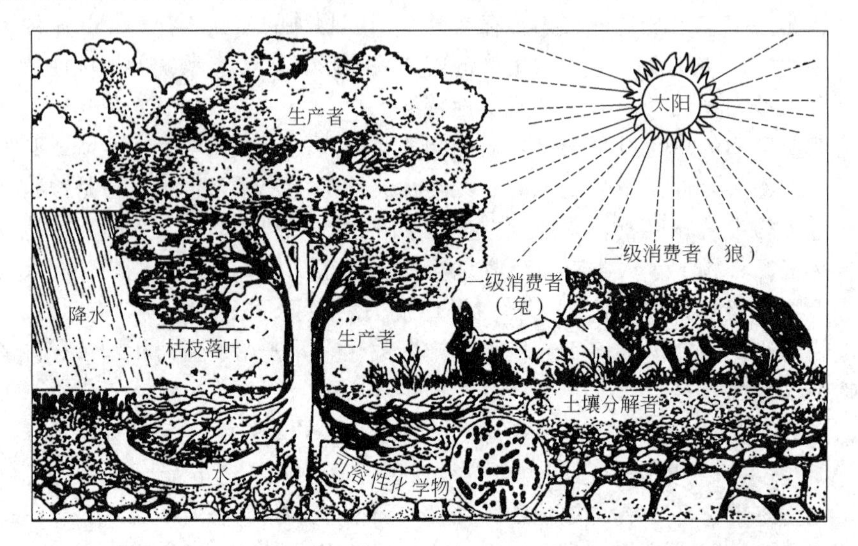

图 1-2　简化了的陆地生态系统

任何一个生态系统，都是由生物和非生物环境两部分组成的。生物部分按照营养方式和在系统中所起的作用不同，又可分为生产者、消费者和分解者及转变者，这三者构成生物群落。因此，一个生态系统应包括生产者、消费者、分解者和转换者以及非生物环境等四类成分。各组成成分之间的相互关系如图 1-3 所示。

（1）生产者　生产者又称自养者，主要是指能制造有机物质的绿色植物和少数能借光合作用自养生活的菌类。绿色植物在阳光的作用下可以进行光合作用，将环境中的 CO_2、H_2O 和矿物元素合成有机物质；在合成有机物质的同时，把太阳能转变成为化学能并贮存在有机物质中。这些有机物质是生态系统中其他生物生命活动的食物和能源。生产者是生态系统中营养结构的基础，它决定着生态系统中生产力的高低，是生态系统中最主要的组成部分。

（2）消费者　消费者是指直接或间接利用绿色植物所制造的有机物质作为食物和能源的异养生物，也应包括人类本身，主要是指各种动物，也包括寄生和腐生的细菌类。根据食性的不同或取食的先后可分为草食动物、肉食动物、寄生动物、食腐动物和食渣动物。按照其营养的不同，可分为不同的营养级，直接以植物为食的动物称为草食动物，是初级消费者（或称一级消费者），如牛、羊、马、兔子等；以草食动物为食的动物称为肉食动物，是二级消费者，如黄鼠狼、狐狸等；而肉食动物之间又是弱肉强食，由此还可以分为三级、四级消费者。许多动、植物都是人的取食对象，因此，人是最高级的消费者。

（3）分解者及转变者　分解者，主要指微生物（细菌和真菌），也包括某些以有机碎屑

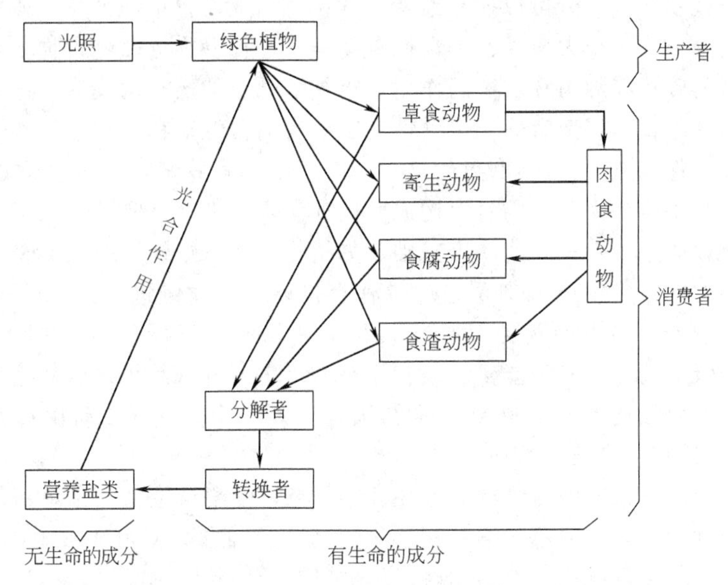

图 1-3　生态系统的组成成分及其相互关系

为食物的动物（如蚯蚓）和腐食动物。分解者能使生物体分解为无机物质。它们以动植物的残体和排泄物中的有机物质作为生命活动的食物和能源，并把复杂的有机物分解为简单的无机物归还给无机环境，重新加入到生态系统的能量和物质流中去。转变者（或称转换者）也是细菌，其作用是将分解后的无机物转变为可供植物利用的营养分。分解者和转变者对环境的净化起着十分重要的作用。没有它们，生产者缺乏养分，无法自养，不能生存。分解者和转变者统称为还原者。

（4）非生物环境（或称非生物成分）　非生物环境包括 C、H、O、无机盐类等无机物质（营养分）和太阳辐射、空气、温度、土壤等自然因素。它们为生物的生存提供了必需的空间、物质和能量等条件，是生态系统能够正常运转的物质和能量基础。

生产者、消费者、分解者和转变者以及非生物环境（或称非生物成分）是生态系统的四个基本组成部分。生态系统中能量和物质的流动都是通过这四个部分实现的。

（二）生态系统的结构、类型及特征

1. 生态系统的结构

生态系统的结构是指生态系统的要素及其时空分布和物质、能量转移的路径。生态结构包括形态结构和营养结构，这里主要介绍营养结构。生态系统各组成部分之间建立起来的营养关系，构成了生态系统的营养结构。营养结构的模式可用图 1-4 表示。营养结构主要表现为食物链和食物网，它们是生态系统中能量流动和物质循环的基础。

（1）食物链　所谓食物链，就是由食物关系把多种生物连接起来，一种生物以另一种生物为食，另一种生物再以第三种生物为食……，彼此形成一个以食物连接起来的链锁关系。换言之，以食物为链接的生物之间食与被食的链锁关系称为食物链。按照生物间的相互关系，一般又可把食物链分成以下四类。①捕食性食物链，又称放牧式食物链，它以植物为基础，其构成形式是：

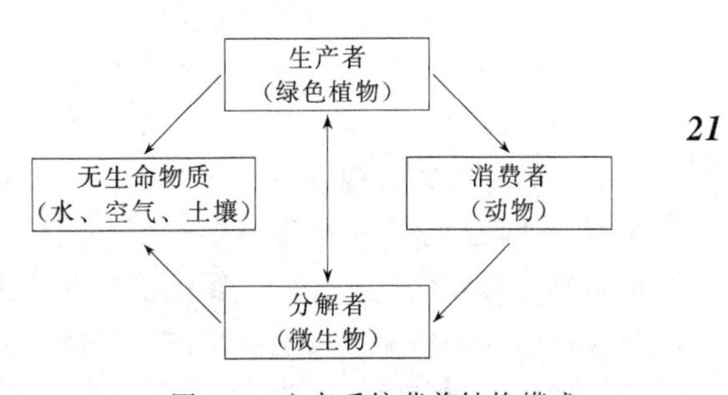

图 1-4　生态系统营养结构模式

植物→小动物→大动物。后者可以捕食前者，如在草原上，青草→野兔→狐狸→狼；在湖泊中，藻类→甲壳类→小鱼→大鱼。②碎食性食物链，这种食物链以碎食物为基础。碎食物是由高等植物叶子的碎片经细菌和真菌的作用，再加入微小的藻类构成的。这种食物链的构成形式是：碎食物→碎食物消费者→小肉食性动物→大肉食性动物。如在某些湖泊或沿海，树叶碎片及小藻类→虾（蟹）→鱼→食鱼的鸟类。③寄生物食物链，这种食物链以大型生物为基础，由小型生物寄生到大型生物身上构成。例如病毒→细菌→跳蚤→老鼠。④腐生性食物链，这种食物链以腐烂的动植物遗体为基础。如植物残体→蚯蚓→节肢动物。

生态系统中的能量和物质流动是通过各种有机体和食物链进行逐级转化和传递的。因此，食物链中每一个环节上的物种，称为一个"营养级"。它既从前一个营养级得到能量，又向下一个营养级上的物种提供能量。只有作为初级生产者营养级的绿色植物，其能量才直接来源于太阳。营养级通常为4～5级，即初级生产者营养级→草食动物营养级→第一肉食动物营养级→第二肉食动物营养级。

（2）食物网　生态系统中，食物关系往往很复杂，食物链往往不是单一的，换言之，在生态系统中，一种消费者往往不只吃一种食物，而同一种食物又可能被不同的消费者所食。因此，各食物链之间又可以相互交错相联，形成复杂的网状食物关系，称为食物网。

在一个生态系统中，能量的流动、物质的迁移和转化，就是通过食物链和食物网进行的。

2. 生态系统的类型

生态系统的类型如何划分，目前尚无统一完整的分类原则。根据生态系统的环境性质和形态特征，可分为以下几种类型。

（1）陆地生态系统　即地球陆地上各种生态群落及环境构成的生态系统，根据生态环境形成的原动力和影响力，又可分为以下三种类型。①自然生态环境，即依靠生物和环境自身的调节能力来维持相对稳定的生态系统。如森林生态系统、草原生态系统、荒漠生态系统、湿地生态系统等。②人工生态系统，是受人类活动强烈干预的生态系统。如城市、工矿区等。③半自然生态系统，介于上述两者之间的生态系统。如天然放牧的草原生态系统、人工森林生态系统、农田生态系统等。

（2）淡水生态系统　又可分为流水生态系统（江、河等）和静水生态系统（如湖泊、水库等）。

（3）海洋生态系统　包括海岸、河口、浅海、大洋、海底等。

3. 生态系统的基本特征

（1）开放性　生态系统是一个不断同外界环境进行物质和能量交换的开放系统。在生态系统中，能量是单向流动，即从绿色植物接收太阳光开始，到生产者、消费者、分解者以各种形式的热能消耗、散失为止，不能再被利用形成循环。维持生命活动所需的各种物质，如C、O、N、P等元素，以矿物形式先进入植物体内，然后以有机物的形式从一个营养级传递到另一个营养级，最后有机物经微生物分解为矿物元素而重新释放到环境中并补充生物的再次循环利用。生态系统的有序性和特定功能的产生，是与这种开放性分不开的。

（2）运动性　生态系统是一个有机统一体，总是处于不断运动之中。在相互适应调节状态下，生态系统呈现出一种有节奏的相对稳定状态，并对外界环境条件的变化表现出一定的弹性。这种稳定状态，即是生态的平衡。在相对稳定阶段，生态系统的运动（能量流动与物质循环）对其性质不会发生影响。因此，所谓平衡实际上是动态平衡，也就是这种随着时间的推移和条件的变化而呈现出的一种富有弹性的相对稳定的运动过程。

（3）自我调节性　生态系统作为一个有机的整体，在不断与外界进行能量和物质交换过程中，通过自身的运动而不断调整其内在的组成和结构，并表现出一种自我调节的能力，不断增强对外界条件变化的适应性、忍耐性，以维持系统的动态平衡。当外界条件变化太大或系统内部结构发生严重破损时，生态系统的这种自我调节功能才会下降或丧失，以致造成生态平衡的破坏。当前，环境问题的严重性就在于破坏了全球或区域生态系统的这种自我适应、自我调节功能。

(4) 相关性与演化性　任何一个生态系统，虽然有自身的结构和功能，但又同周围的其他生态系统有着广泛的联系和交流，很难截然分开，由此表现出一种系统间的相关性。对于一个具体的生态系统而言，总是随着一定的内外条件而不断地自我更新、发展和演化，表现出一种产生、发展、消亡的历史过程，呈现出一定的周期性。

(三) 生态系统的功能

每一个生态系统都有一个能量流动和物质循环系统，二者紧密联系，形成一个整体。在生态系统中还存在信息联系。能量流动、物质循环和信息联系构成了生态系统的基本功能，生态系统中能量流动与物质循环见图 1-5。

1. 生态系统中的能量流动

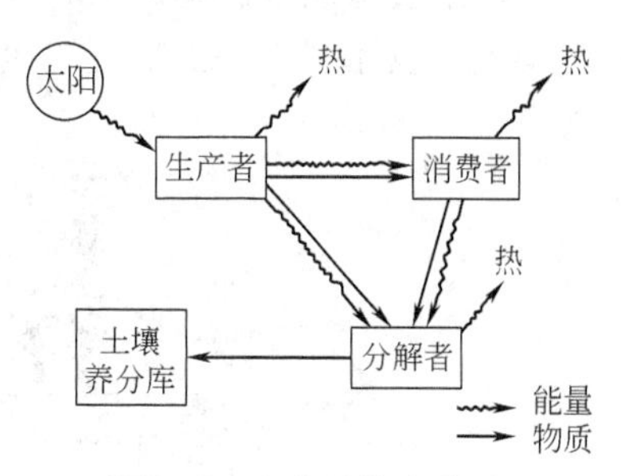

图 1-5　生态系统中能量流动与物质循环

能量流动是生态系统的最主要功能之一。没有能量流动就没有生命，没有生态系统。能量是系统的动力，是一切生命活动的基础。

(1) 照射到地球上的太阳能量　生物圈中所有形式的有机体，共生存所需的能量都是太阳供应的（少数几种化学合成细菌例外）。太阳的能量是以电磁波的形式通过宇宙空间输送到地球上来的。在单位时间和单位面积内到达地球外层大气圈的太阳能量称为太阳能通量，其值约为 $8.4J/(cm^2 \cdot min)$。该能量由于地球大气的相互作用不能全部到达地表，实际上只有一半左右到达地表，其余的 34%反射和静射到空间中去，19%为大气所吸收。

(2) 能量流动的规律　地球上所有生态系统最初的能量来源于太阳。太阳光能辐射到地球表面被绿色植物吸收和固定，将光能转变为化学能，这个过程就是光合作用。在光合作用过程中，绿色植物在光能的作用下，吸收 CO_2 和水，合成碳水化合物；同时，也把吸收的光能固定在光合产物分子的化学键上。贮藏起来的化学能，一方面满足植物自身生理活动的需要，另一方面也供给其他异养生物生命活动的需要。太阳光能通过绿色植物的光合作用进入生态系统，并作为高效的化学能，沿着生态系统中的生产者（绿色植物）、消费者、分解者流动。这种生物与环境之间、生物与生物之间的能量传递和转换过程，就是生态系统的能量流动过程。

由上述讨论可知，生态系统的能量流动是通过两个途径实现的：①光合作用和有机成分的输入；②呼吸的热消耗和有机物的输出。换句话说，生态系统中的能量流动与食物链各营养级的数量紧密相关。生态系统中能量的流动，是借助于“食物链”和“食物网”来实现的，食物链和食物网是生态系统中能量流动的渠道。

生态系统中的能量流动，具有以下四个特点。

① 生产者（即绿色植物）对太阳能的利用率很低，一般只有 1.2%。

② 能量流动是单一方向的。这是因为，能量以光能的状态进入生态系统后，就不能再以光能的形式，而是以热能的形式逸散于环境之中；被绿色植物截取的光能，绝不可能再返

回到太阳中去；同样，草食动物从绿色植物所获得的能量，也绝不可能返回绿色植物。所以，能量流动是单程的，只朝单一方向流动，只能一次流入生态系统，因而能量在生态系统中的流动是不可逆和非循环的。

③ 流动中能量是逐级减少的，即能量在生态系统中的流动是沿着生产者（绿色植物）和各级消费者的顺序逐级被减少的。这是因为，能量在流动中，每经过一个营养级都有一部分能量用于维持新陈代谢活动而消耗，同时在呼吸中以热的形式散失掉（即散发到环境中去），只有一少部分做功，用于合成新的组织或作为潜能贮存起来。因此，在生态系统中能量的传递效率是很低的。所以，能量是逐级减少的。一般来说，能量沿着绿色植物→草食动物→一级肉食动物→二级肉食动物逐级流动。通常，后者所获得的能量大体上等于前者所含能量的10%，即1/10，称为"十分之一定律"。换句话说，生态系统中的能量在沿各个营养级顺序向前传递时，由于各个环节上物种的自身消耗呈急剧的、阶梯状的递减趋势，每一级为下一级提供的能量大约只相当于固有能量的10%左右，即"十分之一定律"。这种层层递减是生态系统中能量流动的一个显著特点。这种阶梯递减状态，好像一个"金字塔"，故在生态学中，也用"生态能塔图"表示食物链各层次能量的递减（图1-6）。

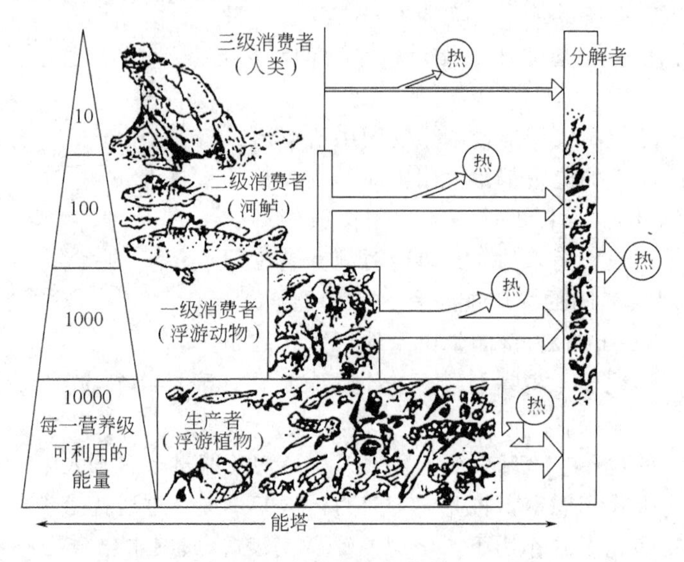

图 1-6　某食物链的能塔图

④ 只有当生态系统生产的能量与消耗的能量相平衡，生态系统的结构和功能才能保持动态的平衡。

2. 生态系统中的物质循环

在生态系统中，生物为了生存不仅需要能量，也需要物质。物质是化学能量的运载工具，又是有机体维持生命活动所进行的生物化学过程的结构基础。假如没有物质作为能量的载体，能量就会自由散失，不能沿着食物链转移；假如没有物质满足有机体生长发育的需要，生命就会停止。

生物有机体维持生命所必需的化学元素约有40多种，其中：O、C、H、N被称为基本元素，占全部原生质的97%以上，是生物大量需要的；Ca、Mg、P、K、S、Na等被称为大量营养元素，生物需要量相对较多；Cu、Zn、B、Mn、Co、Fe等被称为微量营养元素，在生命过程中需要量虽然很少，但却是不可缺少的。所有这些化学元素，不论生物体需要量是多是少，都是保持生命活动正常进行所必需的，是同等重要、不可代替的。生物从大气圈、水圈、土壤岩石圈获得这些营养物质，而这些营养物质在生态系统中都是沿着周围环境→生物体→周围环境的途径作反复运动。这种循环过程又称为生物地球化学循环，简称生物地化循环。

根据物质循环路线和周期长短的不同，可将循环分为生物小循环和地球化学大循环。①在一定地域内，生物与周围环境（气、水、土）之间进行的物质周期循环，称生物小循环，主要是通过生物对营养元素的吸收、留存和归还来实现的。其特点是：它是在一个具体的范围内进行，以生物为主体与环境之间进行迅速的交换，流速快、周期短。生物小循环为开放式循环，受地球化学大循环所制约。②地球化学大循环，是指环境中的元素经生物吸收进入有机体，然后以排泄物和残体等形式返回环境，进入大气圈、水圈、土壤岩石圈及生物圈的循环。形成地化大循环的动力有地质、气象和生物三个方面。地化大循环与生物小循环相比较，有范围大、周期长、影响面广等特点。生物小循环和地化大循环相互联系、相互制约，小循环置于大循环之中，大循环不能离开小循环，两者相辅相成，在矛盾的统一体中构成生物地球化学循环。

生物地球化学循环是地球表面自然界物质运动的一种形式，有了这种物质的循环运动，资源才能更新，生命才能维持，系统才能发展。例如生物在不停地呼吸过程中，每天都要消耗大量的氧气，可是空气中氧的含量并没有明显的改变；动物每年都要排泄大量的粪便，动植物死后的残体也要遗留地面，经过漫长的岁月后，这些粪便、残体并未堆积如山。正是由于生态系统中存在着永久不断的物质循环，人类才能有良好的生存环境。下面将分别简述水、碳和氮三种循环。氧与氢结合为水，又和碳合成 CO_2，已包括在水和碳的循环中，故不再另述。

(1) 水循环　水是一种有限的、宝贵的、不可替代的自然资源，是人类和一切生物赖以生存及社会发展的物质基础。水是生命之源，没有水就没有人类。水同空气、阳光一样，是维持生命不可缺少的物质，是人类生活、生产的必要条件。同时，水也是基本的环境要素，是生态系统的重要组成部分。

地球表层的水主要包括海洋、河流、湖泊、沼泽、土壤水、地下水以及冰川水、大气水等，这些水在地球周围形成了一个不连续的，但又紧密联系、相互作用和不断交换的水圈。

地球上的水以不同的物质状态（即液、气、固态）存在于地球的水圈、大气圈、生物圈和岩石圈。地球的表面积约 5.1 亿平方公里，近 3/4 的表面积为水体所占据。在地球的水圈和大气圈中水总量为 13.86 亿立方千米。其中，海洋面积为 3.61 亿平方公里（约占地球总面积的 70%），其水量为 13.7 亿立方千米，占总水量的 96.5%，这部分水是咸水，不能饮用，也不能用于工业生产和农业灌溉。陆地面积为 1.49 亿平方公里（约占地球总面积的 30%），水量仅有 0.48 亿立方千米，只占全球总水量的 3.5%。陆地上的水也不全是淡水，淡水只有 0.35 亿立方千米，占陆地水储量的 73%，占地球总水量的 2.53%，而且这些淡水并不都是易于利用的。便于人类利用的水，主要分布在地下 600m 深度以内的含水层、湖泊、河流和土壤中，水量只有 0.1065 亿立方千米，占淡水总量的 30.4%，占全球总水量的 0.77%，其中地表淡水量仅有 100 万亿立方米。其余 69.6%的水，即 0.2438 亿立方千米的水分布于冰川、多年积雪、两极冰盖和多年冻土中，目前人类还难以利用。由此可见，可直接被人类利用的水量是非常有限的。

地球上的水不是静止不动的，而是在太阳辐射和重力共同作用下，以蒸发、降水和径流等方式周而复始、连续不断地运动和交替着，这称为水循环或水文循环。水文循环是发生于大气水、地表水和地壳岩石空隙中的地下水之间的水循环。平均每年有 577000km³ 的水通过蒸发进入大气，通过降水又返回海洋和陆地。

地表水（海水、河湖水等）、包气带水及饱水带中浅层水通过蒸发和植物蒸腾而变为水蒸气进入大气圈。水汽随风飘移，在适宜条件下形成降水。落到陆地的降水，部分汇集于江河湖沼形成地表水，部分渗入地下。渗入地下的水，部分滞留于包气带中（其中的土壤水为植物提供了生长所需的水分），其余部分渗入饱水带岩石空隙之中，成为地下水。地表水与地下水有的重新蒸发返回大气圈，有的通过地表径流或地下径流返回海洋。水文循环的过程参见图 1-7。

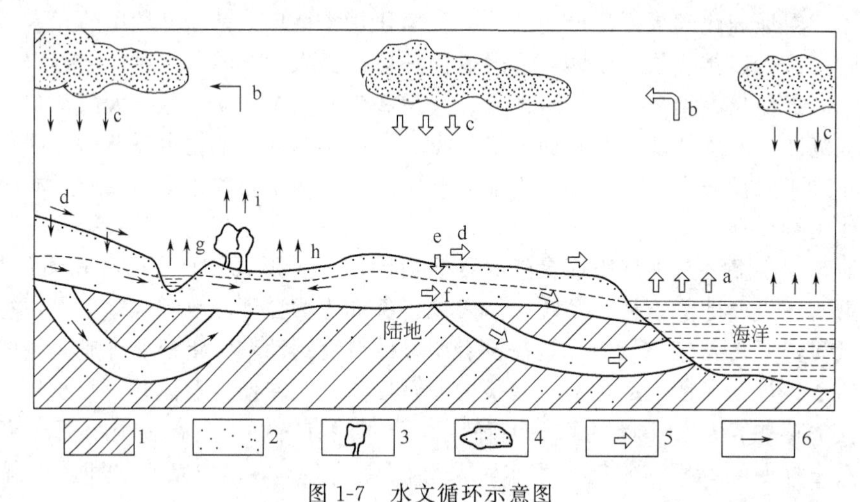

图 1-7　水文循环示意图

1—隔水层；2—透水层；3—植被；4—云；5—大循环各环节；6—小循环各环节
a—海洋蒸发；b—大气中水汽转移；c—降水；d—地表径流；e—入渗；
f—地下径流；g—水面蒸发；h—土面蒸发；i—叶面蒸发（蒸腾）

据估算，在水文循环过程中，陆地上的降水，有 2/3 经过蒸腾或蒸发作用又进入大气，余下 1/3 则为地表或地下径流。经过计算，全球动态平衡的循环水量为 496 万亿立方米，多年平均降水量为 971mm。全球海洋上蒸发量为 1172mm，降水量为 1062mm，蒸发量超过降水量 110mm；全球陆地多年平均降水量为 750mm，蒸发量为 480mm，蒸发量小于降水量。因此，产生了 270mm 的径流，其中 68％为地面径流。

水文循环分为大循环与小循环：海洋与陆地之间的水分交换称为大循环，海洋或大陆内部的水分交换称为小循环。通过调节小循环条件，加强小循环的频率和强度，可以改善局部性的干旱气候。目前人力仍无法改变大循环条件。

地壳浅表部分水分如此往复不已地循环转化，是维持生命繁衍与人类社会发展的必要前提。一方面，水通过不断转化使水质得以净化；另一方面，水通过不断循环，水量得以更新再生。水作为资源不断更新再生，可以保证在其再生速度水平上的永续利用。

一切物质中的有机物质大部分是由水组成的，地面水体又是人类从事生产和生活所不可缺少的，所以任何一个生态系统都离不开水。同时，水循环为生态系统中物质和能量的交换提供了基础。此外，水还起调节气候、清洗大气和净化环境的作用。

据研究，大气水的更新期（即更新一次需要的时间）为 8 天，每年平均更换 45 次，故以降水形式提供给地球的水量是很大的。河水的更新期是 16 天，海水全部更新一次需要 2500 年，地下水的更新期平均为 1400 年。

人类对水循环最重要的影响是对水的消耗使用。人们从河流或含水层中抽取水用于工农业生产和生活，虽然其中一部分仍返回河流（如工业冷却水），但很多却被直接蒸发（如灌溉时大量水分在田中被蒸发），减少了河水流量，人为改变了水循环。

（2）碳循环　碳存在于生物有机体和无机环境中，是构成生物体的主要元素，在大气中的碳约为700亿吨。植物借光合作用吸收空气中的CO_2生成糖类等有机物质而释放出氧气，供动物用。同时，植物和动物又通过呼吸作用吸入氧气而放出CO_2重返空气中。此外，动物的遗体经微生物分解破坏，最后也氧化变成CO_2、水和其他无机盐类。矿物燃料如煤、石油、天然气等也是地质史上生物遗体所形成的。当它们被人类燃烧时，耗去空气中的氧而释放出CO_2。最后，空气中的CO_2有很大一部分为海水所吸收，转变为碳酸盐沉积海底，形成新岩石，或通过水生生物的贝壳和骨骼移到陆地。这些碳酸盐又从空气中吸收CO_2成为碳酸氢盐而溶于水中，最后也归入海洋。其他如火山爆发和森林大火等自然现象也会使碳元素变成CO_2回到大气中。碳的循环见图1-8。由于工业的高速发展，人类大量耗用化石燃料，使空气中CO_2的浓度不断增加，对世界的气候发生影响，也对人类造成危害。

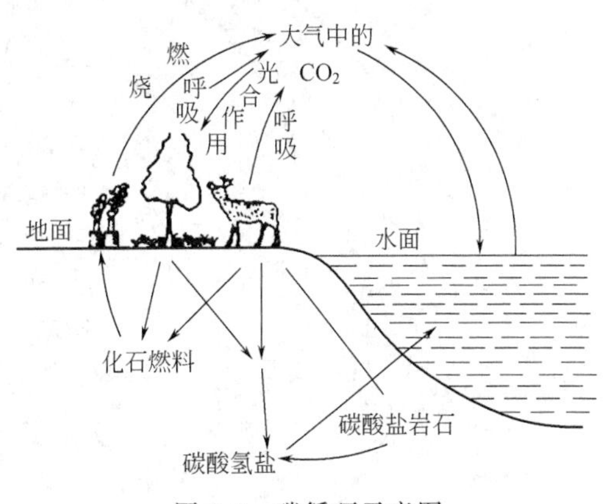

图1-8　碳循环示意图

（3）氮循环　氮也是构成生物体有机物质的重要元素之一，而且它在环境问题中也有重要的作用。人类食物中缺乏蛋白质时会引起营养不良，使体力和智力均受到危害。用氮制造的合成化学肥料，在施用时也可能引起水体污染。此外，氮在燃烧过程中被氧化成氮氧化物，能造成大气中光化学烟雾的严重污染。

氮存在于生物体、大气和矿物质中。大气中的氮通过各种固氮途径（生物固氮、大气固氮等）进入生物有机体，动、植物死后，身体中的蛋白质被微生物分解成硝酸盐或铵盐而返回土壤；此外动物的代谢作用也会将一部分蛋白质分解，生成氨、尿素、尿酸等，排入土壤。土壤中的氮，一部分被植物吸收，另一部分在反硝化菌的作用下，分解成氮气。这就是氮的循环，见图1-9。

值得注意的是，物质流在食物链中有一个突出的特性，就是生物放大作用。当环境受到污染后，某些不能降解的重金属元素或其他有毒物质却会通过食物链逐级放大，在生物体内进行富集。例如，DDT等有机氯杀虫剂，在食物链上的富集情况就是明显的一例。DDT是一种难分解的脂溶性物质，当它进入生物体后，与脂肪结合，不易排出体外，并通过食物链富集。虽然DDT在湖水中的含量只有0.2×10^{-6}，微乎其微，但在浮游生物体内已经积聚达77×10^{-6}，在鱼类体内便富集到200×10^{-6}，当鹈鹕吃了这类鱼后，就积累到1700×10^{-6}，使鹈鹕丧命。由于生物的富集作用，就大大增加了有毒物质对食物链中较高营养级的动物和人类的毒害作用。但同时，人类也可以利用生物富集作用，来降低或消除环境污染。

在生态系统中，能量流动和物质循环虽然具有性质上的差别，各自发挥自己的作用，然而它们之间是紧密结合、不可分割的整体，能量流动和物质循环是在生物取食过程中同时发生的，两者密切相关，相互伴随，难以分开。例如，食物是由有机分子构成的，能量就贮存于分子的键内。

另外，在生态系统中还存在着信息传递和联系，主要有营养信息、化学信息、物理信

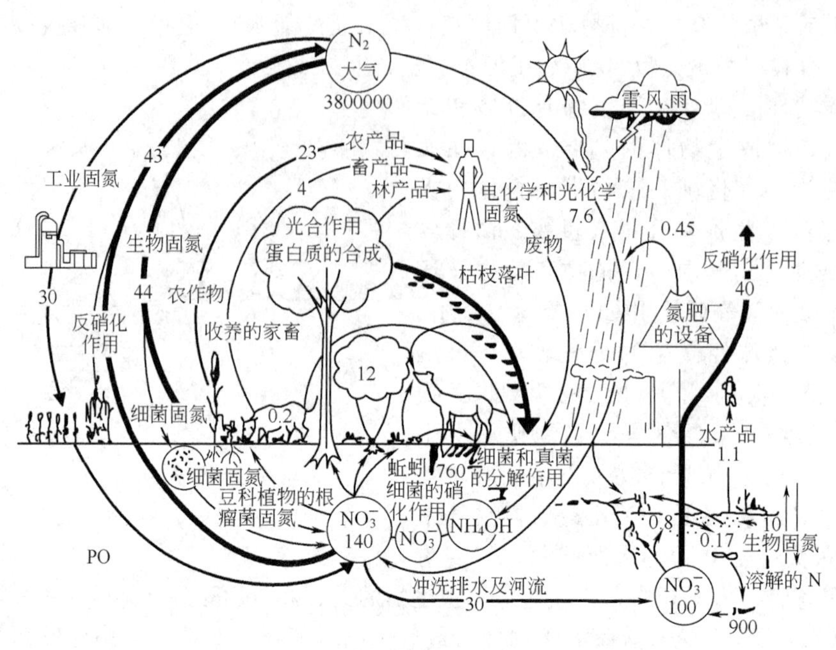

图 1-9　氮循环示意图

息、行为信息等。生态系统的信息传递在沟通生物群落与其生存环境之间、生物群落内各种生物种群之间的关系方面起着重要作用。

生态系统的生物和非生物成分之间，通过能量流动、物质循环和信息传递而联结，形成一个相互依赖、相互制约、环环紧扣、相生相克的网络状复杂关系的统一体。生物在能流、物流和信息流的各个环节上都起着深远的作用，无论哪个环节出了问题，都会发生连锁反应，致使能流、物流和信息流受阻或中断，破坏了生态的稳定性。

三、生态平衡

1. 生态平衡的含义

自然界中的每一个生态系统，总是不断地进行着能量的流动和物质的循环，在一定时间和条件下，能量和物质的输入与输出处于暂时的、相对的稳定状态，称为生态平衡。换句话说，生态平衡是指生态系统发展到成熟阶段，其结构与功能、生物种类的组成和各个种群数量的比例及能量与物质的输入、输出等都处于相对稳定状态。

在自然生态系统中，生态平衡的表现是生物种类和数量的相对稳定以及生态系统结构和功能的相对稳定。

生态平衡是动态的平衡，不是静止的平衡。生态系统是一个开放系统，不断有能量和物质的输入、输出。这些能量和物质每时每刻都在生产者、消费者、分解者以及无生命者之间流动和转化。在生态系统中，当能量和物质的输入量大于输出量时，总生物量会增加，反之则减少。此外，各种自然因素和人为因素，都会对生态平衡造成影响，引起生态系统的改变。所以，生态平衡是动态平衡，是暂时的、相对的平衡。

生态系统能保持相对平衡，是由于其内部有自我调节能力，这种能力体现在两方面。一方面是，在一个生态系统内，有许多外力的因素在起作用，如：生物的迁入、迁出、出生、死亡；水分、营养进入和离开土壤；食物链中的反馈关系等。当生态系统中的某一环节被扰乱时，该系统通过对抗、瓦解的调节机制以维持自己的平衡。一个物种的数量变动或消失，或有一部分能量流、物质流的途径发生障碍时，可以被其他部分所代替或补偿。另一方面，对污染物来说，环境的自净能力也可使生态系统保持相对的平衡。通常系统的组成成分越多样、能量及物质循环越复杂，其调节能力也越强，反之则反。但生态系统的调节能力是有一定限度的，超出这个限度，调节就不再起作用，生态平衡就遭到破坏。例如，森林应有合理的采伐量，一旦采伐量超过生长量，必然引起森林的衰退；同样，草原也应有合理的载畜量，超过限度，草原将会退化；工业“三废”排放不能超过环境的容量，否则就会造成环境污染，产生公害危及人类。如果人类只顾眼前利益或忽视生态规律，因而有意无意破坏了生态系统的协调与平衡，必然使人类自身失去生存和发展的物质基础。

需要说明，生态系统的平衡不是保持原始状态。从人类的需求和社会的发展来看，保持原始状态的生态系统是没有必要的。原始状态的生态系统所生产的物质，无论是种类还是数量都不再是现今人类社会的需要。只有遵循生态规律，按照人类的需求，对自然进行利用与改造，使生态系统结构更合理，功能更高效，才能实现最佳的生态效益。这是人们所期望的，也是能够达到的。例如荒山变果园、植树造林、改良土壤等为人类提供了丰富的物质财富来源。

2. 破坏生态平衡的因素

生态平衡的破坏有自然原因，也有人为因素。

(1) 自然原因　主要是指自然界发生的异常变化或自然界本来就存在的对人类和生物的有害因素，如火山爆发、山崩海啸、水旱灾害、地震、台风、流行病等自然灾害，都会使生态平衡遭到破坏。但自然因素对生态平衡的破坏和影响在地域分布上有一定的局限性，出现的频率也不高。

(2) 人为因素　主要指人类对自然资源的不合理利用、工农业发展带来的环境污染等问题。生态平衡和自然界中一般物理和化学的平衡不同，它对外界的干扰或影响极为敏感，因此，在人类生活和生产的过程中，常常会由于各种原因引起生态平衡的破坏。人为原因引起的生态平衡的破坏，主要有以下三种情况。

① 物种改变引起平衡的破坏。人类有意或无意地使生态系统中某一种生物消失或往其中引进某一种生物，都可能对整个生态系统造成影响。例如澳大利亚原来并没有兔子，1859年一个名叫托马斯·奥斯京的大财主从英国带回24只兔子，放养在自己的庄园里供打猎用。引进后，由于没有天敌予以适当限制，致使兔子大量繁殖，在短短的时间内，繁殖的数量相当惊人，遍布数千万亩田野，在草原上每年以113km的速度向外蔓延。该地区原来长满的青草和灌木，全被吃光，再不能放牧牛羊，田野一片光秃，土壤无植物保护而被雨水侵蚀，给农作物等造成的损失，每年多达1亿美元，生态系统受到严重破坏。澳大利亚政府曾鼓励大量捕杀，但不见效果，最后不得不引进一种兔子传染病，使兔群大量死亡，总算一度将兔子的生态危机控制住了。然而好景不长，由于一些兔子产生了抗体，在“浩劫”中幸存下来，又开始了更大规模的繁殖。另外，滥猎滥捕鸟兽，收割式地砍伐森林，都会因某物种的数量减少或灭绝而使生态平衡遭到破坏。

② 环境因素改变，引起平衡破坏。这也是第二环境问题的主要方面。工农业的迅速发展，有意或无意地使大量污染物质进入环境，从而改变生态系统的环境因素，影响整个生态系统，甚至破坏生态平衡。空气污染、热污染、除草剂和杀虫剂的使用、施肥的流失、土壤侵蚀或未处理的污水进入环境而引起富营养化等，改变生产者、消费者和分解者的种类与数量并破坏生态平衡而引起相关的环境问题。

③ 信息系统的破坏。许多生物在生存的过程中，都能释放出某种信息素（一种特殊的

化学物质)，以驱赶天敌、排斥异种或取得直接或间接的联系以繁衍后代。例如某些动物在生殖时期，雌性个体会排出一种性信息素，靠这种性信息素引诱雄性个体来繁殖后代。但是，如果人们排放到环境中的某些污染物质与某一种动物排放的性信息素作用，使其丧失引诱雌性个体作用时，就会破坏这种动物的繁殖，改变生物种群的组成结构，使生态平衡受到影响。

3. 保持和改善生态平衡的对策

自然环境是生态系统存在和发展的前提条件。生物体通过与周围环境不断地进行物质和能量的交换来维持自身的生长、发育和繁衍。因此，保护自然、保护生态系统的平衡，保持人类与自然的协调发展，便成为当今人类面临的重要任务之一。因为，人类只能以极少数的农作物和动物为食物来源，所以以人类为中心的生态系统结构简单，简单的食物网络极不稳定，容易发生大幅度波动。而人类又一味地向大自然超量索取，势必将进一步加剧自身赖以生存的生物圈的破坏。由此可知，遏制人类对自然资源的无限需求欲望，保持生态系统的平衡，实际上是保全人类自身。人类也只有在保持生态平衡的前提下，才能求得生存和发展。人类的一切活动都必须遵循自然规律，按照生态规律办事。

保持和改善生态环境，提高人类生存物质的质量涉及的范围很广，其主要对策如下：

① 加大普及、宣传生态环境知识的力度，提高人们的环境保护意识；

② 科学、合理地开发和使用土地资源、水资源和森林资源，并注意资源的综合利用；

③ 保护生物资源的多样性，提高生态系统抗干扰能力；

④ 严格控制工业“三废”污染，坚持“预防为主，防治结合，加强管理，综合治理”的方针；

⑤ 改变能源结构，大力开发和使用对环境无影响或影响小的环保能源；

⑥ 控制人口增长，减小环境压力；

⑦ 加强管理，充分发挥法制和规划的作用；

⑧ 研究、开发、推广有利于生态环境的新技术。

在维护生态平衡的过程中，一要注意不能用单纯的经济观点对待自然资源，只顾生产和开发，不顾生态环境；二要注意不能片面强调保护自然环境状态。人类应当在遵循生态规律的基础上，科学地开发和利用自然资源，使生态系统逐渐向人类所希望的方向发展。

在自然生态系统中，输入系统的物质可以通过物质循环反复利用。在经济建设中运用这个规律，可以综合开发利用自然资源，将生产过程中排出的“三废”物质资源化、能源化和无害化，减少对环境的冲击。总之，人类在改造自然的活动中，只有尊重自然，保护自然，按自然规律办事，建立资源节约型、环境友好型社会，才能够保持或恢复生态平衡，实现人与自然的协调发展。

四、生态学的一般规律

1. 相互依存与相互制约规律

相互依存与相互制约，反映了生物间的协调关系，是构成生物群落的基础。生物间的这种协调关系，主要包含以下两类。

(1)“物物相关”规律　生态系统中生物之间普遍的依存与制约，亦称“物物相关”规律。有相同生理、生态特性的生物，占据与之相适宜的生境，构成生物群落或生态系统。系统中不仅同种生物相互依存、相互制约，异种生物(系统内各部分)间也存在相互依存与制约的关系；不同群落或系统之间，也同样存在依存与制约关系，亦可以说彼此影响。这种影响有些是直接的，有些是间接的，有些是立即表现出来的，有些需滞后一段时间才显现出来。简而言之，生物间的相互依存与制约关系，无论在动物、植物和微生物中，或在它们之间，都是普遍存在的。改变其中任何一个组分，势必对其他组分产生直接或间接、或大或小的影响。因此，在生产建设中，特别是在需要排放废弃物、施用农药化肥、采伐森林、开垦荒地、猎捕动物、修建大型水利工程及其他重要建设项目时，务必注意调查研究，查清自然界诸事物之间的相互关系，统筹兼顾，即要对与某事物有关的其他事物加以认真的、通盘的考虑，包括考虑此种生产活动可能会产生的影响（短期的和长期的，明显的和潜在的），从而作出全面安排。

（2）“相生相克”规律　生态系统中，通过“食物”而相互联系与制约的协调关系，亦称“相生相克”规律。具体形式就是食物链与食物网，即每一种生物在食物链或食物网中，都占据一定的位置，并具有特定的作用。各生物种之间相互依赖、彼此制约、协同进化。被食者为捕食者提供生存条件，同时又为捕食者控制；反过来，捕食者又受限于被食者，彼此相生相克，使整个体系（或群落）成为协调的整体。或者说，体系中各种生物个体都建立在一定数量的基础上，即它们的大小和数量都存在一定的比例关系。生物体间这种相生相克作用，使生物保持数量上的相对稳定，这是生态平衡的一个重要方面。当向一个生物群落（或生态系统）引进其他群落的生物种时，往往会由于该群落缺乏能控制它的物种（天敌）存在，使该物种种群暴发起来，从而造成灾害。

2. 物质循环转化与再生规律（即“能流物复”规律）

在生态系统中，能量在不断地流动，物质在不停地循环。但是，通常在自然生态系统中，能量只能通过生态系统一次，当沿食物链转移时，每经过一个层次（营养级），就有一大部分转化为热而逸散到外界，无法再回收利用，因此，为了充分利用能量，必须设计出能量利用率高的系统。如在农业生产中应设计出对农业资源（如谷物、饲料、秸秆、加工剩余物、畜禽排泄物等）加以多级利用的系统。为防止食物链过早截断，过早转入细菌分解，农业废弃物不宜直接作为肥料，最好先作为饲料，使之更有效地利用能量。物质则与能量不同，通常，物质（植物、动物、微生物和非生物成分等）在生态系统中反复地进行循环，一方面不断地从自然界摄取物质并合成新的物质，另一方面又随时分解为原来的简单物质，即所谓“再生”，重新被植物所吸收，进行着不停顿的物质循环，其中有些还会通过食物链在生物内发生富集。因此，要严格防止有毒物质进入生态系统，以免有毒物质经过多次循环富集到危及人类的程度，对人类造成直接或间接危害。通常应控制进入环境中的有毒物质的量及寻找和发现它们进入环境的地点、渠道及其迁移、转化规律，以便加以有效的控制。

一般而论，植物是整个自然生态系统能量来源的基础，通过对太阳能的转化和食物链的传递而在整个生态系统中流动，遵从10%递减定律。物质在生态系统中动、植物及微生物之间不断地进行分解、合成、反复循环转化。

3. 物质输入输出的动态平衡规律（协调稳定规律）

这里所指的物质输入输出的动态平衡规律，又称协调稳定规律（即只有各部分协调的生态系统才是稳定的），它涉及生物、环境和生态系统三个方面。当一个自然生态系统不受人类活动干扰时，生物与环境之间的输入与输出，是相互对立的关系，生物体进行输入时，环境必然进行输出，反之亦然。生物体一方面从周围环境摄取物质，另一方面又向环境排放物质，以补偿环境的损失（这里的物质输入与输出，包含着量和质两个指标）。也就是说，对于一个稳定的生态系统，无论对生物、对环境，还是对整个生态系统，物质的输入与输出总是相平衡的。

简而言之，当自然生态系统未受到人类活动干扰时，其生物与环境间的物质输入输出是相对平衡的。人类活动的干预往往会打破这种平衡，造成某些物质的贫乏和过量。最为典型的例子就是生活污水排入水体，造成水体富营养化。

当生物体的输入不足时，例如农田肥料不足，或虽然肥料足够但未能分解而不可利用，或施肥的时间不当而不能很好地利用，结果作物生长不好，产量下降。同样，在质的方面，也存在输入大于输出的情况。例如人工合成的难降解的农药和塑料或重金属元素，生物体吸收的量虽然很少，也会产生中毒的现象。即使数量极微，它也会积累并逐渐造成危害。

另外，对环境系统而言，如果营养物质输入过多，环境自身吸收不了，打破了原来的输入输出平衡，就会出现富营养化现象，如果这种情况继续下去，势必毁掉原来的生态系统。

综上所述，在开发利用自然资源时，应特别注意保持生态系统中的合理结构，以维持生态系统自然机制的正常运行，确保系统稳定，防止因过度利用而导致资源枯竭，系统瓦解。

4. 相互适应与补偿的协同进化规律

生物与环境之间，存在着作用与反作用的过程。或者说，生物给环境以影响，反过来环境也会影响生物。植物从环境吸收水和营养元素，这与环境的特点（如土壤的性质、可溶性营养元素的量以及环境可以提供的水量等）紧密相关。同时，生物体则以其排泄物和尸体把相当数量的水和营养素归还给环境，最后获得协同进化的结果。例如最初生长在岩石表面的地衣，由于没有多少土壤可供着“根”，当然所得的水和营养元素十分少。但是，地衣生长过程中的分泌物和尸体的分解，不但把等量的水和营养元素归还给环境，而且还生成不同性质的物质，能促进岩石风化而变成土壤。这样环境保存水分的能力增强了，可提供的营养元素也加多了，从而为高一级的植物苔藓创造了生长的条件。如此下去，以后便逐步出现了草本植物、灌木和乔木。生物与环境就是如此反复地相互适应和补偿。生物从无到有，从只有植物或动物到动、植物并存，从低级向高级发展，而环境则从光秃秃的岩土，向具有相当厚度的、适于高等植物和各种动物生存的环境演变。可是，如果因为某种原因，损害了生物与环境相互补偿与适应的关系，例如某种生物过度繁殖，则环境就会因物质供应不及而造成生物的饥饿死亡，从而进行报复。

自然状态下平衡的生态系统并不一定是最优生态系统，人类的干预虽然会冲破原有生态平衡阈，但并非一定就是坏事。因为要想成功地改造自然，首先就是要在破坏原有生态平衡的前提下才能完成。每一个地方，都有其特定的自然和社会经济条件组合，构成独特的区域生态系统，同时，这种区域生态系统也随时间发生变化，因而在开发利用和经营管理时，都必须适合它们的特点，因此，在对某特定地区、特定时期的生态系统采取某种行为时，必须遵守“因地因时制宜”的原则。

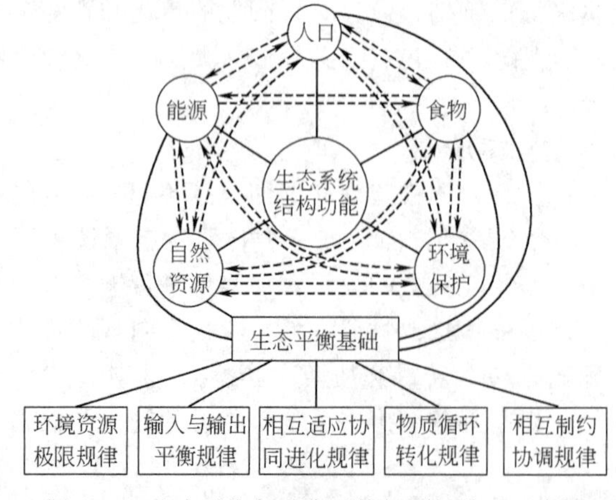

图 1-10　生态平衡与五大环境问题的关系示意图

5. 环境资源的有效极限规律

任何生态系统中作为生物赖以生存的各种环境资源，在质量、数量、空间和时间等方面，都有其一定的限度，不能无限制地供给，因而其生物生产力通常都有一个大致的上限。因此，每一个生态系统对任何的外来干扰都有一定的忍耐极限，当外来干扰超过此极限时，生态系统就会被损伤、破坏，以致瓦解。所以，放牧强度不应超过草场的允许承载量；采伐森林、捕鱼狩猎和采集药材时不应超过能使各种资源永续利用的产量；保护某一物种时，必须要有足够它生存、繁殖的空间；排污时，必须使排污量不超过环境的自净能力等。

总之，自然生态环境是一种有生命力的、富有弹性和代谢功能的、具有自我组织和自我调节能力的耗散结构，可以在压力不超过生态阈限的情况下提高自身的功能，为人类提供更多的物质财富和优化的生态环境。但外界干扰一旦超过生态阈限，生态系统就会破坏，甚至瓦解。

以上讨论的生态学规律，也是生态平衡的基础。生态平衡以及生态系统的结构与功能，又与人类当前面临的人口、食物、能源、自然资源、环境保护五大社会问题紧密相关。图1-10概括地表示了它们之间的相互关系。解决这五大环境问题，许多科学家都认为，核心是控制人口的增长。

第三节　地质作用与第四纪地质

一、地质作用

（一）地质作用的概念及能量来源

地质作用是指由于各种自然营力（亦称地质营力）引起地壳或岩石圈的物质组成、内部结构和地壳形态发生运动、变化和发展的作用。地质学中，把引起这些变化的各种自然营力称为地质营力，地质作用所产生的现象称为地质现象。地球上的各种地质现象都是地质作用的结果，是地质作用的客观物质记录。例如，地球内部应力释放和物质迁移形成的地震、火山，构造运动产生的岩层变形和位移，流水作用产生的峡谷、冲积平原、阶地等。地质作用是地壳形成以来极为普遍的自然现象，各种地质作用无时无刻不在发生、发展着，有的地质作用进行得很快（例如火山喷发、地震、山崩、泥石流等），易于被人察觉；有的地质作用进行得非常缓慢（例如地壳运动等），往往不易直接察觉。各种地质作用既有破坏性，又有建设性，既相互独立，又相互联系，不断地推动着岩石圈的演化与发展。

产生地质作用的能量来源有两类。①内能，即来自地球内部的能量，称内地质营力（亦称为内地质动力），主要包括地球旋转能、重力能、热能（放射能）、化学能、结晶能等。内能主要作用于岩石圈，甚至整个地球。②外能，来自地球外部的能量，称为外地质营力（亦称外地质动力），主要包括太阳辐射能、日月引力能（潮汐能）、陨石撞击能、生物能等。外能（外地质营力）主要作用于地壳表层。需要说明，人类活动属于生物能的一部分，自20世纪以来，人类活动（尤其是工程建设）以空前的规模和速度迅猛发展，对地球的表层产生了巨大的影响，已成为一种特殊的、巨大的地质营力（有人称之为第三地质营力）。

（二）地质作用的分类

通常，根据能源（地质营力）不同，把地质作用分为内力地质作用和外力地质作用两大类。由内地质营力产生的地质作用称为内力地质作用（也称内动力地质作用，简称内力作用）；由外地质营力产生的地质作用称为外力地质作用（也称外动力地质作用，简称外力作用）。有时也常将人类活动从外力地质作用中单独划分出来，称为人类地质作用或人为地质作用。每大类又可根据地质作用的性质、方式和结果的不同再进一步划分。例如，将内力地质作用细分为地壳运动（构造运动）、岩浆作用、变质作用、地震作用4种；将外力地质作用分为风化作用、剥蚀作用、搬运作用、沉积作用、重力地质作用、成岩作用等6类（图1-11）。

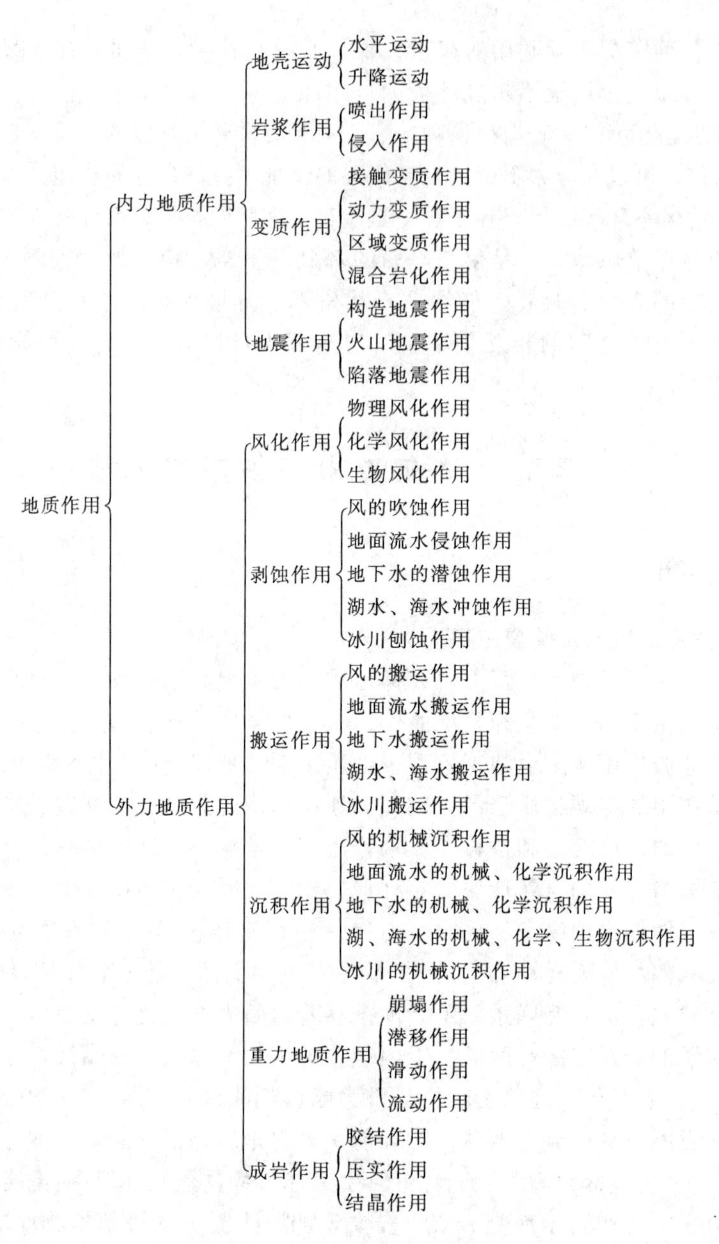

图 1-11 地质作用分类图

1. 内力地质作用（内动力地质作用）

内力地质作用是来自地球的内部动力产生的作用，内动力地质作用是岩石圈演化和发展的主要原因，主要包括以下几个方面。

(1) 地壳运动　也称构造运动。主要是岩石圈的机械运动，如大陆板块的漂移、海底扩张、区域性沉降和上隆、岩层褶皱和断裂等。地壳运动常表现为升降运动和水平运动两种方式，其产物为各种地质构造。

(2) 岩浆作用　岩浆的形成、运移直至冷凝固结成岩的过程。所形成的岩石称岩浆岩。地表以下冷凝成岩者称侵入岩，喷出地表冷凝成岩者称火山岩。

(3) 变质作用　岩石圈内原有岩石在温度、压力和化学活动性流体等因素影响下，使原岩基本保持固态状态下发生结构、构造及物质成分的变化，从而转变成新岩石的过程。由变质作用所形成的岩石称变质岩。按原因分为接触变质作用、动力变质作用、区域变质作用和混合岩化作用。

（4）地震作用　地震是地球内部积蓄的能量造成岩石圈破裂而突然释放引起地面快速颤动的现象，是由于地震波的传播引起大地快速振动的作用。简言之，地震就是大地的快速振动。地震的孕育、发生和产生余震的全部过程称为地震作用。地震引起地壳物质迁移、地表形态变化，导致山崩地裂，屋倒人亡，给人类带来巨大的危害，是最严重的地质灾害之一。按地震产生原因可分为构造地震作用、火山地震作用和陷落地震作用。

2. 外力地质作用（外动力地质作用）

外力地质作用是由地球外部动力引起的地质作用。外力地质作用使地表形态发生变化，能引起地壳表层化学元素的迁移、分散和富集。外力地质作用一般是按照风化作用、剥蚀作用、搬运作用、沉积作用和成岩作用的顺序进行的。其作用方式有以下几种。

（1）风化作用　在温度变化、大气、水和生物等作用下，岩石、矿物在原地发生变化的作用。按其性质分为物理风化作用、化学风化作用和生物风化作用。

（2）剥蚀作用　该作用主要是指风、地面流水、地下水、海洋、湖泊、冰川等地质营力使岩石破坏并脱离原地的过程。按动力来源可分为风的吹蚀作用、流水的侵蚀作用、地下水的潜蚀作用、冰川的刨蚀作用等。按作用方式可分为机械侵蚀、化学溶蚀及生物剥蚀作用。

（3）搬运作用　风化、剥蚀作用的产物被迁移到他处的过程。由于搬运介质的不同，可分为风的搬运作用、流水的搬用作用、冰川的搬运作用等。

（4）沉积作用　当搬运动力的动能减小、搬运介质的物理化学条件发生变化或者在生物的作用下，被搬运的物质在新的环境下沉淀或堆积的过程称为沉积作用。按沉积方式分为机械沉积作用、化学沉积作用和生物沉积作用。

（5）成岩作用　松散的沉积物被压实、固结而形成坚硬岩石的过程。主要作用方式有压固作用、胶结作用、重结晶作用、交代作用、氧化还原作用和压溶作用等。沉积物经成岩作用，形成具成层构造的岩石——沉积岩。

（6）重力地质作用　地壳表层斜坡上的各种风化产物、基岩及松散沉积物等由于本身的重力作用，在各种外因促成的条件下产生的运动过程。按运动方式分为崩塌作用、潜移作用、滑动作用、流动作用等。

3. 人类的地质作用（人为地质作用）

人类的地质作用，亦称人为地质作用，是指由人类活动引起的地壳内部结构、地表形态发生变化和物质迁移的作用。主要包括人类的侵蚀作用、搬运作用和堆积（排放）作用。

（1）人类的侵蚀作用　①对地壳的侵蚀（破坏）作用。在采掘固体矿产，开采石油、天然气和地下水，建设地下工程的过程中，人类破坏了地壳的结构和构造，破坏了地壳各部分之间的联系，使岩石发生解体，加速了风化、侵蚀过程的进行。改变了岩石的空间分布状态、地应力状态以及地下水系，形成对地壳的侵蚀（破坏）作用，导致了地面变形（主要包括地面沉降、地面塌陷、地裂缝等）和咸水入侵等地质灾害的发生，破坏了地质环境和生态平衡。例如，目前，我国已建8万余座电站、6万多公里铁路、200多座金属矿山、500多座大型煤矿，这些工程活动对地表的改造作用非常显著，其强度甚至超过了流水、风力等外动力地质作用。②对地表的侵蚀（改造）作用。人类为了各种需要而改变地表的形态，形成各种人为景观，如围海（湖）造田、山坡梯田、人工水库、河流改道以及城市化建设和大量的工程建筑、铁路和公路建设等。加上人类的农业活动，极大地改变了地貌景观、土壤的成分和植被的发育，干扰和改变了地质环境原有的特征和规律，造成了地壳应力状态、地表形态及地下水系的改变，加速了风化作用的进程，破坏了生态平衡，使环境不断恶化。地表的侵蚀（改造）作用，可诱发地震，引起崩塌、滑坡、泥石流等地质灾害，可使土壤沙漠化、盐渍化和水土流失。

（2）人类的搬运和堆积（排放）作用　①人类的采矿、工程建设的开挖工程等工程活动每年均要移动大量的地壳物质，可与河流的搬运作用相比。②人类活动在地面上形成了大量人工堆积物、排放物（例如工业废渣、生活垃圾等），可与河流近代沉积物相比。目前，各种人类工程建筑约占整个大陆面积的15%。③工业“三废”（废水、废气、废渣）和生活污水严重地污染了水圈和大气层，破坏生态平衡，危害人类健康。

二、第四纪地质

地质年代中第四纪时期是距今最近的地质年代。在第四纪历史上发生了两大变化，即人类的出现和冰川作用。而第四纪时期沉积的历史相对较短，一般又未经固结硬化成岩作用，因此在第四纪形成的各种沉积物通常是松散的、软弱的、多孔的，与岩石的性质有着显著的差异，有时就笼统地称之为松散沉积物。

第四纪沉积物是坚硬岩石经长期地质作用后的产物，广泛分布于地球的陆地和海洋，它是由岩石碎屑、矿物颗粒组成的，其间孔隙中充填着水和气体，因而构成由固相、液相、气相组成的三相体系。

第四纪沉积物的形成是由地壳表层坚硬岩石在漫长的地质年代里，经过风化、剥蚀等外力作用，破碎成大小不等的岩石碎块或矿物颗粒，这些岩石碎块在斜坡重力作用、流水作用、风力吹扬作用、剥蚀作用、冰川作用以及其他外力作用下被搬运到适当的环境下沉积成各种类型的土体。土体在形成过程中，岩石碎屑物被搬运，沉积通常按颗粒大小、形状及矿物成分做有规律的变化，并在沉积过程中常因分选作用和胶结作用而使土体在成分、结构、构造和性质上表现有规律性的变化。

第四纪堆积物主要根据其形成的地质作用、沉积环境和岩性特征等因素，划分若干成因类型。为便于对比，现将第四纪堆积物主要类型的特征列于表1-3，供参考。

下面以华北地区为例，简要说明第四纪地层的沉积特点。这里所指华北地区的范围是东起海滨，西至甘肃东部，北至内蒙古，南到河南中部，包括华北平原和黄土高原的大部分地区。本区第四纪堆积类型复杂，地层发育较完全。下更新统以河湖相沉积为主；中更新统以坡积、洪积为主，局部地区有洞穴堆积；上更新统以冲洪积、风积为主，局部地段有洞穴堆积。在太行山、北京西山和秦岭等地尚发现有古冰川遗迹。

华北地区的标准地层有下更新统的泥河湾组、中更新统的周口店组、上更新统的马兰组及全新统的近代河流堆积。

（1）泥河湾组（Q_1）　泥河湾的标准剖面在河北省阳原县泥河湾村。1948年第18届国际地质会议后，将泥河湾组与意大利维拉弗朗组对比，作为我国北方下更新统的标准层。泥河湾组发育在桑干河50m高的阶地上，属河流、湖泊相沉积。从岩性和沉积建造上看，可分成上、下两部分：上部为灰黄、棕红色沙质黏土夹沙砾，沉积物较粗；下部为灰白、灰绿和棕红色沙质黏土及灰白色泥灰岩，沉积物较细。总厚度达百余米。泥河湾组含丰富的哺乳动物及软体动物化石。哺乳动物以长鼻三趾马和真马为代表，称长鼻三趾马-真马动物群。泥河湾组上、下两部分存在一明显的剥蚀面。根据其不同性质可划分为：上部为早更新世晚期（间冰期的产物）；下部为早更新世早期或上新世晚期（冰期产物）。

表 1-3　第四纪堆积物主要成因类型特征简表

项目 \ 特征 \ 类型		残积物(el)	坡积物(dl)	洪积物(pl)	冲积物(al)		湖沼物(al-f)包括牛轭湖相	冰积物(gl+fgl)	风积物(eol)
					山　区	平　原			
概念		残留原地未经搬运的基岩的风化物	面状水流冲刷。在斜坡上的堆积物	暂时洪流的堆积	常年流水的河流堆积物		湖盆、沼泽及牛轭湖内堆积物	冰川作用及冰融水的堆积物	风力吹扬作用形成的堆积物
原始地形		分水岭、夷平面及平缓斜坡	斜坡山麓	山前、山麓地带	河谷(窄直)	河谷(宽、弯曲)	低凹盆地、河间洼地、古河槽	冰谷、垄岗、平原	低缓平原
构成地貌		残丘、夷平面	坡积裙	洪积扇 $i<10°$ 洪积锥 $i>10°$ 洪积裙、洪积平原	河床浅滩与深槽或河漫滩阶地	河床浅滩(边滩与心滩)、河漫滩、冲积平原、三角洲	湖积平原、沼泽牛轭湖(冲积物)	终碛垄、冰积丘陵、冰积平原、冰水扇冰湖等	沙丘风积平原
地质营力及水流状态		风化作用	面状流水	线状流水(水槽不固定)	线状流水(水槽固定)		地表滞水	冰川、冰融水	风力
搬运途径		未经搬运	近	稍远	稍远—远		远—很远	较远—远	较近、稍近
岩石成分特征		与下伏基岩同	细土状物加基岩碎块	卵砾石—中细沙—亚沙土(远离沟口方向)	卵砾石—含砾的沙	卵砾石—中细沙—粉沙—亚沙土—亚黏土	粉细砂—亚黏土—淤泥(色暗黑)夹腐泥及泥炭层	漂砾、泥砾混杂,色灰绿—绛红、棕黄	沙粒,色黄褐—黄橙
分选程度		无	不好	不好—较好	不好—较好	好	好	极差—稍好	极好
磨圆程度		带棱角	不好	不好—较好	不好—较好	好	好	差—稍差	极好
构造		无层理	层理不显或平行斜坡微层理	层理不显—显	不显—显(单元—二元结构)	水平层理清晰(二元—多元结构)	具水平层理、层次多、牛轭湖显透镜状	无层理、有磨光面及凹坑	具斜交层理
厚度		不定	薄	厚—薄	薄—稍厚	稍厚—厚	薄—稍厚	不定	不定
岩相变化	纵向(水平)	—	裙:顶部—边缘 粗—细	扇:顶部—边缘 粗—细	上游—下游 粗—细	上游—下游 粗—细	大湖盆 湖岸—湖心 粗—细	—	顺风力前进方向物质由粗变细
	横向	—	—	粗与细相间排列(垂直洪积扇轴向)	河床、漫滩	河床、漫滩、牛轭湖相配置	—	据冰碛物分布位置分:底碛、内碛、表碛、侧碛、中碛等	—
	垂直(上下)	上—下 细—粗	—	新老洪积扇常上下叠置及嵌入状态	单元结构	二元结构上部细下部粗	—	—	—

注:第四纪堆积物常呈混合类型,如:dl-pl、pl-al、al-dl 等。

泥河湾组在我国北方分布广泛，如河北、河南、山西、陕西等地区大型的山间盆地及河谷中的一些地层均可与泥河湾组进行对比。

(2) 周口店组 (Q_2) 周口店位于北京西南房山区，为举世闻名的中国猿人的故乡。

周口店组以奥陶纪灰岩中的沿穴堆积为代表。周口店第一地点（即猿人化石产地）的堆积物厚约 40m，根据不同岩性自上而下共划分十三层。其中第八、九层为含化石的角砾岩层，化石丰富完整，并夹有灰烬。完整的北京猿人头盖骨化石即在本层发现。另第四层也为含化石的灰烬层。它含较多的石器和用火的遗迹。周口店组动物群的代表为中国猿人和肿骨鹿，故称中国猿人-肿骨鹿动物群。与周口店组同期的土类堆积为红色土，称周口店期红土。一般呈微红色，颗粒组分为亚黏土或亚沙土，胶结致密，干时性坚硬，常夹钙质结核及古土壤层。在山西黄土高原地区与该层对应的是离石黄土。离石黄土可分上、下两层，分别代表中更新世的早期和晚期。在陕西蓝田公王岭一带，中更新统称泄湖组，为河流冲积的沙砾石及红色土堆积。

(3) 马兰组 (Q_3) 马兰位于北京西部门头沟马兰村。在马兰村所在的阶地上有典型的黄土堆积，称马兰黄土。马兰黄土在华北地区分布甚广，在陕、晋、陇东组成黄土高原。其成因以风成为主，其次有冲洪积等类型。

内蒙古河套南部的萨拉乌苏组，也是上更新统的标准地层。出露在内蒙古萨拉乌苏河两岸，为河湖相堆积，岩性为灰黄和灰绿色粉细沙及黄土状土。在该地层中发现“河套人”和大量哺乳动物化石，称萨拉乌苏动物群。

周口店山顶洞的洞穴堆积为灰色土，含石英岩碎块，含大量哺乳动物化石及石器、骨器等，还有“山顶洞人”使用的装饰品，如骨针、穿孔石珠等。山顶洞动物群中尚有代表南方温暖气候的动物，如香猫、猎豹等。这说明在更新世结束时，中国南北两动物区有相通之处。

(4) 现代堆积层 (Q_4) 现代堆积在华北平原区发育较好，以河、湖相沉积为主，夹海相层。华北平原上主要为灰黄色的亚沙土、亚黏土及沙砾；在平原东部普遍夹有灰色和黑色淤泥及泥炭层；在滨海一带还夹有海相层，厚约 15～40m。

在自然界，不同成因的第四纪沉积物的分布往往与一定的地貌形态相对应。例如，河流冲积物一般多布于河流阶地（参见图 1-12），洪积物主要分布于山前地带（图 1-13），等等。

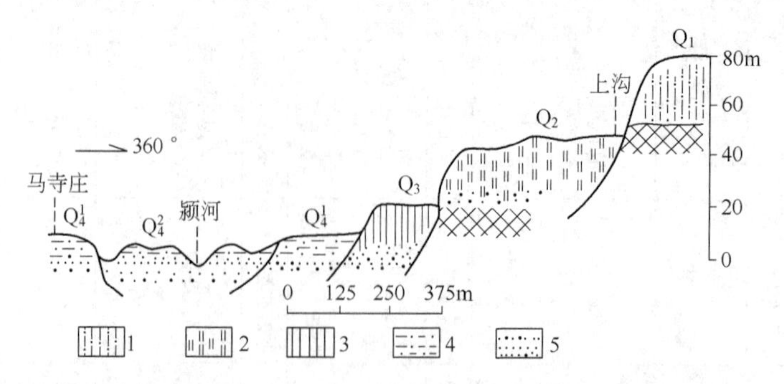

图 1-12 河南登封马寺庄-上沟颍河河床第四系剖面图（引自河南区调队，1989，略有改动）

1—下更新统 (Q_1) 冰碛层；2—中更新统 (Q_2) 冲洪积红色粉质黏土或黏土；

3—上更新统 (Q_3) 土黄色黏质沙土；4—全新统下部 (Q_4^1) 冲积沙层；

5—全新统上部 (Q_4^2) 冲积沙砾石层

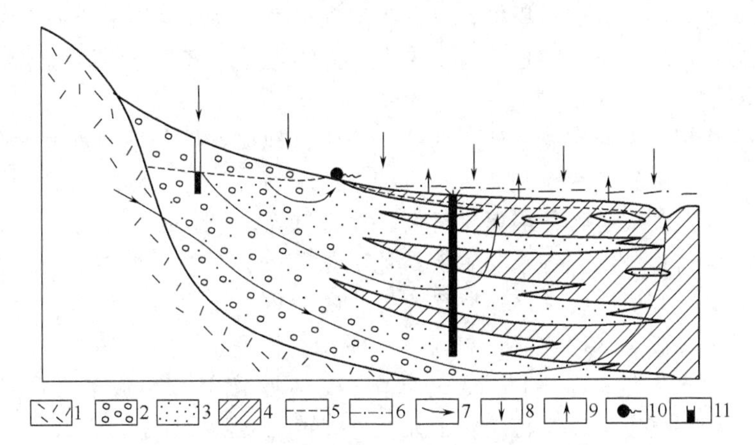

图 1-13　半干旱地区洪积扇水文地质示意剖面图

1—基岩；2—砾石；3—沙；4—黏性土；5—潜水位；6—承压水测压水位；7—地下水流线；8—降水入渗；9—蒸发排泄；10—下降泉；11—井，涂黑部分有水

第四节　地质灾害概述

一、地质灾害的概念及类型与分级

所谓地质灾害是指各种地质作用和人类活动所形成的灾害性地质事件。即地质灾害是指各种天然的和人为的地质作用对人类生命财产、生产活动及人类的生存和发展所造成的危害。由地质灾害的定义可知，地质灾害的内涵包括两个方面，即致灾的动力条件和灾害事件的后果。

地质灾害是由地质作用产生的，包括内外动力地质作用。随着人类活动规模的不断扩展，人类活动对地球表面形态和物质组成正在产生愈来愈大的影响，因此，在形成地质灾害的动力中还包括人为活动对地球表层系统的作用，即人为地质作用。

地质灾害的形成是致灾地质作用与受灾对象（人、物、设施）相遭遇的结果。没有致灾作用，灾害无法发生；而若作用遇不到有价值的受灾对象，造不成损失，也不能称为灾害。致灾作用是主导因素，受灾对象是被动客体。地质灾害的类型常按致灾地质作用的性质和其他特点进行划分，而灾害的大小则以受灾对象的损失大小（规模、价值）加以评估。

1. 地质灾害的类型

目前对地质灾害的灾种范围有多种不同的认识，大致可分为两类。

① 把由地质作用引起或地质条件恶化导致的自然灾害都划归为地质灾害，主要包括地震、火山、崩塌、滑坡、泥石流、地面沉降、地裂缝、水土流失、土地荒漠化、海水入侵、部分洪水灾害、海岸侵蚀、地下水污染、地下水水位升降、地方病、矿井突水溃沙、岩爆、煤与瓦斯突出、煤层自燃、冻土冻融、水库淤积、水库及河湖塌岸、特殊岩土地质灾害、冷浸田等。

② 仅限于以岩石圈自然地质作用为主导因素而形成的自然灾害，主要包括地震、火山、崩塌、滑坡、泥石流、地面塌陷、地面沉降、地裂缝、海水入侵、特殊土类灾害等十几种。

地质灾害类型划分是灾害地质学的一个重要的基本理论问题，地质灾害的分类应具有实用性、层次性、关联性等特性。按不同的原则，地质灾害有多种分类方案。

（1）按空间分布状况分　地质灾害可分为陆地地质灾害和海洋地质灾害两个系统。陆地地质灾害又分为地面地质灾害和地下地质灾害；海洋地质灾害又分为海底地质灾害和水体地质灾害。

（2）按地质作用的性质和发生处所划分　按致灾地质作用的性质和发生处所进行划分，常见地质灾害共有12类48种。它们是：①地壳活动灾害，如地震、火山喷发、断层错动等；②斜坡岩土体运动灾害，如崩塌、滑坡、泥石流等；③地面变形灾害，如地面塌陷、地面沉降、地面开裂（地裂缝）等；④矿山与地下工程灾害，如煤层自燃、洞井塌方、冒顶、偏帮、鼓底、岩爆、高温、突水、瓦斯爆炸等；⑤城市地质灾害，如建筑地基与基坑变形、垃圾堆积等；⑥河、湖、水库灾害，如塌岸、淤积、渗漏、浸没、溃决等；⑦海岸带灾害，如海平面升降、海水入侵、海崖侵蚀、海港淤积、风暴潮等；⑧海洋地质灾害，如水下滑坡、潮流沙坝、浅层气害等；⑨特殊岩土灾害，如黄土湿陷、膨胀土胀缩、冻土冻融、沙土液化、淤泥触变等；⑩土地退化灾害，如水土流失、土地沙漠化、盐碱化、潜育化、沼泽化等；⑪水土污染与地球化学异常灾害，如地下水质污染、农田土地污染、地方病等；⑫水源枯竭灾害，如河水漏失、泉水干涸、地下含水层疏干（地下水位超常下降）等。

（3）按灾害的成因划分　致灾地质作用都是在一定的动力诱发（破坏）下发生的。诱发动力有的是天然的，有的是人为的。据此，地质灾害也可按动力成因概分为自然地质灾害、人为地质灾害和复合型三大类。自然地质灾害发生的地点、规模和频度，受自然地质条件控制，不以人类历史的发展为转移。人为地质灾害受人类工程开发活动制约，常随社会经济发展而日益增多。所以防止人为地质灾害的发生已成为地质灾害防治的一个侧重方面。自然与人为复合型具有上述方面的综合成因和特征。

（4）按地质环境变化的速度划分　地质灾害的发生、发展进程，有的是逐渐完成的，有的则具有很强的突然性。据此，又可将地质灾害概分为渐变性地质灾害和突发性地质灾害两大类。前者如地面沉降、水土流失、水土污染等；后者如地震、崩塌、滑坡、泥石流、地面塌陷、地下工程灾害等。渐变性地质灾害常有明显前兆，对其防治有较从容的时间，可有预见地进行，其成灾后果一般只造成经济损失，不会出现人员伤亡。突发性地质灾害突然，可预见性差，其防治工作常是被动式地应急进行。其成灾后果，不光是经济损失，也常造成人员伤亡，故是地质灾害防治的重点对象。

2. 地质灾害分级

地质灾害分级反映了地质灾害的规模、活动频次及其对人类与环境的危害程度。通常，地质灾害可从不同角度进行分级。

（1）灾变分级　是对地质灾害活动强度、规模和频次的等级划分。一般可根据地质灾害活动规模，对崩塌（危岩）、滑坡、泥石流、地面塌陷、地裂缝、地面沉降、海水入侵、膨胀土等灾害进行较详细的灾变等级划分（表1-4）。

表1-4　地质灾害灾变等级划分表

灾　种	指　标	灾变等级			
		特大型	大　型	中　型	小　型
崩滑(危岩)	体积/$10^4 m^3$	>100	100～10	10～1	<1
滑坡	体积/$10^4 m^3$	>1000	1000～100	100～10	<10
泥石流	堆积物体积/$10^4 m^3$	>50	50～20	20～2	<2
地面塌陷	影响范围/km^2	>10	1～10	0.1～1	<0.1

续表

灾种	指标	灾变等级			
		特大型	大型	中型	小型
地裂缝	地裂缝长/km,地面影响宽度/m	>1,>20	>1,10~20	>1,3~10或<1,10~20	>1,<3或<1,<10
地面沉降①	沉降面积/km^2 累计沉降量/km^2	>500 >2.0	500~1000 2.0~1.0	100~10 1.0~0.5	<10 <0.5
海水入侵	入侵面积/km^2	>500	500~100	100~10	<10
膨胀土	分布面积/km^2	>100	100~10	10~1	<1

① 地面沉降灾变等级的两个指标不在同一级次时，按从高原则确定灾害等级。

注：据国土资源部《地质灾害调查与评估》(2004) 及张梁等人资料。

(2) 灾度分级　主要反映灾害事件发生后所造成的破坏和损失程度。根据一次灾害事件所造成的人员伤亡和直接经济损失，地质灾害的灾度等级可划分为特大型灾害、大型灾害、中型灾害和小型灾害四级（表 1-5）。

表 1-5　地质灾害灾度等级划分表

灾度等级①	死亡人数/人	直接经济损失/万元	灾度等级①	死亡人数/人	直接经济损失/万元
特大型	>30	>1000	中型	3~10	100~500
大型	10~30	1000~500	小型	<3	<100

① 灾度的两项指标不在一个级次时，按从高原则确定灾害等级。

注：据《地质灾害防治条例》(国务院令第 394 号)，2003 年。

(3) 危害程度分级　是对可能发生的地质灾害危害程度的预测分级。根据受威胁人数和直接经济损失可把地质灾害危害程度分为：特重、重、中等、轻四级（表 1-6)。

表 1-6　地质灾害危害程度分级

危害程度分级 / 指标	特重	重	中等	轻
受威胁人数/人	>1000	100~1000	10~100	<10
直接经济损失/万元	>1000	500~1000	100~500	<100

注：据国土资源部《地质灾害调查与评估》(2004)。

(4) 地质灾害危险性分级　有时也称为地质灾害风险等级，即在地质灾害易发区，对村镇、建设工程、规划区等遭受地质灾害的可能性和潜在危险性进行概率分析和评估（包括现状评估、预测评估和综合评估)。通常，根据地质灾害发育程度和危害程度，把地质灾害危险性分为三级：危险性大（地质灾害强发育，危害大，高度风险)、中等（地质灾害中等发育，危害中等，中度风险)、小（地质灾害发育弱，危害小，轻度风险)。

上述四种分级是基于不同目的而提出的，彼此不能相互取代。对经济发达地区而言，地质灾害危害程度分级和危险性分级更应予以重视。由于地质灾害区域性分布的特点、经济发展水平和科学技术水平等因素的影响，地质灾害分级既要有统一标准，也要考虑地区特点。

二、地质灾害的属性特征、发育概况和分布规律

(一) 地质灾害的属性特征

地质灾害既是一种自然现象，又对人类社会的生产和生活造成严重的影响。因此它既具有自然属性，又具有社会经济属性。自然属性是指与地质灾害的动力过程有关的各种自然特

征，如地质灾害的规模、强度、频次以及灾害活动的孕育条件、变化规律等。社会经济属性主要指与成灾活动密切相关的人类社会经济特征，如人口和财产的分布、工程建设活动、资源开发、经济发展水平、防灾能力等。由于地质灾害是自然动力作用与人类社会经济活动相互作用的结果，故二者是一个统一的整体。地质灾害的属性特征综述如下。

（1）地质灾害的必然性与可防御性　地质灾害是地球物质运动的产物，是伴随地球运动而生并与人类共存的必然现象。然而，人类在地质灾害面前并非无能为力。通过研究灾害的基本属性，揭示并掌握地质灾害发生、发展的条件和分布规律，进行科学的预测预报和采取适当的防治措施，就可以对地质灾害进行有效的防御，从而减少和避免灾害造成的损失。据统计，自1998年至2005年的7年间，我国依靠群测群防，全国共成功避让地质灾害1800多起，避免了十多万人的伤亡，减少经济财产损失数十亿元。

（2）地质灾害的随机性和周期性　地质灾害是在多种动力作用下形成的，其影响因素更是复杂多样。因此，地质灾害发生的时间、地点和强度等具有很大的不确定性。可以说，地质灾害是复杂的随机事件。受地质作用周期性规律的影响，地质灾害也表现出周期性特征，多具有季节性规律。

（3）地质灾害的突发性和渐进性　按灾害发生和持续时间的长短，地质灾害可分为突发性灾害和渐进性地质灾害两大类。突发性地质灾害大都以个体或群体形态出现，具有骤然发生、历时短、爆发力强、成灾快、危害大的特征。如地震、火山、滑坡、崩塌、泥石流等均属突发性地质灾害。渐进性地质灾害是指缓慢发生的，以物理的、化学的和生物的变异、迁移、交换等作用逐步发展而产生的灾害。这类灾害主要有土地荒漠化、水土流失、地面沉降、煤田自燃等。渐进性地质灾害不同于突发性地质灾害，其危害程度逐步加重，涉及的范围一般比较广，尤其对生态环境的影响较大，所造成的后果和损失比突发性地质灾害更为严重，但不会在瞬间摧毁建筑物或造成人员伤亡。

（4）地质灾害的群体性和诱发性　许多地质灾害不是孤立发生或存在的，前一种灾害的结果可能是后一种灾害的诱因或是灾害链中的某一环节。在某些特定的区域内，受地形、区域地质和气候等条件的控制，地质灾害常常具有群发性的特点。崩塌、滑坡、泥石流、地裂缝等灾害的这一特征表现得最为突出。这些灾害的诱发因素主要是地震和强降雨过程，因此在雨季或强震发生时，常常引发大量的崩塌、滑坡、泥石流或地裂缝灾害。

（5）地质灾害的成因多元性和原地复发性　不同类型地质灾害的成因各不相同，大多数地质灾害的成因具有多元性，往往受气候、地形地貌、地质构造和人为活动等综合因素的制约。某些地质灾害具有原地复发性，如我国西部川藏公路沿线的古乡冰川泥石流，一年内曾发生泥石流70多次，为国内罕见。

（6）地质灾害的区域性　地质灾害的形成和演化往往受控于一定的区域地质条件，因此其空间分布经常呈现出区域性的特点。如中国“南北分区，东西分带，交叉成网”的区域性构造格局对地质灾害的分布起着重要的制约作用。据统计，90%以上的“崩、滑、流”地质灾害发育在第二阶梯山地及其与第一和第三阶梯的交接部位；第三阶梯东部平原的地质灾害类型主要为地面沉降、地裂缝、胀缩土等。按地质灾害的成因和类型，中国地质灾害可划分为四大区域：①以地面沉降、地面塌陷和矿井突水为主的东部区；②以崩塌、滑坡和泥石流为主的中部区；③以冻融、泥石流为主的青藏高原区；④以土地荒漠化为主的西北区。

（7）地质灾害的破坏性与“建设性”　地质灾害对人类的主导作用是造成多种形式的破坏，但有时地质灾害的发生可对人类产生有益的“建设性”作用。例如，流域上游的水土流失可为下游地区提供肥沃的土壤；山区斜坡地带发生的崩塌、滑坡堆积为人类活动提供了相对平缓的台地，人们常在古滑坡台地上居住或种植农作物。

（8）地质灾害影响的复杂性和严重性　地质灾害的发生、发展有其自身复杂的规律，对人类社会经济的影响还表现出长久性、复合性等特征。重大地质灾害常造成大量的人员伤亡和人口大迁移。1901～1980年中国地震灾害造成的死亡人数达61万人，全国平均每年由于“崩、滑、流”灾害造成的死亡人员达928人。地质灾害常使基础设施遭受破坏、生产停顿或半停顿、社会经济遭受巨大的直接和间接影响。

（9）人为地质灾害的日趋显著性　由于地球人口的急剧增加，人类的需求不断增长。为了满足这种需求，各种经济开发活动愈演愈烈，许多不合理的人类活动使得地质环境日益恶化，导致大量次生地质灾害的发生。例如，超量开采地下水引起地面沉降、海水入侵和地下水污染；矿产资源开采和大量基础工程建设中爆破与开挖导致崩塌、滑坡、泥石流等灾害的频发；乱伐森林、过度放牧导致土壤侵蚀、水土流失、土地荒漠化等。除天然地震和火山喷发外，大多数地质灾害的发生均与人类经济活动有关，如全球滑坡灾害的70%与人类活动密切相关。单纯人为作用引起的地质灾害数量越来越多，规模越来越大，影响越来越广，经济损失也愈加严重。人类对地质环境的作用，在许多方面已相当于甚至超过自然力，成为重要的不可忽视的地质营力。

（10）地质灾害防治的社会性和迫切性　地质灾害除了造成人员伤亡，破坏房屋、铁路、公路、航道等工程设施，造成直接经济损失外，还破坏资源和环境，给灾区社会经济发展造成广泛而深刻的影响。特别是在严重的崩塌、滑坡、泥石流等灾害集中分布的山区，地质灾害严重阻碍了这些地区的经济发展，加重了国家和其他较发达地区的负担。因此，有效地防治地质灾害不但对保护灾区人民生命财产安全具有重要的现实意义，而且对于促进区域经济发展具有广泛而深远的意义。所以，减轻地质灾害损失关系到地区、国家，乃至全球的可持续发展。

（二）我国地质灾害发育概况与分布规律

1．中国地质灾害发育概况

中国是世界上地质灾害最严重的国家之一。我国地质灾害具有种类多、分布广泛、发生频率高、灾害损失大、危害严重的特点。据调查，我国约50%以上的国土面积受崩塌、滑坡、泥石流等地质灾害的影响。1949年以来，因地震死亡近30多万人，伤残近百万人，倒塌房屋1000多万间。其中，1976年在唐山发生的震惊世界的7.8级强烈地震，造成242769人死亡、16.4万人伤残，并使唐山市变为一片废墟。据统计，目前，我国共发生较大型崩塌3000多处、滑坡2000多个，中小规模的崩塌、滑坡、泥石流则多达40多万处。全国有350多个县的上万个村庄、100余座大型工厂、55座大型矿山、3000多公里铁路受崩塌、滑坡、泥石流的严重危害。除北京、天津、上海、河南、甘肃、宁夏、新疆以外的24个省、区、市都发现岩溶塌陷灾害，总数近3000处，塌陷坑3万多个，塌陷面积300多平方公里。黑龙江、山西、安徽、江苏、山东等省则是矿山采空塌陷的严重发育区。据不完全统计，在全国20个省、区内，共发生矿山采空塌陷180处以上，塌陷坑1595个，塌陷面积达1000多平方公里。

全国已有上海、天津、北京、江苏、浙江、陕西等16个省（区、市）的90个城市出现地面沉降问题。城市沉降区面积达6.4万平方公里。地裂缝出现在陕西、山西、河北、山东、广东、河南等17个省（区、市），共400多处，1000多条。全国荒漠化土地面积达$262\times10^4km^2$，土地沙质荒漠化面积以每年$2460km^2$的速度扩展，水土流失面积超过$180\times10^4km^2$。

随着国民经济持续高速发展、生产规模扩大和社会财富的积累，同时由于减灾措施不能满足经济快速发展的需要，造成灾害损失呈上升趋势。按 1990 年不变价格计算，我国自然灾害造成的年均直接经济损失为：20 世纪 50 年代为 480 亿元，60 年代为 570 亿元，70 年代为 590 亿元，80 年代为 690 亿元；进入 90 年代以后，年均已经超过 1000 亿元，1998 年仅洪水灾害一项就造成直接经济损失 1662 亿元。据国土资源部调查统计，20 世纪 90 年代以来，我国每年地质灾害造成的损失为 200 亿元以上，人员死亡约 1000 人，例如，2006 年全国共发生各类地质灾害 102804 起，造成 663 人死亡，111 人失踪，453 人受伤，直接经济损失 44.2 亿元。仅 1995～2006 年，全国崩塌、滑坡、泥石流等突发性地质灾害共造成 12000 多人死亡或失踪，直接经济损失 180 多亿元。目前，全国至少有 400 多个县（市）、1 万多个村庄受到崩塌、滑坡、泥石流的威胁。其中约 7400 万人受到泥石流的威胁。总之，不同种类地质灾害每年大约造成上千人死亡，经济损失平均高达 270 多亿元，见表 1-7。

表 1-7　1949～2006 年中国地质灾害概况表

灾害类型	灾害种类	灾害基本情况
地震	地震、火山	全国共发生 6 级以上地震 356 次，其中 7 级以上 53 次。一次死亡百人以上，直接经济损失超过亿元的 12 次。共造成死亡 27.3 万人，受伤 76.5 万人（其中重伤 23.3 万人），经济损失数百亿元。其中，1976 年，河北省唐山市发生了 7.8 级大地震，死亡 242769 人，并使唐山市变为一片废墟。现今火山活动微弱，危害不大
崩滑流	崩塌 滑坡 泥石流	全国共有灾害性泥石流沟 1.2 万条，滑坡数万处，崩塌数十万处。共发生较大活动 4100 多次，造成明显损失的 849 次。26 个省区，501 个市、县或企业受到危害，20 多个县城被迫搬迁或待迁，50 多个大型企业搬迁或停产。共造成 10980 人死亡，平均每年发生严重灾害近 21 次，死亡 262 人，直接经济损失 2.4 亿元。仅 1995～2006 年，全国崩塌、滑坡、泥石流等突发性地质灾害共造成 12000 多人死亡或失踪，直接经济损失 80 多亿元
地面变形	地面沉降 地面塌陷 地裂缝	全国发生地面沉降的城市有 56 个，上海沉降面积达 $1000km^2$，累计沉降量达 2.6m，年最大沉降量 262mm，地面沉降造成的经济损失已达千亿元，即地面平均每沉降 1mm，经济损失高达 1000 万元。发生较大规模塌陷 1000 多处，其中岩溶塌陷 833 处，约 70 个城市，100 多个矿山、企业受到危害，每年造成的经济损失 5 亿元。全国 300 多个市、县发现地裂缝 1000 多处
矿井灾害	矿井突水 冲击地压 冒顶 瓦斯突出 煤自燃 矿井热害	全国共发生灾害性突水事故 1300 次。1955～1989 年煤矿发生突水 835 次，造成淹井 240 次，死亡 1537 人，直接经济损失约 40 亿元。1949～1985 年发生冲击地压 1942 次，其中特大灾害事故 30 次以上。冒顶事故时有发生。全国共发生 1.6 万次瓦斯突出事故，其中特大型突出 100 多次，平均年损失 10 亿元。全国有煤自燃矿井近 300 个，使 6000×10^4t 煤炭资源无法开采。新疆的 42 个煤田火区平均每年因煤自燃损失 20 亿元。全国有热害矿井 20 多个。总之，矿山井下灾害每年造成的人员伤亡数以千计，经济损失数十亿元
特殊岩土	湿陷性黄土 膨胀土 淤泥质软土	全国有湿陷性黄土面积约 $38\times10^4km^2$；受膨胀土危害的房屋建筑面积大于 $1000\times10^4km^2$；淤泥质软土主要分布在沿海平原及内陆盆地中。结果导致房屋开裂，水库渗漏、塌岸，边坡失稳，道路、桥梁变形等
土地退化	水土流失 土地沙漠化 盐碱化	全国水土流失（包括水力侵蚀和风力侵蚀）面积约 $283\times10^4km^2$，比解放初时扩大 $37\times10^4km^2$，沙漠化土地约 $32\times10^4km^2$，盐碱化土地 $27\times10^4km^2$。水土流失每年损失土壤 50×10^8t，肥力损失相当于 4000×10^8t 化肥，每年损失粮食 2×10^8kg，牧食 35×10^8kg。据统计，以上三者的致灾损失，每年达 200 亿元
冻融	冻胀 融陷	全国多年冻土面积约 $225\times10^4km^2$，主要分布在东北北部和青藏高原；季节冻土约 $509\times10^4km^2$，主要分布在东北、华北、华中和西北地区。冻融导致道路和建筑物等遭受破坏
海岸灾害	海面上升 海水入侵 海岸侵蚀	中国东部沿海海平面呈缓慢上升趋势，塘沽观测站平均上升速率达 7.9mm/a，因此加剧了风暴潮灾害。大连、秦皇岛、烟台、青岛等发生较严重的海水入侵活动，地下水资源遭到破坏。局部地区海岩侵蚀比较严重

注：据潘懋、李铁锋《灾害地质学》（2002 年）及中国国土资源部有关资料整理。

2. 我国地质灾害的分布规律

我国疆域辽阔，影响地质灾害发育的自然地质条件复杂多样，人为工程开发活动的性质及强度因地而异。两者具有较为一致的区域分布规律性。由于中国不同地区地质自然条件和社会经济条件有较大差异，因此不同地区地质灾害类型、发育程度、主要危害对象、破坏损失程度不同。从总体上看，我国大陆地质灾害的发育情况可作四个大区划分（各以其分布位置、主要地貌和突出地质灾害命名）。即Ⅰ东部平原沉降区；Ⅱ中部山地崩滑区；Ⅲ西部高原冻土区；Ⅳ北部草原沙漠区。各区地质灾害（作用）的发育情况如下。

(1) 东部平原沉降区（Ⅰ） 包括大兴安岭—太行山—武陵山一线以东的广大地区。区内地势较平坦，北部以平原为主，南部多低山丘陵，东部面临海洋。河流水系发育，大部分气候温和，雨量充沛。人口密集，交通发达，是我国经济开发程度最高的地区。工、农、矿业开发，城市、交通建设，城市地下水开采都极活跃。地质灾害以地面沉降、塌陷、土地退化（平原区的盐碱化、沙漠化、潜育化，丘陵区的水土流失）、河湖淤积及矿山井巷灾害为主。部分山区有崩塌、滑坡、泥石流灾害。华北地区地震也较强烈。

(2) 中部山地崩滑区（Ⅱ） 包括从晋、陕、垅东的黄土高原经四川盆地直到云贵高原这一狭长地带。此区在地势上处于我国西部高原与东部平原的过渡地带，即所谓第二台阶。区内河谷发育，地形切割强烈，大都雨量充沛。北部黄土、中部红色泥质岩层易受侵蚀，南部石灰岩层岩溶发育。在经济开发上也是我国由东部向西推进的过渡地带，人口较密，水利工程、矿山开发、公路、铁路及城市建设都很兴盛，是我国工程活动对自然地质环境扰动破坏最为强烈的地区。区内地质灾害以自然及人为动力成因的崩塌、滑坡、泥石流和水土流失最为突出。局部岩溶塌陷发育。沿其西缘的中国南北向构造活动带（从横断山脉向北往龙门山至贺兰山一线）和汾渭地堑常有强烈地震发生。

(3) 西部高原冻土区（Ⅲ） 包括西藏、青海和川西部分地区。区内大部分为海拔3000m以上的高原，气候寒冷，人烟稀少，经济开发程度甚低，地质灾害几乎全为天然动力类型，以冻土和雪崩为主，喜马拉雅山区地震活跃，一些大河谷地有崩塌、滑坡、泥石流发育。

(4) 北部草原沙漠区（Ⅳ） 包括新疆、内蒙古鄂尔多斯市、陕北、宁夏北部和甘肃西部。区内大部分地势平坦，干旱少雨，温差较大，物理风化及风蚀、吹飏强烈。人口较稀，经济开发程度较低，以农牧业和煤及油气开发为主。主要地质灾害是土地沙化和沙丘移动对工程的掩埋，煤层自燃和矿山井巷灾害，以及河流上游截水引起的下游水源枯竭。新疆西部常有地震。

对我国危害最大的地质灾害是地震灾害、崩塌、滑坡、泥石流灾害和土地退化灾害。其次为地面变形和矿山井巷灾害。岩溶塌陷和地下采空塌陷在我国隐伏岩溶区和大型矿区发育强烈。通常，城市、矿区、山前地带是地质灾害的高发区。

复习思考题

1. 试述环境、环境要素、环境质量、环境系统的概念。
2. 试说明环境系统的功能特性。
3. 什么是环境问题，如何分类？主要有哪些环境问题？举例说明。
4. 什么是环境污染，如何分类？说明环境污染的污染源和污染物。环境污染有什么危害？
5. 我国的环境问题主要有哪些？举例说明。
6. 什么是生态学、生物圈和生物多样性？

7. 试述生态系统的概念及组成，并说明生态系统的结构。
8. 试述生态系统能量流动规律。
9. 生态系统的物质循环有什么规律和特点?
10. 试述水循环。什么是大循环，什么是小循环?
11. 什么是生态平衡? 如何保持和改善生态平衡?
12. 生态学的一般规律有哪些? 分别举例说明。
13. 试述地质作用的概念、能量来源及分类。
14. 举例说明内动力地质作用、外动力地质作用和人为地质作用。
15. 试说明第四纪地质的概念和特征。
16. 试说明第四纪堆积物的成因类型和特征。
17. 试说明华北地区第四纪地质的沉积特点。
18. 试述地质灾害的概念。
19. 试述地质灾害的类型和分级。
20. 试说明地质灾害的属性特征。
21. 试说明我国地质灾害发育概况和分布规律。

第二章　地质环境与地方病

第一节　表生环境地球化学特征

一、表生环境中元素的迁移转化

在地球上，一切物质均处于不停的运动之中。组成地壳物质的化学元素也在不断地进行着地球化学循环。在表生环境中，这种地球化学循环主要表现为元素的迁移转化。在一定的物理化学条件或人类活动的作用和影响下，表生环境中的元素随时空变化而发生迁移转化，并在一定的条件下发生重新组合与分布，形成元素的分散或聚集，由此产生元素的“缺乏”或“过剩”。

1．表生环境中元素迁移的特点

元素在表生环境中的迁移与在地壳内部的迁移是不同的。在表生环境中，除受自然地质地理条件控制外，还受到人类地球化学活动的影响。

① 表生环境是地球内部能量释放与太阳辐射能量相互作用的地带，相对而言，后者对表生环境变化的作用更为重要。由于地球公转和自转的影响，表生环境接受的能量表现出明显的周期性和地带性变化，因而表生环境中元素的迁移过程也具有周期性和地带性变化特点。

② 水是表生环境中的天然溶解剂，水在地球表层系统各圈层中的循环作用使地表物质中的多种元素发生以淋滤和淀积为主的迁移聚集过程。人类活动，尤其是大规模的水资源开发利用对这一过程的发展速度及方向具有重大影响。

③ 岩石圈表层是生物的生存环境，各种生命体活动对元素的吸收（摄入）与分解（排泄）造成元素的生物小循环。

④ 由于岩石圈表层地质地理环境的差异，酸碱度和氧化还原电位等物理化学条件的不同，元素在迁移过程中不断发生再分配与重新组合等各种物理、化学和生物化学作用。

⑤ 表生环境是人类活动的场所，人类的各种生产与生活活动影响了元素的迁移富集过程，在局部地区可能形成元素的分布异常，引起某些元素和化合物的富集。

2．表生环境中元素的迁移类型

在表生环境中元素的迁移包括元素空间位置的移动以及存在形态的转化两种形式，前者指元素从一地迁移到另一地，后者则指元素在迁移过程中从一种形态转化为另一种形态。

（1）按介质类型划分　无论是哪一种形式，元素的迁移都必须借助某种介质进行。介质不同，其迁移类型亦不同。按照介质的不同类型，可将元素的迁移分为大气迁移、水迁移和生物迁移三种类型。

① 大气迁移。大气迁移是指元素以气态分子、挥发性化合物和气溶胶等形式在空气中进行的迁移。以大气为媒介而发生迁移的化学元素主要有 O、H、S、N、C、I 等。

② 水迁移。水迁移是指元素在水溶液中以离子、配离子、分子或胶体等状态进行的迁移。元素以胶体溶液或真溶液的形态随地表水或地下水发生迁移运动。水迁移是地表环境中元素的主要类型，大多数元素都是通过这种形式进行迁移和聚集的。

③ 生物迁移。土壤或水体、空气中的元素通过生物体的吸收、代谢和生物本身的生长发育以至死亡等过程实现的迁移，属于生物迁移。这是一种非常复杂的元素迁移形式，不同的生物物种或同一生物物种不同的生长期对元素的吸收和代谢均有差异或不同。

通常情况下，环境中元素的迁移方式并不是截然分开的，有时同一种元素既可呈气态迁移，又可呈离子态随水迁移。如组成原生质的 O、H、C、N 等元素，在某些情况下以气态分子（O_2、CO_2、NH_3、CH_4）的形式进行迁移；在另外情况下，则呈离子态（如 SO_4^{2-}、CO_3^{2-}、NH_4^+ 和 NO_3^- 等）随水进行迁移。

（2）按物质运动的基本形态划分　按物质运动的基本形态，还可将元素迁移划分为机械迁移、物理化学迁移与生物迁移三种类型。

① 机械迁移。机械迁移指元素及其化合物在机械力的搬运下而进行的迁移。如水流的机械迁移、气体的机械迁移和重力机械迁移等。

② 物理化学迁移。物理化学迁移是指元素以简单的离子、配离子或可溶性分子的形式，在表生环境中通过物理化学作用所进行的迁移。

③ 生物迁移。生物迁移则是经由生物体的吸收和代谢而发生的元素迁移。

3. 元素的性质及其迁移强度

地壳中绝大多数元素呈化合物状态，元素的化学键对其迁移富集的特性起着重要的作用。一般而言，离子键型矿物比共价键型矿物更易溶解和迁移。电负性差别大的元素键合时，多形成离子键型化合物，易溶于水，迁移性好，如 NaCl 等。电负性相近的元素键合时，多形成共价键型化合物，如 CuS、FeS_2 等，它们不易溶于水，迁移性不好。

元素的化合价愈高，溶解度就愈低。如氯化物（Cl^-）较硫酸盐（SO_4^{2-}）易溶解，硫酸盐较磷酸盐（PO_4^{3-}）易溶解。

同一元素，其化合价不同，迁移能力也不同。低价元素的化合物其迁移能力大于高价元素的化合物，如 $Fe^{2+}>Fe^{3+}$，$Cr^{3+}>Cr^{6+}$，$Mn^{2+}>Mn^{4+}$，$S^{2+}>S^{6+}$ 等。

原子半径或离子半径是元素的重要化学特性。土壤对同价阳离子的吸附能力随离子半径增大而增大。就化合物而言，相互化合的离子其半径差别愈小，溶解度也愈小，如 $BaSO_4$、$PbSO_4$ 的溶解度都较小；离子半径的差别愈大，则溶解度愈大，如 $MgSO_4$。

总之，自然界中元素的迁移强度有很大的差异。A. И. 彼列尔曼采用“水迁移系数”（K_x）来表示元素迁移的强度，并测得了风化壳中元素的水迁移序列。他将这些元素分为：①强烈淋溶的（Cl、Br、I、S^{4+} 等），②易淋溶的（Ca、Mg、Na、F 等），③活动的（Cu、Ni、Co 等），④惰性的和⑤实际上不活动的（Fe、Al、Ti 等）五个等级。

4. 影响表生环境中元素迁移的外在因素

同一处元素在不同自然环境中的迁移能力是极不相同的。影响元素迁移的主要外在因素有环境的pH、氧化还原电位（Eh）、胶体、腐殖质、气候和地质地貌条件等。

(1) pH　表生环境中的pH主要指土壤和天然水的pH。土壤酸度可分为活性酸度与潜性酸度两类。前者为土壤溶液中游离氢离子形成的酸度，用pH来表示；后者为吸附于土壤胶体上的氢离子所形成的酸度，包括代换性酸（用pH表示）和水解性酸（用cmol/kg表示）。活性酸度和潜性酸度是一个平衡系统的两个方面，二者处于动态的平衡之中。当土壤溶液中游离氢离子增多时，就会向土壤胶体内溶液中扩散，把胶体颗粒上吸附的盐基离子代换出来。一般情况下，潜性酸度远远大于活性酸度。土壤的酸度主要来源于土壤溶液中各种有机酸类（如草酸、丁酸、柠檬酸、乙酸等）和无机酸类（如碳酸、磷酸、硅酸等）。

天然水的pH主要受土壤酸碱度的影响。腐殖酸和植物根系分泌出的有机酸是影响天然水pH的另一个重要因素。天然水的pH大致与土壤带的pH相一致。

在表生环境中，pH可影响元素或化合物的溶解与沉淀，决定着元素迁移能力的大小。大多数元素在强酸性环境中形成易溶性化合物，有利于元素的迁移；在酸性和弱酸性水环境中（$pH<6$），有利于Ca^{2+}、Sr^{2+}、Ba^{2+}、Cu^{2+}、Zn^{2+}、Cd^{2+}、Cr^{2+}、Fe^{2+}、Mn^{2+}、Ni^{2+}等离子的迁移；在碱性水环境中（$pH>8$），Fe^{2+}、Mn^{2+}、Ni^{2+}等很少迁移，而Cr^{6+}、Se^{4+}、Mo^{2+}、V^{5+}、As^{5+}等则易于迁移。地下水的pH为6～9时，碱金属和碱土金属易于迁移，而在强酸性及强碱性条件下，可能生成氢氧化物沉淀，不利于迁移。高矿化、碱化和强碱化环境有利Ca^{2+}、Mg^{2+}、K^{+}、Na^{+}等离子以结晶盐的形式发生沉淀，如$CaCO_3$、$CaSO_4 \cdot 2H_2O$等。

(2) 氧化还原电位（Eh）　环境中的氧化还原条件对元素的迁移具有一定的影响。一些元素在氧化环境中可进行强烈迁移，如S、Cr、V等元素在氧化作用强烈的干旱草原和荒漠环境中形成易溶性的硫酸盐、铬酸盐和钒酸盐而富集于土壤和水中。在以还原作用占优势的腐殖酸环境中（如沼泽），上述元素便形成难溶的化合物而不发生迁移。

相反，另一些元素，如Fe、Mn等，在氧化环境下形成溶解度很小的高价化合物，如$Fe(OH)_3$，不易迁移；而在还原环境下，则形成易溶的低价化合物，如$Fe(OH)_2$，很容易迁移。

(3) 配合作用　在地表环境中，重金属元素的简单化合物通常很难溶解，但当它们形成配离子后，则易溶解发生迁移。如羟基配合作用与氯离子配合作用能促进重金属在地表环境中的迁移。配合物的稳定性对重金属的迁移能力也有影响。配合物越稳定，越有利于重金属迁移；反之，配合物易于分解或沉淀，不利于重金属的迁移。

(4) 腐殖质　腐殖质对元素的迁移主要表现为有机胶体对金属离子的表面吸附和离子交换吸附作用，以及腐殖酸对元素的配合作用与螯合作用。在腐殖质丰富的环境中，Cu、Pb、Zn、Fe、Mn、Ti、Ni、Co、Mo、Cr、V、Se、Ca、Mg、Ba、Sr、Br、I、F等元素可被有机胶体吸附，并随水大量迁移。腐殖质与Fe、Al、Ti、U、V等重金属形成配合物，较易溶于中性、弱酸性和弱碱性介质中，并以配合物形式迁移。在腐殖质缺乏时，它们便形成难溶物而沉淀。

(5) 胶体吸附与元素迁移　胶体对元素迁移的影响主要发生在气候湿润地区。湿润气候条件下的天然水多呈酸性，且有机质丰富，有利于胶体的形成，元素常以胶体状态发生迁移。胶体最易吸附的元素有Mn、As、Zr、Mo、Ti、V、Cr和Th等，其次有Cu、Pb、Zn、Ni、Co、Sn等元素。而在干旱气候区，天然水呈弱碱性，有机质含量低，不利于胶体的形成，因而胶体元素迁移的影响很小。

各种胶体对元素的吸附具有选择性。例如，褐铁矿胶体易吸附 V、P、As、U、In、Be、Co、Ni 等元素；锰土胶体易吸附 Li、Cu、Ni、Co、Zn、Ra、U、Ba、W、Ag、Au、Tl 等；腐殖质胶体易吸附 Ca、Mg、Al、Cu、Ni、Co、Zn、Ag、Be 等；黏土矿物胶体则常吸附 Cu、Ni、Co、Ba、Zn、Pb、U、Tl 等。

(6) 气候条件　气候条件对地表环境中元素迁移的影响可分为直接影响和间接影响两种。

① 直接影响。降水量的多少和干燥程度以及温度的高低对化学元素的迁移可产生重要的直接影响。在湿润地区，气候炎热，降水充沛，各种地球化学作用反应剧烈，原生矿物高度分解，淋溶作用十分强烈，风化壳和土壤中的元素被淋失殆尽，结果使水土均呈酸性反应，元素较贫乏，腐殖质富集，为还原环境。在干旱草原、荒漠气候带，降水量少，阳光充足，蒸发作用十分强烈，水的淋溶作用微弱，各种地球化学作用的强度较弱，速度也十分缓慢。地表环境中富集大量氯化物、硫酸盐等盐类，许多微量元素也大量富集，尤以 Ba、Sr、Mo、Ph、Zn、As、Se、B 等元素最为显著。

② 间接影响。气候对元素迁移的间接影响主要表现在生物迁移作用方面。生物生存、生长的水热状况主要取决于气候条件，气候愈温暖湿润，生物种类和数量愈多，地表环境中的有机质和腐殖质愈多，生物吸收、代谢各种元素的过程愈强烈。地表环境中的许多元素可通过生物的吸收、代谢作用进行迁移。而在干旱气候条件下，生物种类和数量很少，地表有机质和腐殖质缺乏，元素的生物迁移作用微弱，地表环境中的元素多发生富集。

(7) 地质与地貌

① 地质构造。岩层褶皱剧烈、断裂构造发育、节理错综复杂的地区，侵蚀作用、地球化学作用和元素的迁移比较强烈，元素易随水流或其他介质发生迁移。

② 地层岩性。质地软弱的岩石易于风化侵蚀，其中元素随淋失作用和搬运作用而发生迁移。火山作用还给地表环境带来某些元素，如 B、F、Se、S、As 和 Si 等。与岩浆活动有关的多金属矿床可使地表环境中富含 Hg、As、Cu、Pb、Zn、Cr、Ni、V、W、Mo 等元素，从而对元素的迁移、聚集产生一定影响。

③ 地形地貌。地形地貌对元素的迁移影响十分明显，一般山区为元素的淋失区，低平地区为元素的堆积富集区。对内陆河流而言，坡降较大的中上游为元素的淋失地段，坡降较平缓的下游则为元素的富集地段。

二、表生环境地球化学的地带性特征

地球上气候、水文、生物、土壤等地理要素都与温度和水分的变化密切相关。由于地表接收太阳辐射的能量具有纬度分带性，气候、水文、植物、土壤等呈现明显的地带性规律。而元素的化学活动与水、温度、生物、土壤等因素密切相关，因此，表生地球化学环境也具有地带性规律（表 2-1）。在北半球，地球化学环境按地理纬度从北向南可分为酸性、弱酸性还原的地球化学环境，中性氧化的地球化学环境，碱性、弱碱性氧化的地球化学环境和酸性氧化的地球化学环境。

1. 酸性、弱酸性还原的地球化学环境带

本带气候较为寒冷、湿润，年降水量约为 600～1000mm，蒸发微弱，水分相对充裕，植被茂盛，土壤湿度大，腐殖质含量高，透气性不良，多属于还原环境。在地表水、地下潜水中含有大量腐殖质，土壤呈酸性反应，pH 多为 3.5～4.5。植物残体得不到彻底分解，长期处于半分解状态，多数元素被禁锢在植物残体中。

表 2-1　中国的自然地带与地球化学环境地带

位　置	气候带	植被带	土壤带	地球化学环境带
东部地区	寒温带 温带 亚热带 热带	落叶针叶林 落叶阔叶林 常绿阔叶林 季雨林	棕色针叶林土 暗棕壤、棕壤褐土 黄棕壤、黄红壤、红壤 砖红壤	酸性、弱酸性还原环境，中性氧化的地球化学环境
西部、北部地区	温带	森林平原 草原 荒漠、半荒漠 荒漠、裸露荒漠	黑钙土、黑垆土 栗钙土、灰钙土 灰棕漠土、风沙土 棕漠土、风沙土、盐土	中性氧化和碱性、弱碱性氧化的地球化学环境
	高寒带	森林草甸 草原 荒漠	高草甸土 高山草原土 高山寒漠土	中性、碱性、弱碱性还原的地球化学环境

在酸性条件下，Ca、Mg、K、Na、Sr、B、I、Cu、Co、Ni、Cr、Mn、Fe、Al、Si 等元素易从矿物中淋溶和迁移，尤其是 Fe、Mn 具有较高的迁移能力。这些元素大多被有机胶体所吸附，或形成金属有机配合物、螯合物，被水迁移。由于生物必需元素缺乏，常出现许多地方病或地方性疾病。

2. 中性氧化的地球化学环境带

本带热量较充分，年降水量为 600～1200mm，蒸发作用不强，地表水流通畅，地下水水位埋藏较深，土壤湿度适中，透水性较好，多为氧化环境。植被不十分发育，而且植物残体分解较彻底，很少有腐殖质堆积。元素的淋溶和富集作用不显著。天然水多为中性，pH 在 7 左右，矿化度为 500mg/L 左右，水质一般较好。

3. 碱性、弱碱性氧化的地球化学环境带

本带气候干旱，年降水量少，仅为 250～400mm，热量充分，蒸发强烈，水分不足，地表水系不发育，地下水水位埋藏深，土壤透气性能良好，属氧化环境。本带主要为干旱、半干旱草原及部分沙漠区，植被稀少，腐殖质贫乏。地表水、地下水多属碱性，pH 为 8～10，矿化度 500～1000mg/L；在碱性介质中，V、Cr、As、Se 等元素活性较大，易迁移。但由于淋溶作用微弱，蒸发强烈，上述元素仍富集于该环境中的水、土和生物体中。此外，Ca、Na、Mg、SO_4^{2-}、Cl^-、F、B、Zn、Ni 等也在土壤中大量富集。

由于某些化学元素相对富集，容易发生氟斑牙、氟中毒、砷中毒、硒中毒等地方病，或因环境中 As 过剩而产生皮肤癌。

4. 酸性氧化的地球化学环境带

本带热量丰富，降水充沛，年降水量可达 1000～3000mm，植被发育，元素的生物地球化学循环强烈，风化、淋溶作用也十分强烈。风化壳中的 Ca、Na、Mg、K、Se、Mo、Cu、S、Li、Rb、Cs、Sr、B、I 等元素大量地淋溶流失，而残留的 Fe_2O_3、Al_2O_3 和 SiO_2 等形成红色风化壳。由于碱土元素缺乏，土壤呈酸性，pH 约为 3.5～5，地表水和潜水多为酸性软水，pH<6。

本区属于热带、亚热带雨林景观，大致分布于赤道南北 30°以内的范围内。水土和食物中碘元素异常缺乏，地方性甲状腺肿的分布十分广泛。钠元素的缺乏还影响到人体的生长发育，以至出现矮小症。

5. 非地带性的地球化学环境

在自然界中，某些局部地区的地球化学环境不受地理纬度分带的影响。例如，在湿润的森林景观带可以出现高氟区、高硒区；而在干旱的荒漠景观中的沼泽中可造成局部腐殖质富积的环境。

此外，在火山、温泉分布区可造成局部环境中 S、F、Si、Se、As 等元素的富集，在煤系地层、凝灰岩分布区和硫化矿床的氧化带 Se 高度富集；在多金属矿区或金属矿床的氧化带，水、土中易富集 Cu、Pb、Zn、Mo、Cd、Hg 等元素。由于某些化学元素的相对过剩，可导致人类和牲畜患地方性中毒性疾病。

6. 人类活动对原生地球化学环境的影响

人类是生物圈的重要组成部分。20 世纪初以来，伴随人口的增加和社会经济的发展，人类的各种生产和生活活动向地表环境中排放出大量化学元素和化合物，并与原生地球化学环境叠加，参与环境中的各种化学反应，使表生地球化学环境演化更加复杂。

人类活动对表生地球化学环境最明显的影响是环境污染，其中最重要的是工业生产、农药和化肥的大量使用对水体、大气和土壤等环境的污染。某些化学元素和化合物通过食物链作用，在人体产生积累，严重影响人体健康。

第二节　地质环境与健康的关系及生物地球化学地方病病带

一、地质环境与人体健康的关系

1. 微量元素与人体健康和疾病的关系

就目前所知，有 25 种元素是人体和人类生活所必需的元素，按照化学元素在机体内的含量多少，又可分为常量元素及微量元素。通常将体内含量大于 0.1g/kg（或含量大于体重的 0.01%），需要量在 100mg/(人·日) 以上的元素称为常量元素，主要包括 H（氢）、O（氧）、C（碳）、N（氮）、Ca（钙）、P（磷）、S（硫）、Na（钠）、K（钾）、Mg（镁）、Cl（氯）等 11 种元素，约占组成人体元素的 99.95%以上，这些常量元素通过蛋白质、脂肪、糖、无机盐、维生素、水等物质来补充，以满足人体新陈代谢的需要。微量元素主要是指体内含量低于 0.1g/kg（或含量小于体重的 0.01%），需要量在 100mg/(人·日) 以下的元素，主要包括 Fe（铁）、Cu（铜）、Zn（锌）、I（碘）、Se（硒）、F（氟）、Mo（钼）、Co（钴）、Cr（铬）、Ni（镍）、Sn（锡）、Mn（锰）、V（钒）、Si（硅）等 14 种，它们仅占人体元素总量的 0.05%，有的甚至只有痕量（含量以 μg/kg 计），尽管人们对它们的需要量极微，但对人类也很重要，在生物化学过程中起关键性的作用。微量元素对人体生物功能的影响主要包括：①促进酶的催化作用；②参与激素的分泌作用，如甲状腺、肾上腺分泌激素的活动；③是遗传物质核酸的构成部分；④参与新陈代谢——人体内氧化还原系统的活动。因此，如果微量元素不足或过量则易致病或中毒。所以在人体营养中，微量元素比维生素更重要。微量元素主要来自外界环境，即来源于食物和饮水。因此某些食物和水中微量元素的多寡常常会造成人体中某些微量元素的缺乏或积累，并可导致特定的疾病（表 2-2）。目前，已查明可以导致生物体病变的有 30 多种元素。人体必需微量元素摄入不足会影响正常的生理代谢，但这些微量元素在人体中也有一个安全阈值，超出阈值范围人体同样会出现中毒现象，含量极高时甚至导致死亡（图 2-1）。例如，人体对毒性较强的有毒元素 As（砷）、Cd（镉）、Pb（铅）、Hg（汞）的耐受性较低，极易出现严重的中毒反应。

表 2-2 某些微量元素与健康的关系

元素	主要生理功能	引起疾病	
		不足	过剩
Fe	铁是血红蛋白、肌红蛋白、酶等的重要成分，也是血红蛋白、肌红蛋白中氧的携带者。成人体内含铁约 4～5g	贫血	呕吐、胃肠道出血、心脏衰竭或死亡、大骨节病、癌症
Zn	锌是许多酶的必要组分，并参与核酸和蛋白的代谢。成人体内含锌约 1.5～3.0g	发育停滞、食欲减退、味嗅觉丧失、妊娠畸胎、经闭、癌症、心血管病	恶心、呕吐、腹泻、发育不良、贫血、食管癌
Cu	铜是血、肝、脑铜蛋白和某些酶的组分之一，促进血红蛋白生成和红细胞成熟。成人体内含铜约 50～150mg	贫血、生长停滞、智力低下	肝炎、畸胎、心血管病、大骨节病、食管癌
Co	钴是维生素 B_{12} 的组分，参与核酸、胆碱、蛋氨酸的合成及脂肪、糖的代谢。成人体内含钴约 1mg	贫血	红细胞增多症、甲状腺肿、食欲减退、恶心、呕吐、腹泻、耳聋
Cr(三价)	铬是维持糖和胆固醇代谢的必需元素。成人体内含铬约 6mg	发育不良、缩短寿命、糖尿病	器官坏死、心脏病、癌症、动脉硬化
Mn(二价)	锰参与葡萄糖、脂肪代谢，是水解酵素、催化酶、转移酶、琥珀酸、脱氢酶等多种酶的辅助物质。成人体内含锰约 12～20mg	生长停滞、生殖功能紊乱、骨骼生长不良、神经损害	食欲减退、便秘、流口水、肌肉张力减退
Se	硒能调节体内氧化还原反应速度，影响某些重要的代谢及活性，调节维生素 A、C、E 在体内的吸收和消耗；是某些酶的重要组分，能促进免疫力；有抗癌功能	克山病、大骨节病、心血管病、白内障	脱发、脱甲症、四肢无力
F	氟是骨骼和牙齿的组分之一	龋齿	氟斑釉、氟骨病、腹泻、呕吐、抽搐
Mo	钼是黄嘌呤氧化酶、醛氧化酶和亚硫酸盐氧化酶的组分	克山病	腹泻、心血管病
Ni	微量镍能使胰岛素增加，血糖降低	不易缺镍	皮炎、湿疹、癌症
Sn	锡是人体必需微量元素		恶心、腹痛、呕吐
V	钒能促进脂肪代谢		肺炎、食欲减退、眩晕、食管癌
Pb	铅是人体有害微量元素		贫血、胃肠缺血、坏死、头痛、精神障碍、失明、昏迷、血压升高、心绞痛
I	碘是甲状腺素的重要成分之一，人体内 70% 的碘集中在甲状腺内。成人体内含碘约 15～20mg	甲状腺肿、乳腺癌	
Cd	镉是剧毒微量元素	咳嗽、肺气肿、呕吐、腹泻、高血压、心脏病	
As	砷是有害微量元素，影响酶的作用和细胞呼吸	贫血、皮肤角化、毛发脱落、皮肤癌、心悸气短、腹痛、呕吐或死亡	
Hg	汞是有害微量元素，可破坏蛋白质（置换其中的硫）	牙龈炎、火腔炎、口腔炎、呕吐、神经系统障碍、手指震颤等	

2. 地质环境与健康

地质环境与人类健康有密切的关系。具体说，地质环境与人类健康的关系在宏观方面主要与地貌、岩石、土壤和水等环境地质因素有关，在微观方面与化学元素有关。

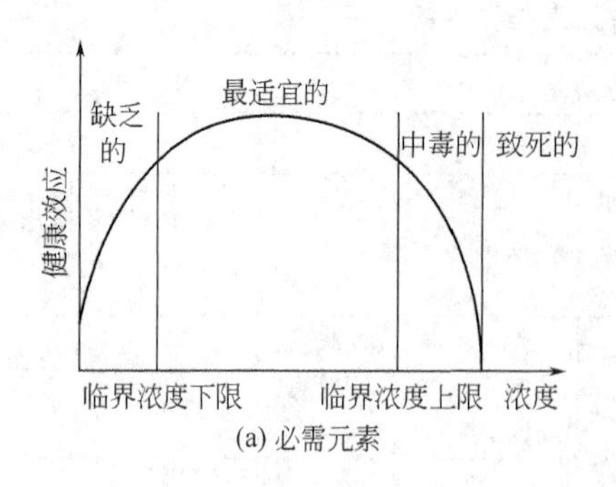

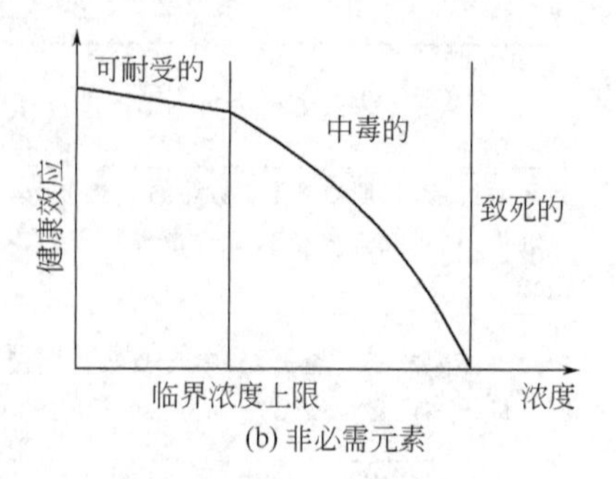

图 2-1 微量元素与健康、疾病的关系

人类从赖以生存的环境中获得生长、发育、新陈代谢所必需的化学元素（组分），人与环境间维持着一定的动态化学平衡。根据英国地球化学家埃利克·汉密尔顿（E. L. Hamilton）等人对地壳和人体血液中 60 多种元素的研究发现，除了原生质中的主要组分（C、H、O、N）和岩石中的主要组分（Si）外，地壳化学元素与人体血液中化学元素的丰度显示出明显的相关性（图 2-2），丰度曲线基本一致，人体组织中的元素丰度均与地壳元素含量丰度相关，有惊人的相似性。人体化学组成与地壳演化具有亲缘关系，现代人体中的化学成分是人类长期在自然环境中吸收交换元素并不断进化、遗传、变异的结果。

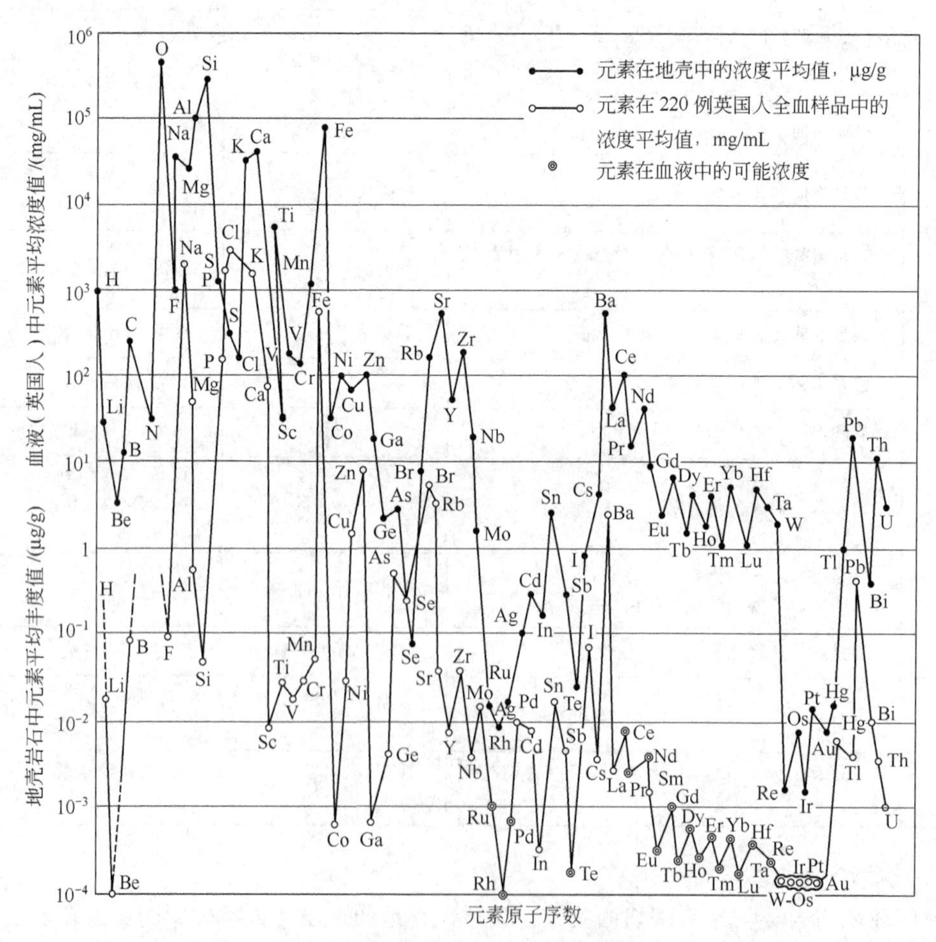

图 2-2 地壳岩石中元素绝对丰度与人体血液中元素浓度的比较

在地球地质历史的发展过程中，逐渐形成了地壳表面元素分布的不均一性，从而导致地球上某一地区自然界的水和土壤中某种化学元素过多或缺少，这就意味着因地质环境中某些元素含量过多或缺乏会导致器官组织病变的可能。居住在不同地质环境中的人从饮用水和粮食中摄取过多的化学元素进入体内，可长期累积，引起中毒性疾病；摄入元素缺乏或不足可引起生理病变而致病。自然界中痕量元素进入人体的途径如图 2-3 所示。

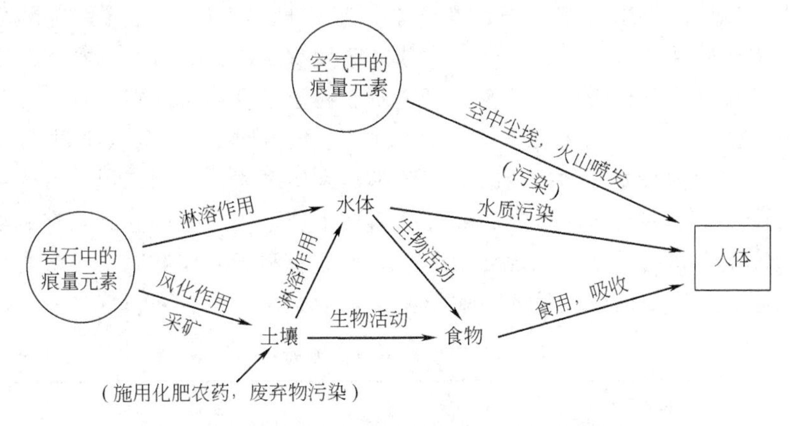

图 2-3 自然界中痕量元素进入人体途径示意图
（据 Carla W M，1997）

(1) 地貌与健康 人类的生活及生产活动与地貌的关系最为直接。地形、地貌与人类某些疾病的分布有密切的关系。这是因为地貌与地质构造、地层岩性、土壤类型、植被、水的运动及水质水量都有密切的关系，它在一定程度上影响元素的迁移行为，从而直接或间接地控制着某些致病因素的形成与消失，影响环境与人体之间物质的交换与代谢。很多地方性疾病的分布大都与一定的地貌单元相一致。

例如，地方性氟中毒的分布与地貌的关系十分明显。在封闭的小盆地、碟形洼地病情重，在岗地、坡地病情明显变轻。在内流封闭区病情重，在外流区（排泄区）病情较轻或无病。地方性甲状腺肿的分布则相反，即在高亢陡峭的地貌区发病率高，在平原和洼地发病率明显降低。而大骨节病和克山病多见于两种地形地貌的接合部位。部分地方性疾病在地形地貌上的分布特点见表 2-3。

表 2-3 某些疾病的分布与地形地貌的关系

疾病种类	地貌类型		地形特征	
	山区	平原	高原、开阔、畅流区	谷地、洼地、闭流区
克山病	重	轻、无	轻	重
大骨节病	重	轻、无	轻	重
地方性甲状腺肿	重	轻、无	重	轻
龋齿	重	轻、无	重	轻
食道癌	重	轻、无	轻	重
肝癌	轻、无	重	轻、无	重
胃癌	轻、无	重	轻	重
氟中毒	轻、无	重	轻	重

(2) 岩石与健康 岩石是土壤发育的母质，它不仅决定了土壤的结构和化学成分，而且对地表水和地下水的化学成分有着广泛的影响，因此，地层岩性与人类健康有关。如，在石

灰岩地区，除甲状腺肿外，一般都无地方性疾病。而在某些含有特殊矿物的地层分布区或矿脉、矿床地区，往往可以见到某些中毒性地方病。例如湖北恩施的 Se 中毒、云南个旧的肺癌、日本富山的骨痛病等。但对岩石与健康的问题要做具体分析，因为同样的地层在不同的作用下会导致不同的结果。

(3) 土壤与健康　土壤与人类的生存、健康密切相关。土壤对人类健康的影响主要是通过食物、饮水起作用，土壤类型不同，其化学元素含量亦不同，从而影响人类和牲畜的健康。如地方性甲状腺肿的灰化土、冰碛土、沙土区发病率高；大骨节病在沼泽土、草甸沼泽土、腐殖土区发病率高；食管癌在黏土、腐殖质亚黏土区发病率高等。

(4) 水质与健康　由于水中元素易于被人体吸收，所以水质与人类健康的关系最为密切。饮用水中某些生物必需元素的余缺可直接影响人体健康。总的来说，富含腐殖质的酸性软水、有机污染水、某些元素含量过高或过低的饮水都不利于人体健康。有机质贫乏的中性或弱碱性的适度硬水，无污染的元素含量适中的水，有利于人体健康。石灰岩层中的地下水有益于人体健康。水质与健康关系的对比资料见表 2-4。

表 2-4　水质与健康关系对比表

疾病种类	发病率或死亡率较高的饮水成分	地　区	发病率或死亡率较低的饮水成分	地　区
地方性甲状腺肿	I 低	世界各大山脉及山区石灰岩分布区	I、Ca、Mg、Mn 高	平原、沿海地区、半干旱草原
氟中毒	F 高	世界各国	F 低	世界各国
大骨节病	腐殖酸(—OH)含量高，Se、Mo 低	我国东北、西北、西南等病区	腐殖酸(—OH)低的适度硬水	非病区
克山病	腐殖酸(—OH)高，Se、Mg、Mo 低	我国东北、西北、西南等病区	腐殖酸(—OH)低，Se、Mg、Mo 高的适度硬水	非病区
肝癌	NO_2、亚硝胺类物高的有机污染水	我国东南沿海等河网地区、南宁地区		
食管癌	NO_2、亚硝胺类物高的有机污水	太行山南段		

针对性改良饮水水质或调节其中的某些成分或改变饮水，可有效地防治许多地方性疾病。例如，对高氟水进行降氟，可以防治氟病，对低氟饮水进行氟化可以防治龋齿。在含碘低的饮水中加碘可以防治地方性甲状腺肿。将大骨节病区饮水中的腐殖酸（—OH）含量限制在 0.05mg/L 以下，可有效地防治大骨节病。

二、生物地球化学地方病病带

所谓生物地球化学地方病，简而言之就是因环境中某些元素的不足或过剩而引起的地方性疾病。它们的分布往往有明显的地带性，也即存在着与地理纬度或地带性景观相关的“病带”。

以往，人们较多地研究某一环境或者某一元素与某一疾病之间的关系，在研究了水文地球化学环境的地带性特征和许多流行病学资料以后发现，在同一环境中存在着多种有害的元素，或缺乏多种生物必需元素，因此，可以导致多种地方病或具有地方性特征的疾病。甚至一个人可以患有四五种以上的地方性疾病。因此，水文地球化学地方病及分布地域（病带）与自然景观和水文地球化学环境的地带性特征有内在的联系。

1. 元素贫乏腐殖质富集的生物地球化学地方病病带

本病带在世界上是最大的一个病带，横跨欧、亚、美三大洲（图 2-4）。其大致界线在欧洲部分为北纬 50°～70°，在亚洲和北美为北纬 40°～60°，从西向东包括了美国、加拿大、英国、荷兰、德国、挪威、瑞典、芬兰、前苏联、中国、朝鲜、日本等国的部分地区。在我国，这个病带呈东北—西南向分布。本带以生物必需元素缺乏而腐殖质富集为其主要特征。

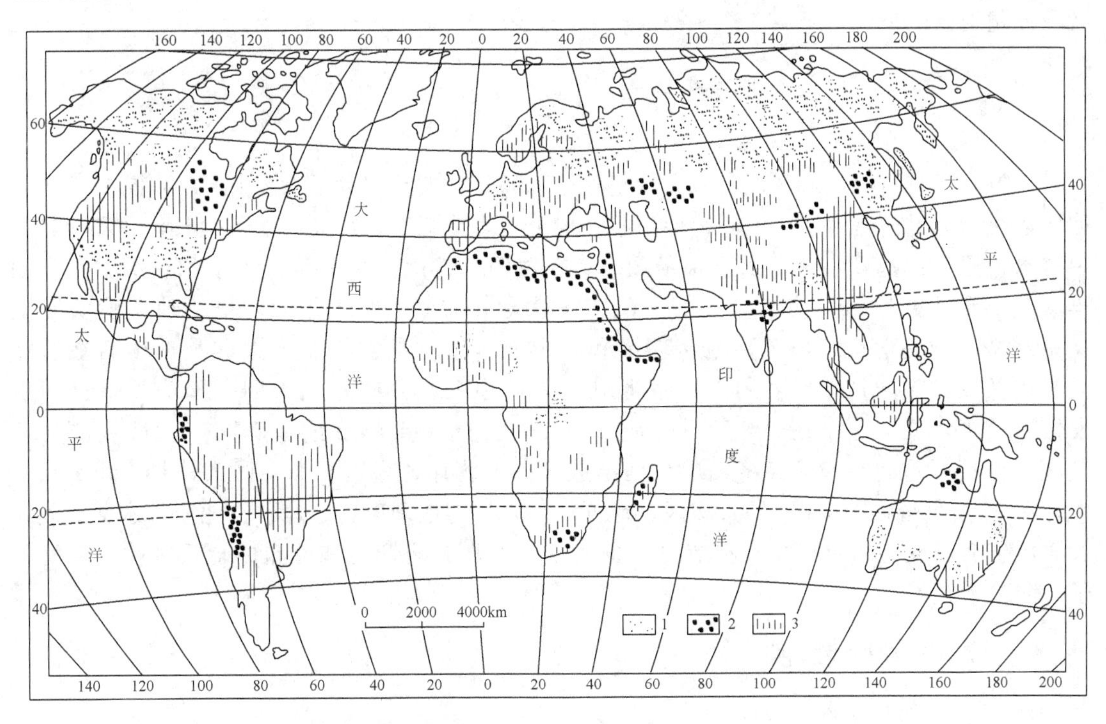

图 2-4 生物地球化学地方病病带分布图

1—元素贫乏腐殖质富集的生物地球化学地方病病带；2—元素过剩腐殖质贫乏的生物地球化学地方病病带；3—非地带性的地方性甲状腺肿的分布区

在本带内常可见到许多地方病。如地方性甲状腺肿、龋齿、大骨节病、克山病、心血管病、脑溢血病、佝偻病、骨质松脆病，以及某些部位的癌症等。偶尔还可见到发育不良的侏儒。当然上述疾病并非都是集中分布的。对于某一种或某几种疾病也可呈地带性或地区性分布，亦可呈灶状分布。

在动物中也流行着某些类似的地方病，且常可见到动物发育不良、生长滞缓、呆痴矮小等现象。

2. 元素过剩的生物地球化学地方病病带

本病带也是一个较大的病带，大致位于赤道以北 40°和赤道以南 30°的范围内（图 2-4）。该带分布不很连续，尤其是在南半球，由于陆地的分布支离破碎，为海洋所阻隔，地形起伏，气候多变，自然条件复杂，其地球化学景观的地带性特征远不如北半球那样连续而有规律。该带以 F、Se、As、Mo、Co、Cu、B 等元素过剩为其主要特征。

该带因元素过剩而引起各种机体代谢障碍性疾病或中毒性疾病。如氟中毒、硒中毒、砷中毒、钼中毒、地方性腹泻、地方性低血钾及地方性不孕症等。该带以氟病为代表，这是世界范围内流行十分广泛的一种地方病。我国的氟病主要分布于干旱、半干旱带。

必须指出，在上述两大病带中并非都有地方病流行。而是说在该地带内的某些地区比较集中地流行着某些地方性疾病。

3. 非地带性的地方性甲状腺肿的分布区

地方性甲状腺肿被认为是一种缺碘的地方病。但是，其地带性不很明显，它几乎在不同的纬度带内均有分布（图 2-4）。这是因为，一方面地方性甲状腺肿有按纬度分布的规律，另一方面还受垂直分带（按海拔高程分布）的影响。在我国，地方性甲状腺肿主要分布在山区及丘陵地区。

第三节 地 方 病

地方病是具有明显地区性、只在特定地区和特定的自然环境中发生的各种地方性疾病。换句话说，地方病是由于土壤和地层中某些成分过多或缺乏，从而影响了生长作物和流经其中的水，通过这些食物和饮水直接影响人类和牲畜的健康。也就是说，水和土壤中元素的丰缺是导致地方病的直接原因。水土，其实就是地质——地球化学环境。地方病实际上就是水文地球化学病。因此，地质环境和地方病有密切的关系。当人群长期生活在所需元素偏低或过剩的自然环境之中，必将引起人体中某种（些）元素的平衡失调，进而引发器官组织病变，这就是通常所说的地方病。地方病不仅严重危害病区广大群众的身体健康，而且严重制约病区经济发展和社会进步。据统计，全国 592 个国家扶贫工作重点县中，有 576 个是地方病流行的重病区。地方病的发生与地理位置、地形、地质、水文、气候及居民生活习性等密切相关。本节主要讲述常见的地方病产生和分布的地质环境、致病因子、防治措施等。

一、地方性甲状腺肿

1. 甲状腺肿及分布

地方性甲状腺肿又称地甲病，主要是由于肌体长期缺碘或富碘所造成的甲状腺代偿性增生肥大（图 2-5）。碘是人体必需的微量元素，其主要功能是在甲状腺内合成为甲状腺素，每个甲状腺素内必定有 4 个碘原子。碘具有双侧阈浓度效应，即人体内缺碘就不能合成甲状腺素，导致甲状腺组织的代偿性增生肥大，颈部显现结节状隆起，即甲状腺肿，但摄入过多的碘时，也会造成甲状腺肿大。地方性甲状腺肿多是环境中缺碘所致。

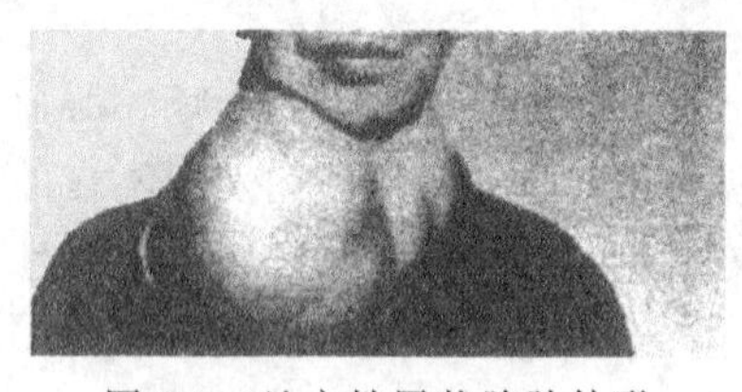

图 2-5 地方性甲状腺肿外形

碘缺乏病（国际上称为 IDD，即 iodine deficiency, disorders 的缩写）是一种严重危害人类健康、影响儿童智力发育的地方性疾病，它主要影响人体的正常发育、脑和神经系统的功能以及机体热量的保持。轻者表现为甲状腺肿大（俗称粗脖子病），称为地方性甲状腺肿；重则表现为精神发育迟滞、聋哑、矮小、瘫痪等障碍，生活不能自理，称为地方性克汀病。由于严重缺碘而产生的地方性甲状腺肿在儿童和成年人中均可发生。如果在胚胎期脑发育阶段，孕妇严重缺碘，则可导致胎儿脑发育不全，出生后的临床症状为呆傻、矮小、聋、哑、矬，以至终生残废等，这种缺碘症即地方性克汀病（俗称地克病、呆小症）。在本病严重流行的地区，出现许多"哑巴村"。

碘是人体必需的微量元素之一，关系到体格与智力的发育，神经、肌肉和循环功能及各种营养的代谢。健康成人机体内碘的总量约为 20～50mg，每日所需的碘约为 50～200μg 之间。人体内碘的 70%～80%存在于甲状腺中，用于甲状腺激素的合成，以调节人体的新陈代谢和促进人体的生长发育。人体内碘的来源主要为食物和水。但由于在地球的发展过程中，地质历史变迁的差异，使地壳表面碘元素分布不均匀。一般大陆低于海洋，山地低于平原，平原低于沿海。因此造成大部分山区、高原及少数平原地区地理环境中缺乏碘元素，从而使居住于这些地区的人群体内得不到足量的碘。

甲状腺肿是一种流行广泛的地方病，世界上许多国家和地区都有发生。较严重的病区分布于喜马拉雅山、阿尔卑斯山、高加索和美洲西海岸地区。重病区几乎都发生在边远山区、经济和生活水平比较低的地区。目前全世界约有 16 亿人生活在碘缺乏病区，碘缺乏病人数为 6 亿，地方性甲状腺肿患者约 2 亿，地方性克汀病人约 300 万。本病在亚、非、拉国家严重流行。

中国是一个受碘缺乏病威胁较大的国家。除上海外，碘缺乏病分布于 30 个省、自治区、直辖市的 2400 个县，主要分布在西北、西南、中南、东北、华北等山区。约有 4.25 亿人生活在碘缺乏病区，即病区人口达 4.25 亿，地方性甲状腺肿大及严重的克汀病人达 22 万人，中国几百万的痴呆人群中，约 90%为缺碘所致。碘缺乏病分布特点如下。

(1) 地区性　碘缺乏病分布具有明显的地区性。中国碘缺乏病主要分布在东北的大兴安岭、长白山区；华北的燕山；中部的秦岭—大巴山区，鄂西山区，大巴山；东南部的浙、闽山地；西南部的喜马拉雅山；西北部的帕米尔高原，天山山前冲积平原。其特点为山区多于丘陵、平原，内地多于沿海，农村多于城市，而且越是高山深沟、偏僻边远地区，常常越严重（见图 2-6）。

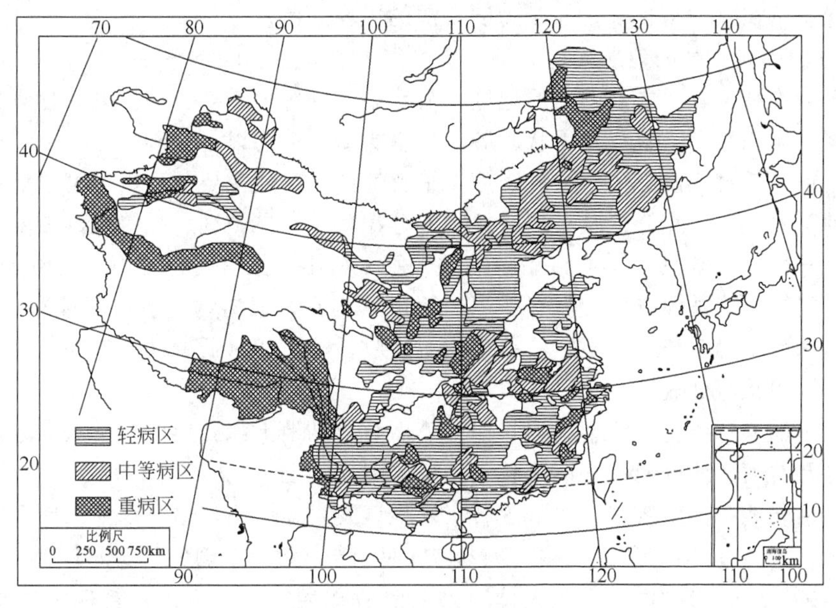

图 2-6　中国碘缺乏病分布图

(2) 垂直分布规律　碘缺乏病随地势海拔高度的下降，病情也随之由重逐渐减轻以至消失。以新疆奎屯-乌苏山前倾斜面平原碘缺乏病为例，当海拔高度在 1665m 时，居民甲状腺肿患病率为 23.2%；海拔高度下降到 363m 时，患病率下降到 5.8%；海拔高度下降到 280m 时，患病率只有 0.95%，病区几乎消失。病情的垂直分布规律恰好与水碘含量的垂直分布呈负相关，水碘含量相应的为 2.8μg/L、12.2μg/L，最后为 63.5μg/L。

2. 碘的地球化学特征

碘在地壳中的丰度（克拉克值）[1] 为0.5mg/kg。原生碘存在于地壳岩石或通过火山直接喷出地表。碘是一种极活跃的组合，在地表环境极易氧化，常以分子状态或化合物形式存在。碘在生命物质中以有机配合物形式存在。碘在水中主要以阴离子状态存在。碘在水中的存在形式也受氧化还原条件和酸碱条件的影响。

在地球化学演化过程中，碘也有相对富集和贫乏的特性。在极地、高山少，洼地、滨海多；在湿润淋溶地区少，在干旱地区多；在花岗岩、石英岩中少，在玄武岩、海相页岩中多；在灰化土、沙土中少，在沼泽土、腐殖土、黑钙土、盐渍土中多。

在天然水中，碘的含量变化幅度也很大。在大气降水中，沿海上空为2μg/L，内陆为0.2μg/L。山区的地表水、潜水碘低，为0.0～2.0μg/L，而平原较高，为5～10μg/L，在盐碱地区为10～30μg/L。海水为50μg/L，油田水一般为5～100μg/L，最高可达500μg/L。第四纪沉积物的水中碘含量为0.25～1.5μg/L，基岩地下水含碘量为2.5μg/L左右。

地下水中碘的迁移富集，主要取决于氧化还原环境。碘的氧化还原电位Eh为0.535V。当地下水处于氧化环境（Eh较高）时，一般形成碘分子沉淀或被介质吸附。当地下水处于还原环境（Eh偏低）时，呈易溶于水的碘阴离子存在和迁移。所以，水中碘在氧化环境中贫乏，在还原环境中富集。

由于碘的生物富集作用，使生物中含碘量较高，海生生物含碘量比地壳中碘丰度的克拉克值高100～1000倍，陆生植物含碘量比地壳中碘丰度的克拉克值高10倍，所以，一般来说，有机质中的含碘量较高，富含有机质的土壤中碘含量也相应比较高。生物富碘作用可使石油和沥青质沉积物中富含碘，并成为碘资源的主要来源。

3. 地方性甲状腺肿的地质环境类型

地质环境中缺乏碘（或富碘）的地区，流行甲状腺肿地方病。根据碘的化学性质及其在环境中迁移、累积特点，地方性甲状腺肿的环境类型可分为以下几种。

(1) 山地、丘陵碘淋溶型　这种类型是最普遍的而且是主要的病区类型。所谓“有山必有甲状腺肿”的说法，充分反映了碘缺乏病的分布特点，在山区、丘陵区碘被淋溶殆尽，水中碘的含量甚微，通常在5μg/L以下；有的几乎未检出，如喜马拉雅山、天山等。

(2) 泥炭沼泽碘被固定型　泥炭土中，碘虽然丰富，但植物有机体不能很好地被分解，碘释放不出来，不溶解于水，不容易被植物所吸收，造成相对低碘区。例如，中国东北三江平原的地方性甲状腺肿病区。

(3) 沙土漏碘贫碘型　沙土不容易保存碘而渗漏到地下深处形成严重缺碘区，如新疆沙漠边缘地区及古河道地区的地方性甲状腺肿病区属此类型。

(4) 石灰岩地区碘低效型　在富含石灰岩地区发生地甲病，这是因为该地区饮水中含有大量钙离子，水土中Ca^{2+}含量过多，碘易与Ca^{2+}结合，形成碘钙石$Ca(IO_3)$和碘络钙石$7CaIO_3 \cdot 8CaCrO_4$，影响农作物和人体对碘的吸收作用，另一方面，钙还可以加速肾脏的排碘作用而使机体更加相对缺碘，如我国西南岩溶山区、贵州省等，多属这种类型。

(5) 碘过剩型　高碘地甲病的发生通常与油田有关，石油产区的矿井水碘含量可高达10000μg/L以上，可影响附近的深层地下水的碘含量，有的深层井水碘含量可达1000μg/L，

[1] 地壳元素丰度就是化学元素在地壳中的相对平均含量。1889年美国化学家F. W. 克拉克发表了第一篇关于元素地球化学分布的论文，将来自不同大陆岩石的许多分析数据分别求得平均值，进而得出地壳中元素的丰度。为了表彰他的卓越贡献，国际地质学会将地壳元素丰度命名为克拉克值。由于研究目的不同，克拉克值可以采用不同的单位，有质量单位（mg/kg，g/t），原子百分数和相对单位（相对于100万个硅原子的原子数）。

高于一般饮用水100倍左右。居民饮用高碘水可发生“高碘性甲状腺肿”，如山东的滨县、利津等地。另外，由于地势低，碘累积而形成内陆高碘地甲病区，如山西孝义、清徐等地。因水碘高引起的地甲病称水源性高碘地甲病；因食入过高含碘食物引起的甲状腺肿，称为食物性高碘地甲病，如山东的日照市。

甲状腺肿发病与流行的影响因素见表2-5。

表2-5 影响地方性甲状腺肿流行的因素

影响因素	利于流行	不利于流行
地质历史	冰河覆盖，冲刷严重	非冰河覆盖区，冲刷轻
土壤质地	沙土，灰化土，泥炭土，黑土	栗色土，红色土
有机质	土层薄，有机质少	土层厚，有机质多
地理位置	内陆山区	平原，沿海，盆地
降水	降雨集中，降水大于蒸发	降雨量分散，蒸发占优势
食品	当地产植物性食品	商品粮，海产品，动物性食品多
饮水	地表软化或石灰化水	矿化度高的井水或泉水
致甲状腺肿物质	有	无

4. 饮水水质与地方性甲状腺肿

人体所需碘来自食物和饮水。在食物不变的条件下，饮水水质与地方性甲状腺肿有直接关系。饮水的改变可以左右本病的消长。

根据饮用水碘含量和地方性甲状腺肿患病率的相关统计分析，如果以地方性甲状腺肿患病率5%作为划分病的标准，确定饮用水碘的最适浓度的上下限分别为10mg/L和300mg/L。当低于最适浓度下限时，水中碘的浓度越低，地方性甲状腺肿患病率越高，两者呈负相关；当高于最适浓度上限时，水中碘的浓度越高，地方性甲状腺肿患病率越高，两者呈正相关。一般，缺碘性甲状腺肿分布广泛，高碘性地方性甲状腺肿分布有限。即大多数情况下，饮用水中的碘与本病患病率之间为负相关关系（见表2-6）。因此，目前关于饮用水中碘含量标准，一般认为不得小于10μg/L，最低极限标准为5μg/L。

表2-6 饮水中的碘与地方性甲状腺肿患病率

饮水的碘含量/(μg/L)	0.0～2.0	2.0～5.0	5.0～10	>10
地方性甲状腺肿患病率/%	50～30	30～10	10～0	0

环境中存在着许多干扰、影响、抑制人体吸收碘的因素。如饮水中有较多的Ca、F、Mg、Mn等元素，或富含腐殖酸，或富含微生物，都能影响人体对碘的吸收利用。这些成分称为致甲（状腺肿）诱发物质。食物中也可能存在这些物质。由此造成有的地区水土中的碘含量并不低，可是仍有该病流行。

5. 地方性甲状腺肿的防治

选用适宜的饮水和食物，食用碘盐或海菜可以有效地防治本病。

具体说，碘缺乏病的预防主要是为缺碘人群补碘。在通常条件下，人的机体日需碘量为100～200μg，才能保持碘代谢平衡。目前主要选用适宜的饮水和食物，或采取食用碘盐和口服碘油丸、注射碘油、食用加碘食物等方法。国内外实践证明，食用碘盐是一项确实有效、经济安全、使用方便的措施。只要缺碘地区人群坚持和正确食用碘盐，同时对育龄妇女口服碘油丸，就可以有效地控制新克汀病人出现，消除碘缺乏病。施用富含碘的农肥也可提高粮食中的碘含量，从而为碘缺乏地区的人群提供碘含量高的食物。

碘缺乏病的治疗比较困难。对甲状腺过大或长有结节的甲状腺可施行手术切除。地方性克汀病人除给予适当的碘外，对部分智力落后者可运用智力教育等手段，使此类病人智力有所提高。

二、地方性氟病

1. 地方性氟病及分布

地方性氟病是因环境和饮水中氟过剩或不足而引起的地方性疾病。氟是一种重要的生命必需微量元素，其80%～85%都集中于骨、齿中，是构成骨、齿的重要元素。一般每人每天的正常需氟量为1mg左右。氟亦具有双侧阈浓度效应。在高氟区环境中，人体摄入的氟过剩，便会引起慢性氟中毒，导致骨、齿病变。轻者为斑釉齿（亦称氟斑牙），重者为“氟骨症”（骨持续性疼痛，严重者脊柱弯曲、四肢变形、瘫痪等）。在低氟区，因氟不足影响骨齿的生长发育，出现斑齿或龋齿（牙釉发育不良，致使牙齿易腐蚀、磨损，而形成龋洞，严重者牙齿脱落），也常出现骨质松脆病、佝偻病。

氟地方病在世界范围内广为流行，危害极大。据统计，约有30多个国家高发氟病，仅氟斑牙患者就近2亿人。氟病的分布可分为地带性的及非地带性的。地带性的氟病与地理纬度有关。其中，以氟过剩为特征的氟病（氟斑牙、氟骨症）主要分布在干旱及半干旱带，以氟不足为特征的龋齿主要分布于湿润带或高山地带。非地带性氟病的分布与火山、温泉以及含氟的矿床有关，它遍布于世界许多地区。我国的氟病分布也很广，20多个省（区）都有分布，全国约有1088个县（旗）有氟病发生，约占全国县（旗）的1/3，其中以氟过剩的地方性氟病为主（图2-7），地带性和非地带性的氟病都有，其分布规律与我国氟物质来源的地质地球化学背景有关。初步估计，我国地方性氟病患者有8000万左右。例如，据2004年统计，贵州省有1000万氟斑牙患者，64万氟骨病人，以县为单位，氟中毒的人口1900万，占贵州人口的一半，即贵州全省有一半人口氟中毒。其中位于黔西北的织金县氟中毒最为严重。

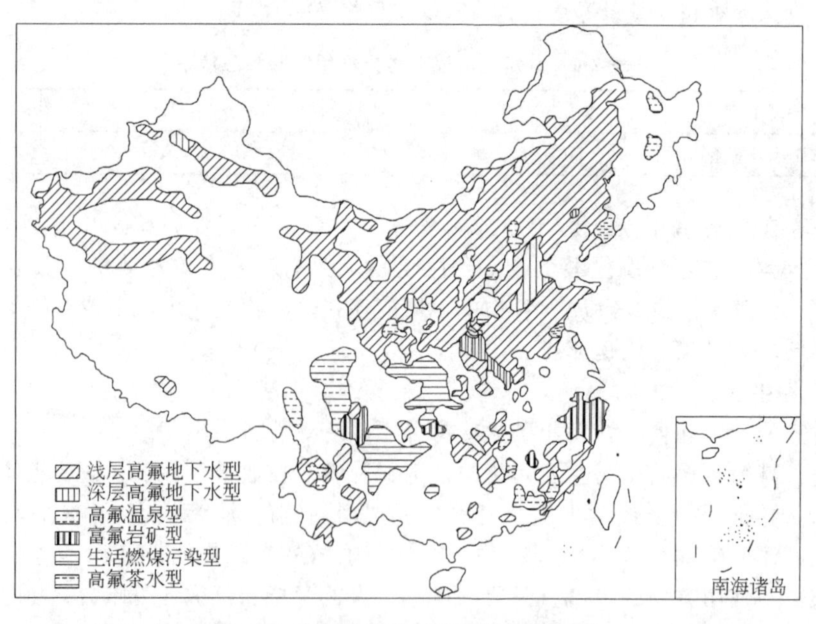

图2-7　中国地方性氟中毒环境类型图

我国地方性氟病的分布较有规律，即大致集中分布在 4 个地区：①黑龙江的三肇地区，吉林的白城，辽宁的赤峰，河北的阳原，山西的大同、山阴，陕西的三边，宁夏的盐池、灵武以及甘肃和新疆的一些地区，大致自东向西呈一宽条带状分布；②渤海湾附近，山东沿海及昌潍地区；③鄂西北，黔西至云南东北部，大致呈东北—西南向分布；④浙江、福建及广东的某些地区。

简而言之，病区大部分分布在黄河以北的干旱半干旱地区，即从东北黑龙江省西部起到新疆。中国南方的病区多呈点状的散在分布，大部分是高氟温泉和富氟岩矿影响所致。

地方性氟中毒流行程度与饮水含氟量之间有高度的相关性，水氟越高，饮用的时间越长，病情就越重。按照中国现行的饮水卫生标准，氟的适宜浓度小于 0.5～1μg/L；如果长期饮用含氟量超过 1.0μg/L 的水，氟就会在体内累积而引起氟中毒。

2. 氟的地球化学特征及地方性氟病的地质地理分布

氟在地壳中的丰度（克拉克值）为 625mg/kg。已知含氟矿物约 150 种左右，其中以火成岩含氟矿物最多，含氟硅酸盐分布最广泛，其次是含氟卤化物。含氟矿物主要有萤石（CaF_2）、氟磷灰石［$Ca_5(PO_4)_3F$］、水晶石（Na_3AlF_6）、黑云母［$K(Mg,Fe)_3(AlSi_3O_{10})(F,OH)_2$］、金云母［$KMg_3(AlSi_3O_{10})(F,OH)_2$］等。沉积岩中的氟含量一般比地壳的平均含量低，其中页岩和膨润土中氟含量较高。上述岩石矿物的风化溶解是天然水中氟的主要来源。

氟在自然界中主要以 F^- 的形式存在。氟与一价的碱金属形成易溶的氟盐（NaF、KF 等），与碱土金属形成难溶的氟化物（如氟镁石 MgF_2、萤石 CaF_2），与稀土元素形成许多氟化物［如钇萤石（Ca,Y)F_2、铈萤石（Ca,Cl)F_2、氟铈镧矿（Ce、La)F_3］，在岩浆岩及热液矿物中形成含氟铝硅酸盐矿物。氟的电负性（3.95）在所有元素中是最高的，这种特性使氟的许多化合物和配合物是稳定的，不易水解，电离也很弱，如 $(BF_4)^-$、$(AlF_6)^{3-}$、$(SiF_6)^{2-}$ 及氟与 PO_4^{3-}、CO_3^{2-}、ASO_4^{3-}、VO_4^{3-}、SiO_4^{4-} 等结合的配合物形式，在表生带环境中具有很高的迁移能力。氟在酸性环境中一般以配合物的形式迁移，在碱性环境中多呈离子状态。

由于自然地理条件不同，土壤的含氟量差异较大。另外，土壤含氟量往往还与其成土母岩的性质有关。一般，在湿润气候带的灰化土带、森林灰棕壤带和热带雨林的红壤带，有利于氟的迁移，土壤中氟的含量较低，多为 0.013%～0.028%。干旱和半干旱草原的黑钙土、栗钙土含氟量较高，为 0.024%～0.032%。在盐渍土和碱土中含量更高。

氟在天然水中广泛分布，但极不均一。大气及大气降水的氟主要来自火山喷气和工业废气，其氟含量约为 0.05～0.10mg/L。海水中氟约为 0.1mg/L，河水中为 0.03～7mg/L，盐湖中最高，为 20～40mg/L。

地下水中氟的主要来源是氟盐及含氟硅酸盐矿物的溶解和水解作用。其次是含氟的大气降水。地下水的含氟量取决于地质、地貌及水文地质条件。地下水中的含氟量与所流经的岩石或包气带地层的含氟量密切相关，含氟量高的地层或包气带，其地下水的氟浓度也高。就水文地质条件而论，水交替弱、地下径流缓慢的地区，地下水 F^- 含量高。从水的氟含量与水的化学类型和 pH 的关系来看，一般低矿化的 HCO_3-Ca 型水不适宜氟的存在和迁移，氟仅在 Na^+ 为主的水中含量才高，即地下水中的 F^- 多富集于 HCO_3-Na 型的碱性地下水中。高温地下水中 F^- 含量也较高。地下水中 F^- 含量与硬度多呈负相关。地下水氟含量变化范围很大，一般，潜水为 0.02～18mg/L，承压水为 0.5～1.0mg/L，高矿化的地下水为 3～5mg/L，温泉水为 1.5～18mg/L。

天然潜水中氟的含量与气候带密切相关。水中氟的富集主要出现于降水量小、蒸发量大的干旱地区，一般在湿润气候带约为0.05～0.20mg/L，在干旱草原气候带为2～12mg/L。水中氟的含量还受地貌和微地貌的控制，一般是山区低（0.02～0.2mg/L），平原高（0.3～0.8mg/L）。在高氟区，岗地低（1.5～3.0mg/L），洼地高（>10mg/L）。

潜水中氟的分布有明显的地理分带性。在山区淋滤带潜水中含氟量为0～0.5mg/L，在平原区潜水中含氟量为0.5～1.5mg/L，而在大陆盐化带潜水中含氟量为0.8～3.0mg/L，甚至最高可达几十毫克每升。

地方性氟病的空间分布与表生地球化学环境密切相关，主要受岩石、地形、水文地球化学条件、土壤以及气候等因素的制约。在火山附近、高氟岩石裸露区、温泉附近、沿海地带和干旱半干旱区均可能出现高氟地带。

火山灰、火山气体等喷发物中含有大量氟，这些喷出物在火山口周围呈环状分布。生活在火山周围的居民多患氟斑牙病和氟中毒症。世界上一些著名的火山如意大利的维苏威火山、那不勒斯火山、冰岛的火山区等均有地方性氟中毒病发生。

高氟岩石出露区和氟矿区也是地方性氟中毒的发病带，如萤石、冰晶石、白云岩、石灰岩以及氟磷酸盐矿中含有丰富的氟，在风化作用、淋溶作用的迁移转化过程中可使地表水和地下水中的氟含量增高。

温度超过20℃的泉水能够溶解多种矿物质，温泉水的含氟量一般比地表水高，而且随泉水温度的增高，氟含量也相应增加，故在温泉区常有氟中毒病发生。中国西藏的许多温泉区，泉水的含氟量高达9.6～15mg/L，温泉周围的居民患有严重的氟中毒病。

沿海地区由于长期遭受海水浸润而形成富盐的地球化学环境，海水中的氟也易于富集。沿海地区大量开采地下水而引起的海水入侵，不仅使土壤盐渍化、水井报废，也可使地下水的氟含量增高，从而引起氟中毒病的发生。天津、沧州、潍坊等沿海地区，均为氟中毒病的高发区。

干旱、半干旱区气候干燥，降水量少，地表蒸发强烈，地下水流不畅，氟化物高度浓缩，易形成富氟地带，也是氟中毒病高发区。在印度的许多地区为氟化物富集区，总量达12×10^{6}t（全球约为85×10^{6}t），地方性氟骨症患者高达100万人以上。

总的来说，地方性氟的形成和分布与水文地球化学环境密切相关。一般，氟中毒性疾病分布于元素富集的水文地球化学环境，斑齿或龋齿主要分布于元素强烈淋溶的水文地球化学环境。我国一些干旱的内陆盆地，花岗岩或碱性岩浆岩风化壳分布区，以碱土为主的盐渍化地区，含氟岩石分布区，高温含氟热水、温泉出露区，氟污染区，地下水中氟大量集聚，是地方性氟病的高发区。

3. 地方性氟病的地质环境类型

根据地理流行特点和氟的来源，我国地方性氟中毒病的地质环境类型可分为以下6种类型。

（1）浅层高氟地下水型　是中国地方性氟中毒病区范围最大的一种类型，主要分布在中国北方干旱半干旱地区的病区。这类病区的特点是，饮水水源的氟由富氟岩层（火山喷出岩、花岗岩等）作为补给源，而且地形相对低洼，地下水排泄不畅，土壤盐碱化比较严重，造成地下水氟离子的富集；加之气候干旱，蒸发量大，引起浅层地下水氟离子的高度浓缩，导致含氟量增高，一般在5mg/L左右。

（2）深层高氟地下水型　这类病区主要分布在渤海湾滨海平原，如天津的汉沽、塘沽，河北的沧州、黄骅，山东的德州、惠民等地。此外，新疆准噶尔盆地南部地区也有分布。其地质条件是海陆交替相地层，在古地理环境的影响下，深层地下水含氟量很高，一般可达

7.0mg/L，个别地区超过 20mg/L。

（3）高氟温泉型　这类病区主要受地质构造运动的控制，多分布于大陆板块边缘地带和断裂带，饮水水源受其周围高氟温泉的渗漏等影响，致使其含氟量较高，如广东的丰顺、福建的南靖、山东的栖霞等病区。

（4）高氟岩矿型　这类病区主要分布在萤石矿、磷灰石矿等富氟岩矿的出露区，致使水源含氟量高，如辽宁的义县、浙江的义乌、河南的方城、江西的宁都等地。

（5）生活燃煤污染型　主要分布在中国西南部山区，如湖北的恩施，贵州的毕节、织金，陕西的紫阳、镇巴，云南的镇雄、昭通，四川的兴文、珙县等。北方局部地区也有分布，如北京的门头沟等地。这类病区的特点是地处煤矿矿区的饮水含氟量不高，而食物和室内空气含氟量高，主要是由于当地燃煤习惯造成的，用高氟煤炭为燃料做饭、取暖和烘烤粮食而成为致病的主要原因。

（6）高氟茶水　在四川省的阿坝藏族羌族自治州和甘孜藏族自治州的某些牧区和半家半牧区，由于饮用高氟茶水引起的氟中毒。

此外，还有局部地区由于高氟食盐引起的氟中毒。如四川的彭水和黔江等部分地区的井盐（郁山盐）平均氟含量高达 203.9mg/kg，成为致病的主因。

4. 饮水与地方性氟病的关系及饮水防病

人体每天摄取的氟，约有 1/3 来自饮水，2/3 来自食物。然而饮水中的氟大部分为人体所吸收，而食物中的氟则很少被吸收。因此，实际上饮水是人体氟的主要来源（约占 65%）。所以饮水中氟含量的高低与地方性氟病有直接的关系。国内若干地区调查资料表明：水中氟含量 0.5mg/L 以下的地区，人群龋齿率为 50%～60%；水中含氟 0.5～1.0mg/L 的地区，人群氟病很少；氟含量为 1.0～1.5mg/L 时，多数地区氟斑牙患病率高达 45%以上，且中、重度患者明显增多；水中含氟量＞10mg/L，常常出现“氟骨症”；水中氟含量＞20mg/L，长期饮用，可导致残废。另外，研究表明，高氟水与肿瘤也有密切关系。水中氟含量对人体的影响情况如图 2-8 所示。

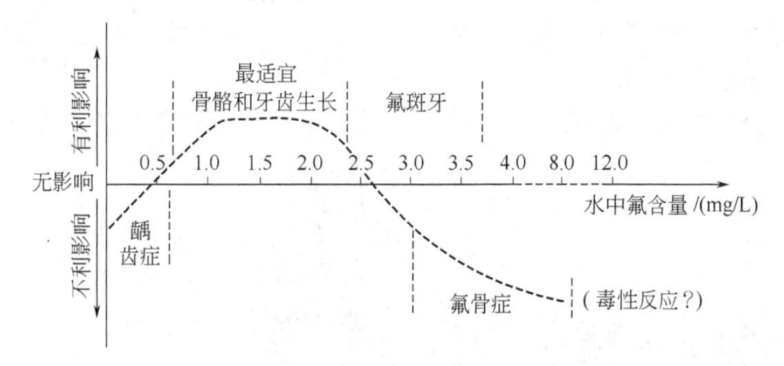

图 2-8　水中氟含量对人体骨骼和牙齿生长的影响

世界各国关于水中氟的适宜含量没有一个统一的标准（表 2-7），因为各地的水化学类型、气候条件、生活习惯等不同。但总的来说，人体对氟的反应比较敏感，所以饮用水中氟的适宜浓度较小，大约为 0.5～1.0mg/L。一般来说，大于此限，出现斑釉齿（氟斑牙）和氟骨症；小于此限，则出现龋齿。

表 2-7　饮水中氟含量的限量规定

项　目	世界卫生组织(WHO)	中　国	日　本	美　国	欧　洲	前苏联
氟含量/(mg/L)	0.6～1.7	0.5～1.0	0.8	0.7～1.2	0.7～1.7	1.5

我国地方性氟病主要是饮水型（少数还有食物型和高氟煤烟污染型）。因此，只要调节饮水中氟的余缺，就可获得理想的防治效果。在高氟地方病区寻找低氟水是水文地质工作者的一项重要任务。对饮水降氟也是一个途径。通常采用的方法为混凝沉淀法和滤层吸附法两类。前者常采用的降氟剂是硫酸铝和氯化铝等。后者常采用的方法为活性氧化铝降氟等。在低氟区预防龋齿的方法是对饮水中进行“氟化”，将水的含氟量提高到0.6～0.8mg/L，通常采用的氟化剂是 NaF、Na_2SiF_2、KF、CaF_2 等，以前两种最好。在电能便宜的地区可以考虑用蒸馏法，即用含氟水制造蒸馏水。也可用冰冻法生产除氟水，含氟水结冰后，将冰块融化，即可获得较纯净的水。通常采用的是除氟剂吸附除氟法，将含氟水以一定滤速通过除氟剂过滤，滤柱出水即可符合饮用含氟量的规定要求。采用的除氟剂有：磷酸三钙、骨灰、活性氧化铝。前两者机械强度差，再生用强碱强酸，使用不便。活性氧化铝机械强度较好，再生不用强碱强酸，较受欢迎。电渗析、反渗透以及离子交换法也可用于水的除氟，在除盐的同时氟得以去除。但其工艺较复杂，操作者需经过一定的培训，设备投资也较高，对含盐量及含氟量都高的水，往往采用这种方法。例如，郑州市截至2004年12月已完成郊县600多个有自然村的降氟改水工程，使37万人受益。

此外，为预防食物型氟病和高氟煤烟污染型氟病，应采取的主要措施是减少食物中的含氟量，限制高氟煤的燃烧和工矿企业含氟“三废”向环境中的排放。

三、大骨节病

1. 大骨节病及分布

大骨节病是一种骨关节肿痛、弯曲、畸形，并严重危害人类健康的地方性疾病，是一种地方性、慢性、多发性的畸形骨关节病，俗称“柳拐子病”。它严重地摧残人类的健康，损伤劳动力，甚至造成终身残废。

临床上主要表现为四肢关节对称性增粗、变形、屈伸困难和疼痛，四肢肌肉萎缩。幼年发病，骨骼发育有严重障碍者，出现短指（趾），短肢，身体矮小畸形，关节活动受限，导致终身残废；发病较晚者则多表现为肘关节弯曲疼痛（图 2-9）。

大骨节病在全球各地分布很广，在俄罗斯的西伯利亚、朝鲜北部、瑞典、日本、越南、

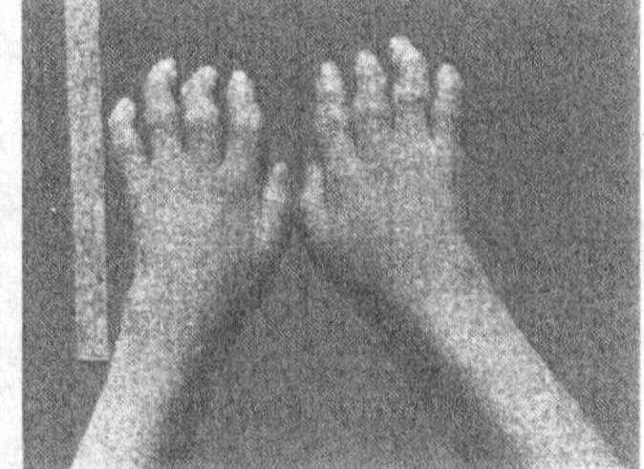

图 2-9　大骨节病的外形

荷兰等国家和地区均有发生。该地方病至今已有100多年的历史。我国是大骨节病发病最多的国家，病区分布于我国东部季风湿润地区和内陆干旱地区的过渡带上，从东北到西藏呈条带状分布，包括黑龙江、吉林、辽宁、内蒙古、山西、北京、山东、河北、河南、陕西、甘肃、四川、青海、西藏、台湾等15个省（直辖市、自治区）的296个县（市、旗），患者达200万人。其中发病最多的是黑龙江省（66个县市）。

大骨节病具有明显的相对稳定的地方性分布特征，且与一定的地理环境相关联（图2-10）。在中国主要分布在东北向西南延伸的一条宽带内，大致相当于中国东南热带、亚热带湿润地区和西北干旱半干旱地区之间的过渡地带。在病带内，可分为两个大骨节病最重的自然区：东北湿润针叶-落叶阔叶混交林暗棕壤、针叶林棕色泰加林土、半湿润森林草原与草甸草原黑土区；黄土高原暖温带半湿润森林褐土、森林草原灰褐土、黑垆土区。这两个重病区的大骨节病病人数占到全国病人总数的90%以上。紧邻病情较轻的两个区：西北侧的温带部分草原黑钙土、绵土和东南侧的暖温带落叶阔叶林棕壤、北亚热带落叶与常绿阔叶混交林黄棕壤区。

大骨节病以当地生产的粮食为主食的农业人口为主要发病人群。患者多从儿童和青少年时开始罹病，病情严重病区10岁以下儿童患病率可达50%以上，在重病区患病率有的高达90%（四川省阿坝藏族羌族自治州垮山乡）。

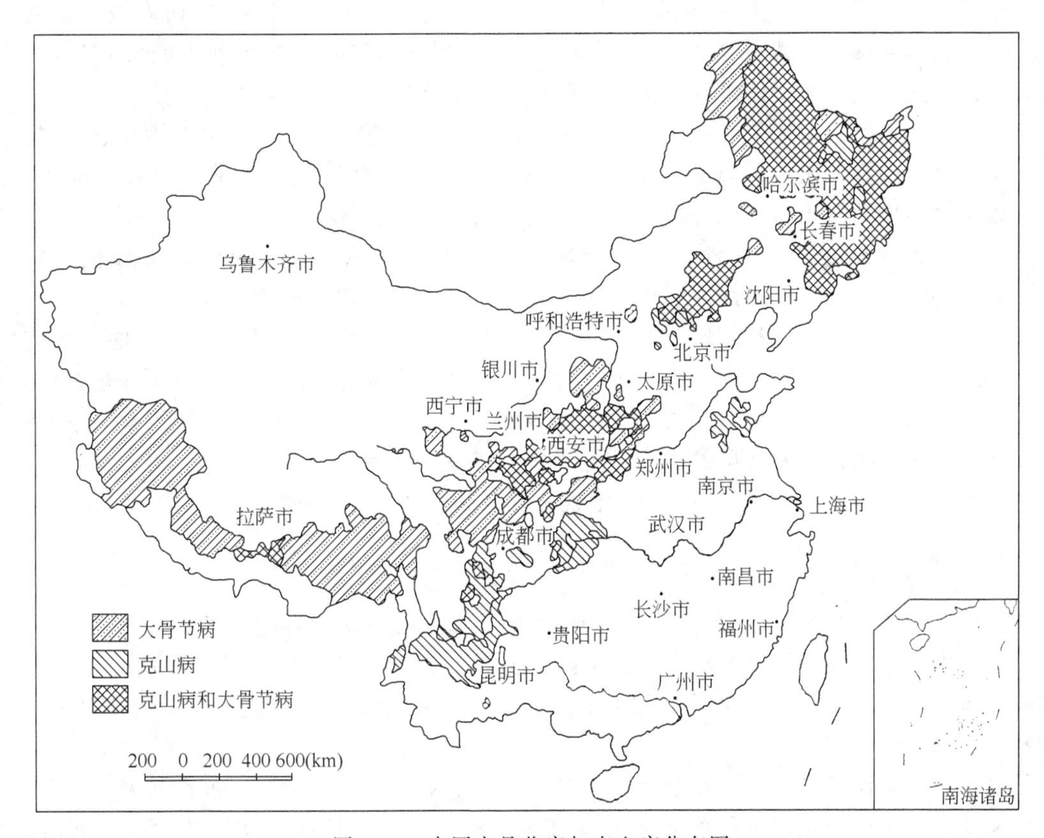

图2-10 中国大骨节病与克山病分布图

本区横跨寒、温、热三大气候带，在山区、丘陵、高原、平原、沙漠都有分布。因此，宏观地貌不是本病分布的特征，微观地貌对本病的分布起了明显的控制作用。大骨节病病村多分布于各种地貌、地形的相对低洼处，该处水流不畅，土壤潮湿，植被发育，腐殖质富集，或是位于黄土高原的残塬边坡、沟壑地形，或是具有湖沼相沉积的平原或宽谷，而在高亢、开阔的地形中病情几乎都很轻。

大骨节病的地方性特征更见于近距离的对比上。有时一山之隔，一河之隔，一沟之隔，山上山下、岗上岗下、沟口沟头等，病情轻重截然不同，有“健康岛”现象。

2. 大骨节病的地质环境类型

大骨节病区的地质环境可划分为四种主要类型。

（1）表生天然腐殖环境病区　本区的气候较湿润，植被茂盛，枯枝落叶广布，沼泽发育，草炭堆积，腐殖质丰富，土壤多为棕色、暗棕色森林土，草甸沼泽土和沼泽土等。地表水、潜水中腐殖质含量高，水质不良。在本区多饮用沼泽甸子水、沟水、渗泉水。大骨节病村多分布于分水岭两侧河流中上游的谷地、山间盆地、碟形洼地，或分布于高原盆地、谷地。

（2）湖沼相沉积环境病区　本病区主要分布于松辽平原、松嫩平原和三江平原的部分地区，主要为半干旱草原、稀树草原景观。土壤有草甸黑钙土、硫酸盐黑钙土、草甸盐碱土、草甸沼泽土和沼泽土等。区内地势低平，水流不畅，沼泽湖泊星罗棋布，有的已被疏干开垦。本病区地表景观无明显特征，而与古地理环境密切相关，发病与否主要决定于水井穿过的地层。凡取用冲积层的水，水质较好，一般无病。凡水井穿过湖沼相地层，多病情重。在上述地层中常可见到半腐烂的草根、枝叶或树干，水质不良。该区水具有浓烈的腐殖味、H_2S味。其颜色多为灰黑、灰蓝、灰绿或铁锈色。当把这种水取出地面，经氧化后，均呈浅黄色。本病区大骨节病的发生、消长与饮用水井的性质和水质密切相关。

（3）黄土高原残塬沟壑病区　本病区黄土广布，厚达百余米。因侵蚀作用强烈，水土流失严重，形成残塬、沟壑、梁峁地形。在残塬边坡沟壑的低洼处，土壤湿润、灌木草木滋生。重病村主要分布于黄土残塬边坡沟壑部位，群众多饮用窑水、沟水、渗泉水和渗井水，水质不良，大骨节病很重。而饮用基岩裂隙水、冲积或冲洪积层潜水者病轻或无病。属于此类型病区的有渭北黄土高原病区、陇东黄土高原病区、陕北黄土高原病区等。

（4）沙漠沼泽草炭沉积环境病区　本区属干旱、半干旱沙漠自然景观。区内沙丘较多，丘间洼地大小不同。多数干燥无水，少数为芦苇沼泽，底部有薄层草炭。沼泽水呈茶色并且有铁锈的絮状胶体。群众多就地掘井，凡饮用此水者多患大骨节病。饮用泉水或井水者无病。此类病区与微地貌及水源的关系最为明显，多呈“岛状”分布。

以上四种病区类型的共同特点是元素贫乏，腐殖质富集，属于还原的水文地球化学环境。

3. 大骨节病的病因与防治

关于大骨节病的致病机理迄今尚未彻底查明。国内外许多学者提出了许多假说，或得出了某些结论，主要有生物地球化学说、生命元素说、食物性真菌中毒说、腐殖酸致病说等。其中以腐殖酸致病说为大多数人所接受，流行最广，但目前关于本病的病因还没有公认的结论。

（1）环境生命元素方面　发现大骨节病分布在低硒带。病区土壤、粮食和人群硒含量都普遍偏低。利用亚硒酸钠进行的防治实验证明，硒对于关节骨骺板软骨的改变具有防止恶化、促进修复的功效。

（2）生物地球化学说　生物地球化学说认为，大骨节病是矿物质代谢障碍性疾病，其致病机理是因病区的土壤、水及植物中某些元素缺少、过多或比例失调所致。有人认为环境缺乏Ca、S、Se等元素或Cu、Pb、Zn、Ni、Mo等金属元素过多可致病；另有人认为，环境中元素比例失调，如 Sr 多 $CaSO_4^{2-}$ 少、Si 多 Mg 少等是主要致病原因。

（3）食物性真菌中毒说　食物性真菌中毒说认为，大骨节病是因病区粮食（玉米、小麦）被毒性镰刀菌污染而形成耐热毒素，居民长期食用这种粮食引起中毒而发病。用镰刀菌毒性菌株给动物接种，可使动物骨骼产生类似大骨节病的病变。

（4）饮水中有机物方面　一些流行病学调查认为，大骨节病与水质有密切关系。病区饮水中富含有机物，矿物质贫乏，认为大骨节病可能与饮水中腐殖质有关。通过实验证明，其对人体的胫骨细胞具有明显的损害作用。

目前，大多数人认同腐殖酸致病学说。根据调查研究，采用的饮用水水源类型不同，发病率相差悬殊。饮窑水、沟水者发病率很高，饮清水、深井水者发病率很低，甚至不发病。饮水水源类型直接反映了饮水水质。饮水水质与本病的关系极为密切。选用 5 项指标将各种饮水水质划分为 5 级（表 2-8），并采用肯多鲁（Kendoll）等级相关分析法对饮水水质与大骨节病的发病率进行等级相关分析，发现二者有极为显著的相关关系（图 2-11）。病区饮水中腐殖酸含量均值（0.52mg/L）显著高于非病区饮用水中腐殖酸的含量均值（0.042mg/L），二者有非常显著的差异。进而对病区饮用水腐殖酸的含量与发病率进行回归分析，相关极为显著。目前，根据调查研究，大多数人普遍认为，环境中缺硒、水中腐殖量过量（>0.05mg/L）是导致大骨节病的主要原因。

表 2-8　大骨节病病区饮水水质分级

病情等级（检出率/%）	饮水水质参数						水质判断
	水质级别	色	嗅	味	沉淀	腐殖酸/(mg/L)	
极重（>20）	极差（Ⅴ）	严重着茶、黄、红、铁锈、蓝、绿、灰等色	可明显品出各种异味	可明显品出各种异味	各种絮状沉淀物很多	>0.5	
重（10～20）	差（Ⅳ）	较严重着色	异味较重	异味较重	沉淀较多	0.2～0.5	患病饮水
中（5～10）	中等（Ⅲ）	较轻着色	异味较轻	异味较轻	沉淀较少	0.1～0.2	
轻—非（<5）	较好（Ⅱ）	着色极浅或无	很难察觉异味	很难察觉异味	沉淀较少或无	0.05～0.1	
非（0）	好（Ⅰ）	透明无色	无异味	清甜可口	无沉淀	<0.05	健康饮水

防治大骨节病的根本原则是设法消除致病因子，积极调节和改善环境状况。实践证明，改水防病是目前最为行之有效的措施。改饮腐殖酸含量低的水（<0.05mg/L）可以有效地减少或杜绝大骨节病的发生。根据实践经验，应把预防儿童发病和治疗早期儿童病人作为防治工作的重点。主要措施是：①改水，把水中腐殖酸含量控制在 0.05mg/L 以下，就可以收到明显的效果；②补硒，如适量服用 Na_2SeO_3（亚硒酸钠）片剂对防治大骨节病有一定的效果；③换粮，即食用居住区以外非病区的粮食；④综合预防，改善卫生条件，加强营养等。

四、克山病

1. 克山病及分布

克山病是一种以心肌损伤、坏死为主要症状的地方性心肌病。1935 年冬天最早发现于我国黑龙江省克山县，因病因不明，故称为克山病。在临床上按心肌受损程度和心脏功能状

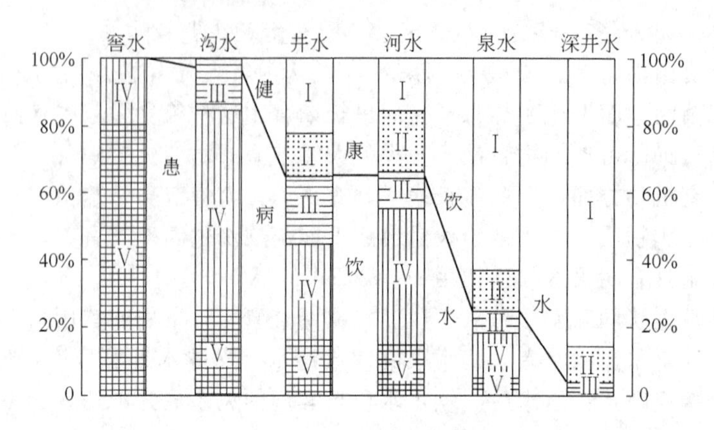

图 2-11　饮用水水质与大骨节病情关系图解

Ⅰ—水质好，无病，腐殖酸<0.05mg/L；Ⅱ—水质较好，无病—病情轻，腐殖酸 0.05～0.1mg/L；
Ⅲ—水质中等，病情中等，腐殖酸 0.10～0.20mg/L；Ⅳ—水质差，病情重，腐殖酸 0.20～0.50mg/L；
Ⅴ—水质极差，病情极重，腐殖酸>0.5mg/L

况分为急型、亚急型、慢型和潜在型四种类型。现症病人以后两种类型居多。克山病严重威胁着人民的生命健康。据考证，该病可能在 200 多年前已有流行，在日本、朝鲜等国亦有发生。

据统计，我国黑龙江、吉林、辽宁、内蒙古、河北、河南、山东、山西、陕西、甘肃、四川、云南、西藏、湖北、贵州 15 个省区的 325 个县 3180 个乡有不同程度的克山病流行，患病人数约 5 万人，从整体上看，克山病的分布有明显的地方性。在地理分布上，病区从中国黑龙江省至云南省，大致分布在东北至西南一条不连续的宽带内（图 2-10）。这条病带主要为温带—暖温带半湿润森林草原和湿润森林棕褐土系列及其邻近土壤地带。在中国西北干旱、半干旱的荒漠、草原地带和东南部亚热带、热带阔叶林、季雨林地区都没有克山病的流行。

克山病病区的分布与中新生代陆相沉积有关，同时与地形地貌密切相关。

克山病在地势上分布范围为海拔 100～3500m。总的规律是随着纬度的降低，克山病分布的垂直高度升高。如在东北病区，分布的海拔为 100～1000m；河北、陕西病区分布高度为 800～2000m；在西南病区分布在 1300m 以上，最高在四川的金川县可达 3500m。西藏地区也在此高度上。

地貌因素对克山病的影响表现在病区多位于受侵蚀淋溶的山地、丘陵和岗地，即主要分布在地质侵蚀区。病带内规模较大的冲积平原如松嫩平原、黄河中下游平原等往往为非病区或病情极轻病区。

气候因素与克山病的发病有紧密的关系。克山病病带的年平均气温为 0～15℃，年降水量大致在 400～1200mm 之间。气候的年变化和季节变化与克山病发病的年度波浪性和季节性相关。在中国北方病区，多为冬季发病，尤以生育期妇女和儿童占比例较大；而在南方四川、云南病区，发病在夏季，多以 15 岁以下儿童为主。

2. 克山病的病因及环境地质类型

克山病的病因目前还不十分清楚，因此关于克山病的病因学说较多，主要可归纳为两大类，即生物性病因和水土病因（或称为环境地球化学病因）。

生物性病因说认为是由某种病原微生物所引起的，特别引起人们注意的是病毒感染，如柯萨奇病毒。水土病因又分为两种：一为中毒性因素，主要指环境中含有机物、亚硝酸盐或化学元素过多中毒；一为缺乏因素，主要指硒缺乏、镁缺乏、钼缺乏及营养缺乏等。到目前为止，以硒、钼缺乏及腐殖酸过量最受注意，认为低硒（Se）、低钼（Mo）环境，水中腐殖酸过量与克山病的发生关系密切，即克山病与自然环境和饮水有关，是复合性致病因子所致。

克山病的分布有明显的地方性，其分布大致与大骨节病相同，但也略有差异。根据地质环境特征，可把病区划分为三种类型（图 2-10）。

（1）东北型（天然腐殖环境病区） 本病区属表生天然腐殖环境或湖沼相沉积环境，病区多饮用富含腐殖酸的潜水或地表水。其特点是克山病与大骨节病的分布和病情轻重基本平行，往往克山病病村又是大骨节病病村，克山病患者又是大骨节病患者。本类型病区以东北病区为代表。

（2）西北型（黄土残塬山丘沟壑病区） 以陕西渭北黄土高原、陇东黄土高原病区为代表。病村多饮用受有机污染的窑水、渗泉水和沟水。本类型病区的特点是：克山病与大骨节病的分布基本一致，可是大骨节病病情普遍较重，而克山病病情很轻或无。

（3）西南型（高原山丘坝子病区） 属此型的有云南高原病区、川东山地丘陵平坝病区、鲁中山地病区等。病村多饮用水田渗井水、沟水、坑塘水和涝池水，水质不良，有机污染严重，富含腐殖质。本类型病区的主要特点是只有克山病而没有大骨节病。

以上三种类型病区其共同特点是具有区域的或局部的，天然的或人为的富含腐殖质的还原的水文地球化学环境，且环境中缺硒（Se）、低钼（Mo）。一般，干旱的有机物缺乏的碱性氧化环境无克山病。

3. 饮水水质与克山病及克山病的防治措施

饮水水质与克山病的关系早已为人们所重视。病区环境多富含腐殖质，水多受有机污染，水质不良，且饮水中 Se、Mo、Na^+、Mg^{2+}、Cl^-、SO_4^{2-} 等含量显著偏低。

据对我国主要病区的调查统计和对腐殖酸（—OH）的系统分析化验结果，患病饮水中，腐殖酸（—OH）的平均含量为 0.18mg/L，较重病村其含量大于 0.26mg/L，轻、非病村则小于 0.10mg/L。健康饮水中，腐殖酸（—OH）平均含量为 0.06mg/L，在各病区内，凡饮水中腐殖酸（—OH）含量小于 0.04mg/L 的村子，很少见克山病。这一事实说明，在病区饮水中腐殖酸（—OH）含量与克山病有明显的正相关，即饮水中过量的腐殖酸（—OH）可能是致病因子。它可能通过两个方面起作用：①饮水中的腐殖酸含有多种功能团，它们具有较大的化学活性，可与许多元素形成配合物或螯合物，从而影响人体对 Se、Mn、Mg 等元素的利用，导致心肌代谢障碍而致病；②某种低分子的腐殖酸有可能作为毒物，而直接损害心肌，病区的水土环境有利于嫌气性微生物的滋生，它们及其分泌物可通过饮水的途径而有害于心肌。

克山病的防治措施主要是改水或换水，以阻截致病因子进入人体。例如，通过试验，把病区饮水中腐殖酸限制在 0.05mg/L 以下，可有效地防治克山病的发生。在 Se 含量低的环境中，服用亚硒酸钠（Na_2SeO_3）片剂，增加人体对 Se 的摄入量也可起到防病治病的作用。另外，采用硒盐，应用 Na_2SeO_3 喷施农作物以及施用硒肥以提高农作物的硒含量等措施，使服硒过程更加简便，防控效果更好。

五、其他地方性疾病

1. 心血管病

心血管病是世界上死亡率最高的疾病之一。近几年来的研究表明，心血管病的分布有明显的地方性，其发病率与地质环境和饮水有密切的关系。不同国家不同研究者得出相同结论，心血管病死亡率与饮水硬度呈显著的负相关。

例如，根据H.A.施罗德、N.P.蔡伯勒斯等人的资料，美国饮水的硬度东部最低，中西部最高（个别州除外），致使心血管病死亡率东部高，西部低，其分布有明显的地方性。饮用软水的城市心血管病死亡率高，饮用硬水的城市心血管病死亡率则很低。英国心血管死亡率最高的地区在英格兰和威尔士，在那儿约有60多个城镇饮用的都是软水。据M.D.克洛福德等人的研究，心血管病的死亡率与饮水的硬度呈显著的负相关。

防止心血管病的有效途径是将软水硬化。在美国，许多城市将软水硬化后，心血管病死亡率明显降低。在我国，关于心血管病与环境、水质的关系还需作系统的研究。

2. 某些癌症

癌是一种顽症，占所有疾病死因的第二位，仅次于心脏病。我国每年约有100万癌症患者，死亡约80万人。研究表明，约有80%的癌症是由环境因素引起的。有些癌症的高发区有明显的地区性和地带性特征，与水文地质环境和饮水有关，地球化学环境也是致癌的重要因素之一。

我国食管癌的平均死亡率为11/10万，总的分布趋势是北方高于南方，内地高于沿海。我国肝癌的平均死亡率为10/10万，主要分布在一些沿海地区，其中以广西的扶绥和江苏启东最高。我国胃癌的平均死亡率为15/10万，以西北黄土高原和东部沿海各省较高。此外，这三种癌症在许多地区有平行出现的现象。

癌症分布的地貌特征更为突出。我国食道癌的死亡率和某些地区肝癌的死亡率有山区高于丘陵，丘陵高于平原的趋势（图2-12）。

在岩溶地区，肝癌死亡率的分布主要受地层岩性和岩溶地貌的影响。在石灰岩峰林槽谷区，肝癌死亡率高达107/10万，在以沙页岩、沙砾岩为主组成的低山丘陵区，死亡率则很低，为10.7/10万。

根据目前的初步资料，我国癌症高发区的环境水文地质类型可划分为四种类型，即山区型、岩溶山区型、水网平原型、三角洲平原型。不论哪种类型的癌症高发区，都以饮用受有机物污染严重的水为主要特征。

饮水水源类型与癌症密切相关（图2-13）。大量的调查研究资料表明，癌症死亡率与饮水中的NO_2^-和腐殖酸等含量之间普遍存在正比关系。

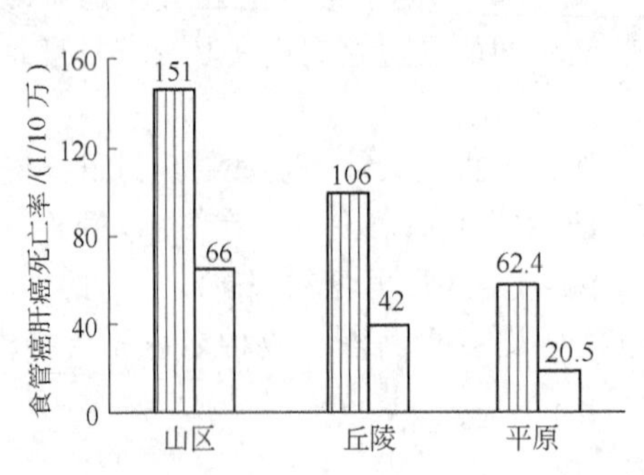

图2-12 食道癌（竖线）、肝癌（空白）死亡率与地貌的关系

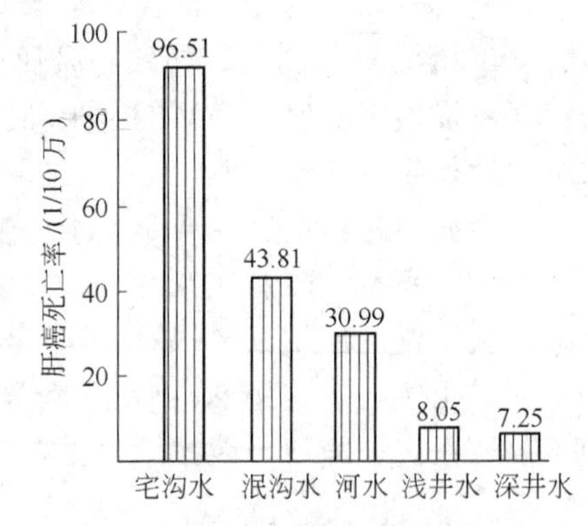

图2-13 江苏启东饮水类型与肝癌死亡率

人体缺钼（Mo）可能引起食道癌和肝癌，如我国河南省林县是食道癌高发区，病区的地球化学环境特征就是严重缺钼（Mo）。长江三角洲的部分地区也是人体缺钼（Mo）的肝

癌高发区。

3. 脑溢血症

日本是“脑溢血之国”，秋田县为日本之冠。据渡边（1950 年）所编制的脑溢血死亡率分布图和水化学图，脑溢血死亡率与饮水 pH 值呈负相关（即碱性水死亡率低，酸性水死亡率高），与 SO_4^{2-}、SO_4^{2-}/CO_3^{2-} 和 SiO_2 呈正相关。在脑溢血死亡率高的地区，多为酸性硅质水。

在我国，地质环境与脑溢血症的关系还需系统的研究。

第四节　原生环境地质的调查研究方法与地方病的防治

一、原生环境地质的调查研究方法

原生环境水文地质问题中主要是地方病，因此，以地方病为例说明其研究方法。

地方病的研究方法是综合性的，必须将地学与医学相结合。本学科的研究课题必须以流行病学、临床医学和基础医学的研究成果为依据。首先，医学部门要提出有关疾病的性质、发病率、死亡率及其地区分布方面的资料，而后，地质部门从宏观上探索地质环境因素与疾病的关系，提出防治措施。环境地质工作者所得出的结论正确与否，需要通过临床医学和基础医学的检验。最后，用实验流行病学的方法进行全面验证。

地方病环境地质工作同其他水文地质工作一样，需要分阶段进行。其工作程序大致可分为地质、水文地质普查，水化学观测，实验研究，病区饮用水源勘察与防病改水等。这里对每个阶段的工作内容不再详述，只介绍常采用的研究方法。

1. 综合调查法

综合调查法是对病区和非病区进行地学和医学的综合对比调查。这是一种基本研究方法。

首先是对人群疾病的调查和可能与发病有关的社会、经济、生活等因素的调查。如调查地方病的流行历史、症状、疾病的人群分布，发病率与死亡率，调查人群的食物品种、饮食习惯、营养状况等。查明疾病的流行特点和规律。因为，有些地方性疾病或生物地球化学地方病不单是某一或某些元素的缺乏或过剩，而且还与某些社会因素、生活因素有关。

第二步是对自然环境因素进行调查。调查访问近百年或近几十年来自然环境的变化情况。例如：森林开发、土地垦殖、水利工程兴建、河流改道、山崩、地震、气候演变、盐土的发展趋势、沙丘的移动等。上述局部环境变化可以显著地影响局部的水文地质及水文地球化学环境。

最后进行地质、地貌、土壤、植被、水文、气象和水文地质的专门调查。尤其要注意对人群饮用水源的调查，要以自然村作为统计发病率的人群单位。最好是按饮水水源分别统计人群的发病率或死亡率，并进一步查明饮水水源与疾病的关系。也可对饮水水源、饮水水质与发病的关系进行综合统计分析。

通过调研和踏勘，最好在现场能粗略地判定研究的对象和范围，以确定采样的种类和数量。应采其具有代表性的水、土、粮等样品。所采样品必须便于发病人群和健康人群之间的对比。最好是同时采取人发样品。因为，人发被认为是人体元素可靠的“记录者”，人发不仅可以反映该环境中元素的丰度，而且还可敏感地测试出人体中元素的异常。

通过综合调查，要初步掌握调查区内人群中疾病状况和水文地球化学环境的基本特征。

2. 数理统计方法

在地方病环境水文地质调查中，经常获得大量的数据，其中最主要的是病区、非病区的水、土、粮、发的化验数据，因此，需对这些数据进行数理统计，找出这些数据的分布规律，确定水文地球化学背景值。在此基础上，进一步分析研究各种数据之间的，判断各种疾病的发病率或死亡率与环境因素之间的关系，进行水文地球化学环境综合评价。

常用的数理统计方法有：假设检验（t、x^2、F 检验）、方差分析、相关分析、回归分析、多元逐步回归分析、聚类分析、趋势面分析、因子分析等。一般，在判断成对的两组指标（如某一元素与某一种地方病的发病率）之间是否存在某种相对的相互关系时，用多元回归分析和多元逐步回归分析方法；如需要对大量的数据做仔细、准确的分类时，用聚类分析的方法。总之，我们应根据研究的对象，选择合适的数理统计方法对数据进行处理和定量分析、评价。

最后指出，数理统计方法得出的结论，只能表示事物之间统计学的关系，而不一定就是因果关系，因此，对数理统计结果必须进行综合分析、判断，必须回到实践中加以验证。

3. 动物模拟实验

本法主要是模拟病区的自然条件，用病区的水、粮喂养动物，以复制动物模型。此项工作主要由医学部门承担。但是，地学部门必须提出可以使医学人员能够接受的病因假说，提供足够的、准确的实验样品。

必须注意，动物模拟实验仅仅是一种手段，不能作为唯一的依据。因为，人毕竟与动物不同，在人间流行的许多疾病在动物中不一定流行，反之亦然。此外，模拟条件与自然环境之间也存在一定的差距。

4. 综合制图法

许多的地方性疾病都是通过编制疾病分布图而发现和确定的。反过来疾病分布图又促使了病因的研究。例如：日本的脑溢血症就是通过编制脑溢血死亡率分布图和水化学图对比而确定的；美国、英国、荷兰、芬兰等国的心血管病是通过编制心血管病死亡率分布图和水化学图、土壤化学图而进一步得到肯定的；英国、荷兰的胃癌分布与土壤类型的关系也是通过制图而确定的。

在我国，研究大骨节病、克山病和癌症等地方性疾病也都采用了综合制图法，编制了各种比例尺的图件。1979 年出版的《中华人民共和国恶性肿瘤地图集》明显地显示了我国肝癌、食管癌分布的地方性，从而为疾病研究和防治工作指出了方向。中国科学院等有关部门正在编制全国性的各种生物地球化学地方病图集。

应根据不同目的和要求，编制各种类型和不同比例尺的图件。图件应反映以下基本内容：①发病率或死亡率的分布；②病区的环境水文地质；③水、土的主要化学特征；④对环境、水土改良利用的指标和措施等；⑤其他有关内容。通过编图可以反映出疾病分布的地方性和地带规律，及其与环境地质因素的关系。这对于研究病因、制定预防措施和有关规划具有重要意义。

5. 防病改水试验

改良饮水水质以预防疾病，是古今中外普遍采用的一种方法。事实证明，改良饮水水质不仅可以预防各种水源性传染病，而且对预防许多生物地球化学地方病（如地方性甲状腺肿、地方性氟病、大骨节病、克山病、心血管病、癌症等）均有一定的效果。

本法通过改换水源或改良水质，阻截有害物质进入人体或向饮水中投放有益元素，以达到防病的目的。因目的不同，对水质的要求也不同，但不论什么目的，好的饮用水应该透明、无色、无臭、无异味、无沉淀、矿化度适中、各种元素含量适度且不受污染，长期饮用后对人群无不适反应。

改水试验法可分为两大类：①改换水源，即寻找好的水源替换致病水。②改良饮水水质，有两种方法。其一，除去某些过量的有害物，如腐殖质、NO_3^-、NO_2^-、Fe、Mn、F、As等，一般是通过物理或化学的方法加以清除；其二，因饮水中某些元素不足，而需投入某些有益的成分，如Ca、Mg、F、I、SO_4^{2-} 等。

防病改水的试验点必须选择在条件单一的自然村或居民区，而且要控制其他条件基本不变。在改水前必须进行水质化验和病情调查，统计出在改水前的发病率，并建立档案，作为试验点的基础资料，便于以后对比。改水后，定期对饮水水质和人群健康作季节性的或年度性的对比观察。在建立改水试验点的同时，必须建立条件相似的对照点，进行同样内容的观察，以判定预防效果。此项工作由地学和医学部门共同进行。

通过改水试验可进一步检验病因假说，并作为推广改水防病措施的依据。

二、地方病的防治

尽管生物地球化学地方病种类繁多，分布广泛，病区的自然条件复杂，然而它们都与环境、饮水有关，因此可加以防治。目前，国内外大都采取以改水为中心的综合性预防措施。

① 增加饮水中某些不足的元素（Ca、Mg、F、I、SO_4^{2-} 等），调整pH值。例如，欧美某些国家在心血管病死亡率高的饮软水的城镇，对饮水进行硬化，增加水中钙镁含量，并提高pH值。许多国家对龋齿流行地区的低氟水进行“氟化”，增加水中氟含量，均收到较好的防治效果。

② 除去水中F、As、Fe、Mn、Zn、Cd、Hg等过量的元素。例如，饮水除氟对预防氟中毒地方病效果显著。

③ 大量的研究资料指出，富含腐殖酸的水对人畜的健康都是不利的。因此，必须清除饮水中的腐殖质。通常采用的除腐殖酸的方法有：a. 物理吸附法，目前主要是用活性炭吸附；b. 化学絮凝沉淀法，即采用$Al_2(SO_4)_3$、$Al(OH)_3$等絮凝剂使水中的有机胶体絮凝沉淀；c. 氧化分解法，此法是使水中的有机质强烈分解，比较好的强氧化剂是臭氧。

④ 保护水源、防治污染是消除某些地方性疾病的一项重要措施。通过环境地质和流行病学的调查，发现有许多地方性疾病大都与饮水水质被有机物污染有关，如大骨节病、克山

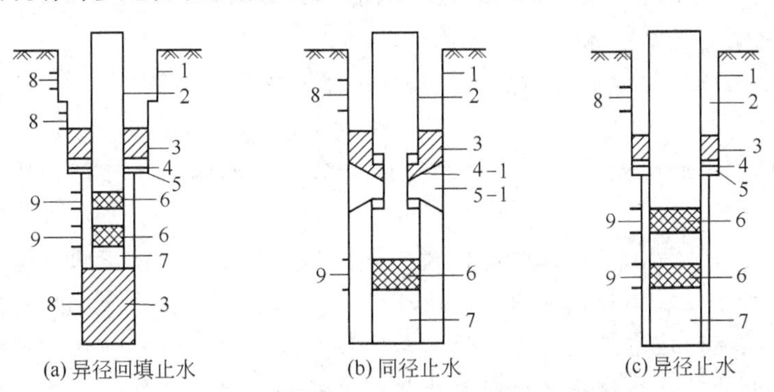

图2-14　松散岩层中防病井井管结构示意图

1—井壁；2—井管；3—水泥或黏土；4—托盘；5—胶皮垫圈；4-1—同径止水；5-1—暂时止水物（海带包扎物）；6—过滤器；7—沉淀管；8—不适饮用含水层（带）；9—开采含水层带

病、某些癌症等，因此，要保护水源免受污染。开采好的非致病含水层时要注意止水工作。常采用的防病井井管结构见图 2-14、图 2-15。

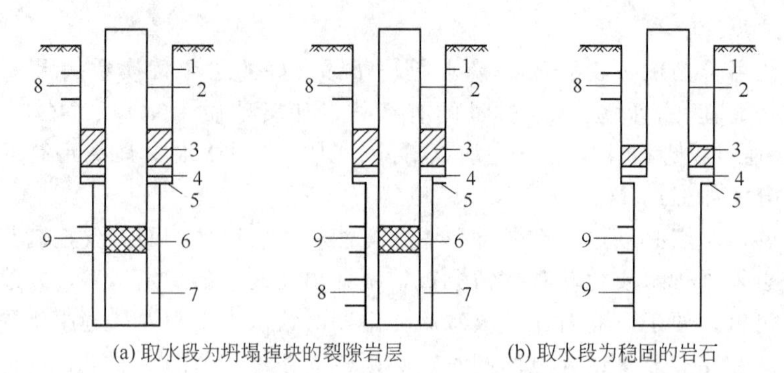

图 2-15　坚硬岩层中防病井井管结构示意图

1—井壁；2—井管；3—水泥；4—托盘；5—胶皮垫圈；6—过滤器；

7—沉淀管；8—不适饮用含水层（带）；9—开采含水层带

⑤ 从预防各种地方病的角度出发，积极寻找和勘察优质地下水源，使病区人民喝到好水，是最实际最有效的措施，对消除病害、促进人民健康有重要意义。一般深井水水质均较好，有明显的防病效果。

⑥ 积极研究简便易行的水质改良方法，以适应我国广大病区之急需。磁化、氧化、吸附、沉淀等都是值得探索的水质处理方法。其中，磁化法就是将特制的磁化器安装在水管上，将饮水磁化。磁化后的水质洁净，且具有多种医疗作用。氧化法就是用氧化物通过电解作用将水高度氧化，使水中的有机质彻底分解，且可消毒灭菌。其他方法不再赘述。

⑦ 改造环境、改善饮食、增加营养对预防各种地方病也有积极作用。

复 习 思 考 题

1. 试说明表生环境中元素的迁移特点及迁移类型。

2. 元素的性质对元素迁移有什么影响？影响元素迁移的外在因素有哪些？如何影响？

3. 按地理纬度表生地球化学环境如何分带？各带具有什么特征？

4. 微量元素与人体健康有什么关系？并举例说明。

5. 地质环境与健康有什么关系，与地方病有什么关系？

6. 水质与健康有什么关系？并举例说明。

7. 什么是生物地球化学地方病病带？如何分带？有什么特点？

8. 什么是地方病？

9. 地方性甲状腺肿的致病机理是什么？试说明碘的地球化学特征和地方性甲状腺肿的地质环境类型。

10. 饮水水质与地方性甲状腺肿有什么关系？如何防治地方性甲状腺肿？

11. 什么是地方性氟病？试说明氟的地球化学特征和氟病的地理地质分布。

12. 试说明氟病的地质环境类型，饮水与地方性氟病的关系及如何防治地方性氟病。

13. 什么是大骨节病？说明其分布的地质环境类型。

14. 大骨节病的病因是什么？如何防治？

15. 什么是克山病？说明其分布的环境地质类型。

16. 饮水与克山病有什么关系？如何防治克山病？

17. 地方性心血管病与饮水水质有什么关系?
18. 某些地方性癌症和环境及饮水水质有什么关系?
19. 试述原生环境地质的调查研究方法。
20. 如何进行地方病的防治?

第三章 地下水污染

在人类长期活动的影响下，地下水系统中的天然水动力场及化学场发生改变，这种改变所引起的环境问题称为人为环境水文地质问题。它包括地下水污染、地面沉降、地面塌陷、盐水入侵及生态循环的破坏等。其中最普遍、最严重的问题是地下水污染，它是人为环境水文地质问题研究最主要、最基本的内容。本章着重论述此方面的问题。

第一节 地下水污染及形成原因

一、地下水污染的概念及特点

《中华人民共和国水污染防治法》中对水污染的定义："水体因某种物质的介入，而导致其化学、物理、生物或者放射性等方面特性的改变，从而影响水的有效利用，危害人体健康，或者破坏生态环境，造成水质恶化的现象称为水污染"。造成水体污染的原因有两种，一是自然原因，二是人为原因。在我国，主要是人为因素所造成的水污染。

水污染使水质变坏或恶化，严重的水污染难于自净和恢复到良好状态，妨碍水的正常功能，限制了使用范围，危害人类健康，破坏生态环境，使水环境恶化，因此也常称为"水污染公害"。目前，全球由于水污染，有近一半人口喝不到洁净水，因饮水不卫生，导致的疾病有50多种，每天要夺取2.5万人的生命，水污染加重了水危机。目前，全球有近50个国家严重缺水，20亿人饮水困难。我国有近百个城市的地下水受到不同程度的污染。

地球水圈主要包括地表水和地下水，因此水污染也包括地表水污染和地下水污染，水污染的概念也适用于地下水。

凡是在人类活动的影响下，地下水水质（物理性质、化学组分、生物性状）朝着不利于人类生活或生产的水质恶化发展的现象，统称为地下水污染。不管此种现象是否使水质恶化达到影响使用的程度，只要这种现象一发生，就应视为污染。至于在天然环境中所产生的地下水某些组分相对富集及贫化而使水质恶化的现象，不应视为水污染，而应称为"天然异常"。

判定地下水是否污染必须具备三个条件：第一，水质朝着恶化的方向发展；第二，这种变化是由人类活动引起的；第三，地下水是否污染的判别标准是地区背景值（或称本底值，即未受人类影响的地下水各组分的天然含量），超过此值者，即可称为地下水污染。但这个值很难获得，所以，有时也用历史水质数据，或无明显污染来源的水质对照值来判别地下水是否污染。

在人类活动的影响下，地下水某些组分浓度的变化是由小到大的量变过程，在其浓度未超标之前，实际污染已经产生。因此，把浓度变化超标以后才视为污染，是不科学的，而且失去了预防的意义。当然，在判定地下水是否污染时，也应该参考水质标准，但其目的并不是把它作为地下水污染的标准，而是根据它判别地下水是否朝着恶化的方向发展。

地下水污染是水圈污染的一部分，但地下水污染与地表水污染明显不同，具有以下三个特点。

（1）隐蔽性　由于地下水污染是发生在地表以下的多孔介质中，即使地下水受某些组分严重污染，也往往是无色、无味的，不易被发现，不能像地表水那样，从颜色、气味、感观或鱼类等生物的死亡、灭绝鉴别出来。即使人类饮用了受有害或者有毒组分污染的地下水，对人体的影响也只是慢性的长期效应，不易被觉察。

（2）延缓性　主要表现在两个方面：①由于污染物在含水层上部的包气带，污水渗入过程中经过土壤各种物理化学及生物作用，会在时间上和垂向上延缓潜水含水层的污染，对于承压含水层，由于上部的隔水顶板存在，污染物向下的运移速度会更加缓慢；②因地下水流缓慢和地下水在含水层中产生的各种作用，地下水污染的扩散过程亦是相当缓慢的。

（3）难以逆转性　地下水一旦受污染，便很难治理及恢复。这主要是因为其流速极其缓慢，不像地表水那样流速快，靠稀释作用即可很快恢复；切断了污染来源后，靠含水层本身的自然净化，所需的时间长达十年、几十年，甚至上百年。

地下水污染使水质恶化，影响地下水在国民经济建设与人民生活中的正常利用，限制了地下水的使用范围，危害人类健康，使环境恶化，破坏生态平衡等。

我国和世界上一些发达国家的地下污染都较为严重。据统计，世界上约有30%的人口因地下水污染而得不到安全、清洁的饮用水。发展中国家每年约1300万以上的儿童死亡，其中1/3是饮用污染水所致。每年水污染造成的经济损失高达430多亿元。我国城市地下水的50%都受到污染，大部分城市浅层地下水污染较重，其水质已不符合饮用水标准。据统计，我国至今仍有3亿多人存在饮水安全问题。其中，水量不足、供水保证率低的为1亿人，长期饮用氟、砷含量超标水的有5000多万人，饮用苦咸水的有近4000万人，饮用铁、锰等超标水的有4400多万人，饮用水源被污染水的涉及9000多万人。

地下水污染对人类健康有极大的危害性。长期饮用污染的地下水可引起中毒或传染疾病。地下水污染是“无形的杀手”，如“砷中毒”、“汞中毒”、“疼痛病”、“氟骨症”、某些癌症等，均是水污染造成的疾病。

人类活动导致进入地下水环境、引起水质恶化的各种物质（溶解物或悬浮物）称为地下水污染物。污染物的来源或发源地称为污染源。前者是地下水污染的表现和结果，后者是造成地下水污染的原因。污染源中的污染物通过一定方式或途径进入地下水中，直接或间接造成地下水污染。

二、地下水污染源

污染源是指向地下水排入污染物质的发生源或场所。

地下水的污染源（或污染来源）繁多，分类各异，从不同角度可将污染源分为多种不同的类型。不同的污染源，含有不同的污染物质。

从形成原因或污染物的来源来划分，或从环境保护的角度，可将污染源分为人为污染源和天然污染源（或称自然污染源）；如按水体类型划分，可分为降水污染源（如酸雨）、地面水污染源、地下水污染源、海水污染源；如果根据污染源的作用空间或形态划分，可分为点源（如污水排放口、渗水井等）、线源（如污水河渠、漏水的污水管道、石油管道等）、面源（如农田大面积施用化肥、农药、污水灌溉等）；如果按污染源的稳定性划分，可分为固定污染源（如污水排放口、污水渗坑渗井等）和移动污染源（如轮船等）；如果根据污染源的排放时间或作用时间长短，可将污染源分为连续污染源（或称长期污染源，如污水河渠的渗漏等）、间断性污染源（或称周期性污染源，如固体废物淋溶液等）和瞬时污染源（或称暂时污染源，如排污管的短时渗漏等）；如果根据污染源的相态，可分为液体污染源、固体污染源和气体污染源；如果按排放污染物种类不同，可分为有机、无机、热、放射性、重金属、病原体等污染源，以及同时排放多种污染物的混合污染源。

下面主要从污染源的形成原因或污染物来源的角度，对污染源进行讨论。

（一）人为污染源

地下水人为污染源是指由人类活动产生的污染源，是环境保护防治的主要对象。根据人类活动方式，主要有以下几种污染源。

1. 工业污染源

工业污染源主要是工业废水、废渣、废气。

（1）工业废水　工业废水是目前造成水体污染的主要来源和环保的主要防治对象。在工业生产过程中排出的废水、污水、废液等统称工业废水。废水主要指工业用冷却水；污水是指与产品直接接触、受污染较严重的排水；废液是指在生产工艺中流出的废液。工业废水由于受产品、原料、药剂、工艺过程、设备构造、操作条件等多种因素的综合影响，所含的污染物质成分极为复杂，而且，在不同时间里水质也会有很大差异。工业废水污染源具有量大、面广、成分复杂、毒性大、不易净化、处理难等特点，是重点治理的污染源。2003 年，我国污水排放量为 460 亿吨，其中工业废水排放量达 212.4 亿吨。

工业废水种类繁多，成分复杂，含有的有毒有害成分多达千种，总的来说工业废水的成分具有以下特点：①悬浮物含量高，可达 100～3000mg/L；②生化需氧量（BOD）高，可达 200～500mg/L，化学需氧量（COD）更高，可达 400～1000mg/L；③酸、碱度变化大，pH 可变化在 5～11，最低 2，最高 13；④温度高，可达 40 多摄氏度，造成热污染；⑤含易燃、低沸点的挥发性液体、如汽油、苯、丙酮、甲醇、乙醇、石油等易燃污染物，易着火酿成水面火灾；⑥有多种多样有毒有害成分，如酚、氰、油、农药、多环芳烃、染料、重金属、放射性物质等。

不同工业、不同产品、不同工艺过程、不同原材料、不同管理方式排出的污水水质、水量差异很大，各类污水都有其特点，见表 3-1。在其些情况下，水污染往往不是某一种工业废水，而是几种工业废水或其他污水综合污染所致。

（2）工业废渣　工业废渣（垃圾）来源复杂，种类繁多。冶金工业产生含氰化物的垃圾；造纸工业产生含亚硫酸盐的垃圾；电子工业产生含汞的垃圾；石油-化学工业产生含多氯联苯（PCB）、农药废物和含酸焦油的垃圾，以及含矿物油、碳氢化合物溶剂及酚的垃圾；燃煤热电厂产生粉尘，粉尘淋滤液可产生 As、Cr、Se、Cl 等，燃煤产生的污染物还有煤灰，其大部分是中性物质，只有约 2%的可溶物，它含有硫酸盐，以及微量金属，如 Ge、Se 等。2003 年我国工业固体废物产生量 10.0 亿吨，排放量为 1941 万吨。

（3）工业废气　工业生产用的燃料和工业生产过程中排放的工业废气，其主要成分是 SO_2、CO_2、氮氧化合物等。某些情况下在局部地区便可造成污染，其中的污染物溶解于降

表 3-1　主要工业污染源所排放的主要污染物及污水水质特点

工业部门	主要工业污染源	主要污染物			污水水质、水量特点
		气　态	液　态	固　态	
动力	火力发电	粉尘、SO_2、CO_2、CO	冷却水热、冲灰水中粉煤灰	灰渣	热，悬浮物含量高，水量很大
	核电站	放射性法	冷却水热、放射性废水	钢铁废渣	热，放射性，水量大
冶金	黑色：选矿、煤结、炼焦、炼铁、炼钢、轧钢	粉尘、SO_2、SO、CO_2、H_2S，尘中含 Fe、Mn、Ge 等	酚、氰化物、硫化物、氨水、多环芳烃、吡啶、焦油、砷、铁粉、煤粉、酸性洗涤水、冷却废热水	钢铁废渣	COD 较高，较毒，水量很大
	有色：选矿、烧结、冶炼、电解、精炼	粉尘、SO_2、CO、NO_2、F，尘中含 Cu、Pb、Zn、Hg、Cd、As 等，放射性物质	氰化物、氟化物、B、Mn、Cu、Zn、Pb、Cd、Ge 等，酸性废水，冷却废热水，放射性废水	有色金属废渣	含金属成分高，可能含放射性物质，废水偏酸性
化学	肥料、纤维、橡胶、塑料、制药、树脂、涂料、农药、洗涤剂、炸药、燃料、染料	F、SO_2、H_2S、NH_3、CO、NO_x、Hg、苯等	酸、碱、盐、氰化物、酚、苯、醇、醛、酮、油、氯仿、氯苯、氯乙烯、有机氯农药、有机磷农药、洗涤剂、多氯联苯、Hg、Cd、As、硝基化合物、氨基化合物等	无机废渣 有机废渣	BOD 高，COD 高，pH 变化大，含盐量高，毒性强，成分复杂
石油化工	炼油、蒸馏、裂解、催化、合成	石油气、H_2S、SO_2、NO_x、烯、烃、烷、苯、醛、酮、催化剂	油、酚、硫、氰化物	油渣	COD 高，成分复杂，毒性较强，水量大
纺织印染	棉、毛、丝纺、针织、印染	纤维、染料尘	染料、酸、碱、硫化物、纤维、悬浮物、洗涤剂		五颜六色，毒性强，pH 变化大
制革	皮革、皮毛、人造革		硫酸、碱、盐、硫化物、甲酸、醛、有机物、As、Cr、S	纤维废渣	盐量高，BOD、COD 高，恶臭，水量大
造纸	纸浆、造纸		黑液、碱、木质素、悬浮物、硫化物、砷		黑液中木质素含量高，碱性强，恶臭，水量大
食品	肉、油、乳、水果、水产加工		病原微生物、有机物、油脂	屠宰废物	BOD 高，致病菌高，恶臭，水量大
机械制造	铸、锻、金属加工、热处理、喷漆、电镀	铬酸、气体、苯	酸、氯化物、镉、铬、镍、铜、锌、油灯、氯化钡、苯	金属废屑	重金属含量高，酸性强，水分散
电子仪表	电子原料、电信、器材、仪器仪表	少量有害气体	酸、氯化物、汞、镉、铬、镍、铜		重金属含量高，酸性强，水量小
建筑材料	石棉、玻璃、耐火材料、窑业建筑材料、其他材料	粉尘、石棉、SO_2、CO	石油、无机悬浮物	炉渣	石棉悬浮物含量高
采矿	煤、磷、金属、放射性物质		酸、硫、煤粉、酸、氟、磷、重金属、放射性物质		成分复杂，悬浮物高
	油采燃气	CO、CH_2	油		油含量高，事故、排放形成灾害

水中形成酸雨（pH<5.6），是一种不可忽视的污染源。例如，2003 年我国废气中仅 SO_2 排放量就达 2158.7 万吨，其中工业来源的排放量 1791.4 万吨。

2. 生活污染源

(1) 生活污水　生活污水是指由人类生活产生的污水。城市和人口密集的居住区是主要的生活污染源。人们生活中产生的污水，包括由厨房、浴房、厕所等场所排出的污水和污物。例如2003年我国城市生活污水排放量达247.6亿吨。生活污水中的污染物，按其形态可分为：①不溶物质，这部分物质约占污染物总量的40%，它们或沉积到水底，或悬浮在水中；②胶态物质，约占污染物总量的10%；③溶解质，约占污染物总量的50%，这些物质多无毒，含无机盐类氯化物、硫酸盐、磷酸和Na^+、K^+、Ca^{2+}、Mg^{2+}等重碳酸盐，有机物质有纤维素、淀粉、糖类、脂肪、蛋白质和尿素等，此外还含有各种微量金属（如Zn、Cu、Mn、Ni、Pb等）和各种洗涤剂，多种微生物。一般家庭污水相当浑浊，其中有机物约占60%，pH多大于7，BOD为100～700mg/L。

生活污水主要是SS（悬浮固体）、BOD（生化需氧量）、NH_4-N（氨氮）、ABS（合成洗涤剂）、P、Cl、细菌和病毒含量高，其次是Ca、Mg等，重金属含量一般都是微剂量。其中对水威胁最大的是氮、细菌和病毒。

一般来说，生活污水中的物质组成主要来自生活中的各种洗涤水，一般99.0%是水，固体特质不到1%，多为无毒的无机盐类、需氧有机物类、病原微生物类及洗涤剂。因含氮、磷、硫高，在厌气细菌作用下易产生恶臭物质，如H_2S、硫醇、粪臭素，而发出阴沟臭。生活污水的水质呈现较规律的变化，用水量则呈较规律的季节变化。

(2) 生活垃圾　新鲜的生活垃圾含有较多的硫酸盐、氯化物、NH_3、BOD、TOC、细菌混杂物和腐败的有机质。这些废物经生物降解和雨水淋滤后，可产生Cl^-、SO_4^{2-}、NH_4^+、BOD、TOC和SS含量高的淋滤液污染地下水，还可产生CO_2、NH_3气。淋滤液中上述组分浓度峰值出现在废物排放的头1～2年内。此后相当长的时间内（或许几十年），其浓度逐渐降低。其中，TOC（总有机碳）的80%以上为脂肪酸，经细菌降解可变为高分子量的有机物。在潮湿地区，其降解期为5～10年，在干旱地区，由于缺乏水分，其降解速度可能受到限制。2003年，我国城市垃圾清运量在14857万吨以上，垃圾围城现象十分严重，有200多个城市处于“垃圾包围城市”的局面，白色污染问题（即非降解白色塑料袋、饭盒、包装物等的污染）也很突出。

3. 农业污染源

农业污染源是指在农业生产中形成的污染源，主要包括农业牲畜粪便、污水、污物、农业生产中的农药、化肥及污水灌溉（包括城市污水、工业废水等）和农村地面径流等。

农药、化肥、农村污水和灌溉水是水污染的主要来源。由于农田施用农药、化肥，灌溉后或经雨水将农药和化肥带入地下水造成农药污染或富营养化。在污染灌溉区、河流、水库，地下水都会出现污染。此外，由于物质溶解作用以及降水淋洗污染物，可使其进入地下水。如降水所形成的径流和渗流把土壤中过剩的氮、磷和农药渗入地下水；牧场、养殖场、农副产品加工厂的有机废物排入水体或渗入地下水，它们都可使水质恶化，造成河流、水库、湖泊、地下水等水污染甚至富营养化。农业污染源的特点是：面广、分散、难于收集、难于治理。

相对来说，农业污染源具有两个显著特点。一是含有机质、植物营养素及病原微生物高。如中国农村牛圈所排污水生化需氧量（BOD）可高达4300mg/L，猪圈达1200mg/L以上，是生活污水的几十倍；二是含较高的化肥、农药。施用农药、化肥的80%～90%均可进入水体，有机氯农药半衰期约15年，故参加了水循环，形成全球性污染，一般各类水体中均有其存在，污染程度如下：雨水＞河水＞海水＞自来水＞地下水。

4. 交通污染源

铁路、公路、航空、航海等运输部门，除了直接排放各种作业污水（如货车、货船清洗废水）外，还有船舶的油类泄漏、汽车尾气中的铅通过大气降水而进入水环境等。例如，船舶在水域中航行时排放的污水，会对水体造成污染，渗入或补给地下水，又使地下水受到污染，其主要污染物是石油等。

5. 城市地表雨水径流

城市地表雨水径流往往含有较高的悬浮固体，而且病毒和细菌的含量也高，如注入地表水体或渗入地下，会造成地表水和地下水的污染。

（二）天然污染源（或称自然污染源）

天然污染源也称自然污染源，是指天然（或自然）存在的污染源。天然污染源主要是海水、咸水及含盐量高或水质差的含水层（体）、石油等。天然污染源主要污染地下水，因为地下水开采活动可能导致天然污染源进入开采含水层，如在滨海地区由于地下水淡水的超量开采引起海水入侵，在内陆地区由于上层地下淡水超量开采而形成下层盐水的上升锥，地下水勘探与开采活动中引起的石油污染，采矿活动中矿坑水的污染等。

在实际工作中，应对可能引起水污染的各种污染源进行全面、深入的调查和分析，确定主要污染源和防治措施。

三、地下水中的污染物

前已述及，能造成地下水污染的物质称为污染物。水中的污染物种类繁多，分类各异，一般分为化学性污染物、生物性污染物、物理性污染物三类，也常分为以下 10 种：无机无毒物、需氧有机物（有机无毒物）、有毒物质、营养性污染物、放射性污染物、油类污染物、生活污染物、固体污染物、感官性污染物和热污染，详见表 3-2。

表 3-2　水中主要的污染物

类型			主要污染源
化学性污染物	无机无毒物	微量金属	Fe、Cu、Zn、Ni、V、Co 等
		非金属	Se、N、B、C、Br、I、Si、CN^- 等
		酸、碱、盐污染物	HCl、H_2、HCO_3^-、HS^-、SO_4^{2-}、CO_3^{2-}、Cl^-、酸雨等
		硬度	Ca^{2+}、Mg^{2+}
	需氧有机物（有机无毒物）		碳水化合物、蛋白质、油脂、氨基酸、木质素等
	有毒物质	重金属	Hg、Cd、Pb 等
		非金属	F^-、CN^-、As
		有机物	酚、苯、醛、有机磷农药、有机氯农药、多氯联苯(PCB)、多环芳烃、芳香烃
	油类污染物		石油等
生物性污染物	营养性污染物		有机氮、有机磷化合物(洗涤剂)、砷、NO_3^-、NO_2^-、NH_4^+ 等
	病原微生物		细菌、病毒、病虫卵、寄生虫、原生动物、藻类等
物理性污染物	固体污染物		溶解性固体、胶体、悬浮物、尘土、漂浮物等
	感官性污染物		H_2S、NH_3、胺、硫、醇、染料、色素、恶臭、肉眼可见物、泡沫等
	热污染		工业热水等
	放射性污染物		^{238}U(铀)、^{232}Th(钍)、^{226}Ra(镭)、^{90}Sr(锶)、^{137}Cs(铯)、^{289}Pu(钚)等

水中的污染物对人体健康危害很大，例如水中的病原微生物可导致瘟疫，某些化学污染物可致敏、致突、致畸、致癌。例如 NO_2^- 有致癌作用；水中 SO_4^{2-} 含量超过 100mg/L，可

引起腹泻；Zn过量可引起恶心、呕吐；水受镉（Cd）污染，可引起骨痛，日本称“疼痛病”；汞污染可损害神经系统，甚至使眼睛失明；氰化物中毒可引起头疼和死亡；许多有机物都是致癌物。

四、地下水污染方式及污染途径

1. 地下水污染方式

(1) 直接污染　直接污染是指地下水中的污染组分直接来源于污染源，污染组分在迁移过程中，其化学性质没有任何改变的污染。由于污染组分与污染源组分的一致性，因此较易查明其污染来源及污染途径，这是水污染的主要方式。在地表或地下以任何方式排放污染物时，均可发生此种方式的污染。

(2) 间接污染　间接污染的特点是，地下水中的污染组分在污染源中的含量并不高，或该污染组分在污染源中根本不存在，它是污水或固体废物淋滤液在水中迁移过程中，经复杂的物理、化学及生物反应后的产物。例如，地下水硬度的升高，多半以这种方式产生。有人把这种污染方式称为“二次污染”，其实其过程很复杂，“二次”一词不够科学。间接污染的真正污染原因和机理应认真调查、分析、研究。

2. 地下水污染的途径

地下水污染途径是指污染物从污染源进入地下水中所经过的路径。地下水污染途径是复杂多样的，按水力特点大致分为以下四类（见图3-1）。

(1) 间歇入渗型　其特点是，污染物通过大气降水或灌溉水的淋滤，使固体废物、表层土壤或地层中的有害或有毒组分，周期性地从污染源通过包气带渗入含水层[图3-1(a)、(b)]。这种渗入多半是呈非饱和状态的淋雨状渗流形式，或者呈短时间的饱水状态连续渗流形式。

污染源一般是固态而不是液态。这种途径引起的地下水污染，其污染组分原来是呈固态形式赋存于固体废物或土壤里的，因此，进行研究时，首先要分析固体废物或土壤等的成分，最好能取得通过包气带的淋滤液，这样方能查明地下水污染的来源。此种污染，无论在其范围或浓度上，均可能有季节性的变化，主要污染对象是潜水。

(2) 连续入渗型　本类型的特点是，污染物随污水或污染溶液不断地渗入含水层。在这种情况下，或者包气带完全饱水，呈连续渗入的形式渗入含水层，或者包气带上部饱水呈连续渗流的形式，下部不饱水呈淋雨状的渗流形式渗入含水层。这种类型的污染，其污染组分是液态的。最常见的是污水聚积地段（污水池、污水渗坑、污水快速渗滤场、污水管道等）的渗漏[图3-1(c)、(d)]，以及被污染地表水体和污水渠的渗漏，其主要污染对象多半是潜水。

上述第一、二种污染途径的一个共同的特点是，污染物是从上而下经过包气带进入含水层的。因此，其对地下水污染程度的大小，很大程度上取决于包气带的地质结构、岩性、厚度及渗透性等因素。

(3) 径流型　其特点是，污染物通过地下径流的形式侧向进入含水层，即或者通过深切割的污水河渠，或者通过废水处理井，或者通过岩溶发育的巨大岩溶通道，或者通过废液地下储存层的破裂进入其他含水层[图3-1(e)、(f)]。海水入侵是海岸地区地下淡水超量开采而造成的海水向陆地的地下径流，亦属本类型。此种形式的污染，其污染物可能是人为来源，也可能是天然来源，可能污染潜水或承压水。其污染范围可能不很大，但其污染程度往往由于缺乏自然净化作用而显得十分严重。

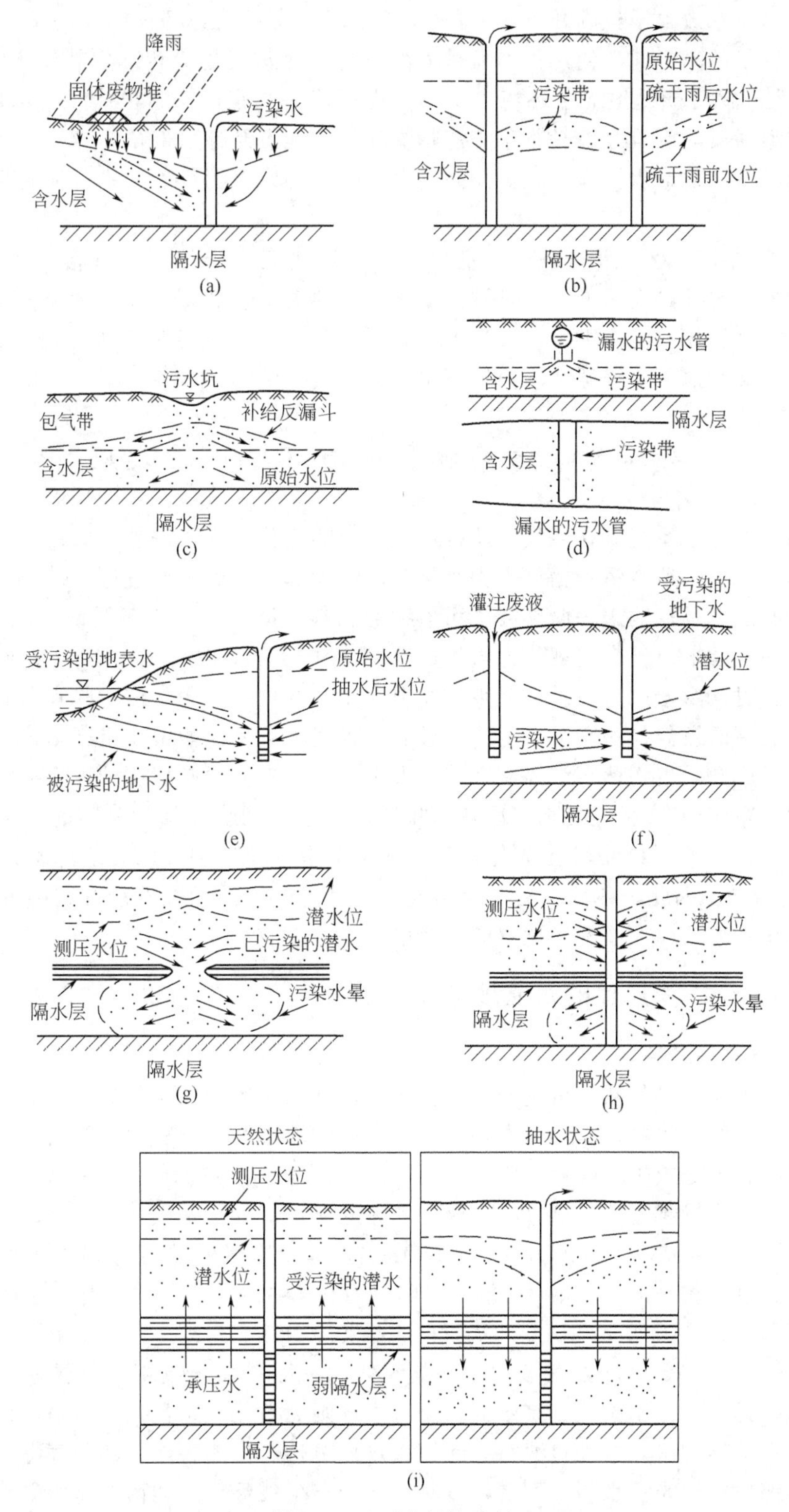

图 3-1　地下水污染途径

（4）越流型　其特点是，污染物通过层间越流的形式转移进入其他含水层。这种转移或者是通过天然途径（水文地质天窗）［图 3-1(g)］，或者通过人为途径（结构不合理的井管、破损的井管、止水效果不佳的井管等）[图 3-1(h)]，或者人为开采引起的地下水动力条件的变化而改变了越流方向，使污染物通过大面积的弱隔水层越流转移到其他含水层［图 3-1(i)］，其污染来源可能是地下水环境本身的，也可能是外来的，它可能污染承压水或潜水。研究这一类型污染的困难之处是难于查清越流具体的地点及地质部位。

有些情况下，地下水污染途径可能是复合型的，即以上污染途径中两种或两种以上途径的复合。

最后需要说明，地下水一般有一定保护层，较地表水难污染。但能通过河、沟、渠、坑、井、田的污水下渗而污染，一旦被污染就难于恢复，更新期长，难稀释，难扩散自净。如形成漏斗，污染物只能向供水水源集中。它受补给区、水文地质条件与开采条件的控制。所以必须有效保护地下水资源，防止地下水污染。

第二节　污染物在地质环境中的效应

污染物在地下水系统（含包气带及含水层）中的迁移过程，是复杂的物理、化学及生物因素综合作用过程。地表污染物进入含水层时，绝大部分都必须通过包气带，它具有输水和储水功能，所以也具有输送和储存液体污染物的功能，同时还具有延缓或衰减污染的效应。因而一些国外学者把包气带土壤称为天然的物理、化学和生物“过滤器”。实际上，污染物经包气带迁移时，由于产生一系列复杂的物理、化学及生物作用，使一些有毒的污染物降解为无毒的或无害的组分，一些污染物由于过滤、吸附和沉淀而截留在土壤里，一些污染物被植物摄取或合成到微生物里，结果使其浓度大大降低，人们通常把这种现象称为自然净化作用，简称“自净作用”。但是，与自净作用相反，某些作用会增加污染物的迁移性能，使其浓度增加，或从一种污染物转化为另一种污染物，例如污水中的 NH_4^+，经硝化作用变为 NO_3^-，浓度增加。因此，各种水文地球化学作用对污染物的迁移性能存在两种水文地球化学效应：阻止迁移效应（或称净化效应）及增强迁移效应。

一、影响污染物迁移的水文地球化学效应

（一）物理作用效应

物理作用效应主要包括机械过滤及稀释作用，它们主要产生净化效应。

（1）机械过滤　机械过滤作用主要取决于介质的性质及污染物颗粒的大小。在松散地层里，颗粒越细，过滤效果越好；在坚硬岩石裂隙地层里，其过滤效果一般不如松散地层好，裂隙越大，过滤效果越差。机械过滤主要是去除悬浮物，其次是细菌。此外，一些组分的沉淀物，如 $CaCO_3$、$CaSO_4$、$Fe(OH)_3$、$Al(OH)_3$，以及有机物-黏土絮凝剂也可被去除。在松散地层里，悬浮物一般在 1m 内即能被去除，而在某些裂隙地层里，有时悬浮物可迁移几公里远。细菌的直径为 0.5～10μm，病毒的直径为 0.001～1μm。因此，在沙土里（其孔隙直径一般大于 40μm），过滤对细菌的去除是无效的，而在黏土或粉土地层里，或含黏土及粉土地层里，过滤对细菌去除是有效的，而对病毒则无效或效果很差。但是，往往有些细菌和病毒附着在悬浮物里，这种过滤对去除细菌效果更佳，且能去除一部分病毒。

（2）稀释作用　当污水与地下水相混时，便会产生稀释作用。稀释作用主要是使污染物浓度变低，但并不意味着污染物的去除。

（二）化学作用效应

主要包括吸附、溶解、沉淀、氧化还原、pH 值影响、化学降解、光分解及挥发作

用等。

1. 吸附作用

吸附是指固体物质从水溶液中吸附溶解离子（或分子）的作用，是固体表面反应的一种普遍现象。具有吸附能力，能吸附液相中溶解离子的固体称为吸附剂，被吸附的物质叫吸附物。在液相与固相接触时，在固、液界面的固体上常发生吸附，吸附主要发生在胶体表面。在天然水与地层岩土长期接触的相互作用过程中，吸附作用对水化学成分的形成和演变起重要作用，在一定条件下，它对溶质的迁移，特别是对污染溶质的迁移，有重要的控制作用。

根据吸附现象产生的原因，吸附可分为物理吸附、化学吸附和专属吸附。

（1）物理吸附　物理吸附是一种物理作用，这种吸附作用的发生原因主要是胶体具有巨大的比表面积和表面能所致。物理吸附中的吸附质一般是中性分子，吸附力是范德华引力，吸附热一般小于 40kJ/mol，被吸附分子不是紧贴在吸附剂表面上的某一特定位置，而是悬在靠近吸附质表面的空间中，所以这种吸附是非选择性的，且能形成多层重叠的分子吸附层。物理吸附又是可逆的，在温度上升或介质中吸附质浓度下降时会发生解吸。

（2）化学吸附　化学吸附是指胶体微粒所带电荷对介质中异号离子的吸附，或者是由于液体中的离子靠强化学键（如共价键）结合到固体颗粒表面。化学吸附热一般在 120～200kJ/mol，有时可达 400kJ/mol 以上。温度升高往往能使吸附速度加快。通常在化学吸附中只形成单分子吸附层，且吸附质分子被吸附在固体表面的固定位置上，不能再作左右前后方向的迁移。这种吸附一般是不可逆的，但在超过一定温度时也可能被解吸。

胶体表面所带电荷根据其稳定性可分为两种：①永久电荷，是矿物晶格内的同晶替代所产生的电荷，这种电荷一旦发生就不会改变，具有永久性质，故称永久电荷。如蒙脱石和伊利石同晶替代较多，其表面电荷以永久电荷为主。②可变电荷，是颗粒表面产生化学离解形成的，其表面电荷的性质及数量随介质 pH 的改变而改变，所以称为可变电荷。

根据胶体表面所带电荷的性质，可分为负电荷和正电荷，其相应胶体称为负胶体和正胶体。

在正常自然环境中的大部分胶体（黏粒矿物、有机胶体、含水氧化铝等）带有负电荷，只有少数胶体，如含水氧化铁、铝在酸性条件下带有正电荷。

腐殖质胶体带负电荷，这种现象主要是由腐殖质的羟基中 H^+ 的离解所引起的。

$$\text{腐殖质}-C\begin{matrix}\mathrm{O}\\ \diagup\!\!\diagup \\ \diagdown \\ \mathrm{OH}\end{matrix} \longrightarrow \text{腐殖质}-C\begin{matrix}\mathrm{O}\\ \diagup\!\!\diagup \\ \diagdown \\ \mathrm{O^-}\end{matrix} + H^+$$

$$\text{腐殖质}-OH \longrightarrow \text{腐殖质}-O^- + H^+$$

含水氧化硅胶体，因其外层分子离解而使胶体带负电。

$$H_2SiO_3 \rightleftharpoons HSiO_3^- + H^+ \rightleftharpoons SiO_3^{2-} + 2H^+$$

含水氧化铁、铝是两性胶体，在酸性条件下离解出 OH^-，使自身带正电荷。

$$Al(OH)_3 + H^+ \rightleftharpoons Al(OH)_2^+ + H_2O$$

在碱性条件下，离解出 H^+，使自身带负电荷。

$$Al(OH)_3 + OH^- \rightleftharpoons Al(OH)_2O^- + H_2O$$

两性胶体的特点是既能解离出 OH^-，又能解离出 H^+，当其解离阴、阳离子的能力相等时，这时的胶体溶液的 pH 称为等电点（又称为零电位点），即在这一 pH 时胶体不带电荷。由于胶体带有电荷，决定了它具有吸引相反电荷离子的能力。

根据以上的分析，由于环境中大部分胶体带负电荷，所以在自然界中易吸附的主要是各种阳离子。

事实上，在自然界大量存在的是离子交换吸附。离子交换吸附是一种物理化学吸附，是呈离子状态的吸附质与带异号电荷的吸附剂（胶体）表面间发生静电引力而引起的，在吸附过程中，吸附剂（胶体）每吸附一部分阳离子（或阴离子），同时也放出等摩尔的其他阳离子（或阴离子）。

（3）专属吸附　在水溶液中，配离子、有机离子、有机高分子和无机高分子的专属吸附作用特别强烈。所谓专属吸附，是指在这种吸附中，除化学键的作用外，尚有加强的憎水基团和范德华力在起作用。由于专属吸附作用的存在，不但可以使表面电荷改变符号，而且可以使离子化合物吸附在同号电荷的表面上。在水环境胶体化学中，专属吸附是特别重要的。

水合氧化物胶体表现出专属吸附最强，特别是水合氧化物对重金属离子的专属吸附，被吸附的离子不能被通常的提取剂（如钠盐、铵盐甚至钙盐溶液）所提取，只能在极强酸性条件下解吸，或被亲和力更强的重金属离子所置换。由于专属吸附作用，水合氧化物可以从常量浓度的碱金属盐溶液中吸附其中痕量（浓度上要低于3～4个数量级）重金属离子。专属吸附不是静电引力所致，在水合氧化物带正电荷或不带电荷时都可以发生专属吸附。

水合氧化物的专属吸附对阴离子（如 PO_4^{3-}、AsO_4^{3-}、SeO_4^{2-}、SO_4^{2-}、NO_3^-、Cl^- 和 F^- 等）也有效，这种吸附不同于带正电荷的胶体对阴离子的吸附。

上述三种吸附在机理上各不相同，但对某一实际的吸附过程来说，很难区分究竟属于哪一种类型的吸附。

下面对地质环境中广泛存在的实际意义较大的离子交换吸附作进一步的阐述和讨论。

（1）地层中的吸附剂及离子交换吸附容量　地层中广泛分布着各种类型的吸附剂，其主要类型有：①黏土矿物类，如蒙脱石、伊利石、高岭石等；②铁、铝和锰的氧化物及氢氧化物，如 $Fe(OH)_3$、Fe_2O_3、$Al(OH)_3$、MnO_2 等；③有机物。在松散地层里，一般都含有相当数量的黏土矿物，在基岩里，其风化产物也有无机非晶质胶体，这些胶体在基岩裂隙面上，或碎屑颗粒面上，以薄膜的形式出现，因此，即使在沙砾石地层里，也可能有一定数量的胶体。

吸附剂及某种岩石、矿物和松散沉积物的吸附能力以交换容量表示，主要是用阳离子交换容量来衡量。交换容量是指100g干（岩）土所含的交换性吸附离子的物质的量（mmol）。阳离子交换容量是指100g干（岩）土所含的交换性吸附阳离子的物质的量（mmol），以CEC（cation exchange capacity）表示。交换容量和阳离子交换容量的单位为mmol/100g。我们通常所说的交换容量主要是指阳离子交换容量。其测定方法多半是以 $pH=7$ 的乙酸铵溶液与固体样品（岩样或土样）混合，使其吸附格位被 NH_4^+ 全部交换下来，达到交换平衡后，测定溶液 Na^+ 的减量，即为该固体样品的CEC值。应该注意的是，CEC值只代表特定测试条件下岩土的交换能力，而岩土的实际交换能力明显地受到介质pH及其他有关因素的影响。不同的岩石和矿物，其交换容量差别很大。

松散沉积物可能含有多种吸附能力的岩石和矿物，有时也含有有机质，因此其CEC值是沉积物中多种吸附的综合吸附能力的反应。松散沉积物CEC值的大小与下列因素有关。

① 沉积物里吸附剂的数量和种类。例如，我国北方土壤中的黏土矿物以蒙脱石及伊利石为主，故其CEC值较大，一般在20mmol/100g以上，高者达50mmol/100g以上，而南方的红壤，含有机胶体少，且所含的黏土矿物多为高岭石及铁铝氢氧化物，故其CEC值较小，一般小于20mmol/100g。

② 沉积物颗粒大小。由于吸附是一种表面反应，因此，沉积物的比表面积[1]的大小，直接影响其吸附能力。一般来说，颗粒越小，沉积物越细，比表面积越大，其CEC值越大。例如，黏土矿物具有胶体颗粒的直径（10^{-6}～10^{-3}mm），其比表面积一般为$10^3 m^2/g$，所以CEC值较高。

③ pH和零点电位pH。固体颗粒表面电荷，无论从其性质或数量来讲，都是介质pH的函数。pH低时（低到一定程度），正的表面电荷占优势，吸附阴离子；pH高时，完全是负的表面电荷，吸附阳离子；pH为一中间值时，表面电荷为零，这一状态称为电荷零点，该状态下的pH称为电荷零点pH（或称零点电位pH），记为pHz。pHz是表面电荷性质的分界点。当介质pH>pHz时，表面电荷带负电，吸附阳离子，当介质pH<pHz时，表面电荷带正电，吸附阴离子。一些学者测定了某些矿物的零点电位pHz，如$CaCO_3$（方解石）的pHz为8～9，SiO_2（石英）pHz<3.7，SiO_2（胶体）的pHz为1～2.5，高岭石的pHz为3.3～4.6。

这些只是单个矿物的pHz，而松散沉积物中往往含有多种矿物，其pHz必须实际测定，具体测定方法可见有关参考文献。一般来说，随着pH的增加，土壤的可变负电荷也增加，阳离子交换吸附容量（CEC）也随之上升；阴离子吸附量随pH的降低而增加。但对于具体某个离子来说并非如此。实际上，对于特定沉积物而言，某种离子的最大吸附量都有相应的pH，例如，土壤的pH=5.0～6.5时，F^-的吸附量最大。

（2）阴、阳离子吸附及吸附亲和力

① 阳离子吸附亲和力。不同的固体颗粒（胶体）对元素的吸附有选择性。就特定的固相物质而言，阳离子吸附亲和力是不同的，影响阳离子吸附亲和力的因素主要是：a. 同价离子，其吸附亲和力随离子半径及离子水化[2]程度而差异，一般来说，吸附亲和力随离子半径增加而增加，随水化程度的增加而降低，离子半径越小，水化程度越高。例如Na^+、K^+、NH_4^+的离子半径分别为0.98nm、1.33nm和14.3nm，其水化半径分别为7.9nm、5.373nm和53.2nm，它们的亲和力顺序为$NH_4^+ > K^+ > Na^+ >$。b. 通常，高价离子的吸附亲和力高于低价离子的吸附亲和力。各主要元素的吸附亲和力的排序如下。

$$H^+ > Rb^+ > Ba^{2+} > Sr^{2+} > Ca^{2+} > Mg^{2+} > NH_4^+ > K^+ > Na^+ > Li^+$$

上述排序中，H^+是一个例外，它虽然是一价阳离子，但它具有两价或三价阳离子一样的吸附亲和力。需要说明，上述排序并不是绝对的，因为离子交换吸附是一种可逆反应，服从离子交换平衡定律。所以吸附亲和力很弱的离子，只要浓度足够大，也可交换吸附亲和力很强而浓度较小的离子。

② 阴离子吸附亲和力。前已述及，岩土颗粒表面多带负电荷，吸附阳离子，但pH小于pHz时，颗粒表面带正电荷，吸附阴离子。关于阴离子吸附的研究目前很不充分。但已有研究表明，F^-、CrO_4^{2-}、SO_4^{2-}、PO_4^{3-}、$H_2BO_3^-$、HCO_3^-、NO_3^-等在一定条件下都有可能被吸附。阴离子的主要吸附规律可概括为：PO_4^{3-}易于被高岭土吸附；硅质胶体易吸附PO_4^{3-}、AsO_4^{3-}，不吸附SO_4^{2-}、Cl^-和NO_3^-；随着土壤中Fe_2O_3、$Fe(OH)_3$等铁的氧化物及氢氧化物的增加，F^-、SO_4^{2-}、Cl^-吸附增加；阴离子吸附亲和力的排序为：$F^- > PO_4^{3-} > HPO_4^{2-} > HCO_3^- > H_2BO_3^- > SO_4^{2-} > Cl^- > NO_3^-$。这个次序说明，$Cl^-$和$NO_3^-$最不易被

[1] 比表面积是指颗粒的面积与体积（或质量）之比。

[2] 水中离子与水分子偶极间相互吸引，水中正、负离子周围为水分子所包围的过程称为离子的水化作用，简称水化。水化减弱了正、负离子间的吸附力。

吸附。

2. 溶解和沉淀效应

(1) 溶解　溶解和溶滤往往可使某些污染物从固相转为液相而使地下水遭受污染，固体废物中的污染物通过溶解和溶滤进入地下水。被截留在土壤中的细菌和病毒，常常被雨水洗提而进入地下水。所以，在雨后，地下水常出现细菌和病毒的污染。在土壤含水量最低时，有机氯农药强烈被吸附，降雨或灌溉使土壤含水量增加时，可使它们解吸；烃类化合物也可能由于含水量增加而释放到入渗水中去。

在溶解性总固体浓度大的地下水中，常常出现配合组分，配合（作用）可能改变某些化合物的溶解度。无机配合可增加某些化合物的溶解度，而有机配合可增加也可降低某些化合物的溶解度。例如，在土壤水中，与富里酸、柠檬酸形成的配合物是易溶的，它们可增加某些化合物的溶解度；而与腐殖酸形成的螯合物是难溶的，它们可降低某些化合物的溶解度。一般来说，重金属（Cu、Pb、Cd、Zn等）的腐殖酸配合物比重金属的富里酸配合物更稳定，更不易离解。

(2) 沉淀　沉淀作用是去除污染物的主要净化效应。在地下水污染研究中，应特别注意难溶化合物溶解度对污染物在包气带和含水层中的控制。一般用饱和指数（S_i）[1] 来判断是否会产生某种化合物的沉淀。

沉淀作用可能产生沉淀的组分有：①主要无机组分，Ca呈碳酸盐、硫酸盐及磷酸盐沉淀，Mg呈碳酸盐、氟化物及氢氧化物沉淀；②次要及微量无机组分可能产生下列盐类沉淀，碳酸盐（Pd、Cd、Br、Zn、Cu、Ni、Ba、CO、Ag、Mn），氧化物（Pd、Hg、Ag），氢氧化物（Fe，Mn，Al，Cd，Co，Cu，Pb，Zn，Hg，Ni），氟化物（Ca，Pb，Sr），硫酸盐（Ba、Pb、Sr），硫化物（Cd、Co、Cu、Fe^{2+}、Pb、Mn、Hg、Zn、Ni、Ag），磷酸盐（Fe^{2+}、Al、Ca）。

有机物与腐殖酸形成的金属配合物通常是难溶的，如Ca、Mg的腐殖酸盐。有机质分子还能与黏土颗粒形成絮凝剂而被截留在土壤里。微生物通过生物絮凝作用使生物群集而被截留。

3. 氧化-还原反应效应

地下水系统有不少元素具有多种氧化态（如N、S、Fe、Mn、Cr、Hg、As、V等），氧化还原反应直接影响其迁移性能。即使有些只有一种氧化态的元素（如Pb、Cd、Cu、Zn等），其迁移性能也明显地受氧化还原条件影响。氧化-还原效应可能使某些污染物净化，也可能使某些污染物增加迁移能力。

Pb、Cd、As、Cr、Se均是有毒组分。其中Pb、Cd在氧化还原电位（Eh）较高，且pH>7时，产生难溶的碳酸盐沉淀，Eh很低时，则产生难溶的硫化物沉淀。一般来说，还原环境不利于Pb、Cd的迁移。As、Cr、Se在氧化条件下（且在pH6～9的正常范围内）以阴离子形式存在，有利于迁移，还原条件下产生难溶的硫化物沉淀。

在氧化环境下，有利于NO_3^-的迁移及有机物的降解，并可使一些金属难溶硫化物变为易溶的硫酸盐（SO_4^{2-}），促进某些组分迁移，但会形成$Fe(OH)_3$沉淀，细菌和病毒存活时间缩短。还原环境下，NO_3^-转化为气态氮（N_2，N_2O），逸散SO_4^{2-}还原为HS^-，以及形成Cu、Fe、Mn、Ni等的难溶氧化物沉淀，从而阻碍其迁移，但也会形成金属-有机质配合物，容易迁移。细菌对氧化还原反应往往影响也很大。

---

[1] S_i＝溶液的活度积Q/溶度积K_s。$S_i<1$，发生溶解；$S_i>1$，发生沉淀；$S_i=1$，平衡状态。

4. pH 值（酸碱条件）反应

pH 值的影响，可以产生减低或阻止污染物迁移效应，也可产生增加污染物迁移能力效应。

pH 值升高可引起 $CaCO_3$、$MgCO_3$ 沉淀及一些有毒金属的碳酸盐沉淀，如 pH6～7 时，铝氢氧化物大量沉淀，pH＞7 时，$Hg(OH)_2$ 沉淀，pH＜8 时，锰呈氢氧化物沉淀，pH 高，酸性农药成阴离子解吸，病毒吸附也减少，As、Se、Cr^{6+} 等迁移能力增高。pH 低，细菌、病毒吸附增加，存活时间缩短，有毒的重金属 Cd、Pb、Cr^{3+} 等容易迁移，Fe、Cu、Zn 等迁移能力升高。

5. 其他效应

（1）化学降解　是指污染物（主要是有机污染物）在没有微生物参加情况下的分解。通过化学降解使其变为毒性小或无毒的形式，或转化为简单的化合物。如一些农药通过化学降解而强烈地被消化。

（2）光分解及挥发作用。光分解是指光辐射到地面上，可使一些有机污染物变为无毒形式。挥发作用是指某些污染物（如酚、氰化物等）在一定条件下可转变为气体挥发逸散。这两种作用都是减少污染物迁移的化学作用。

（三）生物作用效应

生物作用主要包括微生物降解及植物摄取两个方面。

1. 微生物降解

微生物降解是指复杂的污染物（主要是有机污染物）通过微生物活动使其转化为简单的产物，如 CO_2、H_2O、N_2、H_2S、H_2 等的过程。如果污染物分子中含有 Cl 和 N，也可能转化为 NH_3 和 Cl^-。

无论是包气带还是含水层里，都存在着大量的微生物，它们包括细菌、放射菌、真菌及寄生虫。在污灌或使用其他固体废物（如污泥、农家肥）和有机农药的土壤里，以及受有机污染物污染的地下水中，其有机污染物可作为微生物的碳源和能源，产生微生物降解。微生物在消耗有机污染物的同时，其群体密度也增长。

微生物降解主要发生在包气带。近年来的研究表明，浅层潜水中也有惊人数量的微生物，但它们对有机污染物的降解作用比在包气带土壤缓慢。尽管如此，目前越来越多的资料证明，在一定的环境里，微生物能使进入地下水环境的有机污染物产生转化。一般，这种转化可能导致有机污染物被彻底破坏，使有毒（或有害）组分变为无毒（或无害）成分，但也可能产生新的污染物（如 DDT 转化为 DDE，后者毒性比前者大）。总的来说，污染物的微生物降解是自净作用中最有效的一种。微生物降解的反应主要是水解反应和氧化还原反应。

微生物降解在好气环境和厌气环境均可发生，但前者的降解速度比后者大。在厌气环境里，微生物可通过还原含氧化合物（特别是 NO_3^- 还原为 N_2 或 N_2O，SO_4^{2-} 还原为 H_2S）获得所必需的氧。所以，不含氧的水解常数小的有机化合物，如卤代烃类，在地下水中难降解；而含氧的乙醇、乙醚及脂类有机化合物，相对较易降解。

2. 植物摄取

某些污染物可作为植物的养分，植物生长过程中的摄取，使一部分污染物被去除。植物的摄取具有选择性吸收功能，植物摄取的主要组分有：N、P、K、Ca、Mg、S、Cl、Fe、B、Cu、Zn、As、F、Mo、Ni、Hg、Se、Cd、Mn 及某些农药。

二、主要污染物的相对迁移能力及衰减机理

污染物的迁移受各种作用的影响，不同污染物其影响不同。美国学者朗迈尔

(P. A. Longmiro，1981）等曾对多种污染物进行了室内土柱试验，该土柱充填黏土矿物，pH 值近中性，其试验目的是研究各种可能污染物的相对迁移能力及主要衰减机理，研究结果见表 3-3。

表 3-3　各种化学组分通过近中性黏土矿物柱的相对迁移能力

化学组成	主要衰减机理	相对迁移能力	化学组成	主要衰减机理	相对迁移能力
OPP①	吸附-交换	低	Mg^{2+}	阳离子交换	中等
Pb^{2+}	沉淀/交换	低	NH_4^+	阳离子交换	中等
Zn^{2+}	沉淀/交换	低	WSOC③（麦草畏）	微生物降解	高
Cd^{2+}	沉淀/交换	低	Na^+	阳离子交换	高
Hg^{2+}	沉淀/交换	低	Cl^-	弥散	高
Cr^{3+}	沉淀/交换	低	COD	微生物降解	高
Cu^{2+}	沉淀/交换	低	Cr^{6+}	稳定的水溶组分	高
Ni^{2+}	沉淀/交换	低	HHC④	弥散	高
PCB②	吸附/微生物降解	中等	Mn^{2+}	从黏土中洗提出来	较易洗提
Fe^{2+}	氧化-还原	中等	Ca^{2+}	从黏土中交换出来	重新被吸附
K^+	阳离子交换	中等			

①有机氯农药（包括对硫磷、甲基安定磷和乙基安定磷）。②多氯联苯农药，受水溶剂（水及土地填埋淋滤液）淋滤时，其迁移能力低，受有机溶剂淋滤时，其迁移能力高。③水溶有机化合物。④低分子卤代烃，它是在沙土中试验的。

表 3-3 中未提到的一些主要污染物：NO_3^-，其主要衰减机理是反硝化作用及生物作用（主要是植物摄取），其迁移能力相对较高。细菌的主要衰减机理是过滤、吸附，病毒是吸附，细菌和病毒迁移能力相对较低。

三、等温吸附方程及溶质迁移迟后方程

（一）等温吸附方程

离子交换反应受温度变化的影响，为了更深入地研究离子交换反应的机理，往往需要研究一定温度下的吸附平衡过程。

在特定的温度下，达到吸附（交换）平衡时，某溶质的液相浓度和固相浓度之间存在一定的关系，把这种关系表示在直角坐标图上，即称为等温吸附线，其数学表达式称为等温吸附方程。等温吸附线，可能是直线，也可能是曲线。等温吸附方程可为线性方程或非线性方程。等温吸附线及等温吸附方程在溶质迁移，特别是污染物在环境中的迁移研究方面，具有重要的意义，是一种有效的研究手段。

1. 线性等温吸附方程

线性等温吸附方程的数学表达式为：

$$S=a+K_dC \tag{3-1}$$

或

$$S=K_dC \tag{3-2}$$

式中，S 为平衡时固相所吸附的溶质的浓度，mg/kg；C 为平衡时液相溶质浓度，mg/L；a 为截距；K_d 为分配系数（或称分布系数，线性吸附系数），L/kg，表示吸附平衡时，溶质在固相和液相中的分配比。

线性等温吸附方程式(3-2) 是式(3-1) 中 $a=0$ 时的特例。据式(3-2)，有

$$K_d=\frac{S}{C} \tag{3-3}$$

K_d 是研究溶质迁移能力的一个重要参数。K_d 值大，说明溶质在固相中的分配比例大，易被吸附，不易迁移，反之则相反。例如氯仿和 DDT 在某一含水层中的 K_d 值分别为

0.567L/kg 和 3654L/kg，说明前者比后者容易迁移得多。对于特定溶质及特定固相物质来说，K_d 值是一个常数，可用实验方法求得。

线性等温吸附方程是最常见、最简单的等温吸附方程。线性等温吸附方程在 S-C 直角坐标图中为直线。例如 NH_4^+ 的线性等温吸附线如图 3-2 所示。

2. 非线性等温吸附方程

(1) 弗罗因德利希 (Freundich) 方程　它的表达式为：

$$S=KC^n \tag{3-4}$$

式中，S 为平衡时固相所吸附的离子的浓度，mg/kg；C 为平衡时液相离子浓度，mg/L；K 为常数；n 为表示等温吸附线线性度的常数，当液相中被吸附组分浓度很低，或在沙土（CEC 值小）中产生吸附时，$n\to 1$。对式(3-4) 取对数，则有

$$\lg S=\lg K+n\lg C \tag{3-5}$$

式(3-5) 在双对数坐标系中为线性方程。

(2) 朗缪尔 (Langmuir) 等温吸附方程　朗缪尔等温吸附方程是朗缪尔 1918 年提出的，它是以固体表面仅形成单层分子薄膜的假设为其理论依据，主要用来描述土和沉积物对水中各种溶质（特别是污染物）的吸附。它的数学表达式为

$$S=\frac{S_m KC}{1+KC} \tag{3-6}$$

式中，S_m 为某组分的最大吸附浓度，即固体对水中离子的最大吸附量，mg/kg；K 为与键能有关的常数；其他符号意义同前。

对式(3-6) 进行变换，可得到朗缪尔等温吸附方程的线性表达式。

$$\frac{C}{S}=\frac{1}{KS_m}+\frac{1}{S_m}C \tag{3-7}$$

式(3-7) 所示的朗缪尔方程是最常用的方程。通过实验，取得一系列 C 值及 S 值，以 C/S 为纵坐标，C 为横坐标，即可绘出朗缪尔等温吸附线，如图 3-3，该线的斜率 $(1/S_m)$ 的倒数即为 S_m，其斜率 $(1/S_m)$ 除以截距 $[1/(KS_m)]$ 即为 K。

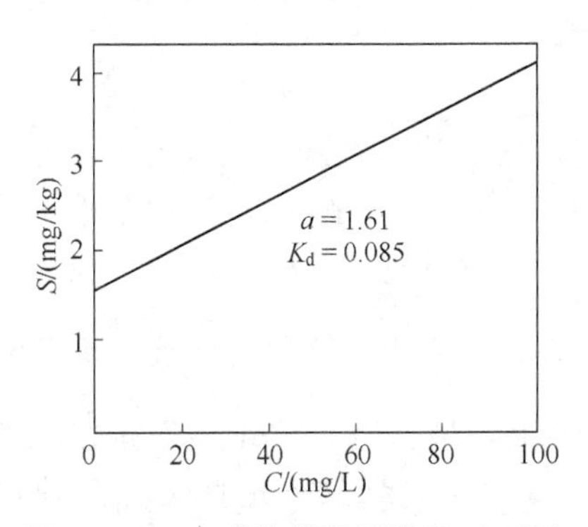

图 3-2　NH_4^+ 线性等温吸附线（25℃）

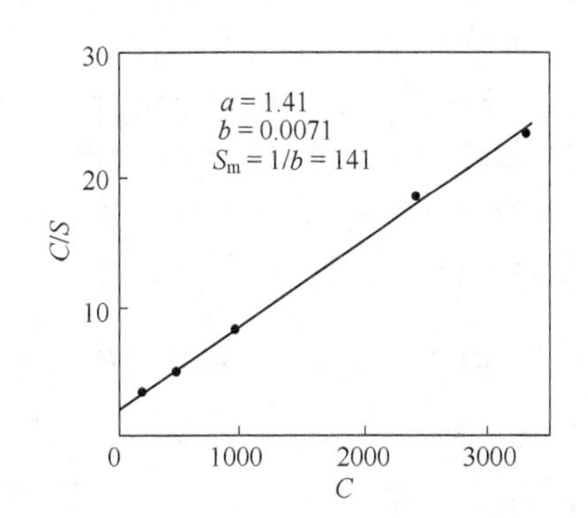

图 3-3　Cr^{6+} 朗缪尔等温吸附线

（C 单位为 μmol/L，S 单位为 mg/kg）

图 3-3 是 25℃、pH=6.8、Cr^{6+} 浓度大于 58μmol/L 的条件下的朗缪尔等温吸附线，其斜率为 0.0071，截距为 1.41，从而可算得 $S_m=1/0.0071=141$ (mg/kg)，$K=0.0071\div 1.41=0.005$。利用朗缪尔等温吸附方程最大的优点是可求得最大的吸附容量。这对评价包气带土壤对某种污染物的吸附量提供了可靠的数据。

上述几种等温吸附方程是定量研究吸附过程的有效手段，至于吸附过程遵循哪种方程，

一般是通过对实验数据的数学处理确定的。

（二）溶质迁移迟后方程

在包气带及地下含水层水中，由于固液相间（水岩间）的各种作用，使水中溶质的迁移与水的迁移产生差异，出现前者比后者迟后的现象。这种现象可用迟后方程定量描述。其方程如下：

$$v_c = v/R \tag{3-8}$$

$$R = 1 + \frac{\rho_b}{n} K_d \tag{3-9}$$

式中，v_c 为溶质迁移速度，m/d；v 为地下水实际流速，m/d；R 为迟后因子或称阻滞因子，无量纲；n 为孔隙度，无量纲；ρ_b 为岩土容重，g/cm^3；K_d 为分配系数，cm^3/g。

如通过实验，测得 K_d、n 和 ρ_b 值，即可求得 R 值。R 值越大，说明吸附等温作用的阻滞效应越强，溶质迁移性能越差。例如 $R=10$，说明地下水流速为溶质迁移速度的 10 倍。又如，某含水层：$\rho_b = 2g/cm^3$，$n=0.02$，氯仿及 DOT 的 K_d 值分别为 $0.567cm^3/g$ 和 $3656cm^3/g$，代入式(3-9) 算得 R 值分别为 6.67 和 36541。把 R 值代入式(3-8)，求得其 v_c 值分为 0.15V 和 2.7×10^{-5}V。结果说明，氯仿比地下水速度慢，约为地下水流速的$\frac{1}{7}$，而 DDT 的迁移速度比地下水流速慢得多，水迁移 1000m 时，DDT 只迁移了 0.27m，所以，DOT 基本上是不迁移的。

迟后因子（R）是地下水水质模型的重要参数，迟后方程是定量评价溶质迁移的有用方法。

第三节　污染物在地下水中的迁移及污染预测

一、污染物在地下水中的迁移

（一）水动力弥散及机理

1. 水动力弥散的概念

首先通过两个实验模型，说明弥散现象。

【实验模型 1】 室内示踪剂驱替实验。取一圆筒，内装均匀细沙，让其饱水，并在筒中形成一维稳定流动。在其上端从某一时刻（$t=t_0$）开始连续注入浓度为 C_0 的示踪剂溶液去驱替原来不含示踪剂的原状水，观测圆筒下端出口处示踪剂浓度变化 $C(t)$［试验装置如图 3-4(a)］。绘制和研究示踪剂相对浓度$\frac{C(t)}{C_0}$与时间 t 的关系曲线（称驱替曲线或穿透曲线）。实验结果表明，筒中并不存在一个明显的突变的分界面（即分界面之上示踪剂浓度为 C_0，之下为零），示踪剂并不是以浓度 C_0 按平均流速 $\overline{u}$ 呈“活塞”式推进而突然到达出口处［即图 3-4(b) 中的虚线所示］。实际情况是：示踪剂在出口处出现的时间比较平均流速计算的时间要早，示踪剂在出口处的浓度是一个逐渐增加的过程（以零慢慢地增加到 C_0），实测的驱替曲线（穿透曲线）如图 3-4(b) 中实线所示。这说明，示踪剂在随水运移过程中，流速有大有小，存在差异，示踪剂渐稀释散播，占据越来越大的范围，超出按平均流速所预计的占有区域，这种现象就称为弥散。

【实验模型 2】 在一口井瞬时注入某浓度的示踪剂，则在附近观测孔中，可以观察到示踪剂不仅随地下水流一起运移，而且逐渐扩散开来，超出了仅按平均实际流速预计到达的范

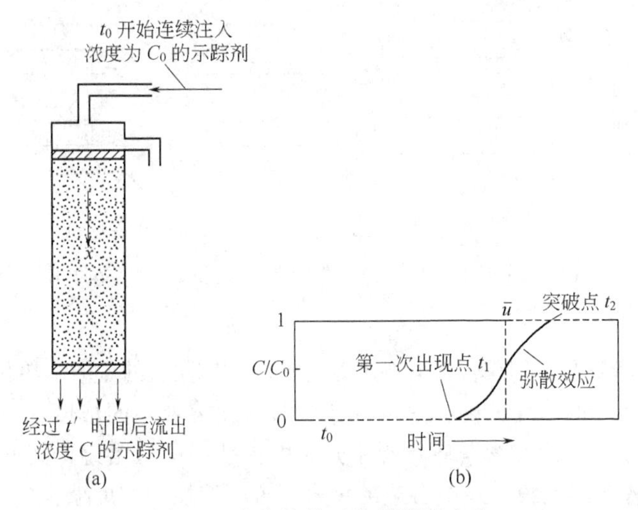

图 3-4 室内沙柱示踪剂驱替实验

围，不同时刻示踪剂的浓度分布不存在陡峻的突变界面，示踪剂不仅沿水流方向纵向扩散，还有垂直于水流方向的横向扩展（图 3-5），这种现象即为弥散。前者称为纵向弥散，后者称为横向弥散。

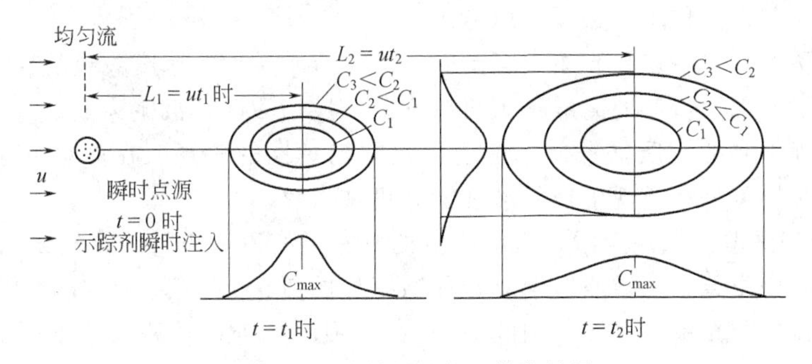

图 3-5 示踪剂的纵向、横向扩展

上述两个试验模型说明，地下水在多孔介质中渗流过程中，溶质（包括污染质）逐渐稀释扩散，占据流动区域中越来越大的部分，其分布范围超过平均流速所预计的占有区域，这种现象就称为多孔介质中的水动力弥散，简称弥散。这是一个非稳定不可逆过程。在多孔介质中，两种不同成分的可以混溶的液体之间，由于弥散，存在一个不断加宽、浓度由高至低的过渡混合带，称弥散带。形成弥散现象的作用，称为弥散作用。由弥散作用引起的地下水中溶质（包括污染质）的运移，称为弥散运移。污染物在含水层中迁移时，一般都要发生弥散作用。

2. 弥散机理

水动力弥散的机理主要是分子扩散和机械弥散。

（1）分子扩散　分子扩散是由于液体中所含溶质的浓度不均一，在浓度梯度（浓度差）的作用下，引起的溶质从高浓度向低浓度的扩散，以求浓度趋于均匀一致的现象。如在一杯清水中滴入一滴蓝墨水，墨水滴会不断扩展，最后整杯水都被染为淡蓝色。分子扩散是分子布朗运动的一种表现。不仅在液体静止时有分子扩散，在液体运动状态下也有分子扩散。既有沿运动方向的纵向扩散，也有垂直运动方向的横向扩散（图 3-6）。

当温度、压力一定时，静止的流体中由浓度梯度引起的纯分子扩散，可用斐克（Fick）线性定律描述。

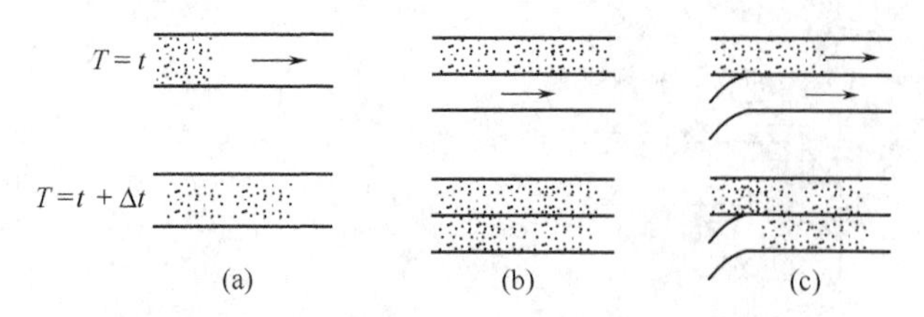

图 3-6 分子扩散作用示意图

(a) 纵向分子扩散效应；(b) 横向分子扩散效应；(c) 纵、横同时存在的分子扩散效应

$$\Phi_{m}=-D_{m}\text{grad}C \tag{3-10}$$

式中，Φ_m 为扩散通量，即单位时间内通过与流动方向垂直的截面上单位面积的溶质的质量，mg/(m^2·d)；C 为溶质的浓度，mg/L；grad$C$ 为溶质在溶液中的浓度梯度，mg/(L·m)；D_m 为分子扩散系数，m^2/d，表征该溶质在静止介质中扩散迁移的能力，其值相当于 grad$C$＝1 时的扩散数量，它是各向同性的；式中右边的负号，说明溶质向浓度减少的方向扩散。

分子扩散在地层中进行得很缓慢，特别在黏性土层中或浓度梯度很小的情况下更慢，迁移的距离是有限的。因此，如果研究和预测近期（100～200 年）的溶质（污染物）运移时，分子扩散所起的作用较小，可以忽略。但当研究的过程延续时间以地质历史时期或百万年来量度时，或在没有渗流的条件下研究很短距离的迁移时，或在研究放射性废物的污染问题时，分子扩散会起很大作用，必须予以考虑。

（2）机械弥散　水在多孔介质中运动时，由于溶质质点的速度矢量的大小和方向不同而引起的溶质相对于平均流速的离散称为机械弥散。换句话说，机械弥散是由于实际流速和平均流速的差异而引起的溶质扩散，是速度矢量非均一性的表现。在静止的水中没有机械弥散。通常机械弥散可分为微观机械弥散和宏观机械弥散。

① 微观机械弥散。微观上看，机械弥散的机制可有以下三种情况：a. 由于流体黏滞性的存在，在多孔介质单个孔隙通道中靠近孔隙壁处的流速趋于零，而通道中心处流速最大，孔隙通道中的流速分布呈抛物线［图 3-7(a)］；b. 孔径、空隙体积大小不同的通道，其最大流速、平均流速各不相同，从而使溶质运移距离发生差异［图 3-7(b)］；c. 由于空隙本身的弯曲，水在多孔介质中运动时，受到固体颗粒的阻挡而发生绕行，造成溶质质点相对于平均流动方向产生起伏和偏离，从而使流速和迁移距离不同［图 3-7(c)］。实际上以上三种情况是同时发生的，综合起来形成微观机械弥散的机制。同样，微观机械弥散也存在纵、横向弥散。微观机械弥散主要发生在均质岩石中。

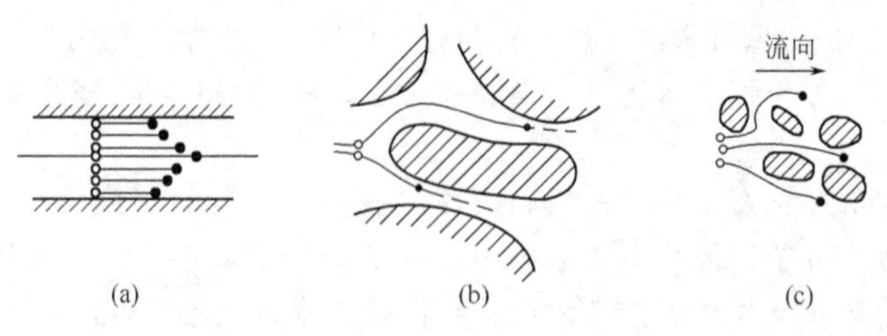

图 3-7 机械弥散的几种情况

流动质点：○ 在 t 时刻；● 在 $t+\mathrm{d}t$ 时刻

② 宏观机械弥散。在非均质含水层中，由于各部分渗透速度不同，而引起溶质运移距离差异的弥散现象称为宏观机械弥散。宏观机械弥散的机制原则上与微观机械弥散一样，仍然是以流速不均为主要原因，只不过所研究的单元更大而已。如在透水性不同的层状含水层

中，污染水便沿透水性好的岩层运移延伸较远，呈舌状侵入。在裂隙或溶隙宽度不等的裂隙含水层或岩溶含水层中，污水在宽大裂隙或溶隙中运移较快，可以达到很远的距离。反之，在窄小裂隙或溶隙中，污水迁移得慢。这样，由于流速不均，就形成了宏观机械弥散。机械弥散也可用斐克（Fick）定律来描述。

$$\Phi_n=-D_n \mathrm{grad}C \tag{3-11}$$

式中，Φ_n 为机械弥散通量，即由于机械弥散造成的溶质在单位时间内通过单位面积的弥散量，mg/(m^2·d)；C 为渗流场中溶质的浓度，mg/L；grad$C$ 为浓度梯度，mg/(L·m)；D_n 为机械弥散系数，m^2/d；负号表示溶质向低浓度方向弥散。

事实上，水在多孔介质中运动时，分子扩散和机械弥散是同时出现的，是不可分的，以上的划分是为了便于研究。

概括地讲，水动力弥散是由于多孔介质的渗流场中速度分布的不均一性和溶质浓度分布的不均一性而造成的溶质相对于平均流速扩散运移的现象，是一种非稳定不可逆溶质稀释分散过程。水动力弥散由机械弥散和分子扩散组成。水动力弥散通量可用下式表示：

$$P=\Phi_n+\Phi_m=-(D_n+D_m)\mathrm{grad}C=-D\mathrm{grad}C \tag{3-12}$$

式中，P 为水动力弥散通量，即单位时间通过单位面积的溶质质量，mg/(m^2·d)；D 为水动力弥散系数，$D=D_n+D_m$，m^2/d；其他符号意义同前。

一般，D 是各向异性的。通常把沿水流方向的弥散系数称为纵向弥散系数（D_L），垂直水流方向的弥散系数称为横向弥散系数（D_T），二者都与实际平均流速（u）成正比，关系式一般为：

$$D_L=\alpha_L u,\ D_T=\alpha_T u \tag{3-13}$$

式中，α_L 为纵向弥散度，即纵向弥散系数与平均流速间的比例系数，m；α_T 为横向弥散度，即横向弥散系数与平均流速间的比例系数，m。

（二）对流（平流）

溶质以地下水平均实际流速（亦称为平均流速）随水流一起运移传播的现象称为对流（或平流）。在这里地下水起载体的作用。对流是引起溶质（污染物）运移的主要方式。在运动的地下水中，溶质（污染物）可以随水流一起迁移到很远的距离，但在静止的地下水中没有对流。

溶质（污染物）对流运移的数量与渗流场中溶质浓度和地下水的平均流速有关，可用下式表示：

$$I=Cu \tag{3-14}$$

式中，I 为由对流作用造成的溶质在单位时间内通过单位面积的质量，mg/(m^2·d)；C 为溶质在地下水中的浓度，mg/L；u 为地下水的平均实际流速，m/d。

实际上，对流和弥散总是联系在一起的，是不可分割的，只是为了研究起来方便才把它们区分开来。溶质（污染物）在地下水系统中的运移主要是这两种作用的结果（图 3-8）。

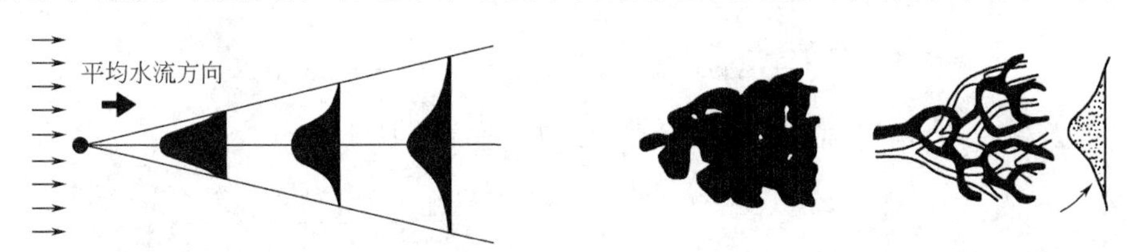

(a) 示踪剂的连续注入　　(b) 示踪剂的浓度分布

图 3-8　在粒状多孔介质中由弥散、对流引起的污染物稀释作用图解

溶质（污染物）在含水层中运移时，还受吸附作用（物理吸附、化学吸附、生物吸收）、液体的密度和黏度等的影响。例如，当污水密度与纯水不同时，在水平岩层的分界面处，由于重力的作用，会使铅直的分界面逐渐发生倾斜，密度大的重的液体在斜面下方，较轻的则“浮”在斜面之上，当两者密度差别较大时，重的液体在斜面之下，沿层底可以形成较长的舌状侵入，如咸水的侵入便是这种情况。另外，密度对溶质（污染物）的运移速度也有一定影响。

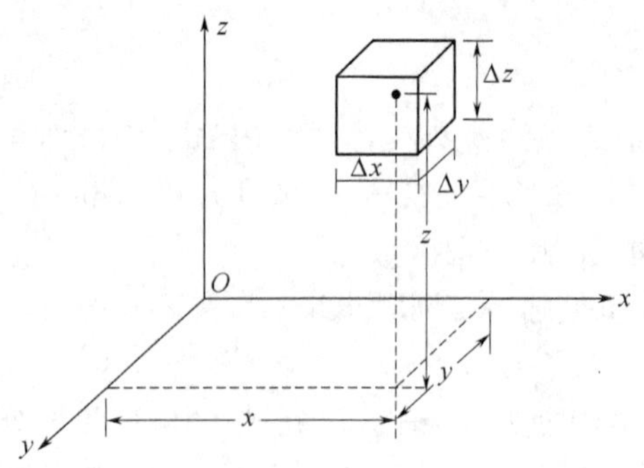

图 3-9　直角坐标系的微元体

二、溶质在地下水中运移的数学模型

1. 溶质在地下水中运移的微分方程

溶质在地下水中的浓度 $C(x、y、z、t)$ 是空间和时间的函数，考虑到溶质在运移过程中的弥散作用和对流作用，根据质量守恒原理，采用空间平均的方法就可以导出描述溶质运移的基本微分方程。下面说明其具体推导过程。

在所研究的渗流场中任取一中心坐标为（$x、y、z$），边长分别为 Δx、Δy、Δz 的微元体（微六面体）（图 3-9），Δt 时间内微元体中溶质质量的变化是由以下三方面引起的。

（1）水动力弥散作用　在 x 方向上由于弥散而引起微元体内溶质质量的变化为 $x-\frac{\Delta x}{2}$ 断面流进与 $x+\frac{\Delta x}{2}$ 断面流出的溶质质量之差（M'_x），即

$$M'_x=(P_{x-\frac{\Delta x}{2}}-P_{x+\frac{\Delta x}{2}})\Delta y\Delta zn\Delta t=\left[P_{x-\frac{\Delta x}{2}}-\left(P_{x-\frac{\Delta x}{2}}+\frac{\partial P}{\partial x}\Delta x\right)\right]\Delta y\Delta zn\Delta t=-\frac{\partial P_x}{\partial x}\Delta x\Delta y\Delta zn\Delta t$$

式中，n 为孔隙度。同理，在 y、z 方向上有：

$$M'_y=-\frac{\partial P_y}{\partial y}\Delta x\Delta y\Delta zn\Delta t\qquad M'_z=-\frac{\partial P_z}{\partial z}\Delta x\Delta y\Delta zn\Delta t$$

在 Δt 时间内，由于弥散，整个微元体中溶质质量的改变量为

$$M'=-\left(\frac{\partial P_x}{\partial x}+\frac{\partial P_y}{\partial y}+\frac{\partial P_z}{\partial z}\right)\Delta x\Delta y\Delta zn\Delta t\tag{3-15}$$

（2）对流作用　设地下水实际平均流速为 u，在 x 方向上溶质随平均水流一起的整体运移（对流运移）引起的微元体内溶质质量的变化（M''_x）为

$$M''_x=(cu_{x-\frac{\Delta x}{2}}-cu_{x+\frac{\Delta x}{2}})\Delta y\Delta zn\Delta t=\left\{cu_{x+\frac{\Delta x}{2}}-\left[cu_{x+\frac{\Delta x}{2}}+\frac{\partial(cu_x)}{\partial x}\right]\Delta x\right\}\Delta x\Delta y\Delta zn\Delta t$$

$$=-\frac{\partial(\mathrm{Cu_x})}{\partial \mathrm{x}}\Delta \mathrm{x}\Delta \mathrm{y}\Delta \mathrm{zn}\Delta \mathrm{t}$$

同理有

$$\mathrm{M''_y}=-\frac{\partial(\mathrm{cu_y})}{\partial \mathrm{y}}\Delta \mathrm{x}\Delta \mathrm{y}\Delta \mathrm{zn}\Delta \mathrm{t}\quad \mathrm{M''_z}=-\frac{\partial(\mathrm{cu_z})}{\partial \mathrm{z}}\Delta \mathrm{x}\Delta \mathrm{y}\Delta \mathrm{zn}\Delta \mathrm{t}$$

所以，对流作用所引起的微元体中溶质质量的变化 M″为

$$\mathrm{M''}=-\left[\frac{\partial(\mathrm{cu_x})}{\partial \mathrm{x}}+\frac{\partial(\mathrm{cu_y})}{\partial \mathrm{y}}+\frac{\partial(\mathrm{cu_z})}{\partial \mathrm{z}}\right]\Delta \mathrm{x}\Delta \mathrm{y}\Delta \mathrm{zn}\Delta \mathrm{t}\tag{3-16}$$

（3）源汇作用　源汇作用主要指由于溶解、解吸、注水等造成的固相物质或溶质转入地下水（称源，为正值）和沉淀、吸附、抽水、越流等造成的溶质转为固相或减少（称汇，为

负值）的作用。假设由于源汇作用，单位时间单位体积地下水中溶质质量的变化量为 W_c，那么 Δt 时间内微元体中由此引起的溶质质量变化量（M'''）为

$$M'''=W_c\Delta x\Delta y\Delta zn\Delta t \tag{3-17}$$

上述三种作用必然使微元体内溶质的浓度发生变化。假设微元体内中心点（x、y、z）附近 t 时刻溶质浓度的变化率为 $\frac{\partial C}{\partial t}$，则在 Δt 时段内，微元体中溶质质量的变化量 M 为

$$M=\frac{\partial C}{\partial t}\Delta x\Delta y\Delta zn\Delta t \tag{3-18}$$

根据质量守恒原理应有：

$$M=M'+M''+M''' \tag{3-19}$$

将以上各式代入式(3-19) 中得

$$\frac{\partial C}{\partial t}=-\left(\frac{\partial P_x}{\partial x}+\frac{\partial P_y}{\partial y}+\frac{\partial P_z}{\partial z}\right)-\left[\frac{\partial(cu_x)}{\partial x}+\frac{\partial(cu_y)}{\partial y}+\frac{\partial(cu_z)}{\partial z}\right]+W_c \tag{3-20}$$

假定弥散主方向与坐标轴一致，把 $P=-D\,grad\,C$ 写成分量形式，即

$$P_x=-D_x\frac{\partial C}{\partial x}\quad P_y=-D_y\frac{\partial C}{\partial y}\quad P_z=-D_z\frac{\partial C}{\partial z} \tag{3-21}$$

将式(3-21) 代入式(3-20) 中，得

$$\frac{\partial C}{\partial t}=\frac{\partial}{\partial x}\left(D_x\frac{\partial C}{\partial x}\right)+\frac{\partial}{\partial y}\left(D_y\frac{\partial C}{\partial y}\right)+\frac{\partial}{\partial z}\left(D_z\frac{\partial C}{\partial z}\right)-\frac{\partial(cu_x)}{\partial x}+\frac{\partial(cu_y)}{\partial y}+\frac{\partial(cu_z)}{\partial z}+W_c \tag{3-22}$$

式(3-22) 就是溶质在地下水中运移的基本微分方程。它是一个二阶非线性抛物线型偏微分方程。方程左端前三项表示由于弥散所造成的溶质运移，称为弥散项，四、五、六项表示由于对流所造成的溶质运移，称对流项，最后一项（W_c）为源汇项（源为正值，汇为负值）。如果不存在或忽略源汇项，式(3-22) 变为

$$\frac{\partial C}{\partial t}=\frac{\partial}{\partial x}\left(D_x\frac{\partial C}{\partial x}\right)+\frac{\partial}{\partial y}\left(D_y\frac{\partial C}{\partial y}\right)+\frac{\partial}{\partial z}\left(D_z\frac{\partial C}{\partial z}\right)-\frac{\partial(cu_x)}{\partial x}+\frac{\partial(cu_y)}{\partial y}+\frac{\partial(cu_z)}{\partial z} \tag{3-23}$$

方程（3-23）亦称为对流-弥散方程（或水动力弥散方程）。

2. 定解条件

溶质在地下水中运移的微分方程具有多解性，要想得到某种条件下某个时段内研究区域上地下水中溶质运移微分方程的特解，必须辅加一定的约束条件，即定解条件。定解条件由初始条件和边界条件组成。定解条件和微分方程结合起来即为具体条件下溶质运移的数学模型。

（1）初始条件　初始条件是指初始时刻（t=0）或初始状态下区域 Ω 上的浓度分布，一般用下列形式表达。

$$C(x,y,z,t)\Big|_{t=0}=Co(x,y,z) \tag{3-24}$$

式中，Co 是已知函数。

（2）边界条件　边界条件是指未知函数在研究区边界上的变化规律。与地下水流问题类似，溶质运移微分方程的边界条件也可分为三种类型。

第一类边界条件：边界上的溶质浓度已知，即

$$C(x,y,z,t)\Big|_{\Gamma_1}=f_1(x,y,z,t)\quad[0<t<T,(x,y,z)\in\Gamma_1] \tag{3-25}$$

式中，Γ_1 为研究区的边界；f_1（x，y，z，t）是已知函数。

第二类边界条件：为给定弥散通量的边界条件，即

$$-D\frac{\partial C}{\partial n}\Big|_{\Gamma_2}=f_2(x,y,z,t)\quad[0<t<T,(x,y,z)\in\Gamma_2] \tag{3-26}$$

式中，Γ_2 为研究区的边界；$f_2(x, y, z, t)$ 是已知函数；n 为边界 Γ_2 的外法线方向。

第三类边界条件：为溶质通量的已知条件，即

$$\left(Cu-D\frac{\partial C}{\partial n}\right)\Big|\Gamma_3=f_2(x,y,z,t) \quad [0<t<T,(x,y,z)\in\Gamma_3] \tag{3-27}$$

式中，Γ_3 为研究区的边界或某一部分；u 是实际渗流速度；$f_3(x, y, z, t)$ 是已知函数；n 为边界 Γ_3 的外法线方向。

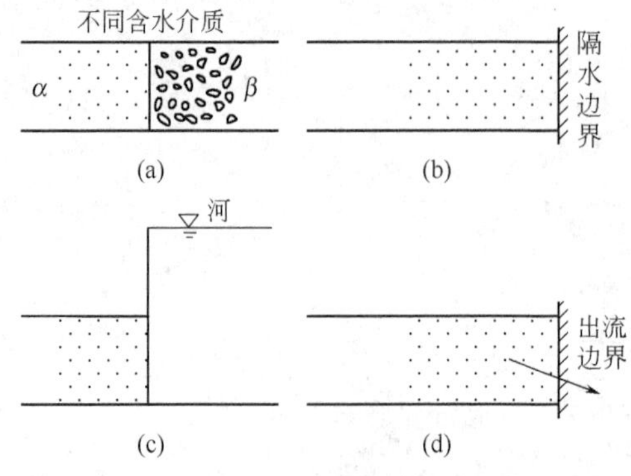

图 3-10 一维弥散问题的几种边界条件

为了便于理解，下面以一维弥散问题的几种常见边界为例加以具体说明。

① 多孔介质 α 的边界外为另一多孔介质 β [图 3-10(*a*)]，因为穿过边界的溶质通量应保持连续，所以有

$$\left(Cu-D_L\frac{\partial C}{\partial x}\right)\Big|\alpha=\left(Cu-D_L\frac{\partial C}{\partial x}\right)\Big|\beta \tag{3-28}$$

② 多孔介质的边界外为不透水岩层，即边界为隔水边界 [图 3-10(*b*)]，此时通过边界的流量与溶质通量均为零。由于边界上有 $Cu-D_L\frac{\partial C}{\partial x}=0$，及 u=0，故得边界条件。

$$\frac{\partial C}{\partial x}\Big|\Gamma_2=0 \tag{3-29}$$

③ 多孔介质的边界外为固定的河水 [图 3-10(*c*)]，假设河水的浓度为 C_r，由于通量的连续性，在边界上应成立。

$$\left[\left(Cu-D_L\frac{\partial C}{\partial x}\right)-\left(C_r u-\frac{D_m\partial C}{n\partial x}\right)\right]\Big|\Gamma_2=0 \tag{3-30}$$

若忽视分子扩散，则有

$$\left(C-C_r-a_L\frac{\partial C}{\partial x}\right)\Big|\Gamma=0 \tag{3-31}$$

经过足够长的时间后，会出现 $C|\Gamma=C_r$，由上式可知，边界条件近似为：$\frac{\partial C}{\partial x}\Big|\Gamma=0$。

④ 多孔介质的边界外为空气，即出流边界 [图 3-10(*d*)]。由于此时边界两侧的溶质浓度相等，故边界条件仍为：$\frac{\partial C}{\partial x}\Big|\Gamma=0$。

另外，对于无穷远处无污染源的情况，当 $x\to\infty$ 时，应有 $C|_{\to\infty}=C_0$ 或 $C|_{\to\infty}=0$。

三、地下水污染预测

地下水水质污染的预测就是对地下水中的污染组分浓度随空间或时间的变化进行计算、预测，以便掌握水质污染的时空变化规律和发展趋势，及时有效地采取防控措施，或起到警告性预测和目标导向作用。

水质污染预测的内容主要有四个方面：①预测地下水质浓度的时空变化规律；②污染地下水边界的推进预测；③水源地水质预测；④预测防治地下水污染措施的效果。

水质预测的方法有多种，如解析法、数值法、电模拟法、近似方法、数理统计法等，主要介绍简单条件下的解析法。

解析法就是根据对流-弥散方程的解析解进行计算预测。由于水动力弥散问题的复杂性，到目前为止，只有简单的理想条件下才能求得它的解析解。下面主要讲述几个常见定解问题的解析解及应用。

(一) 一维弥散方程的解析解

1. 稳定源半无限域含水层

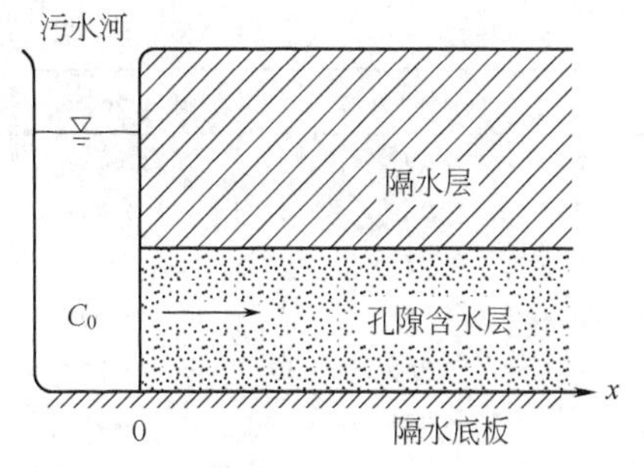

图 3-11　稳定污染源、半无限承压含水层

图 3-11 所示的是一侧为河的均质各向同性、等厚的半无限承压含水层。河流被污染，污染物浓度为 C_0。河流中的污水连续地补给承压含水层致使地下水受污染。假定河水污染地下水以前，地下水中污染物的原始浓度为零，污水与含水层之间不发生吸附等其他化学作用，河中的污水与地下水的密度及黏度相同。该种情况属一维均匀稳定流，其模型（以隔水底板为 x 轴，河流为原点）为：

$$\begin{cases}\dfrac{\partial C}{\partial t}=D_{\mathrm{L}}\dfrac{\partial^2 C}{\partial x^2}-u\dfrac{\partial C}{\partial x} & (3\text{-}32)\\ C(x,0)=0 \qquad 0\leqslant x<\infty & (3\text{-}33)\\ C(0,t)=C_0 \qquad t\geqslant 0 & (3\text{-}34)\\ C(\infty,t)=0 \qquad t\geqslant 0 & (3\text{-}35)\end{cases}$$

该定解问题的解为

$$C(x,t)=\frac{C_0}{2}\left[\operatorname{erfc}\left(\frac{x-ut}{2\sqrt{D_{\mathrm{L}}t}}\right)+\exp\left(\frac{ux}{D_{\mathrm{L}}}\right)\operatorname{erfc}\left(\frac{x+ut}{2\sqrt{D_{\mathrm{L}}t}}\right)\right] \tag{3-36}$$

式中，$C(x,t)$为任意距离（x）、任意时刻（t）地下水中溶质的浓度，mg/L；C_0 为边界处（$x=0$）溶质浓度，mg/L；u 为地下水实际平均流速，m/d；D_{L} 为纵向弥散系数，$\mathrm{m^2/d}$；$\exp(y)$为以 e(e=2.718) 为底的指数；$\operatorname{erfc}(y)$为余误差函数，定义式为：$\operatorname{erfc}(y)=\frac{2}{\sqrt{\pi}}\int_y^{\infty}\mathrm{e}^{-t^2}\mathrm{d}t$，与误差函数（或称概率积分）$\operatorname{erf}(y)=\frac{2}{\sqrt{\pi}}\int_0^y\mathrm{e}^{-t^2}\mathrm{d}t$ 的关系为：$\operatorname{erfc}(y)=1-\operatorname{erf}(y)$，余误差函数的值见表 3-4。

当$\frac{ux}{D_{\mathrm{L}}}>10$ 或$\frac{D_{\mathrm{L}}}{ux}\leqslant 0.005$ 或 x 较大时，式(3-36) 右端第二项比第一项要小得多，可忽略不计（误差≤4%），公式简化为

$$\overline{C}(x,t)=\frac{1}{2}\operatorname{erfc}\left(\frac{x-ut}{2\sqrt{D_{\mathrm{L}}t}}\right) \tag{3-37}$$

式中，$\overline{C}$ 为相对浓度，$\overline{C}=C/C_0$。式(3-37) 也适用于同样条件下稳定源一维无限含水层。具有某一相对浓度 $\overline{C}$ 的点的坐标可由下式表示。

$$x=ut+2\sqrt{Dt}\left[\operatorname{arcerf}(1-2\overline{C})\right] \tag{3-38}$$

而具有某一浓度 $\overline{C}$ 的点的运动速度是

$$\frac{\mathrm{d}x}{\mathrm{d}t}=u+\sqrt{\frac{D}{t}}\left[\operatorname{arcerf}(1-2\overline{C})\right] \tag{3-39}$$

由式(3-39) 可见，当 $\overline{C}=0.5$ 时，后一项为零，则$\frac{\mathrm{d}x}{\mathrm{d}t}=u$，即浓度为 $\overline{C}=0.5$ 的点以常

表 3-4　余误差函数 erfc(y) 表

y	erfc(y)	y	erfc(y)	y	erfc(y)	y	erfc(y)	y	erfc(y)
0.00	1.000	0.25	0.724	0.50	0.480	0.75	0.289	1.00	0.155
0.01	0.989	0.26	0.713	0.51	0.471	0.76	0.282	1.05	0.138
0.02	0.977	0.27	0.703	0.52	0.462	0.77	0.276	1.10	0.120
0.03	0.966	0.28	0.692	0.53	0.453	0.78	0.270	1.15	0.104
0.04	0.955	0.29	0.682	0.54	0.445	0.79	0.264	1.20	0.090
0.05	0.944	0.30	0.671	0.55	0.437	0.80	0.258	1.25	0.077
0.06	0.933	0.31	0.661	0.56	0.428	0.81	0.252	1.30	0.066
0.07	0.921	0.32	0.651	0.57	0.420	0.82	0.246	1.35	0.056
0.08	0.910	0.33	0.641	0.58	0.412	0.83	0.240	1.40	0.048
0.09	0.899	0.34	0.631	0.59	0.404	0.84	0.235	1.45	0.040
0.10	0.888	0.35	0.621	0.60	0.396	0.85	0.299	1.50	0.034
0.11	0.876	0.36	0.611	0.61	0.388	0.86	0.224	1.60	0.024
0.12	0.865	0.37	0.601	0.62	0.381	0.87	0.219	1.70	0.016
0.13	0.854	0.38	0.591	0.63	0.378	0.88	0.213	1.80	0.011
0.14	0.843	0.39	0.581	0.64	0.365	0.89	0.208	1.90	0.007
0.15	0.832	0.40	0.572	0.65	0.358	0.90	0.203	2.00	0.0047
0.16	0.829	0.41	0.562	0.66	0.351	0.91	0.198	2.10	0.0030
0.17	0.819	0.42	0.552	0.67	0.343	0.92	0.193	2.20	0.0019
0.18	0.799	0.43	0.543	0.68	0.336	0.93	0.188	2.30	0.0011
0.19	0.789	0.44	0.534	0.69	0.329	0.94	0.184	2.40	0.007
0.20	0.777	0.45	0.525	0.70	0.322	0.95	0.179	2.50	0.004
0.21	0.766	0.46	0.515	0.71	0.315	0.96	0.175	∞	0
0.22	0.756	0.47	0.506	0.72	0.309	0.97	0.170		
0.23	0.745	0.48	0.497	0.73	0.302	0.98	0.166		
0.24	0.734	0.49	0.488	0.74	0.295	0.99	0.161		

注：$\mathrm{erfc}(-y)=2-\mathrm{erfc}(y)$。

速运动，它相当于“活塞式”锋面的推进。相对浓度 $\overline{C}$ 从 1 到 0 就是弥散过渡带。在一般松散岩层中，弥散带的长度通常不是很大，一般不超过 10m。

【实例】 某地含水层为浅层、均质、各向同性，含水层厚 10m，孔隙度为 0.2，孔隙水平均流速为 1m/d，一个较长的废水明渠垂直于流向切割了该含水层（图 3-12），渠中污染溶质的浓度（C_0）为 0.5kg/m^3（即 500mg/L）。假定纵向弥散系数（D_L）为 $10\text{m}^2/\text{d}$，按式(3-37)，可计算得出 1 年、2 年的 C/C_0 随距离变化的关系曲线（图 3-13），或根据要求作其他有关计算。

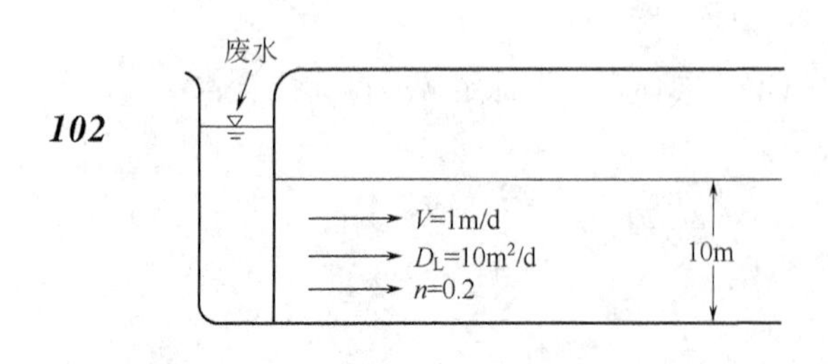

图 3-12　沿水流方向的含水层垂直剖面示意图

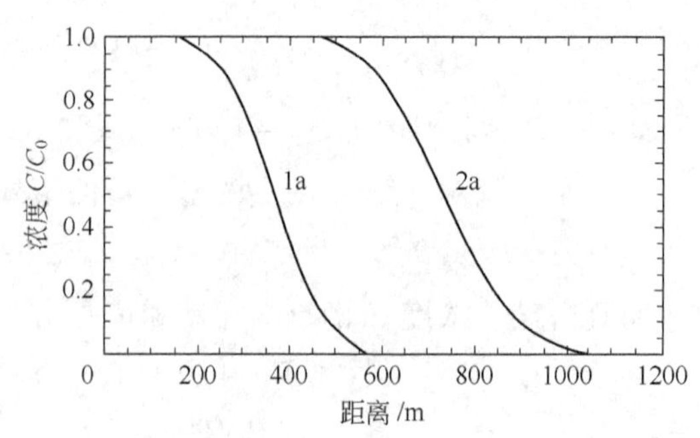

图 3-13　相对浓度 C/C_0 与离渠距离关系的曲线（时间经过 1 年或 2 年）

2. 瞬时源半无限域含水层

假定污染的河水（浓度为 C_0）不是源源不断地侵入含水层，而是在 $0\sim t_b$ 短时间内以脉冲的方式瞬时侵入含水层（以后时间是清水），其余条件与上面讨论的相同，该种情况下的数学模型为

$$\begin{cases}\dfrac{\partial C}{\partial t}=D_L\dfrac{\partial^2 C}{\partial x^2}-u\dfrac{\partial C}{\partial x} & (3\text{-}40)\\ C(x,0)=0 \qquad 0<x<\infty & (3\text{-}41)\\ C(0,t)=\begin{cases}C_0 & 0<t<t_b\\ 0 & t_b\leqslant t<\infty\end{cases} & (3\text{-}42)\\ C(\infty,t)=0 \qquad t\geqslant 0 & (3\text{-}43)\end{cases}$$

其解析解为

$$\overline{C}(x,t)=0.5\left\{\mathrm{erfc}\left(\frac{x-ut}{2\sqrt{D_L t}}\right)-\mathrm{erfc}\left[\frac{x-u(t-t_b)}{2\sqrt{D_L(t-t_b)}}\right]\right\} \tag{3-44}$$

式中，t_b 是污水脉冲（侵入）的时间；其余符号意义同前。这种情况下整个污染“脉冲体”就像一个弥散带，它的长度随时间的增长而增长。而溶质的最大浓度 $\overline{C}_{max}$ 则随时间的增长而不断减小（如图 3-14 所示）。

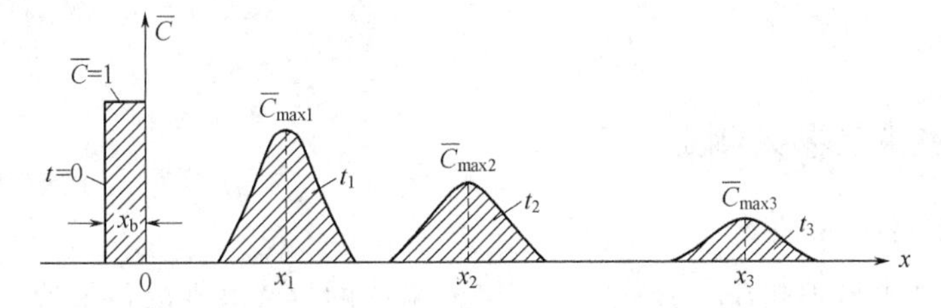

图 3-14　脉冲式进入时溶质浓度的变化

x_b—脉冲体的长度；x_1，x_2，x_3—岩层中在时间 t_1、t_2、t_3 时刻最大浓度点的坐标

（二）二维弥散问题的解析解

在水平、等厚、无限展布、单层均质含水层中，地下水呈单向流动，实际平均流速为 u，并取 x 轴与流速方向一致（$u_x=u$，$u_y=u_z=0$）。污染源为点源（或称局部源），其浓度为 C_0，以流量 Q 进入。地下水中含污染物的初始浓度为零。这实质上是单向流（一维）流场中的二维弥散，污染物不仅有沿流向的纵向弥散，还有垂直流向的横向弥散。该条件下的数学模型为

$$\begin{cases}\dfrac{\partial C}{\partial t}=D_L\dfrac{\partial^2 C}{\partial x^2}+D_T\dfrac{\partial^2 y}{\partial y^2}-u\dfrac{\partial C}{\partial x}+QC_0\delta(x,y) & (3\text{-}45)\\ C(x,y,0)=0 \qquad x,y\neq 0 & (3\text{-}46)\\ C(\pm\infty,y,t)=0 \qquad t\geqslant 0 & (3\text{-}47)\\ C(x,\pm\infty,t)=0 \qquad t\geqslant 0 & (3\text{-}48)\end{cases}$$

式中，$\delta(x,y)$ 为单位函数，$\delta(x,y)|_{x=y=0}=1,\delta(x,y)|_{x=y\neq 0}=0$；$D_L$，$D_T$ 分别为纵向和横向弥散系数，并有 $D_L=a_L u$，$D_T=a_T u$；a_L，a_T 分别为纵向和横向弥散度。JJ. 弗里德（J. J. Fried）给出的这个定解问题的解为

$$C(x,y,t)=\frac{C_0 Q}{4\pi u\sqrt{a_L a_T}}\exp\left(\frac{x}{2a_L}\right)[W(0,b)-W(t,b)] \tag{3-49}$$

式中，$W(u,b)$ 为汉图什（Hantush）函数。

$$W(u,b)=\int_u^{\infty}\exp[-y-b^2/(4y)]\frac{1}{y}\mathrm{d}y$$

$$u=t, b^2=\left(\frac{x^2}{4a_L^2}+\frac{y^2}{4a_La_T}\right) \tag{3-50}$$

该函数在地下水动力学中称越流井函数，有专门函数表可查，也可绘制成标准曲线图解（图 3-15）。从图中可以得到式(3-49) 中大部分简单问题必需的值。

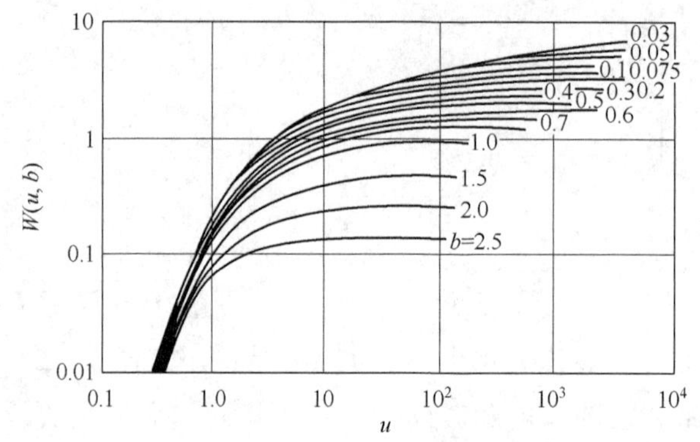

图 3-15 $W(u,b)$ 的典型曲线［沃尔顿（Walton），1962］

$u=t$，$b^2=\left(\frac{x^2}{4a_L^2}+\frac{y^2}{4a_La_T}\right)$

四、有关实验及参数测定

（一）室内土柱实验

土柱实验的基本原理是在实验室内对在野外采取的有代表性的包气带天然土柱（原状样或扰动样），用原状或人工配制的污染溶液进行渗滤试验（或称淋溶试验），通过对滤出水水质的测试、分析，研究各种水文地球化学作用和污染物在土体中的运移机理。目的在于了解各种污染物质在不同介质、不同深度环境条件下的运移特征，土体对污染物质吸附和降解的能力，积累和转化规律，进而为解决地下水环境质量研究中的某些理论和实践问题，为地下水污染的预测和防治措施提供依据。

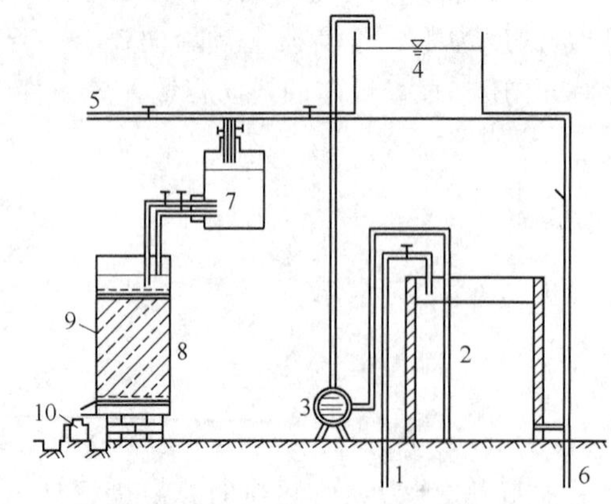

图 3-16 污染物质在包气带垂直运移试验装置示意图

1—自来水；2—污水池；3—污水泵；4—污水塔；5—通另一土柱；6—通污水处理池；7—马利奥特瓶；8—塑料管；9—试验土柱；10—取样瓶

试验装置如图 3-16 所示。土柱装在塑料管内，土柱表面和底部用带孔的塑料板和尼龙网作反冲、反滤层，上部用虹吸原理自动提供污水（或其他水源），下部设排水也，随时接取渗出水进行分析。

试验方法分为单因子试验和多因子试验两种。单因子试验采用专门配制的淋滤液对所取代表性土体或专门的土体（如垃圾等）进行渗滤，主要是进行离子置换、吸附、沉淀、溶解、盐效应、有机污染物降解等地下水水质污染机理试验。多因子试验是用几种不同种类、不同浓度的污水或各种水源分别通过不同介质、不同深度的土柱，测定渗入前后浓度变化与时间及水量的关系，观测各种因素对地下水水质组分形成的影响，绘制各种不同污染物质在不同土体中随时间变化的曲线，分析研究其运移转化规律和污染机制。

（二）研究污染物质运移的渗流槽模拟实验

用渗流槽可以模拟污染物质运移规律，进行二维弥散试验，研究弥散机理，测定弥散系数等。

试验装置主要由进水槽、渗水槽、排水槽、进水管、排水管、滤水网板、投剂孔、测压取样孔（管）等组成（图 3-17）。槽中可用不同粒径的沙作为渗透介质。

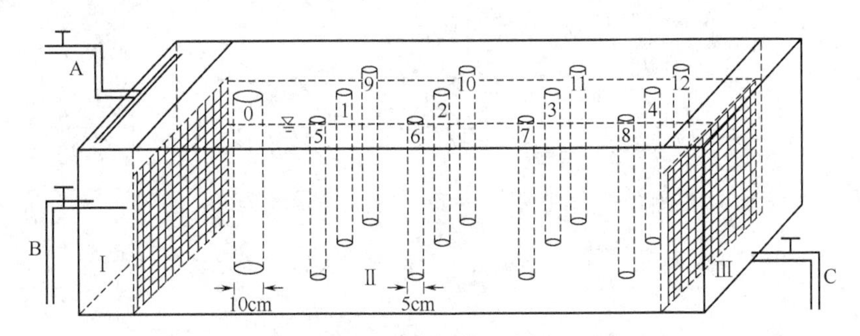

图 3-17　渗流槽示意图

0—投放孔；1～12—观测孔；Ⅰ—进水槽；Ⅱ—渗水槽；Ⅲ—排水槽；A—进水管；B、C—排水管

试验方式是根据野外实际情况，模拟含水层和边界水位，在投放孔中放入示踪剂（如食盐溶液、荧光素等），分别在观测孔（管）采样、分析，绘制浓度-时间曲线、浓度-距离曲线等，根据大量的观测试验资料，便可得出溶质运移、弥散规律，或根据建立的水质模型，利用其解析解，求得有关弥散参数。

（三）弥散系数的实验室测定与计算

室内测定弥散系数，一般采用 Φ. M. 鲍契维尔等（1979）设计的一套实验装置（图 3-18）。它由两个部分组成，一部分是试样圆筒Ⅰ，另一部分是供给液体的装置Ⅱ，它是在保持给定压力 H 下供给水和指示剂溶液。圆筒用坚硬材料（金属、塑料、有机玻璃等）制成，直径一般为8～10cm，高度由 10～15cm 到 40～60cm。圆筒的大小可以改变，但其长度应大于其直径的 1.5～2 倍。

渗透液体在圆筒下经过三通管（开关）1 和过滤器 2 而进入岩（土）样中。液体在岩（土）样中是自下而上运动的，这是为了保持较小的水力梯度。取样管 3 可以采取不同距离的渗透液分析。仪器盖 4 上有孔，与大气相通。装置 5 是为了保持定水头，它固定在支架 6 上，由两个箱子组成，其中每一个分别由管 7 供给清水或溶液，多余的由管 8 排除，以便保持定水头。清水或溶液沿胶皮管 9 经开关 1 进行混合后进入试样。

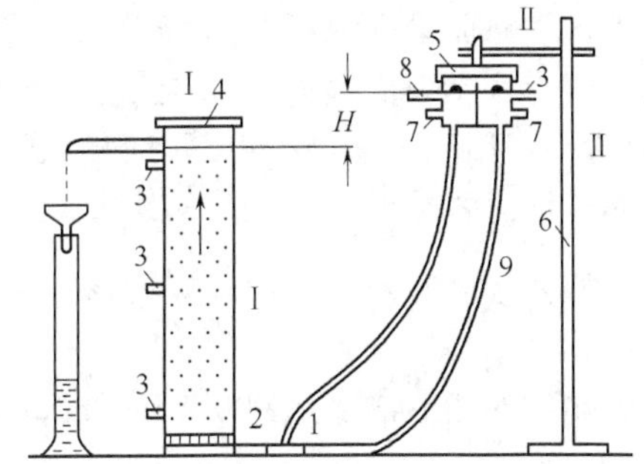

图 3-18　研究岩石渗透时弥散、吸附和溶解的实验装置

Ⅰ—装土的圆筒；Ⅱ—供给指示剂液（P）或水（B）的装置；1—混合供给水或溶液的开关；2—过滤器；3—取样管；4—盖子；5—保持定水头的装置；6—支架；7—供水或溶液的管；8—排除多余液体的管；9—胶皮管

测定弥散系数时应当用非吸附的指示剂溶液，开始时先在试样中饱和不含指示剂的普通水，然后用加指示剂的水渗透，并在岩土样不同断面和终端处观测指示剂浓度的变化。根据试验资料，可用不同的方法计算弥散系数 D，下面主要说明以一维弥

散解析公式为基础的计算方法。

1. 连续注入时弥散系数（D）的计算

前已叙述，当$\frac{ux}{D_L}>10$或$\frac{D_L}{ux}\leqslant 0.005$或$x$较大时，稳定源（连续注入），半无限与无限条件下，一维弥散方程的简化解析公式为式(3-37)，即

$$\overline{C}(x, t)=\frac{C(x, t)}{C_0}=\frac{1}{2}\mathrm{erfc}\left(\frac{x-ut}{2\sqrt{D_L t}}\right)=\frac{1}{\sqrt{\pi}}\int_{\frac{x-ut}{2\sqrt{D_L t}}}^{\infty}\mathrm{e}^{-y^2}\mathrm{d}y$$

对上式作变量代换$y=\frac{\eta}{\sqrt{2}}$，则得

$$\overline{C}(x, t)=\frac{C(x, t)}{C_0}=\frac{1}{\sqrt{2\pi}}\int_{\frac{x-ut}{2\sqrt{D_L t}}}^{\infty}\mathrm{e}^{-\frac{\eta^2}{2}}\mathrm{d}\eta=\Phi\left(-\frac{x-ut}{\sqrt{2D_L t}}\right)=1-\Phi\left(\frac{x-ut}{\sqrt{2D_L t}}\right) \tag{3-51}$$

式中的Φ为正态分布函数。其期望$m=ut$，标准差$\sigma=\sqrt{2D_L t}$，查正态分布表，$\Phi(1)=0.841$，$\Phi(-1)=0.159$。当$\frac{x-ut}{\sqrt{2D_L t}}=1$时，$x-ut=\sqrt{2D_L t}=\sigma$，$x=ut+\sigma$，此时有$\overline{C}=\frac{C}{C_0}=1-\Phi(1)=1-0.841=0.159$；当$\frac{x-ut}{\sqrt{2D_L t}}=-1$时，$x-ut=-\sqrt{2D_L t}=-\sigma$，$x=ut-\sigma$，此时有$\overline{C}=\frac{C}{C_0}=1-\Phi(-1)=1-0.159=0.841$。

因此，根据实际试验观测资料，作出某一时刻t的相对浓度$\frac{C}{C_0}$和距离的关系（图3-19），在图上分别找出$\frac{C}{C_0}=0.841$和$\frac{C}{C_0}=0.159$的两个点，求得其横坐标$x_{0.841}$和$x_{0.159}$。由上述分析可知，$x_{0.841}=ut-\sigma$，$x_{0.159}=ut+\sigma$，故$x_{0.159}-x_{0.841}=2\sigma=2\sqrt{2D_L t}$，所以有

$$D_L=\frac{1}{8t}(x_{0.159}-x_{0.841})^2 \tag{3-52}$$

由于对某一时刻t，室内试验时要作出$\frac{C}{C_0}$-x图和确定$x_{0.159}$、$x_{0.841}$，需要在不同距离的岩土样柱断面设置取样管取样分析（需要很多观测孔），因此式(3-52)应用起来有颇多不便。因为，室内试验时通常是在一个固定点x处（一般是岩土柱末端）的不同时间取样(通常是利用一个观测孔不同时间的观测资料)，此时x为常量，t为变量。下面导出该种情况的计算公式。

根据试验资料，绘制$\frac{C}{C_0}$-t关系曲线图（图3-20），令$t_{0.159}$和$t_{0.841}$分别表示x处（岩土柱末端）的相对浓度达到0.159和0.841的时间，则当$\frac{C}{C_0}=0.159$时，有$\frac{x-ut_{0.159}}{\sqrt{2D_L t_{0.159}}}=1$，当$\frac{C}{C_0}=0.841$时，有$\frac{x-ut_{0.841}}{\sqrt{2D_L t_{0.841}}}=-1$。因此，在曲线上找出$\frac{C}{C_0}=0.841$和$\frac{C}{C_0}=0.159$时的两个点，查出其横坐标$t_{0.159}$和$t_{0.841}$，则有$\frac{x-ut_{0.159}}{\sqrt{2D_L t_{0.159}}}-\frac{x-ut_{0.841}}{\sqrt{2D_L t_{0.841}}}=2$，故在一个固定点$x$处弥散系数的计算公式为

$$D_L=\frac{1}{8}\left(\frac{x-ut_{0.159}}{\sqrt{t_{0.159}}}-\frac{x-ut_{0.841}}{\sqrt{t_{0.841}}}\right)^2 \tag{3-53}$$

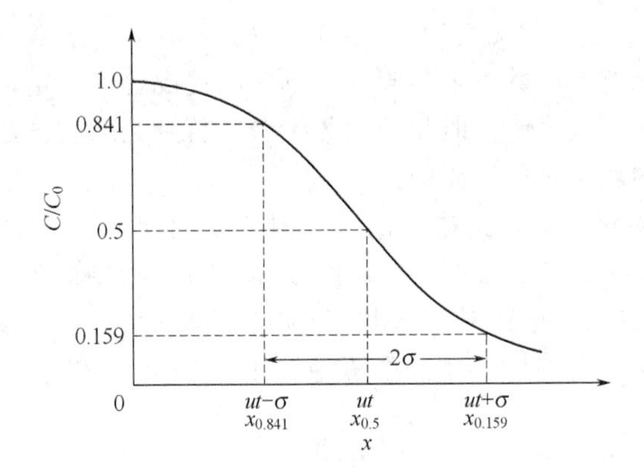

图 3-19　某一时刻相对浓度随 x 的变化曲线图

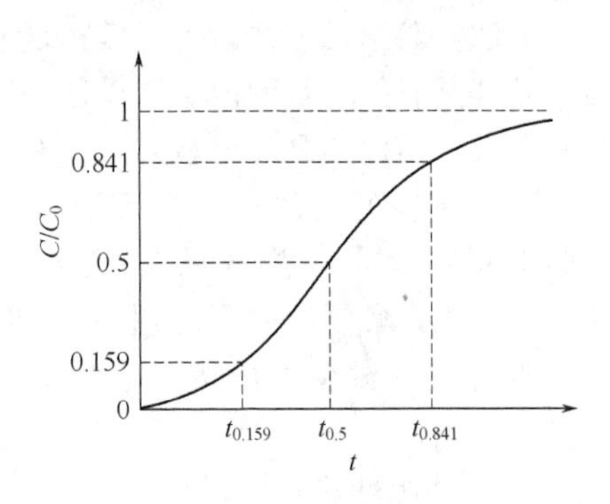

图 3-20　某一固定点$\frac{C}{C_0}$-t 关系曲线图

如果过渡带宽度（即$\frac{C}{C_0}=0.841$处的 $x_{0.841}$ 与$\frac{C}{C_0}=0.159$处的 $x_{0.159}$ 间的距离 $e=2\sigma$）与岩土样柱的长度相比很小，$t_{0.159}$ 和 $t_{0.841}$ 可以粗略定为 $t_{0.5}$，即$\frac{C}{C_0}=0.5$的点 $x_{0.5}$ 以平均速度 u 移动，所以 $x_{0.5}=tu_{0.5}$，式(3-53) 中的$\sqrt{t_{0.159}}$和$\sqrt{t_{0.841}}$可近似地用$\sqrt{t_{0.5}}$来代替，则式(3-53) 变为

$$D_{\mathrm{L}}=\frac{u^2}{8t_{0.5}}(t_{0.841}-t_{0.159})^2 \tag{3-54}$$

因为岩土样柱末端单位横断面被驱替出来的流体体积 $V=ut$，故也可用被驱出流体体积代替对时间的测量，式(3-54) 可变为：

$$D_{\mathrm{L}}=\frac{u}{8V_{0.5}}(V_{0.841}-V_{0.159})^2 \tag{3-55}$$

式中，$t_{0.159}$、$V_{0.5}$、$t_{0.841}$ 分别是岩土样柱末端相对浓度达 0.159、0.5、0.841 时被驱替出的流体体积。

2. 脉冲注入时弥散系数的计算

在半无限长沙（土）柱（即把沙土样装在长度为 50cm 以上的有机玻璃、硬质塑料或金属筒内）中，一次瞬时脉冲注入示踪剂溶液（浓度为 C_0），随后注入清水推进，并保持定水头。观测沙（土）柱末端示踪剂溶液浓度随时间的变化，直至出现最高峰值浓度后示踪剂又完全消失为零。该种情况下，可视为瞬时源、半无限长沙柱中示踪剂的一维弥散。其数学模型与式(3-40)～式(3-43) 相同，其解为式(3-44)。与上述推演类似，根据式(3-44)，且由弥散引起的过渡带变化很小时，可导出计算弥散系数（D_{L}）的公式：

$$D_{\mathrm{L}}=\frac{x^2-u^2t_{\max}(t_{\max}-t_{\mathrm{b}})}{2(t_{\max}-t_{\mathrm{b}})} \tag{3-56}$$

式中，x 为测量点的横坐标；$t_{\max}$ 为最大值浓度出现的时间；t_{b} 为脉冲注入示踪剂的时间；u 为实际平均流速。

试验时，应按一定时间间隔，在沙柱末端观测示踪剂浓度的变化，作出$\frac{C}{C_0}$-t 曲线或 C-t 曲线，根据曲线确定 $t_{\max}$（图 3-21）。

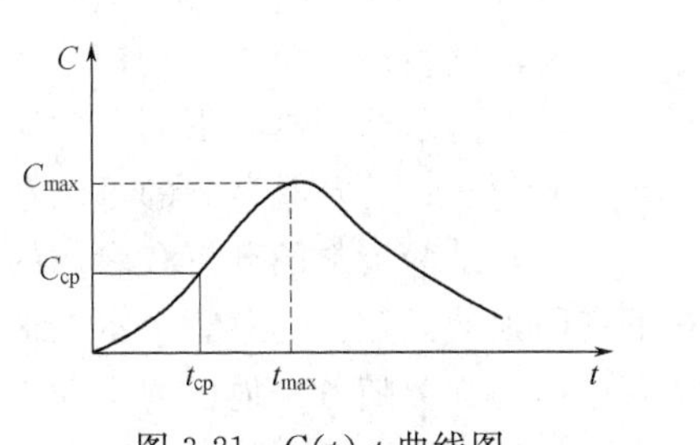

图 3-21　$C(t)$-t 曲线图

（四）野外弥散试验

虽然实验室的方法能进行模拟试验和测定有关参数，但与野外现场实际情况还有一定距离，尤其是有关参数的测定结果往往与野外出入较大，有时相差达数量级，特别是弥散系数差别更大。因此，野外试验方法及有关参数的测定是很重要的。

弥散试验的目的是研究污染物在地下水中运移时其浓度的变化规律，并通过试验测定弥散系数。野外弥散试验的方法原理基本上都是通过钻孔投放示踪剂（或称指示剂），观测示踪剂随空间、时间的变化，根据观测资料，选用相应的公式计算弥散参数。野外弥散试验方法按所用钻孔的多少可分为单井和多井两种，下面主要介绍这两种方法。

1. 单井脉冲法弥散试验

单井脉冲法就是利用一个完整井，在整个含水层深度内用一定量的放射性示踪剂压入含水层，然后用压入的淡水推进，最后又从井中抽水，把示踪剂抽回到井中。不断观测井中不同深度放射性示踪剂的浓度随时间的变化，以及同一时间浓度随深度的变化。根据这些观测资料便可以计算每个层的弥散系数，并可得到岩层的相对渗透性的数据。这种方法一般只适合于研究 2～4m 局部范围的弥散系数。

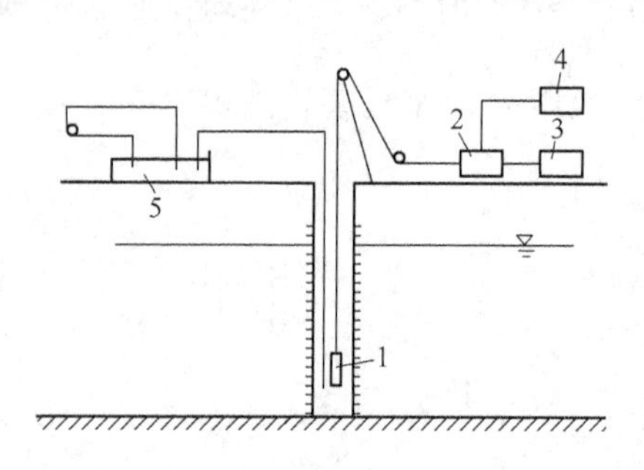

图 3-22　单井脉冲法装置示意图

1—探头；2—积分仪；3—计算器；4—记录仪；5—混合箱

（1）试验的设备装置及方法步骤　试验孔是一个装有过滤器的完整孔，放射性示踪剂从一个带筛孔的压力计中注入含水层。用探头沿整个孔深测定放射性浓度，探头通过固体介质发光的过程测定浓度，发出的脉冲通过电缆被积分仪和计算器接收。记录仪自动给出脉冲曲线（图 3-22）。试验可按四个步骤进行。

① 从钻孔中抽水，当抽出水的浓度（活度）保持不变时，则停止抽水；

② 接着开始向含水层注入示踪剂溶液；

③ 一定时间后，以同样的流量注入非示踪水，以推进示踪水；

④ 把水从含水层抽回到井孔中，并观察研究每层中倒流的放射晕。

第一步都必须缓慢地进行，以保证绘制记录曲线的时间。

（2）示踪剂的选择　常用下列放射性物质作为示踪剂：①^{32}Br，半衰期 $T_{\frac{1}{2}}=36$h，能量峰值＝0.78～1.47MeV；②^{131}I，$T_{\frac{1}{2}}=8.05$d，能量峰值为 0.36～0.64MeV；③^{51}Cr，$T_{\frac{1}{2}}=27.8$d，能量峰值＝0.32MeV。

使用较多的是^{131}I 和^{32}Br，它需要的浓度很低，不超过每升数微居里（Ci，1Ci＝37GBq）。这些同位素分别以钠溴化物（NaBr）的形式和钠碘化物（NaI）的形式存在，常将其溶液装在医疗瓶中。用时只要用两个注射头，从瓶中取出溶液与水混合即可作为示踪剂。这样的示踪剂具有下列非常明显的特点：①半衰期短，浓度低，对野外工作人员和环境无任何危害；②具有良好的可测性；③它不改变水的密度。

（3）试验资料的分析和参数的计算　通过探头在井中移动所测得每个点的放射性浓度是下列因素的函数：①井管中示踪剂的浓度。②井周围示踪剂侵入含水层的体积。示踪剂在含水层中的弥散随各个地层的水动力特征而变化。如它易于在导水性好的地层中扩散，而在半渗透的地层中示踪剂的扩散则很小。③从受侵的含水层中散发出来的体积辐射量，除与示踪剂的浓度有关外，还取决于有效孔隙度和固体质点的密度。因此，从试验所得曲线的分析便可大致了解污染物质的渗透性质。

参数的计算是在一般弥散方程的基础上，根据试验的具体条件进行简化，选用或导出适合的计算公式，或用有限差分法求得数值解。

单井脉冲法只能查明井附近 2～4m 范围内的弥散系数，而且当考虑地下水的天然流速时，其计算公式非常复杂，因而在实际工作中更多地是采用多井法。

2. 多井法弥散试验

多井法弥散试验的基本原理是，从一个井中投放示踪剂，在多个观测孔中测定示踪剂浓度随时间的变化，据此观测资料计算弥散系数，如果同时采用吸附的和非吸附的指示剂试验时，还可以计算吸附参数。

(1) 指示剂（示踪剂）的选择　指示剂（示踪剂）的选择应考虑野外现场的具体条件和示踪剂的特性。一般，非吸附性的示踪剂可以选用电解液、染色剂和放射性物质。

使用最普遍的电解液是食盐（NaCl）和氯化铵（NH_4Cl），它们都具有较高的导电性和较弱的被吸附性，易于检测，而且也比较经济。电解液示踪剂只适用于淡水和透水性较好（渗透流速 0.5～1m/d）的含水层中。因为矿化水加入电解液后，变化不明显，透水性弱的含水层，加入电解液以后，地下水的黏滞性较大，含水层的透水性变得更弱。所以这种情况下，电解液也不宜采用。另外，对于电解质的浓度应有所限制，一方面应当使它具有比在天然水中的背景浓度有明显较高的值，以便于观测，但另一方面，由于数量太大会改变混合物的密度、黏度，在计算上带来麻烦，因此，当地下水的矿化度不高时，电解质的浓度一般以 3～5g/L 为宜。

常用的染色剂示踪剂有荧光染料、亚甲基蓝、玫瑰精 B 等。它们具有成本低、灵敏度高、易于检测等优点，但是较易被固体物质吸附，所以一般只在运移距离较短或含水层透水性好的情况下使用。染色剂所用的浓度取决于岩石的透水性，一般情况可参考表 3-5。

表 3-5　染色剂适宜浓度　　单位：g/L

岩　石	萤光染料	亚甲基蓝	玫瑰精 B
松散岩石	0.1～0.2	0.5～1.0	0.02～0.04
裂隙、岩溶岩石	0.1～0.2	0.5～2.0	0.02～0.1

放射性示踪剂使用较多的是人工放射性同位素^{131}I，具有方便、需要量小、可测性好的优点。但为了防止其危害，一般不能用于饮用的地下水中做试验。

为了测定吸附参数，最好是用实际的污水来进行试验，如果不可能得到时，可用人工配制的溶液来代替。但应注意，剧毒性的组分不能用来做试验，要注意不要因试验而使水源地受到污染。

(2) 试验地点的选择　在选择试验地段以前，应对区域水文地质条件和污染情况有详细的了解，以便选择最有意义和最有代表性的地段来进行试验。一般，试验场地应选择在可能受到污染但目前还没有明显污染的地段，而且试验地点的地质、水文地质条件清楚，基本水文地质参数齐全，岩性具有代表性。

(3) 试验方法　根据试验时渗流场的状况，弥散试验方法有两种：

① 天然状态法。即利用地下水天然流场的弥散进行试验。具体方法是在一个钻孔

中投入示踪剂，在投剂孔的下游一个或几个观测孔中观测水中示踪剂的含量随时间的变化。这种方法只适于在地下水天然流速较大的情况，否则就不能在短时期内完成试验。该种情况下，观测孔重点布置在地下水流向的下游一定半径的圆周上［图 3-23(a)］，同心圆的半径可采用 3m、5m 或 8m 不等，在卵砾石含水层中的半径还要大些，如 7m、15m、30m。

② 注（压）水法。亦称附加水头法或人工流场法。该方法是将含有示踪剂的水从投剂孔中压入或注入，产生附加水头，造成一个放射状的人工流场，在投剂孔不太远的周围布置几条观测射线，以观测地下水中示踪剂含量随时间的变化。这种方法主要在地下水天然流速较小的情况下适用。观测孔一般采用以试验孔为中心的十字形剖面布置［图 3-23(b)］，条件简单时，可在压（注）入孔 的周围沿 1～3 条射线布置观测孔。每条线上 2～3 个孔，孔距多为 5m 或 10m。

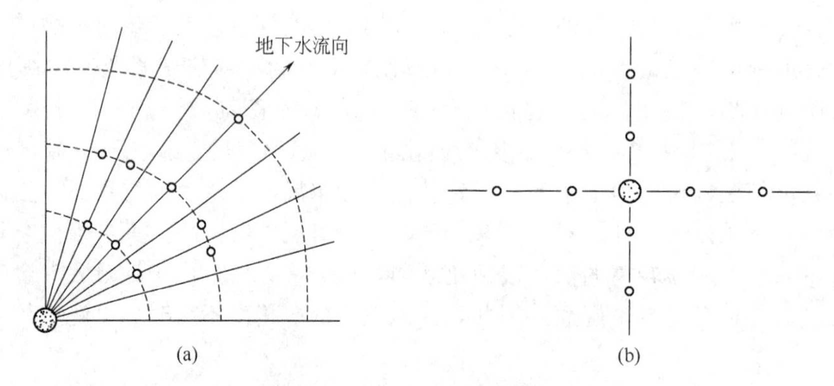

图 3-23　弥散试验注入井与观测孔布置示意图

(a) 观测孔布置在地下水下游主流向及其两侧不同半径的同心圆上；

(b) 观测孔以注入井为中心，呈十字形布置

◎示踪剂注入井；○观测孔

根据示踪剂的输入方式，弥散试验方法又可分为两种。

① 连续注入（输入）法。就是将一定浓度的示踪剂溶液，以定流量连续不断地注入（输入）到井孔中，示踪剂是 长期的、稳定的、连续点源。这在计算上比较方便，但需要耗费大量示踪剂，不但不经济，而且对地下水质也有影响。

② 脉冲注入（输入）法。即将示踪剂瞬时或短时脉冲式注入（输入）井孔。示踪剂是短期的、暂时点源。在注入示踪剂以前和以后，都可以注入清水来代替示踪剂。一般，弥散试验时多用此法注入（输入）。具体方法是，试验时开始用不含示踪剂的清水（净水），以定流量 Q 注入主孔，在观测孔中观测水位变化，以达到近似稳定状态，便于计算含水层的水动力参数。从某一时刻开始（可取 $t=0$），以同样的定流量 Q 向主孔注入含有示踪剂的溶液，经过较短的时间（t_b）以后，又换为注入清水（净水）以推动示踪剂的运动，直到试验结束为止。注入示踪剂以后便在观测孔中不断地观测水中示踪剂含量随时间的变化。弥散试验时应注意，投放孔和观测孔必须都是完整井，并且揭露同一含水层。试验过程中应定时、定深、定位进行观测。示踪剂浓度的测定最好采用电测或其他直接在钻孔中测定的方法，也可以从观测孔中取少量的水样进行野外分析测定。

(4) 参数计算

① 天然流场（投入示踪剂）弥散试验的参数计算。在示踪剂脉冲输入、天然流场状态

下，可用式(3-56) 近似计算弥散系数 D，即

$$D \approx \frac{x^2 - u^2 t_{max}(t_{max} - t_b)}{2(t_{max} - t_b)} \tag{3-57}$$

式中，x 为观测孔距投剂孔的距离；u 为地下水平均实际流速；t_{max}为观测孔中最大浓度出现的时间（参见图 3-21)；t_b 为示踪剂脉冲输入的时间。用式（3-57）计算 D 时，需先求出实际平均流速 u。

② 压（注）入示踪剂（人工流场）弥散试验的参数计算。当在井孔中压入（注入）含示踪剂的溶液和水，形成人工流场进行弥散试验时，弥散系数可按下式确定：

$$D = \frac{Q(t_{cp} - t_{max})}{4\pi m t_{max}} \tag{3-58}$$

式中，Q 为压入溶液的流量；t_{cp}为观测孔 $C(t)$-t 曲线拐点处的时间（图 3-21)；t_{max}为观测孔的 $C(t)$-t 曲线上最大浓度 t_{max}出现的时间（参见图 3-21)；m 为含水层厚度或过滤器的长度。

第四节　地下水质量评价

地下水质量评价，必须在环境水文地质调查、地下水质监测和试验等工作的基础上进行。目前，评价的内容主要是水质，有时也考虑地质环境的质量。地下水质量评价按时间划分，可分为现状评价和影响评价（或称预断评价)，本节主要介绍现状评价。

地下水质量现状评价，是根据环境水文地质调查、监测资料，对一个地区地下水质量现状所做的评价。一般，质量评价即指现状评价。

一、评价因子的选择和评价标准

1. 评价因子的选择

在自然界中，影响地下水质量的有害物质很多，因此，评价因子的选择，要根据研究区的具体情况而定，一般情况下有以下几类。

① 常规组分，即构成地下水化学类型和能够反映地下水性质的常见组分，有 K^+、Na^+、Ca^{2+}、Mg^{2+}、HCO_3^-、SO_4^{2-}、Cl^-、NO_2^-、NO_3^-、NH_4^+、pH、溶解性总固体、总硬度、DO、COD 等。

② 常见的有毒金属和非金属物质，如 Hg、Cr、Cd、Pb、As、F、CN^-等。

③ 有机有害物质，酚类、苯类、有机氯、有机磷、硝基、氨基化合物及其他有机有害物质。

④ 细菌、病毒等。

各地区在评价地下水质量时，除第一类常规组分必须监测之外，要根据各地的水质状况和污染特点来选择评价因子。一般来说，应选用对地下水质量有决定作用的组分作为评价因子。有时，也可把对地下水赋存、运移和质量有直接影响的因素（如地表污染源、表层地质结构、水文地质条件、地下水开发现状等）作为评价因子的选择对象。

2. 地下水质量的分类标准

评价标准是地下水质量评价的前提和依据，目前，一般依据我国现行的《地下水质量标准》(GB/T 14848—2007) 进行评价。

依据我国地下水水质现状、人体健康基准值及地下水质量保护目标，并参照生活饮用水、工业、农业用水水质要求，地下水质量评价将地下水质量划分为五类（表 3-6)。

表 3-6　地下水质量标准常规指标及限值（GB/T 14848—2007）

序号	指　标	Ⅰ类	Ⅱ类	Ⅲ类	Ⅳ类	Ⅴ类
感官性状及一般化学指标						
1	色(度)	≤5	≤5	≤15	≤25	>25
2	臭和味	无	无	无	微	有
3	浑浊度/NTU①	3	3	3	10	>10
4	肉眼可见物	无	无	无	微	有
5	pH	6.5～8.5	6.5～8.5	6.5～8.5	6.5～9.5	<5.5或>9.5
6	铝(Al)/(mg/L)	≤0.005	≤0.05	0.2	0.5	>0.5
7	铁(Fe)/(mg/L)	≤0.1	≤0.2	≤0.5	≤1.5	>1.5
8	锰(Mn)/(mg/L)	≤0.05	≤0.05	≤0.3	≤1.0	>1.0
9	铜(Cu)/(mg/L)	≤0.01	≤0.5	≤1.0	≤1.5	>1.5
10	锌(Zn)/(mg/L)	≤0.05	≤0.5	≤1.0	≤5.0	>5.0
11	氯离子/(mg/L)	≤50	≤150	≤250	≤350	>350
12	硫酸根离子/(mg/L)	≤50	≤150	≤250	≤350	>350
13	总硬度(以 $CaCO_3$ 计)/(mg/L)	≤150	≤300	≤450	≤550	>550
14	溶解性总固体/(mg/L)	≤300	≤500	≤1000	≤2000	>2000
15	耗氧量(COD_{Mn}法,以 O_2 计)/(mg/L)	≤1.0	≤2.0	≤3.0	≤10	>10
16	挥发性酚类(以苯酚计)/(mg/L)	≤0.001	≤0.001	≤0.002	≤0.01	>0.01
微生物指标						
17	总大肠菌群/(MPN/100mL 或 CFU/100mL)②	0	0	≤50	≤100	>100
18	菌落总数/(CFU/mL)	≤100	≤100	≤100	≤500	>500
毒理指标						
19	砷(As)/(mg/L)	≤0.005	≤0.01	≤0.01	0.05	>0.1
20	镉(Cd)/(mg/L)	≤0.0001	≤0.001	≤0.005	≤0.01	>0.1
21	铬(六价)(Cr^{6+})/(mg/L)	≤0.005	≤0.01	≤0.05	≤0.1	>1
22	铅(Pb)/(mg/L)	不得检出	≤0.005	≤0.01	≤0.05	>0.1
23	汞(Hg)/(mg/L)	≤0.00005	≤0.0005	≤0.001	≤0.005	>0.01
24	硒(Se)/(mg/L)	≤0.01	≤0.01	≤0.01	≤0.05	>0.01
25	氰化物/(mg/L)	≤0.001	≤0.01	≤0.05	≤0.1	>1
26	氟离子/(mg/L)	≤0.2	≤0.5	≤1.0	≤1.5	>3.0
27	硝酸根离子(以 N 计)/(mg/L)	≤2.0	≤5	≤10	≤20	>30
28	三氯甲烷(氯仿)/(mg/L)	≤0.005	≤0.02	≤0.06	≤0.1	>4
29	四氯化碳/(mg/L)	不得检出	≤0.001	≤0.002	≤0.2	>1
放射性指标						
30	总 α 放射性/(Bq/L)	≤0.1	≤0.3	≤0.5	≤1.0	>2.0
31	总 β 放射性/(Bq/L)	≤0.1	≤0.5	≤1.0	≤2.0	>5.0

①NTU 为散射浑浊度单位。②MPN 表示最大可能数，CFU 表示菌落形成单位。

Ⅰ类：地下水化学组分含量低，原则上适用于各种用途。

Ⅱ类：地下水化学组分含量较低，原则上适用于各种用途。

Ⅲ类：以人体健康基准值为依据，适用于生活饮用水、农业用水和主要工业用水。

Ⅳ类：以工业和农业用水要求以及人体健康风险为依据，适用于农业和部分工业用水，适当处理后，可作为生活饮用水。

Ⅴ类：不宜作生活饮用水，其他用水可根据使用目的选用。

有时也以地下水天然背景值作为评价标准。所谓背景值，从理论上讲，是不受人类活动影响的有关组分的天然含量。但在城市地区很难找到这种地下水，在这种情况下，背景值的含义实际上是不受人类活动明显影响的地下水有关组分的含量。它的明显特点是区域的差异性，随地质及水文地质条件而变。因此，背景值是指同一环境水文质单元而言。所以在确定背景值之前，首先要划分环境水文地质单元（不能把有明显污染源的区域划为背景值统计单元之内）。然而对于发展几十年乃至上百年的城市和工业区，有时，要测得背景值（天然本底值）是很困难的，一般可采用历史水质法确定，或选择与城市地质、地貌、水文地质条件相似的对照区，进行采样分析和调查统计确定背景值，用以代替城市或工业区的背景值（本底值）。

二、地下水质量评价方法

地下水质量评价，可分为单项组分评价和地下水质量综合评价，下面说明常用的计算评价方法。

（一）标准比照评价

标准比照评价是把实测浓度与标准进行对比，划分类别。目前，单项组分评价一般根据《地下水质量标准》（GB/T 14848—2007）所列标准分类指标直接对比，把水质划分为五类。不同类别标准相同时从优不从劣，例如挥发性酚类Ⅰ、Ⅱ类标准值均为0.001mg/L，若水质分析结果为0.001mg/L，应定为Ⅰ类，而不定为Ⅱ类。

（二）指数法

指数法是以水质调查分析资料或监测值与评价标准比较，求出一定形式比值的计算评价方法，可分为单项组分评价和综合评价两大类。

1. 单因子指数

单因子指数，或称单项指数，是指某一污染物的污染指数。当评价标准值（或背景值）为单值（含量平均值）时，计算公式为

$$P_i=\frac{C_i}{S_i} \tag{3-59}$$

式中，P_i 为 i 污染物的污染指数，无量纲；C_i 为 i 污染物实测浓度；S_i 为 i 污染物的评价标准或背景值，根据调查分析或资料确定。

当评价标准或背景值为含量区间时，其计算公式为

$$P_i=\frac{|C_i-\overline{S}_i|}{S_{max}-\overline{S}_i} \tag{3-60}$$

式中，$\overline{S}_i$ 为 i 污染物的评价标准或背景值的中值（平均值）；S_{max} 为 i 污染物的评价标准（或背景值）含量区间的最大值。

单项污染指数能对各种污染组分进行分别评价，即能评价某一污染物污染水环境的程度，当 $P_i\leqslant1$ 时为未污染，$P_i\geqslant1$ 为污染，且 P_i 值越大，污染越重，并可按 P_i 值大小进

行水环境污染程度分级（见表 3-7）。单项污染指数的优点是直观、简便，缺点是不能反映环境的整体污染情况。

表 3-7　水质质量分类（分级）表

类别(级别)	污　染　程　度	污染指数	类别(级别)	污　染　程　度	污染指数
1	未污染(相当于清洁区背景值)	$P_i \leqslant 1$	4	重度污染	$5 \leqslant P_i < 20$
2	轻度污染	$1 \leqslant P_i < 2$	5	严重污染	$P_i \geqslant 20$
3	中度污染	$2 \leqslant P_i < 5$			

2. 综合污染指数

（1）均值型综合污染指数　为全面评价水中各种污染因子综合作用的结果和水污染状况，需根据水中多种污染物的含量，计算综合污染指数。目前国内外采用的综合污染指数的种类很多，其中均值型污染指数使用较多，一般多采用算术平均综合污染指数，计算式为

$$P = \frac{1}{n}\sum_{i=1}^{n} P_i = \frac{1}{n}\sum_{i=1}^{n}\frac{C_i}{S_i} \tag{3-61}$$

式中，P 为综合污染指数，无量纲；P_i 为单项污染指数，无量纲；C_i 为某污染物的实测含量；S_i 为污染起始值或背景值；n 为污染物（组分）个数或监测项目数。

该种计算模式简单明了，能反映出各种污染物对地下水总的污染状况，目前被较广泛地采用。缺点是没有考虑各种污染物对水质污染作用的差异，计算结果容易掩盖高浓度单项污染物对水质的污染。

（2）内梅罗指数　内梅罗指数是美国学者内梅罗（N. L. Nemerow，1974）提出的，计算式为

$$P = \sqrt{\frac{\left[\max\left(\frac{C_i}{S_i}\right)\right]^2 + \left(\overline{\frac{C_i}{S_i}}\right)^2}{2}} \tag{3-62}$$

式中，$\max\left(\frac{C_i}{S_i}\right)$代表最大分指数，即单项污染指数的最大值；$\left(\overline{\frac{C_i}{S_i}}\right)$代表平均指数，即单项污染指数的平均值；其他符号意义同前。为了使指数能够更好地反映水的污染程度，对$\frac{C_i}{S_i}$值应加以修正，内梅罗提出，当$\frac{C_i}{S_i} \leqslant 1.0$时，取实际值，当$\frac{C_i}{S_i} > 1.0$时，$\frac{C_i}{S_i} = 1.0 + 5\lg\frac{C_i}{S_i}$。

内梅罗指数考虑了平均污染指数和最大单项污染指数对水质污染的影响，能比较好地反映实际情况，缺点是强调了最大值而忽略了次大值，且计算较繁，计算结果偏高。

在用综合污染指数法进行水环境质量现状评价时，一般是根据综合污染指数的大小进行水污染程度的分级，如分为未污染、轻污染、中度污染、重污染和严重污染等，根据分级结果，即可作出评价，如果资料较多，也可编制环境质量评价图。

（三）附注评分法

目前，对地下水质量综合评价，一般采用加附注的评分法。本方法是我国《地下水质量标准》（GB/T 14848—2007）中规定的对地下水质量状况进行评价的方法。具体方法简介如下。

① 参加评分的项目应不少于该标准规定的监测项目（表 3-6），但不包括细菌学指标。即主要参评项目为：pH、氨氮、硝酸盐、亚硝酸盐、氰化物、砷、汞、铬（六价）、总硬度、铅、氟、镉、铁、锰、溶解性总固体（矿化度）、高锰酸盐指数（COD_{Mn}）、硫酸盐、

氯化物等，以及反映本地区主要水质问题的其他项目。

② 首先进行各单项组分评价，据表 3-6，确定所属质量类别（级别）。也即按表 3-6 所列标准分类指标，判别某单项组分属表中五类水中的哪一类别（级别）。不同类别标准相同时，从优不从劣，如挥发性酚类Ⅰ、Ⅱ标准值均为 0.001mg/L，若水质分析结果为 0.001mg/L 时，应定为Ⅰ类，而不定为Ⅱ类。

③ 根据类别（级别），按表 3-8 分别确定单项组分评价分值 F_i。

表 3-8 单项组分评价分值

类别(级别)	Ⅰ	Ⅱ	Ⅲ	Ⅳ	Ⅴ
F_i(分值)	0	1	3	6	10

④ 计算综合评价分值 F。

$$F=\sqrt{\frac{(\bar{F}_i)^2+F_{max}^2}{2}} \tag{3-63}$$

其中

$$\bar{F}_i=\frac{1}{n}\sum_{i=1}^{n}F_i \tag{3-64}$$

式中，$\bar{F}$ 为各单项评分值（F_i）的平均值；F_{max}为各单项评分值（F_i）中的最大值；n 为参评项目数。

⑤ 根据 F 值，按表 3-9 划分地下水质量级别，并将细菌学指标评价类别注在类别（级别）定名之后，如优良（Ⅰ类）、较好（Ⅱ类）等。

表 3-9 地下水质量级别划分

级别	优 良	良 好	较 好	较 差	极 差
F(综合分值)	<0.80	0.80～<2.50	2.50～<4.25	4.25～<7.20	>7.20

表中前三个级别的水基本符合生活用水或工农业用水的水质要求，仅在程度上有差别，第四、五两级一般不宜作为生活用水，部分可作农业用水或工业用水。以上五个等级一般在图面上可采用蓝、浅蓝、绿、橙、红五种普染色表示。在水质条件比较简单的地区，也可简化为四个或三个等级。

地下水环境质量评价可使用两次以上的水质检测分析资料进行，也可根据具体情况，使用全年平均和多年平均值或分别使用多年的枯水期、丰水期平均值进行评价。最好用多次监测资料、多种方法进行计算评价，以资对比。

（四）模糊数学法

1. 基本原理

模糊数学是用数学方法研究和处理具有“模糊性”现象的一种数学。这里所谓的模糊性，主要是指客观事物差异的中间过渡中的不分明性或不确切性，如地下水污染程度、地下水水质好坏等都是典型的模糊问题。而以往大都采用人为给定临界值的指数法评价，其结果多是“非此即彼”的二值绝对隶属关系，因而常常与客观实际有较大误差。模糊数学法采用模糊集理论来处理和评价这类模糊问题，其基本原理是把普通集合理论中的非“0”则“1”的绝对隶属关系扩充到［0,1］间的隶属关系中的任意实数，即在［0,1］区间可连续取值，并用隶属函数来表示。因此，它实际上是一种函数法，即用数学函数的方法把地下水污染程度、地下水水质好坏这类模糊问题清晰地表示出来。所以，模糊数学法既考虑了界线的模糊性，又使本来模糊的问题清晰化，能比较客观、准确地反映地下水环境质量状况。

2. 评价方法步骤

一般采用模糊综合评判法。所谓综合评判就是多因素的评价。评价时，首先进行经过选择的评价因子（参数）中各单项指标的评价，然后分别对各单项指标给予适当的权重，最后应用模糊矩阵复合运算的方法得出综合评价的结果。主要方法、步骤简述如下。

(1) 评价因子（参数）选择与地下水水质分级　评价因子（参数）应根据地区的实际情况来选择，一般应选择主要污染物或组分作为评价因子（参数）。

地下水水质等级应根据单项指标来划分，详见《地下水质量标准》(GB/T 14848—2007)。一般，一级水为未污染水，其常规组分（Cl^-、SO_4^{2-}、NO_3^-、NO_2^-、总硬度、可溶性总固体等）相当于饮用水标准的1/2，微量组分为1/2至低于饮用水标准一个数量级；二级水相当于饮用水标准，为轻污染或有污染痕迹；三级水相当于超标2倍（常规组分）至10倍（微量组分），为中污染水，应注意防护；四级水超标数倍（常规组分）至10倍以上（微量组分），为重污染水，应注意进行治理和防护；五级水超标倍数很大，为严重污染，应进行综合治理。

例如，河南某地根据主要微量组分的监测资料（表3-10），把地下水水质分为五级（表3-11）。

表3-10　监测数据表　　单位：mg/L

监测井号＼指标	酚	氰	汞	铬Ⅵ	砷	NO_3^--N
1	0.004	0.0016	0.0017	0.005	0.041	1.0
2	0.008	0.185	0.004	0.164	0.140	6.0
3	0.001	0.018	0.000	0.019	0.015	10.0
4	0.002	0.000	0.000	0.026	0.000	4.0

表3-11　地下水水质污染分级标准　　单位：mg/L

分级＼评价因子	酚	氰	汞	铬Ⅵ	砷	NO_3^--N	备　注
Ⅰ级水	0.001	0.001	0.00005	0.005	0.005	2.0	未污染
Ⅱ级水	0.001	0.01	0.005	0.01	0.001	5.0	轻污染
Ⅲ级水	0.002	0.05	0.001	0.05	0.05	20	中度污染
Ⅳ级水	0.01	0.1	0.001	0.1	0.05	30	重污染
Ⅴ级水	>0.01	>0.1	>0.001	>0.1	>0.05	>30	严重污染

(2) 计算隶属度，建立模糊关系矩阵，进行单因子评价　根据模糊集理论，每个井点的水质监测值对于各级水质的隶属程度用隶属度$\mu(x)$来表示，$0\leqslant\mu(x)\leqslant1$，隶属度愈大隶属资格愈高。隶属度以隶属函数表示和计算。一般多采用线性隶属函数，其分布见图3-24，用线性隶属确定各单项因子（参数）对各级水（如Ⅰ、Ⅱ、Ⅲ、Ⅳ、Ⅴ级水）隶属度的公式为：

$$\mu_{i1}=\begin{cases}1 & (x_i\leqslant a_{i1})\\ \dfrac{a_{i2}-x_i}{a_{i2}-a_{i1}} & (a_{i1}<x_i<a_{i2})\\ 0 & (x_i\geqslant a_{i2})\end{cases}\qquad \mu_{i2}=\begin{cases}0 & (a_{i1}\geqslant x_i\geqslant a_{i3})\\ \dfrac{x_i-a_{i1}}{a_{i2}-a_{i1}} & (a_{i1}\leqslant x_i<a_{i2})\\ \dfrac{a_{i3}-x_i}{a_{i3}-a_{i2}} & (a_{i2}<x_i<a_{i3})\end{cases}$$

$$\mu_{i3}=\begin{cases}0 & (x_i<a_{i2})\\ \dfrac{x_i-a_{i2}}{a_{i3}-a_{i2}} & (a_{i2}<x_i<a_{i3})\\ \dfrac{a_{i4}-x_i}{a_{i4}-a_{i2}} & (a_{i3}<x_i<a_{i4})\end{cases}\qquad \mu_{i4}=\begin{cases}0 & (a_{i3}\geqslant x_i\geqslant a_{i5})\\ \dfrac{x_i-a_{i3}}{a_{i4}-a_{i3}} & (a_{i3}<x_i<a_{i4})\\ \dfrac{a_{i5}-x_i}{a_{i5}-a_{i4}} & (a_{i4}<x_i<a_{i5})\end{cases}$$

$$\mu_{i5}=\begin{cases}1 & (x_i\leqslant a_{i4})\\ \dfrac{x_i-a_{i4}}{a_{i5}-a_{i4}} & (a_{i4}<x_i<a_{i5})\\ 1 & (x_i\geqslant a_{i5})\end{cases} \tag{3-65}$$

式中，μ_{i1}、μ_{i2}、μ_{i3}、μ_{i4}、μ_{i5}为各单项组分（因子）分别属于Ⅰ、Ⅱ、Ⅲ、Ⅳ、Ⅴ级水的隶属度；x_i 为某组分（因子）实测含量；a_{i1}、a_{i2}、a_{i3}、a_{i4}、a_{i5}分别为某组分（因子）Ⅰ、Ⅱ、Ⅲ、Ⅳ、Ⅴ级水水质标准浓度。

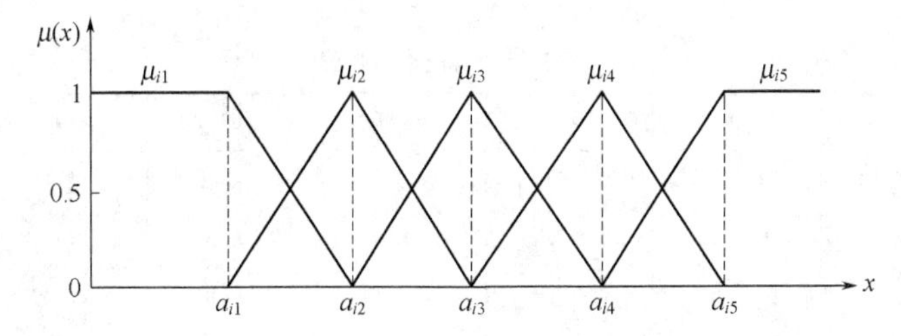

图 3-24 线性隶属函数模糊分布图

例如，1 号井酚的实测值为 0.004mg/L，其对Ⅰ、Ⅱ、Ⅲ级水的隶属度为

$$\mu_{酚1}=\mu_{酚2}=0\ (x_i>a_{i3}),\ \mu_{酚3}=\frac{0.01-0.004}{0.01-0.002}=0.75,\ \mu_{酚4}=\frac{0.004-0.002}{0.01-0.002}=0.25,\ \mu_{酚5}=0$$

同样，可求出 1 号井其他几个组分对Ⅰ、Ⅱ、Ⅲ级水的隶属度。

由上述计算结果，对每个井，把（5 个）评价因子对应于（3 个）水质级别的隶属度依次排列，组成一个（6×5 阶的）模糊关系矩阵 $\underset{\sim}{\boldsymbol{R}}$。如 1 号井的模糊关系矩阵为：

$$\underset{\sim}{\boldsymbol{R}}_1=\begin{bmatrix}0 & 0 & 0.75 & 0.25 & 0\\ 0 & 0.85 & 0.15 & 0 & 0\\ 0 & 0 & 0 & 0 & 1\\ 1 & 0 & 0 & 0 & 0\\ 0 & 0.225 & 0.775 & 0 & 0\\ 1 & 0 & 0 & 0 & 0\end{bmatrix}\begin{matrix}酚\\ CN^-\\ Hg\\ Cr^{6+}\\ As\\ NO_3^- \text{-} N\end{matrix}$$

Ⅰ级　Ⅱ级　Ⅲ级　Ⅳ级　Ⅴ级

矩阵的横行表示参加评价的因子对（5 个）水质级别的隶属程度，矩阵的列表示参加评价的（6 个）因子对某一级水的隶属程度。这即是单项评价结果。同时，可求得其他监测井的模糊关系矩阵。

(3) 权重计算　权重就是各评价因子对总体污染影响强度的贡献及对人体影响效应的比重。目前，一般多采用指数超标法计算各因子的权重，计算公式为

$$W_i=\frac{x_i}{C_{oi}} \tag{3-66}$$

式中，W_i 为某因子 i 的权重；x_i 为某因子 i 的实测浓度值；C_{oi} 为某因子 i 各级水标准

平均值，即 $C_{oi}=\frac{1}{3}(a_{i1}+a_{i2}+a_{i3}+a_{i4}+a_{i5})$。该式表明，指数愈大，对环境质量影响愈严重，加权也愈大。

用式(3-66) 计算的权重可出现大于 1 的情况，但模糊数学运算只允许在 [0,1] 区间取值，故对上述权重还须进行归一化处理（即使各指标权重之和等于 1)，公式为

$$\overline{W}_i=\frac{W_i}{\sum W_i}=\frac{\frac{x_i}{C_{oi}}}{\sum\frac{x_i}{C_{oi}}}\qquad(\sum\overline{W}_i=1)\tag{3-67}$$

计算各因子的权重，便得到了一个权重模糊向量（或称模糊行矩阵）$\underset{\sim}{A}$。例如，1 号井各指标的权重计算见表 3-12，其权重值组成一个模糊向量（1×6 阶模糊矩阵)。

$$\underset{\sim}{A}_1=(0.1442\quad 0.530\quad 0.4143\quad 0.1633\quad 0.2150\quad 0.0102)$$

表 3-12　1 号井各指标权重计算表

项　目	酚	氰	汞	铬Ⅵ	砷	NO_3^--N	
x_i	0.004	0.016	0.0017	0.005	0.041	1.00	$\sum W_i=5.778$
C_{oi}	0.0048	0.0552	0.0071	0.053	0.03	17.4	
W_i	0.8333	0.3065	2.3944	0.9434	1.2424	0.0588	
$\overline{W}_i$	0.1442	0.053	0.4143	0.16333	0.2150	0.0102	

同理，可求出其他井各指标的权重 $\underset{\sim}{A}$。

(4) 模糊综合评判　模糊综合评判是通过模糊关系矩阵 $\underset{\sim}{R}$ 和权重矩阵 $\underset{\sim}{A}$ 的复合运算而进行的评价，实际上是对各单项指标评价进行加权和合成。用数学式表示为

$$\underset{\sim}{B}=\underset{\sim}{A}\cdot\underset{\sim}{R}\tag{3-68}$$

式中，$\underset{\sim}{B}$ 是以隶属度表示的水质级别模糊评判向量（行矩阵)。根据以最大隶属度确定水质级别的原则（即对哪级水的隶属度最大，水质就定为哪级)，即可得出模糊综合评判结果。

模糊矩阵 $\underset{\sim}{A}$ 和 $\underset{\sim}{R}$ 的复合运算，类似普通矩阵的乘法。一般常用 M(min，max) 法和 M(·，+)法两种算法。M(min，max) 法称为取小取大法，即两数相乘取小值，相加取大值。M(·，+) 法即普通矩阵的乘法。

例如，1 号井的权重矩阵$\underset{\sim}{A}_1$和模糊关系矩阵$\underset{\sim}{R}_1$，采用 M(·，+) 法进行复合运算，得

$$\underset{\sim}{B}_1=\underset{\sim}{A}_1\cdot\underset{\sim}{R}_1=(0.1442\quad 0.530\quad 0.4143\quad 0.1633\quad 0.2150\quad 0.0102)\cdot\begin{bmatrix}0&0&0.75&0.25&0\\0&0.85&0.15&0&0\\0&0&0&0&1\\1&0&0&0&0\\0&0.225&0.775&0&0\\1&0&0&0&0\end{bmatrix}=(0.1735\ 0.0934\ 0.2827\ 0.0361\ 0.4143)$$

计算结果表明，1号井水质对Ⅰ级水的隶属度为0.1735，对Ⅱ级水的隶属度为0.0934，对Ⅲ级水的隶属度为0.2827，对Ⅳ级水的隶属度为0.0361，对Ⅴ级水的隶属度为0.4143，根据以最大隶属度确定水质级别的原则，该井水为Ⅴ级水。

同理，可求出其他井的模糊综合评判结果（表3-13）。

表3-13　地下水水质模糊综合评判结果

井号	隶属度 μ_{ik}					水质等级	污染程度
	$\mu_{i\text{I}}$	$\mu_{i\text{II}}$	$\mu_{i\text{III}}$	$\mu_{i\text{IV}}$	$\mu_{i\text{V}}$		
1	0.1735	0.0934	0.2827	0.0361	0.4143	Ⅴ级水	严重污染
2	0	0.0174	0.237	0.0675	0.8914	Ⅴ级水	严重污染
3	0.1073	0.6696	0.2061	0	0	Ⅱ级水	轻污染
4	0.0073	0.3936	0.5390	0	0	Ⅲ级水	中度污染

模糊数学法的主要特点是以多个指标的隶属函数（隶属度）表示地下水污染程度或水质质量，因此，具有很强的分辨力和很高的灵敏度，能更真实地反映地下水客观实际，但一般需借助于电子计算机进行计算。

第五节　地下水污染防治

由于地下水一旦被污染，很难在短期内得到恢复，所以应积极采取措施，控制地下水污染的发生。对遭受污染的地下水，要及时采取有效的治理措施，使水质得到尽快恢复。要严格贯彻执行1984年颁布、1996年全国人大修订通过的《中华人民共和国水污染防治法》第五章第三十二条至第三十六条的有关规定，实行依法管水，依法治水，用法律、行政、技术、经济等手段和措施，加强地下水的保护，防治地下水污染。

保护地下水资源必须切实防治地下水污染。要想有效地防治地下水污染，必须采取区域地下水污染综合防治。地下水污染综合防治，是针对区域地下水污染的主要问题，根据环境水文地质条件，从区域整体出发，采取多种切实可行的防治措施，做到技术可行和经济合理的统一。地下水污染的防治是一项综合性很强的系统工程，其基本原则是：预防为主，防治结合，加强管理，综合防治。

一、地下水污染的预防性措施

预防地下水污染的措施主要包括合理进行规划布局，减少污染物的产生和排放，防止污水和废渣淋滤液的渗漏等。

1. 合理进行规划布局，加强地下水质防护

自然环境、天然净化能力是一种控制地下水污染的重要因素，合理进行城市发展规划和工业布局可以充分利用环境自净能力，起到控制地下水污染的作用。地下水保护工作应与经济发展同步规划，同步实施。凡是兴建工矿企业，都应根据企业性质、区域环境地质条件，特别是含水系统结构和含水层防污性能来选择厂址。对那些容易造成地下水污染的厂矿企业，尽可能布置在地下水下游、防污条件较好的地方或采用管道排污。对污染严重的厂矿企业令其关、停、并、转、迁。一切新建企业必须执行主体工程与环境治理的“三同步”方针（即同步规划，同步设计，同步施工和验收）。更要注意选择适宜的地点作为废水、废渣的处理场所。最好把这种场所放在远离开采含水层的补给区、城市和水源地的下游、稳定隔水层广泛分布、地形低洼封闭之处。新建水源地也必须考虑环境水文地质条件，最好建在城市上

游地下水补给区和防污条件较好的地方，并严格按局部防护带设置的要求建立供水水源地的防护带。在农业生产中利用废水污灌时，要选择包气带土层渗透性较差、厚度较大的地区。

2. 改进生产工艺技术，实行清洁生产，减少“三废”排放量

工业“三废”尤其是废污水是地下水污染的主要污染源。因此控制“三废”尤其是废污水的排放量和排放标准是预防地下水污染的主要措施之一。这就要求通过企业技术改造，改进生产工艺，搞好工业用水的闭路循环，循环用水，节约用水，提高水的重复使用率，最大限度地减少工业“三废”尤其是废水的排放量，且排放“三废”尤其是废水必须符合国家《污水综合排放标准》（GB 8978—1996）的要求，要尽量实行“三废”尤其是废水的减量化、无害化、资源化。关键在于无害化，目标是资源化。但对废水的处理应因地制宜，根据废水性质，处理后的用途以及各地的环境自然净化能力、经济能力，采用多种处理措施，充分注意到技术上的可行性和经济上的合理性。应按流域或区域实行污染物排放总量控制。

3. 兴建污水处理厂，大力开展污水处理

世界各国防治水污染的首要工作，就是切断和治理污染源。只有切断或治理污染源，才能有效地防治地下水继续受到水污染。为此，在有条件的地方，在区域或城市污水排放的下游或厂矿企业内部兴建污水处理厂，对污水进行集中处理，达标后再排放。

中国城市污水日排放量2004年达$7\times10^{8}m^{3}$左右，但污水处理能力很低。如果把这些废、污水处理后再回收利用，使废、污水资源化，不仅可以节约大量的地下水资源，缓解城市用水的供求矛盾，又可防止水污染，保护生态环境，具有明显的社会、经济和环境效益。目前，中国城市废、污水处理率只有21%左右；而许多发达国家已达85%以上，并把处理后的城市废、污水作为稳定的二次水源开发利用。英国沿泰晤士河建立了472座污水处理厂。日处理能力约$360\times10^{4}m^{3}$，其中处理后的水大部分注入地下水库加以利用。北京市于1999年建成了高碑店污水处理厂，日处理污水100万吨，这是目前国内最大的污水处理厂。河南郑州，在市区东部东风渠与七里河交汇处附近的王新庄，投资7.6亿元，于2000年12月建成了王新庄污水处理厂。该污水厂是目前淮河流域最大的污水处理工程，收集污水范围为郑州金水路以南地区，汇水面积$105km^{2}$，日处理污水40万吨，为郑州污水日排放量（70万吨）的60%。该污水厂污水处理工艺为活性污泥法，经过处理，出水水质达到国家二级污水排放标准，处理过的污水排入七里河，最终注入淮河水系。该污水厂处理污水时产生的污泥经消化后可产出沼气和泥饼，可分别作为能源及农肥进行进一步开发利用。另外，郑州市又投资2.69亿元，于2005年12月在市区西部又建成了第二个城市污水处理厂——五龙口污水处理厂，主要收集市区西部的污水，服务面积$27km^{2}$，服务人口37万人，日处理污水（生活污水和工业废水）10万吨。该污水处理厂采用改良氧化沟工艺，处理过的污水达到二级污水排放标准并可进行回用，大部分回用水作为城市景观用水排入市区的金水河，取得了良好的环境效益和经济效益。

4. 加强地下水水源保护，建立防护带

为了防止地下水水源地水质受到污染，必须建立卫生防护带。

从理论上讲，地下水供水水源地保护，应是对整个补给区实行整体防护，但由于技术上、经济上和社会上的多种原因，这几乎是办不到的。切实可行的方法是在水源地及外围实行局部分带防护，即设置卫生防护带。

防护带的设立不是为了杜绝污染，而是在一定时间内控制污染，以便采取治理措施。对埋藏浅的潜水及地表覆盖层较薄的水源地，防护带有明显效果。地下水水源地的防护范围，

应根据水文地质条件，取水构筑物的数量、形式和附近地区的卫生状况进行确定，一般分为以下三个防护带（图 3-25）。

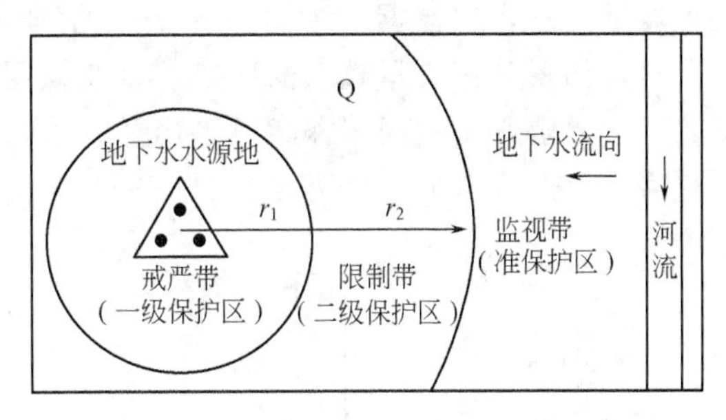

图 3-25　地下水水源地卫生防护带示意图

（1）严禁带（也称戒严带或一级保护区）　此带一般是指取水构筑物及其附近的范围。在此带内严禁一切有可能污染地下水的活动，严禁在任何污染源和禁止修建任何与取水无关的建筑物。通常要求水井或井群周围 30m（承层水）～50m（潜水）不得修建或设置渗水厕所、渗水坑、粪坑、垃圾堆和废渣堆等污染源，严禁排放工业废水和生活污水，并建立卫生检查制度。

（2）限制带（也称二级保护区）　紧接第一带，包括较大范围，在该带内不能进行有可能污染地下水的活动，要求在单井或井群影响半径范围内，不得使用工业废水或生活污水灌溉和施用持久性或剧毒的农药，不得修建渗水厕所、渗水坑，堆放废渣或铺设污水管道，并且不得从事破坏深层土层的活动。如含水层之上有不透水的覆盖层，并与地表水无直接联系时，其防扩范围可适当缩小。

（3）监视带（也称观察带或准保护区）　位于限制带（一般保护区）以外的主要补给区和与水源地有天然补给关系的上游地区，其作用是保护水源地补给水源的水量和水质。即在地下水水源地补给区应经常进行监测和取样分析，同时应经常进行流行病学的观察，以便及时采取防治措施。

潜水含水层卫生防护带半径（r）可按荷兰学者 V. 韦根尼（V. waegeningh）提出的经验公式近似计算。

$$r=\sqrt{\frac{Q}{\pi i}\left[1-\exp\left(-\frac{ti}{bn_{e}}\right)\right]} \tag{3-69}$$

式中，r 为防护带半径，m；Q 为井孔的抽水量，m^3/a；i 为地下水的垂直入渗补给量，m^3/a；b 为潜水含水层厚度，m；n_e 为含水层有效孔隙度，%；t 为迟后时间（亦称传输时间)，是指污染物由开采区降落漏斗范围内某一点运移至抽水井所需的时间，一般，严禁带按 $t=60$d 计算，限制带接 $t=10$a 计算式(3-69) 主要适用于侧向径流较弱的松散含水层中的地下水。该式只考虑污染物进入含水层的水平位移，而没有考虑污染物从地表进入包气带的垂直迁移，因而其结果明显偏大。

需要说明，V. 韦根尼和 V. 杜文布登提出，严禁区的迟后时间（t）可按 60d 计算，这是因为严禁带主要是考虑防止病原菌的污染。据一些研究表明，沙门杆菌在地下水中的存活时间一般为 44～50d，为安全起见，将其乘上 1.2～1.4 的安全系数，故取为 60d。这样长的时间已足以破坏一般的病原菌，使其丧失病原性。限制区的迟后时间一般取为 10a，这样做的目的是，一旦在此带内发现化学污染，也有足够的时间采取防治措施。

北京水源七厂采用式(3-69) 计算出 12 眼供水井的防护半径，严禁带半径最大为 158m，最小为 108m，限制带半径最大为 938m，最小为 672m。其结果与 V. 韦根尼报道的松散沉积物含水层严禁带最大半径 150m 和迟后时间为 10a 的限制带半径 800m 甚为接近。

实际工作中，地下水水源地的防护带可按有关规范的要求，结合以上计算合理划定。

5. 防止污水（或固体淋滤液）入渗

对于不得不排放的污水（包括工业和生活污水），必须防止它们在排放的途中和在污水处置场地向含水层渗漏。为防止渗漏，对排污管渠应采取防渗衬砌措施，切实实行无渗排放。对排污量和漏失量较大的厂矿，可建立层状排水防渗装置（图 3-26），将漏失污水汇集排除。如果隔水层埋藏不深，可采用环状防渗幕将污水源和地下水隔离，排除渗入的污水和大气降水（图 3-27）。

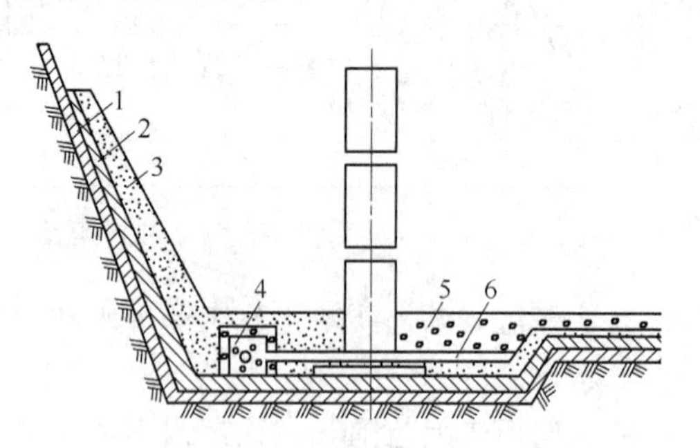

图 3-26　工厂下面的层状排水防渗装置

（据 Φ. M. 鲍契维尔等，1979）

1—嵌入土中的碎石；2—黏土或混凝土；3—粗沙；4—汇集排水处；5—卵石或碎石；6—排水管

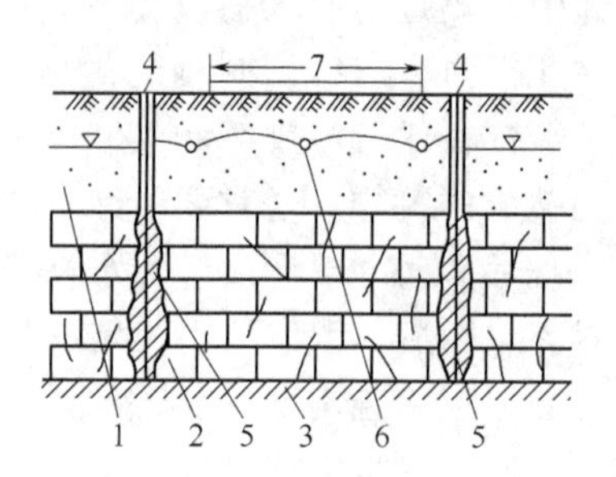

图 3-27　环状防渗幕

（据 Φ. M. 鲍契维尔等，1979）

1—沙砾石；2—裂隙渗水岩石；3—隔水层；4—防渗墙；5—胶结幕；6—排水设备；7—地下水污染源

当利用地下岩溶洞穴及深部采空区排放污水时，必须查明当地的水文地质条件，并经试验证明无污水渗漏和对环境无害后方可实行。

对毒性较大的垃圾、废渣以及尾矿沙的堆放地，应设置防渗层，防止淋滤液下渗污染地下水。另外，在农业活动中应尽量使用易被植物吸收、土壤分解的化肥和低毒低残留农药，并严格掌握其使用量，防止污染地下水。

二、地下水污染的治理措施

治理已污染的地下水比较困难。我国在这方面的工作起步较晚。总的原则是首先切断或治理污染源，防止污染物继续进入地下水，然后再针对引起地下水污染的主要原因、污染途径和经济技术条件采取相应的治理措施。

（一）治理或切断污染源

根据我国地下水污染的实际情况，大量的未经处理的污水渗入地下是造成地下水污染的主要污染源。因此积极开展污水的处理和综合治理是治理地下水污染的关键。有条件的地方可兴建污水处理厂或其他环境工程。处理后的污水还可根据其质量用于不同目的的供水。

当污水已经渗入到含水层中形成一个污染中心，但还没有运移到水源地时，为了阻止污染物质的弥散迁移，可以采取堵塞或截流措施，切断其污染源。堵塞措施是在隔水底板埋藏较浅的情况下，在地下水污染中心与水源地之间设置穿过整个含水层的防渗墙或防渗幕，以阻挡污水运移。截流措施是在污染区与水源地之间布置抽水孔组（线状、环状等）或水平排水建筑物，通过抽排水形成下降漏斗，以阻止污染水向水源地流动。采取截流措施时，应当考虑污水的出路或净化处理问题。

（二）人工补给

对已被污染的地下水，采用人工补给的方法，可加速被污染地下水稀释和净化作用过程。采用人工补给时，要对补给水和被污染地下水的化学成分及有害物质作定期监测，以掌握其变化情况。

（三）加大抽水，排除污水

对已污染的地下水，可采用增加抽水量的办法，使更多的污水被直接排出，促进净化作用，但应考虑抽出污染水的出路和净化处理问题。

（四）污水灌溉

土壤是一个天然的过滤器，利用被污染的地下水进行灌溉，不仅可以使农业增产，还由于土壤对污染物的吸附、分解等使被污染的地下水净化。一般污染地下水的有害物质浓度不高，不会造成土壤污染及对农作物的危害。大量抽取被污染的地下水进行灌溉，还可以促进污染水的循环交替而增加净化速度，但必须注意土壤的自净能力、污染水有害物质的浓度、灌溉方式，以及选择合适的地段。

（五）受污染地下水的自然恢复

地下的土层和含水层是具有自然净化能力的。在污染物进入地下水以及污染物随地下水在含水层的迁移过程中，发生了一系列的稀释、机械过滤、中和与沉淀、吸附和离子交换以及生物降解等物理、化学和生物化学反应，可使污染的地下水得到净化。

由于地质环境的特殊性，地下水在多孔介质中运动极其缓慢，因此，自然净化所需要的时间也是相当长的，即使是污染源消除之后，也需要数十年甚至上百年才能使地下水在自净过程中恢复。

（六）人工净化处理措施

为了加速净化过程，缩短地下水的恢复时间，可以用人工净化处理措施来加强地下水的净化能力，目前常用的有化学处理法和生物处理法。

1. 化学处理法

化学处理法需要投加化学试剂，该试剂必须针对要清除的污染物，试剂本身及化学反应生成物不应该有任何毒性。生产中已成功采用的化学处理法有以下几种。

（1）用高锰酸钾清除砷　As^{5+}与Ca^{2+}和一些离子形式的化合物溶解性很差，因而在氧化条件下所产生的大量的化合物就会从地下水中沉淀出来。

（2）利用臭氧清除石油和氰　向含水层输入臭氧可以形成分解石油的微生物生长环境，减少溶解有机酸的含量，同时又可促使氰分解。德国曾用此法净化被石油污染的含水层，其过程是用四口深井抽水时，在井底安装臭氧混合装置，使抽到地表的水与臭氧均匀混合，然后再把抽出的水灌入污染带周围的注水井，形成一道高地下水位的水墙，阻止了污染地下水的扩散，从而成功地清除了含水层中的石油和氰。

（3）氧化还原条件下去除铁锰（Vyredox 法）　此法是利用向抽水井周围的含水层注入氧气来形成高氧化还原电位和高的 pH 值，使 Fe、Mn 离子在该条件下被氧化而沉淀出来。

如图 3-28 所示，向井中注入不含 Fe、Mn 离子且富含氧的水，因而Fe^{2+}在距抽水井较远处即可被较低的氧化还原电位氧化为Fe^{3+}而沉淀下来。在抽水和注入循环过程中，地下水中的微生物也会繁殖起来，相应地，微生物死亡量也会增大，死亡微生物遗体提供了大量的有机碳，又可促使一种能氧化分解 Mn 的微生物生长，故沉淀去除 Mn 的作用一般发生在抽水井附近的高 Eh 值区域。显然该方法形成的物理化学及生物条件是除去污染含水层中的 Fe 离子，然后再除去 Mn 离子。

从地下抽出的污染地下水不能直接用于回灌，而是经过专门处理之后才能输给注水井。净化含水层时一般都设有多个注水井，而每个抽水井的四周又被多个注水井包围起来，抽水井和注水井的总数量应由水文地质条件和污染的浓度来确定。所有抽水井和注水井都用管道系统连在一起，并与曝气装置和氧气输入装置相连。抽出的地下水先在地表进行净化，将所

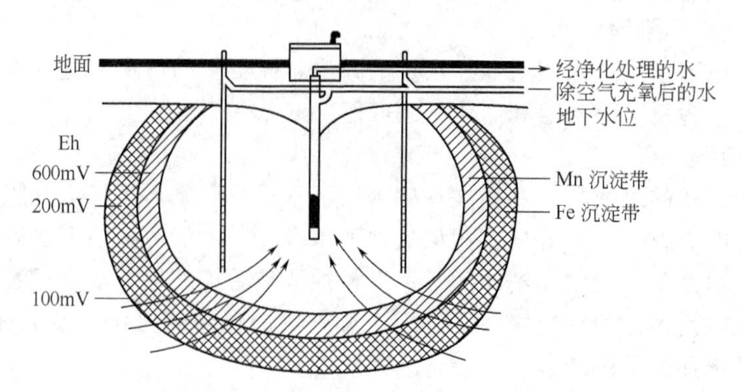

图 3-28 氧化还原条件下去除 Fe、Mn 的原理示意图

（据沈继芳等，1995）

含污染物去除并收集起来，然后再曝气并输入氧气，经过上述过程后才输向注水井并进行回灌。

氧化还原条件下去除铁锰（Vyredox 法）净化含水层，运转周期短，见效快，1976 年在芬兰研究成功后已逐渐在欧洲一些国家推广，但适用性受水文地质条件和地球化学条件限制。

2. 生物处理法

生物处理法可分为就地处理法和抽出处理法两种。

（1）就地处理法　地下水污染的就地生物处理的形式如图 3-29 及图 3-30 所示。图 3-29 表示了投加营养物、充氧和接种纯菌种等一系列人工强化处理的措施。图 3-30 则显示了利用地下渗滤床来就地恢复的例子。渗滤床如同一个生物滤池，污染物通过渗滤处理床时得到净化。针对地下污染区营养物质缺乏、复氧困难与土壤颗粒结合紧密、微生物活力很低的特点，人工处理的强化措施有四条：①添加营养物，营养物以氮和磷为主，并加入各种微量元素，溶解在水中注入受污染的含水层；②复氧，地下复氧是极端缓慢的，强化处理采用的是在回灌水中曝气后注入的充氧方式，在地下污染相当严重的地方，还可采用纯氧和过氧化氢法复氧；③提高生物代谢能力，提高微生物代谢能力可通过就地激活地下微生物或引入新的适于降解污染物的菌种的办法来实现；④减小界面张力，用投加化学剂来减小污染物和地下水之间的界面张力，使污染物容易从吸附土壤上脱离，以提高其生物降解性，化学剂包括分散剂、表面活性剂、萃取剂和乳化剂。

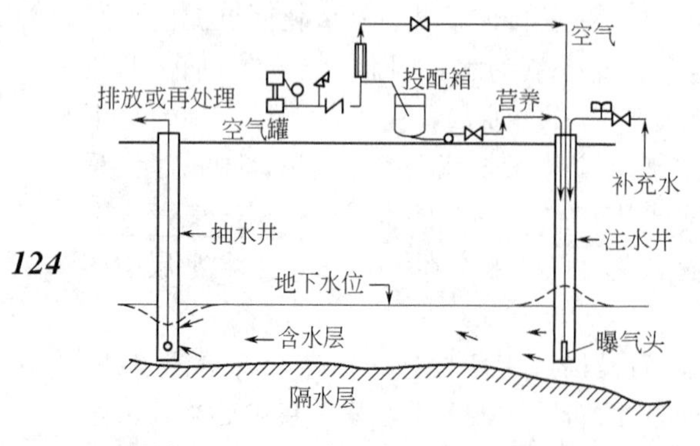

图 3-29 地下水污染的就地包气法处理

（据张自杰等，1996）

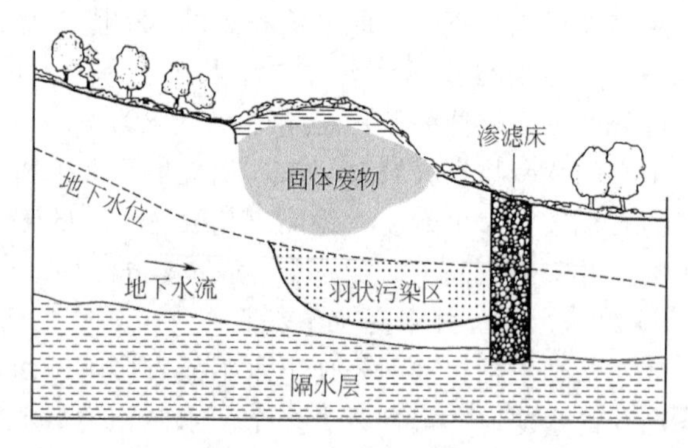

图 3-30 地下水污染的就地渗滤床法处理

（据张自杰等，1996）

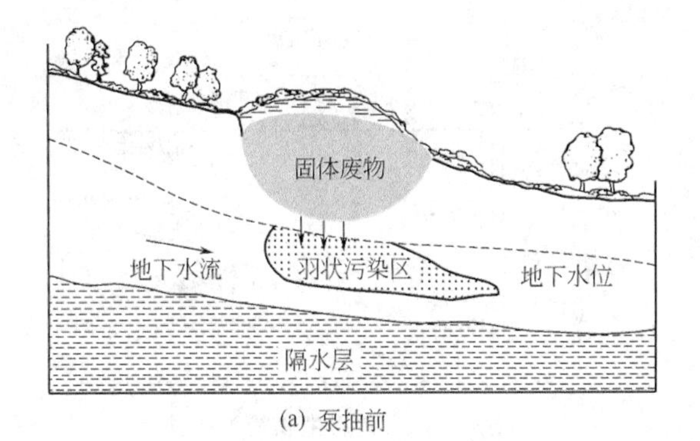

(a) 泵抽前

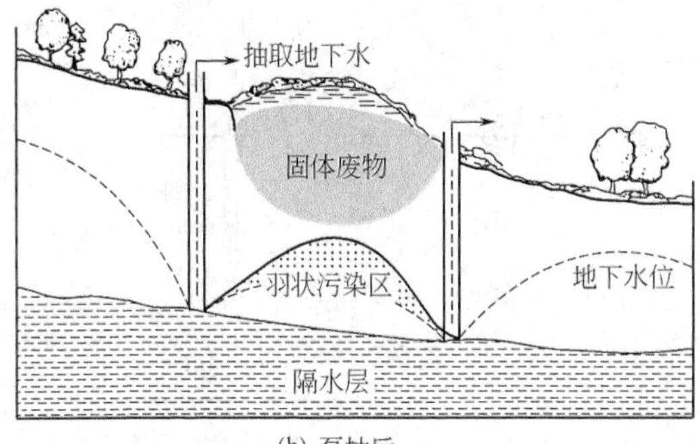

(b) 泵抽后

图 3-31 污染的地下水抽出处理

（据张自杰等，1996）

就地人工强化生物处理可使污染物浓度降低到小于或等于 1mg/L，对地下水的恢复时间可比自然恢复时间提前 5～10 倍甚至更快。

(2) 抽出处理法 抽出处理法是将被污染的地下水抽出后，在地表进行生物处理，其处理形式如图 3-31 所示。地下水的人工强化生物恢复技术目前已在发达国家中应用了，但是工程的规模都属于试验性工程，还有待于进一步地完善。

(七) 地下水生物修复工程技术

由于地表生态环境的破坏和污染，致使地下水水质日益恶化，污染越来越严重。鉴于地下水污染对环境尤其是对人类自身的严重危害，目前许多国家已颁布相关法规，采取了相应的防护措施，同时也开展了有关污染地下水的治理研究。以往常见的治理方法主要是隔离法、泵提法、吸附法、化学栅栏法、电化学法等，近年来，地下水污染的生物修复技术得到了迅速发展。由于地下水深埋于地下，生物修复技术的实施一般应结合污染的具体情况，采取不同的方法。下面对有关的地下水生物修复技术作一简要介绍。

1. 生物注射法

生物注射法（bio-sparging）亦称空气注射法（air-sparging），它是在传统汽提技术的基础上加以改进形成的新技术，主要是将加压后的空气注射到污染地下水的下部，气流加速地下水和土壤中有机物的挥发和降解。如图 3-32 所示，这种方法主要是抽提、通气并用，并通过增加及延长停留时间以促进生物降解，提高修复效率。以前的生物修复利用封闭式地下水循环系统往往氧气供应不足，而生物注射法提供了大量的空气以补充溶解氧，从而促进了生物的降解作用。迈克尔（Michael）等人利用这一方法对污染地下水进行了修复，结果表明，生物注射大量空气，有利于溶解于地下水中的污染物向气相扩散，并有助于生物降解作用的进行。

在生物修复过程中，需要向被处理的地下水中加入一定量的营养物质，以满足微生物代谢活动的需要。营养物质最佳加入量需要通过实验确定。营养盐过少，导致生物转化速率较慢。营养盐过多，则生物量剧增，导致含水层堵塞，生物修复作用停止。保证生物最佳活性的 3 种营养源是氮、磷及溶解氧，它们是限制土著微生物活性的因素。含氮、磷的盐类溶解在地下水中并在污染区域内循环。加入营养盐的通常做法是将营养液通过注射井注入饱和含水层，也可以采用入渗渠加入到不饱和含水层或表面土层（即生物滴滤池法，图 3-33），还可以从取水井将水抽出，并在其中加入营养物质，然后从注射井注入含水层，形成循环。

欧洲从 20 世纪 80 年代中期开始使用这一技术，并取得了相当的成功。当然这项技术的

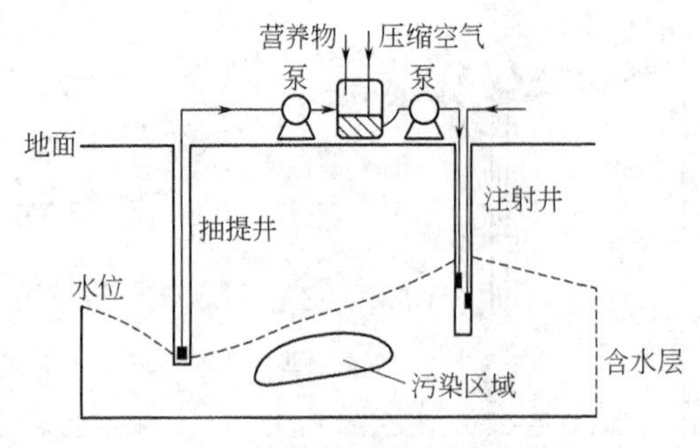

图 3-32　地下水的注射井法生物修复示意图

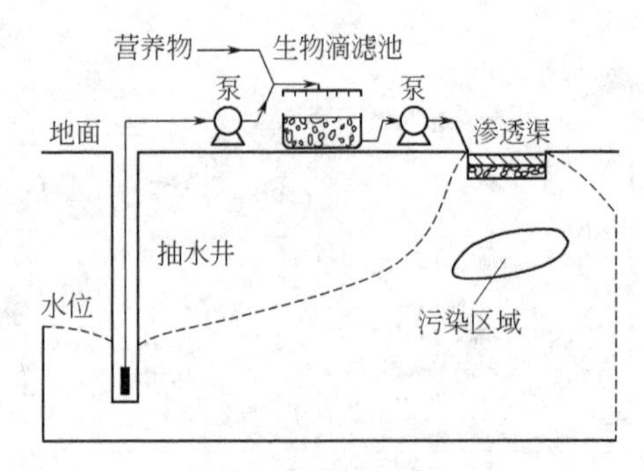

图 3-33　利用生物滴滤池进行地下水修复示意图

使用会受到场所的限制，它只适用于土壤汽提技术可行的场所，同时生物注射法的效果亦受到岩相学和土层学的影响，空气在进入非饱和带之前应尽可能远离粗孔层，避免影响污染区域，另外它在处理黏土层方面效果不够理想。

2. 抽提地下水系统和回注系统相结合法

这种工艺系统主要是将抽提地下水系统和回注（注入空气或 H_2O、营养物和已驯化的微生物）结合起来，促进有机污染物的生物降解。斯莫尔贝克、唐纳德（Smallbeck、DonaldR）等人在加利福尼亚州的研究表明，采用此系统修复污染的环境，生物降解明显得到促进，这个系统既可节约处理费用，又缩短了处理时间，无疑是一种行之有效的方法。

3. 生物反应器法

生物反应器的处理方法是上述方法的改进，就是将地下水抽提到地上部分，用生物反应器加以处理的过程。这种处理方法包括 4 个步骤，并形成闭路循环。这 4 个步骤是：①将污染地下水抽提至地面；②在地面生物反应器内对其进行好氧降解，生物反应器在运转过程中要补充营养物和氧气；③处理后的地下水通过渗灌系统回灌到土壤内；④在回灌过程中加入营养物和已驯化的微生物，并注入氧气，使生物降解过程中土壤及地下水层内亦得到加速进行。

生物反应器法不但可以作为一种实际的处理技术，也可用于研究生物降解速率及修复模型。近年来，生物反应器的种类得到了较大的发展。连泵式生物反应器、连续循环升流床反应器、泥浆生物反应器等在修复污染的地下水方面已初见成效。

4. 其他方法

以上介绍的生物修复方法都是在好氧环境中进行的，事实上在厌氧环境中进行的生物修复也具有极大的潜力。厌氧降解碳氢化合物时，微生物可以利用的电子受体包括：硫酸盐、硝酸盐、Fe^{3+}、Mg^{2+}、CO_2 等，理查德·格斯伯（Richard M. Gersbers）等人对圣地亚哥的一处受石油污染的地下水进行了厌氧修复研究。他们将硝酸盐作为电子受体补给到地下水中，强化细菌的脱氮过程（该过程有利于单环芳香族化合物的生物降解）。结果表明，在营养物富足的地带，6 个月内 BTEX（苯、甲苯、乙基苯、二甲苯）水平降低了 81%～99%。杜恩（R. A. Doong）等人在厌氧环境下通过添加电子受体和无机离子处理地下水中的四氯化碳，也取得良好效果。

硝酸盐在水中的溶解度很高，价格也很便宜，但它在饮用水中浓度超过 10mg/L 时，自身即成为污染物。此外，硝酸盐完全还原产生的氮气可能替换含水层中的孔隙水，造成导水能力下降。在实际工程应用中硫酸盐受到一些限制，因为硫酸盐还原的最终产物 H_2S 对微生物、人类、高等动物及植物均有毒。

进行地下水生物修复处理时，应注意调查当地的水文地质学有关参数是否允许向地上抽取地下水，是否能将处理后的地下水返注；地下水层的深度和范围、地下水流的渗透能力和流向、地下水的水质参数（如 pH 值、溶解氧、营养物、碱度及水温）是否适合于运用生物修复技术等。

(八) 渗透反应格栅法

1. 渗透反应格栅及种类

渗透反应格栅（permeable reactive barrier，PRB）是一种地下水污染的就地修复技术，也可以作为污染地下水的地面处理设施。RPB 由透水的反应介质组成，PRB 一般设置在地下水污染源的下游，也即它置于污染羽状体的下游，通常与地下水流向相垂直，防止污染羽状体扩散。它的基本原理是当污染地下水通过 PRB 时，通过渗透、过滤、截流及与格栅中的活性介质发生化学反应，如沉淀、吸附、化学降解（氧化-还原等）和生物降解反应，使水中污染物转变为无害的或易降解的组分，从而使污染水体达到净化，或者污染物浓度被降低的目的。图 3-34 为 PRB 法的剖面示意图，受污地下水流经填充有活性介质的可渗透反应格栅，水质得到净化。

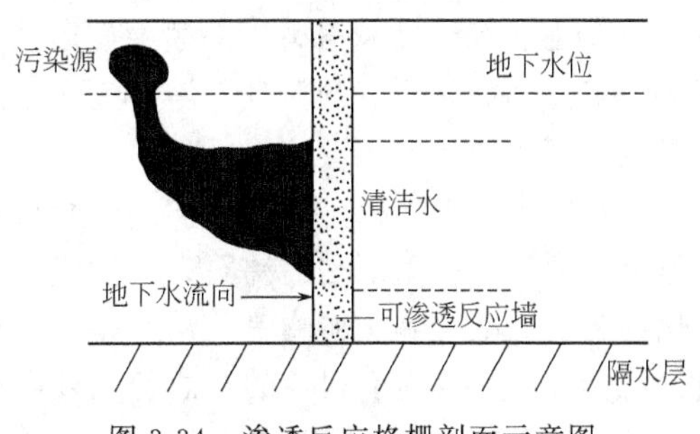

图 3-34　渗透反应格栅剖面示意图

渗透反应格栅法主要适用于点源污染、垃圾填埋厂渗淋液和局部补给的线状污染源，以及地下水埋深较浅，径流通道较窄，且底部隔水层隔水性能良好的地区。该法是一种地下水的原位修复技术。

渗透反应格栅（PRB）有多种类型。

按结构形式，渗透反应格栅（PRB）可分为隔水漏斗-导水门式、连续墙式、多导水阀门式和灌注处理带式四种。

(1) 隔水漏斗-导水门式（或称隔水导水阀门式）　它由不透水的格栅（隔水漏斗）、导水门和渗透反应格栅组成［图 3-35(a)］，隔水漏斗引导地下水流进入导水门，然后通过渗透反应格栅。这种 RPB 系统应用于潜水埋藏浅的大型地下水污染羽状体，使污染的地下水通过比较小的渗透反应门，目的是减少反应介质的填装量，其缺点是天然地下水流场受到干扰。在设计时可以将反应介质装在可移动的容器内，以便于更换。应注意的是，反应介质的渗透系数应明显高于含水层介质，目的是防止导水门上游水位升高，使污染地下水不能全部通过反应格栅。

(2) 连续墙式　当地下水污染羽状体规模较小且埋深较浅时，将渗透反应格栅垂直于污染羽状体的迁移途径，横切整个污染羽状体的宽度和深度［图 3-35(b)］。此种系统的优点是对天然地下水流场干扰少，易于设计。

(3) 多导水阀门式　这种渗透格栅与隔水漏斗-导水门式渗透格栅相似，只是由多个渗透反应格栅通道，或多个隔水漏斗-导水门组合而成。

(4) 灌注处理带式　即把溶解状态的反应物通过井孔注入含水层中。注入溶剂与含水层介质反应，并包裹在含水层固体颗粒表面，形成处理带。地下水流过处理带时产生反应，使污染物得以去除。

按反应性质不同分类，主要有以下五种类型。

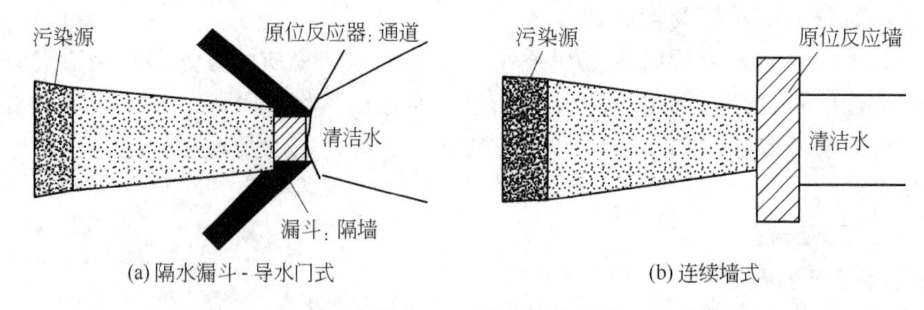

图 3-35　渗透反应格栅（RPB）的结构类型（平面图）

（1）化学沉淀反应格栅　格栅中使用的介质为沉淀剂，它可使地下水中的微量金属产生沉淀。沉淀剂应是无毒的，且其溶解度应高于所形成的沉淀物的溶解度。例如，用羟基磷酸钙沉淀地下水中的 Pb^{2+}。

（2）吸附反应格栅　格栅中使用的介质是吸附剂，它可以吸附水中的无机污染组分和有机组分。常用的吸附剂是：沸石、活性炭、泥炭、煤、富含有机质的页岩、有机碳、铁的氢氧化物和铝硅酸盐黏土矿物等。沸石是应用最广泛的介质，一般用来吸附金属阳离子；活性炭、泥炭、煤、富含有机质的页岩等主要吸附有机污染物。吸附反应格栅的主要缺点是吸附介质的容量是有限的，一旦超过其吸附容量，就会有污染物穿过 PRB，因此，使用这类格栅时，要确保有清除和更换这种吸附介质的有效方法。

（3）氧化还原格栅：格栅中使用的介质为还原剂，它可使一些无机污染物还原为低价态，并产生沉淀，从而去除水中的污染物。通常零价金属具有释放电子的趋势，能够通过还原作用降解包括一些阴离子在内的化学物质。例如：用 Fe 作为还原剂，反应过程中 Fe 被氧化成 Fe^{3+}，Cr^{6+} 还原成 Cr^{3+}，结果产生铬和铁的氢氧化物沉淀，从而使 Cr^{6+} 被去除。另外，金属铁（Fe）可用以处理 NO_3^-，使其还原为 NH_3、N_2 等。挥发性氯代烃是地下水中检出率较高的有机污染物。Fe 还可以与氯烃反应，其本身被氧化为 Fe^{2+}，同时为含氯烃提供电子源，使含氯烃产生还原性脱氯，从而使氯代烃污染物被去除。实际应用表明，Fe 渗透反应格栅是污染地下水就地治理的一项有效技术，可主要去除地下水中的金属污染物和有机污染物。格栅中的反应介质为铁屑，如切屑、刨屑、铁粉末、粒状铸铁（如汽车工业的回收产品）等，这些都是最廉价的材料。目前，氧化还原格栅使用的介质材料主要有 3 种：Fe、Fe^{2+} 矿物和双金属。后者如 Ni/Fe、Pd/Fe 等，即在 Fe 金属颗粒上镀上第二种金属，如镍（Ni）和钯（Pd）。

① Fe 去除 Cr^{6+} 的反应机理。铁屑内含有一定比例的碳，当铁进入水溶液中时，细小的炭粒充当阴极，而铁因电势小，充当阳极，由此构成了成千上万个小电池，反应中 Cr^{6+} 被 Fe^{2+} 很快还原为 Cr^{3+}，化学反应式为

阳极
$$Fe-2e^- \longrightarrow Fe^{2+}$$
$$Cr_2O_7^{2-}+6Fe^{2+}+14H^+ \longrightarrow 2Cr^{3+}+6Fe^{3+}+7H_2O$$

阴极
$$2H^++2e^- \longrightarrow H_2$$
$$Cr_2O_7^{2-}+6e^-+14H^+ \longrightarrow 2Cr^{3+}+7H_2O$$

溶液中产生的 Cr^{3+} 可通过生成 $Cr(OH)_3$ 等沉淀物去除。

$$Cr^{3+}+3OH^- \longrightarrow Cr(OH)_3$$

生成的 $Fe(OH)_3$ 又具有凝聚作用，可将 $Cr(OH)_3$ 吸附凝聚在一起，将 Cr^{6+} 及 Cr^{3+} 同时去除。

② Fe 处理 NO_3^- 的机理主要是生物脱氮。铁还原 NO_3^- 的过程可表示为

$$NO_3^- + 10H^+ + 4Fe = NH_4^+ + 3H_2O + 4Fe^{2+}$$

Fe 和反硝化副球菌（钢渣表面利于反硝化副球菌的反硝化作用）联合去除 NO_3^- 的作用过程可表示如下：

$$5Fe + 2NO_3^- + 6H_2O \longrightarrow 5Fe^{2+} + N_2 + 12OH^-$$

③ Fe 去除氯烃的反应机理。Fe 能使许多氯化脂肪烃在常温常压下产生还原性脱氯。在好氧条件下，Fe 与水的反应为

$$2Fe + 2H_2O + O_2 = Fe^{2+} + 4OH^-$$

在厌氧条件下，零价铁与水的反应为：

$$Fe + 2H_2O = Fe^{2+} + H_2 + 2OH^-$$

Fe 与氯化烃（RCl）的反应为：

$$Fe + RCl + H^+ = Fe^{2+} + RH + Cl^-$$

上述反应属氧化还原反应，在反应过程中，水中的溶解氧（O_2）、水离解出的 H^+ 以及 RCl 均可作为氧化剂，结果 O_2 被还原为 OH^-，H^+ 被还原为 H_2，Fe 被氧化为 Fe^{2+}，氯化烃产生还原性脱氯被去除。

（4）生物降解反应格栅　生物降解反应格栅是利用微生物，将地下水中有毒有害污染物“就地”降解成 CO_2 和水，或转化为无害的物质。目前在生物反应格栅中主要有两种反应介质：一种是含释氧化合物的混凝土颗粒，释氧化合物主要是固态的过氧化物，如 CaO_2 和 MgO_2 等，它们向水中释氧，为好氧微生物提供氧源和电子受体，使苯系有机污染物产生好氧生物降解；另一种是含 NO_3^- 的混凝土颗粒，它们向水中释放作为电子受体的 NO_3^-，使苯系化合物在反硝化条件下产生厌氧生物降解。

（5）多介质式反应格栅　由以上两种或两种以上反应介质组合而成，同而具有两种或两种以上反应介质的综合优点，处理效果良好。

2. 渗透反应格栅（PRB）法的应用

实际应用渗透反应格栅（PRB）法时，应首先对原状水（点污染源或局部污染源）进行调查和水质分析，其次应根据水流状况和污染源的种类设计反应格栅的类型和填充材料，而后，挖深沟，修建挡水隔墙，安装格栅，设施运行后应进行系统的水质监测和评价。

（1）影响渗透反应格栅反应速率的因素

① 水化学方面。pH 值对反应速率有较大影响。在 Fe 系统中，pH 增大，反应速率减小。

② 纯化层。在厌氧条件下，水会引起铁的腐蚀，从而使铁的表面钝化，并影响其氧化还原性能。铁纯化可能引起反应点的饱和，继而影响与浓度有关的反应速率。

③ 降解产物。氯化烯烃类化合物完全脱氯，最终会转化为相同碳数的烯烃或烷烃、高氯化烃会转化为相应的低氯烃。无机副产物主要是 Cl^- 和 Fe^{2+}，双金属系统中还会有镍（Ni）或钯（Pd）的离子。研究结果表明，土柱试验运行 30h 后，三氯乙烯中 97.4%的氯变为水中的氯离子。

④ 催化剂中毒。在双金属系统中，第二种金属做电催化剂。Fe 表面的钯（Pd）加速了三氯乙烯的脱氯，可是随着反应的进行，及铁氧化膜的形成，可能存在催化剂失活及被铁氧化物沉淀污染的问题，应加以防治。主要方法是定期在 Fe 上涂钯（Pd）。

（2）渗透反应格栅的优缺点

与传统的抽出处理法相比，渗透反应格栅具有以下优越性：①在系统建设初期，由于要进行水文地质特征调查、工程设计、施工等，所以基建费用较大，但是运作和维护费用却很低；渗透反应格栅避免了抽出处理法的抽出处理过程，不需要供应能量，避免了能量供给的限制，也不需要投入大量的人力、物力来监管和维修；此外，可渗透反应格栅系统位于地下，不占地面空间，比原来的泵取地下水地面处理技术更经济、便捷，且不会对地面造成任何公众或环境影响，可以连续正常地运行。②可渗透反应格栅内可以一次填充不同介质，能一次性去除多种污染组分，当介质失去活性或系统内可渗透性降低时，可以重新更换新的介质，因而很大程度上延长了格栅的使用期。③可渗透反应格栅系统不改变地下水的自然流向，因此，阻止了污染含水层的扩张。

缺点：①可渗透反应格栅有其应用的局限性。它只适合处理埋深较浅的地下水，对于深层地下水就显得很不现实。为了正确地设计和放置格栅，还要考察处理现场的地质特征，包括地质结构、含水层类型、水化学参数、污染物的种类和浓度、污染羽状体的范围和形状及地下水的季节流量变化等，这涉及设计反应系统的规模、处理能力、反应物停留时间等。如果没有经过全面的调查，就会造成系统的失效和资金的浪费。②由于在反应区内发生各种化学反应，沉淀物就会附着在介质的表面，降低介质的活性。系统在长期运行过程中，由于地下水组分的沉淀析出以及一些微生物的过度繁殖而造成堵塞，降低系统的可渗透性，从而降低受污水体的处理效果，污染下游水体。

PRB法是目前新兴的一种治理地下水污染的技术，虽然还存在着一些不成熟的因素，但实践已经证明了它的优越性和实用性，随着研究的不断深入，它将会得到越来越广泛的应用。

（3）应用实例　目前，渗透反应格栅法（PRB法）在国内外都有许多应用实例，在治理地下水污染方面取得了良好的效果。例如，河南焦作采用PRB法处理焦作某电厂堆灰场附近被污染的浅层地下水，地下水中的污染物主要是Cr^{6+}，PRB处理设施位于焦作老君庙村与大家作村之间。结构形式为漏斗-水门式（图3-36），在灰场和大家作村之间建两道隔水墙，引导地下水使其从填有渗透介质的格栅中流过，以达到去除污染物的目的。格栅中的反应介质为：铁屑＋粉煤灰（比例为1∶1），根据试验结果，Cr^{6+}的去除率为98%。实际运行时，每年置入铁屑、粉煤灰7.3t，处理水量1.8万吨/年，进水Cr^{6+}浓度为0.2mg/L，小于0.05mg/L，符合《地下水质量标准》（GB/T 14848—93）Ⅲ类标准，取得了良好的处理效果。经过PRB处理过的地下水，还可考虑做进一步的抽出地面处理（图3-37），以达到更高的用水标准。

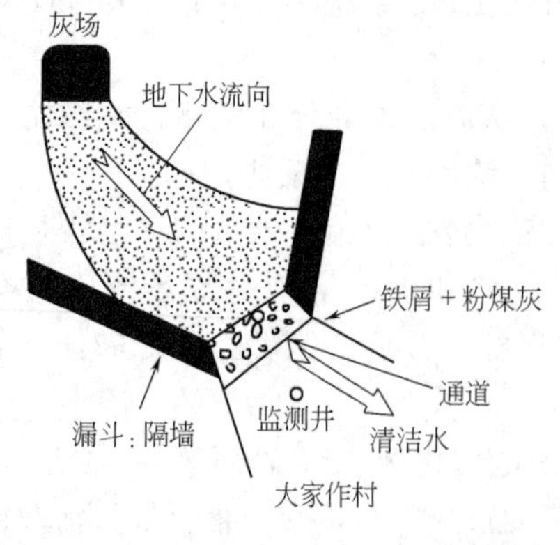

图3-36　渗透反应格栅法应用实例

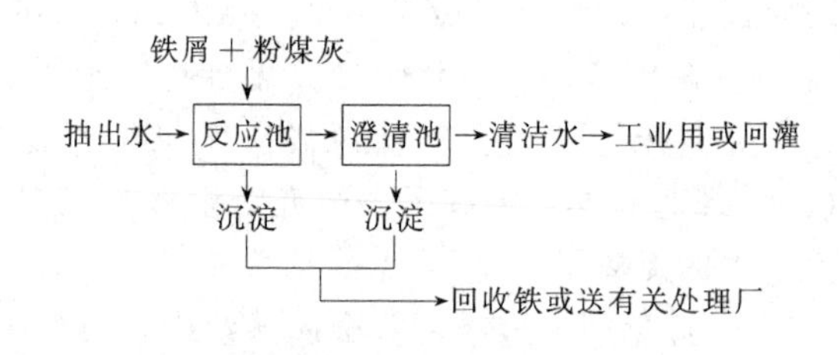

图3-37　某地抽出水地面处理工艺流程

复 习 思 考 题

1. 试说明地下水污染的概念及特点。

2. 什么是地下水污染源，如何分类？

3. 试说明地下水污染物的含义。如何分类？

4. 试说明地下水污染方式和污染途径，并举例说明。

5. 为什么说包气带土壤是天然的物理、化学和生物过滤器？影响污染物迁移的水文地球化学效应有哪些？

6. 物理作用效应的机理是什么？

7. 什么是吸附作用，如何分类？什么是离子交换吸附容量（CEC），与哪些因素有关？

8. 试说明哪些物质容易发生溶解，哪些物质易沉淀。

9. 试说明哪些物质在什么条件下易发生氧化反应或还原反应。

10. 试说明生物作用效应的含义及作用。

11. 简要说明 Pb^{2+}、Hg^{2+}、Cr^{6+}、NH_4^+ 等离子的相对迁移能力及衰减机理。

12. 试说明等温吸附的概念。等温吸附方程有几种？

13. 试说明分配系数（K_d）的含义和意义。

14. 朗谬尔等温吸附方程有什么特点？

15. 溶质为什么迟后迁移，如何描述？迟后因子（阻滞因子）R 的含义和意义是什么？

16. 试说明水动力弥散的概念和机理。

17. 试说明斐克（Fick）线性定律。

18. 什么是溶质对流，如何描述？对流和弥散有什么不同？

19. 试写出溶质在地下水中运移的一般数学模型。什么是初始条件？什么是边界条件？有几类边界条件？

20. 水质污染预测的内容有哪些？

21. 分别写出稳定源半无限含水层、瞬时源半无限含水层一维弥散方程的解析解，并说明各项含义。

22. 写出二维弥散问题的解析解，并说明各项含义。

23. 室内土柱实验、渗流槽实验有什么作用？如何进行试验？

24. 如何在实验室测定弥散系数（D）？说明实验方法、步骤，分别写出连续注入和脉冲注入时弥散系数的计算公式，并说明各项的含义。

25. 试说明野外单井脉冲法弥散试验的方法、步骤。

26. 在野外如何进行多井法弥散试验？说明其方法、步骤。

27. 地下水环境质量评价的含义是什么，如何分类，如何选择评价因子？

28. 《地下水质量标准》（GB/T 14818—2007）把地下水质量划分为哪几类，如何分类？

29. 地下水环境质量评价方法有哪些？什么是指数法，物理意义是什么，如何分类？

30. 试述地下水环境质量评价的附注评分法，说明其评价步骤。

31. 说明模糊数学法的基本原理和方法步骤。

32. 试说明地下水污染防治的意义和原则。

33. 预防地下水污染的措施有哪些？

34. 地下水污染的治理措施有哪些？

35. 试述地下水生物修复工程技术。

36. 试述渗透反应格栅法（PRB 法）的原理及分类。

37. 在实验室进行氟（F^-）的吸附平衡实验，实验数据见表 3-14。请用绘图法建立等温吸附方程，求出最大吸附量（S_m）。

表 3-14 氟（F^-）吸附平衡实验

名 称	实 验 数 据				
C(溶液中 F^- 的平衡浓度)/(mg/L)	2	4	8	16	20
S(土中吸附的 F^-)/(mg/L)	80	110	140	180	190

38. 某一污染源直接同承压含水层有水力联系，已知含水层的实际流速 $u=0.01$m/d，含水层的弥散系数 $D_L=1\text{m}^2/\text{d}$，试根据稳定源一维弥散的计算公式预测 5 年后距离污染源 20m、30m、40m、50m、100m、200m 处的地下水浓度的变化值（即 C/C_0 值），并作图表示。

39. 在均质细粒试样中做一维连续注入示踪剂模拟试验，在试验开始后 30min 时，观测孔各孔的数值如表 3-15 所示。已知渗流的实际流速为 1.2cm/min，试用作图法求水质弥散系数。

表 3-15 均质沙一维连续注入示踪剂试验记录表

x/cm	5	10	15	20	25	30	35	40	45	50	55	60
C/C_0	0.99	0.98	0.96	0.90	0.84	0.74	0.60	0.44	0.30	0.16	0.07	0.02

注：x 为观测孔到示踪剂投放孔的距离。

40. 在较长的沙柱中做了一维连续注入示踪剂的试验，在距注入点 0.65cm 的观测孔中测得了不同时间相对浓度（C/C_0）的资料，见表 3-16，渗流的实际速度为 28.37m/d。试根据表中数值求水动力弥散系数 D_L 和弥散度 a_L。

表 3-16 沙柱一维连续注入踪剂实验观测记录表

T/min	24	24.5	25	25.5	26	26.5	27	27.5	28
C/C_0	0.01	0.02	0.05	0.11	0.17	0.26	0.32	0.44	0.55
T/min	28.5	29	29.5	30	30.5	31	31.5	32	32.5
C/C_0	0.65	0.73	0.79	0.86	0.9	0.94	0.96	0.98	0.99

41. 表 3-17 为某地区地下水水质分析资料，试用指数法和附注评分法对地下水环境质量进行评价。

表 3-17 某地区地下水水质分析资料及背景值

成分 含量/(mg/L)	酚 (C_6H_5OH)	CN^-	Hg	Cr^{6+}	As	Pb	F^-	NO_3^- (以N计)	SO_4^{2-}	溶解性总固体（矿化度）	大肠菌群/(CFU/100mL)	菌落总数/(CFU/mL)
实测值	0.004	0.1	0.001	0.05	0.1	0.1	2.0	0	250	800	0	50
背景值	0.002	0.05	0.001	0.05	0.05	0.05	1.0	2.0	250	1000	0	50

42. 根据教材中模糊数学法评价地下水水质的示例，试用其所给资料计算 2 号、3 号、4 号的水质级别隶属度并区分地下水水质等级。

第四章

地下水开发引起的环境地质负效应与废物土地处置

第一节　地下水开发引起的环境地质负效应

随着社会经济的迅速发展，人类对水资源开发利用量不断增加，常常改变了水资源的自然循环过程、方式和强度，从而给当地环境带来一系列不利的影响，这种现象称为环境负效应。

一些地区在开发利用地下水的过程中，由于不合理开采，导致了水位大幅度下降和水质恶化及其环境地质问题，必须认识到其危害性，必须加强地下水资源的保护和有关问题的防治，切实防止地下水开发利用中的环境地质负效应，保持地下水均衡开采利用，使地下水长期处于最佳的良好状态，为人类造福。

一、区域地下水位持续下降

（一）区域地下水位持续下降的原因

地下水动态变化是其补给量与排泄量之间平衡关系的综合表现。如果地下水补给量大于排泄量，含水层中地下水储存量增加，水位上升；反之，则储存量减少，水位下降。对一个地区而言，地下水未经大量开采之前，基本上处于一种动态均衡状态，地下水位保持相对稳定。随着人口增加和人类生产活动的加剧，地下水多年平均开采量超过多年平均补给量（即过量开采），其天然动态均衡遭到破坏，结果导致地下水位逐年下降。世界上许多开采地下水的地区，均出现了地下水位大面积、大幅度持续下降的现象。从地下水均衡分析，其主要原因是：在整个含水层或含水层的某些地段上，由于地下水的开采量长期地超过了补给量（即过量开采），出现负均衡，进而逐渐消耗了储存量，并在一定周期内得不到恢复的结果。也即过量开采，造成疏干性地下水位持续下降。图 4-1 是某地长期过量开采地下水引起区域地下水位持续下降的实例图。在实际工作中，应注意水位持续下降与降水周期性补给造成水位周期性波动变化的区别。

地下水超量开采的直接后果是地下水降落漏斗范围不断扩大，区域地下水位持续下降。据国土资源部全国地下水资源评价结果（2002 年），我国地下淡水天然资源量多年平均为 $8837\times10^8 m^3/a$，地下淡水可采资源量为 $3527\times10^8 m^3/a$。近 20 年来，全国用水量急剧增长，地下水开采量平均以每年 25 亿立方米的速度增长，全国有 400 多个城市开采利用地

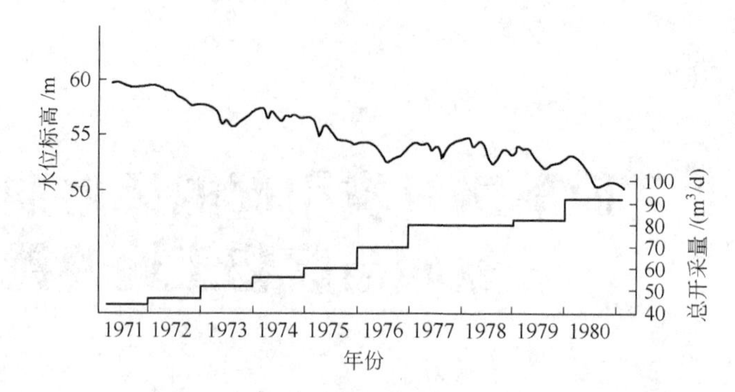

图 4-1　石家庄区域地下水位降落漏斗中心钻孔水位动态曲线

下水，年超采 44 亿多立方米。目前，全国已形成大型地下水位降落漏斗区 100 多个，总面积达 15 万平方公里，大多数漏斗水位埋深大于 50m。因严重超采地下水，中国的华北平原已出现世界上面积最大的地下水下降漏斗，总面积在 $7\times10^4\text{km}^2$ 以上，已基本连成一片，平均水位低于海平面。漏斗中心水位逐年下降，个别地区的抽水井深度达几百米。

在华北，北京、天津等 27 座以地下水为主要供水源的城市，地下水的开采已严重过量。目前。整个华北平原水资源的开发利用已高达 83.5%，而河北平原的巨大漏斗已经与北京、天津的降落漏斗连为一体，成为一个 2.3 万平方公里的超大地下水降落漏斗，地下水位年均下降达 1～3m。

由于地表水严重污染，江南地区不得不开采地下水，仅在苏锡常地区就有开采地下水的深井 2800 余眼，从苏锡常到上海、嘉兴，形成了 8000km^2 的地下水漏斗，地下水位年下降 1～3m，部分地区大于 3m，由此引发的地下水水质恶化正在威胁江南未来的水源地。

根据调查分析，引起区域地下水位持续下降的具体原因，可归结为以下四个方面。

① 对区域水文地质条件，特别是对地下资源的形成条件认识不全面，所计算的允许开采量偏大，因而导致开采量长期大于补给量，引起区域地下水位持续下降。这种水位持续下降的现象，一般以区域水位下降漏斗中心处的历年最枯水位的变化反映得最明显。

② 不合理开采所造成的地下水位持续和大幅度下降。所谓不合理开采，主要指开采地段、开采层次和开采时间上的“三集中”开采，以及开采中的无序状态。有时虽整个含水层的补给量与开采量是基本平衡的，但由于某些局部地段或某个含水层位（或在某个深度上）开采井过于集中，开采强度过大，也将造成局部地段或某个含水层的水位持续大幅度下降。例如，上海市区共有 5 个含水层，地下水储存量相当丰富，但是 87%的开采量集中于Ⅱ、Ⅲ两个含水层，其中，又有 84%的水井和 80%～90%的开采量，集中在这两个含水层的沪东杨树浦、虹口和沪西普陀、长宁、静安几个工业区，且水井大部分是供夏季（5～9 月）冷却和降温用的。因此，在这两个含水层的上述地段，井间干扰加剧，出水量减少，区域地下水位大幅度下降，形成了区域地下水位下降漏斗中心，它们也是产生地面沉降最严重的地段，而在集中开采区外围或Ⅳ、Ⅴ含水层中，地下水位下降并不显著。

此外，有些地区或水源地，因开采时间过分集中所造成的地下水位在某一时期内的大幅度下降，虽然不一定是持续性的，但是它也会影响抽水设备的正常运转，并带来其他危害。如农灌井，如果其密度较大，并在干旱年份的旱季集中开采，则可引起水位相互干扰，并大幅度下降，使出水量减少，甚至出现“吊泵”或机井报废现象。

③ 由于人为或自然因素变化导致地下水补给量减少，引起区域地下水位下降。

a. 由于人为或天然原因，使地下水主要补给来源的地表水流量减少、断流，或使河床淤积，导致地表水对地下水的补给量减少。例如，西北河西走廊武威山前平原地区，十多年来，由于上游山区兴建水利工程，使河水对冲积扇地下水的补给量大大减少，导致冲洪积扇前缘地区地下水位下降了3～10m，使溢出带泉水流量减少了30%～90%。

一些傍河水源地，由于河流流量减少或断流天数增加，或因河床淤塞、渗透性变差等，导致地下水补给量减少，由此引起的地下水位下降更为明显。西安市的丰河水源地，1974～1976年，由于河水断流天数比过去增加，致使水源地地下水位在此期间下降了6.8m。

b. 由于森林被破坏及垦荒过度等原因，导致区域气候变化，降水量减少，地面入渗条件变差，使补给量小于开采量，引起区域地下水位下降。

c. 在水源地的同一水文地质单元内，由于矿床或其他地下工程深部疏干，或由于水源地上游新建井群的截流，或外围地区水井增加开采深度等人为原因，也可引起某些水源地地下水位大幅度下降。

此外，由于开采地下水使区域地下水埋深增加，包气带厚度加大，使大气降水渗入补给量减少，也会促使区域地下水位持续下降，某些以降水入渗补给的水源地，当开采的水位降深较大时（10m以上），这种影响特别显著。

④ 由于经济建设的发展，人口的增长及生活水平的提高，对水的需求量明显增大。一些地区已超过地下水允许开采量和已形成区域地下水位下降，但还要扩大开采量，这样，就更加促进了地下水位下降的速度，导致一系列环境地质问题的发生。显然，这是不合理的，但这种情况却很普遍，应引起高度重视，并采取防治措施，不能造成恶性循环。

（二）区域地下水位持续下降的危害

地下水持续下降是地下水过量开采的标志，它不仅导致地下水枯竭、井孔出水量减少、井孔干枯报废，给水源地带来巨大的经济损失，也会产生种种环境地质问题。其主要危害如下。

① 地下水资源枯竭　地下水资源是绝大多数城市主要的供水水源。由于城市人口激增、工业企业密集，地下水开采量远远超出补给量，水资源日趋减少乃至枯竭的趋势愈加明显。中国北方的北京、沈阳、石家庄、济南等大城市的地下水开采模数均已超过$100\times10^4 m^3/(km^2 \cdot a)$，由于过量开采，结果造成补给量与排泄量的平衡关系失调，地下水位持续下降，部分地区出现含水层被疏干的严重现象。

② 由于区域地下水位下降，使取水工程的出水量不断减少，有时必须更换抽水设备才能取水，使抽水成本不断增加，严重时，甚至使水井报废。许多大型水源地和井灌区，都存在此问题。例如，山东淄河的冲洪积扇区，因大量取水，15年内全区地下水位普遍下降了10m，最大者达30m以上，使原有2000余眼浅机井及附近泉水全部枯竭。机井报废、打深机井及更换水泵的经济损失达5000多亿元。此外，耗电量的增加，使浇地成本由原来的每亩0.4～0.5元增加到1.2元以上，使全灌区每年多耗电费140多万元。北京市，上海市，德州市，阜阳市，苏、锡、常地区，地下水降落漏斗面积超过了$1000km^2$。全国有100多个城市和一些井灌区地下水位持续下降，主要分布在北方缺水地区和东南沿海地区，有些地区漏斗中心水位降深数十米到百余米，有的地方地下水已濒临枯竭。因水位大幅度下降，我国年报废水井达上万眼。

③ 由于区域地下水位下降，可引起地面沉降、地裂缝及地面塌陷等严重环境地质问题。地面沉降是目前世界上许多抽取地下水的平原区，特别是滨海城市所共同面临的严重问题。一些地区的最大地面沉降值如下：美国的长滩市，9.5m；东京，4.6m；大阪，2.88m；墨西哥城，8m；上海市，2.6m（1921～2007年）。国内至少还有天津、西安、太原、苏州及

台北等36座大、中城市，都相继出现了地面沉降或开裂和塌陷等问题。东京、曼谷、伦敦、威尼斯等城市，因地面沉降，都面临着部分市区被海水淹没的危险；曼谷、上海等城市，由于地面沉降，使城市污水和雨水积存于市区，不能及时排出。位于美国亚利桑那州皮纳耳和麦里科帕城之间的井灌区，1948年至今，地下水位降低了70～100m，地面沉降量达1.2m（最大达2.5m）。地面的不均匀沉降和伴生的地裂，使该地区的整个灌溉系统、公路、铁路、输水管道等都遭到破坏。

造成地面沉降的原因很多。目前国际上公认的是，由于大量抽取地下水，地下水位大幅度下降，促使上部易压缩黏性土层中的孔隙水排出，引起土层的固结压缩，导致地面沉降。另一方面，根据有效应力原理，在含水层任一平面，上覆岩层的总压力（p）由含水岩层固体颗粒骨架有效应力（p_s）和孔隙水压力（p_w）共同承担，并处于平衡状态，即 $p=p_s+p_w$，由于水位大幅度下降，使 p_w 减小，p_s 增大，因而进一步引起地层压缩和地面沉降。以上是地面沉降最常见的原因。从上海市的地面沉降量与地下水位和开采量的历年观测资料可以看出，地面沉降量与地下水开采量和水位降深变化的一致性（图4-2）。由此可见，人工抽取地下水是引发地面沉降的决定因素，许多地区的地面形变监测也表明，地面沉降中心与地下水漏斗分布范围有较好的对立关系。因为起采地下水等原因，我国已有90多个城市（地区）发生了不同程度的地面沉降，沉降面积已达$6.4\times10^4 km^2$。上海是我国地面沉降发生最早、影响最大、带来危害最严重的城市，自1921年发生地面沉降以来，至今沉降面积达$1000km^2$，沉降中心最大沉降量达2.6m，地面沉降造成的经济损失已达1000亿元（每沉降1mm，经济损失就高达1000万元）。江苏省经济最发达的苏锡常地区位于长江三角洲腹地，也是地面沉降最严重的地区之一，该地区沉降面积已达$5700km^2$，约占苏锡常平原面积的一半。另外，因过量抽取地下水，沉降中心最大沉降量超过2m的还有天津、太原、西安等城市，其中天津60%的地面发生沉降，天津塘沽个别点最大沉降量已达3.1m。

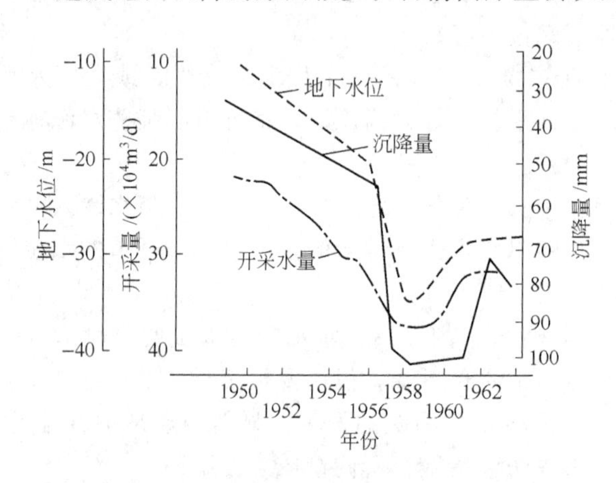

图4-2　上海市地下水水位、开采量与地面沉降速率关系图

在上覆第四纪松散沉积的岩溶发育区，由于强烈抽水引起水位大幅度下降，使上覆土层失去平衡而发生地面塌陷或突然坍塌等。如北方岩溶发育区、云贵高原、两广地区出现的岩溶地面塌陷均与地下水位的动态变化有密切的关系，其中以水源地抽水致塌最为显著，如唐山、秦安、平顶山、枣庄、郑州、广东、广西等城市都有抽水引起地面塌陷的现象发生。

④ 在沿海地区，由于区域地下水位的大幅度下降，破坏了咸、淡水的天然平衡条件，引起海水入侵，使开采含水层水质恶化。在某些地区，甚至使淡水完全变为咸水，失去开发利用价值。例如，美国加利福尼亚州的滨海地区，我国大连、莱州、秦皇岛、宁波、烟台及辽东半岛等沿海城市及环渤海湾地区，由于过量抽取地下水，均存在严重的海水入侵问题。2006年大连某些水源地氯离子含量已达1400mg/L，海水入侵面积已达$4500km^2$，平均入侵速度$11.5km^2/a$。

⑤ 由于区域地下水位下降，使一些著名的岩溶大泉干枯（流量减少或断流），破坏了以

泉源景观为特色的旅游资源。著名的山东济南趵突泉等四大名泉，河南辉县百泉、河北邢台百泉、山西太原晋祠泉、北京西北玉泉山泉等，自20世纪70年代以来，由于区域地下水位大幅度下降，致使泉流量和涌势大减，甚至出现长时间的干枯断流，使泉源旅游观赏价值大减，景点旅游资源黯然失色，并使泉口引水工程废弃。

⑥ 生态环境退化，地下水位持续下降，使土壤含水量降低，湖泊水面和湿地减少，在某些地区还可导致土地沙化，植被覆盖率降低，生态环境退化。例如，甘肃省河西走廊石羊河流域，20世纪60年代以来，在山区修建水库和对地表渠系采取防渗措施，使石羊河流域的地下水补给量大幅度减少，溢出带的泉水逐年削减，于是只好在原来的泉水灌溉带打井取水，以补灌溉水源之不足，最后泉灌区完全被井灌区所代替。细土平原下游原来的泉水、河水混灌带也因来水减少，井灌增加，成为井、泉、河水混灌带。总之，除了山前洪积扇地区仍保持河水灌溉外，其余地方普遍打井取水。20世纪50年代时，地下水开采量为零，地下水补给量为$12.8\times10^8m^3/a$，其中以泉水形式溢出量为$8.36\times10^8m^3/a$。到了近年，由于河渠入渗减少，地下水补给量降到$9.31\times10^8m^3/a$（为原来的73%），其中以泉水形式溢出量为$3.89\times10^8m^3/a$（为原来泉水量的46%），以井开采的地下水量为$6.99\times10^8m^3/a$。目前地下水利用量（含井开采量与泉水利用量）总计为$10.88\times10^8m^3/a$。每年地下水排泄量超过地下水补给量达$1.57\times10^8m^3/a$。因此，历年来地下水位不断下降。近20年来地下水位下降速率为0.3～0.9m/a，累计下降6～20m。强烈开采使地下水咸化，与1975年前比较，1975年以后有57.3%井点的地下水矿化度升高0.1～1g/L，最高的升幅为1.77g/L。由于灌溉用地下水中有近50%为矿化度大于2g/L的咸水，故灌溉使土壤累盐。再加上部分土地由于缺乏淡水灌溉而弃耕，在强烈蒸发作用下表层累盐，盐渍化土地面积达19.28万亩。地下水位下降与土壤盐渍化又加速了土地沙化。地下水位下降使起防沙固沙作用的灌丛植被衰亡，为流沙所覆盖；林木也有2/3的面积因此而衰退。由于缺乏水源或因土地盐碱而弃耕的土地，土壤水分极低，缺乏植被保护，极易遭受风蚀，沙粒就近堆积为沙丘。绿洲边缘与内部的沙丘以每年数米的速度推进。1983年民勤绿洲就有7.8万亩已播种的土地因流沙前移而被压埋。甘肃民勤县因石羊河流域的地下水过量开采，水位大幅度下降，有$72hm^2$林地沙化。

另外，地下水位下降，还可造成地下空气缺氧的灾害，如果在修建地下工程时遇到上述缺氧空气，它们会由某些通道突然贯入工地，给施工人员带来严重后果。

(三) 防治区域地下水位持续大幅度下降的措施

为防治区域水位持续大幅度下降，应采取预防为主、防治结合、加强管理、综合防治的对策和措施。最好的措施是防，把问题解决在出现之前，以免造成严重后果。在水源地的开发设计中，应根据地下水允许开采量及水资源的形成、分布特点，在开采量和开采井的布局上作出合理的安排，以避免开采后出现水位持续大幅度下降等环境地质问题。为此要求：以地下水系统（流域）或地下水盆地为单位，进行区域地表水、地下水资源统一评价；制订统一的水资源调度和开发方案；统筹兼顾处理区内供、排水问题，并对可能出现的环境地质问题作出预测和提出防治措施；达到既充分利用水资源，又能尽量减少其危害的目的。然而，实际上却难以做到把问题都解决在出现危机之前。这一方面是由于地下水资源量难于做到准确计算；另一方面是由于人们对保护地水资源的重要性认识不足，为了生产、生活的需要，不惜超量开采，常常是等问题发生到严重的时候才进行治理，这是错误的。一般可采取以下防治措施。

① 合理开发利用地下水。地下水是城市和工农业的重要供水水源，地下水资源的可持续利用与保护对人类社会持续稳定发展是至关重要的，如过度开发，则会破坏其水均衡，造

成地下水位持续下降，并导致一系列环境地质问题。为此，对某一地区地下水允许开采量(可采量)，必须进行专门性勘查，以准确计算和确定地下水允许开采量（可采量）或补给量，并严格控制地下水的开采量，使之小于补给量或可采量，从而保证采补平衡，只有这样才不致造成地下水位持续下降。此外，应控制城市发展规模，合理调整工业布局和工业结构，建立节水型社会。要合理利用地下水资源，要大力开发浅层水，适度控制深层地下水的开采，合理利用微咸水，兴建大中型傍河地下水水源地，增大河流补给，在岩溶大水矿区，实行排供结合，提高矿区排水的利用率。目前，中国大多数城市仍将优质地下水用于工业和农业，如北京、西安、太原、哈尔滨等严重缺水的大中城市，地下水开采量的30%～50%用于农业灌溉，原则上，最好农业灌溉用地表水或经过处理的污水，地下水优先用于居民生活用水，逐步在城市实行分质供水以减少地下水的开采量。

② 关闭某些水源地或减少开采井数，把开采量压缩到水源地地下水补给量所允许的范围内。水量不足部分由地表水源或节水及区域外调水解决。

③ 调整开采布局，避免“三集中”开采。这是用于改进因不合理开采引起某些含水层水位大幅度下降时所采取的办法。如可采取减小水井密度、扩大开采区或开采层位的办法；对大厚度含水层或多层含水层，可实施分段或分层取水方案等。例如，上海市为减少第Ⅱ、Ⅲ承压含水层的开采强度，规定新建机井主要打在第Ⅳ、Ⅴ两个含水层中。

④ 加强地下水管理，建立合理的开采制度。例如，为了防止过量开采和集中开采，可作出某些限制水井水位降深、开采量、开采时间及井间距离等的规定。

⑤ 对含水层进行地下水的人工补给或进行地下水人工调蓄，增加地下水总的可开采量。这是目前世界各国防止区域地下水位大幅度下降、扩大地下水资源的最积极措施。

a. 为缓解水资源的供需矛盾，地表水和地下水应联合开发、统一调配。利用丰水季节和多余洪水对地下水进行人工调蓄，是扩大水资源和解决地下水过量开采的有效途径。发达国家在城市取水工程中，约20%～40%的地下水依靠人工调蓄补给。荷兰阿姆斯特丹的滨海沙丘人工补给设施，年灌入量达$4000\times10^4m^3$，很好地解决了枯水季节供水不足的问题，成为该市主要供水水源之一。英国伦敦采用每年5月回灌、7月抽用和4年回灌、1年抽用的循环体制，对调节水源起到了重要的作用。近年来北京市曾在潮白河、牛栏山、永定河、石景山、丰台以及大兴天堂河流域进行了人工调蓄的试验研究，取得了良好的效果。

b. 建立水资源人工调蓄工程，将丰水期的大气降水和地表水注入和贮存在能够进行多年调节的地下水库中，以备枯水期利用，进行多年调蓄，实行丰贮枯采，这不仅补偿了地下水资源过量开采，也可使地下水位得以回升，使已形成的水位降落漏斗逐渐消失。利用“地下水库”调蓄水资源，具有不占耕地、不需搬迁、投入少、卫生防护条件好等一系列优点。水资源地下调蓄已成为缓解水源紧缺、扩大可利用水资源以及改善地质环境的重要措施。

c. 在盐碱地农业灌溉区，开采地下水发展井灌，不仅可以防治土壤盐渍化，而且能够取得抗旱防涝的效益。汛前开采地下水灌溉，腾出地下水库容，有利于汛期集中降水的入渗，达到分洪除涝的目的。

⑥ 提高水资源的利用效率。充分挖掘水资源潜力，并采取先进的工艺流程，提高工业用水的重复利用率和降低工业用水定额，是缓解城市供水紧张的一项重要措施，也是建立节水型社会生产体系的重要组成部分。中国工业用水有60%～70%是冷却用水，对水质的影响很小，完全具备重复利用的条件，但目前中国水资源的重复利用率还很低。除北京、上海、大连等少数城市重复利用率可达70%～80%外，其他城市一般仅为20%～50%。而在发达国家，20世纪70年代，水的重复利用率就已经达到60%～70%；90年代初，某些先

进国家在钢铁、化工和造纸等工业用水的重复利用率分别达到98%、92%和85%。由于工艺技术落后，在耗水量方面，我国与国际先进水平也有很大差距。如西方发达国家每生产1t钢材的用水量为4～10m^3，我国为30～80m^3；造纸工业耗水量，发达国家为50～200m^3，中国则为300～500m^3。通过提高生产技术和改良用水工艺，耗水量必然大幅度降低，从而节约水资源。农业用水是用水大户，占全国用水量的80%以上，但灌溉用水的利用率只有30%～40%，对天然降水的利用率只有10%，因此必须大力推广节水工程，提高水的利用率和循环使用率，减少地下水开采量，防止地下水位持续下降。

⑦ 建立和健全地下水动态监测网，加强水情监测和预报，尽可能及早发现问题，及时采取防患补救措施。

二、地下水水质恶化

（一）地下水水质恶化的主要特征及危害

这里所述的地下水水质恶化，主要是指地下水在开发过程中，因环境污染和水动力、水化学形成条件的改变所造成的水中的某些化学、微生物成分含量不断增加，以致超出规定使用标准的水质恶化现象。地下水的水质恶化，是世界上许多国家所共同面临的又一个严重问题，也是全球性环境污染的重要组成部分。其主要特征有：

① 许多天然地下水中不存在的有机化合物（如各种合成染剂、去污剂、洗涤剂、溶剂、油类及有机农药等）出现在地下水中；

② 天然地下水中含量极微的毒性金属元素（汞、铬、镉、砷、铅及某些放射性元素）大量进入地下水中；

③ 各种细菌、病毒在地下水体中大量繁殖，远远超出饮用水水质标准；

④ 地下水的硬度、矿化度、酸度和某些单项的常规离子含量不断上升，以至超标。地下水水质环境的恶化，严重损害了地下水资源的使用价值和使用范围，给人类社会带来了种种不良后果，有损于人体健康，以至造成残疾和死亡；损害了工业产品的质量；使农作物减产和土地盐化；减少了地下水可采资源的数量，以至使整个水源地废弃；为处理水质，增加了水的单位成本等。

我国地下水水质的污染问题已不容忽视。我国主要城市，有一半是以地下水作为供水水源的，全国有1/3的人口饮用地下水。据全国50个城市的调查，地下水受到不同程度污染的有45个。其中，污染较严重的有北京、沈阳、太原、西安、包头、南昌等城市。沈阳市有78%井水的某些指标不符合饮用水标准；南昌市地下水的重度污染和严重污染面积约占市区面积的35%。此外，我国北方许多城市的地下水硬度逐年增高，某些沿海城市的海水入侵问题也相当严重。

（二）地下水水质恶化的原因

引起地下水水源地水质恶化的原因很多，可归纳为以下三个方面。

（1）存在引起地下水水质恶化的污染物质来源　这些污染物，既可存在于地下，也可以存在于地上。从污染物质的成因类型来看，可分两大类。第一类为天然污染源，即自然界本来就存在着的各种劣质水体，如海水、地下高矿化水和其他劣质水体。此外，含水层或包气带中的某些含水介质含有某些矿物（特别是各种易溶盐类），也可成为地下水污染源。第二类为人为污染源，是指因人类活动所形成的污染源，如各种工业废水、生活污水、各种垃圾、农药、化肥等。

（2）存在污染物质进入的途径（通道）　水源地地下水水质发生恶化，除了必须具备的污染源外，还必须具有污染物进入含水层取水地段的通道。污染物通常以下述三种方式进入含水层。

① 在含水层的开采降落漏斗范围内，污染物通过含水层上部的透水层直接渗入含水层，由于进入途径很短，故常常使地下水迅速而严重污染。在相同污染源的情况下，地下水体遭受污染的程度，主要决定于地表到含水层之间岩层的渗透性能、岩土颗粒对污染物的吸附和净化能力及含水层的埋藏深度。因此，一般承压水较潜水有较好的防污染条件和防污性能。潜水含水层的包气带内如有黏性土层存在，也会有较好的防护能力。

② 污染物从含水层的其他地段进入开采地段。例如，各种天然劣质水体（如海水、高矿化水）、已污染的地表水体或污水体，通过与含水层的直接接触带（特别是补给区）渗（流）入含水层，然后再运移到开采地段。当污染源位于水源地上游时，对水源地水质污染的威胁更大。

③ 污染物借助天然或人为的某些集中通道进入含水层：a. 天然集中通道，主要是指与污染源相沟通的各种导水断层通道、裂隙通道和岩溶通道（包括“天窗”）。这种通道一般多呈点状或线状分布，但是它可使埋深很大的承压水体遭到污染。b. 人为集中通道，主要是指在各种地下工程、水井施工时，因破坏了含水层隔水顶板（或底板）的防污作用，使工程本身构成了劣质水进入含水层的直接通道。例如，因水井设计、施工上的缺陷（未止水或止水不符合要求），造成上部污水沿井管与孔壁间隙流入开采含水层；有时则因废井未加处理或回填不实，成为地表污水的入侵通道；某些失修的水井，因井管腐蚀或地震灾害使井管破裂，也可造成上部污水入侵开采含水层。

（3）有引起地下水水质恶化的水动力和水化学起因　如果说，污染源和污染通道的存在是地下水水质污染的必备条件，那么在开采条件下所出现的水动力、水化学作用，则是导致地下水水质恶化的直接起因。凡污水入侵开采含水层，均要求有一定的水动力条件：①开采含水层（或地段）与污水体之间必须存在某种直接或间接的水体联系；②由于开采抽水，在开采含水层（或地段）中形成相对于污染水体的负压区，从而促使污水直接或间接地（通过弱透水层）流入并污染了开采含水层（或地段）。例如近海水源地，因大量开发地下水，导致水动力条件改变而引起海水向大陆含水层入侵，便是这方面的典型例子，在后续内容中将详细阐述。

（4）大量开采地下水，也会使含水层的水文地球化学条件发生变化　某些新的水文地球化学作用的出现，也是引起某些地区地下水水质恶化的重要原因之一。我国许多地下水源地在开采过程中所出现的矿化度、硬度及铁、锰离子含量增高和pH值降低的现象，都主要是因含水层疏干及氧化作用加强所造成的。因为在开采地下水过程中，随着地下水位的下降，氧气随空气进入被疏干的地带，促使岩层中硫、铁、锰及氮化合物的氧化作用加强，特别是硫氧化细菌的作用，更加剧了金属硫化物的氧化过程。如分布较广的黄铁矿（FeS_2），在还原环境下很稳定，几乎不溶于水，但在氧化环境下，则易于溶解，形成酸性水。土层中经常存在的钙、镁、铁和锰的化合物，也易于溶解，使地下水中的铁、锰、钙、镁及硫酸根离子含量大大增加，地下水的矿化度和硬度也随之升高。即由于大规模开发地下水，导致区域水位下降，包气带厚度增加，氧化还原环境改变，促使环境水文地球化学作用增强，从而影响水质。

例如，残存于土壤里的NH_4^+在包气带条件下会被硝化而形成易迁移的NO_2^-和NO_3^-，其反应方程式为：

$$2NH_4^+ + 3O_2 \xrightarrow{\text{亚硝化杆菌}} 4H^+ + 2H_2O + 2NO_2^-$$

$$2NO_2^- + O_2 \xrightarrow{\text{硝化杆菌}} 2NO_3^-$$

同时也促使包气带中难溶的硫化物变为易溶解的硫酸盐，加重了 NO_2^- 和 SO_4^{2-} 的污染。由于硝化作用导致水中 NO_3^- 和 SO_4^{2-} 增多以及 pH 降低，大大促进了 $CaCO_3$ 的溶解；同时当 pH 接近 6 时，又能阻止 $CaCO_3$ 的沉淀反应。因此，地下水中 Ca^{2+}、Mg^{2+} 含量总体上呈上升趋势。此外，由于水位的大幅度下降，地下水流速增大，水循环交替加快，加强了氧化作用，增大了淋滤的路径，加强了淋滤作用，造成在灌溉污水、地表固体废物、粪便、垃圾和淋滤水下渗过程中，包气带中大量易溶的钙、镁的氯化物和硫酸盐不断溶解，增加了地下水中 Ca^{2+}、Mg^{2+}、SO_4^{2-} 浓度；同时由污染组分分解形成的 CO_2 不断溶于水，使 pH 降低，使更多的碳酸盐矿物溶解，造成了大面积的硬度升高。地下水硬度升高是间接污染的结果。应特别指出的是，地下水硬度的大幅度升高，目前已成为北方城市地下水开采过程中水质恶化的一个主要问题。例如，北京水源七厂，1964 年建厂时，地下水硬度为 303～321mg/L（以 $CaCO_3$ 计，下同），2006 年则升高到 691mg/L，平均每年以 16.45mg/L 的幅度递增。西安市的地下水硬度，以每年 18.4～68.2mg/L 的幅度上升。兰州市的地下水硬度，每年增高 31mg/L，其中马滩水源地供水井中的最高硬度值已达 2204mg/L，矿化度最高达 2.02g/L。据有关部门初步估计，我国北方城市为软化地下水质，每年需要耗费上亿元。

另外，地下水硬度在开采过程中升高的原因还与城市附近的污灌水质和我国北方表层土壤及其下层沉积物中富含钙、镁等易溶盐有关。

（三）防治地下水水质恶化的措施

地下水是水圈乃至整个地球环境不可分割的重要组成部分。因此，防治地下水水质恶化的措施，必须与防治环境恶化相结合，首先应切断污染源，在此基础上进行综合治理，采取法律、行政、经济、技术等措施，加强管理，以管促治。

地下水水质恶化常具有缓慢、隐蔽、不易及时察觉，又难以治理等特点。因此，治理水质恶化，须采取以防为主、防治结合、加强管理、综合防治的方针，确保供水的质量。

1. 预防性的技术措施

① 对城市的发展与水源地的建设作出全面、合理的统一规划和布局。在制定城市发展规划，特别是制定工业布局时，必须考虑尽量减少城市环境污染和地下水水质不受污染。那些容易造成地下水水质污染的工厂，应布置在水源地下游较远的地方，或者采用管道排污。同时，新建水源地时，也必须考虑防止地下水污染的环境条件，而把水源地选择在城市上游或地下水的补给区，或选在地层岩性结构和含水层防污性能较好的地方。总之，为保护地下水资源，在城市建设的总体规划中必须考虑水质保护的要求，必须有防治污染、保护生态环境的观点；要把环保工作与经济发展同步规划、同步实施，做到经济、社会和环境协调发展。

② 当取水层位上、下或附近有劣质水层或水体分布时（特别是滨海水源地），应严格地控制水源地的开采量和开采降深，以防止劣质水入侵含水层。在水井设计中，最好采用分层取水。当深部有咸水时，应控制井深，使井底与淡、咸水界面保持一定距离。要保证水井施工中的止水、回填质量。对年久未修的井水，要及时更换井管；对报废水井，要回填封死。还应注意，在建筑工程地下开挖工作中，不要破坏开采含水层上、下或周边的隔水保护层。

③ 设立水源地的卫生防护带。设立水源地卫生防护带，虽不可能完全杜绝污染，但是它可在一定时间、一定水文地质条件下控制污染。对于埋藏较浅的潜水及地表覆盖层较薄的水源地，建立卫生防护带有明显的效果。水源地卫生防护带一般分为严禁带（Ⅰ带）、限制

带（Ⅱ带）、观察带（Ⅲ带）。根据有关规范规定，对地下水水源地必须设置一级保护区和二级保护区；必要时，外围还应设置准保护区（相当于卫生防护带的Ⅰ带、Ⅱ带、Ⅲ带），对各区应采取相应的保护措施。各区范围的大小，应视具体水文地质条件及开采强度而定。

2. 治理措施　对已污染水源地的治理措施，应针对引起地下水质污染的主要原因、污染源、污染途径、当前水污染防治技术经济条件等来制定。主要措施有以下几方面。

（1）治理污染源　污染源包括点源、线源和面源三种类型。

① 点源是指工业“三废”和城市生活污水、垃圾等所构成的污染源。它们是目前集中水源地水质污染的主要来源，其中尤以工业废水的危害最大。因此，控制和治理地下水污染的重点应该是抓好工业废水的综合治理。除采取控制污水排放量和排放标准等法制措施外，主要应大力改革落后的生产工艺，实行清洁生产，搞好工业用水的闭路循环。这样才能最大限度地减少工业废水排放量，把工业废水消除在生产过程之中；同时也节约了水源，提高了企业的经济效益。对于不得不排放的废水（包括工业废水和生活污水），必须防止它们在排放的中途和在污水处置场内向含水层渗漏。为了减少渗漏，最好将它们排放在有稳定隔水地层分布的地方，或者采取防渗衬砌措施，并且尽可能地将污水处置场布置在距水源地下游较远的地方。当利用地下岩溶穴或深部采空区排污时，必须在查明当地水文地质条件，并经试验证明对环境无害后方可实行。在点状污染源的治理中，对于城市垃圾，特别是某些工业废渣对地下水可能产生的污染作用同样不可忽视。例如，兰州市的垃圾填土，曾导致黄河水和地下水受到污染。对垃圾和废渣应采取废物回收利用、焚烧、发电、生化处理及堆肥等综合治理措施。水文地质人员的责任就是为城市垃圾和工业废渣选择合适的堆放场地，进行无害化卫生填埋，或使垃圾减量化、无害化、资源化。一般来说，垃圾或废渣的堆放场或填埋场，最好选在地表弱透水土层分布广、厚度较大，且地形低洼、封闭性好、包气带较厚的地方；同时，要求它们远离水源地或开采含水层的补给区。

② 线源　主要指污水河渠和漏水的污水管道。对污水河渠应采取切实可行的防渗衬砌措施，防止污水渗漏，补给地下水。工矿企业排放污水必须符合国家制定的《污水综合排放标准》（GB 8978—1996），否则不能向河渠排放。对漏水的排污管道，应及时发现，及时检修或更换。

③ 面源　主要指农业污灌、施肥、农药、酸雨，以及城市暴雨径流等所产生的污染。据美国统计，面源对环境造成的污染负荷占污染负荷的50%以上，是对地下水污染不容忽视的因素。对面状污染源的治理，可采取以下措施。

a. 慎重地开展污灌。其中，最重要的是严格掌握污灌的水质标准，控制灌水定额及根据环境水文地质条件合理规划污灌区的位置。如在表土层薄或渗透性大的潜水地段、地下水的补给区和水源地附近，就不适宜进行污灌。

b. 使用易被植物吸收或被土壤分解的对人体毒性小的农药，并严格掌握化肥与农药的使用量，尽可能减小它们在土壤层中的残余浓度和流入含水层的数量。

c. 对灌溉用污水进行预处理。

（2）兴建配套的环境工程，大力开展污水的处理和利用　这是治理地下水水质恶化的治本措施。大量污水未经处理便排放，是造成当前环境污染，特别是水源污染和水质恶化的主要污染源。处理后的污水，可据其质量用于不同目的的供水，以提高废水的重复利用率，增加水资源的总量。

（3）采取防止劣质水（或污水）入侵开采含水层的水力措施　当海水或其他劣质水从侧向侵入开采含水层时，可采用所谓“水力”措施来阻止劣质水体的入侵。详见后续内容。

三、海水入侵

1. 海水入侵的概念、危害及形成机制

（1）海水入侵的概念及危害　海水入侵是指滨海地区由于大量开采地下水，引起地下水位持续下降，水动力条件改变，淡水与海水之间的平衡遭受破坏，从而引起的海水向陆地淡水含水层入侵推移的现象。从理论上说，海水入侵也是水质恶化的一种现象，因为这种现象发生在沿海地区，且规模较大，所以在此单独作为一个问题讨论。

海水入侵是沿海地区地下水过量开采引起的特殊地质灾害，在世界各沿海地区广泛存在。例如，美国的长岛、墨西哥的赫莫斯城，以及日本、以色列、荷兰、澳大利亚等国家的滨海地区都存在海水入侵的问题。

中国海岸线长达 1.8×10^4km，沿海地区是中国经济快速发展的地区，淡水资源供需矛盾突出。由于海水入侵，地下淡水水质恶化，致使大量水井报废、粮食绝产、果园被毁，严重阻碍了当地的工农业生产和旅游业的发展。我国渤海、黄海、南海沿岸不少地区都有海水入侵问题，起因主要是水资源的开发，尤其是地下水的强烈开采。其中山东、辽东半岛及辽宁省大连市、广西北海、河北秦皇岛、台湾屏东地区海水入侵问题最为突出，河北、江苏、广西等地也有发生。全国累计海水入侵面积 1000km^2 左右，最大入侵距离超过 10km，最大入侵速率超过 400m/a，每年由此造成的经济损失约 8 亿元人民币。例如，仅山东省莱州湾地区海水入侵面积已达 974.6km^2，地下水变咸，水源地报废，区内 40 万人吃水困难，8000 余眼农用机井报废，60 多万亩农田丧失灌溉能力；辽东半岛的海水入侵主要出现在大连地区，市区和近郊出现了十余个入侵地段，总入侵面积达 223.5km^2，若干个城市供水水源地报废。

海水入侵的主要危害是：可导致滨海地区含水层咸化，水质恶化，供水井报废，土壤盐碱化，影响工农业生产，使生态环境恶化，有些情况下还可导致地方病蔓延等。

（2）海水入侵的形成机制　在天然条件下，大陆含水层中的淡水是排入海洋的，滨海地带地下水位自陆地向海洋方向倾斜，咸、淡水体之间的平衡界面是依靠含水层中淡水的水头压力高于海面来维持的。在开采条件下，如果水源地的开采量超过补给量，则必然引起含水层中淡水体水位持续下降，使其淡水、咸水平衡遭到破坏，当水位降落漏斗扩展到海岸线时，就会导致海水入侵。含水层中淡水的储存空间被海水取代，使地下水咸化。在某些情况下，虽开采量未超过淡水的补给量，但当淡水体的水头压力已减少到难以维持咸、淡水体之间的原来平衡条件时，咸、淡水界面也会向大陆推移。如果该界面推进到抽水井的降落漏斗范围内，同样会导致咸水入侵开采地段，使水质恶化。

海水入侵形成机理可用吉本-赫尔兹伯格（Gybem-Herzberg）所给出的静水压力平衡模型予以说明。当陆地含水层伸延到海岸并与海水相通时，由于陆地淡水密度小于海水（咸水）密度，淡水位于两者接触面的上方，海水伏于底部，假定淡水、海水处于静水平衡状态（图 4-3），则在静力压力平衡条件下，在深度为 Z 的界面上，有以下关系：

$$\rho_f(Z+h)=\rho_s Z \qquad (4\text{-}1)$$

或写成

$$Z=\frac{\rho_f}{\rho_s-\rho_f}h \qquad (4\text{-}2)$$

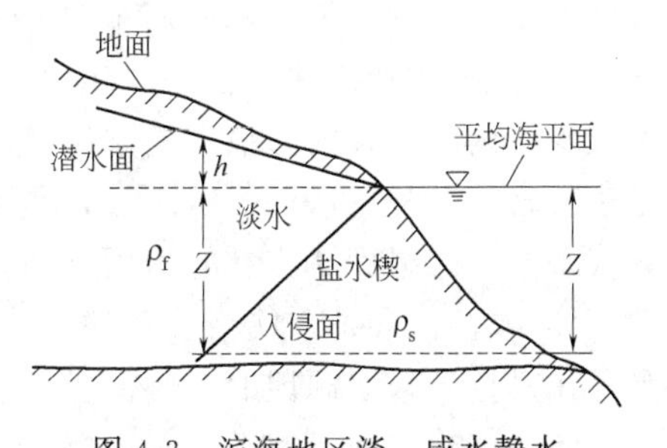

图 4-3　滨海地区淡、咸水静水压力平衡示意图

式中，h、Z 分别为距海岸某一距离处，淡水高出海面的高度和淡、盐水交界面（入侵面）位于海面以下的深度，m；ρ_f、ρ_s 分别为淡水和海水的密度，t/m^3。

因为海水密度（ρ_s）平均值为 $1.025t/m^3$，淡水密度（ρ_f）为 $1.000t/m^3$，所以式(4-2)可变为：

$$Z=40h \tag{4-3}$$

上式称为吉本-赫尔兹伯格（Ghyben-Herzberg）公式。该式说明，在距海岸任一距离的断面上，咸、淡水分界面在海面以下的深度为该处淡水高出海面的 40 倍。也即，淡水含水层潜水位降低 1m，咸、淡水分界面将上升（或向内陆推进）40m。实际上，淡、咸水平衡并不是静水压力平衡，还有溶质弥散问题，所以上述计算是粗略的近似计算公式，但在实际工作中应用较广。

事实上，潜水是运动的，上述静水压力平衡模式不能精确地描述咸、淡水分界面的实际情况。如果从动水压力平衡的角度研究海水入侵问题，可利用地下水流网的有关知识（图 4-4），但得出的结论也与上述静水平衡基本相似，不再赘述。

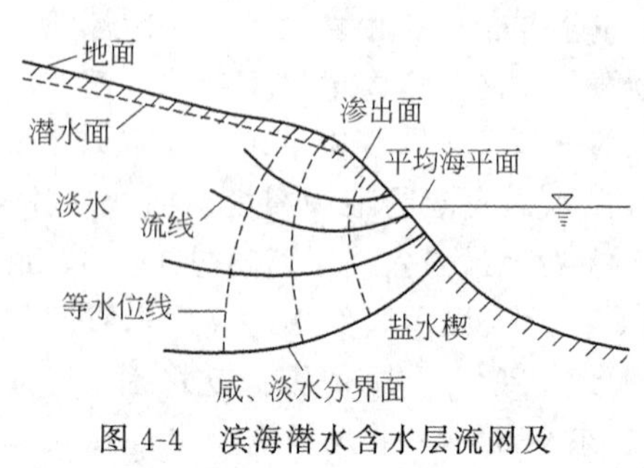

图 4-4　滨海潜水含水层流网及咸、淡水分界面

2. 海水入侵的防治措施

由于海水入侵主要是滨海地区过量开采地下水，导致地下水位低于海平面所致，因此，防止海水入侵的总体原则是：限制淡水开采量小于临界开采量（即在不引起海水入侵发展，又不使淡水水质恶化的前提下，淡水的最大开采量），使沿海地区的地下水位高于海平面。具体措施简述如下。

(1) 合理开采地下淡水　为使咸、淡水保持稳定的动态平衡，必须合理确定地下水开采量的临界值，防止地下水位大幅度下降并使之保持在海平面或地下咸水位以上。此外，要合理布置开采井，放弃咸、淡水分界面附近的抽水井，分散开采地下水，定期停采或轮采，缩短水位恢复时间，以防止形成降落漏斗。

(2) 开展人工回灌　利用回灌井、回灌廊道等设施开展人工回灌，补充地下淡水，可提高滨海地区地下淡水的水位和流速，有效防止海水入侵。人工回灌在我国和世界许多国家都已取得明显的效果。回灌水源主要是当地雨季的地表水、外地引水、处理后的污水等。

(3) “补给水丘”或“淡水屏障”法　该法主要适用于海水入侵通道比较狭窄的地段。该法是在海岸与内陆开采地段之间布置淡水注水井，通过注水，使之形成高于天然地下水位的“补给水丘”(如图 4-5)，以控制咸水面向内陆移动。据报道，美国加利福尼亚州的某沿海地带及以色列沿海，都采用了这种方法，成功地阻止了海水入侵。

(4) “抽水槽”法　在海岸和内陆开采地段之间布置一条抽水线，通过抽水使之形成阻止咸水向内陆运移的“抽水槽谷”。抽出的咸、淡混合水，如不能使用，则排入海中。这种方法较之前一种方法的优越之处，是不需补给水源。这种防止海水入侵的方法，在荷兰沿海的淡水沙丘带得到了广泛的使用（图 4-6）。

(5) “注水和抽水相结合”的方法　一般是将抽水槽布置在靠近海岸的地方，将注水井布置在靠近开采水源地的一侧。

(6) 修建“地下挡水墙”　这种方法主要用于咸水沿着狭窄透水通道入侵的地段。例如日本长崎县西北杵郡的桦岛，曾在沟道的入海口附近含黏土的沙砾石层中建造了阻止海水入

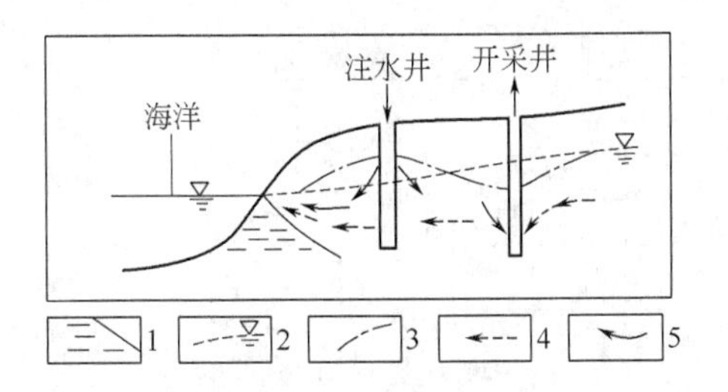

图 4-5　补给水丘（或淡水屏障）示意图

1—咸水体；2—开采前的天然地下水位；
3—采取注水后的地下水位；4—天然状态下地下水流向；5—采取注水抽水后的地下水流向

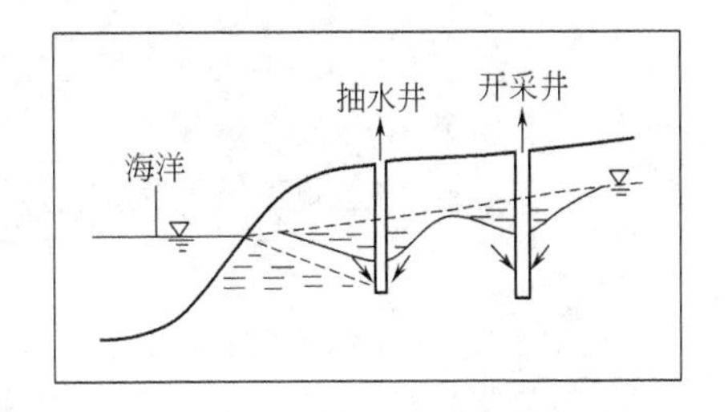

图 4-6　抽水槽示意图

（图例同 4-5）

侵的灌浆帷幕。在其上游侧形成了人工地下水库，使地下淡水的开采量由原来不到 200t/d，增加到 288t/d 以上。

除以上措施外，在某些情况下，削减水源地的开采量、减小开采水位降深及防止水位降落漏斗扩展至外围劣质水体等，也会对防止劣质水体入侵有一定作用。但是，这种措施的效果是有限的。例如海岸地带的水源地，即使将动水位保持在海平面之上，也难防止深层咸水形成的“上升锥”向水井移动。

（7）监测预测　建立地下水动态监测网进行水位、水化学监测，必要时辅以海水水文动态监测。根据海水入侵的形成机制和入侵规律，预测海水入侵速率、规模和危害范围，从而为有效防治海水入侵提供科学依据。

第二节　废物处置环境地质

工农业生产过程中产生大量的液体废物和固体废物，对其处置方法有多种，但最终都必定排放到地面上，或者埋藏于地层深处或深海海底。排放到地面上是大多数废物最后的归宿。大自然对各种污染物有着巨大的自然净化能力，人们已经把它作为一个天然处理场。但是，为了保护地表的环境质量和生态平衡，必须设计最合理系统，选择最优的处理地点，其中最重要的是选择合适的地质和水文地质条件，使废物处理达到最优的净化效果，使地下水污染减少到最低限度。

一、污水土地处理

通常未经任何处理的污水称为原始污水；原始污水经简单的沉淀或过滤，以及适当的曝气，除去污水中的悬浮和非悬浮固体，称为一级处理污水（简称一级污水）；使一级污水通过有活性污泥的曝气池及沉淀池等方法进行生化处理，除去呈溶解或悬浮状态的有机物，这种污水称为二级处理污水（简称二级污水），二级处理污水绝大部分悬浮物被去除，去除 BOD 的 80%～90%，一般污水只作二级处理；三、四级污水处理（又称高级处理）是用各种物理、化学及生物方法进行的特殊处理，主要用以去除磷、氮、难以生物降解的有机物、矿物质、病原体、较危险的污染物等，因其处理费用很高，一般很少使用。城市生活污水三级处理系统见图 4-7。

早期，二级污水直接排入地表水系统，这就产生了 20 世纪 60 年代及 90 年代西方发达国家严重的地表水污染。近十多年来，人们为了减少地表水的污染而使用污水土地处理

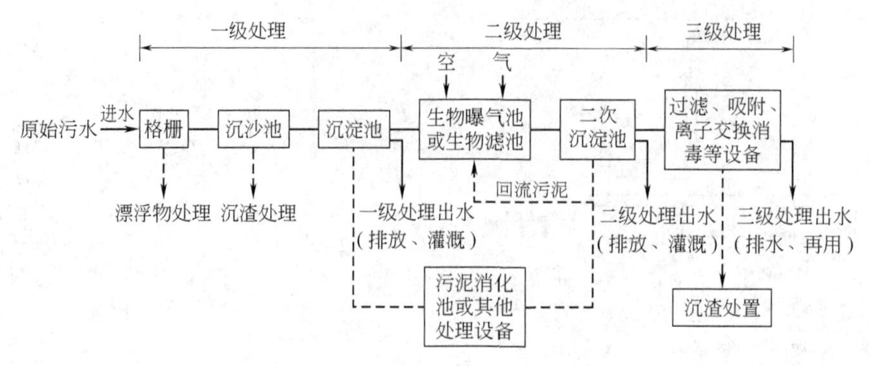

图 4-7　城市生活污水三级处理系统

系统。

污水土地处理方式（如图 4-8 所示）通常有四种，即污灌（慢速渗滤）、斜地慢流、快速渗滤和地下渗滤系统。

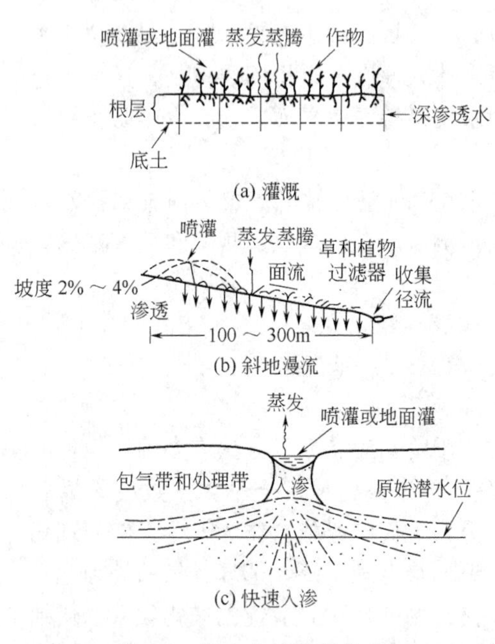

图 4-8　污水土地处理方式

1. 污灌（慢速渗滤）

污灌和慢速渗滤实际上是类似的污水处理方式，只是处理目的不同。污灌主要是把污水直接施用于种植农作物的土地上及牧场、森林地区，其目的是利用污水作为灌溉水源，其中的营养组分作为植物的肥料，同时利用土壤的净化能力又使污水得到处理利用，因此，它是我国和许多国家目前广泛使用的处理污水的一种形式。一般来讲，污灌的净化效果较好，主要是由于水力负荷小，污水渗透缓慢，使得各种物理、化学及生物作用反应充分，同时还有植物对污染物的摄取，所以它对 BOD、SS（悬浮固体）、粪便大肠菌、P（磷）和重金属的去除是相当有效的，其下渗出水一般不会有上述组分的污染。但是，由于包气带地质结构及岩性的差异，氮和有机污染物有时可污染地下水。因此，应注意合理规划污灌区位置，在表土层薄或渗透性大的潜水地段、地下水的补给区和水源地附近不适宜进行污灌。

慢速渗透的目的纯粹是为了处理污水，而不是满足农作物需水量的要求，这种方法只有具有大片荒地的地方才适用。

2. 斜地漫流

斜地漫流是把污水喷灌到有植物及草生长的斜坡顶部，斜坡坡度最好是 2%～8%，植物生长茂密的斜坡其坡度可稍大些，斜坡长度一般应大于 30m，坡地表层最好是渗透性差的土壤，如黏土、粉质黏土等黏性土，具有中等渗透性的土壤亦可。使用的污水可以是原始污水、一级或二级污水。在斜坡的最下部通过径流收集渠收集处理过的污水。此方法的目的主要是处理污水，为了再用或者处理后排入河道以减轻地表水的污染。

污水在向下流动过程中，产生各处物理、化学及生物作用，污染物被去除。其中 BOD（生化需氧量）去除率约 50%，处理后浓度一般 <15mg/L。SS（悬浮固体）的去除率较高，

一般向下流动几米后绝大部分已被去除，处理后的浓度一般＜20mg/L。氮的去除主要是通过植物摄取、硝化-反硝化作用，以及氨的挥发作用，处理后的总氮浓度一般小于40%，磷主要是通过吸附以及与Ca、Fe和Al形成沉淀被去除，去除率一般为40%～60%，其最后浓度一般小于8mg/L。微量金属的去除主要通过吸附和沉淀，其去除率一般为60%～90%。由于这种处理方式处理地点下伏土壤渗透性差，所以对地下水污染较小。

3. 快速渗滤

污水快速渗滤亦简称RI系统（papid infiltration system）。它主要的目的是处理污水，通过该系统净化的污水，或者用于补给地下水（亦称为污水回灌），或者收集系统净化的污水再用于工农业供水。所以快速渗滤既是污水土地处理的一种重要方式，也是污水资源化的重要手段。

（1）快速渗透系统的设计和方法　根据处理地点的地形、地质和水文地质的差异，可设计成图4-9所示三种方式：①把渗滤场设计在河谷两岸比较高的阶地或超河漫滩上，使经该系统净化的污水直接排泄到地表河流里［图4-9(a)］。该系统设计的主要目的是减轻地表水的污染。②在潜水埋深较浅地区，为了防止经系统净化的污水扩展到周围含水中去，可通过埋设地下排水管，收集净化污水［图4-9(b)］。③在潜水埋深较大地区，为了防止经该系统净化的污水扩展到周围含水层去，可通过回收井收集净化污水［图4-9(c)］。

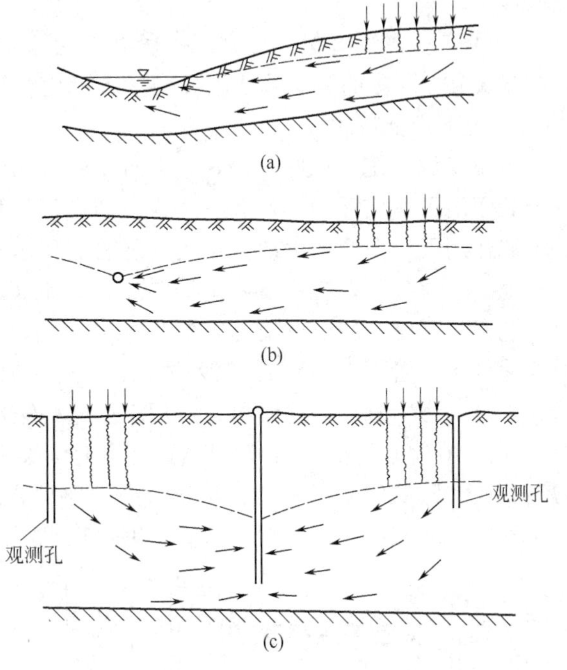

图4-9　各种快速渗滤系统

快速渗滤系统采取淹水及落干相交替的方法。其目的是改善污水净化效果，保持长时期的最大渗透速度。落干的目的是使渗滤区下面的土壤在落干期内通气，使氧进入土壤剖面，促进一些污染物的氧化和分解，并使沉淀于表层的悬浮固体干燥，便于及时清除。因此干燥期要长到足够使氧进入整个包气带剖面。淹水的目的主要是使污水向下渗滤，其时间的长短，一个重要的衡量指标是使渗滤区下土壤的氧被消耗完，形成还原环境，同时也还应考虑土壤性质（CEC大的，淹水期可长一些，反之则短）。一次淹水加一次落干为一个水力循环。淹水时间与落干时间之比随快速渗滤系统而变，但是，几乎所有的系统均是淹水时间小于干燥时间，其比值均小于1。

（2）快速渗滤系统的水文地质条件　快速渗滤系统对水文地质条件的要求是：包气带的土壤及沉积物必须具有较好的渗透性，较理想的是细沙、粉细沙。在包气带的岩性结构上，最理想的是整个剖面都是比较均质的细沙或粉细沙，其厚度至少1m以上，其下可以是更粗结构，这样可避免污水的悬污固体向深处迁移，避免深层的堵塞。应尽量避免包气带有透水性不好的黏性土层，以免减少水力负荷。但应有一定含量的黏粒及有机质，这样才有利于通过吸附去除污染物。此外，潜水埋深至少大于1m，包气带太薄既不利于污染物的净化，也缺乏回灌空间，影响渗入速度。

(3) 快速渗滤系统的净化效果

① BOD（生化需氧量）和 SS（悬浮固体）。快速渗滤系统对 BOD 和 SS 的去除是很有效的，一般达 85%以上。其中 SS 主要通过过滤去除，溶解性 BOD 通过土壤吸附或微生物降解去除。

② 氮。污水中氮的主要形式是 NH_4-N，其次是有机氮，在铵化作用和硝化作用充分的前提下，氮的去除主要是通过反硝化作用使 NO_3-N 变为气态氮逸散。氮的去除率取决于水力负荷循环方式、入渗速度、阳离子交换容量、污水中的 C/N、硝化及反硝化菌的繁殖、温度等多种因素。氮的去除率一般为 30%～70%。

③ 细菌和病毒。去除细菌比较有效，其机理主要是过滤和吸附。在净化水中，粪便大肠菌的平均值为 10 个/100mL，渗滤区表层被悬浮固体和藻类堵塞后，细菌的去除更有效，或者净化水横向流动一定距离后，几乎可以全部把细菌去除。病毒去除情况目前研究较少。

④ 微量金属及有机化合物。一般城市污水的微量金属含量很低，它主要通过吸附使重金属聚集在 1m 内的表层沙土里。微量有机化合物的去除目前研究得还很少。

4. 地下渗滤系统

地下渗滤系统（subsurface wastewater infiltration system，SWIS）是将污水有控制地投配到距地表一定深度、具有一定构造和良好扩散性能的土层中，污水在土壤的毛细管浸润和渗滤作用下，向周围运动且达到处理利用要求的土地处理工艺。

地下渗滤处理系统主要有土壤渗滤沟、地下毛细管浸润沟和浸没生物滤池-土壤浸润复合工艺三种类型，属于就地处理的小规模土地处理系统。地下渗滤处理系统，投配污水缓慢地通过布水管周围的碎石和沙层，在土壤毛细管作用下向附近土层中扩散。在土壤的过滤、吸附、生物氧化等的作用下，污水中的污染物得到净化，其过程类似于污水慢速渗滤处理过程。由于负荷低，停留时间长，水质净化效果非常好，而且稳定。投配污水一部分被植物吸收或经蒸散作用损失，一部分则渗入地下。地下渗滤处理工艺的水流途径如图 4-10 所示。种植的地表绿地植物由于水、肥供给充足，生长良好且生长期长。

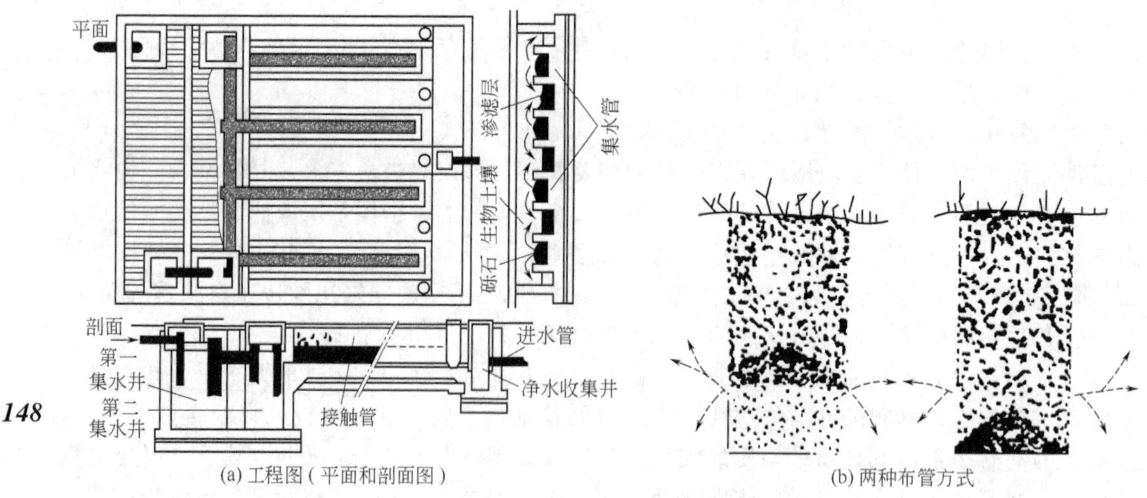

图 4-10　污水地下渗滤系统

地下渗滤系统的优点：布水系统埋于地下，不影响地面景观，适用于分散的居住小区、休假村、疗养院、机关和学校等小规模污水的处理，并可与绿化和生态环境的建设相结合；

运行管理简单；氮磷去除能力强，处理出水水质好，处理出水可用于回用。

地下渗滤系统的缺点：受场地和土壤条件的影响较大；如果负荷控制不当，土壤会堵塞；进、出水设施埋于地下，工程量较大，投资相对比其他土地处理类型要高一些。

二、固体废物的土地处理

固体废物常采用的土地处理方法是填埋、填坑和地表堆放。最常用的方法是土地填埋。但如果处理地点选择不当，往往成为地下水的点状污染源。其污染范围长度大的可达几千米，深度可达几十米。它通常可使地下水的 Cl^- 含量及硬度升高，有的可检出几十种有毒有机化合物，或者是重金属。其成分相当复杂，视所排放的废物而异。此外，污染延续时间长，少的几十年，长的几百年。

为了尽量减少固体废物对地下水的污染，固体废物排放地点的最佳水文地质条件为：

① 潜水埋深较大，包气带岩性为透水性差的细粒结构，目的是为了提供足够的净化空间、较强的净化能力。埋深多大合适，视具体条件而定，多为 1～10m。在黏性土层很薄的地区，即使潜水位埋深较大，也不易排放固体废物。

② 在地下水补给地表水的河谷地区，应尽量使填埋地点靠近地表水，使受固体废物淋滤液污染的地下水向河水排泄，以减小对地下水的污染。

③ 在废弃采石坑及表层黏性土很薄的基岩山区，应禁止固体废物的排放。

④ 排放地点最好不放在可作为饮用水开采的含水层地区。如无合适地点，则排放地点必须离供水水源地有一定距离，其距离长短以不污染地下水为原则。

由于种种原因，许多垃圾土地填埋常位于不利的水文地质结构。为了防止或减轻其淋滤液对地表水或地下水的污染，往往采取一些工程措施，如用钻孔或沟渠收集淋滤液进行再处理后排入地表水体，或者在填埋垃圾的坑底敷设厚塑料布和防渗黏土层，防止淋滤液下渗。

填埋场的结构构造按填埋废物类别和填埋场污染防治设计要求及原理，可分为衰减型、封闭型、半封闭型三种。

(1) 自然衰减型填埋场　自然衰减型土地填埋场是允许部分渗滤液由填埋场基部渗透，利用下包气带土层和含水层的自净功能来降低渗滤液中污染物的浓度，使其达到能接受的水平。理想的自然衰减型填埋场土层分层结构如图 4-11 所示。

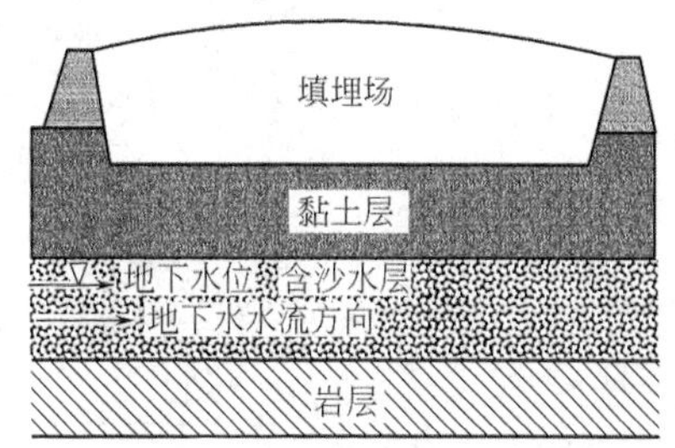

图 4-11　理想的自然衰减型填埋场土层分层结构

由于自然衰减型填埋场对场地周围的地下水存在影响，适用于处置小规模的一般固体废物。

(2) 全封闭型填埋场　全封闭型填埋场（如图 4-12所示）是将废物和渗滤液与环境隔绝开，将废物安全保存数十年甚至上百年。全封闭填埋场的基础、边坡和顶部均需设置密封系统，顶部设置入渗水收排系统，底部设置渗滤液收集主系统和渗漏渗滤液收排系统，对收集的渗滤液进行妥善处理处置，认真执行封场及善后管理，从而达到使处置的废物与环境隔绝的目的。全封闭型填埋场适合于大规模的，特别是危险废物的处置。

(3) 半封闭型填埋场　半封闭型填埋场介于自然衰减型填埋场和全封闭型填埋场之间。顶部密封系统一般要求不高，自然降水有部分进入填埋场；底部一般设置单密封系统和在密封衬层上设置渗滤液收排系统，部分渗滤液渗透进入下包气带和地下含水层，大部分渗滤液可被收集排出。

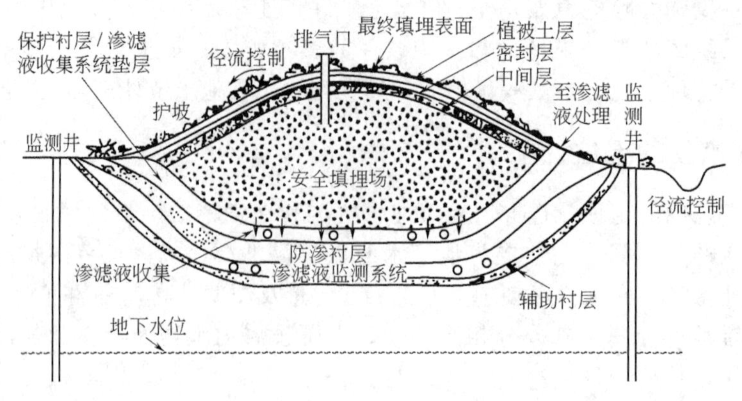

图 4-12　全封闭型安全填埋场剖面图

三、放射性废物的地质处置

放射性废物也称核废物，按其物理状态可分为液体的、气体的和固体的；按其放射性活度可分为低放射性废物和高放射性废物。放射性废物主要来自核废物（核电站、核工业、核试验、医疗等产生的废物）。目前，放射性废物（核废物）的处置已成为人们极为关注的问题，一般中低放射性废物要求 300～500 年的安全期，而半衰期长的放射性废物，要求至少 1000 年的安全期，在安全期内，放射性废物（核废物）中的同位素逐渐衰减到人类可以接受的限度内。因此，放射性废物（核废物）处置工程是否永久、安全、可靠关系到能否保护生物圈环境免遭放射性污染（核污染）的威胁。

放射性废物的基本特点是不能用任何化学的、生物的和一般的物理方法破坏，只能是通过其自身衰变转化为无害，而不可能主动地使其转化为无害。因此，目前处置的基本原理，只能是分类并利用环境巨大的容纳和隔离能力，发展地质屏障和密封技术。

按有关规定，对放射性废物的处理和处置应严格管理和控制，构成一个完整的处理处置体系（图 4-13）。

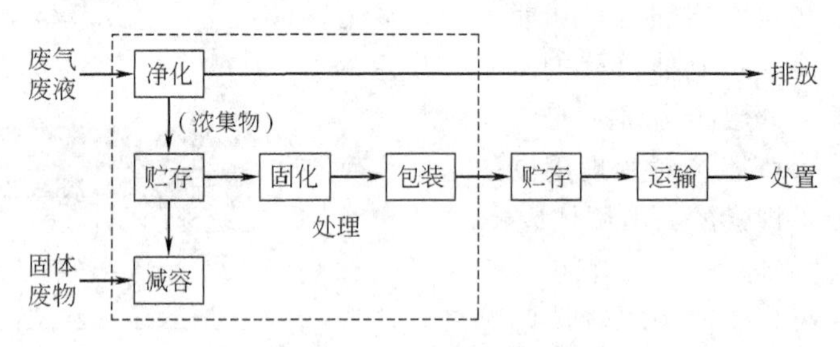

图 4-13　放射性废物处理处置体系

（据李学群等，1998）

放射性废物（核废物）的处置可分为地质处置和非地质处置两种方式。目前使用较多的是地质处置。

地质处置是在一定深度的地壳内建造一个贮存库（场），将放射性废物经包装后永久放置在贮存库（场）内，利用地质体作为处置介质，对放射性废物进行密封，以阻止其迁移、泄漏，进而达到隔离的目的。地质处置又可分两种：①浅地层埋藏处置，是指在地表以下 50m 以内，具有防护覆盖层的工程屏障浅埋处置；②深地层处置，主要指地表 50m 以下的深岩层处置或深井灌注。

1. 低中放射性废物的安全处置

低中放射性废物主要是反应堆、后处理厂、核研究中心、放射性同位素应用单位、医疗机构以及核燃料循环等产生的核废物。其主要放射性同位素有：^{226}Ra、^{230}Th、^{238}U、^{40}Co等，一般它们需要几百年时间才能衰变成放射性含量很低、对人类无害的废物。

对于低中放射性可燃废物，应先使用焚烧减容，对焚烧产生的烟气要严格净化，剩余灰分须细心收集进行固化处理。对不可燃废物，也应压缩减容处理。对于退役核设施、零件、工具，要选择合适的去污染液清洗，合格后，有的可重复使用，有的只能进行再熔化处理，作为废金属回收利用。而对于粉粒状的（如焚烧炉灰）污泥等固体废物，还必须进行固化技术处理，以适应最终处置的需要。对中低放射性废物的固化技术主要有：水泥固化、沥青固化、水玻璃固化等，应视废物性能特点而分别采用。由于固化过程常常会使废物体积增大，增加运输困难，因此，固化前一定要进行减容处理。

目前，对中低放射性废物一般采用浅地层埋藏处置，可埋在地表或埋在地下或进行地下处理。它实质是依靠土层的吸附作用和屏蔽作用来阻止同位素的迁移而实现隔离的，因简单、经济而广为采用。

在浅层地下水区储存或排放低中水平放射性废物的方法参见图 4-14。

① 废物放在地面上的混凝土或钢结构容器内，而后用黏性土覆盖。

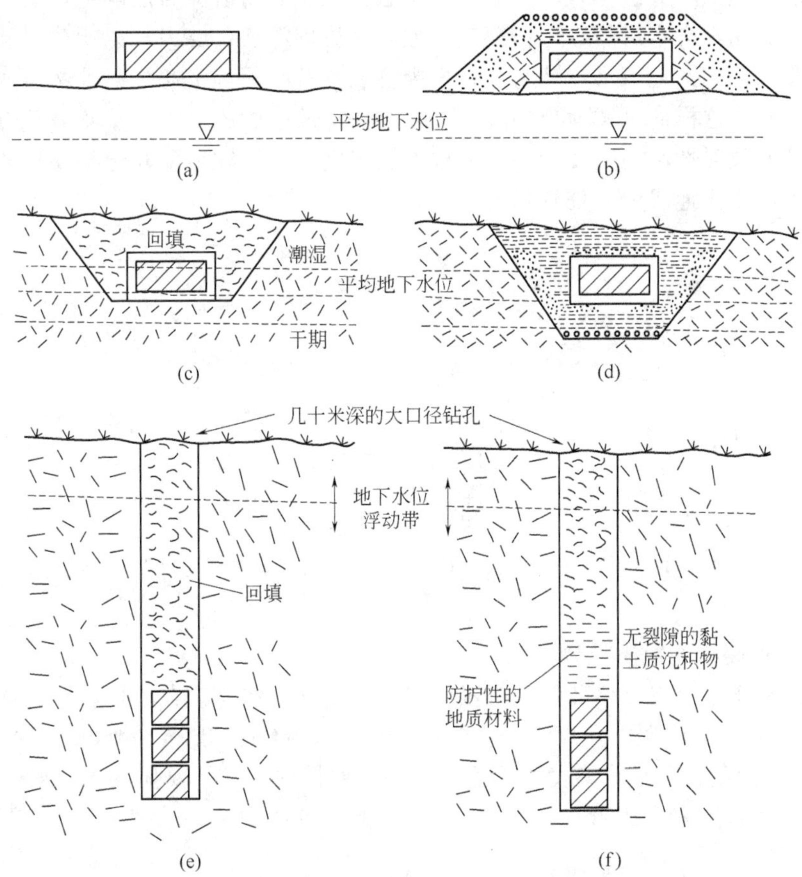

图 4-14 在浅层地下水区储存或排放低中水平放射性废物方法的示意图

(a) 在地面上以容器储存；(b) 具有地质材料保护层的地面容器储存；

(c) 浅层埋藏，上面回填；(d) 在沟道中浅层埋藏；(e) 具有回填的较深埋藏；

(f) 在大口径井孔中的较深埋藏，井孔具有较高阻滞作用的地质材料防护

② 将废物储存在地表以下几米的容器里，具体又可分为简易沟槽式和混凝土结构式。而后用开挖的土或者用人工设计的物料回填。压实后再覆盖多层土壤，至少在 2m 以上，达到辐射屏蔽保护要求。

③ 放置放射性废物的容器埋藏在孔深 10～20m 的大钻孔里，或用原土回填，或用膨润土回填。

④ 在一定深度天然岩洞或人工水平坑道、废矿井中处置低中放射性废物。这种方法比浅地层埋藏具有更好的隔离能力，但要求坑道主要岩石稳定、完整、渗透性差、隔水性好。

⑤ 废物井孔灌注，即通过灌注把废物贮存在合适的地质体内，使其与地表环境及水循环隔绝。灌注地点的地质、水文地质条件是废物井孔灌注成败的关键，其中最重要的两个条件是：a. 灌注层应有足够的空隙度、透水性和区域范围，最好把灌注层选择在层厚、分布范围大、具有裂隙或溶隙的沙岩、灰岩和白云岩上。b. 灌注层外围应由不透水层封闭，其作用是安全地封存灌注层内废液。一般，透水性很小无裂隙的页岩、黏土岩、板岩、无水石膏层等均可作为封闭层。

通常，浅埋藏处置中低放射性废物对岩石类型、地质构造条件、环境水文地质条件、环境地球化学条件及社会条件等方面要求是十分严格的。从环境地质观点来看，应选择具有下述条件的地点处理低中放射性废物：第一，构造稳定，并与裂隙岩层隔绝；第二，没有直接进入生物圈和饮用水含水层的通道；第三，地下水位埋深要足够大，以便放射性废物完全位于非饱水带里；第四，地下水流速与放射性废物衰变及吸附等引起放射性物质的迁移的迟后现象明显。只有在这样的水文地质环境里，才能保证放射性废物在几十年或几百年内不危害环境。因为某些放射性废物衰变到很低的放射性强度时，往往需要几十年甚至几百年。我国大亚湾核电站废物浅地层埋藏处置场见图 4-15。

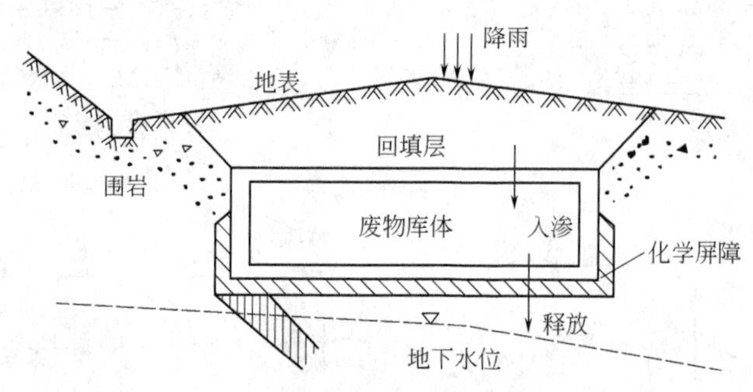

图 4-15　大亚湾核电站废物浅埋处置场纵剖面示意图

（据李宽良，1997）

2. 高放射性废物的地质处置

高放射性废物是核燃料循环最后阶段所产生的废物，多是废弃的核燃料。这种废物含有半衰期极长的多种放射性同位素，如：^{90}Sr、^{137}Cs、^{238}Pu、^{239}Pu、^{240}Pu、^{240}Am、^{241}Am、^{243}Am 等。这些放射性同位素衰变可产生另外的放射性同位素。要使上述放射性同位素衰变到安全水平，有的需要几万年或更长时间，所以对当代和今后人类环境直接和潜在危害极大。

此类废物的地下地质储存必须使放射性同位素没有进入生物圈及地下含水层的可能性，储存库不受强烈地震和构造活动的影响。因此要求储存库地点的地质构造是稳定的，具有超低渗透性的巨厚岩层。对高放射性废物，一般是采用深地层处置（图 4-16）。目前国内外采用的方法主要有以下四种：①深部盐层处置，如联邦德国利用钾盐旧矿坑处理高放射性核废物；②深部结晶火成岩层处置；③利用深部页岩层处置；④利用干旱地区的巨厚非饱水带处置。另外，在合适的地质-水文地质条件下，也可采用深井灌注的方法处理高放射性废物。从理论上讲，为了处置的安全可靠，最好采用多重屏障。但重要的是减容，并积极探索人工密封材料和密封技术，如塑料固化、玻璃固化，增强废物的稳定性，而后再进行深地层处置。

深地层处置主要考虑的仍是安全、稳定因素，主要有：①区域地壳稳定性；②岩体完整性；③水文地质条件适宜；④地表水体少，径流动态稳定；⑤气候少雨、强蒸发；⑥人口稀少；⑦不危及自然保护区及珍稀动植物；⑧区内可利用自然资源少；⑨易解决土地所有权；⑩交通方便以及社会舆论等等。但无论怎么看，事实上要实现多重屏障作用，将高放射性废物与人类环境永久隔离，依赖天然地质环境条件是第一位的。

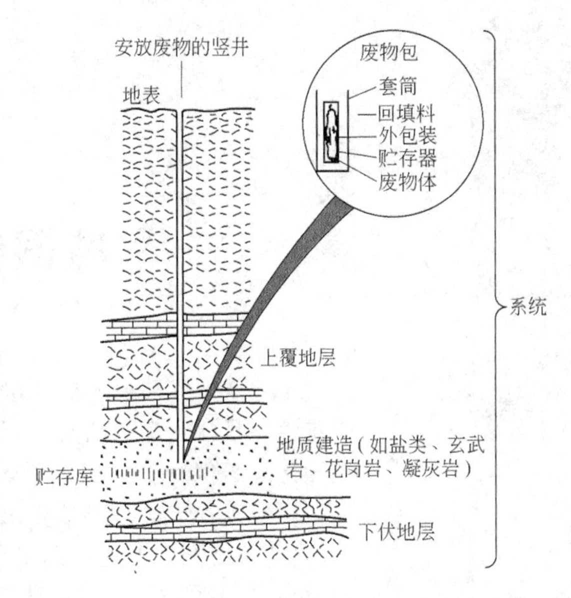

图 4-16　理想的核废物地质隔离系统概略剖面
（引自刘传正，1995）

复 习 思 考 题

1. 试述地下水开发利用引起的环境地质负效应的含义，并举例说明。
2. 地下水持续下降的原因是什么？具体原因有哪些方面？
3. 区域地下水位下降有哪些危害？请举例说明。
4. 地下水位持续下降为什么能引起地面沉降？
5. 如何防治地下水位持续下降。
6. 试述地下水质恶化的概念及特征。
7. 试说明地下水质恶化的原因和防治措施。
8. 试述海水入侵的概念和危害。
9. 试述吉本-赫尔兹伯格公式的意义。
10. 如何防治海水入侵？
11. 简述污水处理的分级。
12. 试述污水土地处理的方式、适用条件和优缺点。
13. 简述固体废物土地处理的选址及填埋场的类型。
14. 试述放射性废物的特点、处置要求和处置方法。
15. 如何对低中放射性废物和高放射废物进行处置？

第五章 土地退化环境地质

土地是地球陆地表层土壤，是人类赖以生存和发展的物质基础和环境条件，是社会生产活动中最基础的生产资料，是重要的自然资源。我国国土总面积约960万平方公里，占世界土地总面积的7.2%，居世界第三位，但人均土地面积0.77hm^2（公顷），仅相当于世界平均水平的1/3。据2006年度全国土地利用变更调查结果，我国现有耕地12177.59万公顷（18.27亿亩），全国人均耕地只有927m^2（1.39亩），不足世界平均数的43%。耕地是关系国计民生的最重要的土地资源，是生存之本，由于我国人口众多，山地面积大，山地丘陵面积占总面积的2/3，农用土地资源比重小，后备耕地资源不足，因而人地关系相当紧张。加之近十几年来，一些地区对土地没有合理利用和保护，甚至进行掠夺性经营，毁林造田，毁草造田等，导致土地资源严重退化，主要表现是土地沙漠化、水土流失、盐碱化等，使其丧失了土地的基本功能，导致生产力下降，甚至使环境恶化。对此必须高度重视，有效防治，切实保护好土地。本章主要对土地沙漠化、水土流失、盐碱化及防治进行简要阐述和讨论。

第一节 土地沙漠化

一、土地荒漠化

土地荒漠化是指气候干旱，降雨稀少且多变，植被稀疏、土地贫瘠的自然地带，意为荒凉之地。1994年6月联合国《防治荒漠化公约》政府间谈判委员会第五轮会议上将土地荒漠定义为“由于气候变异和人类活动在内的种种因素造成的干旱、半干旱和亚湿润干旱地区的土地退化”。

荒漠化主要分布于中低纬度的干旱区和半干旱区，另一部分分布在高纬度寒冷地区，它是由于低温引起的生理干旱、植被贫乏的地区，为荒漠的特殊类型，称之为“寒漠”。本节所指荒漠，主要是干旱、半干旱区的荒漠。

荒漠化是客观存在的一个土地退化问题，而且有着明显的景观特征。根据发生荒漠化的地貌部位、作用营力和成因机制，可将荒漠化分为风蚀荒漠化、水蚀荒漠化、土壤理化特性退化、自然植被长期退化及耕地的非农业利用等（表5-1）。

表 5-1　我国荒漠化类型

类　型	作用机制	亚类型
风蚀荒漠化	空气动力，人为作用	沙质荒漠化 砾质荒漠化
水蚀荒漠化	降水、重力作用，人为作用	水土流失 冻融滑坡（冻融侵蚀） 重力坍塌
	元素迁移，聚集，人为作用	盐渍化和次生盐渍化 碱化
土壤理化特性退化	物理作用，人为作用	土壤酸化 土壤板结 土壤龟裂 土壤潜育化
	土壤污染	有机物和无机物污染 农药及化肥污染
植被的长期退化	自然＋人为	放射性物质、工矿废弃物的污染 草场退化 林地退化
耕地的非农业利用	人为作用	生物多样性减少 工矿，交通道路，灌渠

注：据慈龙骏，1998，略有修改。

风蚀荒漠化是以空气动力为主的自然营力和人类活动共同作用下造成的土地退化过程。风蚀荒漠化土地包括湿润指数在0.05～0.65之间的沙地和沙质物质覆盖的各类可利用的土地，以及地质时期形成的具有潜在生物生产力的沙漠、戈壁。水蚀荒漠化是由于自然因素和人为因素共同作用导致水土流失而出现的土地退化过程。土壤理化特性退化主要是由于自然营力引起的元素迁移、聚集和人类不合理灌溉或管理措施不当而产生的土地退化过程，其中以土壤盐渍化最为明显。其中与地质作用关系密切、危害严重、分布广泛的是沙质荒漠化、水土流失和土壤盐渍化。本节主要阐述沙质荒漠化（即土地沙漠化）。

根据荒漠地貌特征和组成物质的不同可将荒漠化分成岩漠、砾漠、沙漠和泥漠四种类型。其中沙漠分布最大、危害最大，是研究和讨论的主要对象。

全球有100多个国家和地区的近10亿人受到荒漠化的危害，其中1.35亿人在短期内有失去土地的危险。据统计，全球约$36\times10^6 km^2$耕地和牧场受到荒漠化的威胁，荒漠化每年造成的直接经济损失高达420多亿美元。荒漠化不仅对人类生存、生活环境造成严重危害，而且是导致贫困、社会动能和阻碍经济、社会可持续发展的重要因素。为了提高全人类对防治荒漠化重要性的认识，唤起人们防治荒漠的责任感，1994年12月19日，第四十九届联合国大会通过决议，决定从1995年6月17日起，每年的6月17日为“世界防治荒漠化和干旱日”。

中国是世界上荒漠化面积较大、危害严重的国家之一，全国荒漠化土地面积为$262\times10^4 km^2$，占国土面积的27.3%，即已有近1/3的国土受到荒漠化危害，遍及13个省（自治区、直辖市），包括90个整体沙区县、508个部分沙区县，近4亿人口受其影响。据测算，中国每年因荒漠化而造成的直接经济损失达541亿元。与此同时，中国沙质荒漠化土地仍以$2460km^2/a$的速度扩展，相当于每年损失一个中等县的土地面积。尤其是在干旱、半干旱和亚湿润干旱地区，受荒漠化影响的范围更大，荒漠化土地所占比例已接近80%。与人民生活直接相关的草地和耕地的退化已相当严重，草地的退化率已达56.6%，耕地的退化率也超过30%。天然林和人工林也受到严重威胁，出现大面积退化以至衰亡。50年来，中国已有6653.3km^2耕地、23453.02km^2草地和63772.4km^2林地变成流沙地。风沙的步步紧逼，使成千上万的农牧民被迫迁往他乡。

我国北方荒漠化面积目前已达208.36万平方公里，占国土总面积的21.70%，其中沙质荒漠化面积（包括沙地，不包括沙漠）为90.77万平方公里，而且正以每年3600km^2的速度继续扩展，水蚀荒漠化面积为98.95万平方公里，盐碱化面积为18.64万平方公里。

中国荒漠化土地主要分布在西北、东北、华北地区的13个省（自治区、直辖市）。新疆维吾尔自治区是中国荒漠化土地面积最大、分布最广、危害最严重的省区，也是世界上严重荒漠化地区之一。青海省荒漠化土地面积占全省总面积的20.1%，荒漠化土地主要分布在柴达木盆地、共和—贵德盆地、青海湖环湖地区和长江、黄河水源头地区。

最近20多年来，中国在农牧交错带耕地的荒漠化面积扩大了近50000km^2，平均每年扩大约2500km^2。从致灾因素看，由于过度放牧导致的荒漠化土地面积占34.55%，过度垦殖占7.45%，采樵占38.00%。

二、土地沙漠化及成因

1. 土地沙漠化及分布

土地沙漠化，就是沙质荒漠化，是指非沙漠化土地演变成沙漠或沙地的自然过程。换言之，土地沙漠化是指在沙质地表产生的土壤风蚀、风沙沉积、沙丘前移及粉尘吹扬等一系列过程和现象。其结果是土地退化、生产力降低，可利用土地资源丧失及生态环境恶化，从而严重干扰人类的正常生活和经济活动，掩埋村舍，阻断交通，危害极大。

中国沙质荒漠化灾害主要发生在干旱、半干旱地区及部分湿润、半湿润地区，在农牧交错地带尤为严重。中国现有沙漠及沙化土地主要分布在北纬35°～50°之间的内陆盆地、高原，形成一条西起塔里木盆地，东至松嫩平原西部，东西长4500km、南北宽约600km的沙漠带。沙质荒漠化涉及内蒙古、新疆、青海、甘肃、宁夏、陕西、山西、河北、辽宁、吉林和西藏等12个省区。中国沙漠化土地总面积153.3$\times 10^4 km^2$，占国土总面积的15.9%，占全国耕地、草地总面积的32.4%；其中已发生沙质荒漠化的土地约17.96万平方公里（表5-2），潜在沙质荒漠化农田和草场面积135.34万平方公里。此外，在我国湿润、半湿润的广大地区还零星分布岛状沙质荒漠化土地3.7万平方公里。与此同时，中国土地沙漠化仍以2460km^2/a的速度在扩展，相当于每年损失一个中等县的面积。土地沙漠化影响全国12个省区的212个县（旗）、近3500万人口和近1亿亩耕地与牧场。风沙灾害每年给我国造成的经济损失高达540亿元。

根据沙漠化土地的分布特征，可将中国沙漠化土地分为干旱地带沙漠化区、半干旱地带沙漠化区和半湿润地带沙漠化区。

（1）干旱地带沙漠化区　干旱地带沙漠化区主要分布在一些沙漠边缘的绿洲附近及内陆河中、下游沿岸地区。前者与绿洲地区人为采樵活动破坏沙漠边缘半固定、固定沙丘上的植被有关，后者与河流中、上游过度利用水、土资源有关。其分布多为各不相连的小片状，如塔克拉玛干沙漠西南边缘诸绿洲、河西走廊诸绿洲附近的沙质荒漠化。

表 5-2 中国沙质荒漠化土地的分布

地区		总面积/km²	正在发展中的沙漠化土地/km²	强烈发展中的沙漠化土地/km²	严重的沙漠化土地/km²
半干旱草原及干旱荒漠草原地带	呼伦贝尔	3799	3481	275	43
	吉林西部	3374	3225	149	
	科尔沁沙地	32577	23925	5852	2800
	河北坝上地区	7129	6699	430	
	锡林郭勒及察哈尔草原	16862	8587	7200	1075
	后山地区(乌兰察布市)	3867	3837	30	
	前山地区(乌兰察布市)	784	256	320	208
	晋西北及陕北地区	21738	8964	4590	8184
	鄂尔多斯(鄂尔多斯市、乌兰察布市)	22320	8088	5384	8848
	河套及乌兰察布北部	2432	512	912	1008
	狼山以北地区	2174	414	1424	336
	宁夏中部及东南部	7687	3262	3289	1136
干旱荒漠地带	贺兰山西麓山前平原	1888	632	1256	
	腾格里沙漠南缘	640		640	
	弱水下游地区	3480	344	2848	288
	阿拉善中部	2600	392	2208	
	河西走廊绿洲边缘	4656	560	2272	1824
	古尔班通古特沙漠边缘	6248	952	5296	
	塔克拉玛干沙漠边缘	24223	2408	14200	7615
青藏高原	青海共和盆地	4926.1	3246.7	651.1	1028.3
	柴达木盆地山前平原	4400	1136	1824	1440
	西藏“一江两河”	1860.9	529.6	752.8	578
总计		179665	81450.2	61802.9	36411.9

注：据《中国地质灾害防治》图集，引自中国科学院兰州沙漠研究所。

(2) 半干旱地带沙漠化区　半干旱地带沙漠化区主要分布在内蒙古中、东部以及河北、山西、陕西的北部地区，常见于草原和固定沙地的外围地区，是中国沙质荒漠化扩展最严重的地区。草原周边的沙质荒漠化是由于过度采樵、放牧或垦草种地而造成的，如河北的坝上、内蒙古的后山及科尔沁草原等。由于不合理开发水资源而导致固定沙地或沙丘活化是其外围地区发生沙质荒漠化的主要原因，如科尔沁、毛乌素及呼伦贝尔等沙地周边的沙质荒漠化。

(3) 半湿润地带沙漠化区　半湿润地带沙漠化区呈斑点状分布在嫩江下游、松花江中游平原上，在黄淮平原及滦河下游平原区也有分布，均系沙质古河床、阶地及漫滩等因过度采樵、植被遭受破坏而形成的。

从沙质荒漠化发生的性质来看，有 42.2%的沙质荒漠化土地属于非沙漠地区发生类似沙质荒漠景观的土地，它们与原生的沙质荒漠毫无关系，如乌兰察布草原及冀北的坝上沙质荒漠化土地。另有 52.3%面积的沙质荒漠化土地是因过度放牧及采樵导致沙丘活化而造成的，如浑善达格沙地、科尔沁沙地和毛乌素沙地等。其余的 5.5%系原生沙漠边缘的沙丘在风力作用下前移入侵所造成的，如塔克拉玛干沙漠西南（皮山）和东南（且末）边缘等地。

2. 土地沙漠化的成因

沙质荒漠化是人类强烈经济活动与脆弱生态环境相互影响、相互作用的产物。气候变异和人类活动是沙质荒漠化的两个重要影响因素。其中气候干旱是决定因素，风是主要因素，松散沙质沉积物是物质基础，人类活动影响是外在激发因素。

① 在产生沙质荒漠化的自然因素中，干旱少雨是基本条件，地表形态和松散沙质沉积

物是物质基础，大风的吹扬则是动力来源。过度放牧、垦殖、滥伐、采樵以及工矿与城市建设和水资源利用不合理等人类活动激发并加速了荒漠化进程。人为因素叠加于脆弱的生态环境，使植被破坏，加剧了风沙活动，导致沙质荒漠化景观迅速形成和发展（图 5-1）。

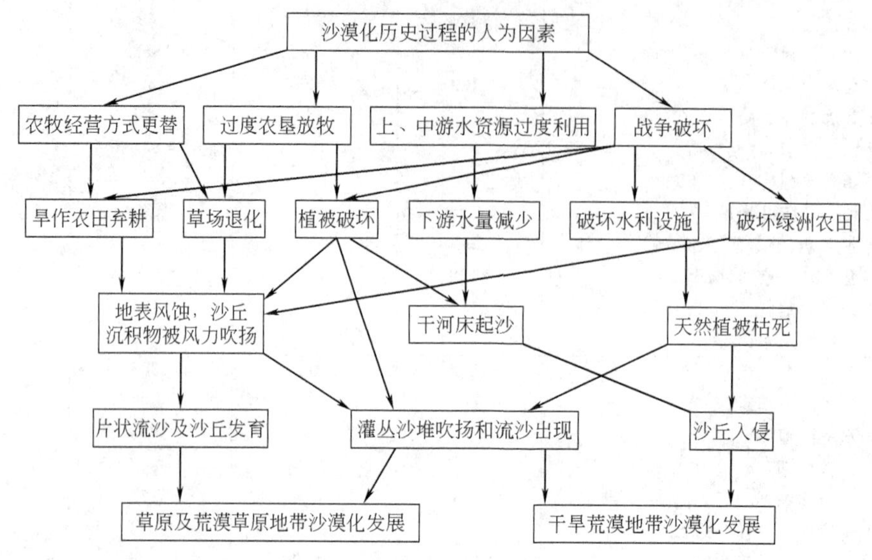

图 5-1　沙质荒漠化形成过程图

② 草原农垦是中国北方地区土地荒漠化的重要原因之一，以科尔沁草原东南库伦旗与科左后旗毗连地区为例，原系波状起伏疏林草原的景观，以低平丘间低地及缓坡地为主。近百余年来，有 1130 余平方公里的土地被垦种，部分土地已经完全变成了农田；20 世纪 50 年代末期，流沙面积约占土地面积的 14%，70 年代末期为 32%，到 80 年代末期已达 41.2%，90 年代增至 54%；疏林草原环境已退化为流沙与半固定沙丘交错分布的荒漠景观。

③ 采樵是荒漠化的另一个重要影响因素。塔里木盆地边缘、河西走廊绿洲外围、宁夏东南池及内蒙古克鄂克前旗毗邻地区沙质荒漠化的发展都与采樵及挖掘沙区药材等有关。

④ 过度放牧和水资源利用不当同样是荒漠化的主要因素。由于单纯追求增加牲畜数量而过度放牧，使草场负荷量加大，从而导致草场荒漠化。水资源不合理利用使干旱地区的内陆河沿岸地下水水位下降，天然植被生长衰退，灌丛大量死亡，致使地表裸露，荒漠化面积逐渐扩大。

⑤ 草原城镇建设的发展和人口的增加，也加速了对天然植被的破坏，形成以市镇或工矿居民点为中心的荒漠化圈。此外，草原地区机动车辆任意行驶所造成的道路沿线荒漠化也很明显，往往在道路两侧一定宽度出现裸露的带状流沙地表及风蚀地表。

三、土地沙漠化的危害

土地沙漠化灾害是中国北方地区特定自然环境下产生的地质灾害。据有关部门统计，全国 60%的贫困县集中分布在土地沙漠（化）区。沙漠化所造成的危害是多方面的，涉及农业、牧业、水利设施、交通道路、工矿建设及生态环境。但就实质而言，沙漠化灾害主要是毁损土壤肥力，使人类丧失赖以生存的土地资源，并使生态环境恶化。

1. 侵吞蚕食农田和牧场，使可利用土地减少沙漠化的危害主要是破坏土地资源，使可供农牧业生产的土地面积减少；土地滋生能力退化，造成农牧业生产能力降低和生物生产量下降。沙漠化的蔓延与发展使全球丧失的可利用土地资源在逐年增加。据 20 世纪 50 年代与 70 年代末的航片及航测地形图对比分析，25 年内中国北方沙质荒漠化土地增加了 $3.9\times10^4km^2$，平均每年以 $1560km^2$ 的速度蔓延；到 80 年代，年平均增加约 $2100km^2$。近 30 年来，新疆塔里木盆地边缘地带土地沙化发展速度很快，在盆地的南部和北部分别以 10～20m/a 和 5～10m/a 的速度向两侧推进。内蒙古阿拉善沙漠戈壁面积已达 30 万平方公里，大片林木死亡，古额济纳旗、居延绿洲土地沙化，大批胡杨林枯死，使风沙加剧。内蒙古乌兰察布沙漠南缘的商都县在 1885 年前还是一个优良的草原牧区，但到 1986 年，沙质荒漠化面积已达 34%。青海省解放初期土地沙化面积为 $533km^2$，到 1994 年已增加到 $1252hm^2$，而且每年仍以 13.3 万公顷的速度在继续扩大。半个世纪以来，吉林西部草原也消失了 40%，草地、耕地的沙漠化速率为每年 1.65%。被称为丝绸之路的西域，沙质荒漠化正在肆意蔓延。敦煌一带，20 世纪 40～50 年代还是一片红柳茂盛的地带，曾经被称为红柳园，而过去的几十年里，这些树木全部被作为薪柴和饲料连根挖去，方圆三四公里几乎再也见不到红柳的踪影；与此同时，农田和村落也在逐渐被沙海所吞没。到 21 世纪初期，全国约有 $42000km^2$ 旱田、$53234km^2$ 草场和 2900km 长的铁路、公路受到沙漠化威胁。沙漠化使耕作层内细粒物质损失 10%～30%，造成地表粗化和沙丘堆积，可利用土地资源丧失。

2. 土地质量降低，农牧业生物生产量减少

沙漠化灾害，一方面造成可利用土地面积缩小，另一方面造成土地质量逐渐下降。由于风蚀作用，耕地表层的有机质和养分被大量吹蚀，土壤肥力不断降低。以大风著称的内蒙古后山地区七旗（县），有耕地 $8755.8km^2$，其中 80%受沙质荒漠化危害，有 $3260.1km^2$ 耕地每年风蚀表土 1cm 以上，有 $665.3km^2$ 耕地每年风蚀表土 3cm，每年每亩农田平均损失沃土 18.7×10^4t，其中有机质 0.255t，氮 206kg，磷 400g。若以此估算，全国遭受沙质荒漠化危害的 $4\times10^4km^2$ 农田、$4.67\times10^4km^2$ 草场，每年土壤有机质、氮、磷的损失约 3542×10^4t，相当于各种肥料总量 17047×10^4t，总价值达 105.75 亿元。因荒漠化危害，全国草场退化达 $137725.4km^2$，每年因此少养羊 5000 多万只。荒漠化严重的地方，粮食亩产才几十公斤。

由于沙质荒漠化灾害，旱作农业生态系统的有机质、营养元素、水分等物质严重损失而得不到补偿，导致农田单位面积产量下降，农牧交错地带旱作农田与开垦初期相比，产量平均下降 50%～60%。

沙质荒漠化灾害还使中国五大天然草场的牧业生产受到巨大影响。乌兰察布草原及河北坝上地区的草原沙质荒漠化面积占整个草原面积的 33.0%。草场沙化后一般平均单位面积产量减少 20%～60%，有些地区甚至减少 70%～80%。全国沙化土地每年因此损失生物量 $(632.2\sim992.4)\times10^4t$。

由此可见，沙漠化灾害的实质是土壤风蚀，它从根本上毁损土壤肥力，使土壤耕作层变薄、土壤粗化、营养物质流失、肥力下降、土地生物生产量下降。沙质荒漠化是一种长期的潜在灾害，土壤一经风蚀沙化，要恢复到原来的肥力状况，即使在人工措施条件下，一般也需要几年甚至更长的时间。

3. 毁坏建设工程和生产设施

（1）对工矿建设的危害　位于毛乌素沙地及周围地区的东胜煤田、准格尔煤田、神府煤田、磁窑堡煤田和平朔煤田，是国家正在兴建并深受风沙危害的重要优质煤炭基地。煤田大

规模开采后，人为沙质荒漠化面积比天然形成的沙质荒漠化面积大 1.26 倍，平均每年向黄河多输泥沙 1.19×10^{8}t，年输沙量占晋陕蒙三角区总输沙量的 70%以上，成为黄河泥沙的主要产地。每年因沙质荒漠化而增加的开发成本约 9000 万元。

(2) 对交通运输业的危害　据估计，全国有 1500km 铁路、30000km 公路由于风沙危害造成不同程度的破坏。沙质荒漠化严重影响了边疆地区与内地交通大动脉的正常运行。

例如，1979 年 4 月 10 日，南疆地区持续 3 天大风，沙埋铁路路基 20.8km，大量行车标志被毁，中断运输 20 天，直接经济损失 2000 余万元。1986 年 5 月 19～20 日，新疆哈密地区出现罕见 12 级大风，使该地区 226.1km 长的铁路受到危害，积沙 59 处，积沙长度 40.7km，总积沙量 74198m^3；部分设备被毁，中断行车 40 多小时，同时使新近完工的 180km 长的铁路毁于一旦，造成严重的经济损失。

(3) 对水利设施及河道的危害　主要表现为风沙对各种水利设施及河道的淤积，造成水利工程设施难以发挥正常效益。全国约有 50×10^{4}km 引水灌渠遭受沙害，水库的淤积问题更加严重。如青海龙羊峡水库，每年进入库区的流沙约 $(120\sim380)\times10^{4}m^{3}$。随着泥沙堆积量的增加，库容逐渐缩小，发电、防洪、灌溉等方面的效益受到严重影响。风沙大量进入河道，使河床淤积增高，甚至严重阻塞，导致河堤溃决。

由于每年有 900 多万吨风沙和河流泥沙进入青海湖，使湖泊的东部出现许多沙岛，主体湖面缩小，湖区生态环境恶化，鱼产量减少。风沙对中外闻名的鸟岛也构成了严重威胁。

4. 引发沙尘暴，造成环境污染

沙质荒漠化加剧了整个生态环境的恶化。在干旱、半干旱甚至部分半湿润地区，由于受天气过程的热力效应及冷风侵入的影响，造成大风天气状况下土壤吹蚀、流沙前移及粉尘吹扬等一系列沙尘暴过程。所谓沙尘暴是指由于本地或附近尘沙被风吹起造成的沙尘天气，沙尘暴发生时天空混浊，一片黄色，能见度小于 1km。在北方沙尘暴易在春季出现。沙尘暴不仅是一种灾害性天气过程，而且是沙漠化灾害的一种表现形式，其影响范围广，危害严重，成为严重威胁中国北方地区人民生产和生活的重要环境问题。

例如，发生于 1993 年 5 月 5 日的特大沙尘暴袭击了新疆、甘肃、宁夏、内蒙古四省区，造成 380 人伤亡，4.2 万头（只）牲畜死亡，毁损房屋几千间；该特大沙尘暴，土壤风蚀深度 10～50cm，沙埋深度 20～150cm，造成大片农田被毁，37.33km^2 经济林被破坏，经济损失达 5.4 亿元。

沙尘暴除直接造成严重经济损失外，还使大气混浊，妨碍人们的正常活动，对人类身心健康产生损害。无孔不入的沙尘使人们在户外明显感到呼吸困难，颗粒细小的沙尘进入人们的口鼻，容易引发咳嗽、哮喘等呼吸系统疾病。长期生活在沙尘暴高发区的人患有砂眼、呼吸道和肠胃等疾病的概率要比其他地区大得多。

另外，近 50 年来沙尘暴出现频率也足以证实土地沙漠化的后果：就特大沙尘暴而言，20 世纪 50 年代我国发生过 5 次，60 年代发生过 8 次，70 年代发生过 13 次，80 年代发生过 14 次，到 90 年代增长到 23 次，2000 年春季，华北地区就发生了 10 余次，范围之广、频率之高、危害之重是 50 年代所罕见的。沙尘暴的频频肆虐，看起来是不可抗拒的天灾，实际上更多的是人为所致。如果人们都行动起来，关心身边的环保，多种一棵树，多栽一片草，也许明天的天空会更湛蓝，春天的阳光会更灿烂。

四、沙漠化的防治

防治沙质荒漠化的根本途径在于保护天然植被、建立人工植被，坚持正确的生产经营方针，合理调整农业生产结构和布局，加强农牧业基本建设，改善经营管理，逐步建立现代化的农业生态系统，加强人工草场生态系统的建设，合理开发利用水资源。对于已经发生沙质荒漠化的土地要采取有效措施进行治理，防止其扩大蔓延。要坚持防治与开发利用融为一体、适度利用的原则，要坚持因地制宜，预防为主，防治结合。

中国对防沙治沙工作历来十分重视。新中国成立伊始，就组织开展了群众性防沙治沙工作。特别是1991年正式实施防沙治沙工程化治理以来，治沙速度明显加快。截至2006年，累计治理沙化土地$12\times10^4km^2$，使局部地区生态环境显著改善，尤其是“三北”防护林建设工程是人类的伟大创举。但是，由于多种因素的影响，我国土地沙化的总体状况仍在恶化，“沙进人退”的局面未得到根本扭转，形势依然十分严峻。防止沙漠化，仍然是改善我们生存条件的长期任务。

1. 林草治沙措施

林草措施包括营造农田防护林网和防沙林带、封沙育草、造林固沙、退耕还林还草等方法。对荒漠地带、半荒漠地带和草原地带的沙漠治理应采取不同的方法，根据地形地貌特征和风力特征选取合理、高效的生物措施（图5-2）。

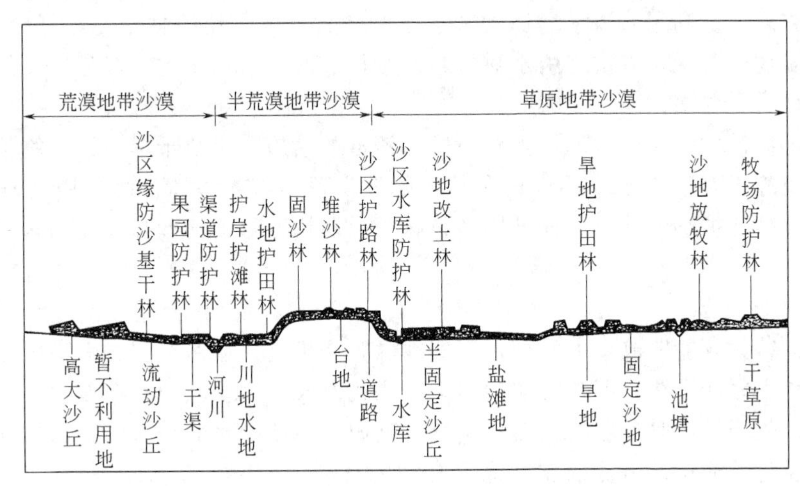

图5-2　防治土地沙漠化的植物治沙措施示意图

在中国北方灌溉绿洲和旱作地区，营造农田防护林网、防沙林带是防止土地沙化的一项重要措施。根据透风情况，防护林带有紧密结构林带、疏透结构林带和通风结构林带三种类型。绿洲边缘的防沙林带以紧密结构为佳，用乔木及灌木配置成复合林，减低风速，防止大面积流沙和风沙流侵入绿洲，保护农田免受水害；绿洲内部的护田林网，可采用高大的乔木组成林网。在北方旱作地区则以营造通风结构和稀疏结构的窄林带为好。

对大面积的沙区采取封沙育草、造林固沙是防治流沙的根本途径。实践证明，在沙漠前缘种植胡杨林防风御沙作用极强。

例如，新疆塔克拉玛干南缘的策勒县城北有一条25km长的胡杨林带，20世纪70年代被砍光之后导致2m高的沙丘以100m/a的速度向前推进，沙漠不仅逼临县城，而且侵吞了城北$99.8km^2$良田，一个村庄60户人家被迫迁往异地谋生。但从1983年开始，策勒县人民大搞植树造林，到80年代后期，已迁居他乡的60户农民又重返故土，并逐步夺回了被沙漠侵占的农田。

对严重沙化耕地，要改变土地经营方式，退耕还林还草，采用林网保护下种植饲草或引进灌木恢复植被，逐步控制沙化，恢复土地的生产潜力。

2. 农业耕作措施

农业耕作措施包括覆盖耕作、粮草结合耕作以及调整农业结构、不同作物间作等措施。

（1）覆盖耕作　覆盖耕作是指通过增加地面覆盖物来增强地表抗蚀力的农业技术措施，主要有保留作物残茬覆盖、秸秆粉碎铺地覆盖、果园和茶园裸地种植豆科作物覆盖以及利用地膜覆盖地面等方法。覆盖耕作对保存耕作层养分和细粒物质、增加土壤抗蚀能力具有积极的作用。

（2）粮草结合耕作　粮草结合耕作是指采用粮食作物与豆科牧草轮作、间作、套种、复种等不同措施，改良土壤结构，增加土壤有机质，增强土壤的抗蚀力。

（3）调整农业结构，不同作物间作　调整农业结构、不同作物间作也可有效防止沙质荒漠化的扩展。如在垂直主风向上和绿洲外围边缘地带间隔种植玉米、高粱、向日葵等高秆作物，达到降低风速、固结土壤的目的。

3. 水利措施与工程固沙

（1）水利措施　发展水利、建设基本农田，彻底改变广种薄收的轮荒耕作是防止沙化危害的主要措施之一。利用灌溉水增加土壤水分、增加土壤颗粒的黏结力，可减少风沙危害。河流谷地土壤比较肥沃，可蓄水引水进行自流灌溉。滩地、甸子地、壕地等土层较厚，地下水较丰富，可进行井灌。

（2）工程固沙　工程固沙即设置沙障防止流沙的措施，它是干旱沙区生物治沙不可缺少的先期辅助措施。对于流动沙丘，先在其迎风坡设置黏土或沙蒿沙障，用沙砾石或黏土压沙，对工程沙障保护下的沙丘，播种固沙植物，以防快速移动的沙丘掩埋尚未形成固沙能力的植物沙障。

4. 化学固沙方法

在风沙危害大，能造成重大经济损失的地区，如机场、道路工程、军事设施和重要大矿区，可采用化学固沙方法，即在流动沙地上喷洒化学胶结物质，使其在沙地表面形成一定强度的防护壳，隔开气流对沙层的直接作用，达到固定流沙的目的。目前，国内外用作固沙的胶结材料主要是石油化学工业的副产品，常用的有沥青乳液、高树脂石油、橡胶乳液和油-橡胶乳液的混合物等。化学固沙方法收效快，成本高，一般仅适用特定地区和特定的条件下。

化学固沙还可就地取材。在我国沙漠地区分布着许多盐池、碱湖，利用天然盐、碱液喷洒沙面，形成坚实的板结层或硬壳，借以达到固沙的目的。该方法具有抗风能力较强、简单易行、投入少、效果好等优点，但对植物生长不利。

5. 完善政策措施，加强科学研究

① 要加强宣传教育，杜绝过度放牧和垦草种地等行为，做好预防工作。

② 要加大防治荒漠化工程的投入，加强科学研究和技术推广体系的建设。

③ 研究推广荒漠化地区综合治理技术，如合理利用水资源、节水技术、选用抗旱抗贫瘠速生品种、合理确定种植密度等，研究推广沙质荒漠化地区喷灌、滴灌和优良品种种植技术等，优化种植结构。

④ 研究推广畜牧业新技术，如培育新品种、加工增值、建立人工草牧场，开辟饲料新途径、以草定畜、计划放牧，实行圈养、舍饲等。

⑤ 研究推广新能源技术，开发利用风能、太阳能、水能，建设沼气池，营造薪炭林，普及节柴灶。

⑥ 建设荒漠化地区生态农业示范工程，探索荒漠化的综合防治方法，实现干旱、半干旱地区社会经济的可持续发展。

第二节 水 土 流 失

一、水土流失及发育状况

水工流失，也称土壤侵蚀，主要是指陆地表层土壤被雨水或流水侵蚀、剥蚀、冲刷和搬运的现象及过程。水土流失主要发生在缺乏植被保护的斜坡土地表层，土壤被雨水冲蚀后引起跑土、跑肥、跑水，使土层逐渐变薄、变贫瘠（图 5-3）。水土流失属于土地荒漠化中水蚀荒漠化的一种，是土地退化的一种表现形式，是一种渐进性（或累进性）地质灾害，其形成与生态环境恶化密切相关。水土流失破坏水土资源，降低土壤肥力，使土地生产力下降，地质环境恶化，破坏工程设施，造成经济损失，危害非常严重，必须加以防治。

图 5-3 水土流失

由于人口压力及不合理的耕作方式，水土流失已成为全球十分突出的问题，在世界各国普遍存在且尚未得到有效的控制。在过去的几年内，地球上有 $2\times10^6 km^2$ 的土地遭受侵蚀，约占可耕地面积的 27%，现有耕地的表土流失量每年约 280 亿吨，远远超过了新土壤的形成量。全世界每年因水土流失约损失 1 亿亩可耕地。

我国是世界上水土流失最严重的国家之一，全国水土流失面积 367 万平方公里，约占国土面积的 1/3，每年流失土壤 50 多亿吨，占世界总流失量（600 亿吨）的 1/12，每年入海泥沙量 20 亿吨，占世界陆地入海泥沙量（240 亿吨）的 1/2。全国各省区均有不同程度的水土流失现象，其中大兴安岭、阴山、贺兰山、青藏高原东缘一线以东的地区是我国水土流失较严重的地区，尤其是西北黄土高原及华南山地丘陵水土流失最为严重。西北黄土高原水土流失面积达 43 万平方公里，占黄土高原总面积（64 万平方公里）的 70%左右，年均侵蚀模数约为 $800t/(km^2 \cdot a)$，目前，西北黄土高原的年水土流失总量已达 22 亿吨。水是生命之源，土是生存之本，水土流失已成为我国的头号生态地质问题。

由于西北黄土高原的水土流失，黄河的泥沙含量平均为 $35kg/m^3$，居世界各河流之首。黄河年均输沙量高达 16 亿吨，居世界第一位。在黄河下游，每年要淤积泥沙 4 亿吨，使下游河床每年平均提高（淤高）10cm，形成了“地上悬河”的世界奇观。黄河下游河床高出地面 4～12cm（例如，在河南开封，黄河河床平均高出堤外地面约 8m），因此黄河大堤被迫不断加高。尽管如此，黄河对中下游地区已构成极大威胁，是中原地区的心腹之患。随着中上游森林覆盖率的下降，长江流域水土流失面积也在逐年增加。长江流域总面积约为 $108\times10^4 km^2$，水土流失面积达 $56\times10^4 km^2$，其中中等强度流失面积为 $10.3\times14^4 km^2$，高强度流失面积 $4.07\times10^4 km^2$，剧烈流失面积 $1.87\times10^4 km^2$；流域内年土壤侵蚀量 24 亿吨。如不采取措施，长江将变成第二条黄河。表 5-3 列出了我国主要江河流域水土流失情况。

表 5-3 中国主要江河流域水土流失概况

名称	流域面积 /km^2	水土流失面积/km^2	年均降水量 /$10^8 m^3$	年均降水深 /mm	年均径流量 /$10^8 m^3$	年均输沙量 /$10^8 t$	侵蚀模数 /(t/km^2)
黄河	752443	430000	3719	468	688	16	3700
长江	1808500	562000	19162	1060	9600	5.24	512
淮河	237447	67100	2839	867	766	0.126	104
海河	319029	123500	1775	556	292	1.75	1130
珠江	450000	57000	8915	1547	3458	0.862	190
辽河	345207	75000	1915	555	486		
松花江	545653	64400	578		706		14

注：据毛文永等，1992。

二、水土流失的类型及影响因素

1. 水土流失的类型

按流失的动力可将水土流失分为水力侵蚀、风力侵蚀和重力侵蚀。①水力侵蚀，是指由于降水或径流（包括降水径流和融雪径流）对土壤的破碎、分离和冲蚀作用而引起的水土流失；②风力侵蚀，是指风力吹蚀地表，带走表层土壤中细粒物质和矿物质的过程，风力侵蚀的结果是使大片土地沦为沙质荒漠；③重力侵蚀，是指在水的作用下，因重力而发生的陷落、滑塌等。

按水土流失的形态和作用，水土流失通常可分为面状流失、沟状流失、塌失和泥石流四类。

（1）面状流失　面状流失是指分散的地表径流或风力使土壤发生面状侵蚀而造成水土流失，主要发生在裸露的土壤上。面状流失不仅使土层流失，而且使土壤养分和腐殖质流失，从而导致土壤的物理、化学性质恶化，土壤肥力降低。面状流失可进一步分为层状流失、细沟流失和鳞片状流失。

（2）沟状流失　沟状流失是指集中的水流破坏土壤、切入地面形成冲沟并带走大量松散土壤的现象。沟状流失同面状流失之间既有区别又有联系。面状流失汇集水流，由小股汇成大股，为沟状流失的产生和发展创造了条件。因此，面状流失严重的地区往往也是沟蚀严重的地区。而沟状流失所造成的土壤和母质裸露、坡度增大等，又将加速面蚀的发展。广西石灰岩山地“石漠化”、江西等地花岗岩丘陵区严重水土流失均与此有关。

（3）塌失　塌失产生的原因比较复杂。在黄土区，特别是丘陵、沟壑区，由于黄土结构疏松、雨水渗透和浸润、集中水流冲刷以及大量深切冲沟的形成，在重力作用下易发生黄土塌落。在松散堆积物覆盖的斜坡地带，若有不透水层存在，降水入渗可使土体沿不透水界面发生滑塌。陡壁上的风化壳经雨水冲刷，常堆积在坡脚形成泻溜。基岩裸露的山区，在流水和重力的作用下，可能发生坠石，严重时甚至发生山崩。

（4）泥石流　在面状流失和沟状流失严重的地区，常形成含有大量固体物质的泥石流。由于泥石流是一种快速过程，所以，在泥石流经常发生的地区，水土流失现象更为严重。

2. 水土流失的影响因素

目前一般都把水土流失的成因分为自然因素和人为因素两类。自然因素是水土流失的物质基础，人为因素诱发并加剧了水土流失的过程。如果存在生长良好的植被而未受到人类的破坏，即使是抗侵蚀能力弱的土壤，在大暴雨时仍然可以保持土壤的正常侵蚀。很多情况下，水土流失是“天灾人祸”所致。

（1）自然因素　在地形起伏大、植被覆盖度低、降水多且强度大的地区，水土流失较为严重。影响水土流失的自然因素主要有降水、地形、土壤质地和植被覆盖度等。

① 降雨与径流。降雨是发生水土流失的最主要外营力，一般来讲，在同一地区年降雨量越大，侵蚀总量越大，即水土流失越严重。降雨量的增加使地表径流量及河流输沙量相应增加。但不同地区，由于土的特性、植被、地形地貌条件不同，降雨量的大小并不与水土流失的严重性成正比。与降雨量相比，降雨强度（单位时间内的降雨量）对水土流失的影响更为显著。降雨强度是判别降雨侵蚀力的重要指标，因为只有当单位时间内的降雨量达到一定程度，并超过土壤的渗透能力时，才会产生地表径流，即径流是水土流失的动力条件。特大暴雨是产生强烈水土流失的重要因素，暴雨对裸露地表的击溅侵蚀和形成的地表洪水径流都极易产生严重的水土流失。

② 地形地貌因素。地形因素主要指坡度和坡长。在相同条件下，坡度越大，径流速度就越大，坡长越大，坡面上汇集的径流就越多，从而导致冲刷力越大，土壤侵蚀也就越严重。地貌条件控制着土壤的侵蚀和堆积，一般，山区和丘陵及高原地带是水土流失区，而平原盆地地区则是水土流失物质的堆积地带。

③ 土壤因素。影响水土流失的土壤因素主要是土壤成分和结构，因为它决定了土壤的吸水性、抗蚀性和抗冲性。综观我国水土流失严重的土壤类型，如黄土、花岗岩残积土等，主要是因其结构松散，极易被迅速形成的地表径流所分散和冲走。土壤颗粒组成、密度、有机质及游离氧化铁等胶结物含量对土壤抵抗侵蚀的能力有重要影响。如土壤质地过粗，抗冲力小，易发生水土流失；质地过强，透水性差，地表径流强，也易发生水土流失。

④ 植被覆盖度。植被是防止水土流失的积极自然因素，其主要作用是拦截雨滴，调节地表径流，改良土体的物理性状，因而，植被覆盖情况对水土流失的产生与强度影响最大。植被根系可以起到截留降水，加固土壤，减缓雨水对土壤表层的击溅，增加降水入渗，减少地表径流，增加土壤的抗冲性等作用，从而能有效防止水土流失。植被覆盖率低，土壤侵蚀量就大，一般耕地上的农作物覆盖率远远低于林地和草地，所以耕地土壤的侵蚀模数大，一般相当于草地和林地的5～10倍。

（2）人为因素　人口增长过快导致荒地开垦、毁林毁草以及乱砍滥伐和大量矿山工程建设等破坏生态环境活动的加速，是水土流失日趋严重的动力源。耕地的不合理利用也加剧了人为的水土流失。

① 人口增长过快，垦殖率高，坡耕地多。由于人口激增，导致粮食、燃料、建设用木材等生活必需品的短缺，耕地面积日显不足，陡坡开垦、广种薄收的现象日趋严重。在广大丘陵山区，大部分新开垦的陡坡耕地缺少有效的水土保持措施，结果造成严重的水土流失。

陡坡开垦是造成丘陵山区水土流失的主要因素，特别是大于25°的陡坡上开荒种地，比20°以下缓坡的水土流失量增加近一倍。暴雨的冲刷，大量表土被冲走，露出石质坡地，或者是劣地发育，造成斜坡切割破碎，是丘陵山区水土流失发展的主要特征。

② 乱砍滥伐，森林植被减少，加剧了水土流失。由于长期的毁林开荒、过量采伐，使山地丘陵区的植被覆盖率不断减小，林地类型也发生了巨大变化。密林变成了疏林，致使林草的水土保持作用降低。对森林的乱砍滥伐甚至毁林行为使不少山体变为荒山秃岭，加剧了水土流失的发展。林种结构的不合理也对水土保持产生一定的影响，如用材林多、防护林少，针叶林多、阔叶林少的林种结构，生态功能较差。

③ 土地利用不合理，土壤侵蚀加剧。在广大低山丘陵区，农业多以单一的种植业为主，而其中又以一年一收的粮食作物为主，土地搁荒时间长；顺坡种植等不合理的耕作方式使表土更易被坡面流水冲走。由于种植结构单一，土壤肥力减退，水土流失十分严重。

④ 过度放牧和滥肆伐樵。由于农地面积扩大，牧地面积相应减少，而牧畜却不断增加，使牧场负担过重，草质退化和沙化，从而加剧了水土流失。另外，在一些地区，如黄土高原，燃料的缺乏对水土流失影响极大，为了获取燃料，除毁坏林木和灌木外，甚至挖草根为薪，既破坏了天然植被，又影响了人工植被的形成，从而造成强烈的土壤侵蚀和水土流失。

⑤ 人类工程活动和建设加剧了山区水土流失。随着经济建设的发展，山区开矿、架路、办厂、水利、住宅等建设工程大量增加，在基建中采石挖土活动必然改变土石结构的稳定性，同时产生大量的废渣弃土，使原有自然地貌景观遭到严重破坏，降低了地表土体的抗蚀能力，从而造成严重的水土流失。

三、水土流失的危害和环境地质问题

水土流失造成土壤肥力降低，水、旱灾害频繁发生；山地石化，土地沙漠化；河、湖、库、塘淤塞，江河通航能力降低；地下水位下降；农田、道路和建筑物受损；生态平衡遭到破坏，环境质量严重恶化等等。

1. 水土流失使土地跑水、跑土、跑肥，使土地生产力下降甚至丧失

由于水土流失，大量的肥沃耕作层表土流失，土地肥力降低，土壤结构变坏，通透性能变差，土壤蓄水保墒能力减退，使土壤日益贫瘠化，缺氮、缺磷十分严重，农作物产量迅速降低。我国50%的耕地分布在山坡上，每逢暴雨时，坡面上常出现大量的径流，在强烈暴雨时，60%～70%甚至80%～90%的降水以地面径流形式流失，坡面农田只能拦蓄很少的降水（1/5～1/3）。因此，许多水土流失区，每年由水力侵蚀损失的土层厚度达0.2～2.0cm，有的在2.0cm以上，每平方公里年土壤流失量在2000～10000t之间，黄河中游的一些地方达到15000t，最高达30000t。据估计，全国山区、丘陵区每年流失表层土壤至少60亿吨以上。如按照平均流失厚度为0.5～2.0cm计算，每年从每平方公里的土地上就流失掉8～15t氮、15～40t磷、200～300t钾。仅黄河流域每年所夹带的泥沙中含氮、磷、钾的总量即达4200万吨以上，全国每年流失的氮、磷、钾总量可达几亿吨，这个数字还未包括由于淋溶侵蚀造成的损失。如吉林省黑土地区，每年流失土层厚度达0.5～3cm，肥沃的黑土层不断变薄，有的地方甚至全部流失而使黄土或乱石遍露地表；四川盆地中部石山丘陵区，坡度为15°～20°的坡地，每年被侵蚀的表土厚达2.5cm，一些土地已完全成为裸露的基岩；黄土高原强烈侵蚀区，其侵蚀模数可达17000t/(km^2·a)以上。

据估计，土壤中每吨泥土中含氮0.1～1.5kg、含磷1.5kg、含钾20kg，每年我国因水土流失带走的氮、磷、钾肥估计约4000×10^4t，同我国目前一年的化肥施用量相当。长江、黄河两大水系每年流失的泥沙量达24×10^4t，其中含有的有机肥料相当于50个年产量50×10^4t化肥厂的生产总量。如此大片肥沃的土壤和氮、磷、钾肥料被冲走了，必然造成土地生产力下降甚至完全丧失。

水土流失还使山地石化、土壤沙化，土地资源遭到破坏。在水土流失的过程中，土壤结构发生变化，细土黏粒越来越少，粗骨架相对增多，山地逐渐石化。

水土流失的发展还易形成大型冲沟，使耕地由大块变成小块，给机械化作业造成极大困难。

水土流失使现有坡耕地越来越贫瘠，产量越来越低，燃料、饲料和肥料短缺，迫使农民为了解决温饱问题到其他的地方继续开垦荒地，从而又出现新的水土流失，形成越垦越穷、越穷越垦的恶性循环。具有一定覆盖度的山坡因垦荒种地成为沙砾质山坡或裸岩坡地后，植被很难恢复，水土流失将更加严重。同时，对气候、生物、水文等自然因素也带来不利影

响，使生态的恶性循环加剧。

2. 切割、蚕食、淤积、埋压田地

水土流失不仅使坡地上的土地生产力降低，而且还使田地本身遭受毁灭性的切割、蚕食、淤积和埋压破坏。

（1）切割、蚕食　沟状侵蚀使得地面支离破碎，千沟万壑。据陕西、山西、甘肃、河北、辽宁、安徽、江西、湖南、广东等省一些区域的调查，每平方公里支、干沟总数达30～50多条或更多，沟道长度有的2～3km，有的6～7km。如此稠密的沟谷网把土地切割成窄小而不便耕种的碎地，虽然沟壑本身的面积往往只占5%～15%，但实际上，这些沟谷却常常使整块地破坏。黄河流域的一些地方，沟壑面积占总土地面积的30%～50%，有的达60%以上，危害就更加严重了。

另外，各水土流失区的沟壑今天仍在活跃发展着，有的沟壑发展相当迅速。根据调查，西北黄土区，有的沟头一年就前进5～10m，个别的竟然达到数十米。据历史记载，甘肃省的董志原，在唐朝时叫彭原，当时东西32km，而现在最宽处为18km，最窄处不到0.5km，一千多年来，由于原两边的马连河和薄河的许多沟壑的蚕食，原面积缩小到不及原来的1/3。

（2）淤积、埋压　这是和切割、蚕食危害相反的危害。由于水土流失，大量的泥土、沙石从山坡上流失，在河谷或平川地上沉积起来，使庄稼受到损伤或完全死亡。如我国南方的广东省德庆县曾有万亩水稻受到泥沙压埋危害，一年间泥沙淤积厚度常达20～30cm，大批受灾水田产量由400～500kg减少到100～200kg。云南省玉溪县修的防沙堤，总土方达500万立方米，但两年后就被淤满失效。

北方多泥沙河流，每当下游决堤泛滥之后，从上游泻下大量泥沙、堆积在泛滥区，埋压大片耕地甚至村镇，历史上黄河下游这种灾害经常发生。

3. 造成河道、湖泊、水库淤积，洪涝灾害加剧

由于严重的水土流失，大量泥沙被带入河流，使得全国河流中的泥沙含量普遍增高，造成河流、湖泊或水库淤积，致使河道河床抬高或使过水断面减少，湖泊面积缩小，库容减少等。

例如黄河是我们的母亲河，但是，黄土高原的水土流失，使黄河含沙量成为世界之最（$35kg/m^3$）。据水文资料测算，黄河年均输沙量高达16亿吨，约有1/4淤积在下游的河道中，下游河床平均年淤积泥沙达4亿吨，使两岸大堤内的河床平均以每年10cm的速度抬高，使黄河下游成为“地上悬河”，最高处已高出堤外地面12m，黄河下游开封段，河床高出城市8m。据史料记载，历史上黄河曾泛滥改道1500多次，其中大改道26次，波及的范围北至海河，南到江淮，横扫了华北平原大部分地区。1949年后，我国先后对黄河大堤进行了三次大规模加高、加厚、加长，目前，黄河大堤总长为1300km，但河床越淤越高的局面尚未得到有效控制，溃堤的威胁始终存在。而且水土流失使水利设施淤积十分严重，如河南三门峡水库，1957年施工，1960年蓄水，1962年已淤积15.34亿吨泥沙，1980年库容损失已达44.7亿立方米，约为335m高程库容的一半，使得调蓄作用丧失。而黄河小浪底水库在调节水库泥沙和防治黄河淤积抬高方面起到了关键性的作用，小浪底水库位于河南洛阳以北30km处的小浪底，2001年竣工投入使用，水库设计总库容126.5亿立方米，其中拦沙死库容为76亿立方米，水库运行过程中可拦沙100亿吨，可起到使黄河下游河道20年不再淤积抬高的作用。根据2001年黄河小浪底水库调水调沙试验结果，如果小浪底水库的下泄流量在郑州花园口水文站不大于$800m^3/s$或不小于$2600m^3/s$时，能把黄河泥沙输送或冲

到大海里去，同时实现“既少淤库容，也不淤下游河道或减少下游河道淤积”的双重目的，这是一个创举。又如长江上游金沙江和四川盆地的水土流失，已使长江含沙量显著加大，其输沙量已达到黄河的1/3，使中下游部分江段和湖泊淤积，九江江段堤岸不断向南推移，50多年来崩岸南侵已达100～400m，最大700m，严重威胁城市及沿江地带的建设和安全。“千湖之省”的湖北，湖面减少2/3，八百里洞庭湖近30年平均每年淤沙1亿立方米，湖面比1949年缩小一半。鄱阳湖水面由过去的5000km^2缩至现在的2667km^2，整个长江流域水库的总库容约$800\times10^8m^3$，而淤积库容达$100\times10^8m^3$，其结果使得长江防洪和分洪能力降低，在1998年洪水袭来时洪涝灾害死亡3004人，直接经济损失1666亿元，到1999年春季枯水季节，又由于河道淤泥，使得黄金水道航运一次次濒临“休克”的险境。如果不加以防治，长江会变成第二条黄河。

据初步统计，近几十年来，中国已兴建大小水库80000多座，总库容4000多亿立方米，已淤积损失库容约1/10，因淤积而报废的重点水库22座。黄河上游7座大型水库，库容淤积达40%，有的甚至高达70%。长江流域已损失水库容量$12\times10^8m^3$。全国因河道淤塞已使通航里程由20世纪60年代初的17.2×10^4km减少到现在的9.8×10^4km，缩短了43%。

4. 森林植被减少，生态破坏，生态系统功能降低

严重的水土流失使坡地表层土壤损失殆尽，沟壑纵横，基岩裸露，各种树木难以存活生长，原有森林生态系统遭受严重破坏。

随着大量疏松表土的流失，不仅土壤养分减少，而且蓄水抗旱能力也显著降低，如长江流域和华南地区，雨量虽然充沛，但水土流失严重的坡耕地，蓄水抗旱能力仍然较弱，在达县，10°以下坡地的抗旱能力一般为10～15d，而20°以上的坡地抗旱能力仅为4～6d。由于土壤的保水能力降低，从而使水源枯竭，进而造成人畜饮水发生困难。

在水土流失严重区，沟壑发展日益加剧，在晋、陕、甘、宁等省内，每平方公里一般有支、干沟50条以上，沟道长度可达5～6km，个别地区达10km以上，沟谷占流域面积10%以上，个别地区可达40%～50%。沟谷的不断下切、向源侵蚀，使得坡高壁陡，重力地质作用频繁发生，滑坡、崩塌、泥石流灾害日益严重，致使大面积坡耕地支离破碎，以致弃耕荒废。对于下游因洪水产生的水冲沙压而毁坏的耕地，更是大量地存在。

由于水土流失，河流中的悬浮物增加，水质严重污染，进而影响下游人民日常生活，特别是造成原来一些依靠江河作为生活水源的城市水资源短缺。

由此看来，把水土流失看作是一种地质灾害（自然灾害）是不过分的，它的危害性不仅巨大，而且具有长期效应，必须引起十分关注。

5. 破坏工程设施，造成经济损失

水土流失引发洪水灾害增多，不仅冲毁、冲垮水利设施，下泄的泥沙还可造成江河堵塞，桥（涵）、行洪道淤积，河道通航能力降低，有些水库、塘、渠等由于泥沙淤积，可能变成泥库，降低其效益，有的甚至完全失效。例如，陕西省1979年以来全省淤平废弃的百万亩以上的大型水库61座，直接影响了工农业生产，经济损失十分严重。

四、水土流失的防治

作为一种地质灾害，水土流失发生的原因既有自然因素，更有人为因素。治理水土流失不仅涉及自然地理系统、经济系统，还与社会系统相关。治理水土流失是改造自然的伟大工程，具有长期性、复杂性和艰巨性的特点。对水土流失的防治应因时、因地制宜，贯彻“预防为主、防治结合、因地制宜、综合治理”的原则，对全流域统一规划、综合治理，采取

“上游保、中游挡、下游导”的措施，有效减轻水土流失的危害。水土流失综合治理包括水土保持、保水固土工程、土地利用工程和综合防治工程等。

1. 以防为主，加强管理

（1）依法防治水土流失　按《水土保持法》及其《实施条例》，一方面坚决制止乱垦滥伐、乱挖滥采，防止因开矿、建厂、修路等造成新的水土流失，贯彻谁破坏谁治理的原则；另一方面落实谁治理谁受益的方针，调动各方面的治理积极性。

（2）加强宣传教育，增加全民水土保持意识　通过对水土保持正反两方面经验教训的宣传及法规的宣传，使社会各有关部门及广大干部群众提高认识，转变观念，变被动进行水土保持为主动自觉地进行水土保持。

（3）健全管理机制　建立健全各级预防监督网络，提高执法人员素质和执法水平；健全和完善生产建设中的水土保持方案制度、审批制度、检查验收制度、收费制度等，依法进行管理。

2. 改造坡耕地，合理利用土地资源

（1）治坡工程——坡地改为梯田　坡耕地是造成水土流失的主要土地类型。改造坡耕地、修建水平梯田，使坡面变平、坡度变缓或缩短坡长，从而减少径流、增加降水入渗，是拦蓄径流、控制水土流失、保持水土、提高生物生产力最有效的措施之一。坡地改梯田也是实现土地合理开发利用，促进农、林、牧各业协调发展的重要基础条件。

在黄土地区或坡度较小的土石山地，以修筑梯田为主，在坡地上沿等高线开沟、筑埂、修水平台阶，实现坡面阶梯化。黄土地区多为土坎梯田，而在土石山区，一般为石块垒砌修筑梯田，称为石坎梯田，这种梯田较为坚固耐久，同时石坎侧坡较陡，占地少、抗冲刷、节约土地。根据黄河中游各个水土保持站的试验和调查资料，梯田每亩可拦蓄地表径流 18～50m^3。坡耕地土壤流失量为 3.52mm/a，而梯田仅有 0.46mm/a，说明修建梯田是水土保持的有效措施之一。对于坡度较陡（大于 20°）的坡地，可配合植树造林，修筑鱼鳞坑、条形沟等工程。

（2）保土耕作措施　在坡度小于 15°的坡耕地上，采取改顺坡耕作为沿等高线横坡耕作，沟垄种植、套种间种和地膜覆盖等方式，改变局部小地形，减少径流或延长作物对地面覆盖的时间，可有效防止水土流失，提高保水、保土、保肥能力。

3. 兴建保水固土工程，蓄水拦沙

（1）工程措施　工程措施要以因害设防、除害兴利、分段拦蓄、小型为主、防护与利用相结合的原则进行布局。坡面工程主要包括布设截水沟、拦水沟、排水渠、沉沙池、蓄水塘等，应做到沿山有沟、沉沙有池、蓄水有塘、排洪有渠、地边有埂，使沟、池、塘、渠、埂形成能排能灌的坡面水系工程，充分发挥水土保持工程蓄水、灌溉、拦沙、防洪等多功能的作用。在沟道之中布设拦沙坝，层层拦蓄泥沙，尽量减少泥沙流出支流沟道。

（2）治沟工程——修筑淤地坝　在水土流失严重的地区，应在沟内修筑淤地坝。淤地坝是在水土流失严重的沟内修筑的土石坝或水泥坝，它可拦蓄洪水泥沙并淤积坝内，变沟地为平地。这样从沟头到沟底，从上到下，层层拦蓄，有效地控制沟蚀，不仅减少了水土流失量，而且可变荒沟为生产用地。实践证明，淤地坝是黄土高原地区治理水土流失，改善农业生产条件的有效措施，具有拦泥、蓄水、缓洪、淤地等综合功能。

淤地坝是淤地坝枢纽工程的习惯称呼，是挡水、放水、泄洪建筑物的总称。淤地坝工程建筑物中，坝体、溢洪道、放水建筑物“三大件”平面布置如图 5-4 所示。

在实际工程中，淤地坝工程建筑物的组成，有三大件（坝体、溢洪道和放水建筑物）

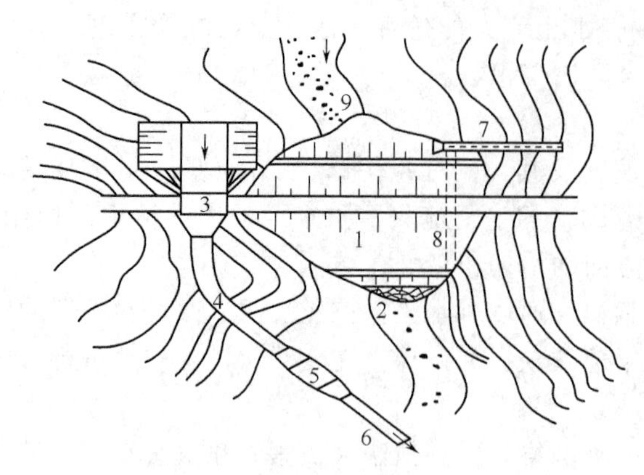

图 5-4　淤地坝平面布置示意图

1—土坝；2—排水体；3—溢洪道；4—溢洪道陡槽；5—消力池；6—排水渠；7—卧管；8—放水洞；9—沟底

的，也有两大件（坝体和放水建筑物）的，甚至还有一大件（仅有坝体）的。鉴于在黄土高原地区暴雨特点是历时短、强度大、洪峰高、洪量小等，可采用以库容制胜。近年来新建淤地坝，多选用“两大件”形式，即只设坝体、放水建筑物。随着坝前淤积面的抬高，滞洪库容的减小，及时加高坝体，以满足淤地坝的防洪安全及水资源的永续利用。因此，在淤地坝建筑布局时，要因地制宜地合理选择结构的配置。

我国自 2003 年起，投资 830.6 亿元专项资金，在黄土高原的千万条沟道中修筑淤地坝，以减少黄河中上游水土流失。根据规划，2003～2010 年期间，修筑淤地坝 6 万座，建设完整的小流域坝系 1000 条，2015 年建筑淤地坝 10.7 万座，2020 年建筑淤地坝 16.3 万座。据专家预测，工程建成后，可年均减少入黄泥沙量约 4 亿吨，并可取得明显的生态效益、社会效益和经济效益。

（3）小型水利工程　为了拦蓄地表径流和泥沙，可修建一些小型水利工程，如小型水库和引洪漫地工程等。但是应特别注意小型水利工程与流域内种草种树、坡耕地修梯田等措施紧密配合，提高筑坝质量，防止土坝冲毁。

4. 生物工程措施

生物工程措施主要是指科学造林、绿化荒山，这种措施不仅可以截流保土，还可直接增加收益。水土保持的生物措施很多，还可组成不同的防护体系。

生物措施可分两种：一种是以防护为目的的生物防护经营型，如黄土地区，包括塬地护田林、丘陵护坡林、沟头防蚀林、沟坡护坡林、沟底防冲林、河滩护岸林、环库防护林等；另一种是以林木生产为目的的林业多种经营型，有草田轮作、林粮间作、果树林、油料林、用材林、放牧林、薪炭林等。

一个地区，按照森林及其环境和社会经济要求，选择相应的生物防护措施，进行合理规划，进而形成一个地区的生物防护体系，许多地区的防护体系结合则形成流域防护体系。

生物防护工程要因地制宜，选择适于生产环境的树种和草种。如西北黄土地区，降雨量小，树木难以成活，成活的树木树冠平顶，外形苍老，树干低矮干枯，难以成林，因此可考虑“草灌先行”，逐步发展灌木、乔木林。

同时，为加速恢复林草植被，在营造林草的同时，还应采取封、管、补、造及节能互补的措施。狠抓封山育林工作，对原有的稀林、疏林进行补植；积极稳步地建设沼气池，提高生物能的综合利用率，改善农村生活用能结构；因地制宜开发水力资源；保护森林资源，防止新的水土流失。

5. 耕作措施

水土保持的耕作措施，是指在农地上改变耕作和栽培技术，设法增加地面的粗糙度和农作物的覆盖度。增加粗糙度主要是等高筑埂作垄、修壕挖沟，或两者相结合进行。增加作物覆盖度主要是合理密植、间作套种、混种和农田轮作或在田地里增设密生草带等。所有这些都具有良好的水土保持、提高粮食产量的效果。

生物工程措施是防止水土流失的根本措施，它具有投资少、见效快、能充分合理利用土地资源、改善生态环境和农民易于接受的优点。但是这一方法的实施关键是要宣传有力、政策对路、全民动手，才能取得满意的效果。

6. 小流域综合治理

在水土保持工作中，小流域综合治理已经取得了众多的成功经验。实践证明，它是根治水土流失的根本措施。

所谓小流域综合治理就是在一个完整的流域内用上述方法全面规划，结合当地自然和社会经济特点，以充分合理利用水土资源，控制水土流失，发展农、林、牧业生产，改善生态环境，提高当地人民生活水平的治理措施。

小流域治理的成功经验是针对不同地段，层层设防，第一道防线是在梁峁地带坡耕地上以修筑水平梯田为主，截短坡长，减缓地面坡度，并结合草田轮作，广种牧草，发展果园，增加植被；第二道防线是在沟谷坡上大力营造灌木林，适当发展用材林和经济林，种植牧草，发展林牧业生产，稳定谷坡，制止谷坡侵蚀；第三道防线为沟底筑坝淤地，稳定沟床，变荒地为良田，拦截坡面下泄泥沙，制止沟谷侵蚀。其优点是把林草措施、耕作措施和工程措施紧密结合，把治沟治坡、防治水土流失和发展生产相结合，集中治理，效果显著。

第三节　土壤盐碱化

一、土壤盐碱化及分布与分类

1. 土壤盐碱化及分布

土壤盐碱化，又称盐渍化，是指土壤中有害盐碱含量过多，超过正常耕作土壤水平，以致对农作物有害的现象。一般在地表土层1m厚度内，易溶盐含量（主要是$NaCl$、$MgCl_2$、$CaCl_2$、Na_2SO_4、$NaHCO_3$等）大于0.5%的对农作物有显著危害的土壤，称为盐渍土（或盐碱化土）。

盐渍化主要发生在干旱和半干旱地区以及滨海地区。底土层和地下水中所含的盐分，由于地面蒸发作用，随着土壤毛细管水上升积聚于表层，因而使土壤中盐分积累而达到一定的含量，形成盐土和碱土。在不合理的耕作灌溉条件下，地下水位上升，易溶盐类在表土层积聚，也能引起土壤盐渍化，称为“次生盐渍化”。

土壤盐碱化是一种渐变性（或缓变性）的地质灾害，是土地荒漠化的一种表现形式。土壤盐碱化与地下水有关，它是盐分在地表土层逐渐富集的结果。盐渍土在我国分布范围很广，但除滨海半湿润地区的盐渍土分布外，大致都分布在沿淮河—秦岭—巴颜喀拉山—唐古拉山—喜马拉雅山一线以北广阔的干旱、半干旱的漠境地区。据有关资料，全国已有16个省区分布有盐渍土81.8万平方公里，其中现代盐渍土约36.93万平方公里，残余盐渍土约44.87万平方公里，潜在盐渍土约17.33万平方公里。

根据地貌单元，我国土地盐渍化主要分为滨海、华北平原、东北平原、西北半干旱地区、西北干旱地区等五个集中分布区。其中，内蒙古、宁夏、山西、陕西及黄淮海平原，均有较严重的土壤盐碱化问题。土壤盐碱化对人类活动造成的危害主要体现在使农作物减产和绝收，土地荒芜，寸草不长，影响植被生长并间接造成生态环境恶化，且能对道路造成破坏，腐蚀损坏工程设施。我国因盐渍化造成的经济损失估计每年可达25亿元。根据全国地质灾害现状调查资料，内蒙古河套平原地区，许多灌区因盐渍土死于苗期的农作物占播种面积的 10%～20%，甚至达 30%以上。黄淮海平原轻度、中度盐渍土就造成农作物减产 10%～50%，重度则颗粒无收。而山东省 $14006km^2$ 盐渍化土地中的 $81.56\times10^4m^2$ 耕地，每年因盐渍化造成的经济损失就达 15 亿～20 亿元。

土地盐渍化是我国发展农业、扩大土地面积和提高亩产面临的一个十分严重的问题。在一些地区，由于盲目发展农业生产，特别是无科学依据地开展片状灌溉、大水漫灌等工程，加之排灌工程不配套，使得地下水位不断抬升，次生盐渍化急剧发展，破坏了农田的生态环境。另外，随着我国道路工程的发展，盐渍化对道路，特别是对公路建设带来的危害已十分突出和严重，在油田开发和建设中，盐渍化对建筑物的腐蚀破坏也成为主要的地质灾害之一。因此，对盐渍化的研究和盐渍化的改良已成为环境地质和农业工作者的主要任务之一。

2. 土壤盐碱化的分类

(1) 按盐、碱土形成条件分类

① 盐土。土壤中含有过量的氯盐（NaCl）和硫酸盐（Na_2SO_4），可使作物出现生理干旱，枯萎死亡；

② 碱土。土壤中主要以碳酸钠（Na_2CO_3）和重碳酸钠（$NaHCO_3$）为主，不含或仅含微量的其他易溶盐类，土壤中有大量的吸附性 Na^+，土壤一般呈碱性反应（pH>8.5），土壤板结，作物不能生长。

(2) 按含盐成分和含盐量综合分类　盐碱土中所含盐类成分和数量对土的性质和农作物生长影响很大，以此作为分类依据有利于土壤的改良，其分类见表 5-4。

表 5-4　按含盐成分和含盐量的盐渍土分类

按含盐成分的分类①		按平均含盐量的分类/%			
类　型	$\frac{W(Cl^-)}{W(SO_4^{2-})}$	弱盐渍土	中盐渍土	强盐渍土	超盐渍土
氯盐渍土	>2	0.5～1	1～5	5～8	>8
亚氯盐渍土	1～2	0.5～1	1～5	5～8	>8
亚硫酸盐渍土	0.3～1	0.3～0.5	0.5～2	2～5	>5
硫酸盐渍土	<0.3	0.3～0.5	0.5～2	2～5	>5
碳酸(碱性)盐渍土	$\frac{W(CO_3^{2-})+W(HCO_3^-)}{W(Cl^-)+W(SO_4^{2-})}>0.3$	0.1～0.5	0.5～1	1～2	>2

① 离子含量以 100g 干土内的物质的量（mmol）计（以 $\frac{1}{Z}B^{Z\pm}$ 为基本单元）。

(3) 按成因分　可分为以下两种：

① 原生盐碱化，在原生自然条件下形成的；

② 次生盐碱化，是指由于人类不合理利用水资源、灌溉不当等人为因素引起的。

(4) 按成盐过程分　可分为现代积盐盐渍土和残余积盐盐渍土两种类型。

① 现代积盐盐渍土。由于自然和人类因素的影响，而导致地面和地下径流汇集，出流不畅，从而造成不良的水文地质条件，使某地区地下水位过高，盐分积累，引起土壤现代积盐而形成盐渍土。

② 残余积盐盐渍土。在地质历史时期，曾因地下水作用引起过土壤强烈积盐，形成了各种盐渍土。在后期由于地壳变动或水文地质条件改变，不再参与现代成土过程，积累下来的盐分仍大量残留于土壤中。

(5) 接地理位置分　可分为三种类型：

① 内陆盐碱土，主要分布在年蒸发量大于降水量，地势低、地下水埋藏浅、排泄不畅的干旱和半干旱地区，如内蒙古、甘肃、青海、新疆等地的一些内陆盆地中含的盐碱土属于此类；

② 滨海盐渍土，主要分布在沿海地带，含盐量一般为1%～4%；

③ 平原盐渍土，主要分布在华北平原和东北平原等地区。

二、土壤盐碱化形成条件

土壤盐碱化实际上是各种可溶盐类在土壤表层或土壤中逐渐积累的过程。以平原盐渍土为例，其形成原因和过程是：在地下水浅埋区，由于蒸发，地下水沿毛细孔隙垂直上升至地表后，水分不断被蒸发掉，而盐分留在地表（简称“水走盐留”），盐分在土壤中逐渐积累形成盐碱土。具体来说，盐碱化的形成是以下六个方面的条件（因素）综合作用而实现的。

1. 气候条件——蒸发量大

在土壤盐碱化地区，气候条件的主要特点是蒸发量大。陆地上的盐渍化主要集中在半干旱、干旱和极端干旱地区，在这些地区，由于降水少、蒸发量大，使盐分积聚土壤表层的数量多于向下淋滤的数量，从而导致盐碱土的形成。也就是说，在地下水浅埋区，地下水沿毛细管上升，由于蒸发作用，盐分被地下水带至地表，因此，蒸发量越大，盐分在土壤表层累积得越多。蒸发使地下水浓缩，矿化度变大，加重了盐分在表层的积累。

土壤积盐的同时，由于降水及地表水入渗时对土壤盐分的淋溶，也产生脱盐作用。土壤盐碱化正是土壤中盐分积聚作用大于脱盐作用的结果，因此在土壤盐碱化区，蒸发量一般大于降水量。

2. 地形地貌条件——平原区及低洼地带

在干旱、半干旱地区，盐类随地表水和地下水从高处往低洼处迁移的过程中，由于水分逐渐浓缩，盐类则按其溶解度的不同而逐渐分离，并沉淀在不同地形地貌部位上。首先在最高处是溶解度最低的 $CaCO_3$，较低处是石膏，最后在低处依次沉淀 Na_2CO_3、$NaCl$、Na_2SO_4 等。很明显，在地势较高的山地或分水岭地带，地下径流通畅，气候虽然干旱，土壤也不会发生盐渍化，只有在排水条件不良或径流不畅的内陆盆地、山间洼地，宽广、排水不良的平原，才有可能产生积盐过程。但从小地形上看，在低平地区的局部高处，由于蒸发快，盐分可由低处向高处迁移，即较高处积盐较重。

一般来说，在冲积平原、滨海平原、低地洼地等处易发生土壤盐碱化。

3. 水文地质条件——地下水埋藏浅，径流滞缓，地下水矿化度较高

除地形和气候条件外，土壤积盐过程还要求一定的水文地质条件，即只有在地下水径流滞缓、同时地下水含盐量达到一定程度，并且能上升到地表的情况下，土壤积盐过程才能强烈地表现出来。

（1）地下水埋藏浅　地下水埋深是决定土壤是否盐碱化的主要因素。地下水埋深越浅，蒸发量越大，盐分运移量越大。例如1958年至20世纪60年代，在河南黄河冲积平原，只考虑抗旱灌溉的需要，大搞引黄灌溉，只灌不排，只蓄不泄，使地下水位大幅度上升，60年代初期，豫东、豫北平原盐碱地面积猛增到1200万亩。

通常，把开始引起土壤盐碱化的地下水埋藏深度称为地下水位临界深度（以 d_L 表示）。只有地下水位高于临界深度时，经毛细管上升的含盐地下水才能到达土壤表层，引起土壤盐碱化（图5-5）。地下水临界深度不是一个常数，它与气候、土壤质地、包气带岩性、地下水矿化度、水文地质条件等因素有关。同一种土，矿化度越高，临界深度越大；蒸发量越

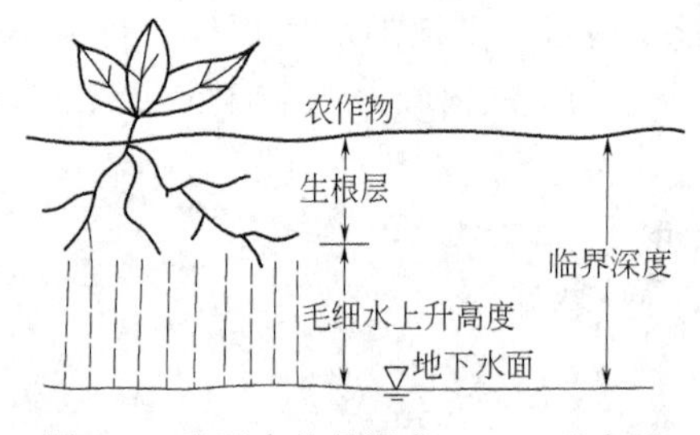

图 5-5 地下水临界深度（d_L）示意图

大，临界深度越大。临界深度对调控最优地下水位和根治土壤盐碱化有重要意义，其确定方法有以下几种：①经验数据法；②计算方法（据图 5-6 计算）；③根据土壤剖面可溶盐含量确定；④根据土壤剖面水分含量确定；⑤野外观测毛细水上升高度确定；⑥实测剖面法（直接观测法）确定；⑦调查统计法确定；⑧用极限蒸发深度作为临界深度。河南豫北引黄灌区地下水临界深度见表 5-5。

表 5-5 土壤质地、地下水矿化度与地下水临界深度的关系（据豫北引黄灌区资料）

土 壤 质 地	地下水矿化度/(g/L)	临界深度/m
沙壤土-轻壤土	<2	1.9～2.1
	2～5	2.1～2.3
	5～10	2.3～2.5
中壤土	<2	1.5～1.7
	2～5	1.7～1.9
	5～10	1.9～2.1
重壤土、黏土和类黏土层	<2	0.9～1.1
	2～5	1.1～1.3
	5～10	1.3～1.5

（2）地下水径流滞缓　水交替缓慢，则地下水位易抬高，易积盐，因而容易产生盐碱化。

（3）地下水矿化度　地下水含盐量又称为矿化度，以每升水中含盐质量（g 或 mg）表示（常用单位：mg/L）。临界矿化度是指开始引起土壤积盐的地下水矿化度，显然，只有地下水矿化度大于临界矿化度，并在一定条件下，才可能使土壤盐渍化。

一般，地下水与土壤盐分组成基本是一致的，地下水矿化度（或含盐量）越高，向表层土壤聚集的盐分越多，盐碱化越重。只有地下水中含有一定量盐分，土壤才能产生盐碱化，否则地下水位抬升只能形成湿地或沼泽。

4. 包气带岩性——以粉质沙土、粉质黏土、粉沙为主

所谓包气带是指从地表至地下水位之间的空间范围。包气带是水中盐分运移的通道，是地下水中盐分垂直向上运移的空间必经之处。包气带岩性条件决定毛细水上升高度和盐分运移量。卵砾石、沙砾石运移量大，但毛细上升高度小，黏土毛细上升高度大，但运移量小。而粉质沙土、粉质黏土、粉沙等毛细水上升高度和运移量均较大，地下水和土壤中的盐分易到达地表累积，形成盐碱土，尤其是包气带为粉质黏土时，地下水的蒸发最大，盐分运移量也大，最易产生土壤盐碱化。

5. 生物作用的影响

在干旱的荒漠草原或荒漠区，根深性植物或盐生植物从土层深处及地下水中吸收水分和盐分，将盐积累于植物体中，当植物死亡后，有机残体分解时又将盐分返回土壤中，虽然这种积盐作用同潜水迁移、蒸发相比量很小，盐渍化作用也非常微弱，但是长期作用下，也可使一些地区土壤中盐分增加。

6. 人类活动作用的影响

人类活动的目的是为了从大自然中获取更多的回报，在农耕区，人类为了提高产量进行灌溉，正确的灌溉不但能达到增产的效果，还可以达到改良盐土的目的。反之，不正确的灌溉，如灌水量过大导致潜水位提高，且灌溉水质较差，则会引起土盐渍化，称为次生盐渍化。

三、土壤盐碱化的危害与环境地质问题

土壤盐碱化的危害主要表现为使农作物减产或减收，影响植被生长并间接造成生态环境恶化。此外，土壤盐碱化还可引起道路路基下降，工程建筑材料松胀或腐蚀等。

据农业部2006年统计资料，我国的盐渍化土地达$33.33\times10^4km^2$，其中大部分在黄淮海平原、汾渭河谷平原、内蒙古河套平原以及宁夏银川平原农牧区。严重的盐渍化，使土地利用率降低，农作物减产，加深了人多地少的矛盾。土壤盐渍化的危害是多方面的，主要有以下几个方面。

1. 影响农作物正常生长，使农作物因烂根或生理干旱等原因而死亡

① 提高土壤溶液渗透压，引起植物生理干旱。几乎所有的易溶盐都能提高土壤溶液的渗透压，在非盐碱化土壤中，土壤溶液渗透压为$(1\sim2)\times10^5Pa$，因此农作物根系很容易从土壤溶液中吸取水分和养料。在盐渍化土壤中，由于含有大量的易溶性盐分，使得土壤溶液渗透压大大提高，以至超过农作物的渗透压，从而使农作物发育受到影响，甚至死亡。

② 腐蚀植物根系。氯离子和某些化学碱性盐（Na_2CO_3、$NaHCO_3$等）对植物根系具有化学腐蚀作用。

③ 土壤中含盐量增高，阻碍土壤中微生物活动，从而影响土壤养料的转化。盐类能改变植物体蛋白质的构造，影响植物的渗透作用，由于易溶盐含量增加，可阻止植物对Fe、Mn、P、SiO_2等元素的吸收，而使植物产生缺绿病、黄萎病等病变。

④ 盐类可使土壤的物理性质变坏，一些有毒盐类，如Na_2CO_3、$NaHCO_3$、Na_2SO_4、$MgSO_4$、NaCl等，特别是Na_2CO_3盐具有强烈毒性，可直接腐蚀农作物的活细胞组织。某些碱性盐可使土壤碱性反应，使磷形成磷酸钙沉淀，从而降低磷的肥效。

土壤盐渍化，使得土地肥力减退，土地含盐量超过农作物的耐盐极限，便会使农作物减产和绝收。

例如，据对内蒙古河套平原的统计，许多灌区每年因盐渍土死于苗期的农作物占播种面积的10%～20%，甚至达30%以上。河南省豫北平原地区因大规模地引黄灌溉，20世纪60年代曾发生大面积土壤盐渍化现象。黄淮海平原轻度、中度盐渍化土地造成的农作物减产达10%～50%，重度盐渍化土地则颗粒无收。山东省$14006km^2$盐渍化土地中的$8156km^2$耕地，每年因盐渍化造成的经济损失达15亿～20亿元。严重的盐渍化，使土地的利用率降低，荒地增多，加深了人多地少的矛盾。

2. 盐碱土的环境地质问题

盐渍土中含有不同种类的易溶盐成分，因此，在不同环境条件下，可产生如下环境工程地质问题。

(1) 溶蚀　氯盐渍土和硫酸盐渍土，在水的作用下，可使土中盐分溶解，长期作用可以形成雨沟、洞穴，甚至湿陷、坍陷等病害，影响工程稳定。

(2) 盐胀　硫酸盐渍土盐胀作用强烈，在冷季，土基中的盐胀可使路面不平、鼓胀、开裂，房屋基础变形，是高等级公路最突出的病害。路基边坡及路肩表层，在昼夜温度变化所

引起的盐胀反复作用下，变得疏松、多孔、易遭风蚀，并易陷车。

(3) 冻胀和翻浆　当氯盐渍土和硫酸盐渍土含量在一定范围内时，由于冰点降低，水分聚流时间加长，可加重冻胀。同样因为氯盐渍土不仅聚冰多，而且液塑限低，蒸发缓慢，因此可加重翻浆，但含盐量增加较多时，由于冰点降低多，将不产生冻结和减小冻结，从而不产生冻胀或只产生轻冻胀，因而不翻浆或轻翻浆。碳酸盐渍土由于透水性差，可能减轻冻胀和翻浆。

(4) 盐分对工程材料的影响　盐渍土中溶盐成分含量不同，对于石灰、水泥等建筑材料的影响有明显的差别，氯化物盐类在含量小于3%、硫酸盐含量小于1%、碳酸盐含量小于0.5%时，可以加速石灰、水泥的硬化过程，提高材料的强度。但是超过以上含量，氯化物盐类就可以对石灰和水泥造成有害的侵蚀作用，使得土的密度和水稳性降低。硫酸盐由于结晶时的膨胀作用，会导致加固土的疏松和破坏。碳酸盐由于使黏土胶体颗粒分散，从而使土具有强烈的亲水性、膨胀性和塑性，从而产生危害。因此在盐渍土区进行工程建设时，要根据土中盐的成分和含量，结合使用材料进行试验，取得合理的配方，扬长避短、变害为利。

另外，在公路建设中，盐渍土中易溶盐对沥青材料的侵蚀性也是非常强烈的，但是不同盐分和含量、不同的沥青材料，其影响程度是不同的，也可通过试验，确定所使用的沥青材料和处理工艺。

3. 毁坏道路和建筑物基础

硫酸盐盐渍土随着温度和湿度变化，吸收或释放结晶水而产生体积变化，引起土体松胀。因此，采用富含硫酸盐的盐渍土填筑路基时，由于松胀现象会造成路基变形而影响交通运输。例如，新疆塔城机场跑道下为含有 Na_2SO_4 和 $Na_2SO_4 \cdot 10H_2O$ 的盐渍土，因温差变化而引起的盐胀作用使机场跑道表面出现大量的开裂、起皮和拱起，经济损失达1400万元。

4. 腐蚀建筑材料，破坏工程设施

盐渍土还可腐蚀桥梁、房屋等建筑物的混凝土基础，引起基础破损。当硫酸盐含量超过1%或氯化物含量超过4%时，对混凝土将产生腐蚀作用，使混凝土疏松、剥落或掉皮。盐渍土中的易溶盐，对砖、钢铁、橡胶等材料，也有不同程度的腐蚀作用，如NaCl与金属铁作用形成 $FeCl_3$。盐渍土中氯化物含量超过2%时，将使沥青的延展度普遍下降。$NaCO_3$ 和 $NaHCO_3$ 能使沥青发生乳化。

5. 盐碱化对人类生活的影响

盐渍化严重的地区粮食减产，甚至成为废弃耕地，使当地人民生活受到严重影响，如新疆克孜河下游的伽师总场，土地全部盐化，粮食不能自给，反销粮达 1370×10^4 kg/a，累计损失达3360万元。

在一些低洼地带由于出现渍水现象，大量村舍被迫搬迁，使得群众生活和社会安定受到严重影响。

在盐渍化地区，由于地下水中含有大量的盐分，矿化度增高，使得水质很差，工农业用水和生活用水十分缺乏。更为严重的是一些有害成分导致地方病流行，严重地制约和影响着这些地区的经济发展和人民群众的健康。

四、土壤盐碱化的防治

对于盐渍化土壤的改良，主要以控制水着手，一方面不让地下水位高于临界水位，另一方面是减少地下水通过毛细作用上升到地面蒸发，同时还应采用洗盐排盐、化学、工程、生物等综合方法防治土壤盐碱化。

对土壤盐碱化防治应采取综合性措施，基本原则是：从水字着眼，灌排并举，井渠结合，把地下水位控制在临界深度以下。同时应以调控最优地下水位为中心，将潜水或浅层水看作“地下水库”，干旱季度充分开发利用，腾出地下库容，雨季该库容蓄水，这样既解决了排水与农田供水的矛盾，又综合治理了旱涝盐碱。具体方法简述如下。

1. 灌水

为了农作物用水和脱盐洗碱需要灌溉。要做到井灌为主，浅井为主，井渠结合，合理灌溉。这样做的效果，既满足了农灌用水，又降低了潜水位，同时也达到了脱盐洗碱的目的。这里所谓的合理灌溉，是指合理配水灌水，控制灌溉定额，实行科学的灌溉方法，减少田间及渠道渗漏，控制灌溉水对地下水的回渗补给，控制地下水位的抬升等。要改变大水漫灌的灌溉方式，实际喷灌、滴灌、渗灌等先进的灌溉技术。

2. 排水

为控制地下水位在临界深度以下、防治盐碱化和涝涝灾害等，必须排水。排水形式有以下两种。

(1) 河渠排水　修建排水河渠降低地下水位，是防治土壤盐碱化的有效措施，排水沟渠的间距和深度应根据地形、包气带岩性、水文地质条件来确定。一般，末级固定排水沟渠间距和深度可用计算方法确定。如果含水层均质、底板水平，潜水在排水地段呈平面稳定运动，灌水均匀入渗，渠道平直、相互平行、等间距排列（图 5-6），则排水沟渠的合理间距可按下式计算。

$$L=2\sqrt{\frac{K}{W}(h_{\max}^2-h_0^2)}=2\sqrt{\frac{K}{W}[(D-d_L)^2-h_0^2]} \tag{5-1}$$

式中，L 为排水沟间距，m；K 为含水层渗透系数，m/d；W 为灌水入渗强度，m/d；$h_{\max}$为两沟渠中央断面$\left(x=\frac{L}{2}\right)$处的水位，m；$h_0$ 为沟渠中水位，m；D 为隔水底板深度，m；d_L 为土壤盐碱化的临界深度，m。

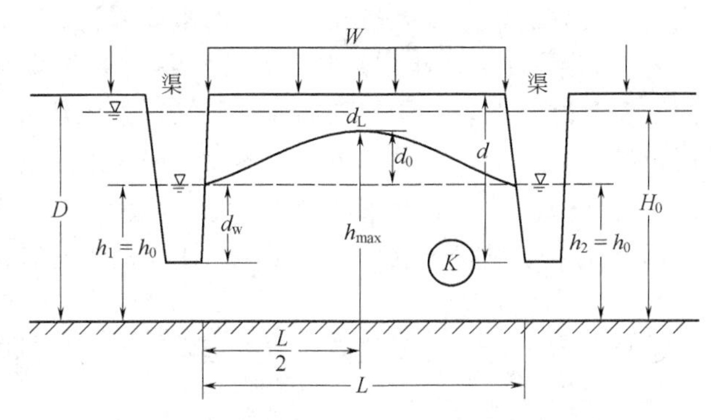

图 5-6　排水沟渠间距及深度计算示意图

图中 H_0 为原始静水位或含水层厚度，其他符号意义见公式说明

上式表明，渗入补给强度越大，含水层透水性越弱，水位降越大，矿化度越高时，排水沟渠间距越小。

排水沟渠的深度（d）可按下式近似确定（参见图 5-6）：

$$d=d_L+d_0+d_w \tag{5-2}$$

式中，d 为排水沟渠深度，m；d_L 为地下水临界深度，m；d_0 为排水地段中部地下水面与排水沟内水面之间的高差，m；d_w 为排水渠水深，m。

沟渠间距和深度间有一定的关系，一般是沟渠愈深，间距愈大。

(2) 井孔排水　井孔排水在我国已广泛使用，效果好，经济实用。但当潜水含水层与下伏承压含水层有密切水力联系，且承压含水层水位高于潜水位时，应分别在潜水含水层和承压含水层中打井排水，这样可更有效地降低地下水位，抽出的水还可用于灌溉。

在实际工作中，多采用井灌井排，即利用机井，既灌又排。强烈抽取地下水进行灌溉洗盐，同时又降低了地下水位，加强了土壤水的垂直运动，促使地面水与地下水的循环，达到有效调节与控制土壤与地下水盐分的动态变化，促使土壤向脱盐方向发展。如果采用井渠结合的办法效果更好。

3. 洗土

洗土就是用井孔中抽出的淡水冲洗土壤，溶解土壤中的盐类，使其进入地下水中，再用排水沟渠或井孔将含盐水排走，达到洗土脱盐的目的。洗土要与排水相结合。对于碱土，在冲洗的同时应加入石膏（$CaSO_4$）作为改良剂，以消除或降低碱土交换性钠的含量，才能收到应有的效果。其反应式为：

$$\boxed{土壤}\begin{matrix}-Na^+\\-Na^+\end{matrix}+CaSO_4 \rightleftharpoons \boxed{土壤}-Ca^{2+}+Na_2SO_4 \tag{5-3}$$

与此同时，石膏（$CaSO_4$）还可以中和土壤中的 Na_2CO_3（小苏打），反应式为

$$Na_2CO_3+CaSO_4 \rightleftharpoons CaCO_3+Na_2SO_4 \tag{5-4}$$

碱土中的交换性钠离子被钙离子交换后，土壤胶体就会在钙离子作用下重新凝聚，生成的硫酸钠可借灌水或雨水淋洗，于是降低了土壤碱性。

4. 改土

改土就是通过采取平整土地、深耕细作、施有机肥、中耕松土、换土掺沙等合理的农业技术和措施，改善土壤结构，提高土壤肥力，改良盐碱化土地的盐均衡，巩固土壤改良效果。通过改土，可加大土壤孔隙，恢复土壤团粒结构，切断毛细水上升的通道，减少水分蒸发，减少灌水入渗，起到防治或减轻盐碱化的作用。

耕作与施肥是改土的主要方法，也是改良盐碱土壤的重要措施。

耕作深度一般为 25～30cm，并可逐年增加耕作深度。深翻是将含盐重的表土翻埋到下层，而将底层含盐少的淤泥等翻至地表，既打破隔离层，又可翻压盐分。深耕深翻要因地制宜。合理耕地可使耕层疏松，减少土壤水和地下水的蒸发，防止底层盐分向上积累。平整土地也可使水分均匀下渗，提高降雨淋盐和灌溉洗盐的效果，防治斑状盐渍化。

增施有机肥料，可以补充土壤中营养成分，又可改善土壤的物理性质，加强淋盐、减少蒸发、抑制返盐。

另外，轮作套种、起盐压沙等均有覆盖地面、减少蒸发、抑制盐的效果。

5. 种植

种植即种植水稻和其他绿色植物及树木，这也是改良盐碱土行之有效的方法。

(1) 种植水稻　水稻是一种需水较多的植物，由于田间经常保持一定的水层，所以脱盐能持续进行，盐分淋洗比较彻底，而且能淡化地下水层。但是种水稻必须有完整的排水系统，有灌有排，才能收到好的效果。实践证明，种植水稻是改良和利用盐渍化土地的有效方法。试验表明，盐土种植水稻一年后，0～40mm 土层的含盐量即由 0.43%降低到 0.06%。种植水稻必须结合排水，并采取增施有机肥料、平整土地、播前冲洗、活水灌溉、逐年翻深和修筑排灌系统等一系列措施。这样，盐渍化土地的改良才能更加有效。曾遭受次生盐渍化强烈危害的豫东地区，由于种植水稻而成为中原地区的高产粮区。

(2) 种植绿色植物　在盐渍化土地上种植绿色植物，不但显著增加有机质，改善土壤肥

力，而且由于保证生长过程中茎叶茂密、覆盖地面、减少水分蒸发，因此能抑制土壤返盐，促进土壤脱盐。同时，一些根系发达的植物如苜蓿和草木樨等，根系能穿插到土壤下层，当根系死亡腐烂后，在土壤中留下许多孔洞，下降水流容易向下渗透，有利于脱盐。

(3) 种树　树木在生长过程中，经根系吸收水分，通过叶面蒸发排出，因而在一定条件下可降低地下水位，尤其是成年树木的耗水能力相当大，一棵15年的柳树每年可消耗 $90m^3$ 以上的水，杨树每年可耗水 $80m^3$ 以上。例如，前苏联饥饿草原上的灌渠两侧的林带，植物（树木）排水影响范围可达200m，潜水位下降最大值达1.6m。因此，一般多在渠边植树代替截渗沟，用以降低地下水位，消除河渠两旁由于侧渗补给引起的地下水位上升而可能造成的土壤（次生）盐碱化。

6. 工程措施

对于道路或其他浅表工程，可以采取一些工程措施来防治土壤盐渍化的危害。

① 最常用的办法是降低地下水位，局部的降水可使地下水位达到临界水位以下，使得盐分不能达到地表或工程基础。

② 设隔断层可以隔断毛细水的上升，可用粗粒渗水材料作隔断层，如要消除毛细水和气态水，则可用沥青、土工布等不透水材料。如道路工程，一般隔断层埋深不小于1～1.5m。

③ 提高基础高度也可防止盐渍土中易溶盐对基础中水泥、石灰等材料的腐蚀，延长工程的使用年限。

复习思考题

1. 试述土地荒漠化的含义，并说明土地荒漠化的类型。
2. 试述土地沙漠化的概念。我国土地沙漠化有何分布特征？
3. 土地沙漠化是如何形成的？
4. 土地沙漠化有什么危害，如何防治？
5. 试述水土流失的概念。我国哪些地区水土流失最为严重？
6. 试述水土流失的类型及影响因素。
7. 水土流失有什么危害，对地质环境有什么影响？
8. 如何防治水土流失？
9. 什么是小流域综合治理？
10. 试述土壤盐碱化的概念。我国土壤盐碱化有何分布特征？
11. 简述土壤盐碱化的分类。
12. 试述土壤盐碱化的形成条件。什么是地下水临界深度（d_L）？
13. 土壤盐碱化有哪些危害？
14. 如何防治土壤盐碱化？
15. 某地区土壤盐碱化严重，已查明发生盐碱化的地下水临界深度（d_L）为3m，为防治土壤盐碱化，采用排水沟渠排水（参见图5-6）。已知地下水位埋深（d_m）为2m，原始含水层厚度（H_0）为18m，灌水入渗强度 $W=1\times10^{-2}$ m/d，含水层渗透系数 $K=2$m/d，沟渠中水位 $h_0=1$m，试计算排水沟渠的合理间距（L）。如果设计排水沟渠中水深（d_w）为0.5m，根据观测孔观测资料，排水地段中部地下水面与排水沟渠水面之间的高差（d_0）为4.5m，则排水沟渠的深度应为多大？

第六章 地震与火山灾害

地震与火山都是地壳活动灾害，是地壳突变引发的地质灾害，二者的发生都会给人类带来巨大的灾难和损失，也是人类社会防灾减灾的重要内容。为此，必须掌握地震和火山的一般知识和发生发展的规律，总结今日经验，减轻未来灾害，加强监测，以防为主，防、抗、救相结合，增强防灾意识，提高人类抗御突发性地质灾害的能力，保持人类社会的稳定和可持续发展。

第一节 地 震

一、地震及成因类型

1. 地震的概念及发生过程

地震是由于自然原因引起的地壳的快速颤动，是地壳运动的一种特殊形式，是一种经常发生的常见地质现象，是一种破坏性很强的地质灾害。地球内部积蓄的能量，在迅速释放时，使地壳产生快速颤动，就是地震。即地震是因地球内动力作用而发生在岩石圈内的一种物质运动形式，它是由积聚在岩石圈内的能量突然释放而引起的。目前，最为人们广泛接受的关于地震成因的解释是弹性回跳理论，即断层说。该理论认为：岩石圈物质在地球内动力作用下产生构造活动而发生弹性应变，当应变能量超过岩体强度极限时，就会发生破裂或沿原有的破裂面发生错动滑移，应变能以弹性波的形式突然释放并使地壳振动而发生地震。一次地震的持续时间很短，一般仅几秒到几分钟。

据不完全统计，地球上每年发生大大小小的地震约有 500 万次，其中人们能够感觉到的仅占 1%，99%是人们感觉不到的微小地震，能给地面建筑物造成一定破坏的强震不超过 1000 次，能对一个地区造成巨大灾难的大地震仅约十来次，七级以上的灾害性地震每年多则二十几次，少则三五次。据统计，全世界平均每年发生 7 级以上的地震 18～19 次，5～6 级的地震数以百计，仅中国平均每年发生的 5 级地震就有 20～30 次，5 级以下则数以千计。地震给人类社会造成巨大灾难和损失。我国地震一般为大陆板块内地震，震源都比较浅，因此，我国是世界上遭受地震灾害最为严重的国家之一。20 世纪我国共发生 7 级以上地震 80 次，仅新中国成立以来我国大陆就发生 7 级以上强震 34 次。其中 1920 年宁夏海原发生 8.5 级大地震，死亡 20 万人。1976 年，河北省唐山市发生 7.8

级大地震，死亡人数242769人，并使唐山市变为一片废墟。

地震发生时产生的弹性波称地震波，地壳的快速颤动就是由于地震波的传播造成的。地震的发源地称震源；震源在地面上的垂直投影称为震中；震中与震源之间的距离称为震源深度（图6-1）；震中附近地区的震动最强烈，给地面造成的破坏也最严重，称为震中区（或极震区）；在地图上把地面破坏程度相同的各点连接起来而成的闭合曲线，称为等震线。

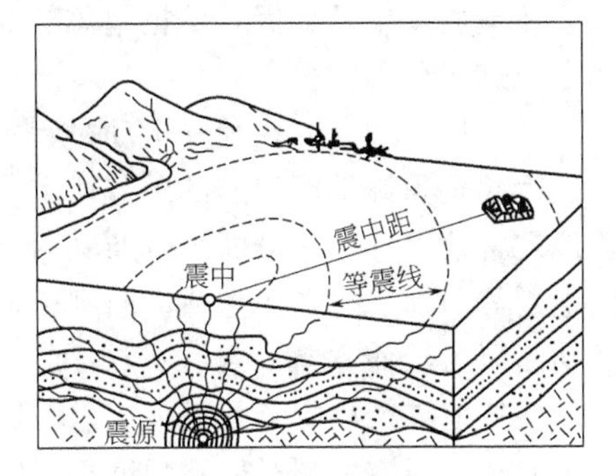

图6-1 震源、震中与震源深度的关系

按震源深度的不同，可将地震划分为浅源地震（0～70km）、中源地震（70～300km）和深源地震（300～700km）。大多数地震发生在地表以下几十公里的地壳中，破坏性地震一般为浅源地震。一般，浅源地震的数量最多，约占地震总数的72.5%；中源地震次之，大约占23.5%；深源地震最少，仅占4%左右。

实际上地震的发生是有一个过程的，尽管人们所感觉到地震往往发生在转眼之间，但实际上，地震从孕育、发生到震后的调整通常都要经历一定的时间过程。按其物理性质的差异可将其划分为孕震、前震（临震）、主震、余震（震后）四个阶段。

（1）孕震阶段　是地应力的积累阶段，这一阶段中，孕震地区的岩石地球物理性质将会发生一系列异常变化，岩石中会出现微弱的变形和变位，在这一阶段向下一阶段转化过渡时，还会伴随出现一些小震活动。

（2）临震阶段　震区的应力积累已经极为接近失稳状态，此时可出现地形形变异常、地震波速异常、地磁和地电异常，以及地下水和动物活动异常等现象。同时还会出现明显的地震行为异常，如小震突然停止或数量急剧减少等，这类现象在地震研究中被称作大震之前的地震平静期或地震空区，是大地震的前兆。

（3）发震阶段　本阶段又可分为前震和主震。

强烈地震发生前，往往有一系列微弱或较小的地震，称为前震，有些强烈地震的前震非常显著，在地震发生前几天甚至前几个月就有一系列的小震，如1966年3月8日河北邢台地震等。而有些强烈地震的前震并不显著，强震来得比较突然，如1978年7月28日唐山7.8级大地震等。一般来说，往往有前震作为强震的预兆。

地壳发生强烈颤动，在某一系列地震中最强烈的一次震动，称为主震，这一阶段也是地震造成危害的主要时期，震源区的岩石出现大规模破裂，引发地震灾难。

（4）余震（震后调整）阶段　在此阶段的前期，剩余的应变能还将继续释放，岩石进一步破裂，并产生一些小震，即在震中区及其附近地区，往往还有一系列小于主震的地震，其强度与频率时高时低，持续时间可达数月甚至数年之久。但有些地震，其余震并不明显或特别稀少。到了余震后期，地震活动将逐渐趋于平静，地磁、地电、地下水等活动也将恢复正常。

强烈地震是一种破坏性很强的地质灾害，可使大范围的建筑物瞬间沦为废墟。地震灾害不仅造成建筑物倒塌而使人类生命财产遭受重大损失，而且还会诱发大规模的沙土液化和崩塌、滑坡等次生地质危害，发生在深海地区的强烈地震有时还可引起海啸。地震的破坏范围有时可扩展到数百公里甚至数千公里之外。

2. 地震的类型

按地震发生的成因，可把地震分为构造地震、火山地震、陷落地震（或称坍陷地震）和诱发地震四种类型。

（1）构造地震　在地壳运动过程中，地壳不同部位受到地应力的作用，在构造脆弱的部位发生破裂和错动而引起的地震，称为构造地震。全球90%以上的地震属于构造地震，构造地震常常出现于活动断裂带及其附近地区，如我国的渤海地震、邢台地震、海域地震及唐山地震等，都发生在大型活动断裂带通过的地区，同时其极震区和等震线长轴的走向也均与活动断裂的延伸方向一致。

构造地震产生的背景是由于岩石圈板块的相对运动，受到岩石（或地层）的阻抗使应力集中所致。当应力超过岩石强度极限时便引起岩层断裂，积聚的构造应力在瞬间快速释放，使断层产生弹性回跳，从而发生地震。构造地震很少是孤立发生的，一个地区地震发生期间，往往出现由弱到强，再由强到弱的一系列地震，其中最强的一次或几次地震叫主震；主震之前的小震叫前震，这类小震往往是强震将临的重要前兆标志；主震之后的小震则叫余震。前震、主震和余震合起来叫一个地震序列。

（2）火山地震　与火山喷发有明显成因联系的地震称为火山地震，即火山活动也能引起地震。火山喷发前的岩浆在地壳内积聚、膨胀，使岩浆附近的老断裂产生新活动，也可以产生新断裂，这些新老断裂的形成和发展均伴随着地震的产生。火山地震约占地震发生总量的7%，其范围也比较有限。

（3）陷落地震（又称塌陷地震）　自然界大规模的崩塌、滑坡和地面塌陷也能够产生地震，称为陷落地震（或塌陷地震）。一般陷落地震数量少，范围小，危害不大。

（4）诱发地震　诱发地震是指在某种诱发因素的作用下，使局部地区的地应力强度达到临界状态，并进一步造成岩层或土体失稳而导致的地震。

一般，诱发地震是指由人类工程活动引起的地震。在一定条件下，人类工程活动可以诱发地震，如修建水库、城市抽采地下水、油田采油与注水、矿山坑道岩爆以及人工爆破、地下核爆炸等都能引起局部地区出现异常的地震活动，这类地震活动统称为诱发地震。诱发地震的形成主要取决于当地的地质条件、地应力状态和地下岩体积聚的应变能，人类工程活动作为一种诱发因素，在一定程度上改变了地应力场的平衡状态。

诱发地震的震级比较小，对人类的影响也比较小。但是，由于诱发地震经常发生在城镇、工矿等人口稠密区，所造成的社会影响和经济损失不容忽视。水库诱发地震还对水库大坝的安全造成威胁，可能导致比地震直接破坏更为严重的次生危害。

诱发地震按其主要诱发因素可分为流体诱发地震和非流体诱发地震两类。前者包括水库诱发地震和抽、注液体诱发的地震等，其中水库诱发地震是较为常见的形式。非流体诱发地震包括采矿诱发地震和爆破诱发地震等。由于岩石地下开挖扰动了岩体的原始应力状态，在某些部位出现应力集中，当应力达到或超过岩石强度时，出现破坏而发生地震；或由于强烈的地下爆炸引起岩体崩塌或造成新的破裂以及强烈的弹性振动，诱发已累积的应力释放而发生地震。

例如，矿山开采过程中，因岩体或矿体发生破坏，使内部积聚的弹性能得到迅速释放就会产生地震。大型水库在蓄水后诱发地震的实例在国内外已有很多报道。截至2006年的统计，世界上有128座水库发生过诱发地震，我国的水库诱发地震有24处，其中最大的一处是广东新丰江水库。该水库建于1959年，蓄水后地震日益增多（到1972年地震总数达72万次），1962年3月19日发生的6.1级地震，烈度为8度，极震区房屋严重破坏几百间，死伤数人，水库边坡发生地裂、崩塌和滑坡，坝体产生了裂缝。又如山东省陶庄煤矿在

1977～1991 年间，由于采矿诱发地震 180 余次，摧毁巷道 3000 余次，伤亡 90 人。

二、地震的震级和烈度

地震能否使某一地区建筑物受到破坏取决于地震能量的大小和该建筑物距震中的远近。所以需要有衡量地震能量大小和破坏强烈程度的两个指标，即震级（M，magnitude）和烈度（I，intensity）。它们之间虽然具有一定的联系，但却是两个不同的指标，不能混淆起来。

1. 地震的震级

地震的震级就是地震的级别，用来表示地震能量的大小。即地震震级以地震过程中释放出来的能量总和来衡量，释放出来的能量愈大则震级愈高。由于一次地震释放出来的能量是恒定的，所以在任何地方测定，只有一个震级。实际测定震级时，由于很大一部分能量已消耗于地层的错动和摩擦所产生的势能及热能，因而人们所能测到的主要是以弹性波形式传递到地表的地震波能。这种地震波能是根据地震仪所记录的最大水平位移（即振幅，以微米计）来确定的。目前较为通用的是里氏震级，按里希特（C. F. Richter）1935 年给出的震级的原始定义，震级是指距震中 100km 的标准地震仪（周期 0.8s，阻尼比 0.8，放大倍数 2800 倍）所记录的以微米表示的最大水平位移（即振幅，A）的对数值，其表达式为：

$$M = \lg A \tag{6-1}$$

实际上，距震中 100km 处不一定设有符合上述标准的地震仪，因此，必须根据任意振中距、任意型号的地震仪的记录经修正而求得震级。一级地震能量相当于 2×10^{6}J，每增大一级，能量约增加 30 倍；一个 7 级地震释放的能量相当于 30 个 20000t 级的原子弹。一般来说，小于 2 级的地震人们是感觉不到的，只有通过仪器才能记录下来，称为微震；2～4 级地震，人们可以感觉到，称为有感地震；5 级地上地震，可引起不同程度的破坏，称为破坏性地震；7 级以上称为强烈地震；8 级以上的称为特大地震。现有记载的地震震级最大为 8.9 级，例如，1966 年 5 月 22 日发生在智利的大地震为 8.9 级，2004 年 12 月 26 日发生在印度尼西亚苏门答腊岛附近印度洋海域的大地震为 8.9 级，这是有史以来全世界所记录的最大地震。这是地震震级超过 8.9 时，岩石强度便不能积蓄更大的弹性应变能的缘故。由于地震是地壳能量的释放，震级越高，释放能量越大，积累时间越长，所以强震的发生具有一定的周期性，由于地震地质条件的差异性，不同地区发生强烈地震的周期也是不一样的。

2. 地震烈度

（1）地震烈度及其划分　地震烈度一般系指某一地区受到地震以后，地面及建筑物受到地震影响的强弱程度，即地震烈度是指地面及建筑物遭到地震破坏的程度。地震烈度的高低与震级的大小、震源的深浅、距震中距离、地震波的传播介质以及场地地质构造条件等有关。如一次地震，距震中远的地方，烈度低；距震中近处烈度高。又如：相同震级的地震，因震源深浅不同，地震烈度也不同，震源浅者对地表的破坏就大。由此可见，一次地震只有一个相应的震级，而烈度则随地方而异，震中区烈度最大，离震中越远烈度越小，即由震中向外烈度逐渐降低。震中区（点）的烈度称为“震中烈度”或“极震区烈度”，以 I 表示。在地震区把地震烈度相同的点用曲线连接起来，这种曲线称为等震线。等震线就是在同一次地震影响下，破坏程度相同的各点的连线，图上的等震线实际上是等烈度值的外包线。地震的等震线图十分重要，从等震线图中可以看出一次地震的地区烈度分布、震中位置，推断发震断层的方向（一般来说，发震断层的方向平行于最强等震线的长轴）；利用等震线还可以推算震源深度和用统计方法计算在一定的震中烈度和震源深度情况下的烈度递降的规律。等震线一般围绕震中呈不规则的封闭曲线（图 6-2）。一般用震中烈度来代表一次地震的真实烈度。对于浅源地震，震级（M）与震中烈度（I）大致成对应关系，可用如下经验公式表示。

$$M=0.58I+1.5 \tag{6-2}$$

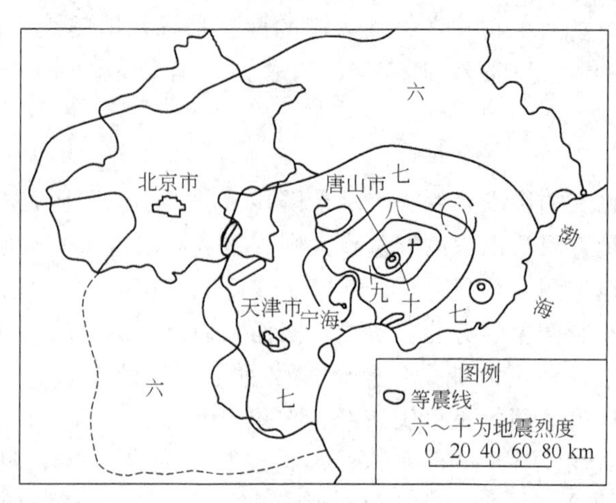

图 6-2　1976 年唐山地震烈度分布图（1982 年绘制）

为了表示地震的影响程度，就要有一个评定地震烈度的标准，这个标准称为地震烈度表，它把宏观现象（人的感觉、器物反应、建筑物及地表破坏等）和定量指标，按统一的标准，把相同或近似的情况划分在一起，来区别不同烈度的级别。目前世界各国所编制的这种评定地震烈度的标准即地震烈度表不下数十种。多数国家采用划分为 12 度的烈度表，如中国（表 6-1）、美国、前苏联和欧洲的一些国家（也有些国家采用 10 度的，如欧洲的一些国家；而日本则采用划分为 8 度的地震烈度表）。

（2）地震的基本烈度与设计烈度　地震的基本烈度是指某一地区在今后的一定期限内（在我国一般考虑 100 年或 50 年左右），可能遭遇的地震影响的最大烈度。它实质上是中长期地震预报在防震、抗震上的具体估量。在地震烈度尚未完全采用定量指标的目前阶段，一切抗震强度的验算和防震措施的采取都是以基本烈度为基础，并根据建筑物的重要性按抗震涉及规范作适当的调整，经过调整后的烈度称为设计烈度，是抗震工程设计中实际采用的烈度。基本烈度一般指一个较大范围内的烈度，设计烈度一般是在基本烈度确定后，根据地质、地形条件及建筑物的重要性来确定的。如对特别重要的建筑，经国家批准，设计烈度可比基本烈度提高一度；重要建筑物可按基本烈度设计；对一般建筑物可比基本烈度降低一度，但基本烈度为Ⅶ度时，则不再降低。

由于小区域因素或场地地质因素影响的地震烈度有时也称为场地烈度，场地烈度是建筑物场地地质构造、地形、地貌和地层结构等工程地质条件对建筑震害的影响烈度，目前对它尚不能用调整烈度方法来概括，而只是在查清场地地质条件的基础上，在工程实践中适当加以考虑。

三、地震的时空分布

地震特别是浅源地震，其产生多与断层错动有关；全球地震的分布与大地构造密切相关。多年来，中国、美国、日本、前苏联等国家有计划地进行地震预报的研究，地震地质工作进展较快。特别是 20 世纪 60 年代板块构造理论的发展，使得对全球范围主要地震带形成

表 6-1 中国地震烈度表

烈度	人的感觉	一般房屋		其他现象	参考物理指标	
		大多数房屋震害烈度	平均震害指数		加速度(水平)/(cm/s^2)	速度(水平)/(cm/s)
一	无感					
二	室内个别静止中的人感觉	门、窗轻微作响				
三	室内少数静止中的人感觉		悬挂物微动			
四	室内多数人感觉，室外少数人感觉，少数人梦中惊醒			悬挂物明显摆动，器皿作响		
五	室内普遍感觉，室外多数人感觉，多数人梦中惊醒	门窗、屋顶、屋架颤动作响，灰土掉落，抹灰出现微裂缝		不稳定器物翻倒	31 (22～44)	6 (2～4)
六	惊慌失措，仓皇逃出	损坏，个别砖瓦掉落，墙体发生微细裂缝	0～0.1	河岸如松软土出现裂缝，饱和沙层出现喷沙冒水。地面上有砖烟囱轻度裂缝，掉头	63 (45～59)	8 (5～9)
七	大多数人仓皇逃出	轻度破坏：局部破坏、开裂，但不妨碍使用	0.11～0.50	河岸出现塌方，饱和沙层常见喷沙冒水，松软土上地裂缝较多，大多数砖烟囱中等破坏	125 (90～177)	13 (10～18)
八	摇晃颠簸，行走困难	严重破坏：墙体龟裂，局部倒塌，修复困难	0.31～0.90	干硬土上也有裂隙。大多数砖烟囱严重破坏	250 (178～353)	25 (19～35)
九	坐立不稳，行动的人可能摔跤	严重破坏：墙体龟裂，局部倒塌，复修困难	0.51～0.71	干硬土上有许多地方出现裂缝，基岩上可能出现裂缝、滑坡、坍方，常见砖烟囱出现倒塌	500 (354～707)	50 (36～71)
十	骑自行车的人会摔倒，处于不稳定状态的人会摔出几尺远，有抛起感	倒塌：大都倒塌，不堪修复	0.71～1.00	山崩和地震断裂出现，基岩上的拱桥破坏，大多数砖烟囱从根部破坏或倒塌	1000 (708～1414)	100 (72～141)
十一		毁灭	0.91～1.00	地震断裂延续很长，山崩，常见基岩上拱桥毁坏		
十二				地面剧烈变化，山河改观		

注：据中国科学院工程力学研究所，1980。

的地质环境有了进一步的理解，也对地震地质的研究起了很大的促进作用。

(一) 全球主要地震带

早期的地震研究工作已经发现，地震并非均匀分布于地球上的每个角落，而是集中于某些特定地带，这些地震集中的地带称为地震带。世界上地震带的分布与“板块”的边界非常一致。“板块”是著名的板块构造学说的基本概念。该学说认为地球的岩石圈并非整体一块，而是分割为六个相互独立的构造单元，每个单元就是一个板块。6 个板块分别是：欧亚板块、太平洋板块、非洲板块、美洲板块、印度洋板块和南极板块。在板块内部都是比较稳定的区域。由于板块在地幔软流圈上运动，各个板块之间或分离或汇聚，或由于大洋中脊增生、板块俯冲和转换断层等岩石圈运动，板块的边界上就构成了构造活动带，是地震、火山等频繁发生的地方。世界范围内的主要地震带是环太平洋地震带、地中海喜马拉雅地震带或欧亚地震带、太平洋中脊地震带和大陆裂谷地震带、大陆模块内部地震带。我国恰好位于环太平洋和欧亚地震带两大地震带之间。

1. 环太平洋地震带

环太平洋地震带是世界上最大的地震带，在这一狭窄条带内震中密度也最大。全世界约80%的浅源地震、90%的中源地震和几乎全部深源地震集中于环太平洋地震带，释放的能量约为全世界地震释放能量的80%。该带沿一系列山脉而行，从美洲南端的合恩角沿西海岸到阿拉斯加向西横跨到亚洲，在亚洲沿太平洋海岸自北向南经过堪察加、日本、菲律宾、新几内亚、斐济，最后到达南端的新西兰而构成环路。

2. 地中海喜马拉雅地震带

地中海喜马拉雅地震带（或称欧亚地震带）为全球第二大地震带，震中分布较环太平洋地震带分散，所以该地震带的宽度大且有分支。它从直布罗陀一直向东伸展到东南亚。此带地震以浅源地震为主，在帕米尔、喜马拉雅分布有中源地震，深源地震主要分布于印尼岛弧。环太平洋地震带以外的几乎所有深源、中源地震和大的浅源地震均发生于此带，释放能量约占全球地震能量的15%。

3. 大洋中脊地震带

大洋中脊地震带呈线状分布于各大洋的中部附近的洋中脊。这一地震带远离大陆且多为弱震，20世纪60年代海底扩张学说和板块构造理论的发展才使人们注意到这一地震带。这一地震带的所有地震均产生于岩石圈内，震源深度小于30km，震级绝大多数小于5级。

4. 大陆裂谷地震带

分布于各大陆的裂谷带上，主要沿东非裂谷，以及红海、亚丁海、死海裂谷系分布，均为浅源地震，震级较小，很少超过里氏6级。

5. 大陆板块内部地震带

大陆板块内部地震带也称板内地震带，其中的主要地震多集中于活动断层带及其附近地区，其震级有大有小，是一个对人类社会危害较大的地震活动带。如1993年的拉图尔地震即发生在古老的、稳定的印度次大陆的中心部位。我国是板内地震带地震活动最为典型的地区。

（二）中国地震的时空分布

中国地处太平洋地震带和欧亚地震带之间，是世界上多地震灾害的国家。公元前1831年我国就有了地震的历史记录，到2007年，仅记录的里氏6级以上的灾害性强震就达700余次。据统计，1950～2007年57年间，共发生7级及7级以上地震49次，其中8级以上地震3次，死于地震的人数达28万，摧毁房屋700余间，每年平均经济损失约为16亿元。1976年7月28日发生的唐山7.8级地震，破坏范围超过$3\times10^4 km^2$，波及14个省市，死亡24.2万人，直接经济损失达100亿元以上，是20世纪世界最大的地震劫难，也是中国历史上仅次于1556年陕西省华县大地震的又一场地震活动劫难。

1. 地震活动的特点

（1）地震活动分布广　中国是全球板内地震最强烈的地区之一。据地震史料记载，全国所有省份无一例外地都曾发生过5级或5级以上地震。据1977年国家地震局颁布的《中国地震烈度区划图》（1/300万），地震基本烈度为Ⅶ或Ⅷ度以上的地区面积占全国面积的32.5%；Ⅳ或Ⅳ度以上的地区面积达到60%。将近60%的50万以上人口的城市位于Ⅶ和Ⅶ

度以上的地区；70%的100万以上人口的大城市落在Ⅶ和Ⅶ度以上的地域内。全国有46%的城市和许多重大工业设施、矿区、油田、水利工程位于地震灾害严重威胁的地区。

(2) 地震活动频度高　据统计，我国在1900～1980年的80年间共发生大于或等于8级地震9次；7～7.9级地震66次；平均每年发生7级以上的地震接近1次。

(3) 地震震源深度浅　我国的地震多属浅源地震。在中国，除东北和台湾地区分布有少数中深源地震外，绝大多数地震的震源深度在40km以内，东部地区的地震震源多在10～20km左右。

2. 地震的空间分布

中国地处欧亚板块的东南部，位于太平洋板块、欧亚板块、菲律宾海板块的交汇处，从而构成了中国构造活动与地震活动的动力背景。

在欧亚地震带东部的中亚地区，有一个非常著名的地震活动密集三角区，其西北边界为帕米尔—天山—阿尔泰—蒙古—贝加尔湖；西南边界为喜马拉雅山；东部边界呈南北走向，由缅甸经我国的云南、四川、甘肃、青海东部、宁夏到蒙古。这个三角区完全覆盖了我国大陆的西半部。所以，我国地震活动的空间分布表现为西密东疏。1981年国家地震局出版的《中国地震震中分布图》表明，我国地震主要分布在台湾、青藏高原（包括青海、西藏、云南、四川西部）、宁夏、甘肃南部、新疆和华北地区，而东北、华南和南海地区分布较少（图6-3）。

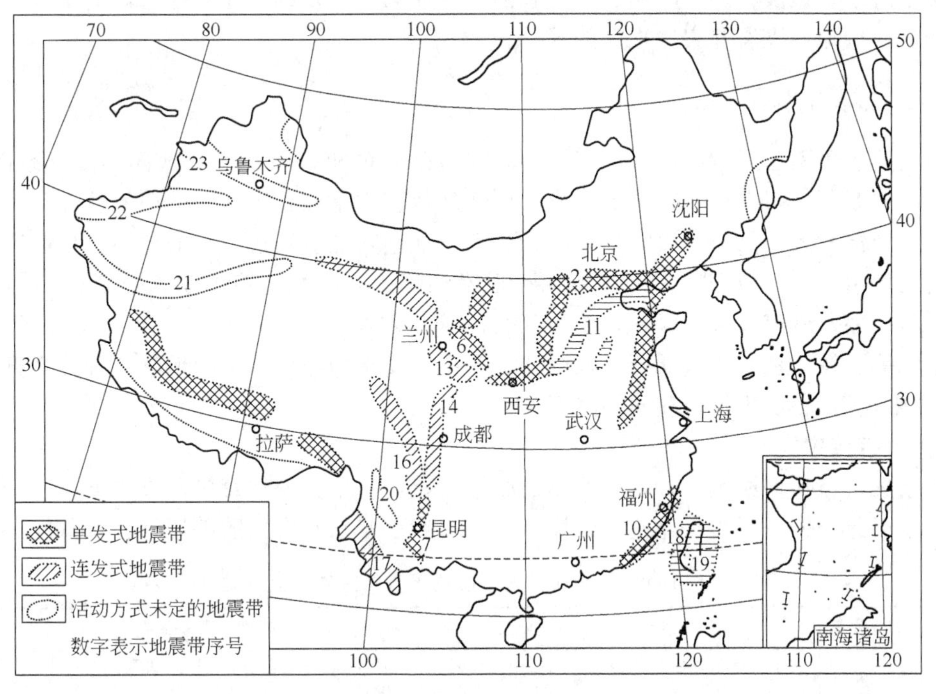

图6-3　中国地震带分布图

（据国家地震局科技监测司，1991）

3. 地震的时间分布

中国地震的历史记载比较早。根据地震记录资料，一个地区的地震活动是有周期性的。在较长的时期内，地震活动时而密集，时而平静，时而增强，时而减弱。地震活动具有地震活跃期和地震活跃幕两种时间尺度。

(1) 地震活跃期　地震活跃期的划分在中国华北地区最为明显。自 14 世纪以来，华北地震区的强震活动显示出几百年尺度的平静和活跃的交替变化。通常把 1369～1730 年称为第Ⅲ地震活跃期（平静期：1369～1483 年；活跃期：1484～1730 年），1731 年至今称为第Ⅳ地震活跃期（平静期：1731～1814 年，活跃期：1815 年至今）。其他地震区（带）同样存在着地震活动过程不均匀性。

(2) 地震活跃幕　地震活跃幕是指一个地震活跃期中地震活动相对频繁和强烈的阶段；活跃期中地震活动相对平静的阶段为平静幕。

地震活跃幕是在一个地震活跃期内表现出来的，在一个地震活动期内构成一个个相关的系列。幕的系列比单一地震能更好地描述一个地震期的发展过程。若把我国大陆看作一个地震系统，自 20 世纪以来，7 级以上地震活动显示出几十年的活跃和平静交替出现的幕式活动韵律。1913～1937 年、1944～1955 年和 1966～1976 年为地震活跃幕，活跃幕的平均持续时间约为 16 年。1899～1912 年、1938～1943 年和 1977～2007 年为地震平静幕，其平均持续时间约为 16 年。

地震幕的划分也有一定的普遍性，无论在我国大陆，还是在世界主要地震带上，分幕现象均很明显，它可能反映了更大区域甚至全球范围内短时间地球动力的相关性。

在地震活跃幕或地震平静幕的不同年份中，同样存在着地震活动次数相对较多和较少的时期。如欧亚和环太平洋地震带 1999～2000 年即处在相对活跃的时期。

综上所述，地震活动在时间、空间和强度方面具有一定的变化规律，它们是预测未来地震活动、评价地震灾害和灾害损失的基础。

四、地震灾害

强烈地震可引起严重的地震灾害，地震灾害破坏的机理主要通过地面颤动，地面运动，地面破裂、断裂、引发次生灾害等造成的，强烈地震常常以猝不及防的突发性和巨大的破坏力给社会经济发展、人类生命安全和社会稳定、社会功能等造成严重的危害。地震灾害的特点是瞬间发生，猝不及防，灾害严重，预报困难等。其中最普遍的是人员死伤，建筑物破坏，房屋倒塌，城市毁灭或毁坏，地面开裂，场地破坏，引发海啸、滑坡、泥石流、坍塌、地面下沉等。按与地震关系的密切程度和地震灾害要素的组成，可把地震灾害分为直接灾害（又称原生灾害）、次生灾害和间接灾害三种。

（一）直接灾害

直接灾害，又称原生灾害，是地震的原始效应，是地壳振动直接造成的灾害。如地震时房屋倒塌引起的人员死亡、建筑场破坏，地震时喷沙冒水对农田的破坏等。

表 6-2　20 世纪以来死亡人数超过千人的灾难性大地震统计表

时　间	地　点	震级	死亡人数及损失
2004 年 12 月 26 日	印尼苏门答腊岛附近印度洋海域	8.9	死亡 25 万人，印度尼西亚、印度、斯里兰卡、泰国、马来西亚等多个国家受灾，上万人无家可归，直接经济损失 15 亿美元
2003 年 12 月 26 日	伊朗东南部克尔曼省	6.8	30000 多
2001 年 1 月 26 日	印度古吉拉特邦	7.9	30000
2001 年 1 月 13 日	萨尔瓦多	7.6	1500
1999 年 9 月 21 日	中国台湾中部大地震	7.3	2405
1999 年 8 月 17 日	土耳其伊兹米特市	7.8	17890
1999 年 1 月 25 日	哥伦比亚西部	6.0	1890

续表

时　间	地　点	震级	死亡人数及损失
1998年7月17日	巴布亚新几内亚	7.1	2100
1998年5月30日	阿富汗塔哈尔省	7.1	3000
1998年2月4日	阿富汗塔哈尔省	6.1	4500
1997年5月10日	伊朗东北部	7.1	1560
1995年5月28日	俄罗斯萨哈林岛	7.5	1989
1995年1月17日	日本阪神	7.2	死亡6430人，3.4万人无家可归，直接经济损失960亿美元
1993年9月30日	印度	6.4	22000
1992年12月12日	印度尼西亚	6.8	3900
1991年10月20日	印度	6.1	1600
1991年2月1日	阿富汗	6.8	1200
1990年	伊朗拉什特	7.7	50000
1990年7月16日	印度尼西亚	7.8	1620
1990年6月21日	伊朗西北部	7.3	50000
1988年12月7日	亚美尼亚西北部	6.9	25000
1986年10月10日	萨尔瓦多	5.5	1500
1985年9月19日	墨西哥中部	8.1	9500多
1983年10月30日	土耳其东部	6.9	6400
1982年12月13日	也门扎马尔省	6.0	3000
1981年6月11日	伊朗克尔曼省	6.8	3000
1980年11月13日	意大利	7.2	2735
1980年10月10日	阿尔及利亚	7.3	2590
1978年9月16日	伊朗东北部	7.7	25000
1976年7月28日	中国河北唐山	7.8	死亡242769人，重伤16.4万人，唐山市变为废墟，直接经济损失30多亿元
1976年2月4日	危地马拉	7.5	22778
1975年2月4日	中国辽宁营口	7.3	1400多
1970年5月31日	秘鲁北部	7.7	70000
1970年1月5日	中国云南	7.7	10000
1960年5月22日	智利蒙特港	8.6	数千人
1948年6月28日	日本福井	7.3	5131
1948年	土库曼斯坦	7.5	50000
1939年1月24日	智利奇康	8.3	28000
1935年5月30日	巴基斯坦基达	7.5	50000
1930年7月23日	意大利那不勒斯	7.5	70000
1932年	中国甘肃	7.6	70000
1925年3月16日	中国云南大理	7.1	14000
1923年9月1日	日本横滨	8.3	142800
1920年12月16日	中国宁夏海原	8.6	180000
1917年1月20日	印度尼西亚巴厘岛	8	15000
1909年1月2日	意大利		20多万
1906年8月16日	智利	8.6	20000
1906年	美国洛杉矶	8.3	3000

地震是一种突发性的地质灾害，强烈地震灾害可以把整座城市毁于一旦。仅 20 世纪 60 年代以来，地震毁灭的重要城市就有蒙特港（智利，8.6 级，1960 年）、阿加迪尔（摩洛哥，1960）、斯科普里（前南斯拉夫，1963）、安克雷奇（美国阿拉斯加，1964）、马拉瓜（尼加拉瓜，1972）、唐山（死亡 24.2 万人，1976）、塔巴斯（伊朗，1978）、阿斯南（阿尔及利亚，1980）、亚美尼亚城（哥伦比亚，1999）等。20 世纪初以来，因强烈地震已夺去上百万人的生命（表 6-2），造成直接经济损失数千亿元。

我国是大陆地震最多的国家之一，在占全球 7%的国土上，发生了全球 33%的大陆地震。历史上有记载的地震达 4000 多次，造成人员伤亡的有 346 次，死亡人数高达 230 余万人。特别是 20 世纪以来，我国就占了全球大陆地震的 33%，发生 6 级以上的地震达 650 多次，其中 7～7.9 级地震 98 次，8 级以上地震 9 次。从 20 世纪 50 年代起，我国由于地震灾害造成死亡的人数已高达 40 万人，直接经济损失达数百亿元，每年平均 16 亿元，损失极其严重。在 20 世纪，全球因地震死亡的人数达 110 万人，我国就占了 55 万人。从半个世纪的统计结果看，我国的地震死亡人数，占我国所有灾害死亡人数的 54%。由此可见，我国是大陆地震最频繁、地震灾害最严重的国家之一。

[实例] 1976 年 7 月 28 日凌晨 3 时 42 分，河北省唐山市发生 7.8 级强烈地震，震源深度为 11km，震中烈度达Ⅺ度；同时 18 时 45 分又在距唐山 40km 的滦县高家林发生 7.1 级地震，震中烈度为Ⅸ度。强烈地震使唐山市这座人口稠密、经济发达的工业城市遭到毁灭性的破坏，人民生命财产和经济建设遭到严重损失，地震造成 24.2 万余人死亡，16.4 万人受伤。唐山地震不仅震撼冀东、危及津京，而且还波及辽、晋、豫、鲁、内蒙古等 14 个省（直辖市、自治区）。

地震瞬间，房倒屋塌、烟囱折断，全市 93%的民用住宅、78%的工业厂房倒塌；公路路面开裂，铁轨变形；地面喷水冒沙、大量农田被淹；煤矿井架歪斜、矿井大量涌水；通讯中断、交通受阻；供水、供电系统被毁。昔日繁华闹市，震后成为废墟和瓦砾。7.8 级主震发生后的当天下午，滦县又发生 7.1 级地震，使灾情更加严重。烈度达Ⅺ度的震中区面积为 10.5km^2。在Ⅺ度烈度区内，建筑物普遍倒塌或破坏，铁轨大段呈蛇形扭曲，有些地段由于路基下沉，铁轨呈不规则的波浪状起伏。高大的砖烟囱、水塔几乎全部倒塌，个别未倒的也严重破坏。极震区内桥梁普遍毁坏或严重破坏，如唐山市的陡河胜利桥是一座长约 66m、宽达 10m 的五孔水泥桥，7.8 级地震使西边桥墩折断。公路路面遭地震严重破坏，出现鼓包和裂缝。地下管道也受到严重破坏，埋于土层中或置于暗沟、隧道中的管道破坏率很高，管体折断、断裂达数百处，水电供应中断。

极震区内产生的地震断层最长达 8km，水平右旋扭矩最大达 2.3m。沿河谷两侧和公路的人工填土路段有较大规模的地裂缝分布。河谷两侧是强烈液化地带，地面发生下陷，机井多数被毁坏。据在烈度Ⅸ度区的调查表明，地震时地面喷水冒沙遍布全区，最大喷沙孔径达 3m，喷沙面积约 6000m^2。

地震对地下工程破坏较轻，无严重破坏，这也使地震发生之时正在上夜班的绝大多煤矿工人成为“幸运儿”。在 15000 名上夜班的煤矿工人中，只死亡 13 人，而当夜休班在家的 85000 名煤矿工人中有 6500 人因房屋倒塌而死亡。唐山煤矿地下采空区及其上方的地面无明显的破坏加重现象。

距唐山震中区 100km 的天津市松软土层覆盖较厚，城市建筑过程中地势低凹地带均有各种回填土充填，土层松软，地下水位浅。唐山地震使天津遭到Ⅷ度破坏，市属 6 个区的民用建筑全部倒塌和严重破坏的达 24%，损坏的达 41.6%；化工系统 133 个烟囱被震坏者达

63%；道路也遭一定程度破坏；天津碱厂内高达30余米的氯化钙废料堆，震时发生了滑坡，滑移距离达250m，造成18人和80多头牲畜死亡。

（二）次生灾害

地震次生灾害泛指由地震运动过程和结果而引起的灾害，如地震沙土液化导致地基失效而引起的建筑物倒塌，地震使水库大坝溃决而发生的洪水，地震引起斜坡失稳破坏而造成的崩坍、滑坡等灾害，地震引发的海啸导致的水灾、地震火灾等。

1. 沙土液化引起的地基变形破坏

地基变形破坏效应主要表现为地震使地基产生变形破坏，尤其是沙土液化导致地基承载力下降以至丧失，由此造成建筑物的破坏。

饱水松散沉积物的突然震动或扰动能够使看似“坚硬”的地面变成液状的流沙。地震时，沙土颗粒受地震力瞬间作用而处于运动状态，它们之间的结构必然发生改变以降低总势能而最终达到稳定状态；位于地下水面以下的疏松饱水沙土则必然排水才能趋于密实稳定。如果饱水沙土较细，则整个沙体渗透性不良，瞬时振动变形必然使沙体孔隙水压力上升，致使沙粒间有效正应力随之降低；当孔隙水压上升到使沙粒间有效正应力为零时，沙粒在水中完全处于悬浮状态，沙体就丧失了强度和承载力，这就是沙土液化。这种沙水悬浮液在上覆土层作用下可能沿土层薄弱部位喷到地表，产生喷水冒沙现象。1964年阿拉斯加地震时，沙土液化和诱发滑坡是使安克雷奇大部分地区遭受毁坏的主要原因。同年，地震引发的沙土液化和不均匀地下沉降使日本新潟的楼房下沉和毁坏。1976年，我国唐山大地震时发生的大面积喷水冒沙现象也是沙土液化引起的。

2. 斜坡破坏灾害（崩塌和滑坡）

地震导致斜坡岩土体失去稳定，触发各种斜坡变形或破坏，引起斜坡地段的建筑物破坏，称为斜坡破坏效应。因地震而引发的崩塌、滑坡、溜滑等均属斜坡破坏效应。斜坡破坏效应不但对斜坡上的建筑物造成破坏，有时还会破坏斜坡下方的道路及其他建筑物，造成人员伤亡和财产损失。例如，1920年我国宁夏海原地震，在约250km^2的范围内发生了大量的黄土崩塌滑坡，死亡18万人，其中大部分是由于黄土滑坡和窑洞坍塌所致。1956年中国陕西大地震造成83万人死亡，地震诱发的黄土滑坡和窑洞坍塌以及饥荒、疾病是致死的主要原因。1950年西藏察隅大地震在$2\times10^5km^2$范围内形成大量崩塌，巨石纷飞，村庄田地被埋，江河、道路被堵塞。

3. 海啸

地震可引发海啸。所谓海啸，是指由海底地震（或海底火山等）引发的具有巨大破坏力的海浪。水下地震（或水下火山）是海啸的主要原因。即海啸主要是海底地震（尤其是浅源地震）引发的次生灾害。海啸的传播速度与水深有关，最快可达每小时数百至上千公里，当海啸开始形成时，其波高并不大，仅在1～2m之间，在其传播过程中会保持这一波高，只有在快到达海湾或岸边的浅水区时，波高才会突然急剧增加数倍甚至数十倍（例如，1.5m高的海底水体隆起到达海岸时可达到30m高的巨浪），携带巨大的能量和由此而来的强烈破坏力，形成一种破坏性巨浪。1964年美国阿拉斯加的瓦耳迪兹港发生8.4级地震时引发的巨浪波幅达到51.8m，破坏力巨大，造成130余人死亡，海港毁灭。

海啸造成灾害的方式包括淹没作用和海浪的机械拍击作用，其在滨海区域的表现形式是海水陡涨，并在骤然间形成向岸推进的巨大“水墙”，海啸登陆之际，如果这一巨浪的波峰在前，海水会先涨后落，波谷在前，则先落后涨，在涨落进退之间，海啸会迅速吞没土地和村庄，摧毁城市和建筑，造成巨大的生命和财产危害。

虽然全球都有海啸发生，但太平洋地区是海啸灾害最为频繁和严重的地区，历史上危害最大的7次海啸均发生在这一地区。但近期的一次海啸是2004年12月26日印度洋海底地震引发的海啸，也是有史以来危害最大、最严重的一次海啸。2004年12月26日印度尼西亚苏门答腊岛附近印度洋海域发生里氏8.9级大地震。大地震造成印度板块移动最多达30m，多个岛屿发生位移。地震和断裂构造挤压产生强大的地震波，引发海水水体快速波动，形成海啸。地震海啸波及印度尼西亚、印度、斯里兰卡、泰国、马来西亚、马尔代夫等多个国家，造成25万人死亡，其中，上千具尸体漂浮在水面，多个城市毁坏，建筑物倒塌，上万人无家可归，直接经济损失15亿美元，这可能是世界上近200多年来死伤和损失最惨重的海啸灾难。

4. 火灾

火灾是一种比地面运动造成的灾害还要大的地震灾害。地面运动使火炉发生移动，煤气管道产生破裂，输电线路松弛，因而引发火灾。地面运动还使输水干线发生破损，扑灭火灾的供水水源也被中断，使火灾加重。例如，1923年9月1日，日本关东地区发生8.3级地震，这次地震因火灾造成的破坏极大。震害以东京、横滨和横须贺、小田原等地最为严重，受灾人口达340万。大地震使142800人丧生于地震引起的火灾，另有4万多人下落不明；由房屋倒塌造成的死亡人数还不到死亡总人数的10%。大火毁坏房屋达70万幢，经济损失28亿美元。地震时，整个灾区都发生了火灾，东京市内有131处同时起火，其中84处蔓延造成火灾。大火烧毁的面积约占东京全市区的2/3，被火烧毁房屋户数为当时总户数（44万户）的70%。横滨约有60处起火，约75%的住宅被大火烧掉。

（三）间接灾害

间接灾害，也称为衍生灾害，是地震对自然环境和人类社会长期效应的表现。例如，地震使城市内某局部地区的地面标高降低而导致该地区在暴雨季节洪水泛滥。地震造成人畜死亡而引发的疾病传播。地震灾区停工停产对社会经济的影响以及灾区社会的动荡与不安等均可看作是地震的间接灾害（或衍生灾害）。

1. 地面标高改变

有时地震还会造成大范围的地面标高改变，诱发地面下沉或岩溶塌陷。1976年唐山大地震时就有多处岩溶塌陷发生。1964年美国阿拉斯加地震时造成从科迪亚克岛到威廉王子海峡约1000km海岸线发生垂直位移，有的地方地面下沉2m多，而在另外一些地方地面垂直抬升达11m。

2. 洪水

洪水是地震的间接灾害和次生灾害。地震诱发的地面下沉、水库大坝溃决或海啸均可引发洪水。后两者引起的洪水是一次性的，而地震诱发的地面下沉属于永久性的地面标高降低，在雨季可能无数次地发生洪水灾害，有时甚至造成永久性的积水。如美国密西西比河田纳西州一侧穿过新马德里的瑞尔弗特（Reelfoot）湖就是1811～1812年一系列地震发生时因地面沉降引起洪水而形成的。很多情况下，由于地震造成海岸地区整块沉陷，从而产生海岸洪水，原先的陆地也暂时地被水流所淹没，从而形成严重的水灾。

五、地震活动的监测和预报

地震灾害是人类面临的最可怕的地质灾害之一。地震预报是地震学研究的重要课题之一。1906年4月，美国旧金山地震发生后，科学家们就提出了依据地壳形变观测进行地震预报的观点。20世纪60年代以来，在政府的大力支持下，日本、俄罗斯、中国和美国都陆续建立了地震预报研究的专门机构和地震预报实验场。虽然地震预报研究取得了一定的进展，但由于人类对地震孕育、前兆异常机理等内在机制的认识还不够深入，地震预报的各种方法都还处于理论探讨阶段。

（一）地震监测

地震监测是地震预报的基础。通过布设测震站点、前兆观测网络及信息传输系统提供基本的地震信息，从而进行地震预报甚至直接传入应急的防灾减灾的指挥决策系统。

目前，全球许多活动断层都处于严密的监测控制之下。监测方法从技术含量很低的动物群异常反应的观察到使用精密仪器自动监测断层活动性并通过通讯卫星把数据传递到地震监测中心（图 6-4）。

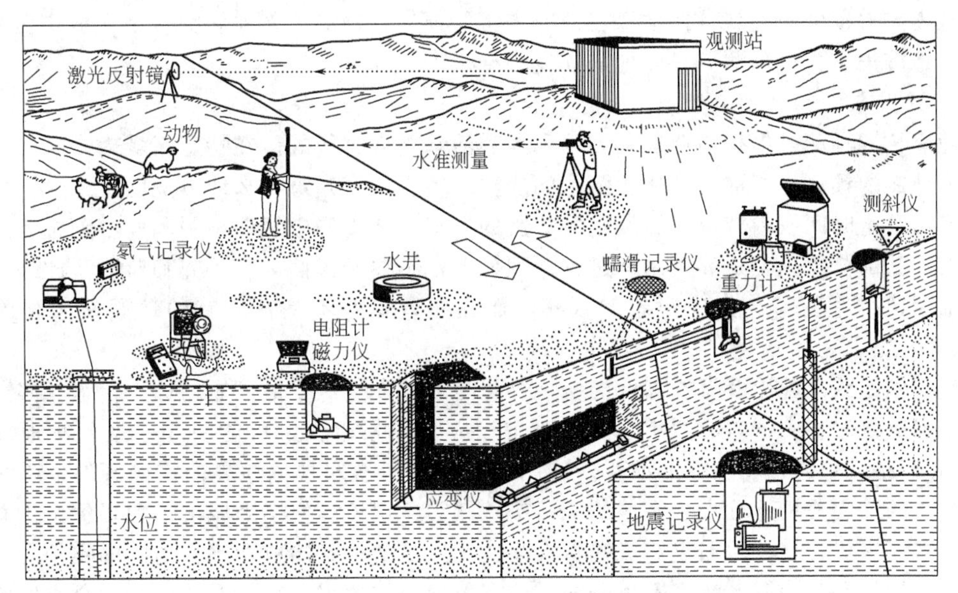

图 6-4　活动断裂带地震活动监测方法综合示意图

（据 Keith Smith，1996）

全球范围内几乎所有多地震的国家都已建立了地震监测站网，并形成了全球数字化地震台网（global seism net，GSN）。GSN 是由分布在全世界 80 多个国家总计 128 个台站组成的。GSN 可使全世界数据用户方便地获取高质量的地震数据，大多数数据可通过与计算机相连的调制解调器在互联网（www）上访问查阅。GSN 明显地改善了用于地震报告和研究的数据的质量、覆盖范围和数量。

目前，我国已在全国主要的地震活动区建立了地震监测系统，建成了北京、上海、成都、昆明、兰州等 6 个地震数据电信传输台网的 12 个区域无线遥测地震台网以及 9 个数字化地震台站。全国现有地震和十余种前兆专业地震监测台站、观测点共计 970 个。每年还对重力、地磁、地形变进行流动流量，测线达 20000 多公里，观测点达 4000 多个。除此之外，还有一批群众地震测报点及地方和企业管理的台站，达 379 个，基本上形成了遍布全国各地、具有相当规模、专群结合的地震监测网。

（二）地震预报

在地球上的各种自然灾害中，地震是危害最严重的一种地质灾害。它不像崩滑灾害、洪涝灾害、地面变形等灾害那样直观有形，能够提早发现及时防范。人类的视线还无法穿透厚实的岩层直接观测地球内部发生的变化，因此，地震预报，尤其是短期临震预报始终是困扰世界各国地震学家的一道世界性难题。

1. 预报的主要内容

从广义上讲，地震预报可划分为三个研究内容各异的层次，即地震参数预报、地震灾害预测和地震灾害损失预测。地震参数预报以地震事件的发生时间、地点和强度 3 个参数（简称时、空、强三要素）为主，即狭义的地震预报。通过对地震前地震活动、地形变、地磁（电）场、地下水位及其化学成分等的长、中、短、临各阶段前兆变化特征的研究，结合地震地质和深部地球物理场的背景资料，完成对未来地震时、空、强三要素的预报。

按预报的时间长短，地震预报分为长期预测（几年到几十年或更长时间）、中短期预报（几个月到几年）和临震预报（几天之内）。

地震灾害损失预测就是评估潜在地震灾害的损失，预测未来地震灾害中人员伤亡和经济损失。地震灾害损失预测一般以地震灾度来衡量。

2. 预报方法

地震长期预测是根据构造运动旋回和地震活动周期进行的。在特定区域内未来几年或几十年内地震的预测已经取得了比较满意的成功。地震学家知道什么地方危险性最大，他们能够计算出给定时间段内特定区域发生大地震的概率。地震的中短期预报和监震预报还远未取得成功。其部分原因是地震机制和过程深埋地下，不便于人们进行研究和监测。此外，地震的短临期预报主要基于先兆现象的观察，而先兆现象并不是在所有的地震发生之前都会出现。

地面倾斜或隆起以及海拔高度的缓慢升降是岩石发生应变最可靠的标志。最具实用意义的则是强应变岩石中产生的微小裂隙或裂缝。应变积累过程中可能引起一系列小地震（前震），它们是大地震即将来临的前兆。1975 年，中国科学家根据地表的缓慢倾斜、磁场波动和无数小的前震成功地预报了海城的 7.3 级地震。这次地震使半个城市被毁，但由于震前已把 100 多万居民转移，因而仅造成几百人死亡。这是最著名的成功预报地震的实例之一。

地震预报是与地震监测密不可分的。许多单项地震预报方法就是从某一学科出发监测地壳形变，地下流体变动，大地电场、磁场、重力场的异常变化等发展而来的。

一般，地震都有前兆，前兆可以分为 4 种类型：①地震波变化；②物理化学变化（例如，电阻变化、井中水位变化、氡气辐射等）；③地形变化；④动物行为变化等。根据这些地震前兆，在长期地震监测的基础上，即可进行地震的预报。常用的地震预报方法有以下几种（详见有关书籍）：①大地形变测量异常分析；②定点形变测量；③水文地球化学方法；④地下水动态微观异常；⑤地电阻率法；⑥地磁短周期变化；⑦钻孔应力、应变异常；⑧地震综合预报方法。

六、预防地震、减轻地震灾害

人类社会的不断发展和进步，使城市规模日益扩大、人口集中、建筑物密集的现代化都市遭受潜在破坏性袭击的危险与日俱增。因此，必须采取科学、合理、有效的技术和措施，最大限度地降低和减轻地震灾害对人类社会的威胁。

在减轻地震灾害的工作中，推进地震科学的预测水平，强化政府的防灾能力以及提高民众的防灾意识是三项最基本的途径。只有三者有机组合，才能取得预防地震、减轻地震灾害的最佳效果，才能把地震灾害减小到最低程度。要认真贯彻落实我国 1998 年发布的《中华人民共和国防震减灾法》。通过不断努力，不断提高预防和减轻地震灾害的能力。

中国的地震活动分布广、频度高、震源浅，是一个多灾难性地震的国家。我国有

32.5%的土地位于地震基本烈度为7度和7度以上的地区；100万以上人口的大城市有70%位于这一区域内。所以，减轻地震灾害，制定合理科学的防震减灾对策是十分必要的。

经过长期不懈的努力，我国的防震减灾工作已取得初步成效。尤其是近20多年来，我国防震减灾工作得到了全面系统的开展，基本实现了“防、抗、救”一体化，抗震减灾法规化。预防地震，减轻地震灾害的对策主要有以下几方面。

(一) 监测预报与预防

近几十年来，中国已建成地震灾害监测系统网，这些监测网由国家综合台站、区域监测台站和地方观测站以及业余观察点所组成。1975年我国地震工作者首次成功地预报了海城地震（$M_s=7.3$），使地震死亡人数减小到最低程度。但是，地震灾害预报水平还是比较低，预报成功率一直徘徊在20%～30%。

地震灾害的预防包括两方面的内容，一是在建设规划和工程选址时采取抗震设防措施，二是人员、仪器设备的避防性减灾措施。后者与防灾知识的普及程度和全民的防灾意识有关。近年来，为了提高全民族的防灾意识，我国各级政府和宣传部门及有关媒体进行了广泛的地震灾害常识的宣传，从而使地震预防水平有较大提高。

(二) 地震安全性评价

地震安全性评价，是根据对建设工程场地和场地周围的地震活动与地震地质环境的分析，按照工程设防的风险水准，给出相应的地震烈度等参数以及地震灾害预测结果。近年来，地震安全性评价工作和工程建设项目抗震设防要求管理已纳入基本建设管理程序。为加强对地震安全性评价的管理，防御与减轻地震灾害，保护人民生命和财产安全，根据1998年发布的《中华人民共和国防震减灾法》的有关规定，制定了《地震安全性评价管理条例》，自2002年1月1日起施行。《地震安全性评价管理条例》明确规定，四大类建设工程必须进行地震安全性评价，这四大类工程具体为：①国家重大建设工程；②受地震破坏后可能引发水灾、火灾、爆炸、剧毒或者强腐蚀性物质大量泄漏或者其他严重次生灾害的建设工程，包括水库大坝、堤防和贮油，贮气，贮存易燃易爆、剧毒或者强腐蚀性物质的设施，以及其他可能发生严重次生灾害的建设工程；③受地震破坏后可能引发放射性污染的核电站和核设施建设工程；④省、自治区、直辖市认为对本行政区域有重大价值或者有重大影响的其他建设工程。

我国的地震安全性评价工作从1995年起步，对国家重大建设工程的施行情况良好，但工作中仍存在很多问题。如对一些重大建设工程和可能发生严重次生灾害的建设工程，没有依法进行地震安全性评价；对从事地震安全性评价的单位缺乏规范化的管理；抗震设防要求在建设项目审批中得不到体现，这导致与建设工程设计规范相脱节。这些问题将会给重大建设工程留下隐患。

随着我国经济建设的飞速发展和科学技术水平的快速提高，一些规模和经济投入巨大、安全性要求极高的复杂工程相继兴建，如核电站、海上钻井平台和规模巨大的能源、交通、化工设备等工程。这些工程在启动前，都迫切需要对其地震安全性问题进行评估。由于这些工程安全性要求极高、工程非常重要，以往那种以宏观和定性为主的烈度评定已不能适应要求，而需要提出以宏观和微观相结合、定量为主、以动力学为指导的反应谱和概率分析的方法，这些方法基本能够满足现代工程的需求。

(三) 建筑工程的防震原则

1. 抗震设防的基本原则

(1) 抗震设防要求　抗震设防要求指的是建设工程抗御地震破坏的准则和在一定风险水

准下抗震设计采用的地震烈度或者地震参数。

（2）抗震设防的基本思想　抗震设防是以现有的科学水平和经济条件为前提，随着科学水平的提高，对抗震设防的规定会有相应的突破，而且要根据国家的经济条件，适当地考虑抗震设防水平。

（3）抗震设防的三个水准目标　抗震设防的基本原则是“小震不坏，中震可修，大震不倒”。

2. 各类建筑的抗震设防

（1）建筑抗震的设防分类　建筑应根据其使用功能的重要性分为甲类、乙类、丙类、丁类四个抗震设防类别，见表6-3。

表6-3　建筑抗震设防分类

抗震设防类别	建筑使用功能的重要性
甲类建筑	重大建筑工程和地震时可能发生严重次生灾害的建筑
乙类建筑	地震时使用功能不能中断或需尽快恢复的建筑
丙类建筑	除甲、乙、丁类以外的一般建筑
丁类建筑	抗震次要建筑

（2）建筑的抗震设防标准　各抗震设防类别建筑的抗震设防标准应符合表6-4的要求。

表6-4　建筑抗震设防分类

抗震设防类别	建筑的抗震设防标准
甲类建筑	地震作用应高于本地区抗震设防烈度的要求，其值应按批准的地震安全性评价结果确定抗震措施，当抗震设防烈度为6～8度时，应符合本地区抗震设防烈度提高一度的要求，当为9度时，应符合比9度抗震设防更高的要求
乙类建筑	地震作用应符合本地区抗震设防烈度的要求。抗震措施，一般情况下，当抗震设防烈度为6～8度时，应符合本地区抗震设防烈度提高一度的要求，当为9度时，应符合比9度抗震设防更高的要求；地基基础的抗震措施，应符合有关规定。对较小的乙类建筑，当其结构改用抗震性较好的结构类型时，应允许仍按本地区抗震设防烈度的要求采取抗震措施
丙类建筑	地震作用和抗震措施均应符合本地区抗震设防烈度的要求
丁类建筑	一般情况下，地震作用仍应符合本地区抗震设防烈度的要求，抗震措施应允许比本地区抗震设防烈度的要求适当降低。但抗震设防烈度为6度时不应降低

3. 建筑场地的选择

在地震区建筑场地的选择至关重要，所以必须在工程地质勘察的基础上进行综合分析研究，作出场地的地震效应评价及震害预测，然后选出抗震性能最好、震害最轻的地段作为建筑场地，同时应指出场地对抗震有利和不利的条件，提出建筑物抗震措施的建议。

按《建筑抗震设计规范》（GB 50011—2001），根据场地的地形地貌、岩土性质、断裂以及地下水埋藏条件，建筑场地可划分为对建筑物抗震有利、不利和危险三类地段（表6-5）。

场地土的类型按地震波剪切波速划分为坚硬土或岩石、中硬土、中软土和软弱土四种类型，如表6-6所示。

坚硬场地土或岩石是抗震最理想的地基，震害轻微。中硬场地土为粗粒的沙石，震害较小。软弱场地土尤其覆盖层厚度大时，震害最严重。

选择对抗震设计有利的场地和地基是抗震设计中最重要的一环，应注意以下三个方面。

表 6-5 建筑抗震各类地段的划分标准

地段类别	地质、地貌条件
有利地段	地形平坦或地貌单一的平缓地；场地土属稳定岩石及坚实均匀的碎石土、粗中沙；地下水埋藏较深
不利地段	非岩质陡坡、带状突出的山脊、高耸孤立的山丘、多种地貌交接部位、断层河谷交叉处、河岸和边坡边缘及小河曲轴心附近；平面分布上成因、岩性、状态明显有软硬不均的土层（如古河道、断层破碎带、暗埋的塘浜沟谷及半填半挖地基等）；场地土属软弱土类；可液化的土层；发震断裂与非发震断裂交汇地段；小倾角发震断裂带上盘；地下水埋藏较浅或具有承压水地段
危险地段	发震断裂带上可能发生地表错位及地震时可能引起山崩、地陷、滑坡、泥石流等地段

表 6-6 场地土的类型划分

土的类型	土层剪切波速/(m/s)	岩土名称和性状
坚硬土或岩石	$v_s>500$	稳定的岩石，密实的碎石土
中硬土	$500\geqslant v_s\geqslant 250$	中密、稍密的碎石土，密实、中密的砾、粗、中沙，$f_{ak}>200$kPa 的黏性土和粉土，坚硬黄土
中软土	$250\geqslant v_s\geqslant 140$	稍密的砾、粗、中沙，除松散外的细、粉沙，$f_{ak}<200$kPa 的黏性土和粉土，$f_{ak}\geqslant 130$kPa 的填土、可塑黄土
软弱土	$v_s\leqslant 140$	淤泥和淤泥质土，松散的沙，新近沉积的黏性土和粉土，$f_{ak}<130$kPa 的填土、流塑黄土

注：f_{ak}为由载荷试验等方法得到的地基承载力特征值。

① 尽可能避开产生强烈地基失效及其他加重震害地面效应的场地或地基，这类场地或地基主要有：活断层带，可能产生地震液化的沙层或强烈沉降的淤泥层，厚填土层，可能产生不均匀沉降的地基以及可能受地震引起的崩塌、滑坡等斜坡效应影响的地区。

② 考虑到地基土石的卓越周期和建筑物的自振周期，尽可能避免结构与地基土石之间产生共振，也就是自振周期长的建筑物尽可能不建在深厚松软沉积土上，而刚性建筑物则不建于卓越周期短的地基上。

③ 岩溶地区地下不深处有大溶洞，地震时可能塌陷的地区不宜作为场地。

4. 地基基础抗震设计措施

场地如已选定，即应根据详细查明的场地内地质条件，为各类不同建筑物选择适宜的持力层和基础方案。一般说来，在地震区的松散层上进行建筑，采用带有地下室的深基础比较有利；对于软弱层上的多层或高层建筑物应采用达到良好持力层的桩基础。

在一般情况下，建筑物地基应尽量避免直接采用液化的沙土作持力层，不能做到时，可考虑采取以下措施。

(1) 换土　如果基底附近有较薄的可液化沙土层，采用换土的办法处理。

(2) 增密　如果沙土层很浅或露出地表且有相当厚度，可用机械方法或爆炸方法提高密度。振实后的沙土层的标准贯入锤击数应大于临界值。

(3) 浅基础　如果可液化沙土层有一定厚度的稳定表土层，这种情况下可根据建筑物的具体情况采用浅基础，用上部稳定表土层作持力层。

(4) 采用筏板基础、箱形基础、桩基础　根据调查资料，整体较好的筏板基础、箱形基础，对于在液化地基及软土地基上提高基础的抗震性能有显著作用。它们可以较好地调整基底压力，有效地减轻因大量震陷而引起的基础不均匀沉降，从而减轻上部建筑的破坏。桩基也是液化地基上抗震良好的基础形式。桩长应穿过可液化的沙土层，并有足够的长度伸入稳定的土层。但是，对桩基应注意液化引起的负摩擦力，以及由于基础四周地基下沉使桩顶土体与桩身脱离、桩顶受剪和嵌固点下移的问题。

(5) 适当加大基础埋深　基础埋深 (d) 加大，可以增加地基土对建筑物的约束作用，从而减小建筑物的振幅，减轻震害。加大 d，还可以提高地基的强度和稳定性，以利于减小建筑物的整体倾斜，防止滑移及倾覆。高层建筑箱形基础，在地震区埋深不宜小于建筑物高度的1/10。

5. 建筑物结构形式和抗震措施

(1) 建筑物平面和立面的选择　选择有利抗震的平面和立面是抗震设计的重要环节，尽量使建筑物的质量中心和刚度中心重合，平面上选择矩形、方形、圆形或其他没有凸出凹进的形状，立面上各部分层数尽量一致，以避免各个部分之间振型不同、受力不同，使平面转折或立面上层数不同的两部分连接处受扭转而断裂、倒塌。

(2) 砌体结构的抗震　减轻重量、降低重心、加强整体性，使各部分、各构件之间有足够的刚度和强度。一般砖石承重墙抗拉或抗剪强度较低，抗震性能较差，但在我国目前情况下应用却最为广泛，对其破坏方式及抗震措施的研究极为重要。与水平震动力方向平行的砖石承重墙是承担地震力的主要构件。在地震作用下最早出现的破坏是在下层墙体出现斜裂缝或交叉裂缝，继而部分或全部倒塌引起楼板或屋顶陷落。一般认为斜裂缝或交叉裂缝属剪裂缝，但仔细观察可以发现裂缝主要是追踪砌缝产生的，剪断砖石者极为少见，所以应属受反复水平剪切变形产生的次生拉应力所造成的破坏，且灰缝强度愈低震害愈烈。如我国云南龙陵地震时，有些地区因为砖石结构的灰缝均用石灰而不用水泥，因而震害特别严重。所以改善砌体方式及提高灰缝强度以增强抗拉强度，是这类结构抗震的主要措施。

(3) 钢筋混凝土框架结构的抗震　钢筋混凝土框架结构抗震性能良好，但也有承重柱薄弱环节破坏的例子。底层角柱承受两个主轴方向的地震荷载，如果强度不足，其破坏的可能性最大。破坏多产生于柱脚，且往往是混凝土扭裂或弯裂继之破碎，之后钢筋压弯，最后柱顶破坏，其主要抗震措施是增加角柱配筋和加强柱的箍筋以增加抗弯抗扭性能。

(4) 砖混结构的抗震　砖混结构预制混凝土楼盖板往往浮搁于承重墙上，支承长度也不足，所以整体性很差，受震时地震惯性力相对集中于楼板处，各楼、盖板相推挤碰撞、移动错位，外侧的预制板撞击墙壁，使之外突，使支承长度减小，最后楼板可从墙上脱落。如预制板搁置于较薄的内墙式隔墙上，支承长度更短，受震更易脱落。主要抗震措施为加强墙体之间及墙与楼、盖板之间的整体性。墙的整体性要求咬茬砌筑，使内外墙、外墙转角、内墙交接处都有良好的连接，在Ⅷ度区的这些部位应每隔一定高度于灰缝内配置拉接钢筋。设置抗震圈梁是加强房屋整体性、加固各部分墙体连接的有效措施，国内外震害调查证明，不设置圈梁房屋破坏率比有圈梁者高几倍。圈梁尽量设在楼盖板周围使它成为楼盖板周围的箍，以加强水平向整体性，如不可能也应紧贴盖板之下设置，此时圈梁（或墙）与盖板之间必须锚固。盖板与盖板之间也必须锚固以增强整体性。

(5) 水工建筑物的抗震　选择抗震性能良好的坝型是很重要的。根据震害的调查和研究，各种坝抗震性能比较及主要震害形式如下。

① 土石坝。以堆石坝抗震性能最好。冲填土坝抗震性能较差，比较容易产生坝体滑坡、坝顶裂缝，严重者能溃决。土石坝应防止地基失稳，提高坝体压实度，降低浸润曲线，以防坝体滑坡，适当增加坝顶宽和坝顶超高，以防涌浪和溃决。

② 混凝土坝。以重力坝及拱坝整体性强，抗震性能良好，而大头坝和连拱坝等因侧向刚度不足，抗震性能较差。各类混凝土坝主要震害是近坝顶部分、断面突变处为抗震薄弱环节，容易产生断裂；坝内孔口廊道附近易产生裂缝；坝顶相当于孤立突出山梁，地震反应

强，因而其上的附属建筑物易破坏。混凝土坝中的重力坝和大头坝应适当增加坝体顶部刚度，顶部坡体宜取弧形，坝面和坝墩顶部的几何形状应尽量平缓，避免突变以减少应力集中。支墩坝应尽可能增加整体性，增强侧向刚度。拱坝应注意拱顶两岸岩体的稳定性。拱顶附属结构应力求轻型、简单、整体性好并加强连接部位。

(四) 抗灾

抗灾是指在灾害威胁下对固定资产采取的工程性措施。如通过对城市、重大工程项目抗灾加固的投入，改善抗灾能力。

中国的抗震防灾工作经历了曲折的历程。20 世纪 50 年代，国家曾明文规定，在地震基本烈度 8 度以下地区的建筑物暂不设防，在地震基本烈度 9 度以上地区采用降低建筑物高度和改善建筑物平面布置的方式来减轻地震灾害。1966 年邢台 7.2 级地震（死亡 7938 人，重伤 8613 人，倒塌房屋 120 万间）和 1970 年云南通海 7.7 级强烈地震（死亡 15 万多人，伤残 26 万多人，倒塌房屋 338 万间）后，国家才开始重视工程设施抗震设防问题，并确定了 38 个城市作为国家重点抗震城市。1979 年以来，逐步在地震基本烈度为 6 度的城市，对重要工程开始按 7 度设防和加固。1986 年明确规定对占国土面积 27％的地震基本烈度为 6 度的地区进行适当的抗震设防和加固。

(五) 救助

我国的地震灾害与世界其他国家地震灾害相比，人员伤亡和财产损失都较为惨重。据统计，20 世纪以来，我国因地震死亡的人数占全世界因地震死亡总人数的 55％左右；全世界仅有的三次死亡人数超过 20 万的大地震，其中两次发生在我国（即 1920 年宁夏海原 8.5 级大地震和 1976 年唐山 7.8 级大地震）。1949 年以来，我国因地震灾害死亡的人数占各种自然灾害死亡人数的一半以上。因此，我国的地震救灾工作任务艰巨而繁重。

我国抗震救灾工作的基本方针是：依靠群众、依靠集体、生产自救、互助互济，国家予以必要的救济和扶持。在地震救灾工作中，采用多种策略和措施，进行震前的救灾准备，以遏制震期的灾害扩大；震时和震后以抢救伤员生命为准则，全力以赴紧急抢救遇险的人员；震后及时恢复、重建，消除地震灾害的后果。

(六) 灾后重建

灾后重建包括社会生活和生产的恢复。一次重大地震发生之后，城市建筑和公众设施被毁坏，必然造成大量工厂停工停产，因此，灾后恢复生产、重建家园是减少灾害的重要措施。

第二节　火 山 灾 害

火山是一种高温高热的岩浆从地下冲出地壳造成的现象，火山喷发是一种危害严重的地质灾害。从公元 1000 年以来，全球已有几十万人直接或间接死于火山喷发。大规模的火山喷发还对人类赖以生存的自然环境造成不可估量的破坏和影响。目前，占全球近 1/10 的人口生活于有潜在喷发危险的火山阴影之下，而世界上大部分最危险的火山都处于人口稠密的发展中国家。因此，火山喷发的危险性和减轻火山灾害的迫切性、重要性已引起世界各国的重视。所以最近十余年，关于火山喷发预测预报和减轻火山灾害的工作也取得较大进展。

一、火山与火山活动

1. 火山和火山类型

（1）火山及其形成　地球具有明显的圈层结构，从地表向地心由地壳、地幔和地核三部分组成。莫霍面以上的地幔上部由于压力大、密度高，局部呈熔融的岩浆，在地球内动力作用下，岩浆物质不断运动，当岩浆中气体成分游离出来使内压力增大到一定极限时，岩浆就顺地壳裂隙或薄弱地带冲破上覆岩层喷出地表，称为火山喷发或火山活动［图 6-5(a)］。火山活动是岩浆活动在岩石圈较脆弱处骤然强烈释放的一种形式，也是地球内能和热量释放的途径之一。岩浆喷出地表的地方叫火山，因为岩浆喷出地表，其喷出物堆积成山，故称为火山。但在某些情况下，岩浆体没有直接喷出地表，而仅仅是上升到地表附近，称之为岩浆侵入。

一个典型的火山包括火山通道、火山口和火山喷出物堆积成的火山锥等几个部分［图 6-5(b)］。火山通道是火山喷发时岩浆喷出的通道。火山喷发后常被熔岩或火山砾岩所充填，形成火山颈。火山锥是火山喷出物堆积在火山口通道四周形成的锥状地形。火山锥形成之后，若火山再次活动，岩浆沿火山锥上的裂隙涌出。火山喷发后，火山口下常积水成湖，称火口湖。火山再次喷发时，由于强烈爆炸，有时将旧火山炸掉一部分，使火山口扩大成为大的洼地，形成破火山口。

(a) 火山喷发景观

(b) 火山机构

图 6-5　火山喷发景观与火山机构示意图
1—火山通道；2—火山口；3—火山锥

火山喷发形式有熔透式、裂隙式和中心式三种类型。

① 熔透式喷发。岩浆以其热力熔透顶部岩石，因而大面积露出地表，这种火山喷发称为熔透式喷发。人们推测这是太古代时期火山的一种活动，它现在已不存在，在加拿大、瑞典、苏格兰等地的太古代岩石中，可见到喷出岩与深成岩直接过渡的现象，它被认为是熔透式火山喷发的例证。

② 裂隙式喷发。岩浆沿岩石的巨大裂缝溢出地表，称为裂隙式火山喷发，现代海洋和大陆裂谷的火山喷发即为此类火山喷发的代表。

③ 中心式喷发。岩浆从地壳中的管状通道喷出地表，称为中心喷发。现代火山除大陆裂谷和洋中脊外，几乎都是中心式喷发。

火山喷发的过程，一般情况是先有大量气体自裂隙中冒出，逐渐在上空形成烟柱。随着强烈的气体喷发，有大量的围岩碎块及熔岩物质从裂口喷上天空，整个火山区被夹杂着大量灰尘、碎石的烟云所笼罩。由于火山的喷发，大量水蒸气上升冷凝，空气发生剧烈对流，从而出现狂风暴雨，将喷出物向外吹散，降落在火山周围地区，形成火山灰层，火山就逐渐宁静下来，直至地下的岩浆无力冲出地面时，火山喷发才告停止。但火山喷发停止后，往往还会出现残余气体的喷发和温泉的活动，这些均属于火山活动的晚期现象。

世界上各地区火山活动的情景各不相同，差别很大。即使是同一火山，在不同的时期，它的活动形式、活动规模也不尽相同。

（2）火山类型　根据火山活动的状况，火山可分为死火山、休眠火山和活火山三种类型。①在地质历史时期有过活动，而在人类历史中没有活动的火山称为死火山，它对人类不会造成危害；②在人类历史时期曾经有过活动，近代长期没有活动的火山称为休眠火山；③现在仍在活动或周期性活动的火山称活火山，它对人类具有极大的危害性，是人类研究最多的一种火山。目前世界上约有850多座活火山，平均每年约有50座火山喷发。

火山喷发的时间长短不一，短的只有几个月，甚至几天；长的可达数年、数十年甚至数百年。火山喷发的规模和危害程度也不相同，喷发酸性熔岩（如流纹岩）的火山，因熔岩黏性大、气体含量多、爆发力强，常喷出大量气体、熔岩、火山碎屑物和火山灰，这种火山称为爆炸式火山，它破坏性大，对人类危害严重。喷发基性熔岩（如玄武岩）为主的火山，熔岩黏性小、温度高，气体和熔岩流常慢慢逸出，很少产生火山碎屑物，称宁静式火山。这种火山对人类危害相对较小。

2. 火山喷发物

火山喷发物很复杂，既有气体、液体，也有固体。气体中除大量的蒸汽外，尚有H_2、HCl、H_2S、CO、CO_2、HF等；火山液体就是熔岩，不同的火山熔岩的性质和喷出量也不同；火山固体是指喷出时抛射出来的熔岩和围岩的碎屑物质，如火山灰、火山渣、火山豆、火山弹、火山块等，大小非常悬殊。

爆炸式火山喷发时，首先喷出黑色气体烟柱；然后喷出大量围岩碎块及熔岩物质，降落在火山周围地区；最后冒出灼热的熔岩，并沿山坡向下流动。火山喷发停止后还会有残余气体喷出和温泉涌现。而宁静式火山很少喷出烟柱与碎屑，只溢出灼热的熔岩流。

（1）气体喷发物　气体喷发物中，水-汽比例很大，约占60%～90%；其他成分主要有H_2S、SO_2、CO、CO_2、HF、HCl、NaCl、NH_4Cl等。它们可形成各种矿产而为人类所利用，同时也经常对自然环境造成一定的破坏。

（2）火山碎屑流　大规模火山喷发期间沿火山侧面斜坡快速向下运动的炽热高速的火山碎屑物质流称为火山碎屑流，或称熔岩流。基性熔岩流可形成熔岩条带、熔岩被或熔岩锥。熔岩条带呈狭长带状，长度可达数十公里。熔岩被可由几平方公里到上万平方公里，如印度德干高原玄武岩被面积达$6\times10^4km^2$。熔岩锥多呈短而厚的穹窿状。

碎屑流物质通常是黏稠的，富含气体而且炽热。这是火山灾害中最具毁灭性的一种形式。有关火山碎屑流的历史记载表明，它们可从火山口流到100km外或更远的地方，流动速度可以达到每小时700km以上。火山碎屑流可能是由火山口顶部附近热熔物质的重力或爆炸坍塌而引起的，并形成由岩块、火山砾、火山灰和热气交织的黏稠混合体。地质学家称这种缺乏分选的堆积物为熔结凝灰岩。火山碎屑流也可能是由喷发柱部分或连续地塌落引起的。例如，1980年圣海伦斯火山喷发期间，由喷发柱塌落形成的温度高达850℃，火山碎屑流沿山体北侧向下运移了8km，并覆盖了大约$15km^2$的地方。

（3）火山碎屑物　火山喷发时射出的岩石碎块称为火山碎屑物，主要有火山灰、火山渣和火山弹。火山喷发碎屑是所有在空中形成的火山碎屑物的总称，包括新固化的岩浆和老的破裂岩石的碎块。直接从空中落到地面的单个碎屑物以及在空中作为流动物质一部分向远处传送的碎屑物都属于火山喷发碎屑。丰富的火山喷发碎屑物质是猛烈的爆炸式喷发的重要特点。

二、火山的空间分布

火山活动主要与上地幔物质运动有关，同时也与地壳运动和地质构造有关。地幔是玄武岩岩浆和安山岩岩浆的发源地。火山喷发大多发生于大洋中脊或板块俯冲带，但也有位于板块中央而远离任何板块边缘的火山活动，如夏威夷火山群。这些火山形成于地幔中被称为“热点”的玄武岩岩浆深部发源地之上。

1. 全球火山分布

火山主要分布在地壳厚度薄、构造活动剧烈的地区。目前，全世界死火山约有 2000 余座，活火山 850 多座。从总体看，它们的分布有一定的规律性。

(1) 环太平洋火山带　呈环带状分布，太平洋东岸自南至北有安第斯山脉、中美、北美西部的科迪勒拉山脉、阿拉斯加；太平洋西岸自北而南有阿留申群岛、堪察加半岛、千岛群岛、日本群岛、中国的台湾岛、菲律宾群岛、印度尼西亚诸岛、新西兰岛，直到南极洲（图 6-6）。环太平洋火山带是世界上最大的火山带，分布有 400 多座活火山。

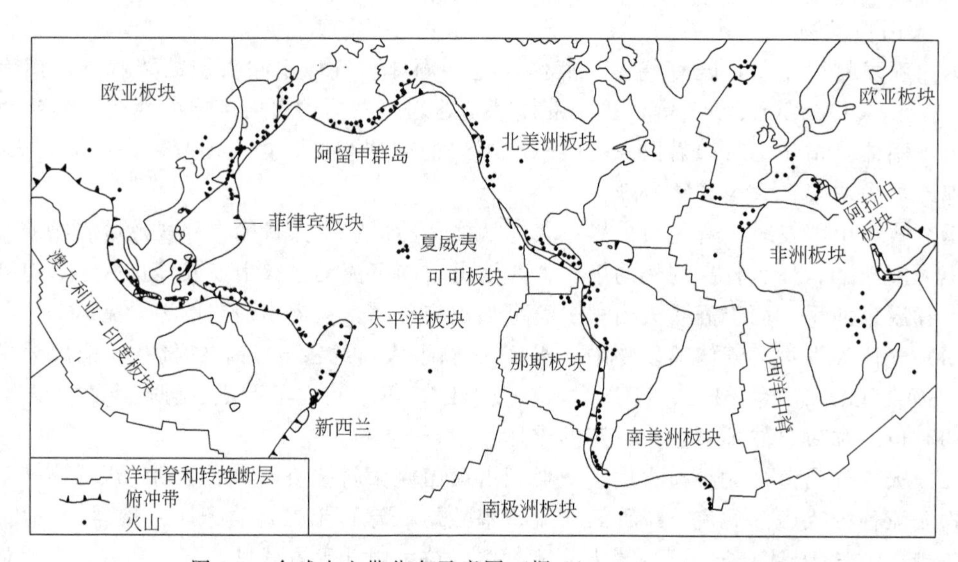

图 6-6　全球火山带分布示意图（据 Alwyn Scarth，1994）

环绕太平洋的火山形成所谓的“火链”，地质学家还称之为“安山岩线”。许多世界上活动最强、爆炸最猛烈的火山都分布在环太平洋火山带上，如皮纳图博火山（菲律宾）、Unzen 火山和富士山（日本）、科拉克托和坦博拉（印度尼西亚）以及 Spurr 火山（美国阿拉斯加）。

(2) 地中海火山带　呈东西带状分布，自西向东主要有伊比利亚半岛、意大利、希腊、土耳其、高加索、伊朗、喜马拉雅山，经孟加拉湾向东与环太平洋火山带西支交汇。著名的火山有公元 79 年喷发的意大利维苏威火山和 1669 年喷发的西西里埃特纳火山。

(3) 大西洋海底火山带　呈南北带状分布，北起格陵兰岛，经冰岛、亚速尔群岛，直至圣赫勒拿岛。该火山带火山活动较强烈，有活火山 60 座。

(4) 东非火山带　沿东非大裂谷呈南北带状分布，从尼亚萨兰湖，向北经坦葛尼喀湖至维多利亚湖。

2. 中国火山分布

到目前为止，我国已发现的火山锥约660座，其中绝大部分是第四纪死火山，近代还活动的火山很少。我国的火山分布也具有较明显的地带性。

（1）东北环蒙古高原区域　包括黑龙江、吉林、内蒙古和晋北等地，已发现的死火山锥数目较多，仅大同地区就有20余座。著名的火山有位于黑龙江省的五大连池火山群等。五大连池有14座火山，12座是形成于1200万～100万年前的地质地期的古火山，2座是喷发于1719～1721年的新火山，也是中国最新的火山之一。

（2）西南青藏高原区域　主要包括新疆南部昆仑山、西藏、云南等。著名的火山有云南腾冲火山群。

（3）东部环太平洋西岸区域　北起长白山，经山东、河南、江苏、台湾、雷州半岛等地向南一直到海南岛，成为环太平洋火山链的一部分。

三、火山喷发灾害与资源效应

火山喷发对人类赖以生存的地球环境的影响可产生两种效应，即灾害效应和资源效应，以前一种效应为主（表6-7）。

表6-7　火山喷发的环境效应

灾害效应		资源效应
原生灾害	次生灾害	
火山地震灾害	气候效应	
熔岩流灾害	火山喷发物滑坡	矿产资源
火山碎屑流灾害	次生碎屑流、火山泥流	景观资源
水汽爆炸	洪水、海啸	地热
有毒气体逸散	酸雨	矿泉
火山喷发物降落	大气冲击波	宝石
侧翼定向爆炸	喷发后饥荒与疾病	
地面运动	地面变形	

1. 山火喷发灾害

从灾害角度讲，火山喷发可引起地震、海啸、火山碎屑流、气候异常变化等灾害，大规模的火山喷发不仅造成巨大的经济损失，还可能使数以万计的人员伤亡。

在过去2000年中，由于火山喷发的死亡人数已有100多万人。几百年来，每个世纪都有约10万人丧生于火山喷发，经济损失约10亿美元（1991年价格）。按目前的价值计算，在20世纪的前80年里，火山喷发造成的损失估计达100亿美元。表6-8列举了自公元1600年以来22次造成千人以上死亡的火山喷发事件。大规模的火山喷发还对人类赖以生存的自然环境造成不可估量的破坏和影响。目前，全球近1/10的人口生活在有潜在火山喷发危险的阴影之下，而世界上大部分最危险的火山多处于人口稠密的发展中国家。

火山喷发灾害可分为原生灾害和次生灾害两种类型（表6-7）。但任何一次火山喷发都可能产生多重灾害。如1980年美国圣海伦斯火山（Mount St. Helens）喷发时，产生了碎屑流、涌浪、气爆和尘粒等灾害。火山喷发的原生灾害与喷发物质的性质密切相关。如喷发酸性熔岩的火山主要以火山碎屑流、地震、喷发物降落、有毒气体逸散等灾害为主。次生灾害中，火山泥流、大气影响（振动波和放电）、酸雨、洪水、气候变化和地面变形等虽然比较普遍，但其破坏程度较低。就人员死亡而言，海啸和因喷发引起的饥荒与疾病对人类造成的灾难非常巨大。

表 6-8 公元 1600 年以来死亡千人以上的火山灾害

火山	国家	年份	人员死亡的直接原因			
			碎屑物喷发	火山泥流	海啸	饥荒及其他
埃特纳火山	意大利	1669	2000			毁坏 13 个镇
斯卡塔乔库尔火山	冰岛	1783	10000			许多人死于饥荒
马尤恩	菲律宾	1814	1200			
坦博拉	印度尼西亚	1815	12000			
伽伦甘哥	印度尼西亚	1822	1500	4000		80000
马尤恩	菲律宾	1825		1500		
阿乌	印度尼西亚	1826		3000		
科托帕希	厄瓜多尔	1877		1000		
科拉克托	印度尼西亚	1883			36417	
阿乌	印度尼西亚	1856		3000		
阿乌	印度尼西亚	1892		1532		
苏弗里埃尔	法国	1902	2000			
珀莱山	马提尼克	1902	29000			
圣玛丽亚	危地马拉	1902	6000			
克卢特火山	印度尼西亚	1909	5500			
塔尔	菲律宾	1911	1332			
克卢特	印度尼西亚	1919		5510		
默拉皮	印度尼西亚	1930	1300			
拉明顿	巴布亚新几内亚	1951	2942			
阿贡	印度尼西亚	1963	1900			
埃尔希琼	墨西哥	1982	2000			
鲁斯	哥伦比亚	1985		23000		10000 人无家可归

火山灾害主要危害形式有以下 10 种：

① 火山熔岩流灾害（喷出地面而丧失了气体的岩浆称熔岩，液态的熔岩具有很高的流动性，可掩埋、覆盖农田和村庄）。

② 火山碎屑流灾害（顺坡运动的炽热高温的火山碎屑物质称为火山碎屑流，是对人类最具毁灭性和最致命的形式）。

③ 火山喷发物降落造成的灾害（这些降落物会掩埋、破坏地面建筑、森林及动植物，甚至危害人的生命）。

④ 火山地震灾害（火山喷发往往伴随着地震）。

⑤ 有毒气体逸散（如 CO、HCl、HF 等气体对人类有害）。

⑥ 火山喷发对气候的影响（火山灰和细粒物进入大气平流层，进而对气候有影响）。

⑦ 火山滑坡与火山泥流（火山喷发使火山斜坡荷载加重、坡度变陡等，从而引起滑坡）。

⑧ 洪水（例如火山熔岩或泥流可堵塞河流，导致洪水等）。

⑨ 海啸（水下火山喷发，可引发海啸）。

⑩ 饥荒和疾病（火山喷发物降落地面后常常掩盖农田，摧毁庄稼并进而引起饥荒和疾病）。

重大火山灾害实例：1985 年哥伦比亚鲁斯火山喷发。

20 世纪以来，世界上最严重的一次火山灾害是 1985 年哥伦比亚境内的内华多德鲁斯（Nevado del Ruiz）火山喷发。该火山海拔 5000m，是安第斯山脉最北部的一座活火山，在历史上曾发生过多次大的火山泥流。1845 年火山喷发后的一个世纪内，许多移居者定居在火山周围。1984 年 11 月火山再次活动，一年后，即 1985 年 11 月 13 日，火山的猛烈喷发形成了大规模、急速的熔岩泥流。伴随着火山喷发，火山顶部覆盖的冰帽被炽热的火山碎屑流融化，并形成大规模的火山泥石流，在金鸡纳造成上百间房屋倒塌，死亡约 1000 人；泥石流随后包围了距火山口 74km 远的阿梅罗（Armero）城，使该城惨遭厄运，城内淤积了 3～8m 厚的泥流堆积物，整座城市瞬间被夷为平地。22008 人在几分钟内丧命，5000 多人受伤，1 万多人无家可归，有幸生存下来的人是被营救人员从泥浆里抢救出来的。火山泥流冲向拉吉尼得亚斯山谷并横扫树木、建筑物及其途经的所有物质。火山周围所有的道路、桥梁、商店、工厂、学校等全部遭到破坏，7700 余人流离失所，直接经济损失达 2.12 亿美元。

2. 火山喷发的资源效应

同大多数自然灾害不同的是，火山喷发还为人类提供了一定的可以开发利用的资源。虽然我们更重视与火山活动有关的灾害，但实际上它对人类的好处要比危害大得多，撇开火山灰的肥沃成分不谈，它还可以提供能源、建筑材料，促进旅游业的发展。如意大利、新西兰能源需求的 1/3、10%分别是由地热资源提供的。冰岛雷克雅未克居民的热水供应，几乎都是由地下热水提供的。玄武质熔岩是用途广泛的石材，火山地貌常常可以形成重要的风景资源。许多国家公园都是以火山为中心的，如埃特纳、富士山等。此外，大气圈中的火山喷发物还可以引起壮观的日落景象，如同太阳光线被空中颗粒和气溶胶折射时的美景。

火山活动还可形成对人类有用的矿床。金矿、银矿、铜矿等内生矿产均与火山活动有关，许多重要的宝石资源基本上都与火山作用有着直接或间接的联系，如与火山期后热液作用有关的欧泊、紫晶、玛瑙、鸡血石、寿山石等。天然硫矿床、石棉、硅藻土等非金属矿床也是火山活动的产物，火山灰、浮岩等是很好的建筑材料。坍塌的破火山口、富含 SiO_2 的地下裂隙系统等对某些矿床的形成起着决定性的作用。火山下部岩浆房对循环的地下水加热是许多主要矿床建造的基本特征。火山活动强烈地区通常也是温泉和矿泉密集分布的地区，我国的长白山、五大连池、内蒙古阿尔山、云南腾冲及台湾等地都是温泉集中地，五大连池药泉山一带矿泉水储量大，饮用和医疗价值很高。

此外，火山喷发后沉降下来的火山灰是有效的自然肥料，特别是当它们富含钾、磷和其他基本元素时更是这样。

四、火山活动前兆及监测预报

1. 火山活动的前兆现象

火山活动常伴随着地下热异常过程，区域应力场变化和火山物质的迁移等。火山喷发之前必然在火山地区出现各种环境异常变化，即火山前兆现象（图 6-7），据此，可进行火山喷发预报。主要火山前兆现象简述如下。

- 火山喷发前兆
  - 地震活动
    - 局部地震活动增强
    - 地下隆隆巨响
  - 地面变形
    - 火山本身整体隆起或部分膨胀
    - 火山附近地面坡度发生变化
  - 热液现象
    - 热泉流量增加
    - 喷气孔热气喷出量增加
    - 热泉或喷气孔气温升高
    - 火山口湖水温度升高
    - 火山口覆盖的冰雪融化
    - 火山斜坡上的植被枯萎
  - 化学变化——火山口释放的气体成分发生变化（如 SO_2 或 H_2S 成分增高）

图 6-7　火山喷发前兆现象分类框图

（1）地震活动　许多火山的喷发是以频繁的地震活动为前兆的。在火山之下，大量岩浆和气体上升穿过岩石圈，对岩石圈施加压力，这将引起一系列小地震（偶尔也有大震）。如 1959 年 8 月，在夏威夷奇老洼，火山之下 55km 深处探测到地震，这一深度正是对应于该地岩石圈的底部。在后来的几个月里，由于岩浆的上涌使地震变得更浅和更多。到了 11 月底，每天可以记录到超过 1000 次的小地震，这时在火山的侧翼张开了一道裂隙，熔岩溢出。

因此，连续监测地震活动，是预报火山活动的重要方法，在大多数情况下，前兆地震的频率、震级和释放的能量均有增大的趋势。圣伦斯火山 1980 年的喷发正是通过地震活动的不断增多和加强而被成功地预报的。而有时一次大地震所产生的震动就可以触发火山重新活动。如 1980 年，一次地震触发了圣海伦斯火山上凸的北坡产生滑坡，并因此减轻了禁闭火山内部气体的山体重量，使火山产生爆发。但是，火山喷发的前兆地震的规律是十分复杂的，前兆地震的发生离火山喷发的时间间隔也是千差万别的。虽然用前兆地震方法曾成功地预报了一些火山活动，但大多数情况下它只能作为预报的手段之一，若能结合其他方法，对火山进行综合分析和预报，则能较准确地预报火山喷发的具体时间。

（2）地形变化　火山表面的膨胀、倾斜或抬升同样是一种前兆现象，它通常预示着上升的岩浆或积聚的气体的出现，或两者兼而有之。而当火山喷发、熔岩溢流之后，地面恢复原状，或因岩浆房空虚，失去支撑力而使地面下沉。例如圣海伦斯火山在 1980 年喷发前的 1 个月，火山山顶和北坡发生破裂和抬升，北坡上部向外移动约 100m，水平位移速度达 2.5m/d，火山山体发生膨胀，并在平面上明显呈放射状，四周产生放射状裂隙；在火山喷发之后，山体下沉 20～70m，两侧间距缩短 20～25m。

火山地区明显的地形变化虽然是火山即将喷发的前兆现象，但仍无法确定膨胀的火山什么时候喷发，由于各地火山所受到的应力、压力和上覆岩石强度的差异，使火山喷发的时间各不相同。目前的科学水平，尚不具备对火山喷发作出准确预报的能力。

（3）火山喷气成分的变化　一般来说，火山喷发产生的气体成分的变化可能为即将产生的喷发提供线索。因为一些火山喷发前，火山喷出气体的化学成分曾发生过明显的变化，如 HCl、SO_2 的浓度增高，水蒸气含量降低。

（4）温度、地磁场和地电场的变化　火山地区地表温度升高预示岩浆接近地表，并且即将破地而出。例如，1965 年日本一火山口湖的水温在当年 7 月份比其他年份高 11℃，而在同年 9 月 28 日开始喷发前火山喷气的温度可升高几摄氏度至几十摄氏度，这种现象可发生在火山喷发前数小时、数天、数月甚至数年内。

另外，火山喷发前还将会引起地磁场和地电场等一系列变化。但对这些变化规律的研究尚有待进一步深入。

（5）动物异常现象　有报道说动物可以“预见”火山的喷发，动物的异常行为在火山喷发之前的几小时或几天中可以强烈地表现出来。也许动物对于科学家尚未发现的某些变化的反应是敏感的，这与地震发生时的情况十分相似。

2. 火山活动监测与预报

（1）火山监测　系统的火山监测工作始于20世纪初，1912年夏威夷火山观测台（VHO）在基拉韦厄破火山口北缘建立。目前，美国、日本、意大利、法国、英国等火山活动多的国家都建立了较为系统的火山监测站。

完好的火山监测记录表明，绝大部分火山喷发之前或喷发期间都可测量到地球物理场或地球化学场的变化。火山监控可以提供预报喷发的基本资料，而长期预测则主要以火山喷发的长期记录为依据。目前在火山的地球物理和地球化学监测中，地震定位和地形测量是最广泛使用的常规监测方法。其他地球物理方法有地磁、地电、重力、遥感和热辐射、地球化学方法等。通过多种手段的综合监测和系统分析对于预测火山喷发具有重要的意义。

（2）火山喷发预报　火山喷发预报的许多判别因素在火山监测过程中就已经确定下来了。监测对预报有两方面的好处：①使科学家们能够得知岩浆在火山“管道”系统中的分布和运动；②能够及时探测前兆并确认异常现象，这些异常前兆现象表征了火山内部活动的事件与过程。在绝大多数情况下，没有一种单一的异常前兆足以精确预报喷发。然而，把多种物理的和化学的异常现象综合到一起就可能形成比较全面而清晰的指示标志来预报即将发生的喷发事件。

确认高风险火山是预报喷发的基础，但这并不能保证完全避免灾害。除了辨别活火山、休眠火山和死火山外，还必须研究火山的活动历史：①确定火山历史上的喷发样式，这对预报活动类型和喷发可能影响的范围是十分重要的；②确定火山喷发的周期，它是准确预报喷发时间的关键。某些火山表现出一定活动周期，另一些火山则没有周期性或周期性很不明显。因此，目前尚没有一套完善的理论和方法来预报火山喷发，对于不能完全确定的火山喷发，有时还会出现预报失误。另一方面，有时造成灾难的直接原因是人们在未查明地质地理条件的火山附近聚居繁衍，虽然观测到了几种主要的前兆现象，但因政府担心做出错误警报而延误了撤离的时机，结果造成重大灾难。1980年美国圣海伦斯火山喷发之前一直处于密切的监控之下，科学家们对其喷发的时间和规模做出了较准确的预报。然而，由于在大喷发之前没有任何特殊的异常现象，政府还是存有疑虑。结果侧向的火山喷发还是使57名进入危险地带的游客和不愿撤离的老人死亡。但如果允许当地居民和游客自由进入危险区的话，死亡的人数可能在千人以上。

五、减轻火山灾害的对策

有效地减轻火山灾害必须建立在长期而深入的火山（包括活动火山和不活动火山）研究之上，减轻火山灾害的对策主要包括识别高危险火山、土地利用规划、工程措施、火山应急管理、灾后援助与重建等几个方面。

1. 危险性火山的识别与评价

全球大部分活火山位于人口密集的发展中国家，科学家们只对其中的一小部分进行了研究。由于受人力、物力和财力的限制，识别高危险性火山并优先加以研究是十分必要的。确定高危险性火山应考虑的因素包括火山喷发的特征、历史记录、已知的地形变和地震事件、喷发物的特征、火山附近的人口密度、历史上火山灾难的死亡人数等。火山专家已初步划出了全球89座高危险火山。

火山灾害的评价包括利用识别高危险性火山的资料，同时考虑喷发物类型角度特征和分布规律等方面的信息，以重建火山过去的喷发行为来评价未来喷发的潜在危害。

火山灾害评价的可靠性取决于地质资料的质量和丰富程度以及所用资料的完整性，时间序列越长，所得评价结果越可靠。作为灾害评价组成部分的灾害分带图，以概括的方式描绘出供土地规划者、决策者和科学家容易利用的信息。目前，科学家们在某些高危险性火山地区开展了火山灾害评价和分区制图工作，为预报火山喷发、减轻火山灾害损失提供了详实、可靠的资料。

2. 火山地区土地利用规划

土地利用规划在减灾中扮演着重要的角色。通过对火山活动情况的长期观测及区域地质条件和地形地貌的分析研究，划分出火山灾害危险区并提出限制性开发的措施是避免火山灾害的有效途径。以往的火山喷发事件需精确的地质测年技术，如^{14}C法、树木年轮法、地衣测年法和热释光法等。火山灾害图能够使人们得知过去的喷发事件所影响到的范围，它是土地利用规划的基础性图件。

圣海伦斯山是美国卡斯德山脉（Cascade Pange）的一座活火山，历史上发生过多次喷发事件。研究人员在1980年大喷发之前根据火山喷发物的堆积范围绘制了火山灾害分带图，图中标出了熔岩和火山泥流的影响范围。这种分带图在制定火山周围的土地规划时成了重要的参考图件。

3. 与工程有关的减灾对策

火山喷发是不控制的，但采用工程措施可以减轻、缓和灾害的影响。目前，大部分的工程对策与减轻火山碎屑流动过程引起的灾害有关。改变熔岩流方向以减轻火山灾害的方法比其他工程措施更受青睐。除此之外，就是增强建筑物的抗灾能力。

（1）阻隔熔岩流和火山泥流　喷出地面而丧失了气体的岩浆称为熔岩，而其由火山口沿斜坡向下的流动过程称为熔岩流。火山泥流主要是指火山碎屑流及熔岩流在高速流动过程中，与水或积雪融合形成的高密度流体，由于其流速快、能量大、成分复杂，是一种破坏力极大的流体。对二者防治的工程措施主要有：①爆破法，通过爆破，使其产生决口，而形成支流或改变流向；②筑堤法，即人工设置障碍物，促使熔岩流转向来保护那些更具价值的建筑或财产；③喷水冷却法，即通过喷冷水使熔岩快速冷却，而停止流动；④切断火山泥流的水体来源。

（2）增强建筑物抗灾能力　从空中落下的火山碎屑物可能导致强度不高的建筑物坍塌，从而造成人员伤亡和财产损失。特别是对平顶房屋而言，密度高达$1t/m^3$的湿火山灰使爆炸式火山周围危险区内的建筑物绝大多数遭受破坏。1991年菲律宾皮纳图博火山喷发后，距火山25km的安赫莱斯（Angeles）城降落的火山灰厚度达8～10cm。这座有28万人的城市中，近10%的房屋屋顶坍塌。增强建筑物抵抗能力的唯一方法就是制定房屋结构设计和屋顶建筑材料的规范，对现有建筑进行加固改造，新建建筑物优先选择强度高、坡度大的屋顶结构。

4. 火山应急管理

火山灾害应急管理在应付火山灾害危机中起着关键的作用。但目前这一减轻火山灾害的重要措施还未引起足够重视。这是由于相对于人类寿命而言，火山喷发的频度比其他地质灾害相对低得多。

某些火山从开始出现异前兆现象到大爆发要持续几个月甚至更长的时间，另外一些火山则仅有几个小时。因此，为了保障危险区人员的生命安全，让他们事先熟悉撤离路线和可以避难的藏身之处是至关重要的。在某种程度上，撤离方向具有一定的灵活性，它决定于爆发规模、熔岩流动方式、喷发时的主导风向等因素。

用于撤离的道路必须保障畅通，特别是在人口密度大的地区更是如此。然而，一些道路会因地震引起的地面塌陷而被阻断；坡度较大的公路可能因细粒火山灰降落出现车轮打滑现象，在制定撤离路线时必须考虑到这些因素。

对于躲在避难场所的人们，则需要提供食物、饮水、帐篷、医疗和卫生保健等项服务。由于火山灰使空气质量极度恶化，患呼吸道疾病的人数剧增，必须保证足够的药品供应。

灾后援助对于遭受火山灾害的人们来讲也是非常重要的。火山活动的特征之一是持续时间长，喷发可能在几个月的时间内重复进行。这就意味着火山灾民需要较长时间的援助，重建家园的工作也不可避免地拖延很长时间。如印度尼西亚伽伦甘哥火山在连接 6 个月的时间内喷发了 29 次。在最初的 3 个月，政府对灾民的援助显得混乱而无计划，在印度尼西亚红十字会制订了完善的食品援助计划后，援助工作才进行得比较成功。

对于遭受火山灾难的人们来说，重建家园更是一项艰苦而长期的工作。降落到城市区内的火山碎屑物必须清除；市区内园林和绿地的植物需要重新移植；降落到农田的火山碎屑物因范围广阔而无法清除，只能等若干年后火山物质风化成壤后再重新耕作。

复 习 思 考 题

1. 试述地震的概念，并说明发生原因和发生过程（阶段）。
2. 如何对地震进行分类？
3. 什么是诱发地震，主要影响因素是什么？
4. 试述地震震级和烈度的概念。什么是地震的基本烈度和设计烈度？
5. 试述全球地震的时空分布规律。
6. 简述我国地震的时空分布。
7. 地震灾害有几种？试举例说明。
8. 如何进行地震监测？
9. 试述地震预报的内容和分类。
10. 地震预报方法有哪些？
11. 如何预防地震，减轻地震灾害？
12. 试述火山的概念和类型。
13. 火山喷发物有几种，各有什么特征？
14. 简述全球火山空间分布规律。
15. 简述我国的火山分布。
16. 试述火山喷发灾害，并举例说明。
17. 火山灾害主要危害形式有哪些？
18. 为什么说火山喷发也具有资源效应？
19. 试述火山活动前兆及监测预报。
20. 试述减轻火山灾害的对策。

第七章

斜坡地质灾害

斜坡地质灾害是指斜坡岩土体运动或位移造成的灾害，主要包括崩塌、滑坡、泥石流等。这是最为常见、分布最广泛、危害最大的一类地质灾害，也是环境地质学研究的主要内容之一，对这类灾害必须高度重视，合理预防，科学治理，防灾减灾，以保证人类生命财产和工程建设的安全。

第一节　概　　述

一、斜坡与斜坡破坏

（一）斜坡的概念及分类

斜坡系指地壳表部一切具有侧向临空面的地质体。它包括自然斜坡和人工边坡两种。前者是在一定地质环境中，在各种地质营力作用下形成和演化的自然历史过程的产物，如山坡、海岸、河岸等。后者则是由于人类某种工程、经济目的而开挖的，往往在自然斜坡基础上形成，其特点是具有较规则的几何形态，如路堑、露天矿坑边帮、运河（渠道）边坡等。

斜坡具有坡体、坡高、坡角、坡肩、坡面、坡脚、坡顶面、坡底面等各项要素（图 7-1）。

斜坡分类的方法有许多，其目的是为了对斜坡的物质组成和整体结构有一个清晰的认识，以便预测斜坡的稳定性并对可能出现的斜坡变形和破坏形式做出正确的判断。常见的斜坡分类方案有以下几种。

1. 按组成斜坡的岩性分类

（1）土质斜坡　由各类松散土组成；

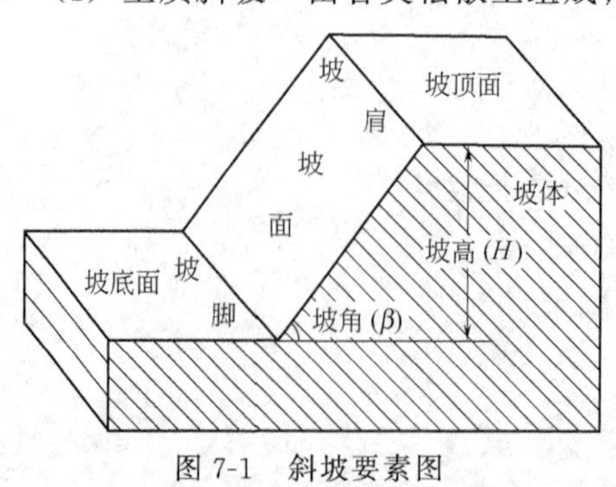

图 7-1　斜坡要素图

（2）岩质斜坡　由基岩组成。

2. 按岩层组合关系分类

（1）层状结构斜坡　是指由含多组结构面的层状岩层组成的斜坡。按层多少可分为：①单层结构斜坡，由一种均一的岩性构成；②双层结构斜坡，由两层不同的岩性构成；

③多层结构斜坡，由多层不同的岩性构成。

(2) 块状结构斜坡　由两组以上结构面的岩体构成的斜坡，且结构间距较大。

(3) 网状结构斜坡　由多组以上且比较密集的结构面的岩体构成的斜坡。

3. 按岩层倾向与坡向的关系分类

(1) 顺向斜坡　岩层走向与坡向平行，倾向与坡向一致；

(2) 反向斜坡　岩层走向与坡向平行，倾向与坡向相反；

(3) 斜向斜坡　岩层走向与坡向相交；

(4) 直立斜坡　岩层产状直立，走向与坡向垂直。

4. 按斜坡成因分类

(1) 剥蚀斜坡　主要由于地壳上升，外力对岩体表面产生剥蚀作用而成，地壳上升速度不同，斜坡的形状亦异。如直线形斜坡说明上升运动与剥蚀作用均等，凹形斜坡表示上升运动小于剥蚀作用，凸形斜坡表示上升运动大于剥蚀作用等。

(2) 堆积斜坡　岩石风化剥蚀后，碎屑物质堆积在山麓而成。

(3) 侵蚀斜坡　受地表水侵蚀而成，可分为岸蚀和沟蚀两种。

(4) 滑塌斜坡　自然斜坡被破坏，产生滑动、崩塌而成的斜坡。

以上四种斜坡都属于天然斜坡，也可简称为斜坡。

(5) 人工斜坡　自然斜坡受到人为作用或人工开挖、堆积等而成的斜坡。人工斜坡常形成工程构筑物的边缘环境，故又称为边坡。

5. 按斜坡的坡度分

(1) 微坡　坡角（或坡度）小于15°的斜坡；

(2) 中坡　坡角（或坡度）在15°～25°之间的斜坡；

(3) 陡坡　坡角（或坡度）在25°～70°之间的斜坡；

(4) 垂直坡　坡角（或坡度）大于70°。

(二) 斜坡破坏及危害

斜坡在各种内外地质营力作用下，不断地改变着坡高和坡角，改变其面貌，使坡体内应力分布发生变化，当组成坡体的岩土强度不能适应此应力分布时，就产生了斜坡的变形破坏作用。尤其是大规模的工程建设，使自然斜坡发生急剧变化，斜坡的稳定程度也变化极大，往往酿成灾害。斜坡的变形与破坏，实质上是由斜坡岩土体内应力与其强度这一对矛盾的发展演化所决定的。其发展变化过程往往可形成崩塌、滑坡、泥石流地质灾害，进而对人民生命财产和工程建设造成重大的危害。

体积巨大的表层物质在重力作用下沿斜坡向下运动，常常形成严重的地质灾害；尤其是在地形切割强烈、地貌反差大的地区，岩土体沿陡峻的斜坡向下快速滑动，可能导致人身伤亡和巨大的财产损失。斜坡地质灾害可以由地震活动、强降水过程而触发，但主要的作用营力是斜坡岩土体自身的重力。从某种意义上讲，这类地质灾害是内、外营力地质作用共同作用的结果。

斜坡岩土位移现象十分普遍，有斜坡的地方便存在斜坡岩土体的运动，就有可能造成灾害。随着全球性土地资源的紧张，人类正在大规模地在山地或丘陵斜坡上进行开发，因而增大了斜坡变形破坏的规模，使崩塌、滑坡灾害不断发生。筑路、修建水库和露天采矿等大规模工程活动也是触发或加速斜坡岩土产生运动的重要因素之一。

由于斜坡变形破坏，给人类和工程带来的危害在国外不乏其例，在我国，由于特殊的自然地理和地质条件所制约，斜坡地质灾害分布广泛，活动强烈，危害严重。斜坡地质灾害，特别是崩塌、滑坡和泥石流，每年都造成巨额的经济损失和大量的人员伤亡。20 世纪 70 年代至 21 世纪初，全球平均每年约有 600 人死于斜坡破坏，其中 90%的人员伤亡发生在环太平洋边缘地带，中国受灾也较重。

斜坡的变形与破坏对人类和工程活动的危害，主要表现为直接危害和间接危害。

(1) 直接危害　斜坡在变形阶段，常常造成斜坡上的建筑物开裂；而在破坏阶段，其运动的土石体会推覆或掩埋其所遇到的一切工程设施。斜坡的变形、破坏对工程建筑的影响实例众多，轻者影响建设项目功能的正常发挥，重者可使整个工程完全失效。例如，自然斜坡的变形破坏，是山区主要的工程动力地质作用。我国广大的西南、西北地区这一作用尤为突出，灾害频发，而且近 10 余年来有进一步加重的趋势。1881 年宝成铁路，因地质灾害中断交通达两个月之久，修复费用约 3 亿多元。1982 年 7 月，四川省云阳县鸡扒子滑坡，使长江严重阻航；1983 年 3 月，甘肃省东乡县洒勒山滑坡，摧毁了 4 个村庄，人畜伤亡惨重；1985 年 6 月，湖北省秭归县新滩滑坡，使新滩古镇毁于一旦，并影响长江航道。1998 年长江流域发生历史罕见的洪水期间，全国发生了不同规模的崩塌、滑坡、泥石流等突发性地质灾害 18 万处，其中规模较大的有 447 处，造成 1 万多人受伤，1157 人死亡，50 多万间房屋被毁坏，经济损失 270 亿元。

(2) 间接危害　斜坡破坏可产生间接危害或诱发新的灾害形成，从而造成危害，主要是斜坡破坏时，造成河流堵塞、涌浪、回水、水库毁坏等诱发灾害。尤其是由于人类工程、经济活动而产生的斜坡破坏，往往是灾难性的。例如，意大利瓦伊昂水库，坝高 267m，为当时世界上最高的双曲拱坝，1963 年 10 月 9 日，该水库左岸大滑坡，是由于水库蓄水造成潜在滑动面上空隙水压力增大，而导致业已发生蠕动的左岸山体突然沿层面下滑，速度为25～30m/s，体积达 $(2.7\sim3.0)\times10^8 m^3$ 的土石体冲向水库，激起 250m 高的巨大涌浪，高 150m 的洪波溢过坝顶冲向下游，摧毁了下游约 3km 处的一个村镇，约有 3000 人丧生，该水库也变为石库，水库失去效用。

二、斜坡变形破坏与地质灾害的分类及影响因素

(一) 斜坡变形破坏及地质灾害类型

斜坡的变形与破坏，可以说是斜坡发展演化过程中两个不同的阶段，变形属量变阶段，而破坏则是质变阶段，它们是一个累进破坏过程。这个过程对天然斜坡来说时间往往较长，而对人工边坡来说时间则较短暂。地质灾害的产生与发展，实质上就是斜坡的变形与破坏。

1. 斜坡变形

斜坡变形实质上就是地质灾害产生的地质力学模式。斜坡变形按其机制可分为拉裂、蠕滑和弯折倾倒三种形式。

(1) 拉裂　在斜坡岩土体内拉应力集中部位或张力带内，形成的张裂隙变形形式称为拉裂。这种现象在由坚硬岩土体组成的高陡斜坡坡肩部位最常见，它往往与坡面近乎平行（见图 7-2)，尤其当岩体陡倾构造节理较发育时，拉裂将沿之发生、发展。拉裂的空间分布特点是：上宽下窄，以至尖灭；由坡面向坡里逐渐减少。拉裂还有因岩体初始应力释放而发生的卸荷回弹所致，这种拉裂通常称为卸荷裂隙。

拉裂的危害性是：岩土体完整性遭到破坏；为风化营力深入到坡体内部以及地表水、雨水下渗提供了通道。它们对斜坡稳定均是不利的。

(2) 蠕滑　斜坡岩土体沿局部滑移面向临空方向的缓慢剪切变形称为蠕滑。蠕滑发生的部位，在均质岩土体中一般受最大剪应力迹线控制（见图 7-2），而当存在软弱结构面时，往往受缓倾坡外的弱面所控制。当斜坡基座由很厚的软弱岩土体组成时，则坡体可能向临空方向塑流挤出，称之为深层蠕滑。

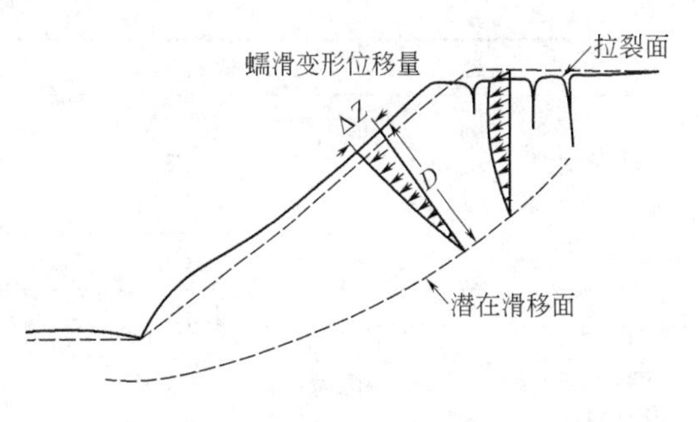

图 7-2　均质土坡中的蠕滑、拉裂
（据查钼鲁巴，1972）

当坡体内各局部剪切面（蠕滑面）贯通，且与坡顶拉裂缝也贯通时，即演变为滑坡。

蠕滑往往不易被人们察觉，因为它不像拉裂变形那样暴露于地表，一般均产生于坡体内。所以要加强监测，并采取措施控制蠕滑，使之不向滑坡方向演化。

(3) 弯折倾倒（或称滑移-弯曲）　由陡倾板（片）状岩石组成的斜坡，当走向与坡面平行时，在重力作用下所发生的向临空方向同步弯曲的现象称弯折倾倒。

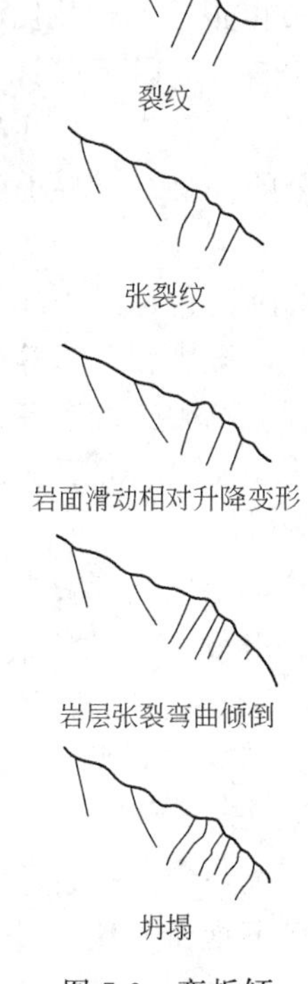

图 7-3　弯折倾倒发展过程图

弯折倾倒的特征是：弯折角约 20°～50°；弯折倾倒程度由地面向深处逐渐减小，一般不会低于坡脚高程；下部岩层往往折断，张裂隙发育，但层序不乱，而岩层层面间位移明显；沿岩层面产生反坡向陡坎。其发展过程如图 7-3 所示。这种斜坡变形现象在天然斜坡或人工边坡均可见到。弯折倾倒的机制，相当于悬臂梁在弯矩作用下所发生的弯曲。弯折倾倒发展下去，可形成崩塌、滑坡。

2. 斜坡破坏与地质灾害类型

几乎所有岩土的自然位移过程都发生在斜坡上。斜坡地质灾害的种类很多，分类方法也有多种。巴巴拉、默奇克（Barbara W. Murck 等人，1997）根据物质运动速度和水所起的作用把斜坡地质灾害分为两种基本类型：

① 斜坡物质的快速失稳，结果导致相对整体的土体或岩块向坡下运动，运动的形式有滑塌、塌落和滑移。

② 岩土与水的混合物向坡下的流动。

斜坡地质灾害分类见表 7-1。

崩塌是岩土体突然的垂直下落运动，经常发生于陡峭的山地。崩塌的岩块碎屑在陡坡的坡脚形成明显的倒石堆。岩石崩塌包括单个岩块的坠落和大量岩块的突然垮塌；碎屑崩塌的物质主要是岩石碎块、风化表土和植物。滑塌是一种介于崩塌和滑坡之间的过渡性斜坡岩土体运动形式，具有先滑后塌的特点。其产生机理与滑坡相似，存在明显的滑动面，最终产物则具有崩落、崩塌物的特点。滑移也是一种岩石或沉积物的快速位移，属于滑坡的范畴。在滑动中，物质发生平移运动而几乎没有旋转，相对完整统一的块体沿已有的倾斜滑移面向下滑动。

目前，我国多采用简便、实用的分类，即把斜坡破坏的形式分为崩塌和滑坡，斜坡地质灾害则分为崩塌、滑坡、泥石流等。

表 7-1 斜坡地质灾害综合分类表

斜坡失稳	沉积物流动	寒冷地区块体坡移	水下块体坡移
崩塌 岩石崩塌 碎屑崩塌	泥浆流 泥流 碎屑流	冻胀蠕流 冻融泥流 石冰川	滑塌 滑移 流动
滑塌	泥石流		
滑移(滑坡) 土体滑移 岩体滑移 碎屑滑移	粒状流 蠕动 土溜 颗粒流 碎屑崩塌		

(1) 崩塌　斜坡岩土体被陡倾的拉裂面破坏分割，突然脱离母体而快速位移、翻滚、跳跃和坠落下来，堆于崖下，即为崩塌。崩塌的特征是：一般发生在高陡斜坡的坡肩部位；质点位移矢量铅直方向较水平方向要大得多，以垂直运动为主；崩塌发生时无依附面，往往是突然发生的，运动快速。

(2) 滑坡　斜坡岩土体沿着贯通的剪切破坏面所发生的滑移现象，称为滑坡。滑坡的机制是某一滑移面上剪应力超过了该面的抗剪强度所致。滑坡的规模有的可以很大，达数亿至数十亿立方米。滑坡的特征是：通常是较深层的破坏，滑移面深入到坡体内部以至坡脚以下；质点位移矢量水平方向大于铅直方向；有依附面（即滑移面）存在；滑移速度往往较慢，且具有“整体性”。滑坡是斜坡破坏形式中分布最广、危害最为严重的一种。世界上不少国家和地区深受滑坡灾害。

(3) 泥石流　是发生在山区的一种含有大量泥沙和石块的暂时性洪流。它是由于降水（暴雨、冰川、积雪融化水）产生的在沟谷或山坡上的一种夹带大量泥沙、石块和巨砾等固体物质的特殊洪流或急流，是山区特有的一种自然地质现象，也是对人民生命财产和工程建设危害相当大的地质灾害。泥石流是介于水流和土石体滑动之间的运动现象，其特点是：水是运动动力，具有流动性。

我国是世界上崩塌、滑坡、泥石流灾害最为严重的国家之一。据统计，全国共发育有特大型崩塌 51 处、滑坡 140 处、泥石流 149 处；较大型崩塌 2984 处以上，滑坡 2212 处以上，泥石流 2277 处以上；中小型崩滑流虽无确切记载，但有迹可辨（遥感解译）的灾害点达 41 万处。据全国各省统计，崩滑流灾害总面积 $172.52\times10^4\text{km}^2$，占国土总面积的 17.97%。

（二）斜坡地质灾害的影响因素

崩塌、滑坡、泥石流（简称崩滑流）等斜坡地质灾害是地质、地理环境与人文社会环境综合作用的产物。影响斜坡地质灾害的因素相当复杂，总体上可分为地质因素及非地质因素两类，前者是崩滑流灾害发生的物质基础，后者则是发生崩滑流灾害的外动力因素或触发条件。重力是斜坡地质灾害的内在动力，地形地貌、地质构造、地层岩性、岩土体结构特性、新构造活动及地下水等条件是影响斜坡失稳的主要自然因素，而大气降水及爆破、人工开挖和地下开采等人类工程活动对斜坡的变形破坏起着重要的诱发作用。

1. 地形地貌

滑坡、崩塌是山地丘陵斜坡变形破坏的一种灾害类型。斜坡地形的高差和坡度决定着由重力产生的下滑力的大小，从而也决定着滑坡、崩塌体的规模和运动速度。

从区域地形地貌条件看，斜坡变形破坏主要发育于山地环境中，尤其是河谷强烈切割的峡谷地带。由于我国地形呈现西高东低的台阶状地形，并有三个明显的阶梯（台阶），处于两个台阶转折地带的边缘山地，斜坡变形破坏十分发育。

我国大陆崩塌、滑坡、泥石流分布的总体规律是：中部地区最发育，东部地区较弱。

另外，中国地貌类型与地形切割程度自东向西也具有一定的变化规律，崩塌、滑坡灾害的分布及其变形体的规模也与此同步变化。长江流域上游地区地形切割深度一般大于1000m，山坡陡峻，坡度30°～60°甚至近于直立。因此，山体稳定性差，崩滑灾害最为发育，个体规模也大。黄河上游的深切峡谷区，滑坡、崩塌的规模之大，在全国也属少见。

山地沟谷的发育为泥石流的形成提供了有利的空间场所和通道，沟谷坡降对泥石流的运动速度、径流、堆积起着制约作用。中国西南、西北地区中高山区和大江大河两侧沟谷纵坡降比较大，泥石流灾害严重。

2. 地质构造与新构造活动

地质构造控制着中国山地的总体格局，新构造活动的强弱反映该地区地壳的稳定性。地貌与构造共同控制着滑坡、崩塌、泥石流（崩滑流）灾害的发育程度。多数情况下，滑坡、崩塌、泥石流的形成与断裂构造之间存在着密切的关系，断裂的性质、破碎带宽度、节理裂隙的发育程度及其组合特征等都是影响崩滑流灾害的重要因素。

新构造活动（地震活动）是崩滑流灾害的重要触发因素。突然的震动可在瞬间增加岩土体的剪切应力而导致斜坡失稳；震动还可能引起松散沉积物中孔隙水压力的增加，导致沙土液化。地震常常诱发滑坡，如1970年秘鲁地震触发的碎屑崩塌沿瓦斯卡兰（Huascaran）山陡峭的斜坡向下运动了3.5km，速度达到400km/h，结果造成两个村庄被毁，至少20000人死亡。1929年新西兰南岛西北部的地震在震中周围1200km^{2}的范围内至少触发了面积超过2500m^{2}的滑坡1850个。中国南北地震带中段的天水—武都—汶川地震带、南段川滇地震带也是滑坡、崩塌、泥石流密集分布区。

3. 地层岩性与岩体结构特性

地层岩性、岩体结构及其组合形式是形成滑坡、崩塌、泥石流重要的内在条件之一。一般来说，岩体分为整体结构、块状结构、厚层状结构、中薄层状结构、层状碎裂结构、碎裂结构、散体结构、松软结构等。滑坡多发生在具有层状碎裂结构、碎裂结构和散体结构的岩体内，较完整的岩体虽然亦可产生滑坡，但多为受构造条件控制的块裂体边坡或受较弱层面控制的层状结构边坡。岩体结构对斜坡地质灾害的影响还在于结构面特别是软弱结构面对边坡岩体稳定性的控制作用，它们构成滑坡体的滑动面及崩塌体的切割面，泥岩、页岩、片岩或断裂带中的糜棱岩、断层泥等构成的软弱面多为滑坡体的滑动面或崩塌体的分离结构面。

土体滑坡一般发生在松散堆积层或特殊土体中存在透水或不透水层或在滑坡体底部有相对隔水的基岩下垫层的情况下，它们构成了滑体的滑床。

岩土类型和性质是影响斜坡稳定性的根本因素。在坡形（坡高和坡角）相同的情况下，显然岩土体愈坚硬，抗变形能力愈强，则斜坡的稳定条件愈好；反之则斜坡稳定条件愈差。所以，坚硬完整的岩石（如花岗岩、石英砂岩、灰岩等）能形成稳定的高陡斜坡，而软弱岩石和土体则只能维持低缓的斜坡。一般来说，岩石中含泥质成分愈高，抵抗斜坡变形破坏的能力则愈低。近年来，我国的滑坡研究者将那些容易引起滑坡破坏的岩性组合称为“易滑地层”。如砂泥（页）岩互层、灰岩与页岩互层、黏土岩、板岩、软弱片岩及凝灰岩等，尤其是当它们处于同向坡的条件下，滑坡则成群分布。土体中的裂隙黏土和黄土类土也属“易滑地层”。

此外，岩性还制约斜坡变形破坏的形式。一般来说，软弱地层常发生滑坡，而坚硬岩类形成高陡的斜坡，受结构面控制，其主要破坏形式是崩塌。顺坡向高陡斜坡上的薄板状岩石，则往往出现弯折倾斜以至发展成为滑坡。黄土因垂直节理发育，故常有崩塌发生。

4. 水的作用

水对斜坡稳定性有显著影响。它的影响是多方面的，包括软化作用、冲刷作用、静水压力和动水压力作用，还有浮托力作用等。

(1) 水的软化作用　水的软化作用系指由于水的活动使岩土体强度降低的作用。对岩质斜坡来说，当岩体或其中的软弱夹层亲水性较强，有易溶于水的矿物存在时，浸水后岩石和岩体结构遭到破坏，发生崩解泥化现象，使抗剪强度降低，影响斜坡的稳定。对于土质斜坡来说，遇水后软化现象更加明显，尤其是黏性土和黄土斜坡。

(2) 水的冲刷作用　河谷岸坡因水流冲刷而使斜坡变高、变陡，不利于斜坡的稳定。冲刷还可使坡脚和滑动面临空，易导致滑动。水流冲刷也常是岸坡崩塌的原因。此外，大坝下游在高速水流冲刷下形成冲刷坑，其发展的结果会使冲坑边坡不断崩落，以致危及大坝的安全。

(3) 静水压力　作用于斜坡上的静水压力主要有三种不同的情况：①斜坡被水淹没时作用在坡面上的静水压力；②岩质斜坡张裂隙充水时的静水压力；③作用于滑体底部滑动面（或软弱结构面）上的静水压力。这些都极易造成斜坡失稳，不利于斜坡的稳定。显然，地下水位愈高，则对斜坡稳定愈不利。当河水位或库水位迅速消落时，由于地下水的滞后效应，结构面上存在较大的静水压力，岸坡破坏就比较普遍。

(4) 动水压力　如果斜坡岩土体是透水的，地下水在其中渗流时，由于水力梯度作用，就会对斜坡产生动水压力，其方向与渗流方向一致，指向临空面，因而对斜坡稳定是不利的。在河谷地带，当洪水过后河水位迅速下降时，岸坡内可产生较大的动水压力，往往使之失稳。同样，当水库水位急剧下降时，库岸也会由于很大的动水压力而致失稳。

此外，地下水的潜蚀作用，会削弱甚至破坏土体的结构联结，对斜坡稳定性也是有影响的。

(5) 浮托力　处于水下的透水斜坡，将承受浮托力的作用，使坡体的有效重量减轻，对斜坡稳定不利。一些由松散堆积物组成库岸的水库，当蓄水时岸坡发生变形破坏，原因之一就是浮托力的作用。

在水的作用中，地下水和降雨的作用机理有所差异。

(1) 地下水　地下水主要对斜坡产生静水压力、动水压力、浮托力和软化作用等。在斜坡地带，地下水对岩土体变形破坏的影响是显而易见的。地下水的浸润作用降低了岩土体特别是软弱面的强度；而地下水的静水压力一方面可以降低滑面上有效法向应力，从而降低滑面上的抗滑力，另一方面又增加了滑体的下滑力，使斜坡岩土体的稳定性降低。如重庆市云阳县鸡扒子滑坡的发生明显地受到地下水的控制，大量降水沿泥岩滑面渗入地下，改变了滑坡体的水文地质条件，从而产生急剧的大规模滑动。当富含黏土的细粒沉积物饱水时，其内部孔隙水压力上升，从而变得不稳定而发生滑动。岩石块体同样受岩石空隙中水压的影响，如果两块岩石接触面上的空隙充满了承压水，就可能产生空隙水压力效应。空隙水压力的升高减小了岩块之间的有效应力和接触面上的摩擦阻力，结果导致岩体突然失稳破坏，水的作用就如同在有水的路面上快速驾驶汽车容易发生水上滑行危险一样。

(2) 暴雨和连续降雨　暴雨和连续降雨主要对斜坡产生冲刷作用、软化作用等。崩塌、滑坡、泥石流对水的敏感性很强。崩塌流暴发的高峰期与降水强度较大的夏季基本同步。单次降雨强度和持续时间是诱发滑坡、崩塌或泥石流灾害发生与发展的重要因子。

中国大多数滑坡、泥石流灾害都是以地面大量降雨入渗引起地下水动态变化为直接的诱导因素。暴雨触发滑坡以1982年重庆市万县地区云阳等县最为典型。1982年7月中、下旬，上述地区降水量达600～700mm，占全年降水量的60%～70%，且主要集中在15～17日、19～23日、26～30日三次降水过程，其中第二次降水过程最大降水量达350～420mm，最大日降水量为283mm，结果在该地区诱发了数万处大小不等的滑坡。

大量滑坡、崩塌、泥石流灾害事例都表明它们的形成与暴雨关系十分密切。中国西南、西北、华北及中南地区暴雨强度的分布各不相同，所以形成灾害的频度也各异。从崩滑流灾害发生的频次和规模来看，西南、西北地区最严重，发生频次高，危害程度大。

5. 人类活动

现阶段，人类活动已成为改变自然的强大动力。由于大量开发利用矿产资源、水力资源和森林资源等，破坏了地质环境的天然平衡状态，从而诱发了大量的崩塌、滑坡和泥石流等地质灾害。铁路、公路、矿山开发、水利水电工程、港口、码头、地下洞室等建设活动，都会形成人工边坡或破坏稳定状态的自然边坡，诱发滑坡、崩塌及泥石流灾害。如修建成昆铁路时，因沿线地质构造、地层岩性、地形地貌等条件非常复杂，地质环境比较脆弱，仅沙湾至黑井段就有滑坡454处，其中人为活动诱发的滑坡219处，占总灾害点数的48%。

边坡坡脚的切层开挖是边坡变形造成滑坡的重要原因。上述云阳鸡扒子滑坡固然与大量雨水渗透诱导有关，但滑坡前缘切层开挖坡脚亦是十分重要的因素。铁路、公路路堑滑坡，如宝成铁路的观音山滑坡、成昆铁路的铁西滑坡及武都滑坡等都是因为坡脚切层开挖而造成的。

在矿山开发建设中，人为诱发的灾害也时有发生。鄂西山地盐池河磷矿地下开采，造成山体边坡破坏失稳，于1980年6月3日发生岩石崩塌，规模达$100\times10^4m^3$，284人丧生，直接经济损失510万元，整个矿山全被摧毁，酿成我国矿山史上的最大悲剧。我国四川、云南、江西、广东、湖北、福建、河南等省先后发生尾矿渣泥石流23例。

森林的乱砍滥伐和坡地的不适当耕作，也严重地破坏了自然生态环境，导致滑坡、崩塌、泥石流等地质灾害越来越严重。

显然，在上述诸因素中，地质因素是产生滑坡的基础，非地质因素是诱导或触发条件，起着加速滑坡发生与发展的作用。因此，在滑坡分析及边坡稳定性评价时，应该把握住主要的地质因素，对各种诱导或触发因素进行具体的分析。

第二节　崩　　塌

一、崩塌的一般概念

1. 崩塌及其特点

崩塌是指高陡斜坡（或悬崖峭壁）上的岩土体在重力作用下失去稳定、突然脱离母体而崩落、滑落或跳跃、滚动，最后堆积在坡脚的地质现象。具有崩塌前兆的不稳定岩土体称为危岩体。崩落的过程表现为岩块（或土体）顺坡猛烈地翻滚、跳跃，并相互撞击，最后堆积于坡脚。崩塌主要有散落、坠落、翻落和塌陷等四种情况（图7-4）。崩塌堆积的地貌形态常呈锥形（又称为岩锥或倒石锥）。

总体来说，崩塌运动的形式主要有两种：一种是脱离母岩的岩块或土体以自由落体的方式而坠落，另一种是脱离母岩的岩体顺坡滚动而崩落。前者规模一般较小，从不足$1m^3$至

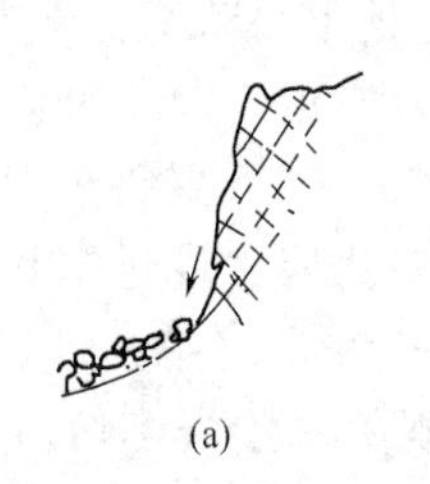

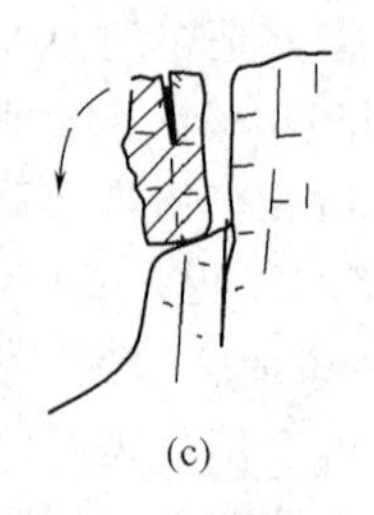
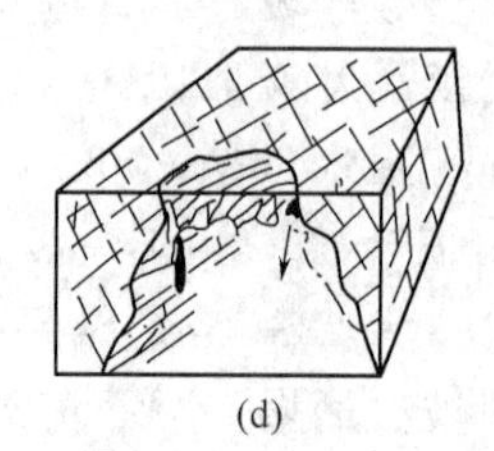

(a)　(b)　(c)　(d)

图 7-4　崩塌的四种类型

(a) 散落；(b) 坠落；(c) 翻落；(d) 塌陷

数百立方米；后者规模较大，一般在数百立方米以上。

崩塌的规模往往很大，有时成千上万方石块崩落而下，崩塌堆积以大块石为主，直径大于 0.5m 者往往达 50%～70%。

崩塌的主要特征为：①崩塌的破坏作用都是急剧的、短促的和强烈的，下落速度快，发生突然；②崩塌体脱离母岩而运动，无滑动面；③下落过程中崩塌自身的整体性遭到破坏；④崩塌以垂直运动为主，崩塌物的垂直位移大于水位位移；⑤堆积物结构零乱，多呈锥形；⑥崩塌一般都发生在地形坡度大于 50°、高度大于 30m 以上的高陡边坡上。

2. 崩塌形成的力学机制及分类

崩塌是岩体长期蠕变和不稳定因素不断积累的结果。崩塌形成的力学机制，主要是第一节所述的拉裂、蠕滑、弯折倾倒等。

崩塌分类方法较多，可从不同方面进行分类，主要分类如下。

(1) 按崩塌体岩性划分　产生在土体中者称土崩，产生在岩体中者称岩崩，规模巨大、涉及山体者称山崩，而仅有个别巨石崩落称为坠石。

(2) 按危岩体开始失稳的运动形式划分

① 滑移式崩塌。临近斜坡的岩体内存在软弱结构面时，若其倾向与坡向相同，则软弱结构面上覆的不稳定岩体在重力作用下具有向临空面滑移的趋势。一旦不稳定岩体的重心滑出陡坡，就会产生突然的崩塌。除重力外，降水渗入岩体裂缝中产生的静、动水压力以及地下水对软弱面的润湿作用都是岩体发生滑移崩塌的主要诱因。在某些条件下，地震也可引起滑移崩塌。

② 倾倒式崩塌。在河流峡谷区、黄土冲沟地段或岩溶区等地貌单元的陡坡上，经常见有巨大而直立的岩体以垂直节理或裂隙与稳定的母岩分开。这种岩体在断面图上呈长柱形，横向稳定性差。如果坡脚遭受不断的冲刷淘蚀，在重力作用下或有较大水平力作用时，岩体因重心外移倾倒产生突然崩塌。这类崩塌的特点是崩塌体失稳时，以坡脚的某一点为支点发生转动性倾倒。

③ 混合式崩塌。即滑移、倾倒混合式崩塌，兼具上述两种类型的共同特点。

(3) 根据斜坡失稳破坏的部位划分

① 坡体崩塌。沿松弛带以下未松弛的岩体内一组或两组结构面向临空面滑动产生崩塌。

② 边坡崩塌。破坏范围限于岩体松弛带范围之内而产生的崩塌。

③ 坡面崩塌。在斜坡形状和各段坡度基本稳定的条件下，产生坡面岩土坍塌、局部松动掉石。

此外，按崩塌的组成物质，可把崩塌分为崩积土崩塌、表层土崩塌、沉积土崩塌和基岩崩塌四种类型。按崩塌发生的地貌部位则有山坡崩塌和岸边崩塌之分。也有人将崩塌分为断层崩塌、节理裂隙崩塌、风化碎石崩塌和软硬岩接触带崩塌。根据崩塌的运动状态分为散落型崩塌、滑动型崩塌和流动型崩塌。

3. 崩塌的危害

崩塌常使斜坡下的农田、厂房、水利水电设施及其他建筑物受到损害，有时还造成人员伤亡。铁路、公路沿线的崩塌则阻塞交通、毁坏车辆，造成行车事故和人身伤亡。

为了保证人身安全、交通畅通和财产不受损失，对具有崩塌危险的危岩体必须进行处理，从而增加了工程投资。整治一个大型崩塌往往需要几百万甚至上千万的资金。

在我国西南、西北地区铁路两侧的崩塌以数百万立方米为最常见。规模极大的崩塌可成为山崩。

崩塌会使建筑物，有时甚至使整个居民点遭到毁坏，使公路和铁路被掩埋。由崩塌带来的损失，不单是建筑物毁坏的直接损失，并且常因此而使交通中断，给运输带来重大损失。我国兴建天兰铁路时，为了防止崩塌掩埋铁路，耗费了大量工程量。崩塌有时还会使河流堵塞形成堰塞湖，这样就会将上游建筑物及农田淹没，在宽河谷中，由于崩塌能使河流改道及改变河流性质，而造成急湍地段。

例如，在长江三峡库区三半坪至重庆长约1380km的两岸岸坡内，发育众多的崩塌。著名的白鹤坪、作揖沱、大焰石和鸭浅湾4个大型崩塌均位于这一地段，链子崖历史上曾多次发生崩塌，造成堵江毁船事件。

例如，1980年6月，湖北盐池河磷矿发生灾难性大崩塌，高160m、体积约10^6m^3的山体突然崩落，冲击气浪将四层楼房抛至对岸撞碎，16秒摧毁矿务局机关全部建筑物和坑口设施，建筑物全部毁坏，284人丧生，经济损失2500万元。1988年3月，甘肃东乡县洒勒山发生巨型山崩，由黄土及下伏第三系红色泥岩组成的洒勒山主峰及南坡突然下滑，滑体约$50\times10^6m^3$，一分钟内前缘下冲约1500m，堵塞了巴谢河，毁灭了四个村庄，死亡237人，灾难十分惨重。

贵州省纳雍县鬃岭镇左家营村，2004年12月3日发生特大山体崩塌，受灾群众108人，死亡30人，35人下落不明，毁房25间。

二、崩塌的形成条件

崩塌是在特定自然条件下形成的。地形地貌、地层岩性和地质构造是崩塌的物质基础；降雨、地下水作用、振动力、风化作用以及人类活动对崩塌的形成和发展起着重要的作用。

1. 地形地貌

地形地貌主要表现在斜坡坡度上。从区域地貌条件看，崩塌形成于山地、高原地区；从局部地形看，崩塌多发生在高陡斜坡的前缘，如峡谷陡坡、冲沟岸坡、深切河谷的凹岸等地带。崩塌的形成要有适宜的斜坡坡度、高度和形态，以及有利于岩土体崩落的临空面。这些地形地貌条件对崩塌的形成具有最为直接的作用。崩塌多发生于坡度大于55°、高度大于30m、坡面凹凸不平的陡峻斜坡上，坡面不平整，上陡下缓。坡度愈陡，地形切割愈强烈，高差愈大，形成崩塌的可能性愈大，并且破坏也愈严重。据我国西南地区宝成线风州工务段辖区57个崩塌落石点的统计数据，有75.4%的崩塌落石发生在坡度大于45°的陡坡。坡度小于45°的14次均为落石，而无崩塌，而且这14次落石的局部坡度亦大于45°，个别地方还有倒悬情况。

2. 地层岩性与岩体结构

(1) 地层岩性　岩性对岩质边坡的崩塌具有明显控制作用。一般来讲，块状、厚层状的坚硬脆性岩石常形成较陡峻的边坡，若构造节理和（或）卸荷裂隙发育，产生长而深的拉张裂迹且存在临空面，则极易形成崩塌（图 7-5）。所以，崩塌一般发生在厚层坚硬脆性岩体中。组成这类岩体的岩石主要有砂岩、灰岩、石英岩、花岗岩等。相反，软弱岩石易遭受风化剥蚀，形成的斜坡坡度较缓，发生崩塌的机会小得多。沉积岩岩质边坡发生崩塌的概率与岩石的软硬程度密切相关。若软岩在下、硬岩在上，下部软岩风化剥蚀后，上部坚硬岩体常发生大规模的倾倒式崩塌（图 7-6）；含有软弱结构面的厚层坚硬岩石组成的斜坡，若软弱结构面的倾向与坡向相同，极易发生大规模的崩塌。页岩或泥岩组成的边坡极少发生崩塌。

岩浆岩一般较为坚硬，很少发生大规模的崩塌。但当垂直节理（如柱状节理）发育并存在顺坡向的节理或构造面时，易产生大型崩塌；岩脉或岩墙与围岩之间的不规则接触面也为崩塌落石提供了有利的条件。

变质岩中结构面较为发育，常把岩体切割成大小不等的岩块，所以经常发生规模不等的崩塌落石。片岩、板岩和千枚岩等变质岩组成的边坡常发育有褶曲构造，当岩层倾向与坡向相同时，多发生沿弧形结构面的滑移式崩塌。

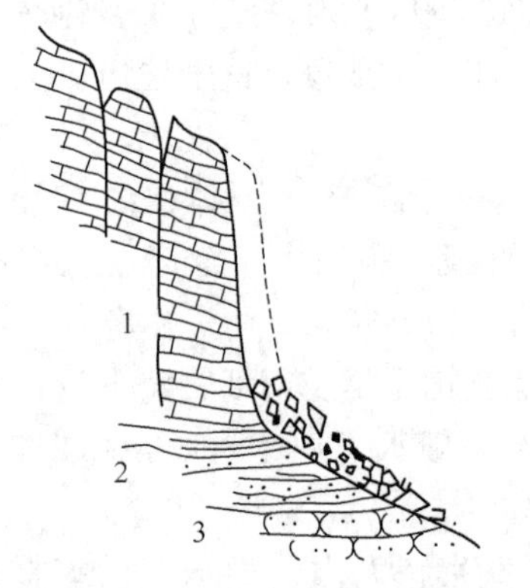

图 7-5　坚硬岩石组成的斜坡前缘卸荷裂隙导致崩塌示意图

1—灰岩；2—砂页岩互层；3—石英岩

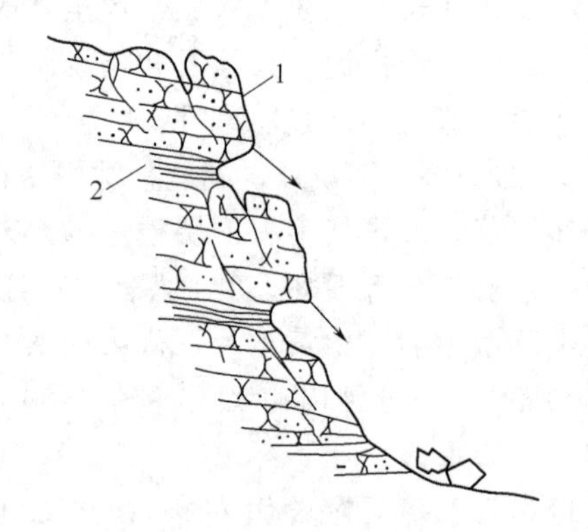

图 7-6　软硬岩性互层的陡坡局部崩塌示意图

1—砂岩；2—页岩

土质边坡的崩塌类型有溜塌、滑塌和堆塌，统称为坍塌。按土质类型，稳定性从好到差的顺序为碎石土＞黏沙土＞沙黏土＞裂隙黏土；按土的密实程度，稳定性由大到小的顺序为密实土＞中密土＞松散土。

（2）岩体结构　高陡边坡有时高达上百米甚至数百米，在不同部位、不同坡段发育有方向、规模各异的结构面，它们的不同组合构成了各种类型的岩体结构。各种结构面的强度明显低于岩块的强度；因此，倾向临空面的软弱结构面的发育程度、延伸长度以及该结构面的抗拉强度是控制边坡产生崩塌的重要因素。

构造节理和成岩节理对崩塌的形成影响很大。硬脆性岩体中往往发育有两组或两组以上的陡倾节理，其中与坡面平行的一组节理常演化为拉张裂缝。当节理密度较小，但延展性、穿切性较好时，常能形成较大体积的崩塌体。

3. 地质构造

（1）断裂构造对崩塌的控制作用　区域性断裂构造对崩塌的控制作用主要表现为：

① 当陡峭的斜坡走向与区域性断裂平行时，沿该斜坡发生的崩塌较多。

② 在几组断裂交汇的峡谷区，往往是大型崩塌的潜在发生地。

③ 断层密集分布区岩层较破碎，坡度较陡的斜坡常发生崩塌或落石。

(2) 褶皱构造对崩塌的控制作用　位于褶皱不同部位的岩层遭受破坏的程度各异，因而发生崩塌的情况也不一样。

① 褶皱核部岩层变形强烈，常形成大量垂直层面的张节理。在多次构造作用和风化作用的影响下，破碎岩体往往产生一定的位移，从而成为潜在崩塌体（危岩体）。如果危岩体受到震动、水压力等外力作用，就可能产生各种类型的崩塌落石。

② 褶皱轴向垂直于坡面方向时，一般多产生落石和小型崩塌。

③ 褶皱轴向与坡面平行时，高陡边坡就可能产生规模较大的崩塌。

④ 在褶皱两翼，当岩层倾向与坡向相同时，易产生滑移式崩塌；特别是当岩层构造节理发育且有软弱夹层存在时，可以形成大型滑移式崩塌。

4. 地下水对崩塌的影响

地下水对崩塌的影响表现为：

① 充满裂隙的地下水及其流动对潜在崩塌体产生静水压力和动水压力。

② 裂隙充填物在水的软化作用下抗剪强度大大降低。

③ 充满裂隙的地下水对潜在崩落体产生浮托力。

④ 地下水降低了潜在崩塌体与稳定岩体之间的抗拉强度。

边坡岩体中的地下水大多数在雨季可以直接得到大气降水的补给，在这种情况下，地下水和雨水的联合作用，使边坡上的潜在崩塌体更易于失稳。

5. 地振动对崩塌的影响

地震、人工爆破和列车行进时产生的振动可能诱发崩塌。地震时，地壳的强烈震动可使边坡岩体中各种结构面的强度降低，甚至改变整个边坡的稳定性，从而导致崩塌的产生。因此，在硬质岩层构成的陡峻斜坡地带，地震更易诱发崩塌。

列车行进产生的振动诱发崩塌落石的现象在铁路沿线时有发生。1981 年 8 月 16 日，在宝成线 K293＋365m 处，当 812 次货物列车经过时，突然有 720m^3 岩块崩落，将电力机车砸入嘉陵江中，并造成 7 节货车车厢颠覆。

大规模的崩塌（山崩）经常发生在新构造运动强烈、地震频发的高山区。

6. 风化作用的影响

风化作用也对崩塌形成有一定影响。因为风化作用能使斜坡前缘各种成因的裂隙加深加宽，对崩塌的发生起催化作用。此外，在干旱、半干旱气候区，由于物理风化强烈，导致岩石机械破碎而发生崩塌。高寒山区的冰劈作用也有利于崩塌的形成。

7. 人类活动的影响

修建铁路或公路、采石、露天开矿等人类大型工程开挖常使自然边坡的坡度变陡，从而诱发崩塌。如工程设计不合理或施工措施不当，更易产生崩塌，开挖施工中采用大爆破的方法使边坡岩体因受到振动破坏而发生崩塌的事例屡见不鲜。宝成线宝鸡至洛阳段因采用大爆破引起的崩塌落石有 7 处，其中一处是在大爆破后 3h 产生的，崩塌体积约 $20\times10^4m^3$。1994 年 4 月 30 日，发生于重庆市武隆县境内乌江鸡冠山体崩塌虽然是多种因素综合作用的结果，但在乌江岸边修路爆破和在山坡中段开采煤矿等人类活动是重要的诱发因素。

［实例］ 湖北省远安县境内的盐池河磷矿灾难性山崩，是崩塌形成诸条件制约的典型实例。该磷矿位于一峡谷中。岩层为上震旦统灯影组（Zbdn）厚层块状白云岩及上震旦统陡山沱组（Zbd）含磷矿层的薄至中厚层白云岩、白云质泥岩及砂质页岩。岩层中发育有两组垂直节理，使山顶部的灯影组厚层白云岩三面临空。地下采矿平巷使地表沿两组垂直节理追

踪发育张裂缝。崩塌前最大裂缝长 180m，最宽 0.8m，深 160m。1980 年 6 月 8 日～10 日连续两天大雨的触发，使山体顶部前缘厚层白云岩沿层面滑出形成崩塌（图 7-7），崩塌堆积体约 130 万立方米，最大厚度约 40m，并造成生命财产的严重损失，致死 284 人，并在 16s 之内摧毁矿务局机关全部建筑物和坑口设施，崩塌冲击浪将四层楼房抛至对岸撞碎，经济损失达 2500 万元。

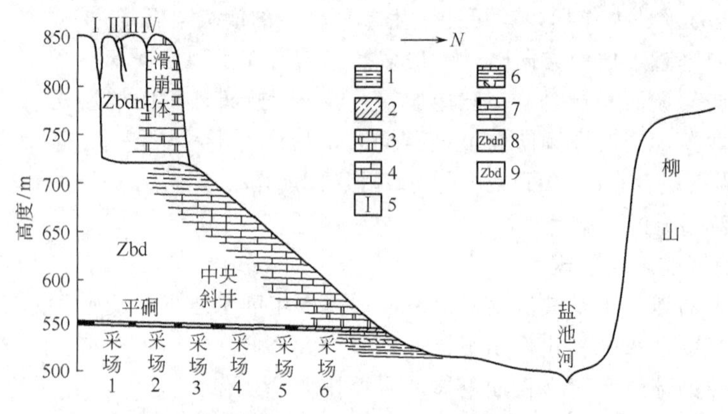

图 7-7 湖北省远安县盐池河崩塌山体地质剖面图

1—灰黑色粉沙质页岩；2—磷矿层；3—厚层块状白云岩；4—薄至中厚层白云岩；5—裂缝编号；6—白云质泥岩及沙质页岩；7—薄至中厚层板状白云岩；8—震旦系上统灯影组；9—震旦系上统陡山沱组

三、崩塌的防治

崩塌落石灾害具有高速运动、高冲击能量、多发性、在特定区域发生、时间和地点的随机性、难以预测性和运动过程的复杂性等特征。因此，发生在道路沿线、工业或民用建筑设施附近的崩塌落石，常会导致交通中断、建筑物毁坏和人身伤亡等事故。

1. 防治原则

对于崩塌而言，在整治过程中，必须遵循标本兼治、分清主次、综合治理、生物措施与工程措施相结合、治理危岩与保护自然生态环境相结合的原则。通过治理，最大限度降低危岩失稳的诱发因素，达到治标又治本的目的。

许多崩塌区都是山清水秀的自然风景区，是游人观赏自然景观的理想场所。危岩本身既是崩塌灾害的祸根，也是一种景观资源。因此，危岩崩塌整治工程必须兼顾艺术性与实用性，把治岩、治坡、治水与开发旅游资源结合起来，达到除害兴利的目的。同时，治理危岩、防止崩塌应采取一次性根治不留后患的工程措施；对开辟为观光游览区的危岩地带，采取生物措施治理时应慎重选择植物种类，宜种草不宜植树，防止根系发达的树种对危岩的稳定性产生负作用。

2. 防治措施

崩塌落石本身仅涉及少数不稳定的岩块，它们通常并不改变斜坡的整体稳定性，亦不会导致有关建筑物的毁灭性破坏。因此，防止崩塌落石造成道路中断、建筑物破坏和人身伤亡是整治崩塌危岩的最终目的。这就是说，防治的目的并不是一定要阻止崩塌落石的发生，而是要防止其带来的危害。因此，崩塌落石防治措施可分为防止崩塌发生的主动防护和避免造成危害的被动防护两种类型（图 7-8）。具体方法的选择取决于崩塌落石历史、潜在崩塌落石特征及其风险水平、地形地貌及场地条件、防治工程投资和维护费用等。

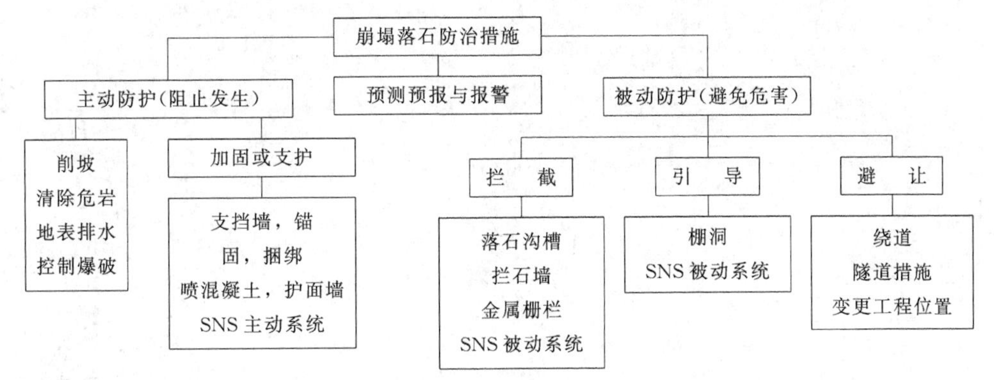

图 7-8　崩塌落石防治主要措施

图中的SNS表示安全网系统，safety netting system 的简写

崩塌的防治措施及技术和滑坡有许多相同之处，以下仅对其作简要的阐述，仅对个别针对崩塌的防治措施作必要的介绍和补充。

(1) 拦截防御　当线路工程与坡脚有足够距离时，可在坡角修筑拦截建筑物加以防御。拦截建筑物有落石平台、落石槽、拦石堤或拦石墙等［图 7-9(a)、(b)、(c)］。

在危岩带下的斜坡上，大致沿等高线修建拦石堤兼挡土墙，既可拦截上方危岩掉落石块，又可保护堆积层斜坡的相对稳定状态，对危岩下部也可起到反压保护作用。

(2) 遮挡　遮挡建筑物主要有明洞、棚洞（御塌棚）等［图 7-9(d)、(e)、(f)］，用以防护中小型崩塌，使线路安全通过。

(3) 支撑与坡面防护　支撑是指对悬于上方，以拉断坠落的悬臂状或拱桥状等危岩采用墩、柱、墙或其组合形式支撑加固［图 7-9(g)、(h)］，以达到治理危岩的目的。

对危险块体连片分布，并存在软弱夹层或软弱结构面的危岩区，首先清除部分松动块体，修建条石护壁支撑墙保护斜坡坡面。

(4) 锚固　板状、柱状和倒锥状危岩体极易发生崩塌错落，利用预应力锚杆或锚索可对其进行加固处理［图 7-9(i)］，防止崩塌的发生。锚固措施可使临空面附近的岩体裂缝宽度减小，提高岩体的完整性。因此，锚杆或锚索是一种重要的斜坡加固措施。该方法适用于危岩体上部的加固。

(5) 镶补勾缝、灌浆加固　对岩体中的空洞、裂缝用片石填补，混凝土灌注［图 7-9(j)、(k)］。

固结灌浆可增强岩石完整性和岩体强度。经验表明，水泥灌浆加固可使岩体抗拉强度提高 0.1MPa，相当于安全系数提高 50%以上。在施工顺序上，一般先进行锚固，再逐段灌浆加固。

(6) 护面　对易风化的软弱岩层，可用沥青、砂浆或浆砌片石护面［图 7-9(l)］。

(7) 排水　通过修建地表排水系统，将降雨产生的径流拦截汇集，利用排水沟排出坡外。对于滑坡体中的地下水，可利用排水孔将地下水排出，从而减小孔隙水压力，减低地下水对滑坡岩土体的软化作用。

(8) 削坡与清除　削坡减载是对危岩体上部削坡，减轻上部荷载，增强危岩体的稳定性。对规模小、危险程度高的危岩体，可采用爆破或手工方法进行清除，彻底消除崩塌隐患，防止造成危害。削坡减载的费用比锚固和灌浆的费用要小得多。但削坡减载有时会对斜坡下方的建筑物造成一定损害，同时也破坏了自然景观。

(9) 软基加固　保护和加固软基是崩塌防治工作中十分重要的一环。对于陡崖、悬崖和

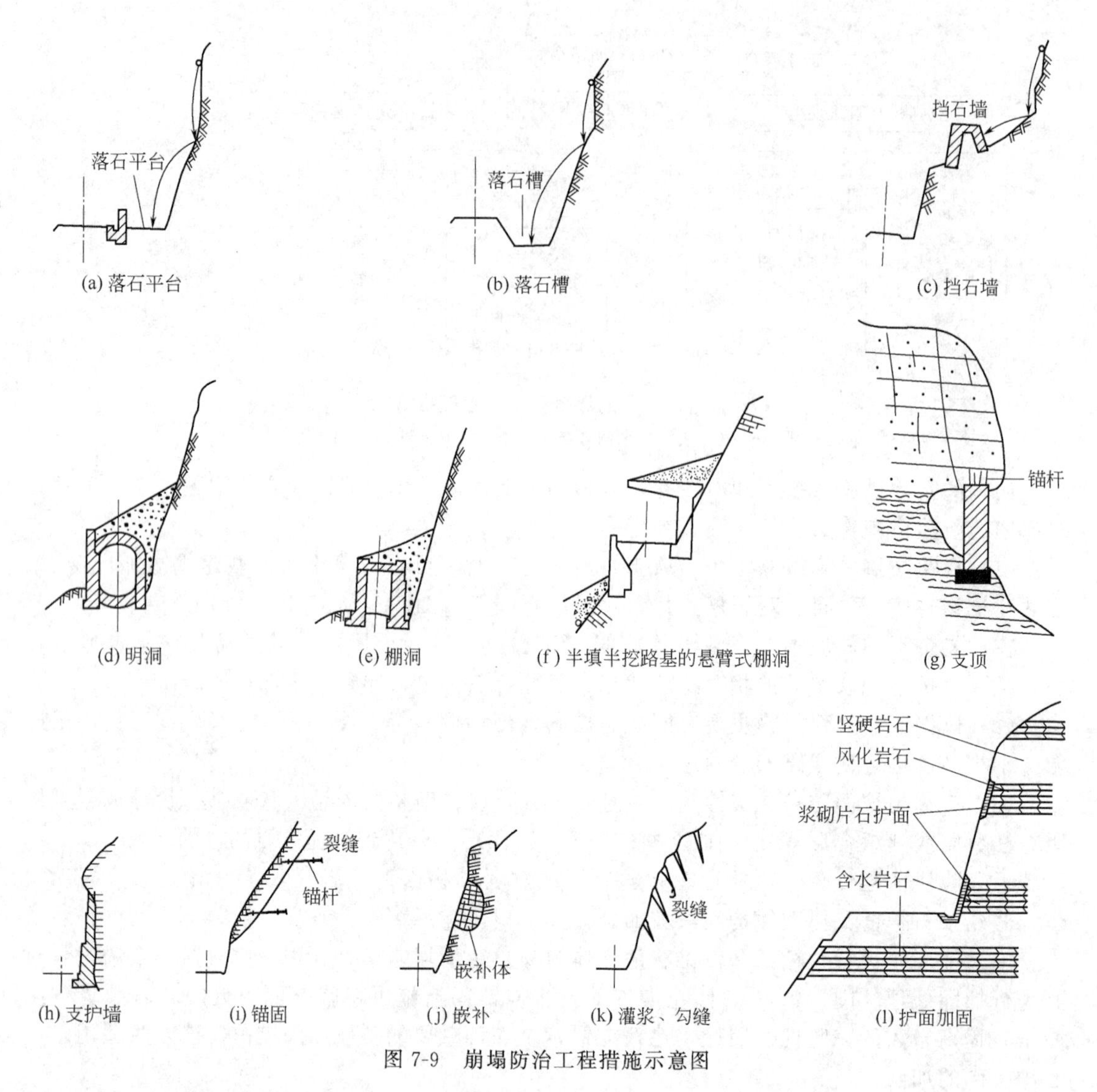

(a) 落石平台　(b) 落石槽　(c) 挡石墙

(d) 明洞　(e) 棚洞　(f) 半填半挖路基的悬臂式棚洞　(g) 支顶

(h) 支护墙　(i) 锚固　(j) 嵌补　(k) 灌浆、勾缝　(l) 护面加固

图 7-9　崩塌防治工程措施示意图

危岩下裸露的泥岩基座，在一定范围内喷浆护壁可防止进一步风化，同时增加软基的强度。若软基已形成风化槽，应根据其深浅采用嵌补或支撑方式进行加固。

（10）柔性钢绳拦石网（SNS 技术）　SNS（safety netting system，安全网）系统是利用钢绳网作为主要构成部分来防护崩塌落石危害的柔性安全网防护系统，它与传统刚性结构的防治方法的主要差别在于该系统本身具有柔性和高强度，更能适应于抗击集中荷载和（或）高冲击荷载，当崩塌落石能量高且坡度较陡时，SNS 钢绳网系统不失为一种十分理想的防护方法。

（11）综合措施　有时，对某些崩塌采取单项措施效果不好，可采取综合治理措施。例如，花岗岩边坡强度相对较高，抗风化能力强，形成的危害以危岩、落石为主，采取的措施应以加固边坡稳定性为重点，主要有支挡墙和锚固、挂网等，挂网防护横断面如图 7-10 所示；片麻岩边坡极易风化，因此主要采取抗风化工程，以喷浆、挂网、锚固为主，锚固喷浆护坡横断面如图 7-11 所示。

（12）线路绕避（避让）　对可能发生大规模崩塌的地段，即使采用坚固的建筑物，也经受不了大型崩塌的破坏，故铁路或公路必须设法绕避或避让。根据当地的具体情况，或绕到

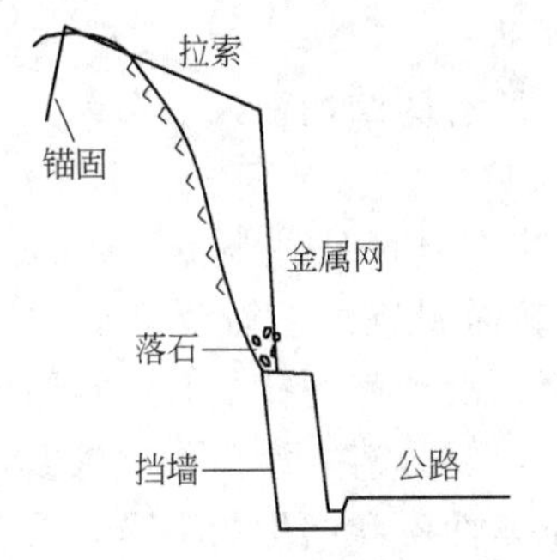

图 7-10　挂网防护横断面示意图

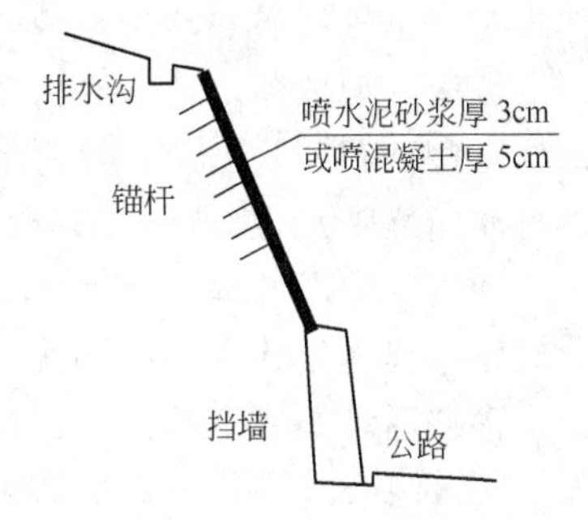

图 7-11　锚固喷浆护坡横断面示意图

河谷对岸，远离崩塌体，或移至稳定山体内以隧道通过，或改变工程线路进行避让。

第三节　滑　　坡

一、滑坡及成因

(一) 滑坡及形态要素

1. 滑坡及特点

在自然地质作用和人为活动等因素的影响下，斜坡上的岩土体在重力作用下，失去原有的稳定状态，沿一定的软弱面（或软弱带、剪切破裂面）整体地（或局部保持岩土体结构）顺坡向向下滑动的过程和现象及其形成的地貌形态，称为滑坡。滑坡有以下特征：

① 斜坡上岩土体的移动方式为滑动（不是倾倒或滚动），因而，滑体的整体性较好。除滑动体边缘存在崩离碎块和翻转现象外，滑体上各部分的相对位置在滑动前后变化不大，基本上保持着原有岩土体的整体性。

② 发生变形破坏的岩土体以水平运动为主，即质点运移水平方向大于垂直方向。

③ 有滑移面存在。滑动体始终沿着一个或几个软弱面（带）滑动。岩土体中各种成因的结构面均有可能成为滑动面，如地形面、岩层层面、不整合面、断层面、贯通的节理裂隙面等。

④ 滑坡作用多数很急剧、短促、猛烈，有的则相对较缓慢。滑坡滑动过程可以在瞬间完成，也可能持续几年或更长的时间。规模较大的“整体”滑动，一般为缓慢、长期或间歇的滑动。一般，规模大的滑坡是缓慢地往下滑动，其位移速度多在突变加速阶段才显著。

⑤ 滑坡多出现在 55°以下的斜坡上。

滑坡的这些特征使其有别于崩塌、错落等其他斜坡变形、破坏现象。

2. 滑坡的形态要素

一个发育完全的比较典型的滑坡，其基本形态要素和基本构造特征如图 7-12、图 7-13 所示，简要说明如下。

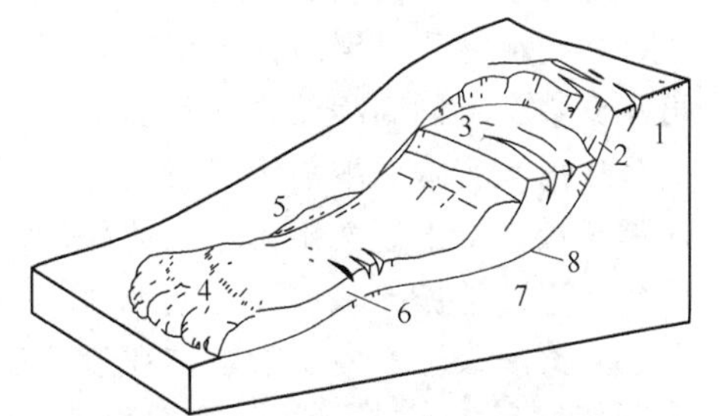

图 7-12　滑坡形态要素示意图

1—后缘环状拉裂缝；2—滑坡后壁；3—拉张裂隙及滑坡台阶；4—滑坡舌及鼓张裂隙；5—滑坡侧壁及羽状裂隙；6—滑坡体；7—滑坡床；8—滑动面（带）

(1) 滑坡体　与母体脱离经过滑动的那部分岩土体。岩土体内部相对位置基本不变，还能保持原来的层序和结构面网络，但由于滑动作用，在滑坡体中有时出现褶皱和断裂现象，岩土体结构也会松动。

（2）滑坡床　滑坡体之下未经滑动的岩土体。它保持原有的结构而未变形，只是在靠近滑坡体部位有些破碎。

（3）滑动面（带）　滑坡体沿其滑动的面称为滑动面。它是滑坡体与滑坡床之间的分界面。由于滑动过程中滑坡体与滑坡床之间相对摩擦，滑动面附近的土石受到揉皱、碾磨作用，可形成厚数厘米至数米的结构扰动带，称滑动带。所以滑动面往往是有一定厚度的三度空间。一个多期活动的大滑坡体，往往有多个滑动面，一定要分清主滑面与次滑面，老滑面与新滑面，尤其要查清高程最低的那个滑动面。根据岩土体性质和结构的不同，滑动面的形状是多种多样的，大致可分为圆弧状、平面状、折线形和阶梯状等。

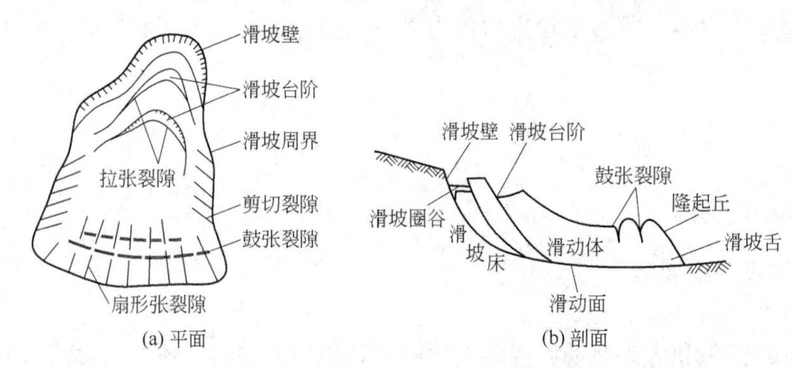

图 7-13　滑坡结构平面及剖面示意图

多数滑坡的滑动面由直线和圆弧复合而成，其后部经常呈弧形，前部呈近似水平的直线。

滑动面大多数位于黏土夹层或其他软弱岩层内，如页岩、泥岩、千枚岩、片岩、风化岩等。由于滑动时的摩擦，滑动面常常是光滑的，有时有清楚的擦痕；同时，在滑动面附近的岩土体遭受风化破坏也较厉害。滑动面附近的岩土体通常是潮湿的，甚至达到饱和状态。许多滑坡的滑动面常常有地下水活动，在滑动面的出口附近常有泉水出露。

（4）滑坡周界　滑坡体与周围未变位岩土体在平面上的分界线。它圈定了滑坡的范围。

（5）滑坡（后）壁　滑坡体滑落后，滑坡后部和斜坡未动部分之间形成的一个坡度较大的陡壁称滑坡后壁（或简称滑坡壁）。滑坡后壁实际上是滑动面在上部的露头。滑坡后壁的左右呈弧形向前延伸，其形态呈“圈椅”状，称为滑坡圈谷。滑坡（后）壁由于滑动作用所形成的母岩较陡，其坡角多为 35°～80°，滑坡（后）壁上经常可见到铅直方向的擦痕。

（6）滑坡台阶　滑坡体下滑时各部分运动速度不同而形成的一些错落状台阶。大滑坡体上可见到数个不同高程的台面和陡坎。

（7）滑坡舌（滑坡前缘）　滑坡体前部伸出如舌状的部位。它往往伸入沟谷、河流，甚至对岸。最前端滑坡面出露地表的部位，称滑坡剪出口。研究滑坡剪出口高程对研究滑坡的形成年代以及滑坡与该地区近期地壳抬升运动的关系有重要意义。

（8）滑坡裂隙　由于滑坡体在滑动过程中各部位受力性质和大小不同，滑速也不同，因而不同部位产生不同力学性质的裂隙，有拉张裂隙、剪切裂隙、鼓张裂隙和扇形裂隙等。①拉张裂隙，位于滑体后部，有时滑床后壁附近也有，呈弧形分布，与滑动方向垂直。②剪切裂隙，呈羽状分布于滑坡体中前部的两侧，它是因滑坡体与滑坡床之间相对位移发生剪切作用而形成的，与滑动方向斜交。③鼓张裂隙，一般分布于滑体前缘，由滑体后部的推挤鼓起而成，与滑动方向垂直。④扇形裂隙，位于滑体舌部，是因前部岩土体向两侧扩散而产生的，作放射状分布，呈扇形。

(9) 滑坡主轴　滑坡主轴也称主滑线，为滑坡滑动速度最快的纵向线，它代表整个滑坡的滑动方向。滑动迹线可以为直线，也可以为折线。

除上述要素外，还有一些滑坡标志，如封闭洼地、滑坡鼓丘、滑坡泉、马刀树、醉汉林等，可以帮助人们认识滑坡。

(二) 滑坡的成因机制

1. 滑动面与斜坡稳定性的关系

滑动面（带）是滑坡形成演化的关键要素。滑动面的埋深在很大程度上决定了滑坡体的规模，其形状直接控制着滑坡体的稳定状态，是滑坡研究、勘测、稳定性分析、灾害预测预报以及工程处理的重要对象和依据。

典型的滑坡滑动面由陡倾的拉张段（后段）、缓倾的滑移段（中段）和平缓以至反翘的阻滑段（前段）三部分组成，在剖面上状似船底形。受各种因素的影响，滑动面的总体真实形态可表现为直线形、折线形、圈椅形、阶梯形等形状。

① 直线形滑动面主要形成于具有单一结构面的坡体中，即多形成于层状岩体（包括层状火山岩）内或堆积层下伏基岩面和堆积层内的沉积间断面上。其特点是地层倾角小于坡面倾角，前缘在坡脚附近及以上位置剪出，后缘与上方斜坡面相交，呈一倾斜的平面。直线形滑动面不存在前缘反翘抗滑段，故稳定性差，危害大。

② 折线或阶梯形滑面多发生在滑面坡角大于岩层倾角的斜坡地带，滑面由节理或层理等软弱结构面组成，在纵剖面上呈阶梯状折线。

③ 圈椅形滑动面的中部顺层段一般不发育，前缘段的长短取决于滑坡规模和所处岩层的结构面的发育程度，对滑坡的稳定起着重要作用。

④ 船底形滑面滑坡多发育在土质边坡，其后缘较陡，倾角大多在60°以上。在蠕变阶段，滑坡后缘首先出现弧状拉张裂隙，是滑坡预报的重要依据。中部滑面一般比较平缓，倾角多小于20°，但长度占整个滑面的一半以上，是滑坡的主滑段。前缘平缓甚至反倾，形成抗滑段。当主滑体滑至滑面前缘时，大多数滑坡已趋于稳定。

2. 滑坡的发育过程（或滑动的阶段性）

滑坡的发生、发展演化过程，是一个长期的累进性变形破坏过程，而且往往具有多次周期性活动的特点。根据每一期次滑坡活动的运动学特征，可划分为四个阶段。

(1) 蠕动变形阶段　斜坡在发生滑动之前通常是稳定的，有时在自然因素和人为因素作用下，可以使斜坡岩土强度逐渐降低（或斜坡内部剪切力不断增加），造成斜坡的稳定状况破坏，即开始蠕动变形。此阶段表现为斜坡坡肩附近及坡体某些部位出现拉张裂缝；坡体内局部剪切破坏面亦出现，并向贯通性的滑面方向发展。蠕滑阶段的持续时间与斜坡中应力集中和分异的速度以及外力作用的强度有关，一般持续时间较长。

(2) 滑动破坏阶段　滑动面已贯通，前缘出现剪出口；滑体的前后及两侧出现了不同力学机制的裂隙，并有局部坍塌。这些都标志着斜坡处于滑动阶段。此时滑坡的位移速率不断加大。滑坡在整体往下滑动的时候，滑坡后缘迅速下陷，滑坡壁越露越高，滑坡体分裂成数块，并在地面上形成阶梯状地形，滑坡体上的树木东倒西歪地倾斜，形成“醉林”[图7-22(b)]。滑坡体上的建筑物（如房屋、水管、渠道等）严重变形以致倒塌毁坏。随着滑坡体向前滑动，滑坡体向前伸出，形成滑坡舌。

(3) 剧滑阶段　在滑坡滑动的过程中，滑动面附近湿度增大，并且由于重复剪切，岩土的结构受到进一步破坏，从而引起岩土抗剪强度进一步降低，促使滑坡加速滑动。由于滑移速率急剧加大，后缘拉裂缝急速张开和下错，后壁不断坍塌，两侧及前缘表部坍塌。滑动面（带）上岩土体结构进一步破坏，含水量增大，有时随滑舌伸出而流出大量泥水。滑坡体以较大速率向前滑移。滑速可达每秒数十米，滑距较大。在滑速很大时甚至产生气浪。此阶段的持续时间很短。

（4）压密稳定阶段　经过大量滑移后，滑体重心降低，滑动时产生的动能逐渐消耗于克服滑移阻力和滑体的变形中。滑体中部分地下水排出，使滑面强度有所提高。滑移速率渐减以至停止滑动。此时滑坡处于稳定阶段。但由于滑坡作用，原地层的整体性已被破坏，岩石变得松散破碎，地层层序也受到破坏，局部的老地层会覆盖在第四纪地层之上，经过若干时间后，滑坡体上东倒西歪的“醉林”又重新垂直向上生长，但下部已不能伸直，因而树干呈弯曲状，有时把这种树称为“马刀树”［图 7-22(c)］。

需要指出的是，并非所有滑坡都会出现上述四个阶段，主要取决于滑动面的特征以及外力作用的方式和强度。如有的滑坡滑动阶段较长，而不出现剧滑阶段；有的滑坡则是蠕滑和滑动阶段不明显，主要表现为剧滑阶段。此外，滑坡处于稳定阶段时间，若外部条件发生变化，又会重新滑动，故一个滑坡往往有多期活动性。

二、滑坡的形成条件

自然界中，无论天然斜坡还是人工边坡，都不是固定不变的。在各种自然因素和人为因素的影响下，斜坡一直处于不断的发展和变化之中。滑坡形成的条件主要有地形地貌、地层岩性、地质构造、水文地质条件和人为活动等因素。

1. 地形地貌

斜坡的高度、坡度、形态和成因与斜坡的稳定性有着密切的关系。高陡斜坡通常比低缓斜坡更容易失稳而发生滑坡。斜坡的成因、形态反映了斜坡的形成历史、稳定程度和发展趋势，对斜坡的稳定性也会产生重要的影响。如山地的缓坡地段，由于地表水流动缓慢，易于渗入地下，因而有利于滑坡的形成和发展。山区河流的凹岸易被流水冲刷和淘蚀，当黄土地区高阶地前缘坡脚被地表水侵蚀和地下水浸润时，这些地段也易发生滑坡。

2. 地层岩性

地层岩性是滑坡产生的物质基础。虽然不同地质时代、不同岩性的地层中都可能形成滑坡，但滑坡产生的数量和规模与岩性有密切关系。根据岩土体在剪切作用下的破坏变形特征，可将组成斜坡的岩土分为两种主要类型：①硬质岩层，如坚硬致密的块状石灰岩、花岗岩、石英岩等，它们的抗剪强度大，可以经受很大的剪切力而不变形，且抗风化能力较强。所以由这些岩石组成的斜坡较少发生滑坡。只有当岩层内有软弱结构面或软岩夹层，而且倾角小于坡角，倾向与坡向一致时，才容易形成滑坡。②软质岩层和土层，如页岩、泥岩和千枚岩，以及各种成因的第四纪堆积物如成都黏土和黄土，它们的抗剪强度低，遇水易起物理、化学作用，容易风化，在剪力作用下易于变形，故容易形成滑坡。即通常容易发生滑动的地层和岩层组合有第四系黏性土、黄土与下伏粉质黏土及各种成因的细粒沉积物，第三系、白垩系及侏罗系的砂岩与页岩、泥岩的互层，煤系地层，石炭系的石灰岩与页岩、泥岩互层，泥质岩的变质岩系，质软或易风化的凝灰岩等。这些地层岩性软弱，在水和其他外营力作用下因强度降低而易形成滑动带，从而具备了产生滑坡的基本条件。因此，这些地层往往称为易滑动层。

3. 地质构造与地震

地质构造与滑坡的形成和发展的关系主要表现在三个方面：

① 滑坡沿断裂破碎带往往成群成带分布。

② 各种软弱结构面（如断层面、岩层面、节理面、片理面及不整合面等）控制了滑动的空间展布及滑坡的范围。如常见的顺层滑坡的滑动面绝大部分是由岩层层面或泥化夹层等软弱结构面构成的。

③ 地震是诱发滑坡产生的直接原因之一。例如 1973 年四川炉霍地震的同时，在震中附近有 139 处滑坡。

4. 水文地质条件

各种软弱层、强风化带因组成物质中黏土成分多，容易阻隔、汇聚地下水，如果山坡上方或侧方有丰富的地下水补给，则这些软弱层或风化带就可能成为滑动带而诱发滑坡。地下水在滑坡的形成和发展中所起的作用表现为：

① 地下水进入滑坡体，增加了滑体的重量，滑带土在地下水的浸润下抗剪强度降低。

② 地下水位上升产生的静水压力对上覆不透水岩层产生浮托力，降低了有效正应力和摩擦阻力。

③ 地下水与周围岩体长期作用，改变了岩土的性质和强度，从而引发滑坡。

④ 地下水运动产生的动水压力对滑坡的形成和发展起促进作用。

5. 降雨

降雨，尤其是暴雨和连续降雨是滑坡的主要诱发因素，大量降水对坡面的冲刷、软化和渗入地下使滑动面润湿是导致滑坡的主要原因之一，暴雨或长期降雨以及融雪可使斜坡岩体过分湿润，使岩体抗剪强度下降，故可见到雨后经常发生滑坡的现象。

过多的雨水是否能激发滑坡，取决于前期土层含水条件。当地球物质已经富含水分时，严重的降水无疑是一个滑坡的激发因素。一场暴雨的强度及其持续时间是决定山坡是否滑塌的重要因子。过多的雨水通过增强剪切面孔隙水压力、排挤气体来削弱地球物质之间的黏结力。当上覆物质多空隙、易渗透水而下伏物质不易渗透水时，则进一步有利于促进滑坡的发生。在多雨地区，岩石松散的风化层常常为滑坡的发生提供这种加速条件。

例如，2000 年 9 月 3 日，云南兰坪县在连续降雨之后产生滑坡，滑坡面积均 $1km^2$，占县城面积的 1/3，受灾人口 5000 多人，直接经济损失 5000 多万元。

6. 人类活动

人工开挖边坡或在斜坡上部加载，改变了斜坡的外形和应力状态，增大了滑体的下滑力，减小了斜坡的支撑力，从而引发滑坡。铁路、公路沿线发生的滑坡多与人工开挖边坡有关。人为破坏斜坡表面的植被和覆盖层或使山坡物质含水量增大，促进地表水、降水渗入地下等人类活动均可破坏斜坡岩土体的平衡条件，诱发滑坡或加剧已有滑坡的发展（图 7-14）。

人为活动主要有以下几个方面：

（1）公路建筑　修公路把山腰截断，导致斜坡平衡破坏，物质的抗剪能力减弱，地下水流动发生变化，诱发滑坡。

（2）山腰开发与建筑　在山腰进行大规模开发与建设，使负荷加重，在高陡边坡地带，可能引起滑坡，如 2001 年 5 月 1 日发生的重庆武隆滑坡，滑坡体垂直高度 46.8m，平均宽 45m，滑坡体约 1.6 万立方米，致使一幢建筑面积为 $4061m^2$ 的 9 层楼房被滑坡体摧毁掩埋，造成 79 人死亡，7 人受伤，经济损失惨重。

（3）水库建筑　水库建设过程中，或水库蓄水后，造成水位变动，水软化沉积物，岩体抗剪强度降低，某些情况下，可导致某些地段诱发滑坡。如湖北黄龙滩水库在 1976～1988

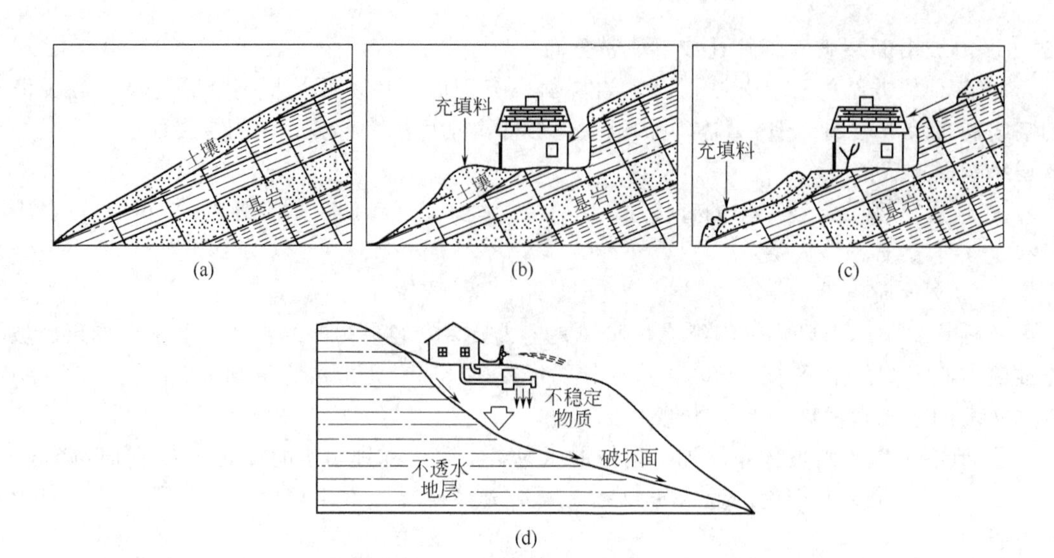

图 7-14　导致斜坡不稳定的典型活动

(a) 基岩与斜坡近平行倾斜及以填料倾斜在山腰上的未扰动斜坡；(b) 用于推平建房的典型开挖和充填；(c) 由于不适当的建筑施工而导致的典型斜坡破坏；(d) 废水下渗润滑斜坡面导致斜坡滑动

年共发生滑坡 82 处，总方量达 1.88 亿立方米，造成水库严重淤积，水位抬高。

(4) 矿山开采　矿山开采使斜坡受力条件发生变化，为滑坡产生提供了直接的激发条件。

(5) 其他人为条件　如伐木加剧水土流失、河流改向引起的河岸冲蚀等都可引起滑坡。

三、滑坡的分类

对滑坡进行分类的目的是对滑坡作用的各种现象特征以及产生滑坡的各种因素进行概括，以便反映滑坡的特征和发生、发展演化规律，以便更好地认识和有效防治滑坡。目前，关于滑坡的分类方法很多（表 7-2），有些分类方法尚未形成统一的认识，下面介绍几种关于滑坡的常用分类。

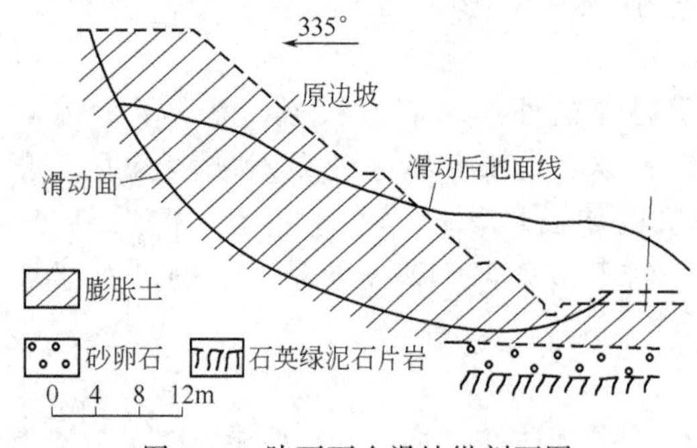

图 7-15　陕西西乡滑坡纵剖面图

1. 按滑动面与岩层层面关系划分（或按滑动面特征划分）

这种分类应用很广，可分为均质滑坡（又称无层滑坡）、顺层滑坡和切层滑坡三类。

(1) 均质滑坡（又称无层滑坡）　这是发生在均质、无明显层理的岩土体中的滑坡。滑动面不受层面控制，一般呈圆弧状，在黏土岩、黏性土和黄土中较常见。如陕西省阳（平关）安（康）铁路中段的西乡路堑滑坡即属此类（图 7-15）。

(2) 顺层滑坡　沿已有层面或层间软弱带等发生滑动而形成的滑坡。如岩层层面、不整合面、节理或裂隙面松散层与基岩的界面等。这类滑坡多发生在岩层倾向与斜坡倾向一致，但倾角小于坡角的条件下；特别是在有原生的或次生的软弱夹层存在时，该夹层易成为滑动面（带）。顺着残坡积物与其下部基岩面下滑的滑坡，也属顺层滑坡。顺层滑坡的滑动面形

表 7-2 滑坡分类表

划分依据	名称类别	特征说明
按滑坡物质组成成分	堆积层滑坡	各种不同性质的堆积层(包括坡积、洪积和残积),体内滑动,或沿基岩面的滑动,其中坡积层的滑动可能性较大
	黄土滑坡	不同时期的黄土中的滑坡,多群集出现,常见于高阶地前缘斜坡上,或黄土层沿下伏古近系、新近系岩层滑动
	黏性土滑坡	黏性土本身变形滑动,或沿其他土层的接触面或沿基岩接触面而滑动
	岩质滑坡	弱岩层组合物的滑坡,或沿同类基岩面,或沿不同岩层接触面以及较完整的基岩面滑动
按滑动面通过各岩层情况	同类土滑坡	发生在层理不明显的均质黏性土或黄土中,滑动面均匀光滑
	顺层滑坡	沿层面或裂隙面滑动,或沿坡积体与基岩交界面及基岩间不整合面等滑动,大部分分布在顺倾向的山坡上
	切层滑坡	滑动面与岩层面相切,常沿倾向山外一组断裂面发生,滑坡床多呈折线状,多分布在逆倾向岩层的山坡上
按滑动体厚度	浅层滑坡	滑坡体厚度在 6m 以内
	中层滑坡	滑坡体厚度在 6～20m
	深层滑坡	滑坡体厚度超过 20m
按引起滑动的力学性质	推移式滑坡	上部岩层滑动挤压下部产生变形,滑动速度较快,多具楔形环谷外貌,滑体表面波状起状,多见于有堆积物分布的斜坡地段
	牵引式滑坡	下部先滑使上部失去支撑而变形滑动,一般速度较慢,多具上小下大的塔式外貌,横向张性裂隙发育,表面多呈阶梯状或陡坎状,常形成沼泽地
	混合式滑坡	推移式滑坡和牵引式滑坡的混合形式,滑坡部位前、后缘均有
	平移式滑坡	滑坡许多部位都失去稳定,同时局部混移,然后转为整体滑动
按形成原因	工程滑坡	由于施工开挖山体引起的滑坡,此类滑坡还可细分为: ① 工程新滑坡,由于开挖山体所形成的滑坡; ② 工程复活古滑坡,久已存在的滑坡,由于开挖山体引起重新活动的滑坡
	自然滑坡	由于自然地质作用产生的滑坡,按其发生相对时代早晚又可分为: ① 老滑坡,坡体上有高大树木,残留部分环谷、断壁擦痕; ② 新滑坡,外貌清晰,断壁新鲜
按发生后的活动性	活滑坡	发生后仍继续活动的滑坡,后壁及两侧有新鲜擦痕,体内有开裂、鼓起或前缘有挤出等变形迹象,其上偶有旧房遗址,幼小树木歪生长等
	死滑坡	发生后停止发展,一般情况下不可能重新活动,坡体上植被较盛,常有居民点
按滑体体积分	小型滑坡	$<3\times10^4\,m^3$
	中型滑坡	$3\times10^4\sim50\times10^4\,m^3$
	大型滑坡	$50\times10^4\sim300\times10^4\,m^3$
	巨型滑坡	$>300\times10^4\,m^3$

态视岩层面的情况而定，它可以是平直的，也可以是圆弧状（图 7-16）或折线状的。顺层滑坡在自然界分布较广，而且规模较大。

（3）切层滑坡　指滑动面与岩土体中的沉积结构面相交切的滑坡，也即滑动面切过岩层面的滑坡。多发生在岩层面近乎水平的平逆坡条件下，滑动面一般呈弧状或对数螺旋曲线（图 7-17）。

2. 按滑坡性质划分

这种分类对防治滑坡有很大的实际意义，一般分为以下四类。

（1）推动式滑坡　斜坡上部首先失去平衡发生滑动，并挤压下部土体使其失稳而滑动的

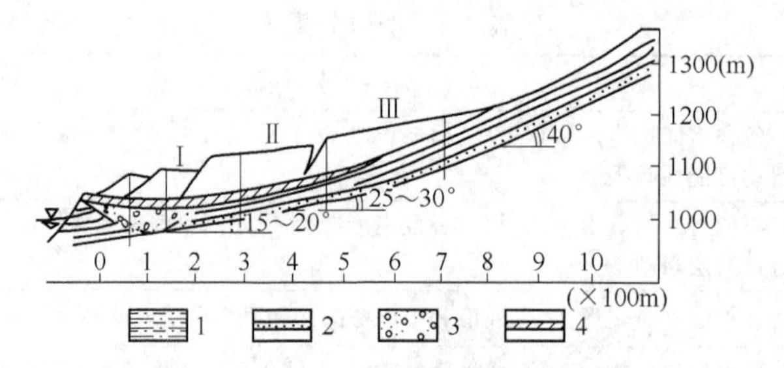

图 7-16　某地砂、页、泥岩中的顺层滑坡

1—泥页岩；2—粉沙岩；3—沙砾层；4—滑动带；Ⅰ～Ⅲ—滑动台阶

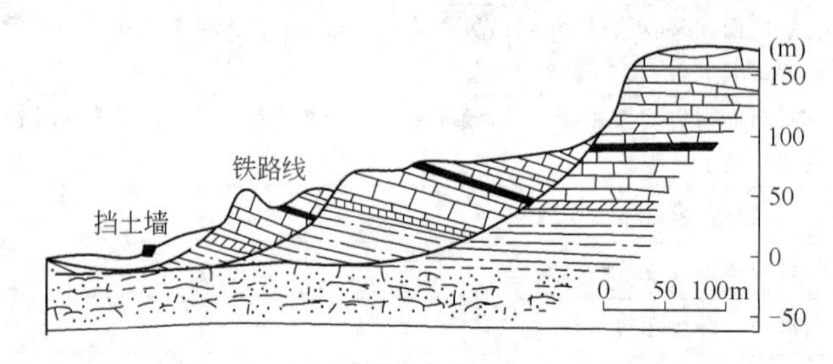

图 7-17　切层滑坡（据 Ward，1945）

滑坡。这类滑坡的发生，主要是因为坡顶堆载重物或进行建筑等引起顶部不稳所致，始滑部位位于滑坡的后缘［图 7-18(a)］。

(2) 牵引式滑坡　斜坡下部首先失稳发生滑动，继而牵动上部土体向下滑动的滑坡。这类滑坡的发生，主要是因为坡脚受河流冲刷或人工开挖，以致坡脚部位应力集中过大所致，始滑部位位于滑坡的前缘［图 7-18(b)］。

(3) 混合式滑坡　属于推动式和牵引式滑坡的混合形式，即始滑部位前、后缘均有［图 7-18(c)］，这种情况较多。

(4) 平移式滑坡　滑坡许多部位都失去稳定，同时局部滑移，然后贯通为整体滑动，始滑部位分布于滑动面的许多部位［图 7-18(d)］。

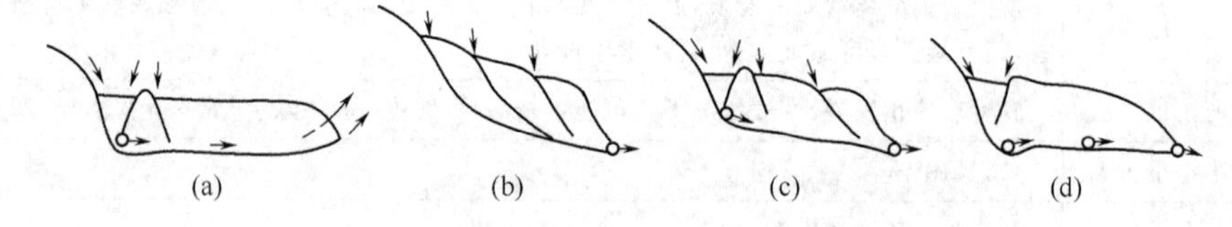

图 7-18　按滑坡性质的滑坡分类

(a) 推动式滑坡；(b) 牵引式滑坡；(c) 混合式滑坡；(d) 平移式滑坡；○代表始滑部位

3. 按滑坡的主要组成物质和滑体规模划分

按组成滑坡物质的成分，可将其分为土质滑坡和岩层滑坡（或称岩质滑坡、基岩滑坡）两大类，其中土质滑坡可进一步分为：堆积层滑坡、黄土滑坡和黏性土滑坡。

若按滑体的规模，可将其分为 4 个亚类：①浅层滑坡（滑体厚仅数米）；②中层滑坡（滑体厚几米至 20m 左右）；③深层滑坡（20～50m）；④极深层滑坡（大于 50m）。

此外，按主滑面成因可将滑坡分为：堆积面滑坡、岩层层面滑坡、构造面滑坡和同生面滑坡四类。按滑体厚度，可将其分为：巨厚层滑坡（大于 50m）、厚层滑坡（20～50m）、中层滑坡（6～20m）和薄层滑坡（<6m）。按滑坡滑动年代，可将其分为：老滑坡、古滑坡和新滑坡三类。按滑体运动速度，可将其分为：缓慢性滑坡和崩塌性滑坡。按滑坡在道路

上的位置，可将其分为：路堤滑坡和路堑滑坡等。

应该指出，上述各种滑坡分类虽然自成系统，但彼此间也具有内在的联系。根据不同的目的和需要，可以对滑坡进行单要素命名或综合要素命名。如对沿堆积面滑动的滑体为黏性的滑坡，可按单要素命名为黏性土滑坡或堆积面滑坡，也可按综合要素命名为黏性土堆积面滑坡或堆积面黏性土滑坡。

四、滑坡的危害

滑坡是我国的主要地质灾害之一，这些地质灾害给我国人民的生命财产和国民经济建筑带来了严重的危害，极大地影响了社会经济的发展。滑坡地质灾害在我国23个省、自治区、直辖市均有分布，其中四川省最重。我国每年滑坡、崩塌致死人数平均为90人，年均直接经济损失1.3亿元。

滑坡灾害的广泛发育和频繁发生使城镇建设、工矿企业、山区农村、交通运输、河运航道及水利水电工程等受到严重危害，主要有以下几个方面：

(1) 滑坡对城镇的危害　对生命财产和建筑物造成危害，经济损失巨大。

(2) 滑坡对运输的危害

① 对铁路的危害（大型滑坡掩埋、摧毁路基和线路，破坏铁路桥梁、隧道工程、中断行车等）；

② 对公路的危害（威胁交通安全，使交通中断）；

③ 对河道航运的危害（造成河流堵塞、断航、沉船等灾害）。

(3) 滑坡对工厂、矿山的危害　工矿企业不能正常生产，停产或搬迁。

(4) 滑坡对农田的危害　使耕地面积减少，阻碍农业生产的发展。

(5) 滑坡对水利水电工程的危害　使水库淤积加剧，效益降低，水库寿命缩短，破坏电站，威胁大坝。

(6) 滑坡的次生灾害　如洪水、涌浪、淤积及有毒废石渣污染等。

对上述危害，限于篇幅，不再一一列举，仅选几个实例对滑坡的危害加以进一步说明。

(1) 滑坡对城镇的危害　著名山城重庆受到滑坡等地质灾害的危害巨大，自1949年以来，重庆市巴发生几十次严重的滑坡灾害。例如，1998年8月中旬，重庆市巴南区麻柳嘴镇和云阳县风水乡大面村分别发生特大型滑坡灾害，500户房屋全部被毁，1000余人无家可归，直接经济损失8000万元。据最新资料调查，重庆市301.59km^{2}范围内，共有体积大于500m^{3}的新、老滑坡129处，其中66处于潜在不稳定或活动状态。

四川省木里县处在滑坡体上，1998年出现严重的地质灾害，目前，潜在威胁十分巨大。

1972年6月，香港山地中部发生滑坡（图7-19），滑坡长度300m，盘山公路被毁，建筑物损坏惨重。

图7-19　香港山地中部滑坡
（发生于1972年6月）

(2) 滑坡对交通运输的危害。我国铁路沿线的滑坡、崩塌灾害主要集中于宝成、宝天、成昆、川黔、鹰厦、长杭、黔桂、枝柳、太焦、沈大等线路，滑坡、崩塌灾害约占全国山区铁路沿线地质灾害的80%以上，平均每年中断运输约40余次，中断行车800多小时，每年造成的直接经济损失约7000多万元。

山区公路也不同程度地遭受着滑坡、崩塌的危害，极大地影响了交通运输的安全。我国西部地区的川藏、滇藏、川滇西、川陕东、甘川、成兰、成阿、滇黔、天山国防公路等十余条国家级公路频繁遭受滑坡、崩塌的严重危害。受灾最重的川藏公路每年因滑坡、崩塌、泥石流影响，全线通车时间不足半年。省级、县级、乡级公路上的滑坡、崩塌、泥石流灾害更是屡见不鲜。

2004年4月9日，位于我国西藏林芝地区波密县境内的易贡藏布河扎木弄沟发生大规模的山体滑坡，形成长约2500m、宽约2500m、平均高约60m的滑坡堆积体，面积约$5km^2$，体积约$(2.8\sim3.0)\times10^8m^3$，致使波密县易贡、八盖两乡和易贡茶场与外界的交通中断，4000多人被围困。经确认，滑坡滑动距离约8km，高差约3330m。滑坡体堵塞了易贡藏布河7km长的主河道，形成汇水面积达1万多平方公里的"湖泊"。至6月10日晚，"易贡藏布湖"累计水位涨幅达35.94m，容量达30多亿立方米。由于滑坡和泥石流物质土质疏松，导致"大坝"于6月11日凌晨溃决，使下游通麦大桥和两座吊桥被冲垮，通麦大桥至易贡茶场及排龙乡的公路全部被冲毁。此次山体滑坡为世界罕见，也是迄今为止我国发生的最大规模的山体崩塌灾害。

(3) 滑坡对河道航运的危害　1985年6月12日凌晨3点45分，位于长江三峡西陵峡谷段北岸的新滩镇发生了著名的新滩大滑坡。滑动物质约$3000\times10^4m^3$，其中$200\times10^4m^3$滑入长江。整个新滩镇被推入长江，入江物质激起高达54m的涌浪，使新滩镇上、下游停泊于港口的11艘大小船只被摧毁或击沉，夜宿船内的船民死亡10人，失踪2人，伤8人；滑体物质堵江停航12天，总计直接经济损失832.42万元。由于对滑坡进行了长期监测，有关部门临滑前做出了及时、准确的预报，使得滑坡区的1371人及时撤离，无一人伤亡。

(4) 滑坡对农田的危害　1982年7月18日，重庆市石柱县桥头沙岭滑坡，毁坏耕地$0.66km^2$，使全村农户严重受灾。1983年3月7日，甘肃省东乡族自治县洒勒山发生了我国罕见的高速、远程大型滑坡，滑坡体覆盖范围南北长达1600m，东西宽达1700m，面积约$1.4km^2$，体积约$5000\times10^4m^3$。如此大规模的滑坡，全过程仅用了一两分钟，最大滑速19.8m/s。洒勒山滑坡毁耕地$1.67km^2$，使两座小型水库部分被淤埋、阻塞，破坏灌溉设施4处，公路及高压电线1.3km长，使洒勒、新庄等三个村庄被摧毁，400余头牲口被埋没，财产损失共约40万元，死亡237人，重伤27人，损失之惨重为国内所罕见。

(5) 滑坡对水利水电工程的危害也是极为严重的　特别是对水库而言，它不仅使水库淤积加剧、降低水库综合效益、缩短水库寿命，而且还可能毁坏电站，甚至威胁大坝及其下游的安全。例如1963年发生在意大利瓦依昂（Vaiont）大坝南侧的大规模滑坡的滑移给大坝及其下游的居民带来了毁灭性的灾难。瓦依昂大坝于1960年修建在意大利东北部靠近奥地利和斯洛文尼亚的一个深山峡谷里。水库蓄水量为$1.5\times10^8m^3$。坝址区河谷两侧为高角度易滑的沉积岩出露区，并发育有密集的裂隙和古滑动面；大坝修建后，水库水体使坡脚处的岩石饱和、孔隙水压力上升。1963年8～10月的大暴雨诱发了10月9日晚的大滑坡，瓦依昂南侧发生快速的大规模坍塌滑动，滑体长1.8km、宽1.6km，体积超过$2.4\times10^8m^3$，一部分水库被岩石碎屑填充，并高出水面150m。滑坡冲击地面，在欧洲大部分地区都感觉到了地震。滑动持续时间不足30s，运动速率达30m/s，滑体前锋形成的巨大气流掀翻了房屋。大坝北侧的水柱高出水面240m，高出坝顶100m高的波浪冲出水库，并以70多米高的水墙沿瓦依昂河谷向下游的Longarone城冲去。大部分伤亡损失是由于库水涌浪造成的，仅6min时间，Longarone城就被大水淹没，约3000名居民被洪水淹死。这一事件被看作是世界上最大的水库大坝灾难。

五、滑坡的稳定性分析

滑坡是在斜坡上岩土体遭到破坏，使滑坡体沿着滑动面（带）下滑而造成的地质现象。滑坡的稳定性分析，就是对滑坡产生的可能性及稳定性做出定量分析和评估。滑坡稳定性分析必须考虑诸多影响因素，并符合下列要求：①正确选择有代表性的分析断面，正确划分牵引段、主滑段和抗滑段；②正确选用强度指标，并根据测试结果、反分析和当地经验综合确定；③有地下水时，应计入浮托力和水压力；④根据滑面（滑带）条件，按平面、圆弧或折线，选用正确的计算模型；⑤当有局部滑动可能时，除验算整体稳定外，尚应验算局部稳定；⑥当有地震、冲刷、人类活动等影响因素时，应计算或考虑这些因素对稳定的影响。

滑坡滑动面（带）最常见的有三种类型，即平直形（或称平面形）、弧形和折线形（图7-20、图7-21），下面对其稳定性进行力学计算和分析。

1. 平直形、圆弧形滑动面滑坡稳定性力学分析

① 在平直形滑动面（或称平面滑动面）情形下［图7-20(a)］，滑坡体的稳定系数 F_S 为滑动面上的总抗滑力 F 与岩土体重力 Q 所产生的总下滑力 T 之比，即

$$F_S=\frac{\text{总抗滑力}}{\text{总下滑力}}=\frac{F}{T} \tag{7-1}$$

当 $F_S<1$ 时，滑坡发生；$F_S\geqslant 1$ 时，滑坡稳定或处于极限平衡状态。

② 在圆形滑动情形下［图7-20(b)］，滑动面中心为 O，滑弧半径为 R，过滑动圆心 O 作一铅直线 $\overline{OO'}$，将滑坡体分成两部分。在 $\overline{OO'}$ 线之间的右部分为滑动部分，其重量为 Q_1，它能绕 O 点形成滑动力矩 Q_1d_1，在 $\overline{OO'}$ 的左部分，其重量为 Q_2，形成抗滑力矩 Q_2d_2，因此，该滑坡的稳定系数（F_S）为总抗滑力矩与总滑动力矩之比，即

$$F_S=\frac{\text{总抗滑力矩}}{\text{总滑动力矩}}=\frac{Q_2d_2+\tau\widehat{AB}\cdot R}{Q_1d_1} \tag{7-2}$$

式中，τ 为滑动面上的抗剪强度。

当 $F_S<1$ 时，滑坡失去平衡，而发生滑坡。另外，关于圆弧形滑动还可依据边坡的稳定性进行计算，不再赘述。

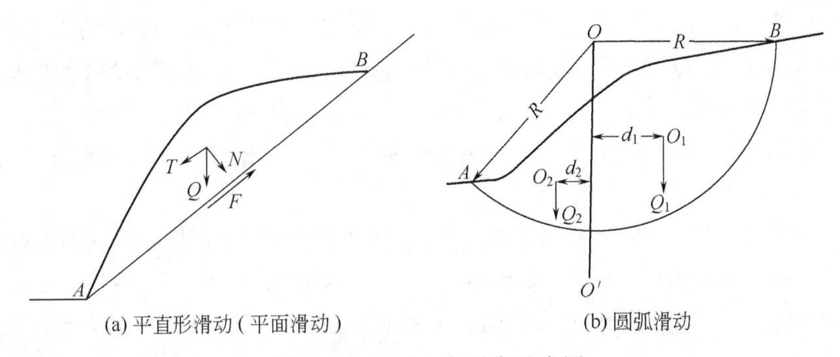

(a) 平直形滑动（平面滑动）　(b) 圆弧滑动

图7-20　滑坡力学平衡示意图

2. 折线形滑动面滑坡稳定性力学分析与计算

（1）折线形滑坡的稳定系数及分析　对于折线形滑坡，《岩土工程勘察规范》(GB 50021—2001) 推荐采用以下方法计算稳定安全系数 F_S（参见图7-21）：

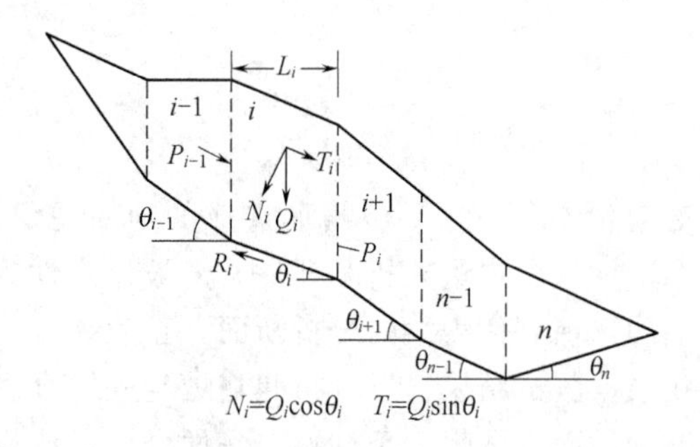

图 7-21 滑坡稳定系数计算

$$F_S=\frac{\sum_{i=1}^{n-1}(R_i\prod_{i=1}^{n-1}\varphi_j)+R_n}{\sum_{i=1}^{n-1}(T_i\prod_{i=1}^{n-1}\varphi_j)+T_n} \tag{7-3}$$

$$\varphi_j=\cos(\theta_i-\theta_{i+1})-\sin(\theta_i-\theta_{i+1})\tan\varphi_{i+1} \tag{7-4}$$

$$R_i=N_i\tan\varphi_i+c_iL_i \tag{7-5}$$

式中，F_S 为稳定系数；θ_i 为第 i 块段滑动面与水平面的夹角，(°)；R_i 为作用于 i 块段的抗滑力，kN/m；N_i 为第 i 块段滑动面的法向分力，kN/m；φ_i 为第 i 块段土的内摩擦角，(°)；c_i 为第 i 块段土的黏聚力，kPa；L_i 为第 i 块段滑动长度，m；T_i 为作用于第 i 块段滑动面上的滑动分力，kN/m，出现与滑动方向相反的滑动分力时，T_i 应取负值；φ_j 为第 i 块段的剩余下滑动力传递至 $i+1$ 块段时的传递系数，$j=i$。

计算出的稳定系数（F_S）应符合下式要求：

$$F_S \geqslant F_{st} \tag{7-6}$$

式中，F_{st} 为滑坡稳定安全系数，取值根据研究程度及其对工程的影响确定。通常，对正在滑动的滑坡，稳定安全系数 $F_{st}=0.95\sim1.00$，对处在暂时稳定的滑坡，稳定系数 $F_{st}=1.00\sim1.05$。

（2）滑坡的推力　滑坡推力是滑体下滑力与岩土体抗滑力的差值，也称剩余下滑力。滑坡推力的计算，是滑坡治理成败以及是否经济合理的重要依据，也是对滑坡的定量评价。

滑坡推力是在滑动面确定后，根据所取的计算指标用力学计算的方法取得的。当滑动面为折线时，可采用分段的力学分析与计算。如图 7-21 所示，沿折线滑动的转折处划分成若干块段，从上至下逐块计算推力，每块滑坡体向下滑动的力与岩土体阻挡下滑力之差，就是滑体的推力（也称剩余下滑力），它是逐级向下传递的。滑动推力，即剩余下滑力可按下式计算：

$$P_i=P_{i-1}\varphi+F_ST_i-N_if_i-c_iL_i \tag{7-7}$$

$$\varphi=\cos(\theta_{i-1}-\theta_i)-\sin(\theta_{i-1}-\theta_i)\tan\varphi_i \tag{7-8}$$

式中，P_i 为第 i 块滑坡体的剩余下滑力，kN/m；P_{i-1} 为第 $i-1$ 块滑坡体的剩余下滑力（如为负值则不计入），kN/m；φ 为传递系数；F_S 为滑坡稳定安全系数；T_i 为作用于第 i 块滑动面上的滑动分力，kN/m，$T_i=Q_i\sin\theta_i$；N_i 为作用于第 i 块滑动面上的法向分力，kN/m，$N_i=Q_i\mathrm{con}\theta_i$；$Q_i$ 为第 i 块段岩土体重量，kN/m；f_i 为第 i 块滑坡体沿滑动面岩土的内摩擦系数，$f_i=\tan\varphi_i$；φ_i，c_i 分别为第 i 块滑坡体沿滑动面岩土的内摩擦角，(°) 和内聚力，kN/m^2；θ_i、θ_{i-1} 分别为第 i 块和第 $i-1$ 块滑坡体的滑动面与水平面的夹角，(°)。

当任何一块剩余下滑力为零或负值时，说明该块岩土对下一块岩土不存在滑坡推力，当最终一块岩土体的剩余滑力（P_n）为负值或零时，说明整个滑坡体是稳定的；如为正值，则不稳定，并应按此下滑力设计支挡结构。由此可见，支挡结构设置在剩余下滑力最小位置较合理。

在进行滑坡推力计算时，如果滑动体有多层滑动面（带），应取推力最大的滑动面（带）确定滑坡推力，滑坡推力的作用点，可取在滑体厚度的$\frac{1}{2}$处。

滑坡的稳定性一般分为稳定性差、较差、好三个级别。

六、滑坡的识别与调查研究

滑坡识别是研究滑坡的最基础工作。对于正在活动的滑坡来说，因形态要素清晰而容易识别。但处于“休眠期”的老滑坡，则因后期改造强烈而难于识别，甚至误将重要建筑物置于其上而造成生命财产的损失。因此，不管地质条件和滑坡形态多么复杂繁多，一定要采用各种方法、手段来查明它。

在实际滑坡调查工作中，主要是通过遥感信息、地面地质调查与测绘和勘探试验等方法进行的。

1. 遥感技术方法

应用遥感信息识别滑坡，主要采用航空遥感所提供的大比例尺（1：10000～1：15000）黑白和彩色红外像片来进行。在航片上识别滑坡，实质就是识别滑坡的形态要素，然后结合搜集研究地区的地质资料进行综合分析，从而确认滑坡的存在。典型滑坡在航摄像片上所显示的地形地貌特征尤为明显。在较顺直的山坡上突然出现圈椅状的陡坎或陡壁，其下为封闭洼地，再向下则表现为上凹下凸坡形，有时可见台阶状平地，更低一些的部位则为垅洼起伏的舌形坡地，突出于沟谷或河边，甚至将河道向对岸推移，阶地变位，其两侧有沟谷发育，并表现为双沟同源的景观。整个滑坡体平面形状如长舌形、梨形或三角形等。利用遥感图像进行滑坡判读，在区域性滑坡群的识别方面优点是很多的。滑坡是一种复杂的工程动力地质现象，通过航空遥感手段识别滑坡，必须要通过地面地质测绘及勘探试验等手段来验证。

2. 地面地质调查与测绘

地面地质测绘是识别滑坡的最主要手段。因为通过地面调查，可直接观察到滑坡各形态要素，并可搜集到滑动的证据。斜坡经过滑动破坏之后地形特征比较明显，特别是站在滑坡对岸高处瞭望时，滑坡区的地形地貌特征更是清楚。一般情况下，滑坡体上的岩石较周围岩石破碎，结构较松散；岩层产状与周围岩层产状也不一致，尤其是滑坡剪出口处的岩层较破碎，可见反翘现象。在滑体上还会产生小褶皱和断裂。滑坡侧沟调查在识别滑坡中往往起着重要作用，因为若沟谷深切至滑坡床时，在侧沟壁上常可见到滑动面（带）物质，也可观察到岩层层序的扰动。滑坡作用的结果可以改变地下水的径流状况，由于滑坡面（带）往往是一些不透水泥质物质，滑坡体本身渗透性又相对较强，因而滑坡体前缘或两侧多见泉水出露，有时在表面局部形成积水洼地。此外，新生滑坡体上的植被覆盖较周围要好，树木歪斜零乱，可见到醉汉林和马刀树。建筑物及地面变形破坏现象也可作为滑坡存在的佐证之一。

（1）滑坡的野外识别　斜坡在滑动之前，常有一些先兆现象；滑动之后，会出现一系列的变异特征，这为我们提供了在野外识别滑坡的标志。

① 地形地物标志。滑坡的存在，常在较顺直的山坡上造成等高线的异常变化和中断，使斜坡不顺直、不圆滑而造成圈椅状地形和槽谷地形，其上部有陡壁及弧形拉张裂隙；中部坑洼起伏，出现一级或多级异常台阶状平地，其高程和特征与外围河流阶地不同，两侧可见羽毛状剪切裂缝；下部有鼓丘，呈舌状向外突出于沟谷或河边，有时甚至侵占部分河床，形成将河道向对岸推移的前缘隆起地貌，表面多鼓张扇形裂隙；整个滑坡体平面形状如长舌形、梨形或三角形；阶地变位，两侧常形成沟谷，出现双沟同源现象，如图 7-22(a)；植物生长变化界限明显，如树林歪斜零乱，有“醉林”及“马刀树”，如图 7-22(b)、(c)。建筑物及地面变形破坏现象，如建筑物或院墙上的裂缝，门窗被挤压或卡紧，明显错位的挡土墙及栅栏，游泳池泄漏，地面开裂，建筑设施发生位移、倾斜或偏离铅垂线等，都可以作为滑坡存在的可能证据。

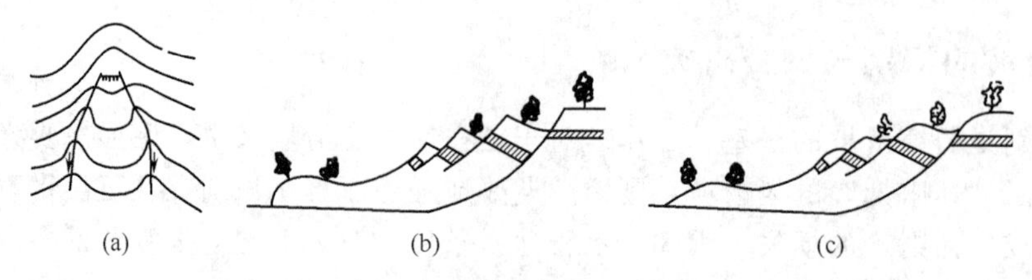

图 7-22　滑坡标志示意图

(a) 双沟同源；(b) 醉林，滑坡刚刚滑动不久，树木倾斜；(c) 马刀树，
滑动停止时间较长，树干上部垂直向上生长，成为“马刀树”

② 地层构造特征。一般情况下，滑坡范围内的地层整体性因滑动而破坏，有扰乱松动现象，较周围岩石破碎，结构松散，尤其是滑坡剪出口处的岩层较破碎，可见反翘现象；基岩层位、产状与周围岩层不连续，出现缺失某一地层、岩层层序重叠或层位标高等特殊升降变化，有时局部地段新老地层呈倒置现象；构造不连续（如裂隙不连贯、发生错动），在滑体上会产生小褶皱、断裂和小型坍塌等，都是滑坡存在的标志。

③ 水文地质标志。滑坡地段含水层的原有状况可能发生显著变化，使滑坡体成为单独含水体，水文地质条件变得特别复杂，无一定规律可循。如潜水位不规则，地下水无一定流向，反常的潮湿或冒水，泉水呈线状出露，有时在表面局部形成积水洼地等，这些现象均可作为识别滑坡的标志。

注意上述一个或几个信息的存在并不是滑坡存在或产生的绝对证据。在实践中必须综合考虑几个方面的标志，结合地质、水文地质、地貌和岩土特征进行综合研究，互相验证，才能准确无误，绝不能根据某一标志，就轻率地作出结论。如墙壁上出现裂缝也可能是由于土壤的膨胀或蠕变造成的。建筑设施标志最好在地物地貌标志得到确认以后，作为前者的佐证。又如，某地快活岭地段，从地貌宏观上看，有圈椅状地形存在，其内有几个台阶，曾误认为是一个大型古滑坡，后经详细调查发现：①圈椅范围内几个台阶的高程与附近阶地高程基本一致，应属同一期的侵蚀堆积面；②圈椅范围内的构散堆积物下部并无扰动变形；③基岩产状也与外围一致；④外围的断裂构造都在延伸至圈椅范围中，未见有错断现象；⑤仅见一处流量微小的裂隙泉水，未见有其他地下水露头。通过这些现象的分析与研究，确认此圈椅状地形为早期溪流流经的古河弯地段，而并非滑坡。

(2) 滑坡稳定性的野外判断　与对现有滑坡的稳定性评价一样，斜坡稳定性的评价以研究、描述、分析其他地质条件为基础。斜坡的地质条件包括：陡度与高度、地形特征、岩层产状、岩石物质组成、物理形态、性质及充水性、地质作用和现象等。

滑坡稳定性的野外判断，主要通过现场调查，结合工程地质资料，从地貌形态、地质条件及其影响因素的对比分析等方面来判断。

① 地貌形态比较。滑坡是斜坡地貌演变的一种形式，它具有独特的地貌特征和发育过程，在不同的发育阶段具有不同的地貌形态。因此，在野外实际判断中，常可依据如表 7-3 所总结归纳出的相对稳定和不稳定滑坡的地貌特征进行判断。

② 地质条件对比。将需要判断稳定性的滑坡的地层岩性、地质构造及水文地质等条件与附近相似条件下的稳定斜坡、不稳定斜坡以及不同滑动阶段的滑坡进行对比，分析其异同，并结合地质条件可能发生的变化趋势，即可判断滑坡整体的和各个部分的稳定程度。

③ 影响因素变化的分析。斜坡发生滑动后，若形成滑坡的不稳定因素并未消除，则在新的条件下，还会开始不稳定因素的量变积累，并导致新的质变的发生。因此，滑坡的稳定与否，关键在于不稳定因素是否完全消除。通过调查分析，找出对滑坡起主要作用的因素及

表 7-3　稳定滑坡与不稳定滑坡的形态特征

相对稳定的滑坡地貌特征	不稳定的滑坡地貌特征
滑坡后壁较高，长满了树木，找不到擦痕和裂缝 滑坡台阶宽大且已夷平，土地密实，无陷落不均现象 滑坡前缘的斜坡较缓，土地密实，长满草木，无松散坍塌现象 滑坡两侧的自然沟谷切割很深，谷底基岩出露 滑坡体较干燥，地表一般没有泉水或湿地，滑坡后泉水清澈 滑坡前缘舌部有河水冲刷的痕迹，舌部的细碎土石已被河水冲走，残留一些较大的孤石	滑坡后壁高、陡，未长草木，常能找到擦痕和裂缝 滑坡台阶尚保存台坎，土体松散，地表有裂缝，且沉陷不均 滑坡前缘的斜度较陡，土地松散，未生草木，并不断产生少量的坍塌 滑坡两侧多是新生的沟谷，切割较浅，沟底多为松散堆积物 滑坡体温度很大，地面泉水和湿地较多，舌部泉水流量不稳定 滑坡前缘正处在河水冲刷的条件下

其变化规律，根据它们在建筑物使用年限内的最不利组合及其发展趋势，就能粗略地判断滑坡的稳定性。

滑坡稳定性的野外调查判别见表 7-4。

表 7-4　滑坡稳定性野外判别表

滑坡要素	稳定性差	稳定性较差	稳定性好
滑坡前缘	滑坡前缘临空，坡度较陡且常处于地表径流的冲刷之下，有发展趋势并有季节性泉水出露，岩土潮湿、饱水	前缘临空，有间断季节性地表径流流经，岩土体较湿，斜坡坡度在30°～45°之间	前缘斜坡较缓，临空高差小，无地表径流流经和继续变形的迹象，岩土体干燥
滑体	滑体平均坡度大于40°，坡面上有多条新发展的滑坡裂缝，其上建筑物、植被有新的变形迹象	滑体平均坡度在30°～40°间，坡面上局部有小的裂缝，其上建筑物、植被无新的变形迹象	滑体平均坡度小于30°，坡面上无裂缝发展，其上建筑物、植被未有新的变形迹象
滑坡后缘	后缘壁上可见擦痕或有明显位移迹象，后缘有裂缝发育	后缘有断续的小裂缝发育，后缘壁上有不明显变形迹象	后缘壁上无擦痕和明显位移迹象，原有的裂缝已被充填

3. 勘探

勘探手段包括钻探、坑探和物探，其作用主要是为了了解滑坡体的结构、岩石破碎程度、地下水位，确定滑动面（带）的位置、形状以及对滑带物质进行物理力学性质试验。勘探工作的布置，应根据航片和地面测绘所了解的滑坡体的大小、形状和地质条件来进行，一般至少应布置纵横两条勘探线（图 7-23）。在同一条勘探线上可联合应用不同类型的勘探手段和方法，以便于分析比较。对滑带物质进行物理力学性质试验，可在平硐中作原位剪切试验，以求取滑带的抗剪强度参数，也可以在钻孔或平硐中取样做室内试验。

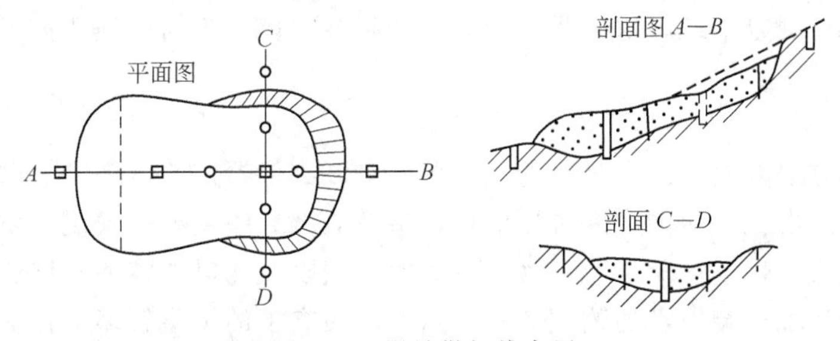

图 7-23　滑坡勘探线布置

七、滑坡等斜坡地质灾害的监测

滑坡等斜坡地质灾害监测的主要目的是了解和掌握斜坡地质灾害的演变过程，及时捕捉滑坡、崩塌等灾害的特征信息，为滑坡、崩塌及其他类型斜坡地质灾害的分析评价、预测预报及治理工程提供可靠资料和科学依据。同时，监测结果也是分析评价防治工程效果的尺度。因此，监测既是斜坡地质灾害调查、研究与防治的重要组成部分，又是获取滑坡、崩塌等斜坡地质灾害预测预报信息的有效手段之一。

通过监测可掌握滑坡、崩塌的变形特征及规律，预测预报崩滑体的边界条件、规模、滑动方向、失稳方式、发生时间及危害性，及时采取防灾措施，尽量避免和减轻灾害损失。

例如，长江西陵峡新滩滑坡的成功预报减少直接经济损失 8700 万元；湖北省秭归县马家坝滑坡的短临预报使 924 人幸免于难。

目前，国内外滑坡、崩塌监测的技术和方法已发展到一个较高水平，监测内容丰富，监测方法众多，监测仪器也多种多样。这些方法从不同侧面反映了与滑坡、崩塌形成和发展相关的各种信息。随着电子技术与计算机技术的发展，斜坡地质灾害的自动监测技术及所采用的仪器设备也将不断得到发展与完善，监测内容将更加丰富。

（一）监测的内容和监测仪器

滑坡等斜坡地质灾害监测的内容主要涉及斜坡地质灾害的成灾条件、演变过程和地质灾害防治效果等。监测的具体内容包括：

① 斜坡岩土表面及地下变形的二维或三维位移、倾斜变化的监测。

② 应力、应变、地声等特征参数的监测。

③ 地震、降水量、气温、地表水和地下水动态和水质变化以及水温、孔隙水压力等环境因素和爆破、灌溉渗水等人类活动的监测。

监测仪器类型较多，按仪器的适用范围可分为位移测量仪器、倾斜测量仪器、应力测量仪器和环境要素测量仪器等四大类。

（1）位移测量仪器　用来监测斜坡岩土位移的仪器主要有：多点位移计、伸长计、收敛计、短基线、下沉仪、水平位错仪、增量式位移计及三向测缝计等。

（2）倾斜测量仪器　这类仪器主要有钻孔倾斜仪、盘式倾斜测量仪、T 形倾斜仪、杆式倾斜仪及倒垂线等。

（3）应力测量仪器　测量地应力变化的仪器主要有压应力计和锚杆测力计等。

（4）环境要素测量仪器　监测环境因素的仪器很多，主要有雨量计、地下水位自记仪、孔隙水压计、河水位量测仪、温度记录仪及地震仪等。

随着科学技术的发展，斜坡地质灾害的监测仪器也正在向精度高、性能佳、适应范围广、监测内容丰富、自动化程度高的方向发展。电子摄像、激光技术和计算机技术的发展以及各种先进的高精度电子经纬仪、激光测距仪的相继问世，为斜坡地质灾害的监测提供了精密准确的现代化手段。

（二）监测方法

在监测技术方法方面，已由过去的人工监测过渡到仪器监测，现在正向自动化、高精度的遥控监测方向发展。目前国内外常用的崩塌滑坡监测方法主要有宏观地质观测法、简易观测法、设站观测法、仪表观测法及自动遥测法等，用以监测崩滑体的三维位移、倾斜变化及有关物理参数和环境影响因素的改变。由于斜坡地质灾害的类型较多，特征各异，变形机理和所处的变形阶段不同，监测的技术方法也不尽相同。

1. 宏观地质观测法

宏观地质观测法就是利用常规地质调查方法对崩塌、滑坡等宏观变形迹象及其发展趋势进行调查、观测，以达到科学预报的目的。

宏观地质观测法以地裂缝、地面鼓胀、沉降、坍塌、建筑物变形特征及地下水变异、动物异常等现象为主要观测对象。这种方法不仅适用于各种类型斜坡地质灾害的监测，而且监测内容丰富，获取的前兆信息直观且可信度高。结合仪器监测资料进行综合分析，可初步判定崩滑体所处的变形阶段及中短期变形趋势，作为临崩、临滑的宏观地质预报判据。此方法简易经济，便于掌握和普及推广，适合群测群防。宏观地质法可提供崩塌、滑坡短临预报的可靠信息。即使已采用了先进的观测仪器和自动遥测技术，该方法也是不可缺少的。

2. 简易观测法

简易观测法是在斜坡变形及建筑物裂缝处设置骑缝式简易观测标志，使用长度量具直接测量裂缝变化与时间关系的一种简易观测方法。主要方法及监测内容有：

① 在崩滑体裂缝处埋设骑缝式简易观测桩，监测裂缝两侧岩土体相对位移的变化［图7-24(a)］。

② 在建筑物裂缝上设简易玻璃条、水泥砂浆片或贴纸片［图7-24(b)］。

③ 在崩滑体裂缝处设立观测尺进行观测［图7-24(c)］。

④ 在岩石裂缝面上用红油漆画线作标记。

⑤ 在陡壁软弱夹层出露处设简易观测桩等，定期测量裂缝长度、宽度和深度及裂隙延伸的方向等。

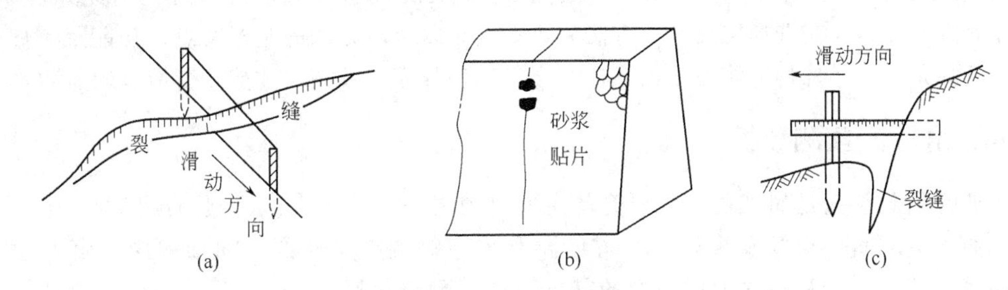

图7-24　滑坡简易观测装置

(a) 设桩观测；(b) 设片观测；(c) 设尺观测

该方法监测内容比较单一，观测精度相对较低，劳动强度较大，但是操作简易，直观性强，观测数据可靠，适合于交通不便、经济困难的山区普及推广应用。即使在有精密仪器观测的条件下，进行一些简易观测也是必要的，以便将结果相互检验核对。

3. 设站观测法

设站观测法是在斜坡地质灾害调查与勘探的基础上，在可能造成严重灾害的危岩、滑坡变形区设立线状或网状分布的变形观测站点，同时在变形区影响范围以外的稳定地区设置固定观测站，利用经纬仪、水准仪、测距仪、摄影仪及全站型电子速测仪、(GPS) 接收机等定期监测变形区内网点的三维位移变化。设站观测是一种行之有效的监测方法。使用较多的观测方法主要有：①大地测量法；②全球定位系统 (GPS) 测量法；③近景摄影测量法。

4. 仪器仪表观测法

仪器仪表观测法主要有测缝法、测斜法、重锤法、电感电阻位移法、电桥测量法、应力应变测量法、地声法、声波法等，该法主要用以监测危岩体滑坡的变形位移、应力应变、地声变化等。

用精密仪器仪表可对变形斜坡进行地表及深部的位移、倾斜、裂缝变化及地声、应力应变等物理参数与环境影响因素进行监测。按所采用的仪表可分为两类：①机械式传动仪表观测法（简称机测法）；②电子仪表观测法（简称电测法）。其共性是监测的内容丰富、精度高、灵敏度高、测程可调、仪器便于携带。

（1）机械式传动仪表观测法　机测法是在斜坡变形部位埋设测座，采用有百分表、千分表、游标刻度、水准气泡、齿轮传动装置的仪表在实地直接观测的一种方法。它的观测结果直观、可靠，适用于斜坡变形的中、长期监测。

（2）电子仪表观测法　电测法是将电子元件制作的传感器（探头）埋设于斜坡变形部位，利用电子仪表接受传感器的电信号来进行观测。其技术比较先进，监测内容比机测法丰富，仪表灵敏度高，易于遥测，适用于斜坡变形的短期或中期监测。

5. 自动遥测法

自动遥控监测系统可进行远距离无线传输观测，它自动化程度高，可全天候连续观测，省时、省力、安全，是今后滑坡监测技术的发展方向。

但自动遥测法也存在着某些缺陷，如传感器质量不过关、仪器的长期稳定性差、运行中故障率较高等，遇到恶劣的环境条件（如雨、风、地下水浸蚀、锈蚀、雷电干扰、瞬时高压），遥测数据时有中断。

对一个土体的危岩或滑坡，应针对其特征，如地形地貌、变形机理及地质环境等，选择合适的监测技术、方法，确定理想的监测方案，正确地布置监测点，应通过各种方案的比较，使监测工作做到既经济安全，又实用可靠，避免单方面地追求高精度、自动化、多参数而脱离工程实际的监测方案。在选择监测技术方法时，不仅应以监测方法的基本特点、功能及条件为依据，而且要充分考虑各种监测方法的有机结合、互相补充、校核，才能获得最佳的监测效果。

八、滑坡的预测预报

滑坡的预测预报是斜坡稳定性研究的主要目的之一，一般来说，预测预报的内容主要包括滑坡的发生时间、空间及规模三个方面。滑坡等斜坡稳定性的空间预测应在野外地质调查、遥感、试验分析和建立地质模型的基础上进行预测（图 7-25）。总的来说，滑坡、崩塌等地质灾害的预测预报是一项比较困难的工作，目前尚无十分准确有效的方法。

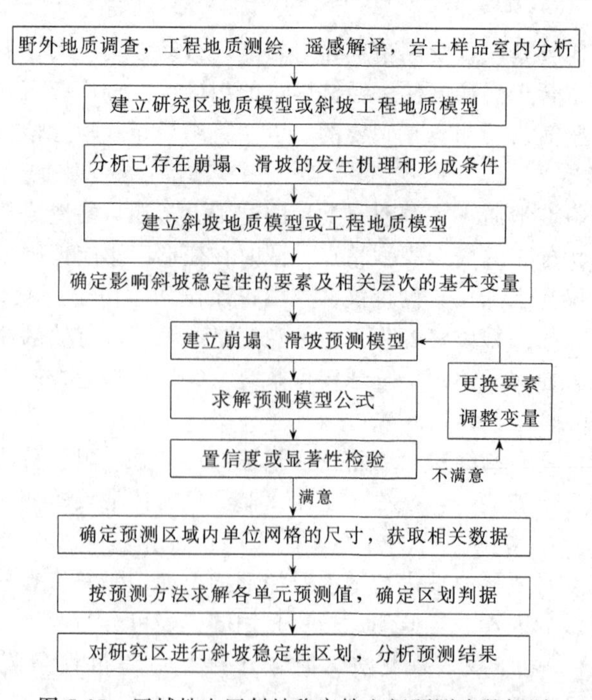

图 7-25　区域性山区斜坡稳定性空间预测步骤框图

按时空概念，对滑坡、崩塌等地质灾害的预测和预报应加以明确区分，通常，预测是指可能发生的空间位置的判定，预报指的是可能发生时间的判定。

崩滑发生时间主要依据斜坡变形破坏的演化规律来确定，预测预报大多采用如下三种方式：①通过仪器监测，自动报警预报；②采用实验数据，通过公式计算进行预报；③采用监测数据进行预报。下面对滑坡的预测、预报作以简要说明。

1. 滑坡预测

滑坡预测的基本内容是：滑坡可能发生的地段、规模、类型、运动方式、运动速度和可能造成的危害。依据研究区范围和目的不同，滑坡预测大致可划分为三类，即区域性预测、地区性预测和场地预测。

滑坡空间预测的基础是滑坡形成条件的分析。通过环境地质调查，在搜集大量野外第一手资料的基础上，具体分析各种因素在区域（地区或场地）滑坡形成中所起的作用，然后将各因素按一定的原则和方法进行组合，来预测不同地段发生滑坡的可能性。

滑坡空间预测的途径大体上有两类，即因子叠加法和综合指标法。

（1）因子叠加法　因子叠加法亦称形成条件叠置法或影响因子叠置法。这种方法的原理是：将每一影响因子按其在滑坡发生中的作用大小纳入一定的等级，在每一因子内部又划分若干级，然后把这些因子的等级全部以不同的颜色、线条、符号等表示在一张图上。因子重叠最多的地段即是发生滑坡可能性最大的地段。

因子叠加法的主要工作内容是编制一系列图件。首先要按照预测的范围和目的，确定影响因子及这些因子的表示法。必须考虑的影响因子应包括：地层岩性、地质构造和岩体结构、地貌等主导因子，进而选定相应的因子表示法和编制单因子分级分区图。一般情况下，每一种单因子都应当划分为3个或4个等级。然后把已经编制完成的所有单因子图件的内容全部转绘到一张图上，制成综合的因子叠加图。从图上可区分出重叠程度有明显差异的区段。在综合分析的基础上进行分区，完成与研究目的相应的滑坡危险性分区图或滑坡分区图。

对于小范围、精度要求较高的预测（如场地预测），则必须进一步作滑坡主要类型、可能规模和基本特征的预测。

这是一种定性的、概略的预测法，也是目前切实可行而又具有实用价值的一种方法。

（2）综合指标法　这种方法的原理是：把所有影响因子在滑坡形成中的作用以一种数字值来表示，然后对这些量值按一定的公式进行计算、综合，把计算所得的综合指标值按一定原则和方法划分等级，编制出滑坡危险性分区图或斜坡稳定性分区图。显然，这是一种向定量化方向发展的预测法，它比因子叠加法前进了一步。

迄今，综合指标法有多种方法，如信息量预测法、系统模型预测法、线性回归预测法、综合模糊评判法、聚类分析法等。各种方法的基本原理可参阅有关文献资料。但不管哪种方法，首先必须确定影响因子和划分预测单元，运用统计方法并采用制图技术来圈定滑坡可能发生的地段或划分斜坡不同稳定性的地段。图7-26是

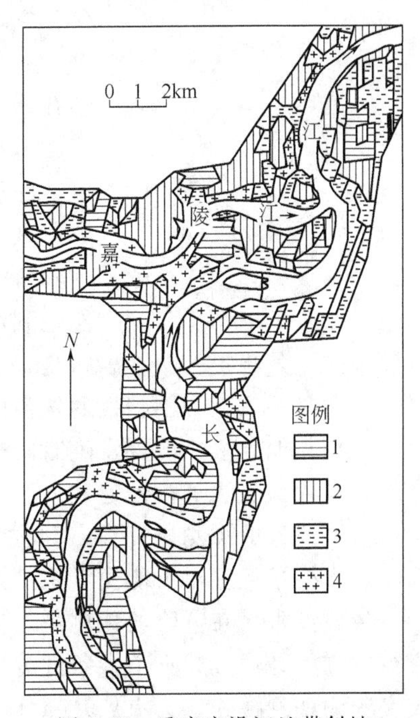

图7-26　重庆市沿江地带斜坡稳定性预测分区图

1—稳定区；2—较稳定区；3—较不稳定区；4—不稳定区

采用信息量预测法编制的重庆市沿江地带斜坡稳定性预测分区图。

2. 滑坡预报

由于滑坡地质过程、形成条件、诱发因素的复杂性、多样性及其变化的随机性、非稳定性，从而导致滑坡动态信息难以捕捉，加之滑坡动态监测技术不成熟和滑坡研究理论不完善，滑坡滑动时间的预测预报一直被认为是一项十分困难的前沿课题。此外，滑坡监测费用高、周期长，也是制约滑坡滑动时间预测预报发展的因素之一。尽管如此，近几十年来，国内外许多研究者都将其作为攻关目标，潜心研究，取得了初步的成果。

按照研究对象、范围和目的不同，滑坡预报大致可分为区域性中长期预报（趋势预报）和场地性短期预报两种。目前，国内外预报滑坡滑动时间的方法很多，但主要集中于前兆现象、经验公式、统计模型和仪器监测等几个方面，其中短期预报的途径有两个方面，即宏观征兆预报和观测资料预报（即时间-位移曲线变化趋势判断法）。

（1）滑坡变形前兆的现象预报法　与地震、火山等灾害相似，滑坡失稳前也表现出多种宏观先兆，如地形变、地表裂缝、地物标志的移动、前缘频繁崩塌、地下水位突然变化、地热异常、地声异常、动物表现失常等。这些现象一般出现在临滑前，用于临滑预报十分有效。但它有赖于正常的地质分析和经验判断。1985 年 6 月 12 日所发生的长江新滩滑坡的成功预报，其重要根据之一就是根据大滑前的各种征兆。

（2）根据观测资料预报（时间-位移曲线变化趋势判断法）　这种方法的前提是对滑坡进行动态观测，随后分析计算观测资料以作出预报。

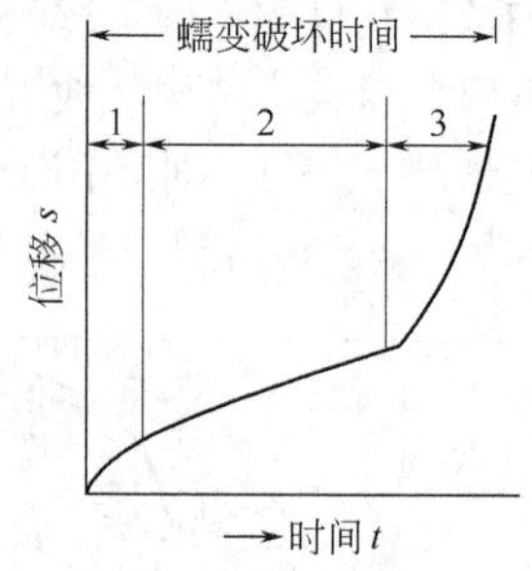

图 7-27　t-s 曲线
1—第一蠕变阶段；
2—第二蠕变阶段；
3—第三蠕变阶段

滑坡变形、位移观测方法有简易的和精密的两种。简易观测系利用简单工具，肉眼观测变形、位移情况。常用的方法是在滑坡后缘的母体及变形体上分别埋桩，并定期观测两桩间距离的变化；它可以观测一维或二维的变形、位移值。精密观测是利用仪器（地形测量仪器、电阻应变仪、同位素追踪仪等），在地面或钻孔内布置定点观测，可多点进行网格状观测，以获得三维的变形、位移情况。然后将主要控制观测点的位移资料整理成时间-位移曲线（t-s 曲线），如图 7-27 所示。根据该曲线的形状可划分出减速蠕变、等速蠕变和加速蠕变三个阶段。

日本学者斋滕迪孝在观测资料预报方面进行过深入的研究。他是利用 t-s 曲线上第三阶段（加速蠕变阶段）资料对滑坡作临滑预报的。其预报的基本思路是，位移速度愈快，则距离滑坡发生的时间愈近。即第三阶段离大滑动时间愈近，则临报的发生时间愈准确。具体计算方法详见有关书籍。

（3）其他方法　滑坡发生时间的预测方法，还有斋滕法和改进的斋滕法、统计模型法、降水量参数预报法等，但这些方法都还不十分成熟。

滑坡危害的预测研究大多建立在运动特征研究的基础上，首先圈定滑坡可能的危害范围，然后根据经验对可能受灾范围内的灾害损失和社会经济影响做出评估。

滑坡灾害潜在危险的预测是一项很复杂的系统工程，许多因素是动态变化的。目前较为流行的方法是通过成灾动力条件分析，建立专家综合评判模型，采用类比推断的方法，确定成灾预测评判模式。其重点是抓住形成崩塌、滑坡、泥石流的主要因子，即人为活动强度、降雨强度与年均降水量、地震活动强度等条件，结合环境质量进行综合评判。

上述各种滑坡、崩塌的预测预报方法有其各自的适用条件。大多数定量预测模型都依赖于对滑坡的绝对位移量进行系统的连续监测，但无论国内还是国外，实际上当前只对极少数重大滑坡实施了监测，以致很多滑坡都是在没有任何监控的条件下“突然”发生的。此外，影响滑坡的因素复杂，不确定性因素很多，滑坡变形特点、变形过程和变形机制复杂多变，因此，绝大多数滑坡难以准确预报。对于因偶然因素触发的滑坡更是无能为无力，如地震诱发的滑坡等。由此可见，在对滑坡进行调查的基础上，有计划地对滑坡进行监测，是保证滑坡预报成功、减少灾害损失的前提。对频繁发生的降水诱发型滑坡，要重点监测降水量、地下水位与滑坡变形的关系，为滑坡的预报提供可靠的依据。

尽管滑坡预测预报的难度很大，但只要能够对预报的崩滑体进行深入的现场和长期的监测，从工程地质条件和变形破坏机制上把握崩滑体动态变化的信息，从多方面进行综合分析，而不是简单地套用数学方法去作结论，完全可以提高崩塌、滑坡预报的成功率。例如，20世纪90年代初和2003年，我国分别在长江上游和三峡库区建立的滑坡、泥石流灾害监测预警系统，长江上游监测面积达11万余平方公里，三峡库区在20个县市建立各类监测点1447个，并采用遥感技术、全球定位技术和地理信息技术对长江上游及三峡库区地质灾害适时监控和预警。两地监测系统运行以来，已成功预报滑坡、泥石流灾害现象共计208处，撤离转移群众3.56万人，9600余人的生命财产得到有效保护，避免直接经济损失2.28亿元，预警成效显著。

九、滑坡的防治

滑坡等地质灾害防治是针对自然或人为作用产生的有害地质作用进行防护与治理的工程或措施。它不同于其他建筑工程，一般不产生直接经济效益。因此，在实现整治目标的基础上，应尽可能降低治理费用。地质灾害防治工程设计与施工还必须遵循地质原则、效益原则、技术原则、目标原则、环境原则、整体优化原则和社会安定原则等七项基本原则。地质灾害防治工程设计必须根据地质体的破坏机制对症施治，避免忽视地质条件分析和斜坡破坏机制研究，或仅从地质条件分析出发而忽视工程技术的可行性。

滑坡等斜坡地质灾害的防治应贯彻“以防为主，防治结合，对症防治，及早治理”的原则。以防为主是指对不稳定类型的斜坡预先采取措施，以防止变形，工程布置应尽量绕避严重不稳定斜坡地段和不安全地段，或采取相应的设计方案。防治结合是指对已发生的斜坡变形和地质灾害，应及时采取措施，使之不再继续向破坏方向发展，而且治理措施和治理工程要因地制宜，对症施治，并且要及早进行，以取得最佳的防治效果。

对滑坡灾害的防治实质上是用较少的消耗和代价抵消和防治滑坡对人类社会和工程建设造成重大的危害。因此，应在查明地质条件的基础上，深入分析滑坡的发展规律和产生原因，分析其稳定性和危害性，找出影响滑坡的因素及相互关系，全面考虑，系统分析，合理规则，综合防治，有针对性地采取相应的防治措施。

对滑坡的防治原则，应坚持因地制宜，讲求实效，治表与治本相结合。对大、中型滑坡一般以搬迁避让为主，对未采取搬迁避让措施的，可考虑进行工程治理，在治理过程中，应针对滑坡形成的诱发因素，分清主次，合理选择治理方案，保证以较少的投入取得较好的治理效果。

滑坡工程治理措施主要是运用各种手段来增加滑坡的抗滑力，同时减少下滑力，使斜坡保持稳定。一般来讲，治理滑坡的方法主要有“砍头”、“压脚”和“捆腰”三项措施。“砍头”就是用爆破、开挖等手段削减滑坡上部的重量；“压脚”是对滑坡体下部或前缘填方压脚（又称填方反压)，加大坡脚的抗滑阻力；“捆腰”则是利用锚固、灌浆等手段锁定下滑山体。

滑坡防治工程和技术，可归纳为“排水、拦挡、抗滑、加固、稳坡、避让”等（见表7-5），下面对主要防治技术措施作一简要阐述。

表 7-5 滑坡防治类别、技术措施及其主要作用

防治类别	防治技术	防治措施	主要作用
排水	排水防渗	截水天沟，填堵裂缝	防止坡面水入渗
	排引地下水	渗沟、水平排水孔、仰斜排水孔、盲洞、竖井、虹吸管、立式钻孔	降低孔隙水压力和动水压力，减小剪应力，提高抗滑力
拦挡抗滑	拦挡抗滑	压脚垛、挡墙（坝），锚固桩、抗滑桩，锚杆、锚索	提高抗滑力
稳坡	削方压脚	顶部削方减重、前缘填方压脚，斜坡平整、清除不稳定部分	改变斜坡形态，减小剪应力，提高抗滑力
	护坡护岸	导流堤（丁坝或顺坝），防波堤（破浪堤），灰浆抹面、浆砌片石，种植草皮，斜坡阶地化	防止水流和波浪冲刷、冲蚀或岩体风化，土体开裂等
	生物工程	植树造林、保护植被等	防止降雨、水流冲刷侵蚀
固化	固结加固	固结灌浆法、电化学法，冻结法（临时法）、熔烧法	增强岩土强度，提高抗滑力
避让	防御避让	道路和隧洞等改线，居民点和基建工程改址或搬迁	滑坡体规模大、治理费用高时，以避让防御灾害

（一）排水

滑坡变形破坏和滑动多与地表水或地下水活动有关。因此在滑坡防治中往往要设法排除地表水和地下水，避免地表水渗入滑体，减少地表水对滑坡岩土体的冲蚀和地下水对滑体的浮托，消除或减轻水对斜坡的危害作用，提高滑带土的抗剪强度和滑坡的整体稳定性。

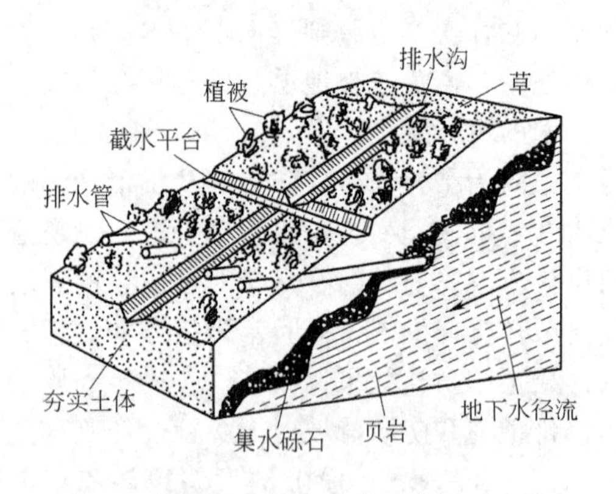

图 7-28 排水工程示意图

通常，排水应包括拦截和旁引可能流入滑坡体内的地表水和地下水；排出滑坡体内的地表水和地下水（图 7-28）；对必须穿过滑坡区的引水或排水工程做严格的防渗漏处理；避免在滑坡区内修建蓄水工程；对滑坡区地表做防渗处理；防止地表水对坡脚的冲刷等。

1. 排除地表水

滑坡的发生和发展，与地表水的危害有密切关系。地表排水的目的是拦截滑坡以外的地表水，使其不能流入滑体，同时还要设法使滑体范围内的地表水流出滑体范围。一般，地表排水工程可采用截水沟和排水沟等。

首先要拦截流入被保护斜坡区或滑坡地段的地表水流，应在斜坡保护区或滑坡区边界以外（一般是 5m 外）设置环形截水沟（图 7-29），将水流旁引。该截水沟的迎水面沟壁上应设置泄水孔，以排除部分地下水。在被保护的斜坡区或滑坡体内，应充分利用地形和自然沟谷，布置树枝状排水系统（图 7-30），使水流得以汇集旁引，还可阻止地表水冲刷坡面和渗入地下。排水沟应该用片石或混凝土铺砌。

2. 排除地下水

地下水通常是诱发滑坡的主要因素，排除地下水可使坡体的含水量及其中的空隙水压力降低，以增强抗滑力和减小下滑力，因此，排除有害地下水，尤其是滑带水，是治理滑坡的

有效措施。排除地下水的方法措施较多，主要有截水盲沟、支撑盲沟、边坡渗沟、水平钻孔、仰斜钻孔、渗井、设有水平管道的垂直渗井、渗管疏干、砂井与平孔相结合等，简要说明如下。

（1）截水盲沟（又称截水渗沟） 一般设置于滑坡可能发展范围 5m 以外的稳定地段，与地下水流向垂直，一般作环状或折线形布置（图 7-31），目的在于拦截和旁引滑坡范围以外的地下水。这种盲沟由集水和排水两部分组成，断面尺寸由施工条件决定，沟底宽度一般不小于 1m，盲沟的基底要埋入补给滑带水的最低一层含水层之下的不透水层内。为了维修和清淤方便，在盲沟的转折上和直线地段每隔 30～50m 设置检查井。

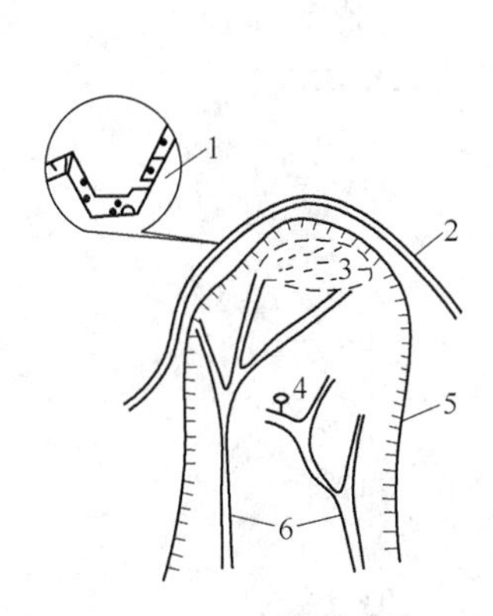

图 7-29 地表排水系统

1—泄水孔；2—截水沟；3—湿地；4—泉；5—滑坡周界；6—排水沟

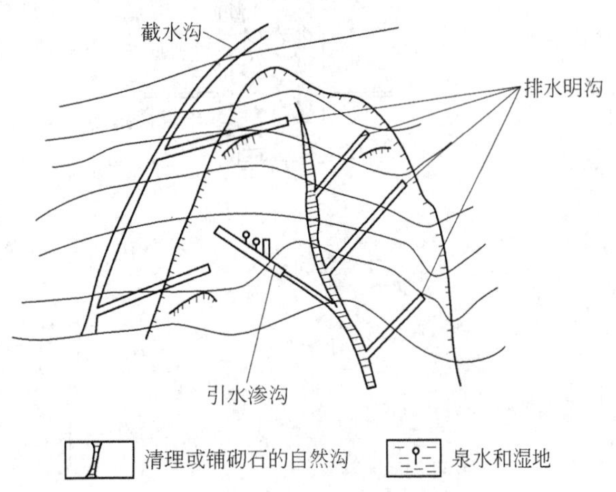

图 7-30 树枝状排水系统

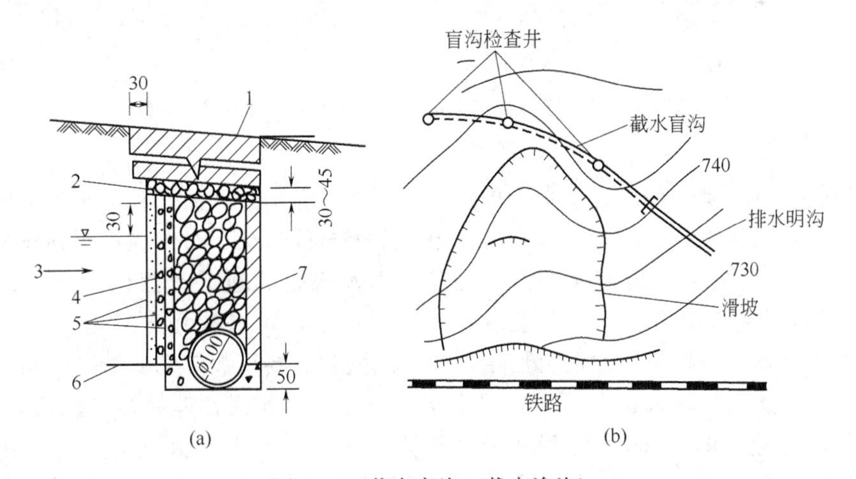

图 7-31 截水盲沟（截水渗沟）

（a）截水盲沟（渗沟）断面图示（单位：cm）；（b）截水盲沟（渗沟）及其检查井平面图示；
1—夯填黏土；2—干砌片石，表面用水泥砂浆勾缝；3—地下水流向；
4—大卵石；5—反滤层；6—不透水层；7—夯填黏土或浆砌片石

（2）支撑盲沟（又称支撑暗沟或渗沟） 这是一种兼具排水和支撑作用的工程设施，对于滑动面埋藏不深，滑坡体有大量积水，或地下水分布层次较多，难于在上部截除的滑坡，可考虑用修建支撑盲沟（支撑渗沟）的办法来进行治理，支撑盲沟布置在平行于滑动方向有地下水露头处，从滑坡脚部向上修筑，有时在上部分岔成支沟，支沟方向与滑动方向成30°～45°交角，支撑盲沟一般宽度为2～4m，盲沟基底砌筑在滑动面以下0.5m的稳定地层中（图7-32），修成2%～4%的排水纵坡，如果滑坡推力较大，可考虑采用支撑盲沟与抗滑挡墙结合的结构形式（图7-33），这种联合形式的防治效果更好。

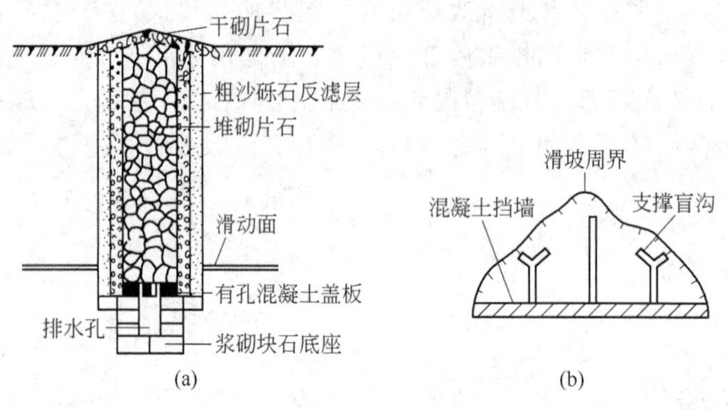

图7-32 支撑盲沟（渗沟）的构造和平面布置

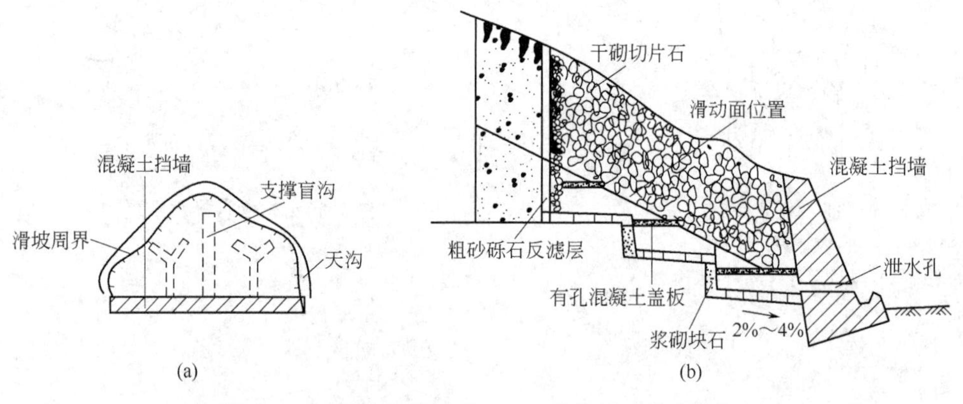

图7-33 支撑盲沟（渗沟）——抗滑挡墙联合结构

（a）平面布置图；（b）纵剖面图

（3）仰斜孔群　是一种用近于水平的钻孔把地下水引出，从而达到疏干滑坡体、使滑坡稳定的措施。仰斜排水孔的位置，可按滑体地下水分布的情况，布置在汇水面积较大的滑面凹部（图7-34）。孔的仰斜角度应按滑动面倾角以及稳定的地下水面位置而定，一般采用10°～15°。孔径的大小由施工机具和孔壁加固材料决定，可以从几十毫米到100mm以上。如果仰斜排水孔作为长期的排水通道使用，那么孔壁就需要用镀锌铜滤管、塑料滤管或竹管加固，也可用风压吹沙填塞钻孔。当含水土层（或黄土）渗透性差时，可采用砂井-仰斜排水孔联合排水措施（图7-35），以砂井聚集滑坡体内的地下水，用斜孔穿连砂井并把水排出。在这种排水措施中，原则上斜孔应打在滑动面以下。砂井的井底以及砂井与斜孔的交接点，也要低于滑面。砂井中的充填料应保证孔隙水可以自由流入砂井，而砂井又不会被细沙土所淤积。

（4）垂直孔群　是一种用钻孔群穿透滑动面，把滑坡体内储藏的地下水转移到下伏强透水层，从而将水排泄走的工程措施。每一种工程措施都有一定的适用条件，垂直孔群的适用条件是：滑坡体土石的裂隙度高，透水能力强，在滑动面下部存在有排泄能力强的透水层。垂直孔群一般是在地下水集中地区和供水部位，采用成排排列的方式进行布置。每排孔群的

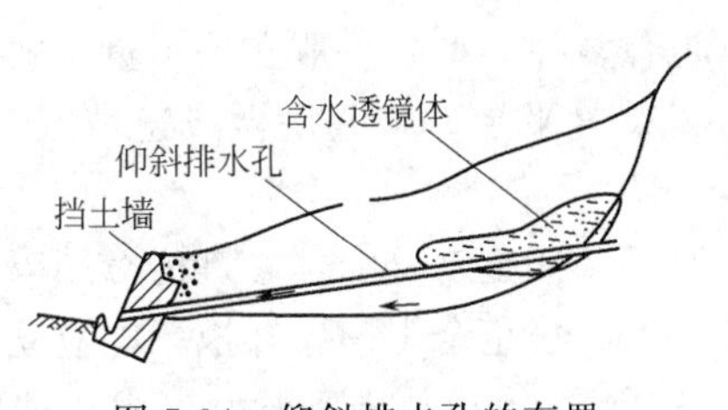

图 7-34　仰斜排水孔的布置

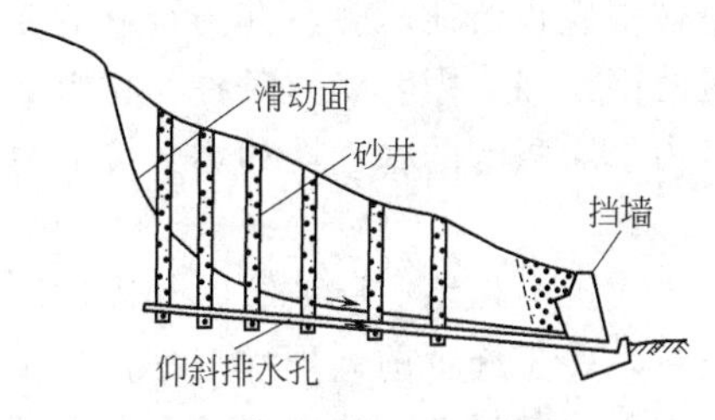

图 7-35　砂井-仰斜排水孔

方向应垂直于地下水的流向。排与排的间距约为孔与孔间距的 1.5～5 倍。排水钻孔的孔径，要求每孔的设计最大出水量应大于钻孔实际涌水量。为了达到钻孔排水的目的，每个钻孔都必须打入滑动面以下的强透水层中，并且要求在每孔钻进终了时，都要安设过滤管，在过滤管外充填沙砾过滤层。对于不设过滤管的钻孔，应该全部充填沙砾。在孔口应设置略高于地面的防水层。

（5）地下排水坑道　为了防止深层滑动或治理较大型的滑坡，还常需要截断地下水，一般可采用地下排水坑道（图 7-36），效果较好。

（6）虹吸排水　虹吸排水是把一个密封的聚氯乙烯管系统放置在含水层中（图 7-37），其最大优点是可以自流排水，降低滑坡地下水位。20 世纪 80 年代以来，法国已用虹吸排水方法稳定了约 100 个滑坡。

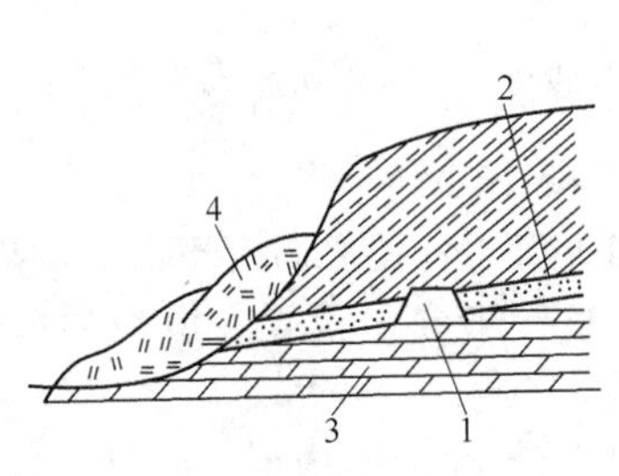

图 7-36　截断地下水流的地下排水坑道

1—排水坑道；2—含水层；3—基岩；4—滑坡体

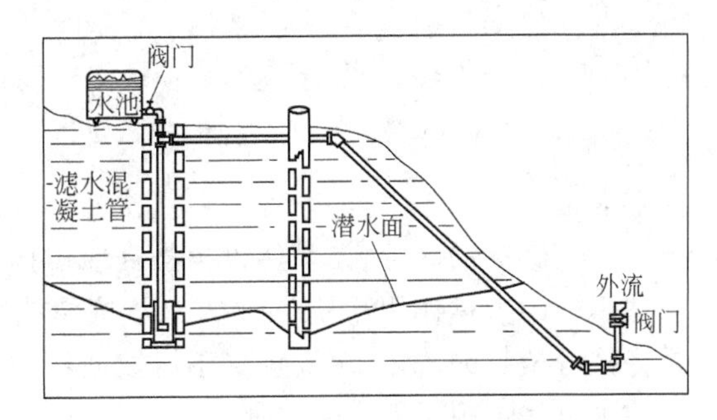

图 7-37　运用连续虹吸系统控制地下水

最后得出，排水措施一般与其他措施配合使用，效果更好。

（二）拦挡工程（或称支挡工程）

拦挡工程（或称支挡工程）是改善斜坡力学平衡条件，提高斜坡抗滑力最常用的措施。通常，对失去支撑而引起的滑坡，或滑床陡、滑动快的滑坡，采用修筑拦挡工程的方法，可使滑坡迅速恢复稳定。拦挡工程的种类很多，主要有抗滑挡墙、抗滑垛、抗滑桩、锚固（锚杆）等。

1. 抗滑挡墙

挡墙也叫挡土墙，是目前较普遍使用的一种抗滑工程。它们位于滑体的前缘，借助于自身的重量以支挡滑体的下滑力，且与排水措施联合使用。按建筑材料和结构形式不同，有抗滑片石垛、抗滑片石竹笼、浆砌石抗滑挡墙、混凝土或钢筋混凝土抗滑挡墙、实体抗滑挡墙、装配式抗滑挡墙、桩板式抗滑挡墙等。挡墙的优点是结构比较简单，可以就地取材，而且能够较快地起到稳定滑坡的作用。但一定要把挡墙的基础设置于最低滑动面之下的稳固层中，墙体中应预留泄水孔，并与墙后的盲沟（渗沟）连接起来。

抗滑挡土墙，因其受力条件、材料和结构不同而有多种类型，一般多采用重力式抗滑挡土墙，为了增强墙的稳定性和增大抗滑力，常在墙背设置平台，将基底做成逆坡或锯齿状，如图 7-38。

重力式抗滑挡墙有胸坡缓、外表矮胖的特点。为了保证施工安全，修筑抗滑挡墙最好在旱季进行，并于施工前做排水工程，施工时须跳槽开挖，禁止全拉槽。开挖一段应立即砌筑回填，以免引起滑动。施工时应从滑体两边向中间进行，以免中部因推力集中，摧毁已成挡墙。

通常，常将抗滑挡墙与支撑盲沟（渗沟）联合使用（图 7-33）。

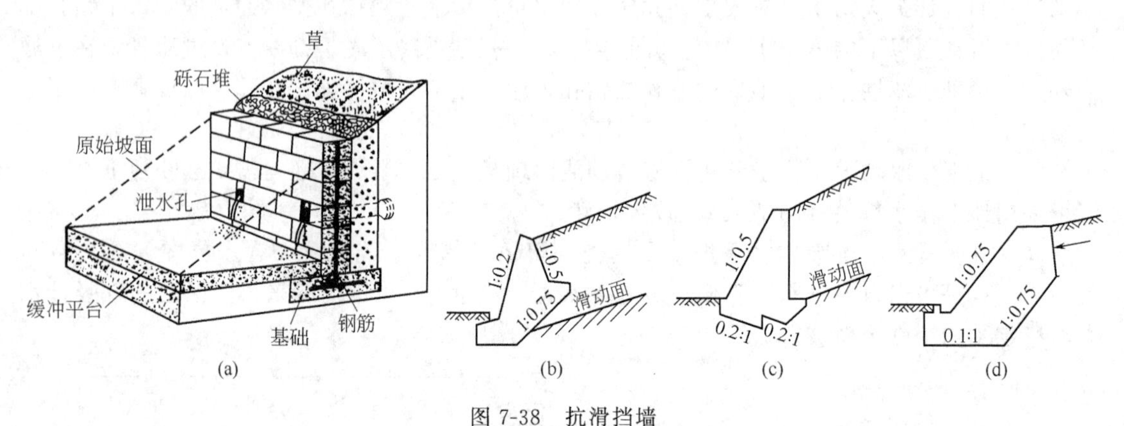

图 7-38　抗滑挡墙

（a）抗滑墙背设平台；（b）抗滑墙基底为逆坡；（c）基底为锯齿状；（d）基底为多边形

2. 抗滑桩

抗滑桩（又称锚固桩），是用以拦挡（或支挡）滑体的下滑力，使之固定于滑床的桩柱，也是一种用桩的支撑作用稳定滑坡的有效抗滑措施。抗滑桩一般集中设置在滑坡的前缘部位，且将桩身全长的 1/4～1/3 埋置于滑坡面以下的稳固层中（图 7-39），使两者成为一体。抗滑桩的优点是：施工安全、方便、省时、省工、省料，且对坡体的扰动少，所以是目前国内外广为应用的一种拦挡工程（或称支挡工程），也是滑坡整治的一种关键工程措施，在工程实践中取得了良好的效果。

抗滑桩的类型：按材料划分，主要有木桩、钢桩、混凝土桩、钢筋混凝桩等；按断面形式分，主要有圆桩、管桩、方桩及 H 形桩等；按施工方法不同分为预制柱和灌注桩两大类，其中前者施工时需将桩锤击贯入，后者主要通过钻孔法或控孔法现场浇筑混凝土。

抗滑桩的布置取决于滑体的形式和规模，特别是滑面位置及滑坡推力大小等因素，通常按需要布置成一排或数排，具体布置形式有间隔式、密排式、平排式及多排式等（图 7-40）。

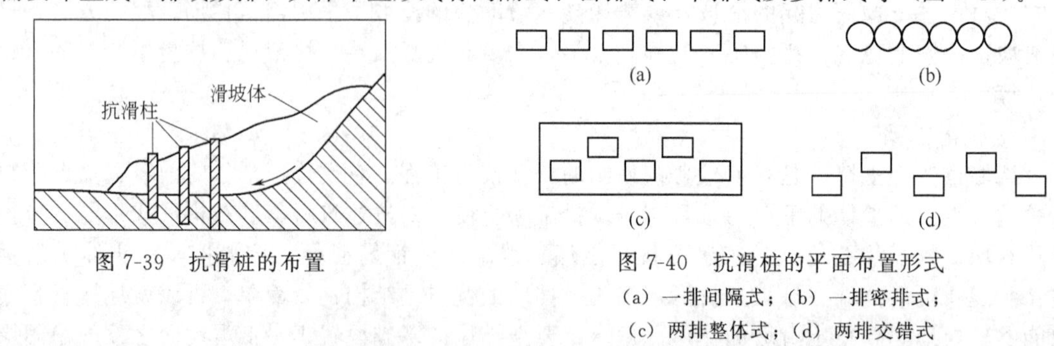

图 7-39　抗滑桩的布置

图 7-40　抗滑桩的平面布置形式

（a）一排间隔式；（b）一排密排式；

（c）两排整体式；（d）两排交错式

根据防治滑坡的需要，抗滑桩也可与抗滑挡墙结合使用，抗滑效果更好（图 7-41）。

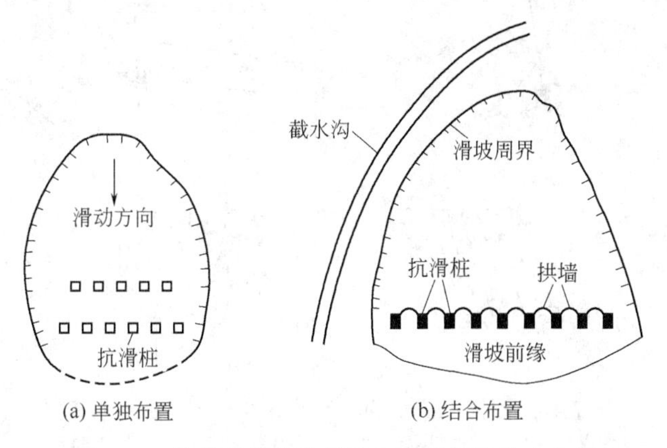

图 7-41　抗滑桩单独布置及与抗滑挡墙结合布置

3. 锚固

锚固是通过穿过软弱结构面、深入至完整岩体内一定深度的钻孔，插入钢筋、钢棒、钢管、预应力钢筋及回填混凝土，借以提高岩体的摩擦阻力、整体性与抗剪强度的拦挡措施，主要包括以下三种方法。

（1）锚杆　是指钻凿岩孔，然后在岩孔中灌入水泥砂浆并插入一根钢筋，当砂浆凝结硬化后，钢筋便锚固在围岩中，借助于这种锚固在围岩中的钢筋能有效地控制围岩或浅部岩体变形，防止其滑动和坍塌，这种插入岩孔并锚固在围岩中从而使围岩或上部岩体起到支护作用的钢筋称为“锚杆”（图 7-42）。利用锚杆可把斜坡上被软弱结构面切割的板状岩体组成一稳定的结合体，并利用锚杆与岩体密贴所产生的摩阻来阻止岩块向下滑移。另一方面，利用锚杆上所施加的预应力，以提高滑动面上的法向应力，进而提高该面的抗滑力，改善剪应力的分布状况，显著降低沿软弱面发生累进性破坏的可能性。实践证明，锚杆是一种防治岩质斜坡滑坡和崩塌的有效措施。

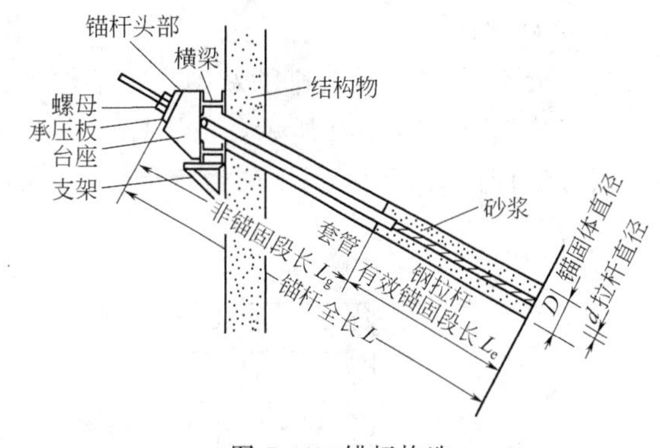

图 7-42　锚杆构造

对一些顺层滑坡，由于坡脚开挖路堑或半路堑，可能牵引斜坡上部产生多级滑坡，此种情况，可采用锚杆加固，以阻止斜坡岩层产生滑动。锚杆加固特别适应于滑坡沿基岩的成组节理面或层面下滑的情况。

锚杆类型很多，有楔缝式锚杆、倒楔式锚杆、普通式砂浆锚杆（并称插筋）、钢丝绳砂浆锚杆、树脂锚杆及预应力锚索等。锚杆的方向和设置深度应视斜坡的结构特征而定（图 7-43）。

（2）预应力锚索　由钻孔穿过软弱岩层或滑动面，把一端（锚杆）锚固在坚硬的岩层中（称内锚头），然后在另一个自由端（称外锚头）进行张拉，从而对岩层施加压力对不稳定岩体进行锚固，这种方法称预应力锚索，简称锚索。预应力锚索，国内应用较多，如长江南岸链子崖危岩体治理和会同县中心街滑坡治理中都采用了此种锚索。

锚索结构一般由内锚头、锚索体和外锚头三部分共同组成。①内锚头又称锚固段或锚根，是锚索锚固在岩体内提供预应力的根基，按其结构形式分为机械式和胶结式两大类，胶

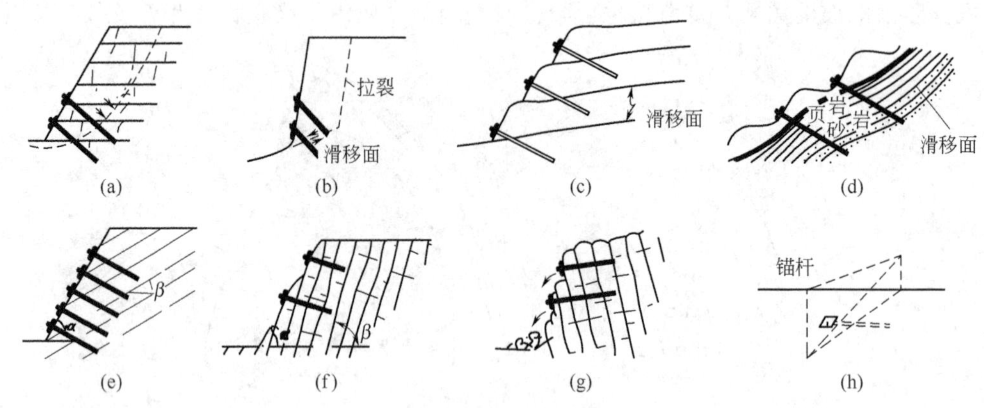

图 7-43 不同地质结构中岩质斜坡锚杆（索）的布置

(a)～(h) 表示不同地质结构中锚杆的方向和深度不同

结式又分为砂浆胶结和树脂胶结两类，砂浆式又分二次灌浆和一次灌浆式。②外锚头又称外锚固段，是锚索借以提供张拉吨位和锁定的部位，其种类有锚塞式、螺纹式、钢筋混凝土圆柱体锚墩式、墩头锚式和钢构架式等。③锚索体是连接内外锚头的构件，也是张拉力的承受者，通过对锚索体的张拉来提供预应力，锚索体由高强度钢筋、钢纹线或螺纹钢筋构成。

(3) 锚杆喷射混凝土联合支护　简称锚喷结构或锚喷支护，即喷射混凝土与锚杆相结合的一种支护结构，也称喷锚支护。

护坡工程主要是指对滑坡坡面的加固处理，目的是防止地表水冲刷和渗入坡体。对于黄土和膨胀土滑坡，坡面加固护理较为有效。具体方法有混凝土方格骨架护坡和浆砌片石护坡。在混凝土方格骨架护坡的方格内铺种草皮，不仅绿化，更可起到防冲刷作用。

4. 锚杆挡墙

这是近 20 年来发展起来的新型支挡结构，它可节约材料，成功地代替了庞大的重力式挡墙。锚杆挡墙如图 7-44 所示，由锚杆、肋柱和挡板三部分组成。滑坡推力作用在挡板上，最后通过锚杆传到滑动面以下的稳定地层中，靠锚杆的锚固力来维持整个结构的稳定性。

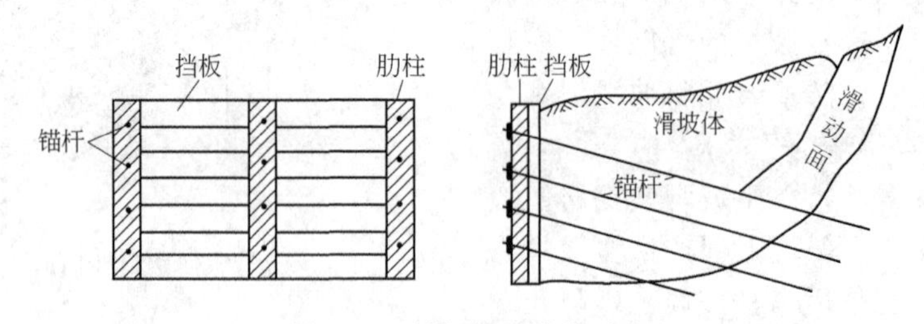

图 7-44 锚杆挡墙结构形式

由上述受力情况，锚杆挡墙设计的成败，关键在于锚杆长度的设计。锚杆长度由两部分组成，即有效长度和结构长度；有效长度系埋于滑动面以下的长度，应根据地层情况和锚杆的抗拔力决定。

(三) 稳坡工程措施

1. 减重与加载（或称削坡压脚，又称减荷反压）

通过削方减载或填方加载方式来改变滑体的力学平衡条件，也可以达到治理滑坡的目的。但这种措施只有在滑坡的抗滑地段加载，主滑地段或牵引地段减重才有效果。

减重（或称减荷）的目的在于降低坡体的下滑力，主要方法是将滑坡后缘的岩土体削去一部分或将较陡的斜坡减缓。但是单纯的减重（减荷）往往不能起到阻滑的作用，最好与坡脚加载（或称反压）措施结合起来，即将减荷下的土石堆堆于斜坡或滑体前缘的阻滑部位，使之既起到降低下滑力，又增加抗滑力的良好效果（图 7-45），这种措施对防治推动式滑坡效果较好。曾经有人计算过，如果将滑动体积的 4%从坡顶移到坡脚，那么滑坡的稳定性就可增大 10%，但这种方法不是所有情况都适用，如果只减重不加载，或减重不当，还会加剧滑坡的发展。该种方法主要用于滑坡处于头重脚轻的情况下，或滑面不深，上陡下缓，滑动后壁及两侧有岩层外露或土体稳定不可能继续向上发展的滑坡。

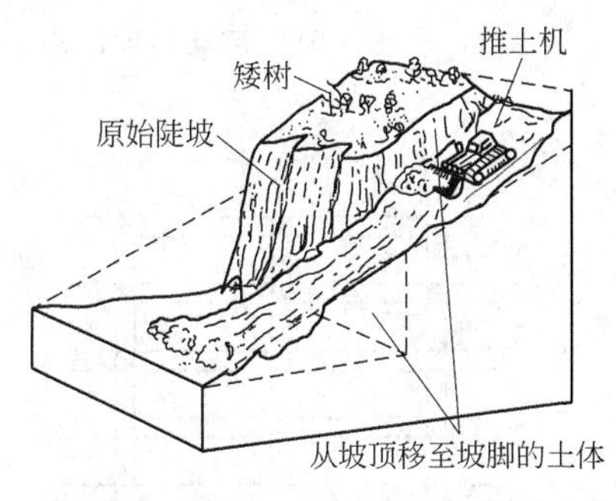

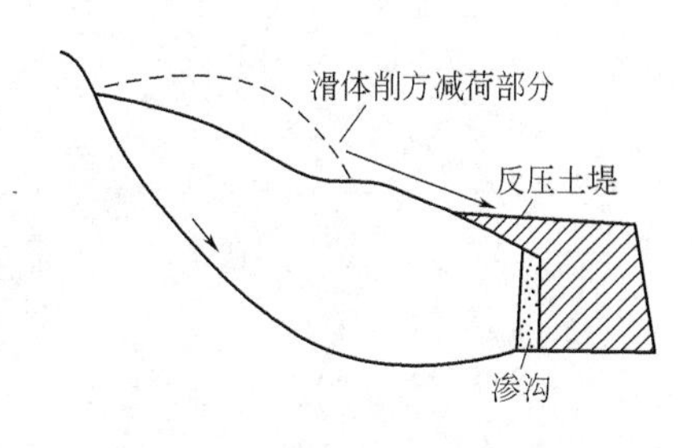

图 7-45　减重与加载（削坡压脚）示意图

2. 把斜坡修建为山坡阶地或梯田

对于特长或特陡的斜坡，特别是滑体坡脚受到掏蚀或改变的滑坡，把斜坡修建成人为山坡阶地（图 7-46）或梯田，能获得较好的防滑效果。该法能有效地阻止积累坡长应力，有效地减少滑坡危险，但必须设计得易于保养，而且必须有疏干设施相配套。

3. 生物工程

生物工程就是在斜坡上种草、种树，保护植被等，以稳固斜坡。

植被是斜坡稳定性的重要因素，主要原因是：①植被对滑坡段水均衡的变化起巨大的作用；②植被可保护斜坡不发生深层冻结，其根系系统可机械地加固滑坡段的土石结构，为斜坡物质提供了一种明显的内聚力；③植被提供了一个保护层，缓冲了雨滴对斜坡的冲击，保护它们不受雨雪水的冲蚀；④植被增加了斜坡的重量。采用种植草皮、植树造林等植物绿化措施防治滑坡已取得巨大的成就。所以生物工程措施，是一项既经济又有效的治本措施，具有投资少、收益快、易被群众接受等优点。

图 7-46　山坡阶地化稳定岩石边坡

4. 护坡工程（简称护坡）

具体来说，护坡工程（简称护坡）主要包括坡面防护和冲刷防护等。主要是防护易受自然因素影响而破坏滑移的土质边坡和岩石边坡，常用的护坡措施有：种草、铺草皮、植树、抹面、勾缝防渗、灌浆、堵漏和石砌护坡、护面墙等。其中在边坡上种植草皮、设置截水沟（或称天沟）和树枝状排水沟是排除滑坡体内的地面水最常用的措施（图 7-47）。如果滑坡体前缘的路基边坡有地下水均匀分布或坡面大片潮湿的，可修建边坡渗沟，其平面形状多为分支渗沟，分支渗沟可以连接成网状布置（图 7-48）。

实际工程实践中，也常采用格栅与锚索（锚固）相结合的护坡工程措施（图 7-49、图 7-50）。

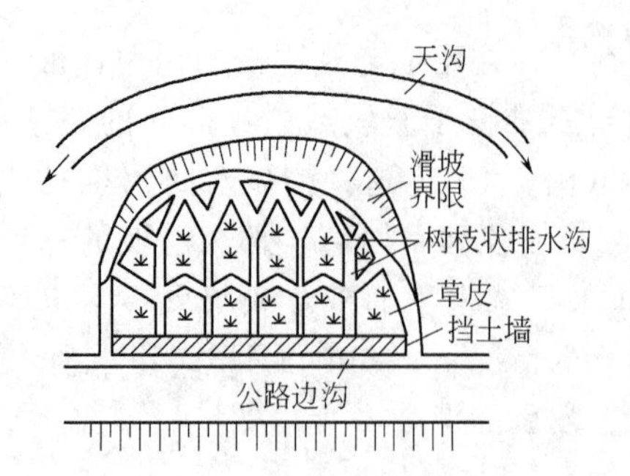

图 7-47　边坡截水沟与排水沟布置

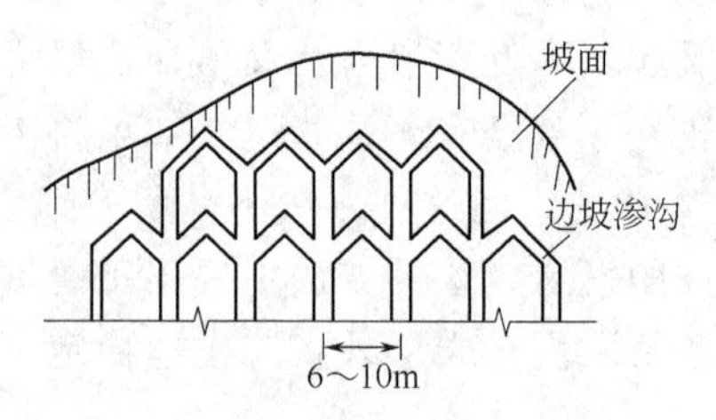

图 7-48　网状边坡渗沟

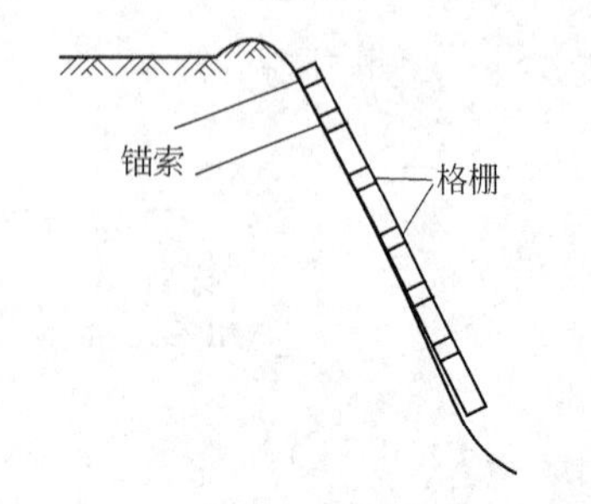

图 7-49　格栅护坡平面布置示意图

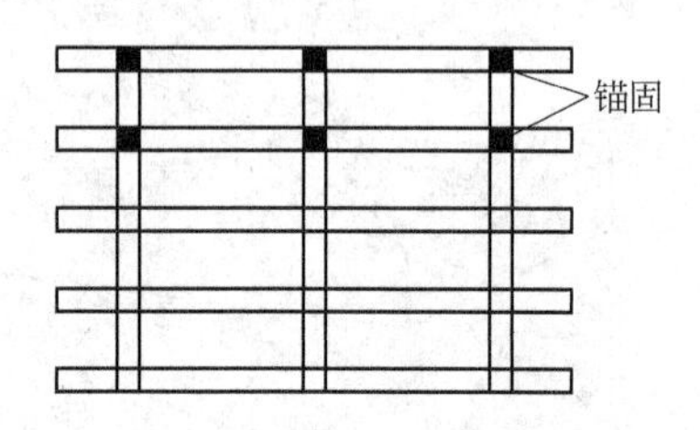

图 7-50　格栅平面结构示意图

（四）固化工程措施

固化工程，主要是以改善岩土性质，提高岩土体的抗滑能力为目的，它也是防治斜坡变形破坏的一种有效措施。常用方法有以下几种。

（1）灌浆法　一般是采用高强度等级快速凝固水泥、石灰以及化学物质水玻璃、造纸废液副产品铬木素、丙凝、氰凝、丙强、尿醛树脂等等，灌入滑动带及其上下部位的裂隙中，以提高土的密实性和强度，稳定土体。对于岩体滑坡，也可采用此法提高滑面上的强度。

（2）焙烧法　焙烧法是利用导洞焙烧滑坡脚部的滑带土，使之形成地下“挡墙”而稳定滑坡的一种措施。用焙烧法治理滑坡，导洞须埋入坡脚滑动面以下 0.5～1.0m 处。为了使焙烧的土体呈拱形，导洞的平面最好按曲线或折线布置（图 7-51）。导洞焙烧的温度，一般土为 500～800℃。通常用煤和木柴作燃料，也可以用气体或液体作燃料。焙烧程度应以塑性消失和在水的作用下不致膨胀和泡软为准。利用焙烧法可以治理一些土质滑坡（图 7-52）。用煤焙烧沙黏土时，当烧土达到一定温度后，沙黏土会变成像砖块一样，具有相当高的抗剪强度和抗水性，同时地下水也可从被烧的土裂缝中流入坑道而排出。

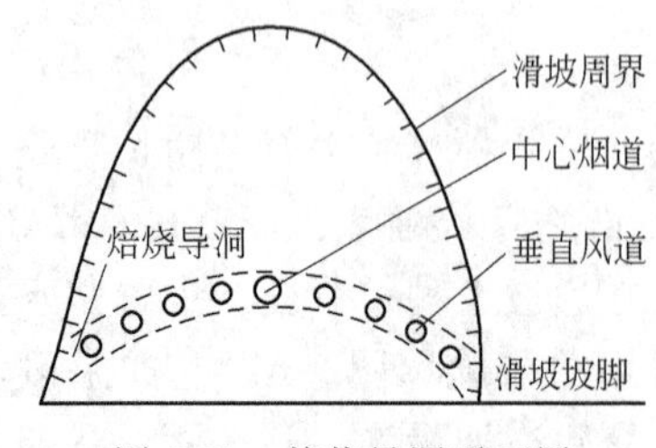

图 7-51　焙烧导洞平面图

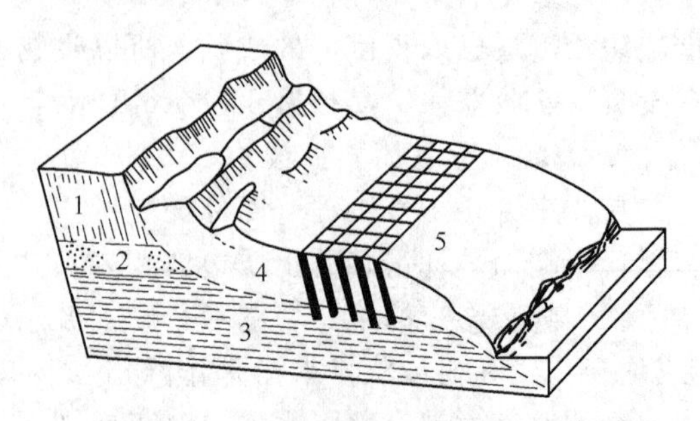

图 7-52　焙烧法加固滑坡示意图

（据贝利斯，1957）

1—可塑性黏土；2—沙层；3—黄土状亚黏土；4—滑坡体；5—焙烧部分

(3) 电渗排水　电渗排水是利用电场作用而把地下水排除，达到稳定滑坡的一种方法。这种方法最适用于粒径0.05～0.005mm的粉质土的排水，因为粉土中所含的黏土颗粒在脱水情况下就会变硬。施工的过程是：首先将阴极和阳极的金属桩成行地交错打入滑坡体中，然后通电和抽水。一般以铁和铜桩为负极，铝桩为正极。通电后水即发生电渗作用，水分从正极移向由一花管（过滤管）组成的负极，待水分集中到负极花管（过滤管）之后，就用水泵把水抽走。该方法耐久性差，只能作为临时措施。

(五) 绕避（或避让）

绕避，就是回避，或避让。对大型滑坡或某些不易治理的滑坡，在许多情况下，耗费巨资而又不能根本解决问题时，最好是合理绕避或避让，这是最安全的选择。

绕避属于预防措施而非治理措施。对于大型滑坡或滑坡群的防治，由于工程难度大，防治工程造价高，工期长，有时不得不采取绕避的方式来预防滑坡灾害。对于线路绕避，有时也要修建工程以便线路通过，或在滑床下以隧道通过，或在滑坡前缘外以旱桥通过，也可以跨河将线路移到对岸较稳定地段。

防御绕避措施一般适用于线路工程（如铁路、公路）。当线路遇到严重不稳定斜坡地段，处理很困难时，可考虑采用此措施。具体工程措施有：明洞和棚洞［图7-9(d)、(e)］，外移作桥和内移作隧（图7-53）等。

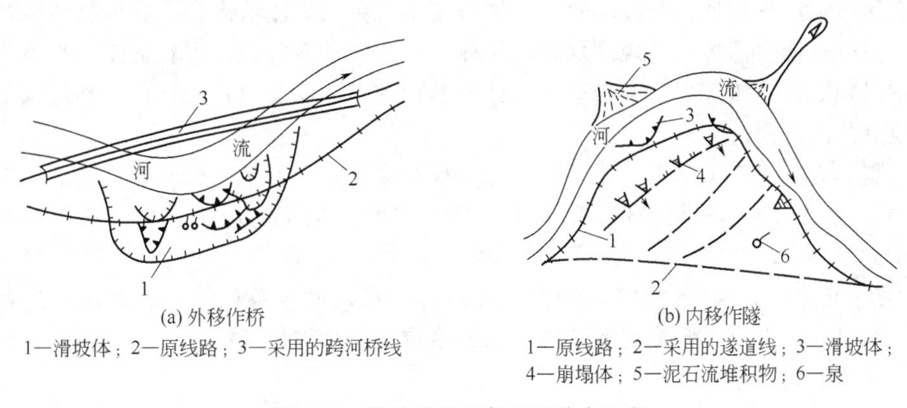

(a) 外移作桥
1—滑坡体；2—原线路；3—采用的跨河桥线

(b) 内移作隧
1—原线路；2—采用的遂道线；3—滑坡体；4—崩塌体；5—泥石流堆积物；6—泉

图7-53　铁路线绕避斜坡不稳定地段

上述各项措施，可根据具体条件选择采用，有时可采取综合治理措施。

总之，滑坡作为一种常见地质灾害，其产生的地质条件、影响因素、运动机理复杂多变，预测预报困难，治理费用昂贵，一直是世界各国研究的重要地质工程问题之一。近20年来，特别是“国际减灾十年活动”开展以来，国际上研究和防治滑坡灾害空前活跃，防治工程措施也在不断完善和发展。如地下排水工程开始大量采用平孔排水和虹吸排水，拦挡工程（支挡工程）发展为大直径抗滑桩、锚索、锚索抗滑桩、微型桩群、全埋式抗滑桩、悬臂式抗滑桩和土钉墙等，这些治理效果好、工程费用合理的新技术措施得到了广泛的应用。

第四节　泥　石　流

一、泥石流及其特征

(一) 泥石流及其一般特征

泥石流是由于降水（暴雨、积雪、融化等）发生在山区沟谷或山坡上的一种夹带大量泥沙、石块等固体物质的暂时特殊洪流。一般地说，泥石流的组成是水体和岩石破坏产物。泥石流属固液两相颗粒流，是山区特有的一种自然现象，也是山区特有的一种突发性的地质灾害，这是地质、地貌、水文、气象、植被等自然因素和人为因素综合作用的结果。泥石流是在松散的固体物质来源丰富和地形条件有利的前提下，通过暴雨、融雪、冰川、水体溃块等因素的激发而产生的。

泥石流暴发过程中，有时山谷雷鸣、地面震动，有时浓烟腾空、巨石翻滚、混浊的泥石流沿着陡峻的山涧峡谷冲出山外，堆积在山口，漫流遍地。

泥石流活动过程与一般山洪活动的根本区别，是这种流体中固体物质含量很大，有时可超过水体量，流体体积密度一般在1.2～2.3t/m^{3}之间。泥石流含有大量泥沙块石，其活动特点是：发生突然、来势凶猛、历时短暂、运动极快、大范围冲淤、破坏力极强、复发频繁等。

泥石流具有强大的破坏力，往往在短暂的时间内造成工程设施、农田和生命财产的巨大损失，对山区铁路、公路的灾害尤为严重，所以它是威胁山区居民生存和工农业建设的一种突发性地质灾害。

泥石流是介于水流和土石体滑动之间的运动现象。泥沙含量很少的泥石流，与一般的山洪差不多，甚至难于区分；而泥沙含量很多的泥石流，又与土石滑体非常相似，没有截然的界限。当固体物质含量低，黏度小时，流体显现不规则的紊流状态；当固体物质含量高，黏性大时，流体近似塑性体，呈现有规则的层流状态，流动有阵性。泥石流流体很不稳定，流体性质不仅随固体物质性质、补给量与水体补给量的增减而变化，而且在运动过程中，又随着时间地点的改变而改变。

泥石流具有如下三个基本性质，并以此与挟沙水流和滑坡相区分。

① 泥石流具有土体的结构性，即具有一定的抗剪强度（τ_0），而挟沙水流的抗剪强度等于零或接近于零。

② 泥石流具有水体的流动性，即泥石流与沟床面之间没有截然的破裂面，只有泥浆润滑面，从润滑面向上有一层流速逐渐增加的梯度层；而滑坡体与滑床之间有一破裂面，流速梯度等于零或趋近于零。

③ 泥石流一般发生在山地沟谷区，具有较大的流动坡降。

泥石流体是介于液体和固体之间的非均质流体，其流变性质既反映了泥石流的力学性质和运动规律，又影响着泥石流的力学性质和运动规律。无论是接近水流性质的稀性泥石流，还是与固体运动相近的黏性泥石流，其运动状态介于水流的紊流状态和滑坡的块体运动状态之间。泥石流中含有大量的土体颗粒，具有惊人的输移能力和冲淤速度。挟沙水流几年，甚至几十年才能完成的物质输移过程，泥石流可以在几个小时，甚至几分钟内完成。由此可见，泥石流是山区塑造地貌最强烈的外营力之一，又是一种严重的突发生地质灾害。

（二）泥石流的径流特征与活动特点

从运动角度来看，泥石流是水和泥沙、石块组成的特殊流体，因体，泥石流具有特殊的密度、流态、流速、流量及运动特征。

1. 泥石流的密度与结构

泥石流中含有大量固体物质，所以它的密度较大，达1.2～2.4t/m^3。泥石流密度的大小，取决于水体和固体特质含量的相对比例以及固体物质中细颗粒成分的多少。固体物质百分含量愈高和细颗粒成分愈多，则泥石流的密度愈大。此外，沟谷纵坡降的大小也与泥石流密度有一定关系。因为沟谷纵坡降愈大，冲刷力愈强，可促使愈多的固体物质加入。

泥石流有较大的密度，所以它的浮托力大，搬运能力很强，大石块可像航船一样在泥浆上漂浮而下，甚至上千吨的巨石也能被搬出山口。它常以惊人的破坏力摧毁前进道路上的障碍物，使各种工程设施和生命财产毁于一旦。

另外，由于泥石流运动时常有阻塞特性，故流动不均匀，往往形成阵流，这就是泥石流的脉动性，有时泥石流阵流的前峰高达几米至几十米，冲击力极大。

泥石流体是主要的结构，是由石块、沙粒和泥浆所共同组成的格架结构。石块在浆体中可有悬浮、支承和沉底三种状态，并随着石块含量的增加和粒径的变化，可分为星悬型、支承型、叠置型和镶嵌型等四种类型（图 7-54）。它们的冲击强度依次增加，尤其是镶嵌型格架结构，当运动时整体性强，石块间不会发生猛烈的撞击，普遍发生力的传递，所以它的冲击力最大，危害最为严重。

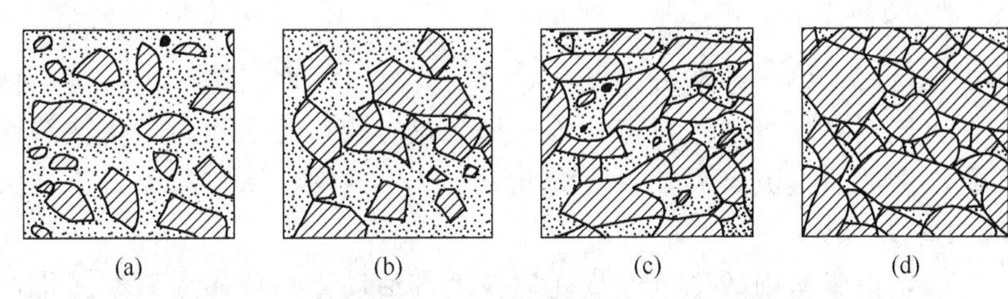

图 7-54　泥石流中石块、沙粒、泥浆所组成的格架结构的四种类型

（a）星悬型；（b）支承型；（c）叠置型；（d）镶嵌型

2. 泥石流的流态特征

泥石流是固相、液相混合流体，泥石流的液态主要受水体量与固体物质的比值以及固体物质的粒径级配所制约。随着物质组成不同及稠度的不同，流态也发生变化。据研究，泥石流主要流态有紊动流、扰动流和蠕动流等三种。

一般，稀性泥石流多呈紊动流，黏性泥石流多为扰动流，但在沟床顺直纵坡平缓而石块又较小时，可为蠕动流，而且，随着泥石流沟床条件的变化，这三种流态是可以相互转化的。

具体来说，细颗粒物质少的稀性泥石流，流体容量低，黏度小，浮托力弱，呈多相不等速紊流运动的石块流速比泥沙和浆体流速小，石块呈翻滚、跃移状运动。这种泥石流的流向不固定，容易改道漫流，有股流、散流和潜流现象。

含细颗粒多的黏性泥石流，流体容重高、黏度大、浮托力强，具有等速整体运动特征及阵性流动的特点。各种大小的颗粒均处于悬浮状态，无垂直交换分选现象。石块呈悬浮状态或滚动状态运动。泥石流流路集中，不易分散，停积时堆积物无分选性，并保持流动时的整体结构特征。

3. 流速、流量特征

泥石流流速不仅受地形控制，还受流体内外阻力的影响。由于泥石流夹带较多的固体物质，本身消耗动能大，故其流速小于洪水流速。稀性泥石流流经的沟槽一般粗糙度比较大，故流速偏小。黏性泥石流含黏土颗粒多，颗粒间黏聚力大，整体性强，惯性作用大，故与稀性泥石流相比，流速相对较大。

泥石流流量过程线与降水过程线相对应，常呈多峰型。暴雨强度大、降雨时间长，则泥石流流量大；若泥石流沟槽弯曲，易发生堵塞现象，则泥石流阵流间歇时间长，物质积累多，崩溃后积累的阵流流量大。

泥石流流量沿流程是有变化的，在形成区流量逐步增大，流通区较稳定，堆积区的流量则沿程逐渐减少。

4. 泥石流的直进性和爬高性

与洪水相比，泥石流具有强烈的直进性和冲击力。

由于泥石流体携带了大量固体物质，在流途上遇沟谷转弯处或障碍物时，受阻而将部分物质堆积下来，使沟床迅速抬高，产生弯道超高或冲起爬高，猛烈冲击而越过沟岸或摧毁障碍物，甚至截弯取直，冲出新道而向下游奔泻，这就是泥石流的直进性。一般的情况是，流体愈黏稠，直进性愈强，因此冲击力也愈大。

泥石流速度快，惯性力大，前进遇障碍阻挡时，可冲击爬高，在弯道处泥石流经常越过沟岸，摧毁障碍物，有时甚至截弯取直，有些情况下，翻越障碍而过；在弯道流动，凹岸泥石流面的超高显著，常使障碍物背面和凹岸坡成为潜在危险地带，常造成生命、财产损失。

5. 泥石流漫流改道

泥石流冲出沟口后，由于地形突然开阔，坡度变缓，因而流速减小，携带物质逐渐堆积下来。但由于泥石流运动的直进性特点，首先形成正对沟口的堆积扇，从轴部逐渐向两翼漫流堆积；待两翼淤高后，主流又回轴部。如此反复，形成支岔密布的泥石流堆积扇。

6. 泥石流的周期性

在同一个地区，由于暴雨的季节性变化以及地震活动等因素的周期性变化，泥石流的发生、发展也呈现周期性变化的规律。

二、泥石流的形成条件

泥石流现象几乎在世界上所有的山区都有可能发生，尤以新构造运动时期隆起的山系最为活跃，遍及全球50多个国家。我国是一个多山的国家，山地面积广阔，又多处于季风气候区，加之新构造运动强烈、断裂构造发育、地形复杂，从而使我国成为世界上泥石流最发育、分布最广、数量最多、危害最重的国家之一。

泥石流的形成，必须同时具备三个基本条件：①有利于贮集、运动和停淤的地形地貌条件；②有丰富的松散土石碎屑固体物质来源；③短时间内可提供充足的水源和适当的激发因素。

（一）地形地貌条件

地表地貌条件制约着泥石流的形成、运动、规模等特征，主要包括泥石流沟谷的沟谷形态、集水面积、沟坡坡度与坡向和沟床纵坡降等。

泥石流既是山区地貌演化中的一种外营力，又是一种地貌现象或过程。泥石流的发生、发展和分布无不受到山地地貌特征的影响。我国的泥石流比较集中地分布于全国性三大地貌阶梯的两个边缘地带。这些地区地形切割强烈，相对高差大，坡地陡峻，坡面土层稳定性差，地表水径流速度和侵蚀速度快。这些地貌条件有利于泥石流的形成。

地形陡峻、沟谷坡降大的地貌条件不仅给泥石流的发生提供了动力条件，而且在陡峭的山坡上植被难以生长，在暴雨作用下，极易发生崩塌或滑坡，从而为泥石流提供了丰富的固体物质。

泥石流总是发生在陡峻的山岳地区，一般是顺着纵坡降较大的狭窄沟谷活动，可以是干涸的嶂谷、冲沟，也可以是有水流的河谷。

根据泥石流发育区的地貌特征，一般可划分为泥石流的形成区、流通区和堆积区三个部分（图7-55），沟谷也相应具备三种不同形态，即典型的泥石流可划分为形成区、流通区和堆积区三个区段（图7-56）。

图 7-55　泥石流的地貌结构

Ⅰ—形成区；Ⅱ—流通区；Ⅲ—堆积区

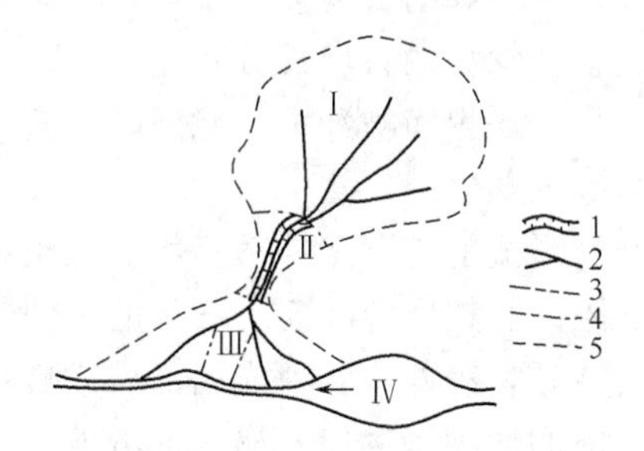

图 7-56　典型泥石流流域示意图

Ⅰ—泥石流形成区；Ⅱ—泥石流流通区；
Ⅲ—泥石流堆积区；Ⅳ—泥石流堵塞河流形成的湖泊；
1—峡谷；2—有水沟床；3—无水沟床；
4—分区界线；5—流域界线

1. 泥石流形成区（上游）

泥石流形成区（上游）多为三面环山、一面出口的半圆形宽阔地段，周围山坡陡峻，多为30°～60°的陡坡。其面积大者可达数平方公里至数十平方公里。坡体往往光秃破碎，无植被覆盖。斜坡常被冲沟切割，且在崩塌、滑坡发育。这样的地形条件，有利于汇集周围山坡上的水流和固体物质。

2. 泥石流流通区（中游）

泥石流流通区是泥石流搬运通过的地段，多为狭窄而深切的峡谷或冲沟，谷壁陡峻而纵坡降较大，且多陡坎和跌水。所以泥石流物质进入本区后具极强的冲刷能力，将沟床和沟壁上的土石冲刷下来携走。流通区纵坡的陡缓、曲直和长短，对泥石流的破坏强度有很大影响。当纵坡陡长而顺直时，泥石流流动畅通，可直泄下游，造成很大危害。反之，则由于易堵塞停积或改道，因而削弱了能量。

3. 泥石流堆积区（下游）

泥石流堆积区是泥石流物质的停积场所，一般位于山口外或山间盆地边缘，地形较平缓。由于地形豁然开阔平坦，泥石流的动能急剧变小，最终停积下来，形成扇形、锥形或带形的堆积体，典型的地貌形态为洪积扇，其地面往往垄岗起伏，坎坷不平，大小石块混杂。由于泥石流复发频繁，所以堆积扇会不断淤高扩展，到一定程度逐渐减弱泥石流对下游地段的破坏作用。

以上所述的是典型泥石流流域的情况。由于泥石流流域的地形地貌条件不同，有些泥石流流域上述三个区段不易明显分开，甚至流通区和堆积区有可能缺失。

（二）地质条件（物源条件）

地质条件决定了松散固体物质的来源，也为泥石流活动提供动能优势，故地质条件实际上就是物源条件。

泥石流强烈活动的山区，都是地质构造复杂、岩石风化破碎、新构造运动活跃、地震频发、崩滑灾害丛生的地段。这样的地段，既为泥石流活动准备了丰富的固体物质来源，又因地形高耸陡峻、高差对比大，因而具有强大的动能优势。例如，南北向地震带是我国最强的地震带，也是我国泥石流最活跃的地带，其中的东川小江泥石流、西昌安宁河泥石流、武都白龙江泥石流和天水渭河泥石流，都是我国最著名的泥石流带。

在泥石流形成区内有大量易于被水流侵蚀冲刷的疏松土石堆积物，乃是泥石流形成的最重要条件。堆积物的成因多种多样，有重力堆积的、风化残积的、坡积的、冰碛的或冰水沉积的等类型。它们的粒度成分相差悬殊，巨大的漂砾和细小的粉、黏粒互相混杂，一旦湿化饱水后，易于坍塌而被冲刷。此外，泥石流源地常见的基岩，往往是片岩、千枚岩、泥页岩和凝灰岩等软弱岩层。

泥石流形成的物源条件系指物源区土石体的分布、类型、结构、性状、储备方量和补给的方式、距离、速度等。而土石体的来源又决定地层岩性、风化作用和气候条件等因素。

从岩性看，第四系各种成因的松散堆积物最容易受到侵蚀、冲刷。因而山坡上的残坡积物、沟床内的冲洪积物以及崩塌、滑坡所形成的堆积物等都是泥石流固体物质的主要来源。厚层的冰碛物和冰水堆积物则是我国冰川型、融雪型泥石流的固体物质来源。

就我国泥石流物源区的土体来说，虽然成因类型很多，但依据其性质和组成结构可划分为 4 种类型：①碎石土；②沙质土；③粉质土；④黏质土。沙质土广泛分布于沙漠地区，但因缺少水源很少出现水流，而多在风力作用下发生风沙流；粉质土主要分布于黄土高原和西北、西南地区的山谷内，在水流作用下可形成泥流；黏质土以红色土为代表，广布于我国南方地区，是这些地区泥石流细粒土的主要来源。

板岩、千枚岩、片岩等变质岩和喷出岩中的凝灰岩等属于易风化岩石，节理裂隙发育的硬质岩石也易风化破碎。这些岩石的风化物质为泥石流提供了丰富的松散固体物质来源。

(三) 气象水文条件 (水源条件)

水不仅是泥石流的组成部分，也是松散固体物质的搬运介质。形成泥石流的水源主要有大气降水、冰雪融水、水库溃决水、地表水等。我国泥石流的水源主要由暴雨形成，由于降雨过程及降雨量的差异，形成明显的区域性或地带性差异。如北方雨量小，泥石流暴发数量也少；南方雨量大，泥石流较为发育。

泥石流形成必须有强烈的地表径流，它为暴发泥石流提供动力条件。泥石流的地表径流来源于暴雨、冰雪融化和水体溃决等。由此可将泥石流划分为暴雨型、冰雪融化型和水体溃决型等类型。

我国除西北、内蒙古地区外，大部分地区受热带、亚热带湿热气团的影响，由季风气候控制，降水季节集中。在云南、四川的山区，受孟加拉温热气团影响较强烈，在西南季风控制下，夏秋多暴雨，降水历时短，强度大。如云南东川地区一次暴雨 6h 降水量 180mm，最大降雨强度达 55mm/h，形成了历史上罕见的暴雨型泥石流。在东部地区则受太平洋暖湿气团影响，夏秋多台风和热带风暴。如 1981 年 8 号强台风侵袭东北，使辽宁老帽山地区下了特大暴雨，6h 降水量 395mm，其中最大降雨强度为 116.5mm/h，爆发了一场巨大的泥石流。暴雨型泥石流是我国最主要的泥石流类型。

有冰川分布和大量积雪的高山区，当夏季冰雪强烈消融时，可为泥石流提供丰富的地表径流。西藏东部的波密地区、新疆的天山山区即属这种情况。在这些地区，泥石流形成有时还与冰川湖的突然溃决有关。

由上述可知，泥石流发生有一定的时空分布规律。在时间上，多发生在降雨集中的雨汛期或高山冰雪强烈消融的季节，主要是在每年的夏季。在空间上，多分布于新构造活动强烈的陡峻山区。

另外，在自然条件作用下，由于人文活动往往会导致地质和生态环境恶化，更促使泥石流活动加剧。山区滥伐森林，不合理开垦土地，破坏植被和生态平衡，造成水土流失，并可产生大面积山体崩塌和滑坡，为泥石流爆发提供了固体物质来源。川西和滇东北山区成为我国最严重泥石流活动区的另一重要原因，就是由于近一个多世纪来滥伐森林资源而导致植被退化。此外，采矿堆渣、水库溃决等，也可招致泥石流发生。

最后指出，泥石流与滑坡、崩塌的关系也十分密切。易发生滑坡、崩塌的区域也易发生泥石流，只不过泥石流的爆发多了一项必不可少的水源条件。再者，崩塌和滑坡的物质经常是泥石流的重要固体物质来源。滑坡、崩塌还常常在运动过程中直接转化为泥石流，或者滑坡、崩塌发生一段时间后，其堆积物在一定的水源条件下生成泥石流，即泥石流是滑坡和崩塌的次生灾害。泥石流与滑坡、崩塌有着许多相同的诱发因素。

三、泥石流的分类及特征

泥石流分类，是对泥石流本质的概括。泥石流的分类方法很多，依据各异，各种分类都从不同的侧面反映了泥石流的某些特征。尽管分类原则、指标和命名等各不相同，但每一个分类方案均具有一定的科学性和实用性，下面仅对几种主要的分类方案加以简要阐述。

1. 按泥石流的成因分类

人们往往根据起主导作用的泥石流形成条件，来命名泥石流的成因类型。在我国，科学工作者将泥石流划分为降雨型泥石流和冰川型泥石流两大成因类型。另外，还有一类共生型泥石流。

(1) 降雨型泥石流　是指在非冰川地区，以降雨为水体来源，以不同的松散堆积物为固体物质补给来源的一类泥石流。根据降雨方式的不同，降雨型泥石流又分为暴雨型、台风雨型和降雨型三个亚类。

(2) 冰川型泥石流　是指分布在高山冰川积雪盘踞的山区，其形成、发展与冰川发育过程密切相关的一类泥石流。它们是在冰川的前进与后退、冰雪的积累与消融，以及与此相伴生的冰崩、雪崩、冰碛湖溃决等动力作用下所产生的，又可分为冰雪水融型、冰雪消融及降雨混合型、冰崩-雪崩型及冰湖溃决型等亚类。

(3) 共生型泥石流　这是一种特殊的成因类型。根据共生作用的方式，它们包括了滑坡型泥石流、山崩型泥石流、湖岸溃块型泥石流、地震型泥石流和火山型泥石流等亚类。由于人类不合理经济-工程活动而形成的泥石流，称为“人为泥石流”，也是一种特殊的共生型泥石流。

2. 按泥石流流域形态分类

(1) 标准型泥石流　为典型的泥石流，流域呈扇形，流域面积较大，能明显地划分出形成区、流通区和堆积区（见图 7-56）。

(2) 河谷型泥石流（或称为沟谷型泥石流）　沟谷明显，沟长坡缓，流域呈狭长条形，其形成区多为河流上游的沟谷，固体物质来源较分散，沟谷中有时常年有水，故水源较丰富，流通区与堆积区往往不能明显分出（见图 7-57）。

(3) 山坡型泥石流　沟浅，坡陡，径流距离短，流域呈斗状，其面积一般小于 $1km^2$，无明显流通区，泥石流的发生和运动沿山坡或在坡面上进行，形成区与堆积区直接相连（图 7-58）。堆积物一般在坡脚或冲沟口，堆积物棱角明显。由于汇水面积不大，水源一般不充沛，多形成密度大、规模小的泥石流。

3. 按泥石流物质组成划分

(1) 水石流　一般含有非常不均匀的粗颗粒成分，如沙粒、石块等，黏土质细粒物质含量少，且它们在泥石流运动过程中极易被冲洗掉，堆积物分选性强，一般水石流型泥石流的堆积物常常是很粗大的碎屑物质。水石流的性质和形成类似山洪。

(2) 泥石流　它既含有很不均匀的粗碎屑物质，又含有相当多的黏土质细粒物质，颗粒

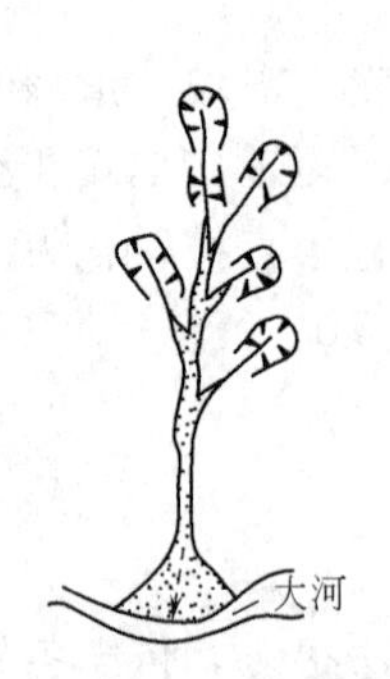

图 7-57 河谷型泥石流流域示意图

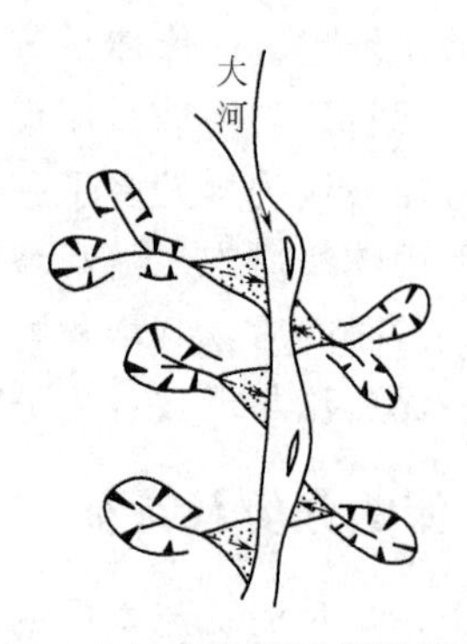

图 7-58 山坡型泥石流流域示意图

级配域宽，从 0.05mm 到几米的大漂砾。因具有一定的黏结性，所以堆积物常形成连接较牢固的土石混合物。这类泥石流在山区分布范围比较广泛。

(3) 泥水流 固体物质基本上由细碎屑和黏土物质组成，碎石和卵石颗粒很少，颗粒级配偏细，有稀性和稠性，呈黏泥状。此类泥石流主要分布在我国黄土高原地区。

4. 按泥石流流体性质分类

(1) 黏性泥石流 这类泥石流含有大量细粒黏土物质，固体物质含量占 40%～60%，最高可达 80%。水和泥沙、石块凝聚成一个黏稠的整体，具有很大的黏性。它的密度大 ($1.6\sim2.4t/m^3$)，浮托力强，当它在流途上经过弯道时，有明显的爬高和截弯取直作用，并不一定循沟床运动。

黏性泥石流在堆积区不发生散流现象，而是以狭窄条带状如长舌一样向下奔泻和堆积，堆积物的地面坎坷不平。停积时堆积物无分选性，且结构往往与运动时相同，很密实。

(2) 稀性泥石流 这类泥石流，水是主要成分，固体物质占 10%～40%，且细粒物质少。因此在运动过程中，水泥浆速度远远大于石块的运动速度，石块以滚动或跃移方式下泄。它具有极强的冲刷力，常在短时间内将原先填满堆积物的沟床下切成几米至十几米的深槽。

稀性泥石流在堆积区呈扇状散流，将原先的堆积扇切成条条深沟，停积后水泥浆慢慢流失，堆积扇表面较平坦。堆积物结构较松散，层次不明显，沿流途的停积物有一定的分选性。

以上是我国常见的四种泥石流分类方案。除此之外，还有：按水源类别划分为降雨型、冰川型、溃坝型，按泥石流的发育阶段划分为发展型泥石流、旺盛期泥石流、衰退期泥石流、停歇型泥石流，按泥石流的固体物质来源划分为滑坡泥石流、崩塌泥石流、沟床侵蚀泥石流、坡面侵蚀泥石流。

5. 泥石流的工程分类

我国《岩土工程勘察规范》(GB 50021—2001) 中，根据泥石流暴发频率，把泥石流划分为高频率泥石流沟谷和低频率泥石流沟谷，再根据破坏严重程度把每类又划分为三个亚类，详见表 7-6。

四、泥石流的危害

前已述及，泥石流尤其是灾害性泥石流（即能造成较严重经济损失和人员伤亡的泥石流），其主要特征表现为暴发突然，来势凶猛，冲击力强，冲淤变幅大，沟道摆动速度快、变幅大等，因而对人民生命财产和工程建设常造成毁灭性的破坏和影响。

表 7-6　泥石流的工程分类和特征

类	泥石流特征	泥域特征	亚类	严重程度	流域面积 /km^2	固体物质一次冲出量 /$\times 10^4 m^3$	流量 /(m^3/s)	堆积区面积/km^2
高频率泥石流沟谷Ⅰ	基本上每年均有泥石流发生；固体物质主要来源于沟谷的滑坡、崩塌。泥石流暴发雨强小于 2～4mm/10min；除岩性因素外，滑坡、崩塌严重的沟谷多发生黏性泥石流，规模大，反之，多发生稀性泥石流，规模小	多位于强烈抬升区；岩层破碎，风化强烈，山体稳定性差，滑坡、崩塌发育，植被差；沟床和扇形地上泥石流堆积新鲜，无植被或仅有稀疏草丛；黏性泥石流沟中、下游沟床坡度大于 4%	$Ⅰ_1$	严重	>5	>5	>100	>1
			$Ⅰ_2$	中等	1～5	1～5	30～100	<1
			$Ⅰ_3$	轻微	<1	<1	<30	—
低频率泥石流沟谷Ⅱ	泥石流暴发周期一般在10年以上；固体物质主要来源于沟床，泥石流发生时“揭床”现象明显；暴雨时坡面产生的浅层滑坡往往是激发泥石流形成的重要因素；泥石流暴发雨强一般大于 4mm/min；泥石流规模一般较大，性质有黏有稀	分布于各地构造区的山地；山体稳定性相对较好，无大型活动性滑坡、崩塌；中、下游沟谷往往切于老台地和扇形地内，沟床和扇形地上巨砾遍布；植被较好，沟床内灌木丛密布，扇形地多已辟为农田；黏性泥石流沟中、下游沟床坡度小于 4%	$Ⅱ_1$	严重	>10	>5	>100	>1
			$Ⅱ_2$	中等	1～10	1～5	30～100	<1
			$Ⅱ_3$	轻微	<1	<1	<30	—

注：1. 表中流量对高频率泥石流沟指百年一遇流量，对低频率泥石流沟指历史最大流量。

2. 泥石流的工程分类宜采用野外特征与定量指标相结合的原则，定量指标满足其中一项即可。

（一）泥石流的危害方式

1. 冲（冲击、冲刷、冲毁）

冲是指以巨大的冲击动力作用于建筑物或其他设施面造成的直接破坏。冲的危害方式有：冲刷、冲击、冲毁、磨蚀、揭底、拉槽、弯道泥位冲高、直进性爬高、山坡切蚀、坡脚冲蚀、河岸侧蚀等多种危害方式。其中，以冲刷、冲击危害最为常见。

（1）冲刷　泥石流的冲刷作用，在沟道的上游段以下切侵蚀作用为主，中游段以冲刷旁蚀为主，下游段在堆积过程中时有局部冲刷。①泥石流沟道上游坡度大、沟槽狭窄，随着沟床的不断冲刷加深，两侧岸坡坡度加大，临空面增高，沟槽两侧不稳定岩土体发生崩塌或滑坡而进入沟道，成为堵塞沟槽的堆积体；而后泥石流冲刷堆积体，再次刷深沟床。如此周而复始，山坡不断后退，进而破坏耕地和山区村寨。②泥石流中游沟段纵坡较缓，多属流通段，有冲有淤，冲淤交替。冲刷作用包括下蚀和侧蚀。黏性泥石流的侧蚀不明显，一般出现于主流改道过程中；稀性泥石流的侧蚀作用明显，主流可来回摆动。③泥石流沟道一般以堆积作用为主，但在某种情况下可出现强烈的局部冲刷。泥石流沟槽下游的导流堤在泥石流的侧蚀作用下时有溃决，从而酿成灾害。

（2）冲击　泥石流的冲击作用包括动压力、大石块的撞击力以及泥石流的爬高和弯道超高等能力。

泥石流具有强大的动压力、撞击力，其原因在于流体容重大、携带的石块大、流速快。处于泥石流沟槽的桥梁很容易受到泥石流强大的冲击力而毁坏。泥石流的爬高与弯道超高能力也是由泥石流强大的冲击力所引起的。

2. 淤（淤积、淤埋）

淤是指构筑物或地表被泥石流搬运停积下来的泥、沙、石淤积或淤埋。淤的危害方式主要有：淤积、淤埋、漫流、堵塞、堵河阻水、挤压河道，使河床剧烈淤高。

泥石流可淤塞桥涵、淤埋道路，直接危害工程效益和使用寿命等，其中淤埋（堆积）是造成泥石流灾害的最主要原因之一。

泥石流的淤积（堆积）作用主要出现于下游沟道，尤其多发生在沟口的堆积扇区。但在某些条件下，中、上游沟道亦可发生局部（或临时性）的淤积（堆积）作用。泥石流堆积扇的强烈淤积和淤积区的迅速扩大，还可堵塞它所汇入的主河道，在主河堵塞段上、下游造成次生灾害。

一般来说，泥石流的冲淤变化与下列因素密切相关：①水流。一般规律是涨水冲、退水淤；枯水期冲、洪水期淤；改道时冲、阻塞时淤；集中时冲、分散时淤；水深冲、水浅淤；流量大时冲淤变化大，流量小时冲淤变化小。②地形。一般表现为沟槽深窄时冲、宽浅时淤；沟槽卡口处冲、放宽处淤；外侧冲、内侧淤；由缓变陡处冲、由陡变缓处淤；坡度大时冲淤变化大，以冲为主，坡度小时冲淤变化小，以淤为主。③侵蚀基准面。由于侵蚀基准面常受河水位控制，因此，当主河水位上升时，以淤积为主，反之，以冲刷为主。④发育阶段。发育期淤多冲少；衰退期有冲有淤，由淤高向冲转变；停歇期以冲为主。

（二）泥石流的危害

中国泥石流分布广泛、活动强烈、危害严重。据调查统计，全国有 19 个省（直辖市、自治区），771 个县（市）有泥石流活动，泥石流分布区的面积约占国土总面积的 18.6%，有灾害性泥石流沟 8500 余条，每年因泥石流造成的损失约 3 亿元；四川、云南、西藏、甘肃、陕西、辽宁、台湾及北京等省（直辖市、自治区）泥石流危害最为严重。中国泥石流暴发频率之高、规模之大，远非世界其他国家所能比。如云南省东川县蒋家沟泥石流在治理前每年都要发生 10 次以上，最长的一次活动过程达 82h。

1. 泥石流对城镇的危害

山区地形以斜坡为主，平地面积狭小，平缓的泥石流堆积扇往往成为山区城镇和工矿企业的建筑用地。当泥石流处于间歇期或潜伏期时，城镇建筑和居民生活安全无恙，一旦泥石流暴发或复发，这些位于山前沟口泥石流堆积扇上的城镇将遭受严重危害。全国有 92 个县（市）级以上的城镇曾发生过泥石流灾害，其中以四川最多，约占 40%。四川省西昌市坐落于东、西河泥石流堆积扇上，近 100 年来，多次遭受泥石流危害，累积死亡人数达 1000 余人。解放以来，四川省喜德、汉源、宁南、普格、黑水、金川、南坪、得荣、宝兴、德格、泸定、乡城等 20 余座县城先后遭受泥石流灾害，泥石流冲毁或部分冲毁街道、房屋和其他建筑设施，死难人数少则几人，多则百余人，经济损失巨大。例如，1981 年四川省暴雨后出现多期百年难遇的泥石流灾害，死亡 386 人，直接经济损失 3 亿元。

又如，菲律宾南莱特省南部圣贝尔纳镇昆萨胡贡村，位于一条火山岩层的裂缝上，受众多断层的影响，岩石非常破碎。2006 年 2 月 17 日，由于两周连续暴雨，加之当地村民在附近山上滥砍乱伐和轻微地震，附近山体松动，雨水导致山体滑坡，进而引发特大泥石流，瞬间将村庄中 500 余座房屋和一所正在上课的小学全部吞收，大约 $1km^2$ 的村庄被泥浆掩埋，约 1700 人遭受灭顶之灾。

2. 泥石流对道路交通的危害

（1）泥石流对铁路的危害　我国遭受泥石流危害的铁路路段近千处，全国铁路跨越泥石流的桥涵达一千余处。1949～2005 年遭受较重的泥石流灾害 41 次，一般灾害 1483 次。其中，列车颠覆事件 11 起，死亡 100 人以上的重大事故 2 次，19 个火车站被淤埋 23 次。例如：1981 年 7 月 9 日四川甘洛利子依达沟泥石流，将一列正在隧道中驶出的客车的两辆机车和前两个车厢，连同桥梁，冲入大渡河，另两节车厢颠覆于桥下，死亡275人，中断行车16昼夜，损失2000万元。这是我国铁路史上最惨重的泥石流灾难。

(2) 泥石流对公路的危害　我国山区的公路，尤其是西部地区的公路，每年雨季经常因泥石流冲毁或淤埋桥涵、路基而断道阻车。川藏、川滇、甘川、川青、中尼、川黔等山区公路断道均为泥石流、山洪、滑坡所致。1985年四川培龙沟特大泥石流一次冲毁汽车80余辆，断道阻车长达半年多。有些遭受泥石流灾害严重的公路，甚至整个雨季都无法正常通车。

(3) 泥石流对山区内河航道的影响　泥石流对山区内河航道的影响分直接和间接两种形式。直接影响系指泥石流汇入河道，泥沙石块堵塞河道或形成险滩；间接影响为泥石流注入江河，增加江河含沙量，加速航道淤积，致使江面展宽，水深变浅，直至无法通航。

3. 泥石流对厂矿企业的危害

山区的许多厂矿建于泥石流沟道两侧河滩或堆积扇上，泥石流一旦暴发，就会造成厂毁人亡事故。我国西南地区有大量工厂因遭山洪泥石流的危害一直未能投入正常生产，经济损失巨大。例如：1989年7月10日华蓉山地区连降暴雨，山上发生崩塌、滑坡、大量固体物质被洪流携走，形成泥石流，冲毁了下游一市镇的数个厂矿和附近的村庄，死亡215人。

在矿山建设和生产过程中，由于开矿弃渣、破坏植被、切坡不当、废矿井陷落引起的地面崩塌、尾矿坝垮塌等原因，可使沟谷内松散土层剧增，雨季在地表山洪的冲刷下极易发生泥石流。例如：1994年7月11日，河南灵宝大西峪沟泥石流，造成51人死亡，倒塌房屋230间，并使我国大型金矿文峪金矿停产三个多月，经济损失共计1200多万元。又如，1996年8月3日河南嵩县祁雨沟金矿尾矿坝垮塌引发泥石流，造成36人死亡，500多间房屋被掩埋，近百亩耕地被毁，经济损失1290万元。

4. 泥石流对农田的危害

绝大多数泥石流对农田均有不同程度危害。泥石流对农田的危害方式有冲刷（冲毁）和淤埋两种方式。泥石流的冲刷危害集中于流域的上、中游地区，淤埋主要发生在下游地区。例如：1987年四川喜德县后山降暴雨，激发27条溪沟形成泥石流，淤埋上千亩农田，淤埋长度达4km。1972年四川冕宁罗王沟泥石流冲毁淤埋房屋7000余间，耕地500hm^2，死亡105人，造成重大生命财产损失。1972年7月27日，北京怀柔龙扒沟泥石流淤埋房屋100余间，耕地67hm^2。

泥石流还对跨越泥石流沟道的桥梁、渡槽、输电、输气、输油和通讯管线以及水库、电厂等水利水电工程建筑物造成危害。如成昆铁路新基古沟的桥梁、东川铁路支线达德沟桥梁等均遭泥石流冲毁。1975年四川米易水陡沟暴发泥石流，冲毁中游一座小水库，并在下泄中淤埋了成昆铁路的弯丘车站。又如，1970年5月26日，四川省冕宁县泸沽镇以东的盐井沟在暴雨的激发下，暴发泥石流，沟中弃渣与洪水混合物一起奔腾而下，冲出沟口后又斜穿公路注入孙水河，冲击河水并形成拍岸浪，将沿河数幢工棚瞬间冲毁，104人丧生。

5. 泥石流的次生灾害

除上述几方面的直接危害外，泥石流还可引发次生灾害。例如，如果泥石流体汇入河道，可能导致泥石流堵断河水，形成临时堤坝和堰塞湖，湖水位迅速上涨，造成大面积的淹没灾害，而临时堤坝溃决后又造成下游的洪涝灾害。由于支沟泥石流的汇入，主沟槽迅速淤积上涨，导致航道废弃和引水工程、水库工程报废等。有些河段甚至成为地上河，时常出现溃决与河流改道。泥石流活动还使流域中上游的森林植被破坏，流域水土流失，下游和干流江河河床淤浅，泄洪能力锐减，导致洪、旱灾害加剧。

五、泥石流的调查研究、判别与预测预报

（一）泥石流的调查研究

泥石流的野外调研是取得泥石流基本资料的重要手段，是判识泥石流沟的重要工作，是正确处理泥石流的科学依据。泥石流勘察工作的深度、细度和成果分析，关系着防治泥石流工程的成效。

野外实地调查的目的任务主要是：①充分认识各种泥石流形成环境与周边关系及其发生、发展过程和其历史的、现在的活动规律与规模；②判明激发泥石流的暴发因素、泥石流结构、流变特性，估计其发展趋势及其对自然环境和各种人为设施的破坏影响；③正确地进行泥石流分类，拟订相应的预测和最佳防治措施；④论证治理泥石流方案的可能性与可行性；⑤对于地处泥石流区域虽未产生过泥石流但又具有潜在能力的沟谷，应作出是否有可能成为泥石流沟的判识。判识依据有暴雨指标、地形特征、地质条件、不良地质体的松散固体物质数量级、植被覆盖度和人为活动影响等内容。

野外调研前应收集泥石流地区有关的历史资料、水文气象资料、相关地质资料、地形地貌资料、环境变化等资料，并结合卫星图片及航片判读，分析泥石流暴发的时空分布规律，泥石流形成的地质、地貌条件、泥石流分布与集中的特点；地震、暴雨、生物生态环境对泥石流形成的影响；历史上泥石流暴发的规模和活动规律、危害作用等。

泥石流野外调研对象主要是自然景观、水文气象特征、地质构造、不良地质体、松散固体物质堆积情况、沟道地形地貌、生物生态环境以及人类社会经济活动状况等。因此，泥石流流域路线调查和定位观测主要包括：泥石流水文调查、泥石流地形地貌调查、泥石流地质调查、人为活动调查。

1. 泥石流水文调查

最主要的是泥石流洪痕调查，在尽可能调查到的时期内，调查泥石流的总共发生次数，并排出其大小顺序，归纳泥石流发生的节律性规律，发生的最早最晚时间及其涨落过程和运动特征。应分别确定典型年洪水情况及其高度、泥石流坡度、发生日期、周期及其可靠性等。同时主要调查研究泥石流沟汇入主河流洪水位的涨落幅度，河槽的演变势态，冲淤变化速度以及侵蚀基面、高低水位相应的排泄泥石流的基面幅度以及影响泥石流发展的周边地势等。

山区地形是形成泥石流物体储备和流出特征的重要条件，坡度愈陡，山体愈易失稳，泥石流的发生和发展也愈快。因此，必须调查地形地势，山坡稳定性，沟谷发育程度，冲沟切割密度、宽度、形状，流域植被覆盖，水土流失情况，堆积区形态、面积，堆积物结构，冲淤过程。对于泥石流流域的形成区、流通区和堆积区，重点调查、搜集、核对其形成特征值，从地形地貌方面判识泥石流的类型特征和危害作用。

2. 泥石流地质调查

主要包括泥石流区域地质调查和泥石流流域地质调查两方面。

（1）泥石流区域地质调查　根据已有的区域地质资料，结合泥石流的分布状况和重大泥石流沟的特点，从宏观到微观，从区域到沟谷，具体分析泥石流的点、面、线关系及其相互作用和影响范围，归纳泥石流的个性与共性特征，判断泥石流的类型，概括区域泥石流的活动规律，提出区域泥石流的防治对策和重点泥石流沟治理措施。

（2）泥石流流域地质调查　包括对其形成区和堆积区的调查。

① 在形成区主要根据地质条件的分析据以判明泥石流形成区固体物质主要补给量和潜

在能力，从而判定泥石流的发展规模和走势，以及查明稳固性防治措施的工程地质条件。在流通区主要查明设置泥石流防治工程的工程地质条件，提出防治工程位置和类型的建议。

② 在堆积区泥石流流域地质调查主要查明泥石流扇的地缘条件的周边环境；查明泥石流堆积物的形态特征、纵横坡度、散布范围与规模以及沟道的演化情况、堆积物质组成成分、粒径沿程和剖面的沉积特征；查明泥石流扇上的人文活动和可能开发利用的条件和范围。据以判定泥石流沟的类型性质并拟订防害、抗害、救害和减害措施。

3. 人为活动调查

主要是为了查明人为活动而增加的松散物质和水源的情况，以及泥石流沟已成建筑物情况和泥石流沟天然植被覆盖结构层次和组合状态以及其演变过程，据以分析生态环境防治泥石流的可行性与作用。

在泥石流流域路线调查和定位观测期间，除收集密切相关的地形、地貌、植被、水文地质环境、构造条件等资料外，还应调查各次泥石流的某些参数，如泥石流泥深、流宽、流宽与河床比，漂砾大小、来源和堆积距，砾泥比，破坏建筑物等并以此估算泥石流破坏力等等。尤其是重视岩石碎屑风化程度和汇水面积、水文补给资源，以揭示泥石流产生机理。

（二）泥石流的判别

泥石流沟的判识问题，关系着山区经济建设的质量和速度，假如将非泥石流沟错判为泥石流沟，无疑要增大很多工程量，造成浪费。反之，若将泥石流沟漏判，则将后患无穷，甚至造成不可估量的损失，这种事例在我国已屡见不鲜。因此，正确判识泥石流沟，提高抗灾能力，减少隐患，具有特别重要的科学意义和经济价值。

泥石流沟的评判方法，主要还是根据泥石流的形成条件来分析判断的。近几十年来，通过国内许多单位的努力工作和不断实践，已取得了一些成果。其主要方法有：①泥石流多因素定量打分法；②暴雨泥石流沟简易判别法；③泥石流危险度区划法；④暴发泥石流的临界雨量法；⑤危险雨情区法；⑥固体物质聚集量法等等。但由于上述各类方法的野外工作量都较大，且多数还是对较典型泥石流沟的判识，因此，对似是而非的非典型泥石流沟（即潜伏性泥石流）则较难判断。因此，单凭形成泥石流三项基本条件来区别何者为泥石流沟、何者为清水流沟，这显然是不够充分的。所以，需要补充拟订一些条件来作为这两种沟谷区别的准则。

以下是供野外勘测调查时，区别非典型性泥石流沟（或潜伏性泥石流沟）与清水沟的判断条件。当然，大自然是千变万化的，某些沟谷从一些特征看，属于泥石流沟，而从另一些特征看，又不属于泥石流沟。在这种情况下，就要进行综合分析比较，不能机械套用。

非典型性泥石流沟（或潜伏性泥石流沟）的判别特征：

（1）环境特征　处于泥石流集中区域或位于零散分布的典型泥石流沟周边地区有形成泥石流的内因，尚需有效地激发外因。

（2）地貌特征　①有古泥石流地貌活动的沟谷；②山沟与主河汇合处无明显的堆积扇，但在偏下游方向有主河流挤向对岸，有堆积物形成急滩，其粒径、磨圆度、堆积特征、石块岩性均有异于主河床上下游一定范围内的分布性质与形态特征，这有可能是山沟泥石流堆积体被上游洪水切割后的残留物；③植被较差，水土流失现象趋向严重；④坡面下平整，欠稳定性；⑤床面粒径差异性大、欠固定，磨圆度较差；⑥沟形大，流量小。

（3）地质特征　区域地质构造影响大，流域还有局部构造存在，岩层较坚硬，但没有明显的不良地质体，有厚层堆积物而又欠稳定，有可能是较长间歇期泥石流的积零成整的过程。

(4) 固体物特征　磨圆度小，堆积物松散，粒径分选性差，石块无嵌固作用，床面粗化度小，耐冲性小，松散物质储量大于 10000m^3/km^2，流体密度有增大趋势，浆体稠度不稳定，有堵塞现象。

(5) 人为活动特征　人为活动有增无减，生物生态环境日趋恶化，不合理的砍伐，陡坡垦殖，水库塘堤质量低，渠道渗漏，开山修路，采矿弃渣等行为，已经或即将提供大量松散物质者，有可能引发成为泥石流沟。

(6) 地震与降雨特征　强地震加大暴雨是促进潜伏性泥石流发展的重要条件，调查时要综合分析泥石流沟的地震与降雨的组合形式，从而评估泥石流的发展进程。

(三) 泥石流的预测预报

泥石流预测、预报和警报的目的是预测泥石流的发生、发展变化和暴发时间，以便提前采取措施，保护国家和人民生命财产的安全。但不同预测类型的任务是不同的（表7-7）。

表 7-7　泥石流预测、预报、警报任务

类别	时　间	空　间	方法	指标	手　段	任　务
预测	1 年至 100 年	大、中、小流域	调查	观测	危险度区划与数据库	预先确定泥石流暴发的可能性
预报	几小时至 1 年	中、小流域	观测	临界值	暴雨过程观测等	泥石流暴发前发出通报
警报	几分钟至几十分钟	泥石流沟谷	监测	警戒值	地声、泥位、流速仪等	泥石流临灾前发出通报

1. 泥石流预测

泥石流预测主要根据预测范围内各泥石流沟固体物质的来源和积累程度、水的来源和数量、是否可达到激发泥石流发生的水量要求、各沟谷的发育阶段和暴发泥石流的频率等来预测地区、沟谷泥石流暴发的可能性和危险程度。泥石流暴发的危险度预测可采用定性和半定量评价方法进行。一般来说，地质构造越复杂、地壳活动越强烈，山高坡陡、地形越破碎，风化越严重，滑坡、崩塌等地质现象越发育，人类活动越强烈，即可定性认为泥石流暴发的频率越高，危险度就大；反之，则越低、越小。据此，经综合对比分析，即可相对划分出不同危险程度等级，进行危险程度区划。一般对轻度泥石流地区和沟谷宜采取水土保持、排水、减少固体物质积累，削弱水流汇聚和对固体物质的冲刷、侵蚀等，来防治泥石流暴发。极重度地区和沟谷一般都采取避让措施进行预防，只有在技术、经济可行，十分必要的情况下才采取工程措施进行治理。中度、重度地区和沟谷，在技术、经济可行的情况下，原则上都应采取工程措施进行治理，以保证整个地区的社会、经济持续发展，环境得到改善。

2. 泥石流预报与预警

(1) 预报　泥石流预报是在泥石流预测的基础上，选择那些极重度和重度危险地区或单条泥石流沟进行预报。对降雨型泥石流，预报的任务：首先要确定预报范围内激发泥石流发生的降雨临界值，它主要根据已有泥石流暴发前的降雨量观测值，进行统计获得，如四川冕宁盐井沟临界雨量为 64～67mm，四川甘洛利子依达沟为 60～70mm，云南东川蒋家沟为 50mm 等等。然后，根据地区气象预报的降雨量与临界降雨量进行对比，预报近期内泥石流发生的情况。为了提高泥石流预报的可靠性，作好降雨量预报是前提条件。

(2) 预警　在泥石流沟谷的形成区、流通区和堆积区分别设置监测点，对泥石流的活动过程进行监测，将泥石流开始起动、流动的情况，及时利用电话或无线电设备，传送到监测预报中心，发出警报，通知主管部门和政府，组织泥石流区人员及时撤离。

六、泥石流的防治

泥石流的发生、发展与危害，有其固有的规律。它是自然生态环境严重退化的产物，在山区人类活动日益增强的今天，成灾泥石流往往是自然过程与人类经济活动叠加的结果。随着山区经济的日益发展，泥石流灾害不断加剧，有效防治泥石流灾害，已成为发展山区经济、保障人民生命财产安全的一项重要任务。要使对泥石流灾害的防御取得更大的成效，一方面必须充分掌握其发生、发展和成灾的固有规律和条件，抓住主导因素，另一方面必须改善泥石流地区的生态环境和经济状况，泥石流灾害的防治应当同当地经济发展、国土整治与开发、环境保护和生态平衡有机结合起来，遵循生态规律、经济规律和自然、社会协调发展规律，促进山区经济和生态系统的良性循环。

(一) 防治原则

① 泥石流的防治，必须以防为主，以避为宜，以治为辅，防、避、治相结合，综合防治。同时，要善于因势利导，利用泥石流的活动规律，使防治系统运作自如，回归到大自然的良性循环中。要充分依靠科技进步，提高抗灾、防灾、减灾、救灾能力，达到减灾的目的。在许多情况下，泥石流作用增强的一个基本原则是具有较大汇水面积的破碎松散山坡遭到人类不合理的经济活动影响（如砍光山坡森林植被，陡峻山坡开荒，过度放牧，沿汇水沟谷堆放采矿废石堆等等）。因此，泥石流预防、治理措施应采取以防为主、防治结合的综合治理方针。所谓防，就是以生物措施为先导，辅以工程治理，逐渐减少或完全根治泥石流。泥石流治理要因势利导，顺其自然，就地论治，因害设防和就地取材，充分发挥排、拦、固防治技术特殊作用的有效联合。总之，对泥石流应进行全流域综合治理，对山、水、林等也应进行综合整治。

② 全面规划，突出重点，上游保、中游挡、下游导。泥石流治理需上、中、下游全面规划，各沟段有所侧重。a. 上游水源区以保为主，通过植树造林、修筑水库以减少水量、削减洪峰，抑制形成泥石流的水动力条件，减缓暴雨径流对坡面的冲刷，增强坡体稳定性，抑制冲沟发展；b. 中游以挡为主，修建拦沙坝、护坡、挡土墙等固定沟床，稳定边坡，减少松散土体来源，加速淤积速度，减缓沟床纵坡降，抑制泥石流进一步发展；c. 下游以导排为主，修建排导沟、急流槽和停淤场，防止泥石流对下游居民区、道路和农田的危害，以控制灾害的蔓延。

③ 工程措施与生物措施相组合。泥石流治理的工程措施与生物措施各有优缺点，在治理方案的选择上应综合考虑，各有兼顾。工程措施工期短、见效快、效益明显，但超过使用年限或出现超标准设计的流量时，工程将失效甚至遭受破坏。生物措施见效慢、稳定土层厚度浅，但时间越长效果越好，同时可恢复生态平衡。因此，在治理前期以工程措施为主，可稳定边坡、促进林木生长；治理后期以生物措施为主，生态效益明显，也可延长工程措施的使用年限。

④ 分清类别，因害设防。泥石流的形成机理不同，造成的危害方式也不同，治理对象的主次也应有所不同。对土力类泥石流宜以治土、治山为主，采用拦挡工程、固床工程和水土保持措施来稳定山坡，调节沟床纵坡，消除或减少松散土体来源。对水力类泥石流，则以治水为主，采用引、蓄水工程和水源涵养林来调节径流，削减洪峰。

鉴于泥石流危害状况和保护对象不同，治理方案和措施也应有所侧重。若保护对象集中分布于泥石流流域内的某一局部地带，则以排导工程为主，控制泥石流流势。对全流域的保护对象而言，需进行全流域综合治理，控制泥石流形成，消除泥石流危害。如果泥石流治理费用高于被保护建筑物的造价或使用价值，从经济效益的角度讲，则应搬迁甚至放弃受灾建筑物。

⑤ 因地制宜，就地论治，合理设计。泥石流防治工程的合理设计取决于对泥石流性质、形成过程、冲淤规律、流态特征和冲击过程的研究。一般来说，稀性泥石流的旁蚀和侧向堆积比黏性泥石流强烈，而黏性泥石流的局部下切和堆积能力又比稀性泥石流强。因此，稀性泥石流的导流堤须采用砌块石护面的土堤；而对于流体规模不大的黏性泥石流，在沟道顺直时可采用土堤。此外，在选定设计方案时，还需注意区域工程地质条件、材料条件、施工条件和技术条件等。

（二）防治措施

泥石流综合治理措施很多，一般归纳为两大类，即生物措施和工程措施（表 7-8），生物措施主要是植树造林、护坡、水土保持和修建坡面排水系统，防止坡面侵蚀、冲刷、破坏等。工程措施多采用上游保（保土固坡）、中游挡（修建拦挡工程，如拦渣坝、格栅坝、谷坊坝等）、下游导（修建导排工程，如排洪道、导流堤、急流槽等），同时减缓沟床纵坡等措施。下面分区段，对泥石流的防治措施进行简要介绍。

1. 泥石流形成区（上游）以生物措施为主，搞好水土保持

泥石流形成区（上游区）是全流域防治的重点地段。一般采用植树造林和护坡草被，来加强水土保持，并修建坡面排水系统调节地表径流，以防止沟源侵蚀。采取上述措施的目的，是为了减少或消除泥石流固体物质的补给来源，以控制泥石流的暴发。

（1）生物措施　泥石流治理的生物措施主要是指保护与营造森林、灌丛和草本植被，采用先进的农牧业技术以及科学的山区土地资源开发措施等。生物措施既可减少水土流失、削减地表径流和松散固体物质补给量，又可恢复流域生态平衡，增加生物资源产量和产值。因此，生物措施符合可持续发展的要求，是治理泥石流的根本性措施。

① 植被和林业措施。在泥石流频发区营造植物群落（植被）和森林水源涵养林、水土保持林、护床防冲林、护堤固滩林等，使其组成生物防护体系，既可削减泥石流土石体补给量，又可控制形成泥石流的水动力条件。如在该区营造水土保持林可增加地面植被覆盖率，调节地表径流，增强土层的稳定性，使其不受冲刷，水土不流失，并减少滑坡和崩塌的发生，从而控制或减少形成泥石流的土体和水体补给量。

② 农业措施。农业措施有农业耕作措施和农田基本建设措施两类。农业耕作措施包括沿等高线耕作、立体种植和免耕种植等，其主要作用在于减缓坡耕地的侵蚀作用，提高耕地的保水保土效能。农田基本建设措施是指对山区农田、引排水渠系和交通道路网的合理布局和全面规划。这既是社会经济发展的需要，也是防治泥石流灾害的需要。

③ 牧业措施。牧业措施包括适度放牧、改良牧草、改放牧为圈养、分区轮牧等。采取科学合理的牧业措施，既可缓解发展畜牧业与缺少草料的矛盾，间接地减轻泥石流源地过度放牧的压力，又有利于草地恢复和灌木林的营造，防止草场退化，增强水土保持能力，削弱泥石流的发育条件。

通常，生物防治措施具有应用范围广、投资省、效益高、风险小、防治作用持续时间长、能促进生态平衡、改善自然环境条件等特点和优势。但生物防治措施初期效益一般不够显著，需 3～5 年或更长时间才可发挥明显作用，在一些滑坡、崩塌等重力侵蚀现象严重的地段，单独依靠生物措施不能解决问题，必须与工程措施结合才能产生明显的防治效果。

（2）治理地表水　修筑排水沟系，如截水沟、排水沟等，以疏干土壤或不使土壤受浸湿；修建水库、水塘等。

表 7-8　泥石流综合治理措施一览表

总　目	分　目	细　目	主　要　作　用
生物措施	林业措施	水源涵养林 水土保持林 护床防冲林 护堤固滩林	涵养水源，减少地表径流，削减洪峰 控制侵蚀，减少水土流失 保护沟床，防止冲刷、下切 加固河堤，保护滩地，控制泥石流危害
	农业措施	等高耕作 立体种植 免耕种植 选择作物	减少水土流失 增加复种指数，扩大覆盖面积，减少地表径流 改善土壤结构，减少土壤侵蚀 选择水土保持效应好的作物，减少水土流失
	牧业措施	适度放牧 圈　养 分区轮牧 改良牧草	控制牧草覆盖率，减少水土流失 保护草场，减轻水土流失 防止草场退化，控制水土流失 提高产草率、覆盖率，减轻水土流失
工程措施	调蓄、引排治水工程	蓄水工程 引水、排水沟 截水沟 防御冰雪融化 拦沙坝、谷坊	调蓄洪水、消除或削减洪峰 引、排洪水，削减或控制下泄水量 拦截滑坡或水土流失严重地段的上方径流 提前融化冰雪，防止集中融化；加固或清除冰碛堤 拦蓄泥沙、固定沟床、稳定滑坡、抬高侵蚀基准
	治土工程	挡土墙 护坡、护岸、变坡 潜坝	稳定滑坡或崩塌体 加固边坡、岸坡，免遭冲刷 防止坡面冲刷 固定沟床，防止下切
	排导工程	导流堤 顺水坝 排导沟 渡槽、急流槽 明洞 改沟	排导泥石流，防止泥石流冲淤危害 调整泥石流流向，畅排泥石流 排泄泥石流，防止泥石流漫溢成灾 在道路上方或下方排泄泥石流，保障线路安全 道路以明洞形式从泥石流下通过，保证线路畅通 把泥石流出口改到邻沟，保护该沟下游建筑物安全
	停淤工程	停淤场 拦泥库	利用开阔的低洼地区停积泥石流体 利用宽阔平坦的谷地停积泥石流，削减下泄量
	防冲防渗治水工程	水改旱 水渠防渗 坡改梯 田间排、载水 填缝筑埂	减少入渗水量，停积泥石流体，减少地下水 防止渠水渗漏，稳定边坡 防止坡面侵蚀，控制水土流失 引、排坡面径流，防止泥沙，稳定边坡，减少侵蚀 防止缝渗，拦泥沙，稳定边坡，减少侵蚀

注：据吴积善等，1993，略有改动。

(3) 修筑防护工程　如沟头防护、库边防护、边坡防护，在易产生倒塌、滑坡的地段做一些支挡工程，以加固土层，稳定边坡。

2. 泥石流流通区（中游）以拦挡工程为主，进行拦截、滞流

泥石流流通区（中游）应以拦挡工程或拦截、滞流工程为主。常采用的工程措施是在泥石流沟中修筑各种形式的拦挡坝，如拦渣坝、格栅坝、低矮拦挡坝（又称谷坊坝）以及停淤场等。

(1) 拦渣坝　是指在沟中修筑的一系列不高的低坝或石墙（图 7-59），以拦截泥石流。其主要作用是拦渣滞流，固定沟槽。坝高一般 5m 左右，坝身上应留有水孔以排泄水流，为了使较多的泥石停积下来，必须选拔合适的坝距，可按下式计算：

$$L=\frac{H}{I-I_0} \tag{7-9}$$

式中，L 为坝距，m；H 为坝高，m；I 为沟谷纵坡降；I_0 为坝前堆积物表面的坡度，$I_0=0.093\dfrac{d_{er}}{R}$，其中 d_{er}为堆积物颗粒的平均粒径，m，R 为水力半径，m。

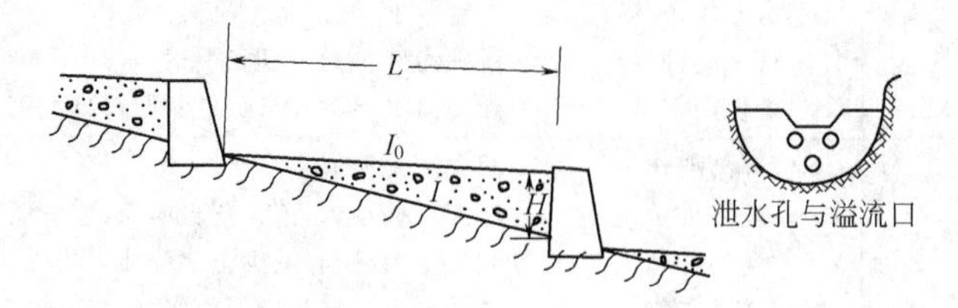

图 7-59　拦挡坝布置示意图

为了防止规模巨大的泥石流破坏重要城镇或重大工程，还需修建高大的泥石流拦挡坝。例如在前苏联，为了保护阿拉木图市免遭泥石流的威胁，于 1971 年在小阿拉木图河谷，用定向爆破筑了一座中心高 112m、宽 500m 的石坝。高坝抵住了 1973 年 7 月突然发生的巨大的泥石流的冲击，使城市免遭破坏。这次泥石流的强度十分之大，使这个原来按 100 年设计的泥石流库一次就堆积了库容的 3/4。这次泥石流发生后，又采了措施，增大坝体，使坝高加高至 145m，加宽至 550m。这是 20 世纪世界上最高的泥石流挡坝。

(2) 格栅坝　也称格栏坝，这是一种特殊类型的坝，这种坝是用钢筋混凝土或钢结构构筑的坝身为格栅状的拦挡坝［图 7-60(a)］，是具有拦截粗大颗粒，而让较细颗粒由格栅孔隙下排的拦排兼具的建筑物，它能将稀性泥石流、水石流中粗大石块拦挡停积下来，而形成天然的石坝，以缓冲泥石流的动力作用，同时使沟段得以稳定。这种坝在国内外使用很广。格栅坝的格栅有水平、竖直、网格状等多种形式［图 7-60(b)］。有时，格栅可用受损的废钢轨制作。

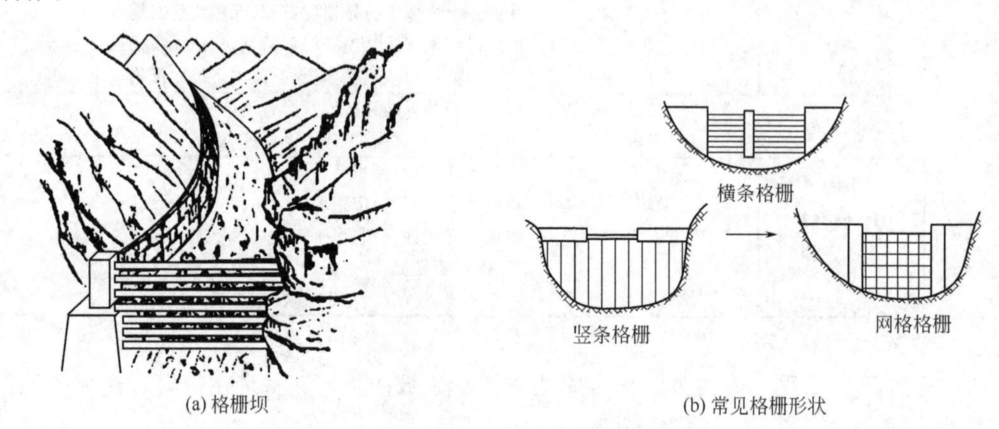

图 7-60　格栅坝及格栅形状

(3) 谷坊坝（或称溢流坝）　是在泥石流沟中修筑的各种低矮拦挡溢流坝，泥石流可以漫过坝顶，坝的作用是拦蓄泥沙石块等固体物质，减少流石流的规模，固定泥石流沟床，防止沟床下切和谷坊坍塌，平缓纵坡，减小泥石流流速（图 7-61）。

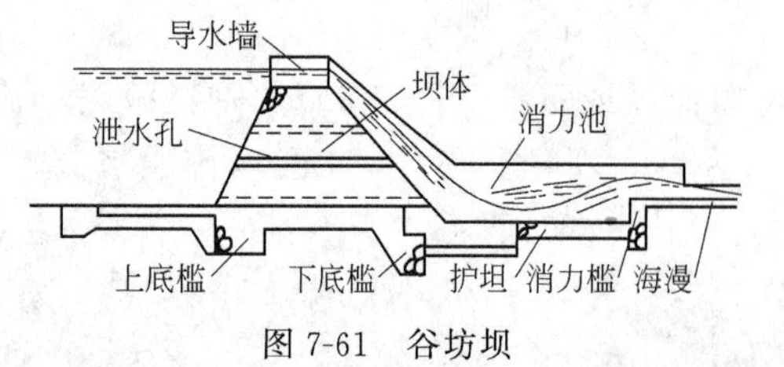

图 7-61　谷坊坝

(4) 停淤场　是指在较宽阔的沟内或较平缓的冲积扇内修筑贮淤场，其作用是在一定期限内，让泥石流物质在指定地段内淤积，从而减少泥石流物质下泄量。

3. 泥石流堆积区（下游）以排导措施为主，做好防御工作

泥石流堆积区一般采用排导措施，以保护附近的居民点、工矿企业、农田及交通线路。主要的排导工程是泄洪道和导流堤。

（1）泄洪道（排洪道） 泄洪道能起到顺畅排泄泥石流的作用，使之在远离保护区停积下来。根据流石流的特点，泄洪道应尽可能布置成直线形，其纵坡、横断面、深度等，要根据当地情况具体考虑。为了便于大河带走泥石流冲泄下来的固体物质，泄洪道（排洪道）出口与大河交接以锐角为宜［图 7-62(a)］。泄洪道（排洪道）与大河衔接处的标高应高于同频率的大河水位，以免大河顶托而导致排泄道淤积，排洪道的纵坡、横断面、深度等，要根据当地情况考虑和确定［图 7-62(b)］。

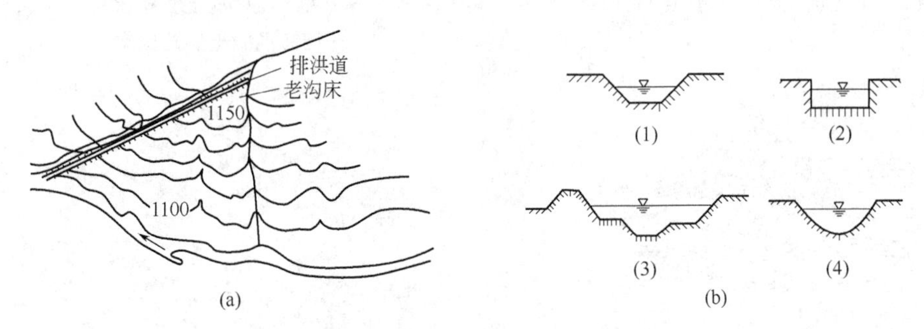

图 7-62 泄洪道（排洪道）布置

(a) 排洪道与大河交接为锐角平面图；(b) 排洪道剖面图形式；
(1) 梯形；(2) 矩形；(3) 复式形；(4) 锅底形

（2）导流堤 导流堤能起到引导泥石流转向的作用，必须修筑于出山口处，以确保被保护对象的安全（图 7-63）。这种措施还要有合适的停积场地与之配套。导流堤的平面位置应位于建筑物一侧，而且必须从泥石流出口处筑起（图 7-64）。

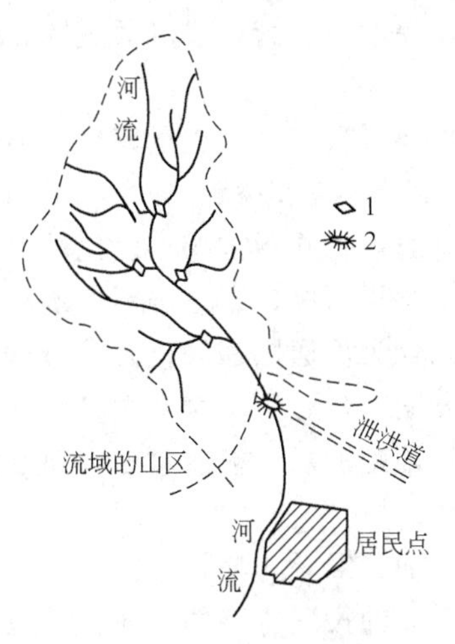

图 7-63 泥石流排导措施

1—坝和堤防；2—导流堤

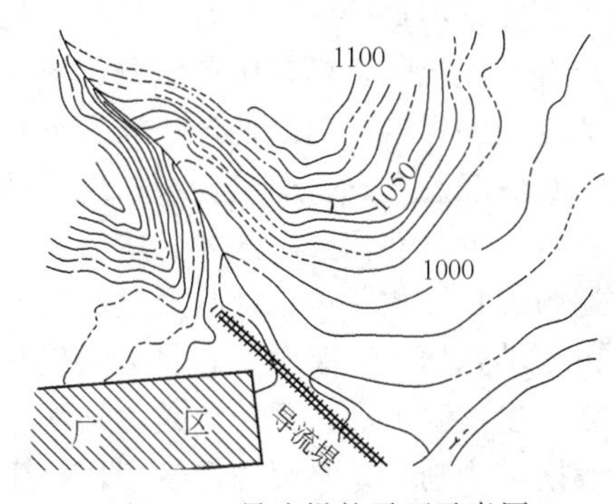

图 7-64 导流堤的平面示意图

（3）其他专门防治措施 此外，为了确保交通线路的安全，还需采取一些行之有效的专门防治措施。如跨越泥石流的桥梁、涵洞，穿越泥石流的护路明洞、护路廊道、隧道、渡槽等防护工程（见图 7-65～图 7-68）。

最后，讨论一下泥石流地段交通线路的选择问题。

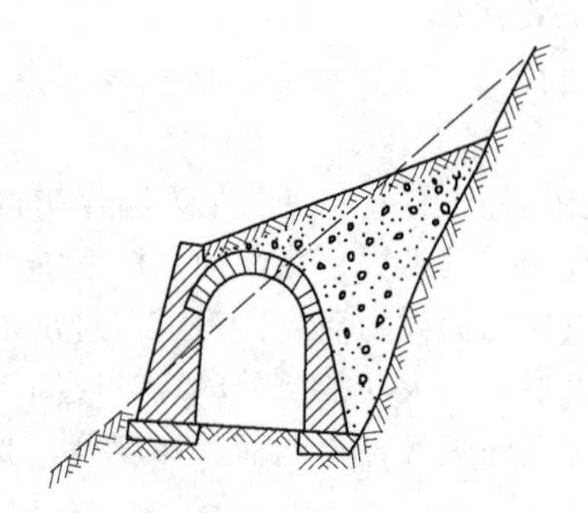

图 7-65　防止泥石流用的护路明洞

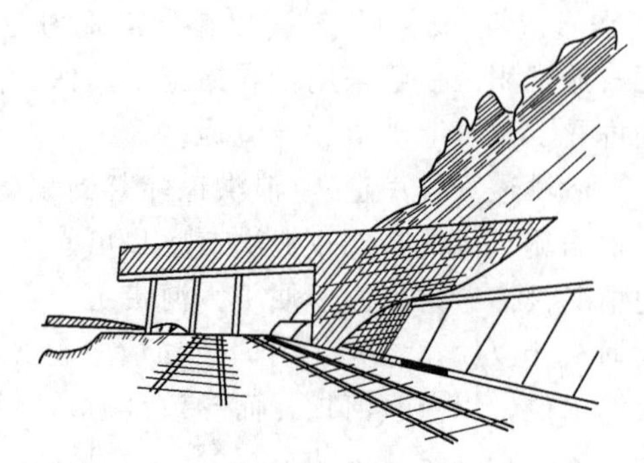

图 7-66　用于在路堤上方排放泥石流的钢筋混凝土护路廊道

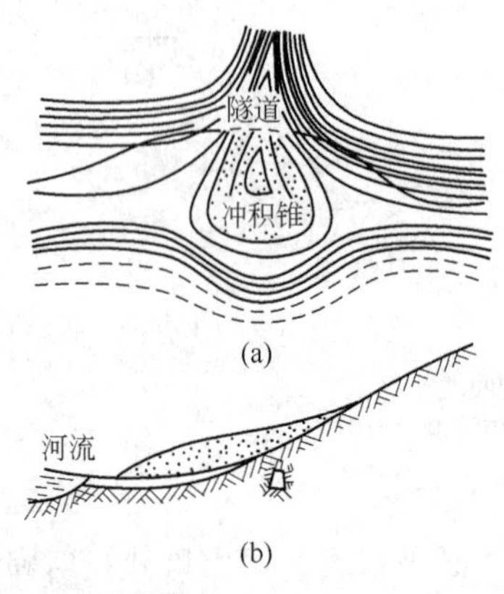

图 7-67　用隧道从泥石流沟床下面通过

(a) 平面图；(b) 剖面图

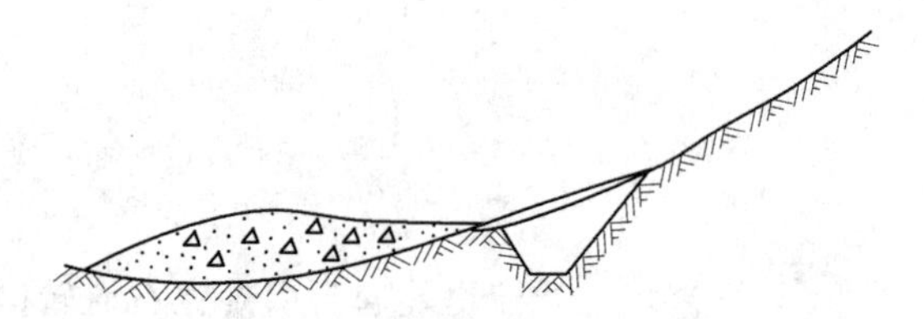

图 7-68　用渡槽引导泥石流越过道路上空

在泥石流形成区，由于地形开阔且坡体极不稳定，一般是不容许线路通过的，所以交通线路应选择在流通区和停积区通过。

在泥石流流通区通过的线路，要修建跨越桥，此处地形狭窄，工程量较小，但因冲刷强烈，桥梁易受毁坏，所以，只有当线路有足够的高程、沟壁又比较稳定的情况下才能通过。

在泥石流停积区，可有扇前绕避、扇后绕避及扇身通过等几种方案加以比较。扇前绕避方案，即是在洪积扇的前部绕过。如果洪积扇的前部已紧靠河岸，则不得不修筑跨河桥在河岸绕过。扇后绕避方案，即是在洪积扇的后部通过，此处为流通区和停积区的过渡地带，冲刷已不严重，大量堆积又未开始，所以是比较理想的方案。最好用高净空大跨度单孔桥或明洞、隧道的工程形式通过。扇身通过的方案，原则上应该是愈靠近扇前愈好，而且需修建跨扇桥。由于洪积扇的不断发展，将会迫使线路不断改变。

总之，生物防治和工程防治是治理泥石流的两大支柱，二者相辅相成，应以生物措施为主，工程措施为辅。这是因为两者相比，生物工程有明显的投资省，效益高，风险小，防治作用持续时间长，使用范围广和促进生态平衡，改善自然环境的优势。

在时间安排上，近期以工程措施为先导，稳沟坡、拦沙石停淤、排洪导流；远期以生物治理措施为基础，持之以恒，综合治理，严格科学管理，理顺和建立健全泥石流行政法规、技术规章，加强养护维修、宣传教育、培训交流，建立奖惩制度等，层层落实，以求实效。

国内外泥石流治理已有悠久的历史，尤其是近几十年的实践积累了丰富的经验。建国以后，我国在泥石流综合治理方面取得了显著的成效，创造了很多先进且经济可靠的治理措施。泥石流治理正在从单项治理转向综合治理，从单纯的防御性治理转向系统化治理，从按水利工程标准设计转向结合泥石流特性进行设计，泥石流防治工程设计正在走向规范化和标准化，治理工程的结构也在趋向实用化、轻便化和多样化。

复习思考题

1. 试述斜坡的概念及分类。
2. 斜坡变形与破坏有什么危害？
3. 试述斜坡变形破坏与地质灾害的分类及影响因素。
4. 什么是崩塌，有什么特点？崩塌有哪些类型，有什么危害？
5. 简述崩塌的形成条件。
6. 如何防治崩塌？简述主要防治措施。
7. 简述滑坡及其形态要素。
8. 试述滑坡的发育过程（或滑动阶段性）。
9. 试述滑坡的形成条件。
10. 试述滑坡的分类及特征。
11. 简述滑坡的危害。
12. 如何进行滑坡稳定性分析？试述滑坡稳定系数（F_S）的含义。
13. 如何分析计算滑动面为平直形（或平面形）、圆弧形和折线形滑坡的稳定性？当滑坡面为折线时，如何计算滑坡的推力？
14. 如何进行斜坡地质灾害的调查研究？试以滑坡、崩塌为例加以说明。
15. 如何进行滑坡的监测？
16. 如何进行滑坡的预测预报？
17. 如何防治滑坡？简述主要防治措施。
18. 试述排除滑坡中积水的主要方法和措施。
19. 试述抗滑桩的含义、类型、布置形式、优缺点。
20. 试述泥石流的概念及特征。
21. 试述泥石流的形成条件。
22. 简述泥石流的分类及特征。
23. 泥石流的危害特征主要表面在哪些方面？
24. 如何进行泥石流的预测预报？
25. 如何防治泥石流？简述主要防治措施。
26. 如何确定泥石流拦渣坝的坝距？
27. 格栅坝的含义是什么，有什么特点？
28. 滑坡与崩塌有什么关系？
29. 泥石流与滑坡、崩塌有什么关系？
30. 滑坡、崩塌、泥石流的防治措施有什么异同？

第八章 地面变形地质灾害

从广义上讲，地面变形地质灾害是指因内、外动力地质作用和人类活动而使地面形态发生变形破坏，造成经济损失和（或）人员伤亡的现象和过程。如构造运动引起的山地抬升和盆地下沉等，抽取地下水、开采地下矿产等人类活动造成的地面沉降、地面塌陷和地裂缝等。从狭义上讲，地面变形地质灾害主要是指地面沉降、地面塌陷和地裂缝等以地面垂直变形破坏或地面标高改变为主的地质灾害。随着人类活动的加强，人为因素已经成为发生地面变形地质灾害的重要原因。因此，在发展经济、进行大规模建设和矿产开采的过程中，必须对地面变形地质灾害及其可能造成的危害有充分的认识，加强地面变形地质灾害的成因、预测和防治措施的研究，有效减轻地面变形地质灾害造成的破坏和经济损失。

地面变形的成因可分为自然因素和人为因素两大类。按照地面变形的主要方式，可以将地面变形分为地面沉降、地面塌陷、地裂缝、渗透变形、特殊岩土胀缩变形等。

主要的地面变形成因类型有：①内动力地面变形，如地震塌陷、地震裂缝、构造地裂缝、火山地面变形等；②水动力地面变形，如由江、河、湖、海波浪和水流冲积形成的边岸再造，岩溶水动态变化造成的岩溶塌陷，过量开采地下水引起的地面沉降，斜坡面流引起的地面冲刷等；③重力地面变形，主要是指在岩土自身重力作用下发生的地面变形，如崩塌、滑坡、黄土湿陷等；④人类活动诱发的地面变形，如地下工程、开挖边坡、采矿等引起的地面塌陷等。

本章主要论述狭义上的地面变形地质灾害，即对人类及其生存环境具有危害且分布范围较广的地面沉降、地面塌陷和地裂缝。

第一节 地面沉降

一、地面沉降及其特征、分布与危害

（一）地面沉降的概念及特征

地面沉降是指在自然因素和人为因素作用下形成的地表垂直缓慢下降现象。导致地面沉降的自然因素主要是构造升降运动以及地震、火山活动等，人为因素主要是开采地下水和油气资源以及局部性增加荷载。自然因素所形成的地面沉降范围大，速率小；人为因素引起的地面沉降一般范围较小，但速率和幅度比较大。一般情况下，把自然因素引起的

地面沉降归属于地壳形变或构造运动的范畴，作为一种自然动力现象加以研究；而将人为因素引起的地面沉降归属于地质灾害现象进行研究和防治。

因此，所谓“地面沉降”，一般是指某一区域内由于开采地下水或其他地下流体导致的地表浅部松散沉积物压实或压密而引起的地面标高下降的现象。地面沉降又称为地面下沉或地陷。

地面沉降的特点是波及范围广，下沉速率缓慢，往往不易察觉，但它对建筑物、城市建设、给排水工程、农田水利工程等危害极大。

地面沉降灾害在全球各地均有发生。由于工农业生产的发展、人口的剧增以及城市规模的扩大，大量抽取地下水引起了强烈的地面沉降，特别是在大型沉积盆地和沿海平原地区，由于过量开采地下水，地面沉降灾害更加严重。石油、天然气的开采也可造成大规模的地面沉降灾害。

(二) 地面沉降的分布及危害

1. 地面沉降的分布规律

(1) 世界地面沉降概况　地面沉降主要发生于平原和内陆盆地工业发达的城市以及油气田开采区。如美国内华达州的拉斯韦加斯市，自1905年开始抽取地下水，由于地下水位持续下降，地面沉降影响面积已达$1030km^2$，累计沉降幅度在沉降中心区已达1.5m，并使井口超出地面1.5m；同时还伴生了广泛的地裂缝，其长度和深度均达几十米。

日本在20世纪50～80年代，地面沉降已遍及全国的50多个城市和地区。东京地区的地面沉降范围达1000多平方公里，最大沉降量达到4.6m，部分地区甚至降到了海平面以下。

地面沉降最为典型的是墨西哥城。墨西哥城位于墨西哥山谷中，四周是坚硬的火山岩，中间为疏松的沉积层，随着城市的发展和城市人口的增长，用水量急剧增大，墨西哥全国约80%的城市用水来源于地下，从而使得地下水开采量成倍增加，由于过度开采地下水，导致土地支撑力下降，从而使得墨西哥城地面出现不同程度的下沉。据墨西哥2004年10月的研究和测量资料，墨西哥城地面在过去一个世纪（100年）内下沉幅度达8m，其中城市东部地区下沉幅度最大，为8m，中心地区平均下沉7m。

开采石油也能造成严重的地面沉降灾害。美国加利福尼亚州长滩市的威明顿油田，在1926～1968年间累计沉降达9m，最大沉降速率为71cm/a。

此外，英国的伦敦市、俄罗斯的莫斯科市、匈牙利的德波勒斯市、泰国的曼谷、委内瑞拉的马拉开波湖、德国沿海以及新西兰和丹麦等国家也都发生了不同程度的地面沉降。

世界部分国家和城市地面沉降情况见表8-1。

(2) 我国地面沉降分布规律　目前，我国已有上海、天津、台湾、北京、江苏、浙江、陕西等16个省（自治区、直辖市）共90多个城市、县城出现了地面沉降，总沉降面积48.7万平方公里，城市沉降区面积达6.4万平方公里，部分城市和地区的地面沉降情况见表8-1。

从地理分布上看，我国地面沉降主要分布在长江下游三角洲平原、河北平原、环渤海、东南沿海平原、河谷平原和山间盆地几类地区，年均直接损失1亿元以上。

从成因上看，我国地面沉降绝大多数是因地下水超量开采所致。从沉降面积和沉降中心最大累积降深来看，以天津、上海、苏州、无锡、常州、沧州、西安、阜阳、太原等城市较为严重，最大累积沉降量均在1m以上，如按最大沉降速率来衡量，天津（最大沉降速率

表 8-1　世界和我国部分城市地面沉降情况统计表

国别及地区	沉降面积/km^2	最大沉降速率/(cm/a)	最大沉降量/m	发生沉降的主要时间	主要原因	水位降/m
日本						
东京	1000	19.5	4.60	1892～1986	开采地下水	
大阪	1635	16.3	2.80	1925～1968		23m
新潟	2070	57.0	1.17	1898～1961		44m
美国						
加州圣华金流域	9000	46.0	8.55	1935～1968		137m
加州洛斯贝诺斯-开脱尔曼市	2330	40.0	4.88	？～1955		
加州长滩市威明顿油田	32	71.0	9.00	1926～1968	开采石油	
内华达州拉斯韦加斯	500		1.00	1935～1963	开采地下水	30m
亚利桑那州凤凰城	310		3.00	1952～1970		
得克萨斯州休斯敦-加尔维斯顿	10000	17	1.50	1943～1969		61m
墨西哥						
墨西哥城	7560	42.0	8.00	1938～1969		28m
意大利						
波河三角洲	800	30.0	＞0.25	1953～1960	开采石油	
中国						
上海	1000	10.1	2.667	1921～1987	抽取地下水	30m
天津	10000	8	2.916	1959～1985		26m
台北	100	2.0	1.70	1955～1971		
北京	北京东部 313.96	1～2	0.7	1966 年至今		
宁波	91	1.8	0.346	1960～1989		
嘉兴		4.19	0.579	1960～1989		
江苏省苏州、无锡、常州三市	379.5	5	1.1	1980～1989		
山东菏泽、济宁、德州三市	526	2	0.104m	1978 年至今		
西安及近郊	177.2	13.6	1.035	20 世纪 50 年代至今		
河南安阳市、许昌、开封、洛阳	59	6.5	0.337	20 世纪 70 年代至今		
河北沧州、衡水、任丘等市	3.6×10^4	2.55	1.131	20 世纪 50 年代中期至今	开采地下水和石油	
安徽阜阳市	360	6～11	1.02	1970～1992	开采地下水	
山西太原市	100	11.4	1.967	1979 年至今	开采地下水及采矿	
大同市	100	3.1	0.06	1988 年至今	开采地下水及采矿	
福建省福州市	9	2.18	0.6789	1957 年至今		
广东湛江市	0.25		0.11m	1960～1970		

注：据张倬元、段永候、潘懋、刘玉海等人资料及《中国国土资源报》有关资料整理，2007。

80mm/a，60％的地面发生沉降，天津塘沽个别点最大沉降量已达 3.1m)、安徽阜阳（年沉降速率60～110mm/a）和山西太原（114mm/a）等地的发展趋势最为严峻。上海是我国地面沉降发生最早、影响最大、带来危害最严重的城市，自 1921 年发生地面沉降以来，至今沉降面积达 1000km²，沉降中心最大沉降量达 2.6m。根据对上海 40 多年沉降历史的研究，地面沉降造成的经济损失已达千亿元，地面平均每沉降 1mm，经济损失就高达 1000 万元。

综上所述，我国地面沉降的地域分布具有明显的地带性，主要位于第四纪厚层松散堆积物分布地区。如大型河流三角洲及沿海平原区，小型河流三角洲区，山前冲积扇及倾斜平原区，山间盆地和河谷地区等。这些地区的共同特点是，第四纪沉积层厚度大，固结程度差，颗粒细，以黏性土、沙土、沙层为主，层次多，压缩性强，地下水含水层多，补给径流条件差，开采时间长，开采强度大，地下水降深大，并且城镇密集，人口多，地面沉降主要发生在地下水集中开采区或地下水降落漏斗区。

2. 地面沉降的危害

地面沉降所造成的破坏和影响是多方面的。其主要危害表现为地形变低，地面标高变小，继而造成雨季地表积水，防泄洪能力下降；沿海城市低地面积扩大、海堤高度下降而引起海水倒灌，滨海城市发生海水侵袭；海港建筑物破坏、设施失效，装卸能力降低；地面运输线和地下管线扭曲断裂；城市建筑物基础下沉，脱空开裂，桥墩下沉，桥梁净空减小，影响通航；深井井管上升，井台破坏，城市供水及排水系统失效；地基不均匀下沉，建筑物开裂倒滑；农村低洼地区洪涝积水，使农作物减产等。

（1）滨海城市海水侵袭　世界上有许多沿海城市，如日本的东京市、大阪市和新潟市，美国的长滩市，中国的上海市、天津市、台北市等，由于地面沉降致使部分地区地面标高降低，甚至低于海平面。这些城市经常遭受海水的侵袭，严重危害当地的生产和生活。为了防止海潮的威胁，不得不投入巨资加高地面或修筑防洪墙或护岸堤。

[实例]　中国上海的黄浦江和苏州河沿岸，由于地面下沉，海水经常倒灌，影响沿江交通，威胁码头仓库。1956年修筑防护墙，1959～1970年间加高5次，投资超过4亿元，每年维修费也达20万元。为了排除积水，不得不改建下水道和建立排水泵站。

1985年8月2日和19日，天津沿海海水潮位达5.5m，海堤多处决口，新港、水沽一带被海水淹没，直接经济损失达12亿元。1992年9月1日，特大风暴再次袭击天津，潮位达5.93m，有近100km海堤漫水，40余处溃决，直接经济损失达3亿元。虽然风暴潮是气象方面的因素而引起的，但地面沉降损失近3m的地面标高也是海水倒灌的重要原因。

（2）港口设施失效　地面下沉使码头失去效用，港口货物装卸能力下降。美国的长滩市，因地面下沉而使港口码头报废。我国上海市海轮停靠的码头，原标高5.2m，至2004年已降至2.8m，高潮时江水涌上地面，货物装卸被迫停顿。

（3）桥墩下沉，影响航运　桥墩随地面沉降而下沉，使桥下净空减小，导致水上交通受阻。上海市的苏州河，原先每天可通过大小船只2000条，航运量达（100～120）$\times 10^4$t。由于地面沉降，桥下净空减小，大船无法通航，中小船只通航也受到影响。

（4）地基不均匀下沉，建筑物开裂倒塌　地面沉降往往使地面和地下建筑遭受巨大的破坏，如建筑物墙壁开裂或倒塌、高楼脱空，深井井管上升、井台破坏，桥墩不均匀下沉，自来水管弯裂漏水等。美国内华达州的拉斯韦加斯市，因地面沉降加剧，建筑物损坏数量剧增；我国江阴市河塘镇地面塌陷，出现长达150m以上的沉降带，造成房屋墙壁开裂、楼板松动、横梁倾斜、地面凸凹不平，约5800m^2建筑物成为危房，一座幼儿园和部分居民已被迫搬迁。地面沉降强烈的地区，伴生的水平位移有时也很大，如美国长滩市地面垂直沉降伴生的水平位移最大达到3m，不均匀水平位移所造成的巨大剪切力，使路面变形、铁轨扭曲、桥墩移动、墙壁错断倒塌、高楼支柱和桁架弯扭断裂、油井及其他管道破坏。

另外，由于地面下降，一些园林古迹和文物古迹也会遭到严重的损坏。

二、地面沉降的成因机制和形成条件

（一）地面沉降的成因机制

大量的研究证明，过量开采地下水是地面沉降的外部原因，中等、高压缩性黏土层和承压含水层的存在则是地面沉降的内因。因而多数人认为，地面沉降是由于过量开采地下水、石油和天然气、卤水以及高大建筑物的超量荷载等引起的。

1. 有效应力原理

太沙基（Terzaghi，1925）所提出的有效应力原理可以帮助我们分析地下水位变动情况下岩石有效应力的变化和松散岩土压密问题，以及由此引起的土层压缩和地面沉降。

为了分析简单起见，我们假定所讨论的是松散沉积物质构成的饱水沙层，取任一水平单元面积 AB（或取饱水沙层顶面的 A′B′水平单元面积也可）（图 8-1)，则作用在所研究的单元面积 AB 上的总应力 p 为该单元之上松散岩石骨架与水的重量之和。

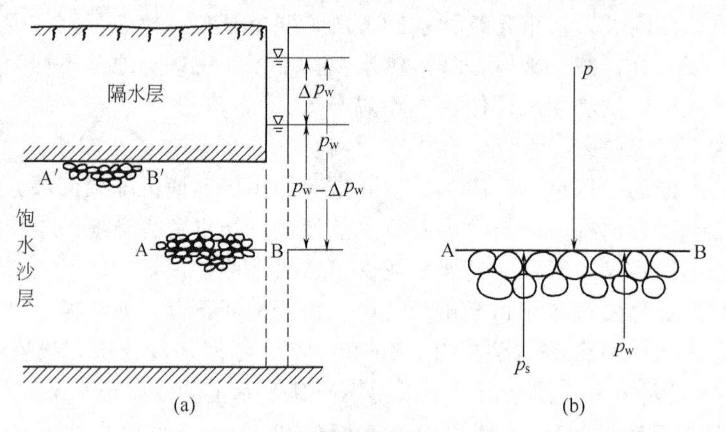

图 8-1　有效应力与松散岩石压密

（据贝尔，1985，略有改动）

此总应力 p 由沙层骨架（固体颗粒）与水共同承受。水所承受的应力相当于孔隙水压力 p_w，其值为：

$$p_w=\gamma_w h \tag{8-1}$$

式中，γ_w 为水的密度（容重）；h 为 AB 平面上水的测压管高度。

孔隙水压力 p_w 可理解为 AB 平面处水对上覆地层的浮托力。由于这种浮托力的存在，使实际作用于沙层骨架（颗粒）上的应力小于总应力，实际作用于沙层骨架上的应力称作有效应力 p_s。

由于 AB 平面处应力处于平衡状态，总应力等于有效应力及孔隙水压力之和，故得：

$$p=p_s+p_w \tag{8-2}$$

$$p_s=p-p_w \tag{8-3}$$

上式说明：有效应力（p_s）等于总应力（p）减去孔隙水应力（p_w），这就是著名的太沙基有效应力原理。

2. 地下水位下降引起岩土压密、地层压缩、地面沉降的机制

为了简便起见，假设整个含水沙层充满水，且水位下降后其测压管高度仍高出饱水沙层顶面。这种情况下，当由于抽水而引起测压管高度降低时，可近似地认定总应力 p 不变，孔隙水压力降低 Δp_w，相应地有效应力增加 Δp_s。意即原先由水承受的应力由于水头降低，浮托力减少而部分地转由沙层骨架（颗粒本身）承担：

$$p_s+\Delta p_s=p-(p_w-\Delta p_w) \tag{8-4}$$

沙层是通过颗粒的接触点承受应力的。孔隙水压力降低，有效应力增加，颗粒发生位移，排列更为紧密，颗粒的接触面积增加，孔隙度降低，沙层受到压密。与此同时，沙层中的水则因减压而有少量膨胀。

沙层因孔隙水压力下降而压密，待孔隙水压力恢复后，沙层大体上仍能恢复原状。沙砾类岩土基本上呈弹性变形。但是，如果同样的压密发生于黏性土中，则由于黏性土释水压密时其结构发生了不可逆转的变化，即使孔隙水压力复原，黏性土基本上仍保持其压密状态。

黏性土以塑性变形为主，所以造成松散岩土被压密，地层压缩，从而导致地面沉降。

以上用有效应力原理说明了地面沉降的机制。实际上也可以用简单的弹簧-活塞力学实验进行模拟。图 8-2 所示为太沙基（1925 年）提出的一个弹簧-活塞力学实验模拟模型。它可模拟饱和土体中某点的渗透固结过程。模型的容器中盛满水，水面放置一个带有排水孔的活塞。活塞又为一弹簧所支承。整个模型表示饱和土体，弹簧表示土的固体颗粒骨架，容器内的水表示土中的自由水，以 p_w 表示由外荷 p 在土孔隙水中所引起的超静水压力（以测压管中水的超高表示），称为孔隙水压力，也称为中性应力，而以 p_s 表示土骨架中产生的应力，称为有效应力。

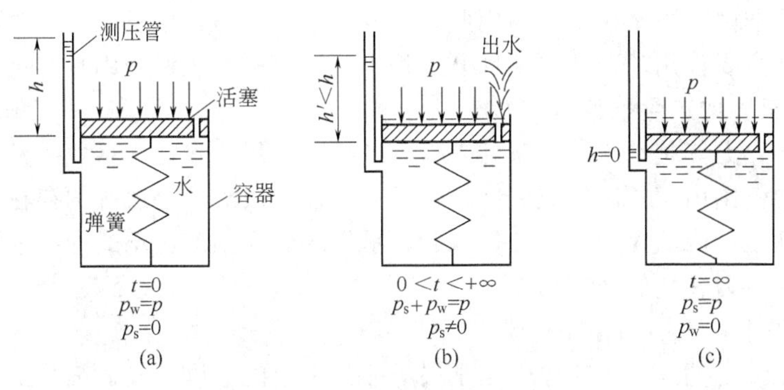

图 8-2　弹簧-活塞力学实验模型

应该指出，这里所论述的孔隙水压力（中性应力）和有效应力的概念纯粹是指由外荷所引起的土中应力。研究的重点是指受荷后土中附加应力随着时间由孔隙水压力逐步转化为有效应力的固结过程。在工程计算中，通常分别进行考虑，以免混淆。然后可将多种原因产生的孔隙水压力（或有效应力）予以叠加，以求取研究点的测压管水头。

当压强 p 刚刚作用于活塞上时（相当于加荷历时 $t=0$），图 8-2(a) 所示容器中的水来不及排出时，由于水实际上被视为不可压缩的，弹簧因而尚未受力，也就不会产生任何压缩。故 $t=0$ 时全部压力由水所承担，即 $p_w=p$，而 $p_s=0$。此时可以根据从测压管量得水柱高 h 而算出 $p_w=\gamma_w h$。其后，$t>0$ [见图 8-2(b)]，孔隙水在 p_w 作用下开始排出，活塞下降，弹簧受到压缩，表示 $p_s>0$。又从测压管测得的 h' 而算出 $p_w=\gamma_w h'<p$。随着容器中水的不断排出，p_w 就不断减小。活塞继续下降，p_s 不断增大。最后 [见图 8-2(c)]，当弹簧内的应力与所加压力 p 相等而处于平衡时，活塞便不再下降。此时（理论上 t 趋于∞），水停止排出，而 $p_w=0$，亦即表示饱和土渗透固结完成。因此，在指定压力 p 作用下，土的渗透固结过程中存在着孔隙水压力向有效应力的转化，即 p_s 与 p_w 之和始终应等于外加压强 p，即 $p_s+p_w=p$。

由此可见，饱和土的渗透固结就是土中孔隙水压力 p_w 向有效应力 p_s 转化的过程，或者是孔隙水压力消减与有效应力增长的过程。只有孔隙水水头降低，有效应力增加才能使土的骨架产生压缩。土的骨架压缩，就是土层压缩，从而造成地面沉降。

综上所述，在孔隙水承压含水层中，抽取地下水所引起的承压水位的降低，必然要使含水层本身及其上、下相对隔水层中的孔隙水压力随之而减小。根据有效应力原理可知，土中由覆盖层荷载引起的总应力是由孔隙中的水和土颗粒骨架共同承担的。由水承担的部分称为孔隙水压力（p_w），它不能引起土层的压密，故又称为中性压力；而由土颗粒骨架承担的部分能够直接造成土层的压密，故称为有效应力（p_s）；二者之和等于总应力。假定抽水过程中土层内部应力不变，那么孔隙水压力的减小必然导致土中有效应力的等量增大，结果就会引起孔隙体积减小，从而使土层压缩，地面沉降。

由于透水性能的显著差异，上述孔隙水压力减小、有效应力增大的过程，在沙层和黏土层中是截然不同的。在沙层中，随着承压水头降低和多余水分的排出，有效应力迅速增至与承压水位降低后相平衡的程度，所以沙层压密是“瞬时”完成的。在黏性土层中，压密过程进行得十分缓慢，往往需要几个月、几年甚至几十年的时间，因而直到应力转变过程最终完成之前，黏土层始终存在有超孔隙水压力（或称剩余孔隙水压力）。它是衡量该土层在现存应力条件下最终固结压密程度的重要指标。

相对而言，在较低应力下沙层的压缩性小且主要是弹性、可逆的，而黏土层的压缩性则大得多且主要是非弹性的永久变形。因此，在较低的有效应力增长条件下，黏性土层的压密在地面沉降中起主要作用，而在水位回升过程中，沙层的膨胀回弹则具有决定意义。

（二）地面沉降的产生条件

从地质条件，尤其是水文地质条件来看，疏松的多层含水层水系、水量丰富的承压含水层、开采层影响范围内正常固结或欠固结的可压缩性厚层黏性土层等的存在，都有助于地面沉降的形成。从土层内的应力转变条件来看，承压水位大幅度波动式的持续降低是造成范围不断扩大累进性应力转变的必要前提。

1. 厚层松散细粒土层的存在

地面沉降主要是抽采地下流体引起土层压缩而引起的，厚层松散细粒土层的存在则构成了地面沉降的物质基础。在广大的平原、山前倾斜平原、山间河谷盆地、滨海地区及河口三角洲等地区分布有很厚的第四系和上第三系松散或未固结的沉积物，因此，地面沉降多发生于这些地区。如在滨海三角洲平原，第四纪地层中含有比较厚的淤泥黏土，呈软塑状态或流动状态。这些淤泥质黏性土的含水量可高达60%以上，孔隙比大、强度低、压缩性强，易于发生塑性流变。当大量抽取地下水时，含水层中地下水压力降低，淤泥质黏土隔水层孔隙中的弱结合水压力差加大，使孔隙水流入含水层，有效压力加大，结果发生黏性土层的压缩变形。

易于发生地面沉降的地质结构为沙层、黏土层互层的松散土层结构。随着抽取地下水，承压水位降低，含水层本身及其上、下相对隔水层中孔隙水压力减小，地层压缩导致地面发生沉降。

2. 长期过量开采地下流体

未抽取地下水时，黏性土隔水层或弱隔水层中的水压力与含水层中的水压力处于平衡状态。抽水过程中，由于含水层的水头降低，上、下水层中的孔隙水压力较高，因而向含水层排出部分孔隙水，结果使上、下隔水层的水压力降低。在上覆土体压力不变的情况下，黏土层的有效应力加大，地层受到压缩，孔隙体积减小。这就是黏土层的压缩过程。

由于抽取地下水，在井孔周围形成水位下降漏斗，承压含水层的水压力下降，即支撑上覆岩层的孔隙水压力减小，这部分压力转移到含水层的颗粒土。因此，含水层因有效应力加大而受压缩，孔隙体积减小，排出部分孔隙水。这就是含水层压缩的机理。

地面沉降与地下水开采量和动态变化有着密切联系：

① 地面沉降中心与地下水开采漏斗中心区呈明显一致性（图8-3）。

② 地面沉降区与地下水集中开采区域大体相吻合。

③ 地面沉降量等值线展布方向与地下水开采漏斗等值线展布方向基本一致，地面沉降的速率与地下液体的开采量和开采速率有良好的对应关系。

④ 地面沉降量及各单层的压密量与承压水位的变化密切相关。

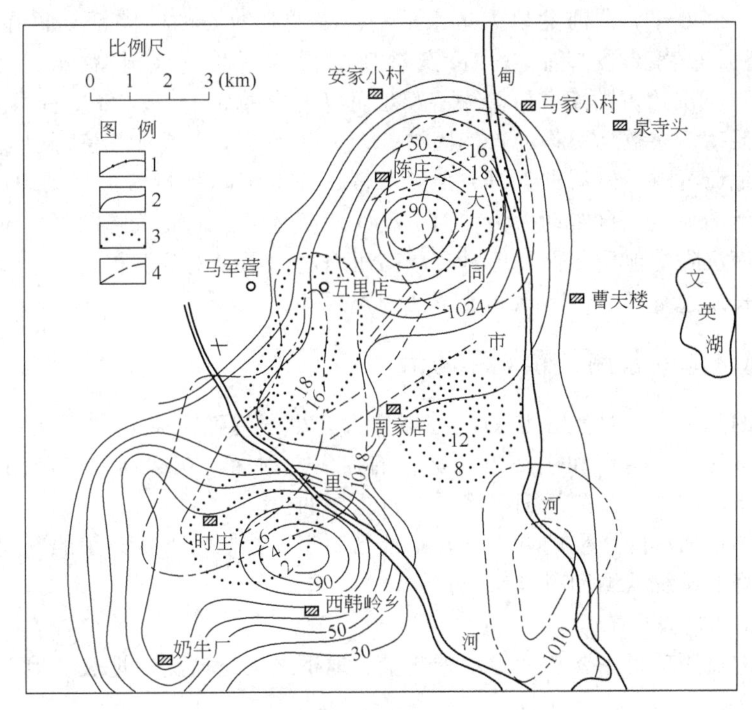

图 8-3　大同市地面沉降与地下水降落漏斗平面分布图

1—地下水降落漏斗；2—地面沉降量等值线（mm）；

3—地下水位等值线（m）；4—地裂缝

⑤ 许多地区已经通过人工回灌或限制地下水的开采来恢复和抬高地下水位的办法，控制了地面沉降的发展，有些地区还使地面有所回升。这就更进一步证实了地面沉降与开采地下液体引起水位或液压下降之间的成因联系。

3. 城市建设对地面沉降的影响

相对于抽采地下流体和构造运动引起的地面下沉，城市建设造成的地面沉降是局部的，有时也是不可逆转的。

城市建设按施工对地基的影响方式可分为两种类型：①以水平方向为主；②以垂直方向为主。前者以重大市政工程为代表，如地铁、隧道、给排水工程、道路改扩建等，利用开挖或盾构掘进，并铺设各种市政管线。后者以高层建筑基础工程为代表，如基坑开挖、降排水、沉桩等。沉降效应较为明显的工程措施有开挖、降排水、盾构掘进、沉桩等。

若揭露有流沙性质的饱水沙层或具流变特性的饱和淤泥质软土，在开挖深度和面积较大的基坑时，则有可能造成支护结构失稳，从而导致基坑周边地区地面沉降。而规模较大的隧道、涵洞的开挖有时具有更显著的沉降效应。降排水常作为基坑等开挖工程的配套工程措施，旨在预先疏干作业面渗水，其机理与抽取地下水引发地面沉降一致。

城建施工造成的沉降与工程施工进度密切相关，沉降主要集中于浅部工程活动相对频繁和集中的地层，与开采地下水引起的沉降主要发生在深部含水沙层有根本区别。

4. 新构造运动的影响

平原、河谷盆地等低洼地貌单元多是新构造运动的下降区，因此，由新构造运动引起的区域性下沉对地面沉降的持续发展也具有一定的影响。

西安地面沉降区位于西安断陷区的东缘，由于长期下沉，新生界累计厚度已经超过

3000m。1990～2006年，渭河盆地大地水准测量表明，西安的断陷活动仍在继续，在北部边界渭河断裂及东南部边界临潼—长安断裂测得的平均活动速率分别为3.4mm/a和4.0mm/a，构造下沉约占同期各沉降中心部位沉降速率的3.1%～7%左右。

地壳沉降活动、松散沉积物的自然固结、人类开采地下水或油气资源引起的土层压缩等因素都会引起地面沉降，但从灾害研究角度而言的地面沉降是指人类活动引起的地面沉降，或者是以人类活动为主、自然动力为辅而引起的地面沉降。地面沉降的形成条件主要包括两个方面：①地面沉降的地质条件，即具有较高压缩性的厚层松散沉积物；②地面沉降的动力条件，如人类长期过量开采地下水和地下油气资源等。

三、地面沉降的监测、预测和防治

地面沉降的危害十分严重，且影响范围广大。尽管地面沉降往往不明显，不易引人注目，却会给城市建筑、生产和生活带来极大的损失。因而，在必须开采利用地下水的情况下，通过大地水准测量来监测地面沉降是非常重要的。

目前，我国地面沉降严重的城市，几乎都已制定了控制地下水开采的管理法令，同时开展了对地面沉降的系统监测和科学研究。

1. 地面沉降的监测

地面沉降的监测项目主要有大地水准测量、地下水动态监测、地表及地下建筑物设施破坏现象的监测等。

监测的基本方法是设置分层标、基岩标、孔隙水压力标、水准点、水动态监测网、水文观测点、海平面预测点等，定期进行水准测量和地下水开采量、地下水位、地下水压力、地下水水质监测及地下水回灌监测，同时开展建筑物和其他设施因地面沉降而破坏的定期监测等。根据地面沉降的活动和发展趋势，预测地面沉降速度、幅度、范围及可能产生的危害。

(1) 基岩标的建立与观测　地面沉降观测是对沉降区沉降量的测量，该沉降量是相对于地面原标高的下沉量，由于地面沉降面积大，在沉降区内找不到稳定的基准点，地面沉降观测一般是以基岩山区的水准点作为稳定基准点。测量时往往需要从山区的基岩水准点，用一级导线水准测量出沉降区的沉降量，这样做，不但费工费时，而且精度受基岩水准点到沉降区距离的影响。为解决这一问题，就需在沉降区内建立基岩标。基岩标是在沉降区内利用钻孔揭穿基岩以上所有的松散沉积层，将钢制标杆埋设在基岩上的水准点。在沉降区内，以基岩标作为稳定的水准基准点，进行沉降量的测量。基岩标结构见图8-4(a)。例如，天津在20世纪80年代中期建立了以基岩标为基点的地面沉降观测系统，不仅节省了工作量和投资，而且提高了测量精度。

(2) 分层标的建立与观测　通过对地面水准点进行水准测量得到的沉降量，代表该水准点地面以下各个地层沉降量的总和。在地面沉降研究中需要获得含水系统中主要地层（含水层、黏性土层）的沉降量，以了解它们单独在地面沉降总量中的贡献，这就需要建立分层标。分层标是将钢制标杆埋设在主要地层顶、底面上的水准点。两个相邻分层标的沉降量之差即为这两个分层标之间地层的沉降量。根据地层的沉降量即地层的变形量（ΔS）、地层厚度（M）、水位下降值（Δh）及孔隙比（e）和水的容重（γ_w）便可用以下公式计算出地层的压缩模量（E）、压缩系数（a_v）、单位释水系数（S_s）等工程地质、水文地质参数。

$$E=\gamma_w M \frac{\Delta h}{\Delta S} \tag{8-5}$$

$$a_v=\frac{\Delta S(1+e)}{\Delta p M} \tag{8-6}$$

$$S_s=\frac{\Delta S}{\Delta hM} \tag{8-7}$$

这些参数代表性强，一方面，可直接用于地面沉降的预测；另一方面，这些参数是可变的，它反映出地层力学性质随应力（水位下降值）及土的固结程度的变化。一般来说，若采用从土工实验室获得的上述参数进行地面沉降的预测，误差较大，需用分层标资料来校核。分层标结构见图 8-4(b)。

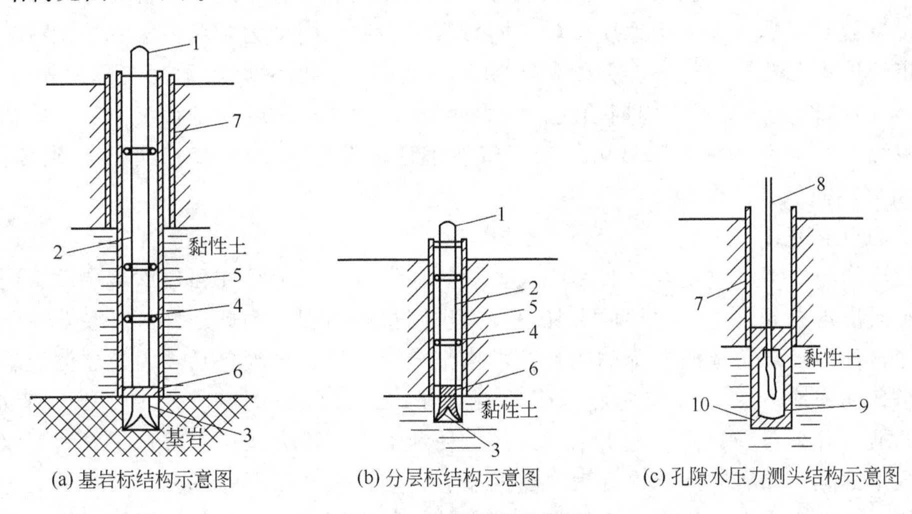

图 8-4　地下沉降的监测

1—标头；2—标杆；3—标爪；4—扶正器；5—密封套管；6—密封管头；7—套管；8—测管；9—透水测头；10—回填黏土

［例］ 某市承压含水系统中第二含水组黏性土层厚 6m，孔隙比为 0.4，1980 年含水组水位下降 2m，分层标测得它的沉降量为 20mm，试计算出黏性土层的压缩模量（E）、压缩系数（a_v）、单位释水系数（S_s）。

$$E=M\frac{\gamma_w \Delta h}{\Delta S}=6\times0.2\times98.067\div0.02=5884.02\ (\text{kPa})$$

$$a_v=\frac{\Delta S(1+e)}{\Delta pM}=0.02\times(1+0.4)\div(6\times0.2\times98.067)=0.00024\ (\text{kPa}^{-1})$$

$$S_s=\frac{\Delta S}{\Delta hM}=0.02\div2\div6=0.0017\ (\text{m}^{-1})$$

($1\text{kgf/cm}^2=98.076\text{kPa}\approx100\text{kPa}$)

(3) 孔隙水压力观测　孔隙水压力观测是观测含水层或黏性土层中孔隙水的压力变化。通常是将专门的孔隙水压力测头埋设在已设置沉降标地层的中部、距沉降标很近的位置上，观测沉降层中孔隙水压力变化。孔隙水压力观测与沉降标观测同步进行，只是观测密度要大一些。进行孔隙水压力观测的目的是分析主要沉降层孔隙水压力消散与变形的关系，掌握在含水层水位变化条件下沉降层中孔隙水压力消散、固结特征及变形的滞后效应等。与沉降标观测一样，孔隙水压力观测是研究地面沉降的主要手段之一。孔隙水压力测头结构见图8-4(c)。

2. 地面沉降趋势的预测

虽然地面沉降可导致房屋墙壁开裂、楼房因地基下沉而脱空和地表积水等灾害，但其发生、发展过程比较缓慢，属于一种渐进性地质灾害，因此，对地面沉降灾害只能预测其发展趋势。目前，地面沉降预测计算模型主要有两种：①基于释水压密理论的土水模型；②生命旋回模型。

（1）土水模型　土水模型由水位预测模型和土力学模型两部分构成，可利用相关法、解析法和数值法等地下水位进行预测分析；土力学模型包括含水层弹性计算模型、黏性土层最终沉降量模型、太沙基固结模型、流变固结模型、比奥（Biot）固结理论模型、弹塑性固结模型、回归计算模型及半理论、半经验模型（如单位变形量法等）和最优化计算法等。

（2）生命旋回模型　中国地质大学晏同珍等（1990）用动力学和数学方法预测了西安市及宁波市的地面沉降周期趋势，并绘制了动力曲线图，得出两城市地面沉降周期分别为 25 年和 80 年的结论。根据沉降周期预测，认为西安市 1992～1996 年地面沉降达到峰值，此后将显著减缓，2050 年地面沉降威胁结束。宁波市地面沉降 1987～1989 年已达到峰值阶段，2050 年沉降将进入休止阶段。

3. 地面沉降的防治

地面沉降与地下水过量开采紧密相关，只要地下水位以下存在可压缩地层就会因过量开采地下水而出现地面沉降，而地面沉降一旦出现则很难治理，因此地面沉降主要在于预防。

目前，国内外预防地面沉降的主要技术措施大同小异，主要包括：①建立健全地面沉降监测网络，加强地下水动态和地面沉降监测工作；②开辟新的替代水源、推广节水技术；③调整地下水开采布局、控制地下水开采量，使地下水位不大幅度下降；④对地下水开采层位进行人工回灌；⑤实行地下水开采总量控制、计划开采和目标管理。

例如，上海市为合理开采使用地下水，有效控制地面沉降，近年来坚持“严格控制，合理开采”的原则，加大对地下水开发、利用和管理的力度，取得了显著的成效。据统计，1996～2002 年全市及近郊地区共压缩停用深井 185 眼，地下水的开采量从 1996 年的 $1.5\times10^{12}m^3$ 缩减到 1999 年的 $1.04\times10^{12}m^3$ 和 2000 年的 $9.8\times10^{12}m^3$，使本市地下水开采量又恢复到 20 世纪 80 年代的水平，1999 年全市平均地面沉降量比 1998 年减少了 1.94mm。2003 年上海全市地下水开采量为 9793 万立方米，回灌水量 1302 万立方米。2004 年上海市地下水开采量为 8751 万立方米，回灌水量 1412 万立方米，2005 年上海市地下水开采量进一步压缩至 8000 万立方米以内，严格控制新井开凿，用自来水（黄浦江水）置换深井用水，全年关闭 50 口深井，新开凿 24 口回灌井，回灌量达到 1700 万立方米。上海市通过控制开采使用地下水，减少地下水开采量，增大回灌补给地下水量，以有效抑制地面沉降，取得良好防治效果。

除上述措施外，还应查清地下地质构造，对高层建筑物的地基进行防沉降处理。在已发生区域性地面沉降的地区，为了减轻海水倒灌和洪涝等灾害损失，还应采取加高加固防洪堤、防潮堤以及疏导河道、兴建排涝工程等措施。

第二节　地面塌陷

一、地面塌陷的概念、类型及分布

（一）地面塌陷的概念及类型

地面塌陷是指地表岩土体在自然或人为因素作用下向下陷落，瞬时急剧地破坏其连续性，并在地面形成塌陷坑（洞）的一种动力地质现象。地面塌陷的形态在平面上多呈圆形、椭圆形或不规则形状，剖面上呈圆锥形、漏斗状、井、坛等（图 8-5）。由于其发育的地质

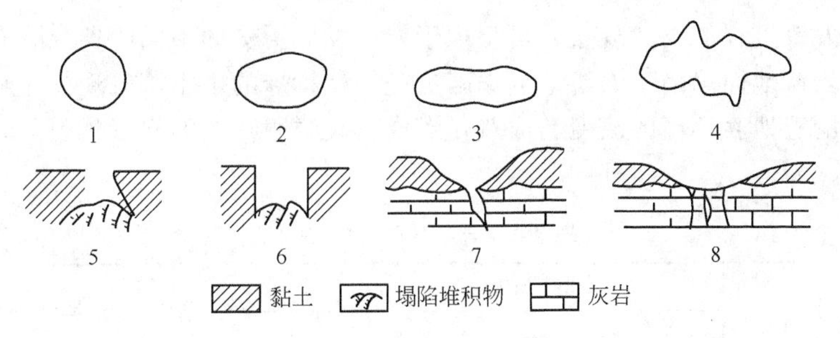

图 8-5　地表塌陷坑示意图

1—圆形；2—椭圆形；3—长条形；4—不规则形；
5—坛形；6—井状；7—漏斗状；8—碟状

条件和作用因素不同，地面塌陷可分为岩溶塌陷和非岩溶性塌陷两大类，其中，后者主要为矿山采空塌陷。

1. 岩溶与岩溶地面塌陷

(1) 岩溶　又称喀斯特（Karst），是指可溶性岩层，如碳酸盐类岩（石灰岩、白云岩）、硫酸盐类岩层（石膏）和卤素类岩层（岩盐）等受水的化学和物理作用产生的沟槽、裂隙和空洞，以及由于空洞顶板塌落使地表产生陷穴、洼地等特殊的地貌形态和水文地质现象作用的总称。岩溶是不断流动着的地表水、地下水与可溶岩相互作用的产物。可溶岩被水溶蚀、迁移、沉积的全过程称“岩溶作用”过程。而由岩溶作用过程所产生的一切地质现象称“岩溶现象”。例如，可溶岩表面上的溶沟、溶槽和奇特的孤峰、石林、坡立谷、天生桥、漏斗、落水洞、竖井以及地下的溶洞、暗河、钟乳石、石笋、石柱等皆是岩溶现象（图 8-6）。“岩溶”这一术语是概括性的，是岩溶作用和岩溶现象的总称。

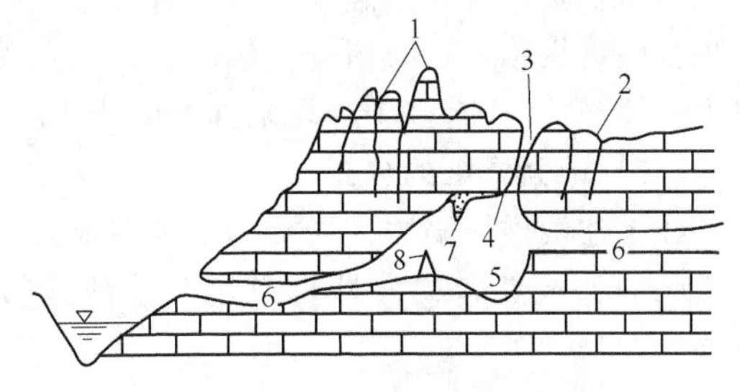

图 8-6　岩溶主要形态示意图

1—石林；2—溶沟；3—漏斗；4—落水洞；
5—溶洞；6—暗河；7—钟乳石；8—石笋

由于岩溶作用的结果，使可溶性岩体的结构发生变化，岩石的强度大为降低，岩石的透水性明显增大，并富含地下水。但是岩溶对工程建筑的兴建和使用往往造成不利的条件，对水工建筑的坝基稳定及坝库渗漏带来严重威胁，尤其是岩溶塌陷造成的危害更为严重。

(2) 岩溶地面塌陷　岩溶塌陷在我国 90% 以上发生在可溶岩上有松散土层覆盖的覆盖型岩溶区，塌陷主要产生在土层中。即岩溶地面塌陷是指覆盖在可溶岩（以碳酸盐为主，其次有石膏、岩盐等）溶蚀洞穴之上的松散土体，在外动力或人为因素作用下产生的突发性地面变形破坏，其结果多形成圆锥形塌陷坑。岩溶地面塌陷是地面变形破坏的主要类型，多发生于碳酸盐岩、钙质碎屑岩和盐岩等可溶性岩石分布地区。造成塌陷活动的直接诱因除降雨、洪水、干旱、地震等自然因素外，往往与抽水、排水、蓄水和其他工程活动等人为因素密切相关。在各种类型塌陷中，以碳酸盐岩塌陷最为常见，因抽排水而引发人为塌陷的概率最大。自然条件下产生的岩溶地面塌陷一般规模小、发展速度慢，不会给人类生活带来太大的影响。但在人类工程活动中产生的岩溶地面塌陷不仅规模大、突发性强，且常出现在人口聚集地区，对地面建筑物和人身安全构成严重威胁。

岩溶地面塌陷造成局部地表破坏，是岩溶发育到一定阶段的产物。因此，岩溶地面塌陷也是一种岩溶发育过程的自然现象，可出现于岩溶发展历史的不同时期，既有古岩溶地面塌陷，也有现代岩溶地面塌陷。岩溶地面塌陷也是一种特殊的水土流失现象，水土通过塌陷向地下流失，影响着地表环境的演变和改造，形成具有鲜明特色的岩溶景观。岩溶地面塌陷的类型见表 8-2。

表 8-2 岩溶塌陷类型划分表

按塌陷时期划分	按成因划分		按可溶岩类型划分	按盖层岩性结构划分
	大类	类型		
古塌陷(形成于第四纪以前,如陷落柱)、老塌陷(形成于第四纪)	自然塌陷	暴雨塌陷 洪水塌陷 重力塌陷 地震塌陷	碳酸盐岩类塌陷、蒸发岩类塌陷(石膏、岩溶塌陷)	土层塌陷
现代塌陷(新塌陷)	人为塌陷	坑道排水或突水塌陷,抽汲岩溶地下水塌陷,水库蓄水或引水塌陷,震动或加载塌陷,表水、污水下渗塌陷,多种成因复合塌陷	可溶性碎屑岩类塌陷(红层岩溶塌陷)	基岩塌陷

2. 非岩溶性塌陷

由于非岩溶洞穴产生的塌陷，如采空区塌陷，黄土地区黄土陷穴引起的塌陷，玄武岩地区其通道顶板产生的塌陷等。后两者分布较局限。采空塌陷是指煤矿及金属矿山的地下采空区顶板陷落塌陷，在我国分布较广泛，在全国 21 个省区内，共发生大型采空区塌陷 200 处以上，塌陷坑 1600 多个，塌陷面积大于 1200km^2，年经济损失达 3.17 亿元。

(二) 地面塌陷的分布

在上述两类塌陷中，岩溶塌陷分布最大，数量最多，发生频率高，诱发因素最多，且具有较强的隐蔽性和突发性特点，严重地威胁到人民群众的生命财产安全，因此在此着重论述。

1. 岩溶地面塌陷的分布规律

岩溶地面塌陷主要分布于岩溶强烈到中等发育的覆盖型碳酸盐岩地区。我国可溶岩分布面积约 363×10^4km^2，是世界上岩溶地区塌陷范围最广、危害最严重的国家之一。全国 24 个省区共发生岩溶地面塌陷 2841 处，塌陷坑 33129 个，塌陷面积合计 332.28km^2。其中以南方的桂、黔、湘、赣、川、滇、鄂等省区最为发育，北方的冀、鲁、辽等省区也发生过严重的岩溶地面塌陷灾害。据统计，土层塌陷陷坑直径一般不超过 30m，可见深度绝大多数小于 5m，基岩塌陷规模一般较大，如四川兴文县小岩湾塌陷，长 650m，宽 490m，深 208m。我国每年由地面塌陷造成的经济损失平均约为 20 亿元。岩溶地面塌陷的分布规律与表现主要有以下几个方面的特征。

(1) 多产生在岩溶强烈发育区　我国南方许多岩溶区的资料说明，浅部岩溶愈发育，富水性愈强，地面塌陷愈多，规模愈大。岩溶地面塌陷与岩溶率具有较好的正相关关系（表 8-3）。

表 8-3 广东省凡口矿区岩溶率与地面塌陷的相关关系

岩溶发育程度	岩溶率/%	水位降低/m	排水量/(m^3/d)	塌陷个数
强发育区	19.08	13.48	5900	24
中等发育区	4.01	36.35	4800	5
弱发育区	1.96	28.39	3700	无塌陷,仅有沉降、开裂

（2）主要分布在第四系松散盖层较薄地段　在其他条件相同的情况下，第四系盖层的厚度愈大，成岩程度愈高，塌陷愈不易产生。相反，盖层薄且结构松散的地区，则易形成地面塌陷。如广东沙洋矿区疏干漏斗中心部位，盖层厚度为40～130m，地面塌陷少而稀。而在漏斗中心的东南部和东部边缘地段，因盖层厚度较小（8～23m），地面塌陷多而密。

（3）多分布在河床两侧及地形低洼地段　在这些地区，地表水和地下水的水力联系密切，两者之间的相互转化比较频繁，在自然条件下就可能发生潜蚀作用，形成土洞，进而产生地面塌陷。

（4）常分布在降落漏斗中心附近　由采、排地下水而引起的地面塌陷，绝大部分发生在地下水降落漏斗影响半径范围以内，特别是在近降落漏斗中心的附近地区。另外，在地下水的主要径流方向上也极易形成岩溶地面塌陷。

（5）其他分布特征　①塌陷分布受地质构造控制。覆盖层下可溶岩褶皱轴部、断裂破碎带、不整合接触部位和可溶岩与非可溶岩接触带附近等处都利于产生塌陷。如湖南某矿揭穿含水裂隙，沿20号断层形成塌陷、开裂20余处。②塌陷多分布在河谷两侧和溶蚀洼地内，如湖北叶花香矿1974年2月放水，产生塌陷170处，其中沿河床及阶地产生的塌陷140处，占总数的83%。③塌陷分布与覆盖层的厚度和性质有关。上覆松散层厚度和岩性结构不同，排（抽）水时产生塌陷的规模和形态亦不同。岩溶发育及覆盖层较薄的地段易塌陷。如山东顾家台矿区赵庄附近，第三系（E_{2-3}）隔水层薄（约10m）或缺失，其上第四系（Q）冲洪积层厚10～15m，其下奥陶系（O_2）大理岩的浅部岩溶发育，当水位降低到一定深度后，地面产生开裂和塌陷坑。④在地下水排泄区附近，岩溶发育盖层较薄，故易形成塌陷。

此外，塌陷分布还与人为改变地下水动力条件有关系，例如岩溶发育区塌陷的发展及规模，与排（放）水位降深、漏斗规模、水力坡度、流速、水量和来水方向有关。一般是降落漏斗面积大，塌陷分布范围也大；水力坡度和流速大，在主要来水方向上形成的塌陷就多。

2. 岩溶地面塌陷的时空动态

主要有以下几个特点：

（1）塌陷的持续性　岩溶塌陷在其诱发因素消失之前将持续发展，直到达到新的稳定平衡为止。如铜录山、水口山等矿区从1964年以来塌陷持续发展达40多年，至今仍在继续。其他矿区也有类似的情况，这种现象主要与矿坑排水降深不断加深有关。对于抽水塌陷来说，如果降深较稳定，其持续时间将要短得多，但有的也可延长至10年以上（如水城）。

（2）塌陷的阶段性　单个塌陷的发育过程可分为孕育阶段（土洞形成和扩展）、塌陷阶段（塌陷形成）、调整阶段（塌陷坑壁不稳定土体的坍塌以达到新的平衡状态及后期改造和充填堆积的休止阶段）。

（3）塌陷的周期性　在诱发源稳定不变（如排水降深稳定）的情况下，受气象水文因素的影响，塌陷作用随其周期性变化而作强弱波动，如一年中的雨季春耕泡田季节，塌陷作用强烈，塌陷数量多而集中，其他季节塌陷作用减弱，数量减少。在一个轮回中，这种波动随着塌陷发展逐渐向外围扩展，其幅度逐渐减弱以至消失。当诱发源发生变化（如排水降深加大），塌陷作用将再次复活并向外围扩展，开始一个新的轮回，再次出现新的周期性波动，但其波动幅度较前一轮回减弱，呈螺旋式发展。

（4）塌陷的重复性　对于一个特定的塌陷区来说，由于诱发源不断变化，可经历多次轮回的重复塌陷，表现为产生新的塌陷或者是原先塌陷的复活。

二、岩溶地面塌陷的成因机制和形成条件

(一) 岩溶地面塌陷的成因机制

岩溶地面塌陷是在特定地质条件下，因某种自然因素或人为因素触发而形成的地质灾害。由于不同地质条件相差很大，岩溶地面塌陷形成的主导因素也有所不同。因此，对岩溶地面塌陷成因机制的认识也存在着不同的观点。其中占主导地位的主要有两种，即地下水潜蚀机制和真空吸蚀机制。

1. 地下水潜蚀机制（潜蚀说）

在覆盖型岩溶区，由于下部碳酸盐岩中岩溶发育，存在落水洞、溶隙、溶洞、暗河等地下水运动的良好通道，当天然或人为原因（如采矿或供水）使地下水位大幅度下降时，地下水的流速和水力梯度亦相应加大，对上覆第四系土层和洞穴、溶隙中的充填物进行冲蚀、淘空，并使土颗粒随水携走，这时在与碳酸盐岩顶板接触处的土层中开始形成土洞。土洞的形成改变了土层中的原始应力状态，引起洞顶的坍落。在地下水不断潜蚀及土体重力坍落作用下，土洞不断向上发展成拱形，当土层厚度较大时可以形成天然平衡拱，这时土洞停止发展而隐伏于地下；当土层较薄时，土洞不能形成天然平衡拱，其顶部不断坍落，一直达到地表，形成地表塌陷。其发育过程如图 8-7 所示。地表塌陷形成后，地表塌陷坑便成为汇集径流的场所，其周壁不断垮落，同时还有地表水携带的物质的堆积作用，使陷坑逐渐形成碟形洼地，土洞和塌陷暂时停止发展。

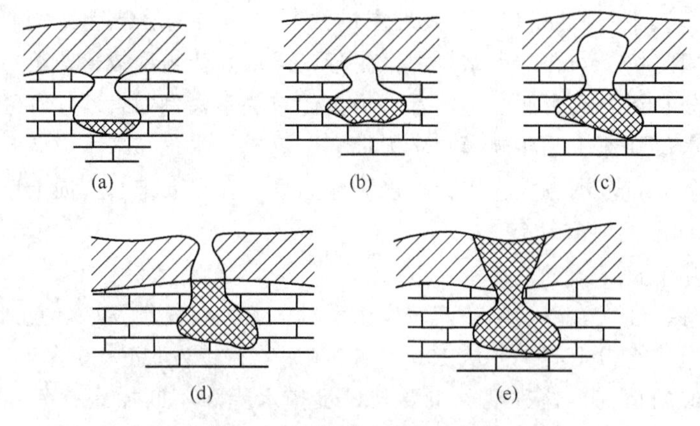

图 8-7　地表塌陷过程示意图

(a) 土洞未形成以前；(b) 土洞初步形成；(c) 土洞向上发展；
(d) 地表塌陷；(e) 形成碟形洼地

具体来说，此类塌陷的形成过程大体分为如下四个阶段：

① 在抽水、排水过程中，地下水位降低，水对上覆土层的浮托力减小，水力坡度增大，水流速度加快，水的潜蚀作用加强。溶洞充填物在地下水的潜蚀、搬运作用下被带走，松散层底部土体下落、流失而出现拱形崩落，形成隐伏土洞。

② 隐伏土洞在地下水持续的动水压力及上覆土体的自重作用下，土体崩落、迁移，洞体不断向上扩展，引起地面沉降。

③ 地下水不断侵蚀、搬运崩落体，隐伏土洞继续向上扩展。当上覆土体的自重压力逐渐接近洞体的极限抗剪强度时，地面沉降加剧，在张性压力作用下，地面产生开裂。

④ 当上覆土体自重压力超过了洞体的极限强度时，地面产生塌陷，同时，在其周围伴

生有开裂现象，这是因为土体在塌落过程中，不但在垂直方向产生剪切应力，还在水平方向产生张力所致（图 8-8）。

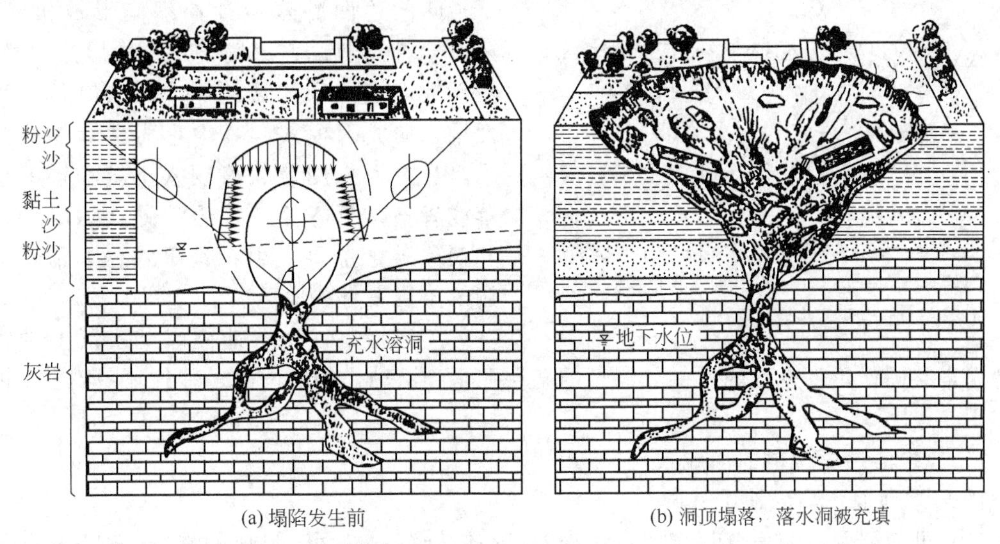

(a) 塌陷发生前　　(b) 洞顶塌落，落水洞被充填

图 8-8　岩溶地面塌陷过程示意图

总之，岩溶洞穴或溶蚀裂隙的存在、上覆土层的不稳定性是塌陷产生的物质基础，地下水对土层的侵蚀搬运作用是引起塌陷的动力条件。自然条件下，地下水对岩溶洞穴或裂隙充填物质和上覆土层的潜蚀作用也是存在的，不过这种作用很慢，且规模一般不大；人为抽采地下水，对岩溶洞穴或裂隙充填物和上覆土层的侵蚀搬运作用大大加强，促进了地面塌陷的发生和发展。

综上所述，在地下水流作用下，岩溶洞穴中的物质和上覆盖层沉积物产生潜蚀、冲刷和淘空作用，结果导致岩溶洞穴或溶蚀裂隙中的充填物被水流搬运带走，在上覆盖层底部的洞穴或裂隙开口处产生空洞。若地下水位下降，则渗透水压力在覆盖层中产生垂向的渗透潜蚀作用，土洞不断向上扩展，最终导致地面塌陷。

潜蚀致塌论解释了某些岩溶地面塌陷事件的成因。按照该理论，岩溶上方覆盖层中若没有地下水或地面渗水以较大的动水压力向下渗透，就不会产生塌陷。但有时岩溶洞穴上方的松散覆盖层中完全没有渗透水流仍会产生塌陷，说明潜蚀作用还不足以说明所有的岩溶地面塌陷机制。

2. 真空吸蚀机制（真空吸蚀说）

真空吸蚀说认为，产生地面塌陷必备三个条件：一是下部基岩中需有一定体积被水或气所充满，且埋深适当的各种空间（隐洞）；二是隐洞以上有适当厚度的松散沉积物；三是抽排水（或其他自然因素改变）使地下水降低到隐洞以下一定深度。其形成机制是：在相对密闭的承压岩溶水中，由于地下水位大幅度下降，当地下水位低于覆盖层底板（或岩溶洞穴的顶面）时，地下水由承压转为无压，在地下水面与覆盖层底板之间形成低压“真空腔”（或负压腔），腔内水面如同吸盘一样，强有力地抽吸着覆盖层底板的土颗粒，使土体吸蚀掏空，形成土洞。同时，随着地下水位不断下降，因真空腔内外压差效应不断加剧，引起腔外大气对覆盖层表面产生一种无形的“冲压”作用，加速覆盖层结构的宏观破坏，土层强度降低，土洞不断发展并导致地表突然变形和破坏。这种由于真空压差效应对洞穴上覆土层的内吸外压作用叫作真空吸蚀。这种作用发生很快，有时发生于瞬间，因而形成突发性塌陷。华北某

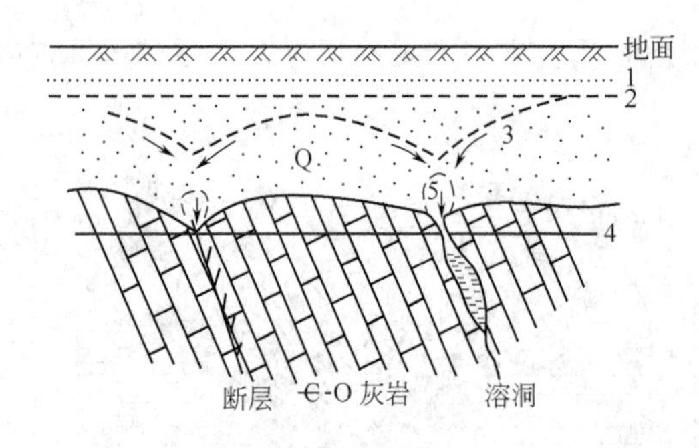

图 8-9　华北某地塌陷区土洞发育示意图

1—原始岩溶水压面；2—原始孔隙水位面；3—渗漏后孔隙水位面；4—下降后的岩溶水位面；5—土洞

地塌陷区的形成机制见图 8-9。矿山开采疏干排水引起的地面塌陷多属这种情况。

除前述两种岩溶地面塌陷形成机制外，还有学者提出重力致塌模式、冲爆致塌模式、振动致塌模式和荷载致塌模式等其他岩溶地面塌陷的成因模式。其中重力致塌模式是指因自身重力作用使岩溶洞穴上覆盖层逐层剥落或者整体下降而产生岩溶地面塌陷的过程和现象。它主要发生在地下水位埋藏深、溶洞及土洞发育的地区。

应当指出，岩溶地面塌陷实际上常常是几种因素共同作用下发生的。例如洞顶的土层在受到潜蚀作用的同时，往往还受到自身的重力作用。

（二）岩溶地面塌陷的形成条件

1. 岩溶地面塌陷的地质基础

（1）可溶岩及岩溶发育程度　可溶岩的存在是岩溶地面塌陷形成的物质基础。中国发生岩溶地面塌陷的可溶岩主要是古生界、中生界的石灰岩、白云岩、白云质灰岩等碳酸盐岩，部分地区的晚中生界、新生界富含膏盐芒硝或钙质沙泥岩、灰质砾岩及盐岩也发生过小规模的塌陷。大量岩溶地面塌陷事件表明，塌陷主要发生在覆盖型岩溶和裸露型岩溶分布区，部分发育在埋藏型岩溶分布区。

岩溶的发育程度和岩溶洞穴的开启程度是决定岩溶地面塌陷的直接因素。从岩溶地面塌陷形成机理看，可溶岩洞穴和裂隙一方面造成岩体结构的不完整，形成局部的不稳定；另一方面为容纳陷落物质和地下水的强烈运动提供了充分条件。岩溶洞隙是岩溶塌陷产生的基础，因此，一般情况下，可溶岩的岩溶越发育，溶隙的开启性越好，溶洞的规模越大，岩溶地面塌陷越严重。

（2）覆盖层厚度、结构和性质　目前已知塌陷中土层塌陷占 96.7%，可见土层是塌陷的主要组成部分。发生于覆盖型岩溶分布区的塌陷与覆盖层岩土体的厚度、结构和性质存在着密切的关系。大量调查统计结果显示，覆盖层厚度小于 10m 发生塌陷的机会最多，10～30m 以上只有零星塌陷发生。覆盖层岩性结构对岩溶地面塌陷的影响表现为颗粒均一的沙性土最容易产生塌陷；层状非均质土、均一的黏性土等不易落入下伏的岩溶洞穴中。此外，当覆盖层中有土洞时，容易发生塌陷；土洞越发育，塌陷则越严重。

（3）地下水运动　强烈的地下水运动，不但促进了可溶岩洞隙的发展，而且是形成岩溶地面塌陷的重要动力因素。地下水运动的作用方式包括：溶蚀作用，改变土体的状态，浮托作用，侵蚀及潜蚀作用，岩溶地下水位变化引起溶洞隙空间的正负压力作用，岩溶地下水位波动的散解作用，岩溶地下水的水击作用、搬运作用等。因此，岩溶地面塌陷多发育在地下水运动速度快的地区和地下水动力条件发生剧烈变化的时期，如大量开采（疏干）地下水而形成的降落漏斗地区极易发生岩溶地面塌陷。

2. 岩溶塌陷形成的动力条件

岩溶塌陷是在具备上述三个基本条件的基础上，受到各种自然的或人为的动力条件（因素）的作用而产生的。引起岩溶地面塌陷的动力条件主要是水动力条件的急剧变化，由于水动力条件的改变可使岩土体应力平衡发生改变，从而诱发岩溶地面塌陷。水动力条件发生急剧变化的原因主要有地下水开采或强烈抽水、矿床疏干排水、矿井排水、降雨、水库蓄水、井下充水、灌溉渗漏以及严重干旱、河湖近岸地带的侧向倒灌作用等。

除水动力条件外，地震与振动作用、附加荷载、人为排放的酸碱废液对可溶岩的强烈溶蚀等均可诱发岩溶地面塌陷。

［**实例**］ 广东凡口铅锌矿区，由于抽水或疏干排水，引起大量的地面塌陷，至1983年已达1600多处，塌陷区面积达490万平方米以上，个体最大者直径为40m，深度最大者为30m，体积最大者4600m^3（图8-10）。塌陷带成为大气降水和地表水灌入矿井的通道，并造成突水。塌陷使建筑物开裂，搬迁面积6.9万平方米，农田损失6.7万平方米，4km铁路和1.5km公路遭到破坏。

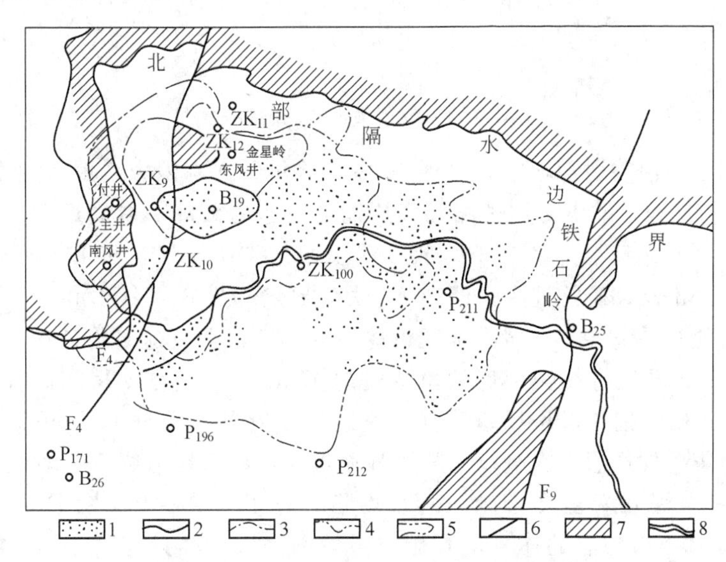

图8-10 广东凡口铅锌矿地表岩溶塌陷图

1—塌陷点；2—B_{19}双主孔抽水时的塌陷影响范围（1963.6）；3—±50m坑道排水时的塌陷范围（1964.10）；4—0m坑道突水时的塌陷范围（1966.3）；5—−40m坑道排水时的塌陷范围（1973年元旦前）；6—断层及编号；7—隔水层；8—凡口河

三、地面塌陷的危害与监测预报

1. 地面塌陷的危害

地面塌陷的产生，一方面使岩溶区的工程设施，如工业与民用建筑、城镇设施、道路路基、矿山及水利水电设施等遭到破坏；另一方面造成岩溶区严重的水土流失、自然环境恶化，同时影响各种资源的开发利用，其主要危害见图8-11。

(1) 对矿山的危害　岩溶地面塌陷可成为矿坑充水的诱发型通道，严重威胁矿山开采。例如：湖南涟沼煤田的三个矿区，因强烈排水使地下水位大幅度下降，影响面积达74.18km^2，导致地面产生7290个塌陷坑，涉及河流28条和山塘水库180处，有310个井泉干涸，使3.16万人用水和4.01万亩农田灌溉受到影响，拆迁民房7.65万平方米，还发生人员伤亡、汽车及耕牛掉入塌洞等事故，总计赔偿损失847.8万元，发生淹井37次，损失4739.05万元，每吨煤排水量达147m^3，吨煤排水电费13.52元，地面塌陷对环境所造成的损失更是难于估算。又如，淮南谢家集矿区，因矿井疏干排水，在1978年7月河底岩溶盖层很快产生塌陷，河水瞬间灌入地下，岸边的房屋也遭受破坏。湖北大门铁矿，1978年

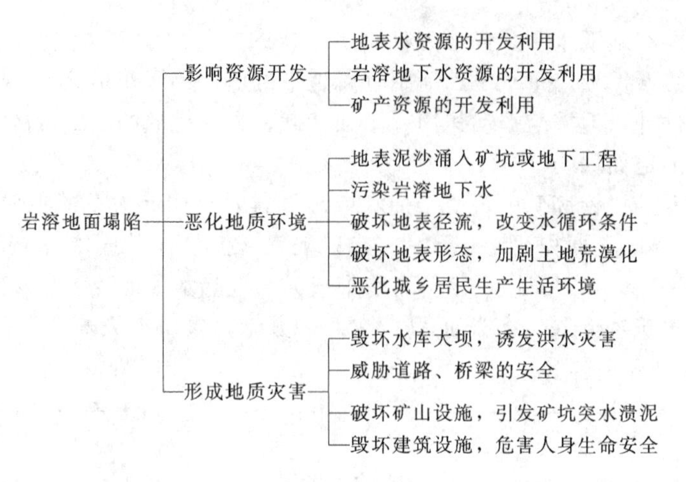

图 8-11　岩溶地面塌陷的危害

平巷突水引起柯家沟河谷地面塌陷，出现 70 多个陷坑，河水因大量漏入地下而断流，岸边有 $4000m^2$ 建筑物被毁，矿山专用铁路和高压输电线遭受破坏，造成近百万元的经济损失。湖北泗顶矿区，因矿床疏干排水，1976 年 5 月上面的矿床塌陷，使 1/3 河水灌入地下，矿井涌水量达 $14.19m^3/s$，矿井被淹，停产三个月，经济损失 600 多万元。

(2) 对城市建筑的危害　在城市地区，地面塌陷常常造成建筑物破坏、市政设施损毁。例如 1981 年 5 月 8 日发生在美国佛罗里达州的 Winter Park 巨型塌陷，直径达 106m、深 30m，使街道、公用设施和娱乐场所遭受严重毁坏，损失超过 400 万美元。1975 年，辽宁省海域地区大地震诱发产生了大规模的岩溶地面塌陷，共出现陷坑 200 多处，直径一般 3～4m，最大达 10m，深几米至几十米不等。塌陷破坏了大量耕地，并造成个别民房倒塌。1996 年发生于桂林市市中心的体育场塌陷，虽然塌陷坑直径只有 9.5m，深度也只有 5m，但由于塌陷紧靠“小香港”商业街，造成整个商业街关闭 15 天，营业额损失近千万元。1997 年 11 月 11 日，桂林市雁山区拓木镇岩溶塌陷共形成塌陷坑 51 个，影响面积达 $0.2km^2$，使近 100 间民房受到破坏，直接损失达 300 多万元。

(3) 对道路交通的影响　位于云南省境内的贵昆铁路沿线自 1965 年建成通车以来，西段陆续发现岩溶地面塌陷。至 2006 年底，已发现塌陷 151 处。1976 年 7 月 7 日在 K606＋475 路段发生塌陷，塌陷坑长 15m、宽 6m、深 5m，中断行车 61 小时 40 分；1979 年 9 月 1 日在 K534＋0.24 路段发生塌陷，陷坑长 6m、宽 2.5m、深 3m，造成 2502 次列车颠覆，断道 14 小时 25 分。仅这两次塌陷造成的直接经济损失就达 3000 万元。辽宁省瓦房店三家子岩溶地面塌陷发生于 1987 年 8 月 8 日，范围 $1.2km^2$，共有大小陷坑 25 个，一般坑长 20～40m，宽 5～35m。塌陷使长春—大连铁路约 20m 长路基遭到破坏，累计停运 8 小时 5 分，一些通讯设施及农田被毁，44 间民房开裂，66 眼水井干枯。

(4) 对坝体的影响　1962 年 9 月 29 日晚，云南省个旧市云锡公司新冠选矿厂火谷都尾矿坝因岩溶地面塌陷突然发生垮塌，坝内 $150\times10^4m^3$ 泥浆水奔腾而出，冲毁下游农田 $5.3km^2$ 和部分村庄、公路、桥梁等，造成 174 人死亡，89 人受伤。

2. 地面塌陷的监测预报

岩溶地面塌陷的产生在时间上具有突发性，在空间上具有隐蔽性，因此，对岩溶发育地区难以采取地面监测手段进行塌陷监测和时空预报。美国学者本森（Benson）等曾在北卡罗来纳州威明顿西南部的一条军用铁路沿线进行过地质雷达探测溶洞并进行预报的试验。该项工作从 1984 年开始，共历时 3 年。试验中，每隔半年用地质雷达以相同的频率(80MHz)、相同的牵引速度沿 1113m 的铁路线扫描一次，通过不同时间探测结果的对比，圈定扰动点并做出预报。结果表明，地质雷达因能提供具高度可重复性的监测资料，完全可以达到对塌陷进行长期监测的目的。然而，由于地质雷达设备昂贵，探测成本较高，难以在监测中广泛应用。此外，可用于岩溶地面塌陷的探测方法和仪器还有浅层地震、电磁波、声波透视（CT）等。

近年来，地理信息系统（GIS）技术的应用，使得岩溶地面塌陷危险性预测评价上升到一个新的水平。利用 GIS 的空间数据管理、分析处理和建模技术，对潜在塌陷危险性进行预测评价，已经取得了良好的效果。但这些预测方法多局限于对研究区潜在塌陷的危害性分区，并没有解决塌陷的发生时间和空间位置的预测预报问题。某些可引起岩溶水压力发生突变的因素，如振动、气体效应等，有时也可成为直接致塌因素，甚至在通常情况下不会发生塌陷的地区出现岩溶地面塌陷。因此，如何进行岩溶地面塌陷的时空预测预报已成为岩溶地面塌陷灾害防治研究中的前提课题。

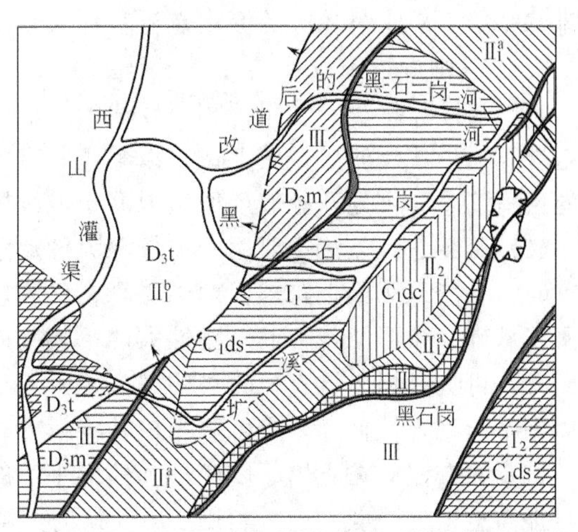

图 8-12　黑石岗矿区塌陷分区图

1—塌陷区；2—严重塌陷亚区；3—塌陷亚区；4—非稳定区；5—弱塌陷亚区；6—弱塌陷亚区 a；7—次弱塌陷亚区 b；8—崩落亚区；9—稳定区

对地面塌陷也可通过综合分析各种资料，进行分区预测。即依据地表可见的岩溶形态、分布和其发育程度，结合地貌、第四系、可溶岩的岩性和厚度、构造、疏干漏斗及采矿崩落带范围、当前已有塌陷的分布特征和其他水文地质资料，采用适当比例尺和图例，编制出塌陷分区预测图。一般可在图上划分出：安全（或稳定）区、怀疑塌陷（或非稳定）区和塌陷区（塌陷区及严重塌陷区等）（参见图 8-12），并针对具体情况，提出地表和地下各种建筑物的分布、农田水利工程、作物种植规划和应采取的防护措施等建议。

四、地面塌陷灾害的防治措施

对地面塌陷应采取预防和治理相结合的防治措施。

1. 控水措施

要避免或减少地面塌陷的产生，根本的办法是减少岩溶充填物和第四系松散土层被地下水侵蚀、搬运。

(1) 地表水防水措施　对地表水通常可采取排、疏、改、填等措施加以防治。主要是在潜在的塌陷区周围修建排水沟，防止地表水进入塌陷区，减少向地下的渗入量。在地势低洼、洪水严重的地区围堤筑坝，防止洪水灌入岩溶孔洞。

对塌陷区内严重淤塞的河道进行清理疏通，加速泄流，减少对岩溶水的渗漏补给。对严重漏水的河溪、库塘进行铺底防漏或者人工改道，以减少地表水的渗入。对严重漏水的塌陷洞隙采用黏土或水泥灌注填实，采用混凝土、石灰土、水泥土、氯丁橡胶、玻璃纤维涂料等封闭地面，增强地表土层抗蚀强度，均可有效防止地表水冲刷入渗。

（2）地下水控水措施　根据水资源条件规划地下水开采层位、开采强度和开采时间，合理开采地下水。在浅部岩溶发育并有洞口或裂隙与覆盖层相连通的地区开采地下水时，应主要开采深层地下水，将浅层水封住，这样可以避免地面塌陷的产生。在矿山疏干排水时，在预测可能出现塌陷的地段，对地下岩溶通常进行局部注浆或帷幕灌浆处理，减小矿井外围地段地下水位下降幅度，这样既可避免塌陷的产生，也可减小矿坑涌水量。

开采地下水时，要加强动态观测工作，以此用来指导合理开采地下水，避免产生岩溶地面塌陷。必要时进行人工回灌，控制地下水水位的频繁升降，保持岩溶水的承压状态。在地下水主要径流带修建堵水帷幕，减少区域地下水补给。在矿区修建井下防水闸门，建立有效的排水系统，对水量较大的突水点进行注浆封闭，控制矿井突水、溃泥。

2. 工程加固措施

（1）清除填堵法　常用于相对较浅的塌坑或埋藏浅的土洞。首先清除其中的松土，填入块石、碎石形成反滤层，其上覆盖以黏土并夯实。对于重要建筑物，一般需要将坑底与基岩面的通道堵塞，可先开挖然后回填混凝土或设置钢筋混凝土板，也可灌浆处理。

（2）跨越法　该法主要用于比较深大的塌陷坑或土洞。对于大的塌陷坑，当开挖回填有困难时，一般采用梁板跨越，两端支承在坚固岩、土体上的方法。对建筑物地基而言，可采用梁式基础、拱形结构，或以刚性大的平板基础跨越、遮盖溶洞，避免塌陷危害。对道路路基而言，可选择塌陷坑直径较小的部位，采用整体网格垫层的措施进行整治。若覆盖层塌陷的周围基岩稳定性良好，也可采用桩基栈桥方式使道路通过。

（3）强夯法　在土体厚度较小、地形平坦的情况下，采用强夯砸实覆盖层的方法消除土洞，提高土层的强度。通常利用10～12t的夯锤对土体进行强力夯实，可压密塌陷后松软的土层或洞内的回填土，提高土体强度，同时消除隐伏土洞和松软带，是一种预防与治理相结合的措施。

（4）钻孔充气法　随着地下水位的升降，溶洞空腔中的水、气压力产生变化，经常出现气爆或冲爆塌陷，因此，在查明地下岩溶通道的情况下，将钻孔深入到基岩面下溶蚀裂隙或溶洞的适当深度，设置各种岩溶管道的通气调压装置，破坏真空腔的岩溶封闭条件，平衡其水、气压力，减除其作用，减少发生冲爆塌陷的机会。

（5）灌注填充法　在溶洞埋藏较深时，通过钻孔灌注水泥砂浆，填充岩溶孔洞或缝隙、隔断地下水流通道，达到加固建筑物地基的目的。灌注材料主要是水泥、碎料（沙、矿渣等）和速凝剂（水玻璃、氧化钙）等。

（6）深基础法　对于一些深度较大，跨越结构无能为力的土洞、塌陷，通常采用桩基工程，将荷载传递到基岩上。

（7）旋喷加固法　在浅部用旋喷桩形成一“硬壳层”，在其上再设置筏板基础。“硬壳层”厚度根据具体地质条件和建筑物的设计而定，一般10～20m即可。

3. 非工程性的防治措施

（1）开展岩溶地面塌陷风险评价　当前，岩溶地面塌陷评价只局限于根据其主要影响因素和由模型试验获得的临界条件进行潜在塌陷危险性分区，这对岩溶地面塌陷防治决策而言是远远不够的。因此，在岩溶地面塌陷评价中，需开展环境地质学、土木工程学、地理学、城市规划与社会经济学等多领域、多学科协作，对潜在塌陷的危险性、生态系统的敏感性、经济与社会结构的脆弱性进行综合分析，才能达到对岩溶地面塌陷进行风险评价的目的。

（2）开展岩溶地面塌陷试验研究　开展室内模拟试验，确定在不同条件下岩溶地面塌陷发育的机理、主要影响因素以及塌陷发育的临界条件，进一步揭示岩溶地面塌陷发育的内在规律，为岩溶地面塌陷防治提供理论依据。

(3) 增强防灾意识，建立防灾体系　广泛宣传岩溶地面塌陷灾害给人民生命财产带来的危害和损失，加强岩溶地面塌陷成因和发展趋势的科普宣传。在国土规划、城市建设和资源开发之前，要充分论证工程环境效应，预防人为地质灾害的发生。建立防治岩溶地面塌陷灾害的信息系统和决策系统。在此基础上，按轻重缓急对岩溶地面塌陷灾害开展分级、分期的整治计划。同时，充分运用现代科学技术手段，积极推广岩溶地面塌陷灾害综合勘察、评价、预测预报和防治的新技术与新方法，逐步建立岩溶地面塌陷灾害的评估体系及监测预报网络。

4. 对采矿塌陷区积极进行土地复垦

采矿（主要是采煤）造成的地面塌陷，由于形成了大量陷坑，而毁坏了大片农田，为此应采取措施，进行土地复垦。例如，河南神火煤矿集团，采取原地复垦法取得良好效果。这种复垦法就是挖深填浅，将塌陷较深的地块规划为坑塘养鱼（一定要注意防渗，不能使水渗漏），从中挖取土方填到塌陷较浅的地块内，这既减少了取土方量，扩大了可耕地面积，又保证了坑塘、沟渠的蓄水和排水，为保证复垦后的土地尽快恢复地力，复垦时先将地表30cm厚的熟土取走堆放，然后挖取塘内的生土回填，再将熟土覆盖上面进行翻晒。通过这种做法，变采煤毁田为同步造田，通过10年治理，使河南永城市高庄镇、苗桥乡等境内的近万亩塌陷区复垦变为良田，其中恢复可耕地5000多亩，创立了塌陷区生态恢复与重建的新模式。

第三节　地　裂　缝

一、地裂缝及其特征、类型与分布

（一）地裂缝的概念和特征

地裂缝是在自然因素和人为因素作用下，地表岩土体产生开裂并在地面形成一定长度和宽度裂缝的地质现象。地裂缝一般产生在第四系松散沉积物中，与地面沉降不同，地裂缝的分布没有很强的区域性规律，成因也较多。地裂缝是一种危及人类生存环境、地基基础和建筑物的地质灾害。地裂缝的特征主要表现为以下几个方面。

1. 地裂缝发育的方向性与延展性

地裂缝常沿一定方向延伸，在同一地区发育的多条地裂缝延伸方向大致相同。例如，河北平原的地裂缝以NE5°和NW85°最为发育。地裂缝造成的建筑物开裂通常由下向上蔓延，以横跨地裂缝或与其成大角度相交的建筑物破坏最为强烈。

地裂缝灾害在平面上多呈带状分布。从规模上看，多数地裂缝的长度为几十米至几百米，长者可达几公里。如山西大同车厂—大同宾馆的地裂缝长达5km；宽度在几厘米到几十厘米之间，最宽者可达1m以上；裂缝两侧垂直落差在几厘米至几十厘米，大者可达1m以上，但也有没有垂直落差者。平面上地裂缝一般呈直线状、雁行状或锯齿状；剖面上多呈弧状、V形或放射状。

2. 地裂缝灾害的非对称性和不均一性

地裂缝以相对差异沉降为主，其次为水平拉张和错动。地裂缝的灾害效应在横向上由主裂缝向两侧致灾强度逐渐减弱，而且地裂缝两侧的影响宽度以及对建筑物的破坏程度具有明显的非对称性。如大同铁路分局地裂缝的南侧影响宽度明显比北侧的影响宽度大。同一条地裂缝的不同部位，地裂缝活动强度及破坏程度也有差别，在转折和错列部位相对较重，显示出不均一性。如西安大雁塔地裂缝，其东段的活动强度最大，塌陷灾害最严重，中段灾害次之，西段的破坏效应很不明显。在剖面上，危害程度自上而下逐渐加强，累计破坏效应集中于地基基础与上部结构交接部位的地表浅部十几米深的范围内。

3. 灾害的渐进性

地裂缝灾害是因地裂缝的缓慢蠕动扩展而逐渐加剧的。因此，随着时间的推移，其影响和破坏程度日益加重，最后可能导致房屋及建筑物的破坏和倒塌。

4. 地裂缝灾害的周期性

地裂缝活动受区域构造运动及人类活动的影响，因此，在时间序列上往往表现出一定的周期性。当区域构造运动强烈或人类过量抽取地下水时，地裂缝活动加剧，致灾作用增强，反之则减弱。如大同机车厂地裂缝，在1990年1月1日～5月7日用水稳定期，垂直形变量0.6mm；而在1990年5月8日～6月23日的枯水季节，因集中用水，垂直形变量增至7.5mm；1990年6月24日～12月30日的雨季及用水平衡期，垂直形变量只有1.3mm。

（二）地裂缝的类型与分布

1. 地裂缝的类型

地裂缝是一种缓慢发展的渐进性地质灾害。按其形成的动力条件可分为两大类，即内动力形成的构造地裂缝和外动力作用形成的非构造地裂缝。

(1) 内动力形成的构造地裂缝　构造地裂缝是由于地壳构造运动直接或间接在基岩或土层中所产生的开裂变形。构造地裂缝多数由断层的缓慢蠕滑或快速黏滑而形成，断层的快速黏滑活动常伴有地震发生，因而又称为地震地裂缝；褶皱构造作用和火山活动也可产生构造地裂缝。

构造地裂缝的延伸稳定，不受地表地形、岩土性质和其他地质条件影响，可切错山脊、陡坎、河流阶地等线状地貌。构造地裂缝的活动具有明显的继承性和周期性。

构造地裂缝在平面上常呈断续的折线状、锯齿状或雁行状排列；在剖面上近于直立，呈阶梯状、地堑状、地垒状排列。

(2) 外动力作用形成的非构造地裂缝　非构造地裂缝，主要由外动力地质作用（如风化作用、剥蚀作用、搬运作用、崩滑作用、沉积作用、固结成岩作用、人为作用等）引起。通常，非构造成因的地裂缝常伴随崩塌、滑坡及地面沉降等灾害而发生，其纵剖面形态大多呈弧形、圈椅形或近于直立。此外，矿山塌陷、岩溶塌陷以及特殊土的理化性质改变也会引发地裂缝。

除上述两类地裂缝外，还有混合成因的地裂缝。

另外，若按应力作用方式，地裂缝可分为压性地裂缝、扭性地裂缝和张性地裂缝。

2. 地裂缝的分布

由上述讨论可知，地裂缝类型复杂多样，除伴随地壳运动、地面沉降、滑坡、冻融以及特殊土的胀缩或湿陷而产生的地裂缝外，人类活动也可诱发地裂缝。目前，我国地裂缝主要出现在陕西、河北、山东、广东、河南等17个省（自治区、直辖市）共430多处，1073条以上，总长度超过346.78km。许多学者认为，中国地裂缝主要是断裂构造蠕变活动而产生的构造地裂缝。

断裂蠕变地裂缝的分布十分广泛，在华北和长江中下游地区尤为发育。汾渭盆地、太行山东麓平原和大别山东北麓平原形成了三个规模巨大的地裂缝发育地带。此外，在豫东、苏

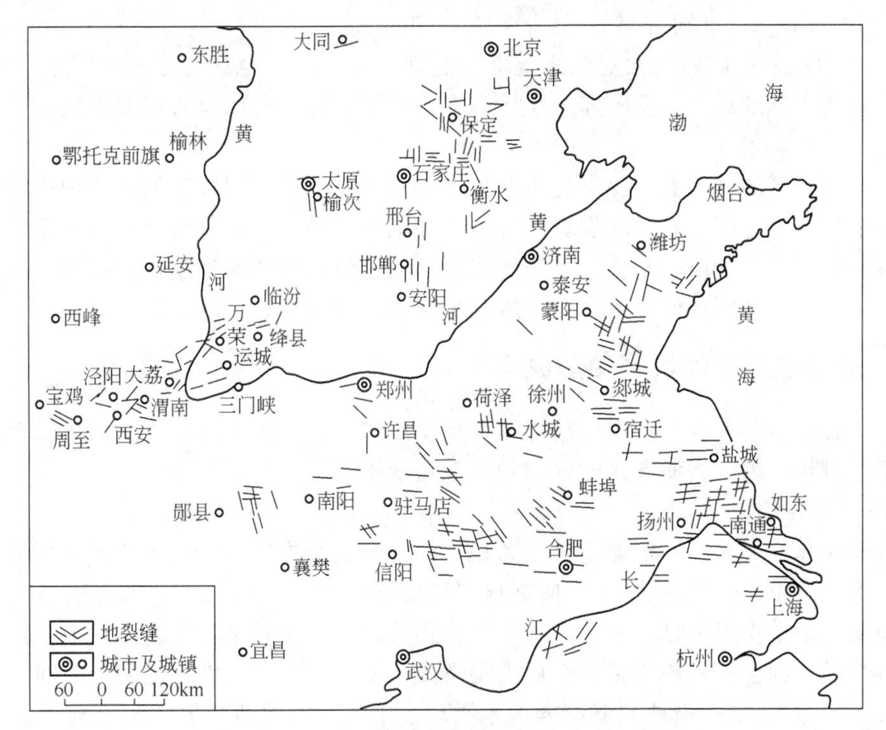

图 8-13 中国东部部分地区地裂缝分布示意图

（据王景明等，2000）

北以及鲁中南等地区，还有一些规模较小的地裂缝发育带（图 8-13）。

（1）汾渭盆地地裂缝带　自六盘山南麓的宝鸡，沿渭河向东经西安到风陵渡转向 NE 方向，沿汾河经临汾、太原到大同，发育有一个地裂缝带，最大展布宽度近 100km，延伸长度约 1000km。该带沿汾渭盆地边缘断裂带内侧的第四纪沉积区延伸。太原市榆次县北部王湖至聂村一带，1982 年出现 4 条近 SN 向的地裂缝，构成长约 500m、深约 2.5～3.0m（最深达 12m）、宽约 15m 的地裂缝带。大同机床厂地裂缝始见于 1977 年，发生在剧场街 9 号楼附近，长达 200m，使 9 号楼出现裂缝。20 世纪 80 年代以后，地裂缝迅速发展，1986 年延伸到 1000m，1988 年和 1989 年进一步发展到 5000m，至今仍在活动。地裂缝走向 NE 57°，宽 1～6cm。其南盘相对下滑，垂直相对位移 2～5cm，最大 18cm。地裂缝破坏带宽 5～20m。

（2）太行山东麓倾斜平原地裂缝带　位于太行山山前的河北平原和豫北平原有许多地区相继发生日益严重的地裂缝活动，北起保定，向南经石家庄、邢台、邯郸进入河南的安阳、新乡、郑州一带以后，转而向西延伸，经洛阳达三门峡一带，与渭河盆地和运城盆地的地裂缝相连，全长约 800km。在该带共有 50 多个县市发现 400 多处地裂缝。

（3）大别山北麓地裂缝带　1974 年在大别山北麓的山前倾斜平原地区出现了大量地裂缝，主要分布在豫东南和皖西南的 11 个县市，其范围南北宽近 100km，东西长约 150km，可大致分为 3 个近 EW 向延伸的地裂缝密集带：

① 从大别山北麓的信阳、六安向东到南通的 EW 向地裂缝带，其地裂缝除在潢川至寿县一带进一步发展外，在东部的马鞍山至如东一带也出现不少地裂缝。

② 周口—阜阳—寿县和商丘—永城—蚌埠两个相近平行延伸的 NW 向地裂缝带。

③ 沂水—郯成—宿迁 NNE 向地裂缝带。单个地裂缝规模不等，长度一般在 10～300m

以上，宽10～50cm，个别达1m左右，深度一般为3～5m。

1976年唐山地震前后，大别山北麓地裂缝活动加剧，其范围几乎扩展到整个淮河流域和长江、黄河中下游地区。据不完全统计，在豫、皖、苏、鲁四个省中有152个县出现了地裂缝。

(4) 其他地区的地裂缝　除上述华北地区的三个大规模地裂缝带外，在中国其他地区也有一些零星的地裂缝或小规模地裂缝带分布。如地裂缝是黄土高原台塬区与沟壑区交界处常见的一种地质现象，华南膨胀土、花岗石风化残积土分布区的地裂缝，西部地区因地震而产生的断层地裂缝，高原地区冻土分布范围内的冻融地裂缝等。

二、地裂缝的成因机制和形成条件

目前，我国地裂缝的主要发展趋势是范围不断扩大、危害不断加重。从成因上讲，早期地裂缝多为自然成因，近期人为成因的地裂缝逐渐增多。

1. 构造地裂缝

构造地裂缝主要是在一定地质背景条件下，由于断裂构造的运动等地质作用形成的。人类工程-经济活动的作用只是促成和加剧地裂缝的活动。很多情况下，构造地裂缝是在构造运动和外动力地质作用（自然和人为）共同作用的结果，前者是地裂缝形成的前提条件，决定了地裂缝活动的性质和展布特征，后者是诱发因素，影响着地裂缝发生的时间、地段和发育程度（图8-14）。从构造地裂缝所处的地质环境来看，构造地裂缝大都形成于隐伏活动断裂之上。断裂两盘发生差异活动导致地面拉张变形，或者因活动断裂走滑、倾滑诱发地震影响等均可在地表产生地裂缝。更多情况是在广大地区发生缓慢的构造应力积累而使断裂发生蠕变活动形成地裂缝。这种地裂缝分布广、规模大，危害最严重。

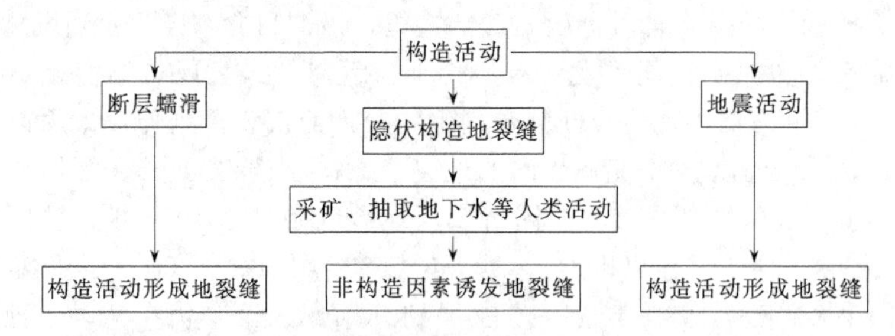

图8-14　构造地裂缝成因机制框图

国内外有关研究资料表明，构造地裂缝的形成分布和活动有以下特点：

① 一般分布在特定的构造、地貌部位，具有固定的线性延伸方向。由于断裂构造的控制，通常沿着断块隆起或陷落之间的活动断裂分布，并常常与冲洪积台地边缘陡坎的位置、方向相吻合。

② 在平面上一般呈断续的折线状、锯齿状和雁行式排列，在剖面上呈阶梯状、地垒地堑状，裂缝近直立。

③ 在时间和空间上具有重复出现的特点，显示了断裂活动的间歇性、周期性和继承性的特点。

④ 由地表向地下深处，裂缝往往由分散到逐渐集中，直到集中到某一断裂上，平原地区这种特点尤其明显。

例如，西安市的地裂缝灾害最严重，特征也最典型。该市至今已发育有11条呈NEE-SWW向延伸且大致等间距分布的地裂缝（图8-16），区内11条裂缝总体具有南倾南降的活动特点，以拉张、正错为主，兼有微量扭动。其宏观拉张方向为NW10°，与地裂缝走向近于正交。多年观测发现，地裂缝大多呈多点双向扩展，继而互为贯通呈斜裂。地裂缝向两端的扩展速率最大可达121m/a，一般在10～40m/a，其长期活动具有活跃期和间歇期之分。活跃期为85～133a，相对平静期为580～610a，在某一活跃期内，地裂缝活动速率有由南向北渐减的趋势，发育时间也有由南向北迁移的特点，垂向正错与水平拉张量之比有由南向北减小的趋势。近年来，由于城市过量抽汲地下水，加剧了地裂缝的活动，从而使对地裂缝活动趋势和活动规律的研究进一步复杂化。西安市的地裂缝大致可分为四组：①NEE向组，该组极为发育，有6条裂缝，长多在1.5～7.0km之间，是西安地裂缝的主体；②NE向组，有3条裂缝，长约1.2～3.8km，沿走向延伸，平面形状多呈锯齿状；③NWW向组，该组地裂缝发育差，不单独成带；④NS向组，该组地裂缝甚少，已被发现有两条。

又如，山西大同市，截至2006年底共发现地裂缝8条，总长达24km，地裂缝出现的根源在于近几十年来地壳构造活动加剧。但地裂缝活动量的大幅度增加，又直接受控于大量抽取地下水的附加作用（由于过量开采，大同市地下水位每年以1～3m速率下降，8条地裂缝几乎都分布在地下水漏斗区范围内，参见图8-3）。

区域应力场的改变使土层中构造节理开启也可发展为地裂缝。1966年邢台地震，华北平原在区域应力调整过程中出现了大范围的地裂缝灾害，并于1968年达到高潮。

构造地裂缝形成发育的外部因素主要有两方面：①大气降水加剧裂缝发展；②人为活动，因过度抽水或灌溉水渗入等都会加剧地裂缝的发展。西安地裂缝就是城市过量抽水产生地面沉降，从而加剧了地裂缝的发展。陕西泾阳地裂缝则是因农田灌水渗入和降雨同时作用而诱发的地裂缝（该地裂缝出现在陕西泾阳南源准滑坡后缘，已出现17条总长2225m的弧形张裂缝，一般宽5～30cm，最宽可达5m）。

2. 非构造地裂缝

非构造地裂缝的形成原因比较复杂，崩塌、滑坡、岩溶塌陷和矿山开采，以及过量开采地下水所产生的地面沉降都会伴随着地裂缝的形成；黄土湿陷、膨胀土胀缩、松散土潜蚀也可造成地裂缝。此外，还有干旱、冻融引起的地裂缝等。

长江三峡链子崖危岩体，发育有30余条裂缝，构成的危岩体共计340万立方米，裂缝在地表宽度多在1m以上，最宽达4.7m，长一般为50～100m，最长达170m，深度在30～60m之间，最深达100m以上。

特殊土地裂缝在中国分布也十分广泛。中国南方主要是胀缩土地裂缝，北方以黄土高原地区黄土地裂缝最发育。胀缩土是一种特殊土，它含有大量膨胀性黏土矿物，具有遇水膨胀、失水收缩的特性。中国南方广泛发育的残积红土就具有这种特点。北方广泛分布的黄土具有节理发育的特征，在地表水的渗入潜蚀作用下，往往产生地裂缝。

实践表明，许多地裂缝并不是单一成因的，而是以一种原因为主，同时又受其他因素影响的综合作用的结果。因此，在分析地裂缝形成条件时，还要具体现象具体分析。就总体情况看，控制地裂缝活动的首要条件是现今构造活动程度，其次是崩塌、滑坡、塌陷等灾害动力活动程度以及动力活动条件等。

三、地裂缝的危害与防治措施

1. 地裂缝的危害

地裂缝活动使其周围一定范围内的地质体内产生形变场和应力场，进而通过地基和基础作用于建筑物。由于地裂缝两侧出现的相对沉降差以及水平方向的拉张和错动，可使地表设施发生结构性破坏或造成建筑物地基的失稳。地裂缝的成灾机理如图 8-15 所示。

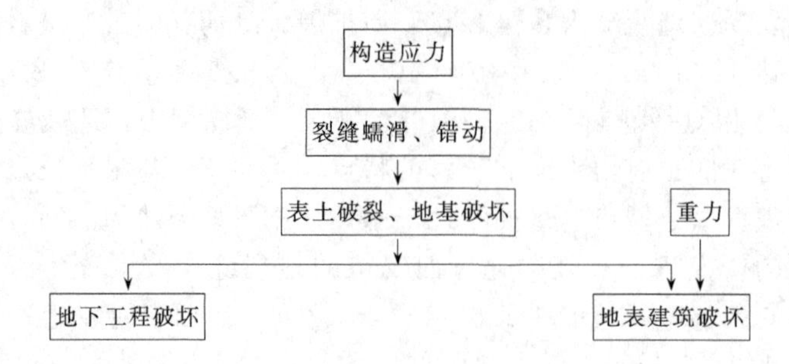

图 8-15　地裂缝成灾机理框图

地裂缝的主要危害是造成房屋开裂、地面设施破坏和农田漏水。例如，我国在前述三条巨型地裂缝带中，汾渭盆地地裂缝带不仅规模最大、裂缝类型多，而且危害十分严重。据不完全统计，迄今已造成数亿元的经济损失。

例如，前已述及的西安地裂缝灾害已闻名中外，影响范围超过 150km^2（图 8-16），给城市建设和人民生活造成了严重的危害。地裂缝所经之处道路变形、交通不畅，地下输排水管道断裂、供水中断、污水横溢；楼房、车间、校舍、民房错裂，围墙倒塌；文物古迹受损。据不完全统计，地裂缝穿越 91 座工厂、40 所学校、公用设施 60 多处、村寨 41 个；破坏主干道路 60 处、地下管道 10 处、围墙 427 处，132 幢楼房遭受破坏和影响，其中 20 幢全部或部分拆除，1057 间平房受毁，3 眼深水井和 427 处围墙遭受不同程度的破坏，18 处文物古迹受损，仅民用住房损失已达 2164.6 万元。

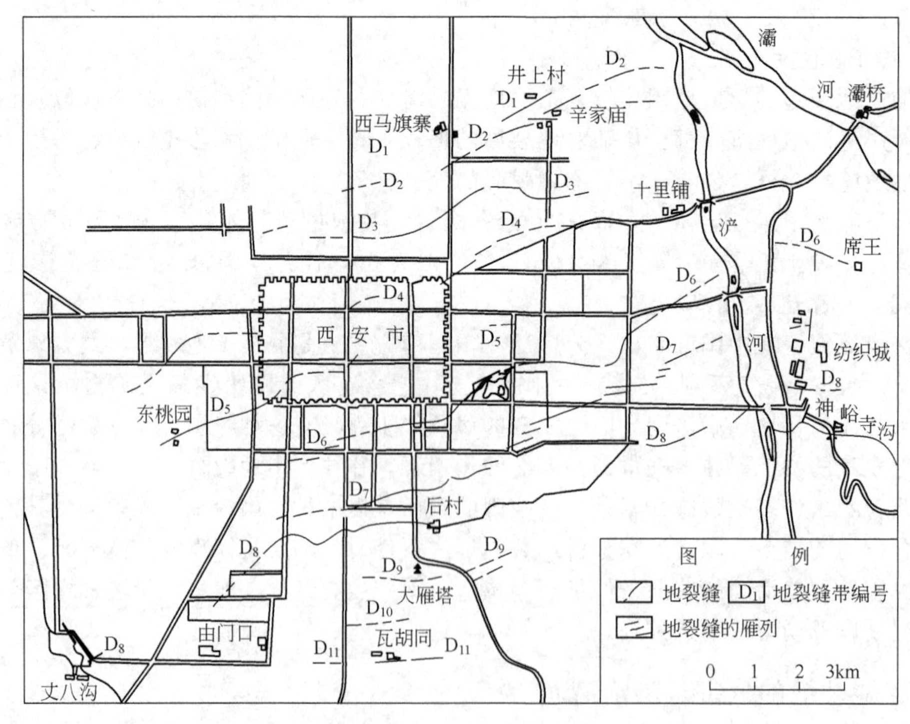

图 8-16　西安市及近郊地区地裂缝分布图

（据陕西地矿局资料，1987）

又如，1983 年 7 月 8 日傍晚和 29 日早晨，山西省万荣县两次暴雨后，该县薛店村地面出现开裂。地裂缝长 1.5km；一般宽为 1～2m，最宽达 5.2m；一般深 1.5～3.0m，最深达 12m。大量积水顺裂缝瞬间排泄。裂缝所经之处，房屋开裂或倒塌，受损房屋 300 余间（受害居民 67 户）。村内一口深 223m、造价 6 万余元的机井也因此而塌毁。

河北省及京津地区 60 个县市已发现地裂缝 453 条，造成大量建筑和道路破坏，上千处农田漏水，经济损失达亿元以上。

1999 年 8 月 3 日，陕西省泾阳县出现一条 2000m 长的地裂缝，从东到西穿过该县龙泉乡沙沟村。裂缝时宽时窄，最宽处超过 1m。裂缝经过村中数十户民房，墙上、地上全部出现程度不等的砖缝错位、土墙开裂和地面凹陷等。

2. 地裂缝灾害的防治措施

地裂缝灾害多数发生在由主要地裂缝所组成的地裂缝带内，所有横跨主裂缝的工程和建筑都可能受到破坏。对人为成因的地裂缝关键在于预防，合理规划、严格禁止地裂缝附近的开采行为。对自然成因地裂缝则主要在于加强调查和研究，开展地裂缝易发区的区域评价，以避让为主，从而避免或减轻经济损失。

(1) 控制人为因素的诱发作用　对于非构造地裂缝，可以针对其发生的原因，采取各种措施来防止或减少地裂缝的发生，控制和尽量减轻地裂缝灾害的发展。例如，采取工程措施防止发生崩塌、滑坡，通过控制抽取地下水防止和减轻地面沉降塌陷等；对于黄土湿陷裂缝，主要应防止降水和工业、生活用水的下渗和冲刷；在矿区井下开采时，根据实际情况，控制开采范围，增多、增大预留保护柱，防止矿井坍塌诱发地裂缝。

例如，西安市新修建了秦岭山前的黑河水库，以地表水代替地下水来限制对深层承压水的开采，以控制地面沉降和地裂缝的活动和发展。

(2) 建筑设施避让防灾措施　对于构造成因的地裂缝，因其规模大、影响范围广，在地裂缝发育地区进行开发建设时，首先应进行详细的工程地质勘察，调查研究区域构造和断层活动历史，对拟建场地查明地裂缝发育带及隐伏地裂缝的潜在危害区，做好城镇发展规划，即合理规划建筑物布局，使工程设施尽可能避开地裂缝危险带，特别要严格限制永久性建筑设施横跨地裂缝。应确定合理的安全距离，一般避让宽度不少于 4～10m，其外侧 10～15m 为设防带，在设防带内不宜修建高层或永久性建筑物。

对已经建在地裂缝危害带内的工程设施，应根据具体情况采取加固措施。如跨越地裂缝的地下管道工程，可采用外廊隔离、内悬支座式管道并配以活动软接头连接措施等预防地裂缝的破坏。对已遭受地裂缝严重破坏的工程设施，需进行局部拆除或全部拆除，防止对整体建筑或相邻建筑造成更大规模破坏。

(3) 对无法避让地裂缝的线性工程（铁路、公路及供水、排水、供电、供气等各类管道），应在确定其穿越地裂缝的具体位置的基础上，采取一些有针对性的措施来降低地裂缝的危害程度。

(4) 监测预测措施　通过地面勘察、地形变测量、断层位移测量以及音频大地电场测量、高分辨率纵波反射测量等方法监测地裂缝活动情况，预测、预报地裂缝发展方向、速率及可能的危害范围，以便进行有效防范。

复习思考题

1. 什么是地面变形地质灾害，如何分类？

2. 试述地面沉降的概念及特征。

3. 试述世界和我国地面沉降的分布概况。

4. 地面沉降有什么危害?
5. 试述有效应力原理。
6. 试述地面沉降的成因机制。
7. 简述地面沉降的产生条件。
8. 如何进行地面沉降监测?
9. 如何进行地面沉降的预测?
10. 如何防治地面沉降?
11. 试述地面塌陷的概念及类型。什么是岩溶地面塌陷?什么是采空塌陷?
12. 简述岩溶地面塌陷的分布规律。
13. 试述岩溶地面塌陷的成因(潜蚀说和真空吸蚀说)。
14. 简述地面塌陷的形成条件。
15. 地面塌陷有哪些危害?
16. 如何进行地面塌陷的监测与预报?
17. 如何防治地面塌陷?
18. 试述地裂缝的概念及特征。
19. 简述地裂缝的类型和分布。
20. 试述地裂缝的成因和形成条件。
21. 地裂缝有哪些危害?
22. 试述地裂缝的防治措施。
23. 地面沉降与地面塌陷之间有何关系?
24. 地裂缝与地面沉降、地面塌陷之间有何关系?
25. 学完本课程你有什么收获、体会和建议?就此写一篇学习心得体会或读书报告。

参 考 文 献

[1] 潘懋，李铁锋编著. 环境地质学. 修订版. 北京：高等教育出版社，2003.
[2] 潘懋，李铁锋编著. 灾害地质学. 北京：北京大学出版社，2002.
[3] 陈剑平主编. 环境地质与工程. 北京：地质出版社，2003.
[4] 陈余道，蒋亚萍编. 环境地质学. 北京：冶金工业出版社，2004.
[5] 朱大奎，王颖，陈方编著. 环境地质学. 北京：高等教育出版社，2000.
[6] 戴塔根，刘悟辉，马国秋编. 环境地质学. 长沙：中南大学出版社，2000.
[7] 李天杰等编著. 环境地学原理. 北京：化学工业出版社，2004.
[8] 谭见安等编著. 地球环境与健康. 北京：化学工业出版社，2004.
[9] 林年丰，李昌静，钟佐燊，田春声等编. 环境水文地质学. 北京：地质出版社，1990.
[10] 蒋辉编著. 环境水文地质学. 北京：中国环境科学出版社，1993.
[11] 刘传正著. 环境工程地质学导论. 北京：地质出版社，1995.
[12] 贾永刚等主编. 环境工程地质学. 青岛：中国海洋大学出版社，2003.
[13] 刘起霞等编著. 环境工程地质. 郑州：黄河水利出版社，2001.
[14] 徐恒力等编著. 水资源开发与保护. 北京：地质出版社，2001.
[15] 张永波，时红，王玉和编著. 地下水环境保护与污染控制. 北京：中国环境科学出版社，2003.
[16] 沈继方，高云福编著. 地下水与环境. 武汉：中国地质大学出版社，1995.
[17] 房佩贤，卫中鼎，廖资生主编. 专门水文地质学. 修订本. 北京：地质出版社，1996.
[18] 曹剑峰等编著. 专门水文地质学. 第 3 版. 北京：科学出版社，2006.
[19] 李鄂荣等编. 环境地质学. 北京：地质出版社，1991.
[20] 徐增亮主编. 环境地质学. 青岛：青岛海洋大学出版社，1992.
[21] 孙昌仁主编. 中国环境地质研究. 北京：科学出版社，1988.
[22] 中国水文地质工程地质勘查院. 环境地质研究. 北京：地震出版社，1993.
[23] 刘超臣，蒋辉编. 环境学基础. 北京：化学工业出版社，2003.
[24] 蒋辉主编. 环境水化学. 北京：化学工业出版社，2003.
[25] 蒋辉主编. 环境工程技术. 北京：化学工业出版社，2003.
[26] 蒋辉等主编. 专门水文地质学. 北京：地质出版社，2007.
[27] 黑龙江省地质局第一水文地质队编著. 地方病环境水文地质. 北京：地质出版社，1982.
[28] 何强，井文涌，王翊亭编著. 环境学导论. 第 3 版. 北京：清华大学出版社，2004.
[29] 夏帮栋主编. 普通地质学. 第 2 版. 北京：地质出版社，1995.
[30] 刘本培，蔡运龙主编. 地球科学导论. 北京：高等教育出版社，2000.
[31] 陈静生，汪晋三主编. 地学基础. 北京：高等教育出版社，2001.
[32] 谢文伟等主编. 普通地质学. 北京：地质出版社，2007.
[33] 韩运宴等主编. 地质学基础. 北京：地质出版社，2007.
[34] 刘兆昌，李广贺，朱琨. 供水水文地质. 第 3 版. 北京：中国建筑工业出版社，1998.
[35] 任树梅主编. 水资源保护. 北京：中国水利水电出版社，2003.
[36] 李智毅，王智济，杨裕云编. 工程地质学基础. 武汉：中国地质大学出版社，1990.
[37] 李智毅，杨裕云主编. 工程地质学概论. 武汉：中国地质大学出版社，1994.
[38] 孔宪立，石振明主编. 工程地质学. 北京：中国建筑工业出版社，2001.
[39] 罗国煜，李生林. 工程地质学基础. 南京：南京大学出版社，1990.
[40] 南京大学水文地质工程地质教研室. 工程地质学. 北京：地质出版社，1982.
[41] 孙思丽主编. 工程地质学. 重庆：重庆大学出版社，2001.
[42] 张忠苗主编. 工程地质学. 北京：中国建筑工业出版社，2007.
[43] 张倬元，王士天，王兰生编著. 工程地质分析原理. 第 2 版. 北京：地质出版社，1994.
[44] 张咸恭等编. 专门工程地质学. 北京：地质出版社，1988.

[45] 李智毅，唐辉明主编. 岩土工程勘察. 武汉：中国地质大学出版社，2000.
[46] 王奎华主编. 岩土工程勘察. 北京：中国建筑工业出版社，2005.
[47] 谢宇平主编. 第四纪地质学及地貌学. 北京：地质出版社，1994.
[48] 马友良主编. 地质学及第四纪地质学. 北京：地质出版社，1995.
[49] 陆渝蓉编著. 地球水环境学. 南京：南京大学出版社，1999.
[50] 籍传茂，王兆馨著. 地下水资源的可持续利用. 北京：地质出版社，1999.
[51] 费祥俊，舒安平著. 泥石流运动机理与灾害防治. 北京：清华大学出版社，2004.
[52] 陈梦熊，马凤山著. 中国地下水资源与环境. 北京：地震出版社，2002.
[53] 赵云章，朱中道，刘玉梓，杨晓华等编著. 河南省环境地质基本问题研究. 北京：中国大地出版社，2003.
[54] 赵云章，朱中道，王继华等编著. 河南省地下水资源与环境. 北京：中国大地出版社，2004.
[55] 中国法制出版社编. 水法及其配套规定. 北京：中国法制出版社，2002.
[56] GB/T 14158—93. 区域水文地质工程地质环境地质综合勘查规范（比例尺 1：50000）. 北京：中国标准出版社，1993.
[57] GB 50021—2001. 岩土工程勘察规范. 北京：中国建筑工业出版社，2002.
[58] GB/T 14848—2007. 地下水质量标准. 北京：中国标准出版社，2007.
[59] GB 5749—2006. 生活饮用水卫生标准. 北京：中国标准出版社，2007.
[60] 蔡艳荣主编. 环境影响评价. 北京：中国环境科学出版社，2004.
[61] 国土资源部地质环境司等编. 地质灾害防治条例释义. 北京：中国大地出版社，2004.
[62] 国土资源部地质环境司、宣传教育中心编. 中国地质灾害与防治. 北京：地质出版社，2003.
[63] 胡茂焱，刘大军，郑秀华编著. 地质灾害与治理技术. 武汉：中国地质大学出版社，2002.
[64] 尹国勋，李振山等编著. 地下水污染与防治——焦作市实证研究. 北京：中国环境科学出版社，2005.
[65] 张振家主编. 环境工程学基础. 北京：化学工业出版社，2006.
[66] 刘宏远，张燕编著. 饮用水强化处理技术及工程实例. 北京：化学工业出版社，2005.
[67] 李建政主编. 环境工程微生物学. 北京：化学工业出版社，2004.
[68] 黄河上中游管理局编著. 淤地坝概论. 北京：中国计划出版社，2005.
[69] 郑乐平主编. 环境地学概论. 北京：地质出版社，2004.
[70] Carla W M. Environmental Geology. Quebecor Printing Book Group，1997.
[71] Blyth F G H，de Freitas M H. A Geology for Enginneers. Edward Arnold，1998.
[72] William J Deutsch. Groundwater Geochemistry. Lewis publisher，1997.
[73] Pinentel D，Harvey N. Ecology of Soil Eros Ion Inecosystem. Ecosysems，1998，(1)：416～426.